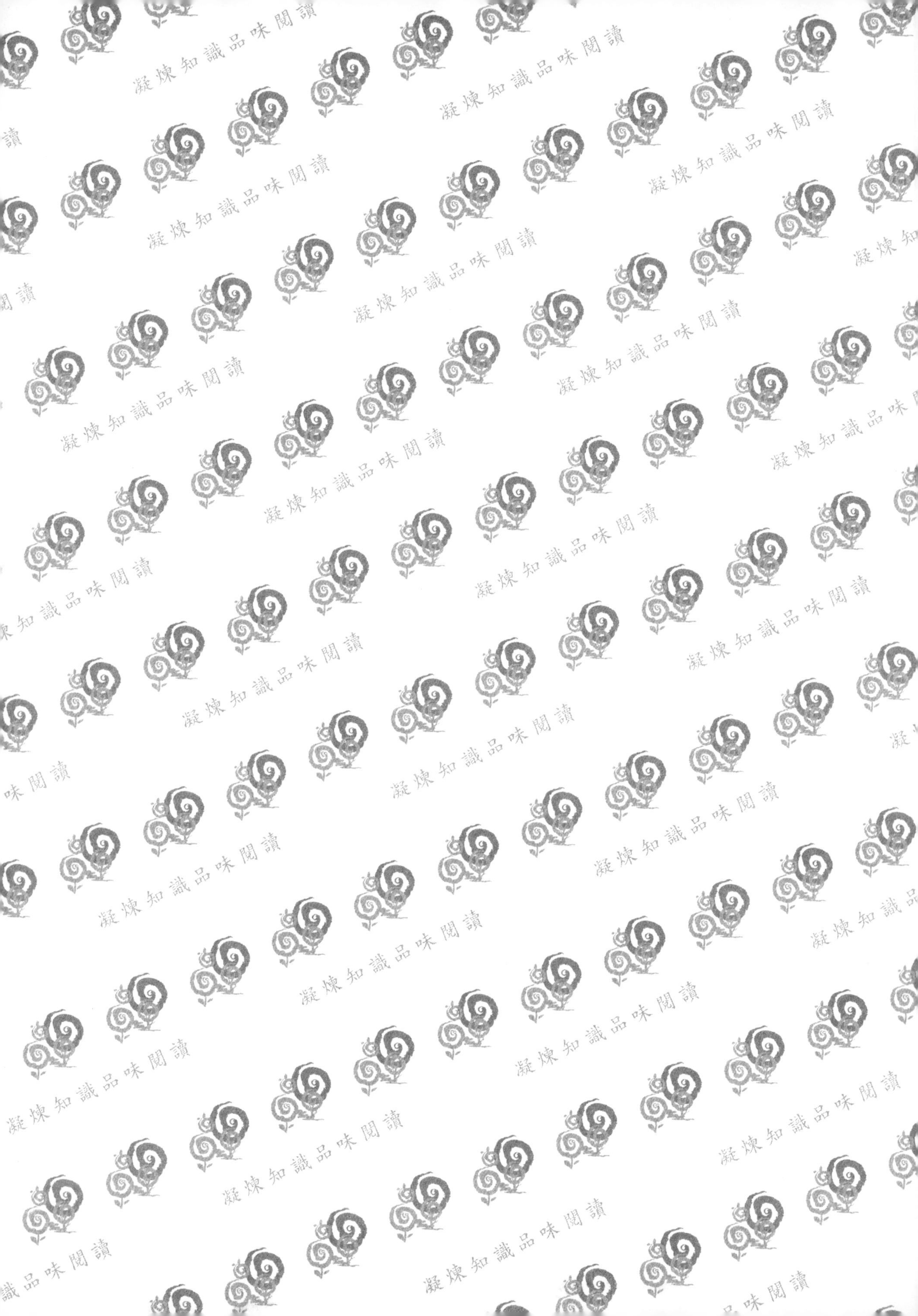
凝煉知識品味閱讀

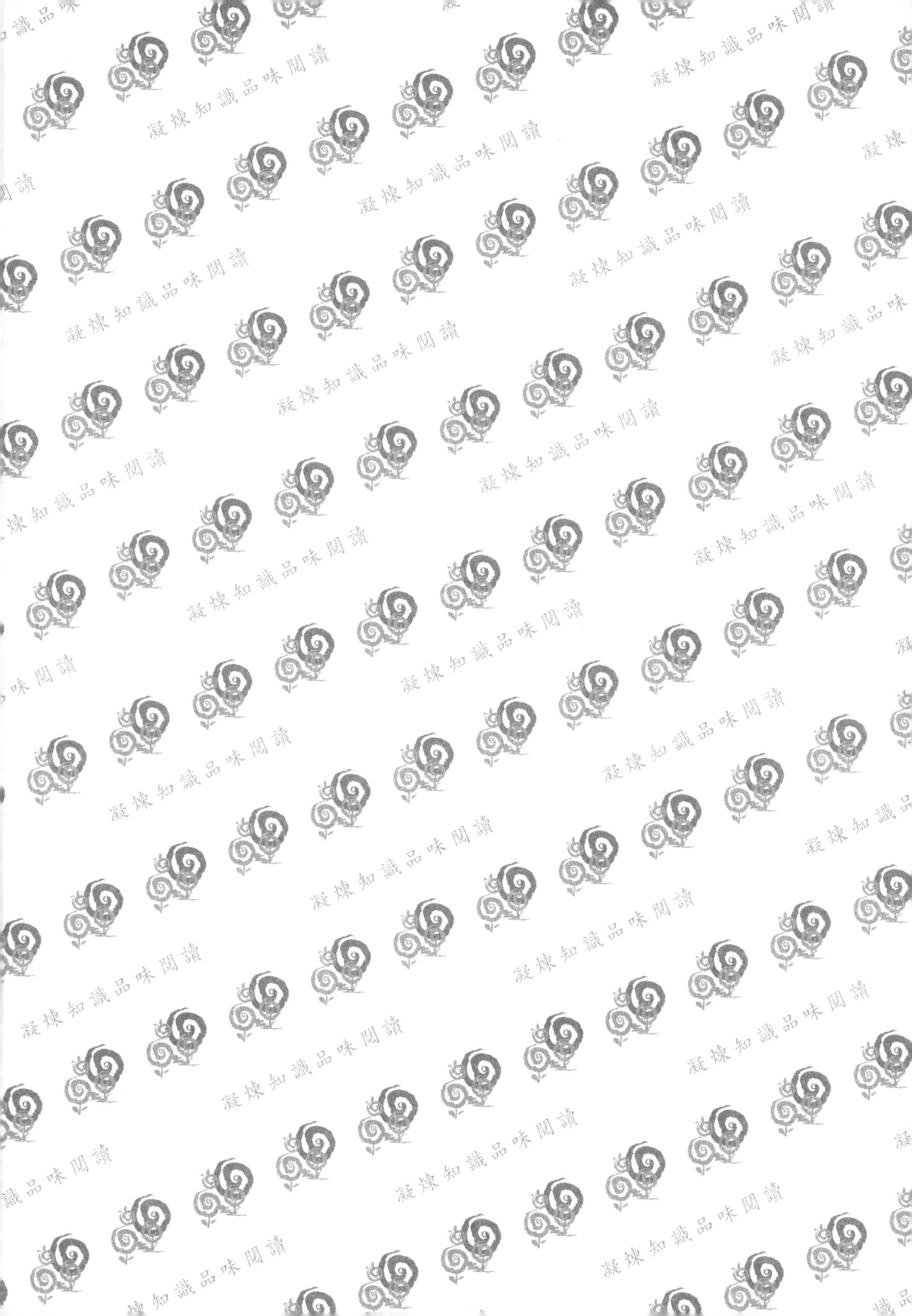
凝煉知識品味閱讀

建築與消防實務法規彙編

五南圖書出版公司 印行

高士峯、尹道鏹、張庭熙、呂憶婷——著

作者序　Preface

個人從事消防實務二十多年餘，回想起87年從事消防設計或檢修工作時，當時在86年考取消防設備師，只知最新法規「各類場所消防安全設備設置標準」，卻不知執業上遇有不同時期新建建築物或變更用途場所，有適法的問題，例如：78年9月1日前申請建造執照之建築物，應依據「建築技術規則」，而73年11月前興建建築物，在業務上也需依據「原有合法建築物防火避難設施與消防安全設備改善辦法」，這時才知考上消防設備師在職場上更需要習得更多的法規，尤其是多年前所訂之法規，如「臺灣省火災防範辦法」及「臺灣省火災防救辦法」才能將法的源由串接起來。

另外在執行消防業務時，經常需要了解建築法規及名詞定義，如：居室、避難層、防災中心、高層建築物、地下建築物、防火區劃（如：垂直區劃、用途區劃、面積區劃）等，如果沒有基本的認知，便無法進行消防法條之檢討設計，可見兩者息息相關，不可或缺，但市面上從沒有一本法規工具書是同時具有建築法規及消防法規，有鑑於此，個人便主動邀約志同道合的尹建築師、張建築師及呂消防設備士共同將多年常用的法條彙整起來，無非是希望以過來人的經驗，藉由本書之出版，達到執業或從業人員事半功倍之成效。

一棟建築物從建造執照開始申請，興建完成申請使用執照，日後因為用途變更，而申請變更使用執照，加上大家習慣變動室內格局而申請室內裝修，再者由於84年2月15日臺中衛爾康西餐廳發生重大火災，造成64人死亡，因此政府推動建築物公共安全檢查及消防安全設備檢修申報，另外政府在都市更新方面推出優惠的獎勵容積而使得危老盛行，因此經大家共同討論下，將本書分為建築及消防二大項目，其中建築則細分為建築執照（含建照、使照、拆除及雜項執照）、都更及危老、室內裝修、建安檢查項目；消防則細分為會審、會勘及消安檢修申報項目，以滿足實務上之需求。

由於現今網路發達，法規日新月異，深怕一旦出版造成出版社因銷售有限而有所負擔，但以過來人經驗，人人都希望有本法規工具書在手，即使法規常做微幅更新，相信購買人也願意自行加註及修改，希望各位專業人士多支持並擁有它，未來查詢上更能得心應手，並且本書對於有意參加國家考試建築師或消防設備師的朋友們會有所助益，敬請指教，虛心接受。

高士峯

作者序 Preface

「一本翻爛的法規，可以記錄你的建築歷程。」

一位建築師的養成，通常需要十餘年的時間，大約在三、四十歲開始執業累積自己的經驗與實績，也許五十多歲時，能擁有一定的實力參與各大標案或國際競圖，若能脫穎而出爭取到大規模的項目，從規劃設計到工程完工需要大約五到十年的時間，成為代表作之後，才有更多機會承接到各式各樣的項目可以盡情發揮，創作更多理想的建築作品。在這如此漫長的建築歷程中，執行的業務不論是新建案、既有建築物的變更使用、室內裝修等，每一個案子都需要確實的法規檢討，因為不同的地區或不同類型的案件，都有各種不同牽涉的相關法規，需要長時間不斷的學習與有效的累積經驗才能夠融會貫通。

回想在我開業之前，大學五年、研究所四年、攻讀建築師考試七年的時期，不可否認當時在建築法規這部分時常是閱讀講義，網路查找資料，也許有利於考試，但獲得的資訊過於散亂，實在難以累積。直到有一次，在接受一位建築師學長指導法規時，在他手中看見一本翻爛的法規書，邊上貼著滿滿的標籤，註記的重點都已經快看不見原本印刷的字體，其中包含許多不同個案的檢討過程、法規條目的更新、解釋令等，感受到這是可以長時間累積建築法規專業知識的好方法，於是我才開始養成在檢討各種不同法規時，就購入相關的法規書籍或是將法規列印出來重點整理的習慣，紀錄自身所學。

近年來，以臺北的建築相關業務來說，新建案已經越來越少，相對過於老舊的建築物不斷增加，為了保障建築物的安全，政府持續的推廣都市更新直到今天大家耳熟能詳的「危老」（危險及老舊建築物重建計畫）。但在未來大幅度更新之前，舊建築仍然需要被安全的繼續使用，必須重新室內裝修、補強、變更使用等。在從事上述相關業務時，發現除了建築法規之外，消防相關法規是需要重新檢討最多的部份。因此，我也開始進修一些消防安全相關的課程，有幸在防火管理人的課程中，結識了中華民國消防設備師公會全國聯合會創會理事長高士峯教授，便開始時常向高老師請教消防法規的問題，高老師也不吝給予指點。在一次討論當中，高老師提出是否有意願共同彙編一本將建築與消防相關法規結合的法規工具書，我想到若能將建築與消防法規彙整在一起這是非常好的構想，除了能夠有利於重點的整理外，也能夠有效率的進行現階段常用法規的檢討，於是立刻表達願意參與共同彙編此書。

本書由高老師主導，匯集了一共四位不同專長的設備師士及建築師彙整編撰，以建築相關法系及消防相關法系為主體，並加入了都市更新及危老重建相關法規，願未來不論是考生、同業先進、甚至在第一線推動都市更新的危老重建推動師們若選購此書，能夠提供些許的幫助，為更安全的建築環境盡一份心力。

尹道鏹

作者序 Preface

隨著這些年來重大的公安事件發生，消防已經成為建築從頭到尾不斷被檢討加強的最重要環節，從建築物起始設計準則到施工過程防護，最後是建築物消防逃生設備的設置與使用維護，法規也逐漸在這些事件中被調整，而臺灣大量老舊建築面對到汰舊更新的進程緩慢問題，同時反映出這些新法規套用到老舊建築的矛盾。建築是依法行事的事業，本人在建築及室內裝修領域從業多年，在設計概念與法規依循的平衡中一路克服至今，業界也不斷在這些老屋套新法的過渡中找尋突破點，相信各位同業先進跟我一樣有非常深的感觸！

針對這樣的建築業界現況編寫本書，期望的目的是「快查」，整合執業需要的不同法系，將建築及消防整合，包含法規條文、申請流程、注意事項等架構，並以「執行業務」為分類，或許可以幫助各位同業更方便地找尋案件的解套方式，再者，像當前討論度最高的都更及危老議題，相信每一位建築師都會被鄰居及客户問到「我家適用危老重建嗎」、「都更及危老有甚麼不同呢」，或是建築師常態業務的增建、改建與變更使用，對應消防法強調的使用用途區別，畢竟當初消防法規從建築技術規則被獨立出來，目的就是更細緻的定義它對於各類建築物的適切性，如果遇到的業務不能興辦都更危老，也無法變更建築使用，這邊貼心附上建築物室內裝修管理辦法（笑）。另外本書也編入近幾年才公布的法規條文，例如：室裝範圍的「建築物微型室內裝修執行計畫」，或是建築公安檢查相關的「水道連結型自動撒水設備設置基準」等，方便各位從業人員跟進。

建築與消防在執業上已經從過去的先後檢討轉變成需要同步思考，在很多時候，甚至消防條件已經限制了建築物調整使用的可能性，如何能讓手上的專案能夠執行下去，或許機會就在法規的整合裡。本人在建築領域不停的進修，不同單位所舉辦的課程，不同證照的講習訓練，總是會遇到高士峯教授站在臺上，提醒消防的重要，高教授是國內建築消防界首屈一指的專家學者，推廣消防與災害防救不遺餘力，作者團隊也都是擁有豐富執業經驗的專業人員，今日非常感謝有這個機會協助高教授編彙，本書不是法規全書，法規編寫也不是甚麼新的議題，但本書的架構卻是完全依實務思考，依業務執行所需為脈絡，將消防與建築在起始的法律規則上完全整合，希望本書配合各位執業先進們的專業，能讓業務更順暢的推進！

法規是在教訓中進步，我們也在努力讓設計更安全！

張庭熙

作者序 Preface

自 91 年考取消防設備士後，所從事之工作就一直離不開法規。「各類場所消防安全設備設置標準」大概是師士在執行業務最常使用的法規條文了，沒有之二。

有幾次陪同設備師至消防局審圖，只見他總是隨身攜帶一本消防法規，也就是俗稱的「聖經」，審圖時那就是一本據理力爭的利器，縱使腦袋中對法條倒背如流，仍得翻開指出條文所在，以強調自己的專業。（以至於往後養成我出門都會帶本法規才會安心地上路）

自學校畢業後從沒想過考建築師，只是日復一日的上下班，閒暇之餘看看小說，此生便無所求。直到有一天，我想著上次看的小說主角叫什麼名字，竟然想不起來，接下來便是一陣驚慌……我這幾年到底在幹嘛？我在浪費生命！接下來一定要做些什麼！要做什麼呢？由於契機，在當年的五月決定考室內設計乙級技術士，參加補習班畫了五個月的圖，10 月考完後接著繼續準備考隔年 3 月的工程管理，於兩科都通過後，便到文化大學參加室內設計 21 小時受訓課程。此時認識生命中的貴人——高士峯老師。

當時下課因為有個工作上的消防問題想請教他，殊不知他想要休息不想說話，便告訴我上課再問，我心想，老師……你很好。後來第二堂下課看見一位同學向他詢問，內容卻不是一般消防問題而是人生規劃，此時引發了我高度的興趣，於是站在旁邊聽了一會兒牆角，終於鼓起勇氣走過去一起聽，正值對下一步茫然的我，心想是否也能請老師給我建議，我把自己的想法跟他說：既然已是設備士那就是考設備師。但他不同於一般人的說：不錯啊！而是循循善誘的啓發性問我喜歡消防工作嗎？又分析了時間性，建議我考建築師。在此謝謝老師全面性的建議！

目前的工作是室內裝修送審，三天兩頭到建築師公會報到是必須的事，通常審完圖後就是找個咖啡廳，拿出筆電，輕啜著咖啡，再拿出法規確認條文修改圖說文件。此時姐喝的不是咖啡而是悠哉……當然不是！但在建築領域上絕對是妥妥的成長。（當工作完成後，身為一位自由工作者就應該利用閒暇時間好好充實自己，這時手邊的法規絕對是居家旅遊出門良伴！）

建築師考試範圍廣泛，舊法規不時改版更新，新法令又與時俱進層出不窮，如：都市危險及老舊建築物加速重建條例……等，出門總是要同時帶著好幾本書加上筆電。（那可不是一般的重啊……）

所以當高老師提出將建築及消防法規整合，並結合時下的建築及消防新法彙整出書時，我立馬附議！因為這本書可以大大節省我出門的時間及包囊容量。因為工作需要檢討建築及消防法規，也讓正準備建築師考試的我能一次帶齊各種法規資料。

消防法規自 84 年衛爾康西餐廳大火事件，才使得社會大眾及公單位對消防的再次重視。自此之後，法規不斷修正趨於嚴謹，但消防檢討不僅僅檢討消防，更檢討建築的防火區劃、開口、出入口……等，有句話直至目前都深植於心。「消防是主動式防火，建築是被動式防火。」在建築技術規則 83 條即提到，區劃範圍內如備有自動滅火設備者，得免計算其有效範圍樓地板面積之 1/2，意即若防火區劃若為 1500m^2，因為設了撒水設備或泡沫滅火系統，則防火區劃面積可以增加至 3000m^2，（因為消防而使建築放寬標準）。再者因建築而令消防免設設備之例又比比皆是，例如撒水頭之免設條件。（因為建築而使消防放寬標準），諸如此類，建築與消防環環相扣，對法規的熟稔度直接反映到業主的信任度及為其省下不必要的費用，少則數十萬，多則數千萬。

近年衛生部亦釋出預算讓安養機構得以改善陋窳環境，其中隔間置頂，更是考慮老人及病患不良於行使其就地避難，真正落實建築是被動式防火的真義。

消防與建築相輔相成，而建築法規與消防法規的合集對於同時需要工作又得準備考試的讀者必是一大福音！（若只帶一本書就能應付工作及讀書所需，又何必帶上好幾本將自己當作負重修行的苦行僧呢？）

呂憶婷

CONTENTS

第1篇 建築法規

目錄

CONTENTS

第2篇 消防法規

目錄

第 1 篇 建築法規

建築法

■修正日期：民國 109 年 01 月 15 日

第一章｜總則

第 1 條

爲實施建築管理，以維護公共安全、公共交通、公共衛生及增進市容觀瞻，特制定本法；本法未規定者，適用其他法律之規定。

第 2 條

主管建築機關，在中央爲內政部；在直轄市爲直轄市政府；在縣（市）爲縣（市）政府。

在第三條規定之地區，如以特設之管理機關爲主管建築機關者，應經內政部之核定。

第 3 條

本法適用地區如左：

一、實施都市計畫地區。

二、實施區域計畫地區。

三、經內政部指定地區。

前項地區外供公眾使用及公有建築物，本法亦適用之。

第一項第二款之適用範圍、申請建築之審查許可、施工管理及使用管理等事項之辦法，由中央主管建築機關定之。

第 4 條

本法所稱建築物，爲定著於土地上或地面下具有頂蓋、樑柱或牆壁，供個人或公眾使用之構造物或雜項工作物。

第 5 條

本法所稱供公眾使用之建築物，爲供公眾工作、營業、居住、遊覽、娛樂及其他供公眾使用之建築物。

第 6 條

本法所稱公有建築物，為政府機關、公營事業機構、自治團體及具有紀念性之建築物。

第 7 條

本法所稱雜項工作物，為營業爐、水塔、瞭望臺、招牌廣告、樹立廣告、散裝倉、廣播塔、煙囪、圍牆、機械遊樂設施、游泳池、地下儲藏庫、建築所需駁崁、挖填土石方等工程及建築物興建完成後增設之中央系統空氣調節設備、昇降設備、機械停車設備、防空避難設備、污物處理設施等。

第 8 條

本法所稱建築物之主要構造，為基礎、主要樑柱、承重牆壁、樓地板及屋頂之構造。

第 9 條

本法所稱建造，係指左列行為：

一、新建：為新建造之建築物或將原建築物全部拆除而重行建築者。

二、增建：於原建築物增加其面積或高度者。但以過廊與原建築物連接者，應視為新建。

三、改建：將建築物之一部分拆除，於原建築基地範圍內改造，而不增高或擴大面積者。

四、修建：建築物之基礎、樑柱、承重牆壁、樓地板、屋架及屋頂，其中任何一種有過半之修理或變更者。

第 10 條

本法所稱建築物設備，為敷設於建築物之電力、電信、煤氣、給水、污水、排水、空氣調節、昇降、消防、消雷、防空避難、污物處理及保護民眾隱私權等設備。

第 11 條

本法所稱建築基地，為供建築物本身所占之地面及其所應留設之法定空地。建築基地原為數宗者，於申請建築前應合併為一宗。

前項法定空地之留設，應包括建築物與其前後左右之道路或其他建築物間之距離，其寬度於建築管理規則中定之。

應留設之法定空地，非依規定不得分割、移轉，並不得重複使用；其分割要件及申請核發程序等事項之辦法，由中央主管建築機關定之。

第 12 條

本法所稱建築物之起造人，爲建造該建築物之申請人，其爲未成年或受監護宣告之人，由其法定代理人代爲申請；本法規定之義務與責任，亦由法定代理人負之。

起造人爲政府機關公營事業機構、團體或法人者，由其負責人申請之，並由負責人負本法規定之義務與責任。

第 13 條

本法所稱建築物設計人及監造人爲建築師，以依法登記開業之建築師爲限。但有關建築物結構及設備等專業工程部分，除五層以下非供公眾使用之建築物外，應由承辦建築師交由依法登記開業之專業工業技師負責辦理，建築師並負連帶責任。

公有建築物之設計人及監造人，得由起造之政府機關、公營事業機構或自治團體內，依法取得建築師或專業工業技師證書者任之。

開業建築師及專業工業技師不能適應各該地方之需要時，縣（市）政府得報經內政部核准，不受前二項之限制。

第 14 條

本法所稱建築物之承造人爲營造業，以依法登記開業之營造廠商爲限。

第 15 條

營造業應設置專任工程人員，負承攬工程之施工責任。

營造業之管理規則，由內政部定之。

外國營造業設立，應經中央主管建築機關之許可，依公司法申請認許或依商業登記法辦理登記，並應依前項管理規則之規定領得營造業登記證書及承攬工程手冊，始得營業。

第 16 條

建築物及雜項工作物造價在一定金額以下或規模在一定標準以下者，得免由建築師設計，或監造或營造業承造。

前項造價金額或規模標準，由直轄市、縣（市）政府於建築管理規則中定之。

第 17 條～第 18 條

（刪除）

第 19 條

內政部、直轄市、縣（市）政府得製訂各種標準建築圖樣及說明書，以供人民選用；人民選用標準圖樣申請建築時，得免由建築師設計及簽章。

第 20 條

中央主管建築機關對於直轄市、縣（市）建築管理業務，應負指導、考核之責。

第二章｜建築許可

第 21 條～第 23 條

（刪除）

第 24 條

公有建築應由起造機關將核定或決定之建築計畫、工程圖樣及說明書，向直轄市、縣（市）（局）主管建築機關請領建築執照。

第 25 條

建築物非經申請直轄市、縣（市）（局）主管建築機關之審查許可並發給執照，不得擅自建造或使用或拆除。但合於第七十八條及第九十八條規定者，不在此限。

直轄市、縣（市）（局）主管建築機關為處理擅自建造或使用或拆除之建築物，得派員攜帶證明文件，進入公私有土地或建築物內勘查。

第 26 條

直轄市、縣（市）（局）主管建築機關依本法規定核發之執照，僅為對申請建造、使用或拆除之許可。

建築物起造人、或設計人、或監造人、或承造人，如有侵害他人財產，或肇致危險或傷害他人時，應視其情形，分別依法負其責任。

第 27 條

非縣（局）政府所在地之鄉、鎮，適用本法之地區，非供公眾使用之建築物或雜項工作物，得委由鄉、鎮（縣轄市）公所依規定核發執照。鄉、鎮（縣轄市）公所核發執照，應每半年彙報縣（局）政府備案。

第 28 條

建築執照分左列四種：

一、建造執照：建築物之新建、增建、改建及修建，應請領建造執照。

二、雜項執照：雜項工作物之建築，應請領雜項執照。

三、使用執照：建築物建造完成後之使用或變更使用，應請領使用執照。

四、拆除執照：建築物之拆除，應請領拆除執照。

第 29 條

直轄市、縣（市）（局）主管建築機關核發執照時，應依左列規定，向建築物之起造人或所有人收取規費或工本費：

一、建造執照及雜項執照：按建築物造價或雜項工作物造價收取千分之一以下之規費。如有變更設計時，應按變更部分收取千分之一以下之規費。

二、使用執照：收取執照工本費。

三、拆除執照：免費發給。

第 30 條

起造人申請建造執照或雜項執照時，應備具申請書、土地權利證明文件、工程圖樣及說明書。

第 31 條

建造執照或雜項執照申請書，應載明左列事項：

一、起造人之姓名、年齡、住址。起造人為法人者，其名稱及事務所。

二、設計人之姓名、住址、所領證書字號及簽章。

三、建築地址。

四、基地面積、建築面積、基地面積與建築面積之百分比。

五、建築物用途。

六、工程概算。

七、建築期限。

第 32 條

工程圖樣及說明書應包括左列各款：

一、基地位置圖。

二、地盤圖，其比例尺不得小於一千二百分之一。

三、建築物之平面、立面、剖面圖，其比例尺不得小於二百分之一。

四、建築物各部之尺寸構造及材料，其比例尺不得小於三十分之一。

五、直轄市、縣（市）主管建築機關規定之必要結構計算書。

六、直轄市、縣（市）主管建築機關規定之必要建築物設備圖說及設備計算書。

七、新舊溝渠及出水方向。

八、施工說明書。

第 33 條

直轄市、縣（市）（局）主管建築機關收到起造人申請建造執照或雜項執照書件之日起，應於十日內審查完竣，合格者即發給執照。但供公眾使用或構造複雜者，得視需要予以延長，最長不得超過三十日。

第 34 條

直轄市、縣（市）（局）主管建築機關審查或鑑定建築物工程圖樣及說明書，應就規定項目爲之，其餘項目由建築師或建築師及專業工業技師依本法規定簽證負責。對於特殊結構或設備之建築物並得委託或指定具有該項學識及經驗之專家或機關、團體爲之；其委託或指定之審查或鑑定費用由起造人負擔。

前項規定項目之審查或鑑定人員以大、專有關系、科畢業或高等考試或相當於高等考試以上之特種考試相關類科考試及格，經依法任用，並具有三年以上工程經驗者爲限。

第一項之規定項目及收費標準，由內政部定之。

第 34-1 條

起造人於申請建造執照前，得先列舉建築有關事項，並檢附圖樣，繳納費用，申請直轄市、縣（市）主管建築機關預爲審查。審查時應特重建築結構之安全。

前項列舉事項經審定合格者，起造人自審定合格之日起六個月內，依審定結果申請建造執照，直轄市、縣（市）主管建築機關就其審定事項應予認可。

第一項預審之項目與其申請、審查程序及收費基準等事項之辦法，由中央主管建築機關定之。

第 35 條

直轄市、縣（市）（局）主管建築機關，對於申請建造執照或雜項執照案件，認爲不合本法規定或基於本法所發布之命令或妨礙當地都市計畫或區域計畫有關規定者，應將其不合條款之處，詳爲列舉，依第三十三條所規定之期限，一次通知起造人，令其改正。

第 36 條

起造人應於接獲第一次通知改正之日起六個月內，依照通知改正事項改正完竣送請復審；屆期未送請復審或復審仍不合規定者，主管建築機關得將該申請案件予以駁回。

第 37 條～第 38 條

（刪除）

第 39 條

起造人應依照核定工程圖樣及說明書施工；如於興工前或施工中變更設計時，仍應依照本法申請辦理。但不變更主要構造或位置，不增加高度或面積，不變更建築物設備內容或位置者，得於竣工後，備具竣工平面、立面圖，一次報驗。

第 40 條

起造人領得建築執照後，如有遺失，應刊登新聞紙或新聞電子報作廢，申請補發。

原發照機關，應於收到前項申請之日起，五日內補發，並另收取執照工本費。

第 41 條

起造人自接獲通知領取建造執照或雜項執照之日起，逾三個月未領取者，主管建築機關得將該執照予以廢止。

第三章｜建築基地

第 42 條

建築基地與建築線應相連接，其接連部分之最小寬度，由直轄市、縣（市）主管建築機關統一規定。但因該建築物周圍有廣場或永久性之空地等情形，經直轄市、縣（市）主管建築機關認為安全上無礙者，其寬度得不受限制。

第 43 條

建築物基地地面，應高出所臨接道路邊界處之路面；建築物底層地板面，應高出基地地面，但對於基地內之排水無礙，或因建築物用途上之需要，另有適當之防水及排水設備者，不在此限。

建築物設有騎樓者，其地平面不得與鄰接之騎樓地平面高低不平。但因地勢關係，經直轄市、縣（市）（局）主管機關核准者，不在此限。

第 44 條

直轄市、縣（市）（局）政府應視當地實際情形，規定建築基地最小面積之寬度及深度；建築基地面積畸零狹小不合規定者，非與鄰接土地協議調整地形或合併使用，達到規定最小面積之寬度及深度，不得建築。

第 45 條

前條基地所有權人與鄰接土地所有權人於不能達成協議時，得申請調處，直轄市、縣（市）（局）政府應於收到申請之日起一個月內予以調處；調處不成時，基地所有權人或鄰接土地所有權人得就規定最小面積之寬度及深度範圍內之土地按徵收補償金額預繳承買價款申請該管地方政府徵收後辦理出售。徵收之補償，土地以市價爲準，建築物以重建價格爲準，所有權人如有爭議，由標準地價評議委員會評定之。

徵收土地之出售，不受土地法第二十五條程序限制。辦理出售時應予公告三十日，並通知申請人，經公告期滿無其他利害關係人聲明異議者，即出售予申請人，發給權利移轉證明書；如有異議，公開標售之。但原申請人有優先承購權。標售所得超過徵收補償者，其超過部分發給被徵收之原土地所有權人。

第一項範圍內之土地，屬於公有者，准照該宗土地或相鄰土地當期土地公告現值讓售鄰接土地所有權人。

第 46 條

直轄市、縣（市）主管建築機關應依照前二條規定，並視當地實際情形，訂定畸零地使用規則，報經內政部核定後發布實施。

第 47 條

易受海潮、海嘯侵襲、洪水泛濫及土地崩塌之地區，如無確保安全之防護設施者，直轄市、縣（市）（局）主管建築機關應商同有關機關劃定範圍予以發布，並豎立標誌，禁止在該地區範圍內建築。

第四章｜建築界限

第 48 條

直轄市、縣（市）（局）主管建築機關，應指定已經公告道路之境界線爲建築線。但都市細部計畫規定須退縮建築時，從其規定。

前項以外之現有巷道，直轄市、縣（市）（局）主管建築機關，認有必要時得另定建築線；其辦法於建築管理規則中定之。

第 49 條

在依法公布尙未闢築或拓寬之道路線兩旁建造建築物，應依照直轄市、縣（市）（局）主管建築機關指定之建築線退讓。

第 50 條

直轄市、縣（市）主管建築機關基於維護交通安全、景致觀瞻或其他需要，對於道路交叉口及面臨河湖、廣場等地帶之申請建築，得訂定退讓辦法令其退讓。

前項退讓辦法，應報請內政部核定。

第 51 條
建築物不得突出於建築線之外，但紀念性建築物，以及在公益上或短期內有需要且無礙交通之建築物，經直轄市、縣（市）（局）主管建築機關許可其突出者，不在此限。

第 52 條
依第四十九條、第五十條退讓之土地，由直轄市、縣（市）（局）政府依法徵收。其地價補償，依都市計畫法規定辦理。

第五章｜施工管理

第 53 條
直轄市、縣（市）主管建築機關，於發給建造執照或雜項執照時，應依照建築期限基準之規定，核定其建築期限。

前項建築期限，以開工之日起算。承造人因故未能於建築期限內完工時，得申請展期一年，並以一次爲限。未依規定申請展期，或已逾展期期限仍未完工者，其建造執照或雜項執照自規定得展期之期限屆滿之日起，失其效力。

第一項建築期限基準，於建築管理規則中定之。

第 54 條
起造人自領得建造執照或雜項執照之日起，應於六個月內開工；並應於開工前，會同承造人及監造人將開工日期，連同姓名或名稱、住址、證書字號及承造人施工計畫書，申請該管主管建築機關備查。

起造人因故不能於前項期限內開工時，應敘明原因，申請展期一次，期限爲三個月。未依規定申請展期，或已逾展期期限仍未開工者，其建造執照或雜項執照自規定得展期之期限屆滿之日起，失其效力。

第一項施工計畫書應包括之內容，於建築管理規則中定之。

第 55 條
起造人領得建造執照或雜項執照後，如有左列各款情事之一者，應即申報該管主管建築機關備案：

一、變更起造人。

二、變更承造人。

三、變更監造人。
四、工程中止或廢止。
前項中止之工程，其可供使用部分，應由起造人依照規定辦理變更設計，申請使用；其不堪供使用部分，由起造人拆除之。

第 56 條

建築工程中必須勘驗部分，應由直轄市、縣（市）主管建築機關於核定建築計畫時，指定由承造人會同監造人按時申報後，方得繼續施工，主管建築機關得隨時勘驗之。
前項建築工程必須勘驗部分、勘驗項目、勘驗方式、勘驗紀錄保存年限、申報規定及起造人、承造人、監造人應配合事項，於建築管理規則中定之。

第 57 條

（刪除）

第 58 條

建築物在施工中，直轄市、縣（市）（局）主管建築機關認有必要時，得隨時加以勘驗，發現左列情事之一者，應以書面通知承造人或起造人或監造人，勒令停工或修改；必要時，得強制拆除：
一、妨礙都市計畫者。
二、妨礙區域計畫者。
三、危害公共安全者。
四、妨礙公共交通者。
五、妨礙公共衛生者。
六、主要構造或位置或高度或面積與核定工程圖樣及說明書不符者。
七、違反本法其他規定或基於本法所發布之命令者。

第 59 條

直轄市、縣（市）（局）主管建築機關因都市計畫或區域計畫之變更，對已領有執照尚未開工或正在施工中之建築物，如有妨礙變更後之都市計畫或區域計畫者，得令其停工，另依規定，辦理變更設計。
起造人因前項規定必須拆除其建築物時，直轄市、縣（市）（局）政府應對該建築物拆除之一部或全部，按照市價補償之。

第 60 條

建築物由監造人負責監造，其施工不合規定或肇致起造人蒙受損失時，賠償責任，依左列規定：

一、監造人認為不合規定或承造人擅自施工，至必須修改、拆除、重建或予補強，經主管建築機關認定者，由承造人負賠償責任。

二、承造人未按核准圖說施工，而監造人認為合格經直轄市、縣（市）（局）主管建築機關勘驗不合規定，必須修改、拆除、重建或補強者，由承造人負賠償責任，承造人之專任工程人員及監造人負連帶責任。

第 61 條

建築物在施工中，如有第五十八條各款情事之一時，監造人應分別通知承造人及起造人修改；其未依照規定修改者，應即申報該管主管建築機關處理。

第 62 條

主管建築機關派員勘驗時，勘驗人員應出示其身分證明文件；其未出示身分證明文件者，起造人、承造人或監造人得拒絕勘驗。

第 63 條

建築物施工場所，應有維護安全、防範危險及預防火災之適當設備或措施。

第 64 條

建築物施工時，其建築材料及機具之堆放，不得妨礙交通及公共安全。

第 65 條

凡在建築工地使用機械施工者，應遵守左列規定：

一、不得作其使用目的以外之用途，並不得超過其性能範圍。

二、應備有掣動裝置及操作上所必要之信號裝置。

三、自身不能穩定者，應扶以撐柱或拉索。

第 66 條

二層以上建築物施工時，其施工部分距離道路境界線或基地境界線不足二公尺半者，或五層以上建築物施工時，應設置防止物體墜落之適當圍籬。

第 67 條

主管建築機關對於建築工程施工方法或施工設備，發生激烈震動或噪音及灰塵散播，有妨礙附近之安全或安寧者，得令其作必要之措施或限制其作業時間。

第 68 條

承造人在建築物施工中，不得損及道路，溝渠等公共設施；如必須損壞時，應先申報各該主管機關核准，並規定施工期間之維護標準與責任，及損壞原因消失後之修復責任與期限，始得進行該部分工程。前項損壞部分，應在損壞原因消失後即予修復。

第 69 條

建築物在施工中，鄰接其他建築物施行挖土工程時，對該鄰接建築物應視需要作防護其傾斜或倒壞之措施。挖土深度在一公尺半以上者，其防護措施之設計圖樣及說明書，應於申請建造執照或雜項執照時一併送審。

第六章｜使用管理

第 70 條

建築工程完竣後，應由起造人會同承造人及監造人申請使用執照。直轄市、縣（市）（局）主管建築機關應自接到申請之日起，十日內派員查驗完竣。其主要構造、室內隔間及建築物主要設備等與設計圖樣相符者，發給使用執照，並得核發謄本；不相符者，一次通知其修改後，再報請查驗。但供公衆使用建築物之查驗期限，得展延爲二十日。

建築物無承造人或監造人，或承造人、監造人無正當理由，經建築爭議事件評審委員會評審後而拒不會同或無法會同者，由起造人單獨申請之。

第一項主要設備之認定，於建築管理規則中定之。

第 70-1 條

建築工程部分完竣後可供獨立使用者，得核發部分使用執照；其效力、適用範圍、申請程序及查驗規定等事項之辦法，由中央主管建築機關定之。

第 71 條

申請使用執照，應備具申請書，並檢附左列各件：

一、原領之建造執照或雜項執照。

二、建築物竣工平面圖及立面圖。

建築物與核定工程圖樣完全相符者，免附竣工平面圖及立面圖。

第 72 條

供公衆使用之建築物，依第七十條之規定申請使用執照時，直轄市、縣（市）

（局）主管建築機關應會同消防主管機關檢查其消防設備，合格後方得發給使用執照。

第 73 條

建築物非經領得使用執照，不准接水、接電及使用。但直轄市、縣（市）政府認有左列各款情事之一者，得另定建築物接用水、電相關規定：

一、偏遠地區且非屬都市計畫地區之建築物。

二、因興辦公共設施所需而拆遷具整建需要且無礙都市計畫發展之建築物。

三、天然災害損壞需安置及修復之建築物。

四、其他有迫切民生需要之建築物。

建築物應依核定之使用類組使用，其有變更使用類組或有第九條建造行為以外主要構造、防火區劃、防火避難設施、消防設備、停車空間及其他與原核定使用不合之變更者，應申請變更使用執照。但建築物在一定規模以下之使用變更，不在此限。

前項一定規模以下之免辦理變更使用執照相關規定，由直轄市、縣（市）主管建築機關定之。

第二項建築物之使用類組、變更使用之條件及程序等事項之辦法，由中央主管建築機關定之。

第 74 條

申請變更使用執照，應備具申請書並檢附左列各件：

一、建築物之原使用執照或謄本。

二、變更用途之說明書。

三、變更供公眾使用者，其結構計算書與建築物室內裝修及設備圖說。

第 75 條

直轄市、縣（市）（局）主管建築機關對於申請變更使用之檢查及發照期限，依第七十條之規定辦理。

第 76 條

非供公眾使用建築物變更為供公眾使用，或原供公眾使用建築物變更為他種公眾使用時，直轄市、縣（市）（局）主管建築機關應檢查其構造、設備及室內裝修。其有關消防安全設備部分應會同消防主管機關檢查。

第 77 條

建築物所有權人、使用人應維護建築物合法使用與其構造及設備安全。

直轄市、縣（市）（局）主管建築機關對於建築物得隨時派員檢查其有關公共安全與公共衛生之構造與設備。

供公眾使用之建築物，應由建築物所有權人、使用人定期委託中央主管建築機關認可之專業機構或人員檢查簽證，其檢查簽證結果應向當地主管建築機關申報。非供公眾使用之建築物，經內政部認有必要時亦同。

前項檢查簽證結果，主管建築機關得隨時派員或定期會同各有關機關複查。

第三項之檢查簽證事項、檢查期間、申報方式及施行日期，由內政部定之。

第 77-1 條

為維護公共安全，供公眾使用或經中央主管建築機關認有必要之非供公眾使用之原有合法建築物防火避難設施及消防設備不符現行規定者，應視其實際情形，令其改善或改變其他用途；其申請改善程序、項目、內容及方式等事項之辦法，由中央主管建築機關定之。

第 77-2 條

建築物室內裝修應遵守左列規定：

一、供公眾使用建築物之室內裝修應申請審查許可，非供公眾使用建築物，經內政部認有必要時，亦同。但中央主管機關得授權建築師公會或其他相關專業技術團體審查。

二、裝修材料應合於建築技術規則之規定。

三、不得妨害或破壞防火避難設施、消防設備、防火區劃及主要構造。

四、不得妨害或破壞保護民眾隱私權設施。

前項建築物室內裝修應由經內政部登記許可之室內裝修從業者辦理。

室內裝修從業者應經內政部登記許可，並依其業務範圍及責任執行業務。

前三項室內裝修申請審查許可程序、室內裝修從業者資格、申請登記許可程序、業務範圍及責任，由內政部定之。

第 77-3 條

機械遊樂設施應領得雜項執照，由具有設置機械遊樂設施資格之承辦廠商施工完竣，經竣工查驗合格取得合格證明書，並依第二項第二款之規定投保意外責任險後，檢同保險證明文件及合格證明書，向直轄市、縣（市）主管建築機關申領使用執照；非經領得使用執照，不得使用。

機械遊樂設施經營者，應依下列規定管理使用其機械遊樂設施：

一、應依核准使用期限使用。

二、應依中央主管建築機關指定之設施項目及最低金額常時投保意外責任保險。

三、應定期委託依法開業之相關專業技師、建築師或經中央主管建築機關指定之檢查機構、團體實施安全檢查。
四、應置專任人員負責機械遊樂設施之管理操作。
五、應置經考試及格或檢定合格之機電技術人員，負責經常性之保養、修護。
前項第三款安全檢查之次數，由該管直轄市、縣（市）主管建築機關定之，每年不得少於二次。必要時，並得實施全部或一部之不定期安全檢查。第二項第三款安全檢查之結果，應申報直轄市、縣（市）主管建築機關處理；直轄市、縣（市）主管建築機關得隨時派員或定期會同各有關機關或委託相關機構、團體複查或抽查。
第一項、第二項及前項之申請雜項執照應檢附之文件、圖說、機械遊樂設施之承辦廠商資格、條件、竣工查驗方式、項目、合格證明書格式、投保意外責任險之設施項目及最低金額、安全檢查、方式、項目、受指定辦理檢查之機構、團體、資格、條件及安全檢查結果格式等事項之管理辦法，由中央主管建築機關定之。
第二項第二款之保險，其保險條款及保險費率，由金融監督管理委員會會同中央主管建築機關核定之。

第 77-4 條

建築物昇降設備及機械停車設備，非經竣工檢查合格取得使用許可證，不得使用。
前項設備之管理人，應定期委託領有中央主管建築機關核發登記證之專業廠商負責維護保養，並定期向直轄市、縣（市）主管建築機關或由直轄市、縣（市）主管建築機關委託經中央主管建築機關指定之檢查機構或團體申請安全檢查。管理人未申請者，直轄市、縣（市）主管建築機關應限期令其補行申請；屆期未申請者，停止其設備之使用。
前項安全檢查，由檢查機構或團體受理者，應指派領有中央主管建築機關核發檢查員證之檢查員辦理檢查；受指派之檢查員，不得爲負責受檢設備之維護保養之專業廠商從業人員。直轄市、縣（市）主管建築機關並得委託受理安全檢查機構或團體核發使用許可證。
前項檢查結果，檢查機構或團體應定期彙報直轄市、縣（市）主管建築機關，直轄市、縣（市）主管建築機關得抽驗之；其抽驗不合格者，廢止其使用許可證。
第二項之專業廠商應依下列規定執行業務：
一、應指派領有中央主管建築機關核發登記證之專業技術人員安裝及維護。
二、應依原送直轄市、縣（市）主管建築機關備查之圖說資料安裝。
三、應依中央主管建築機關指定之最低金額常時投保意外責任保險。
四、應依規定保養台數，聘僱一定人數之專任專業技術人員。
五、不得將專業廠商登記證提供他人使用或使用他人之登記證。
六、應接受主管建築機關業務督導。
七、訂約後應依約完成安裝或維護保養作業。

八、報請核備之資料應與事實相符。

九、設備經檢查機構檢查或主管建築機關抽驗不合格應即改善。

十、受委託辦理申請安全檢查應於期限內申辦。

前項第一款之專業技術人員應依下列規定執行業務：

一、不得將專業技術人員登記證提供他人使用或使用他人之登記證。

二、應據實記載維護保養結果。

三、應參加中央主管建築機關舉辦或委託之相關機構、團體辦理之訓練。

四、不得同時受聘於二家以上專業廠商。

第二項之檢查機構應依下列規定執行業務：

一、應具備執行業務之能力。

二、應據實申報檢查員異動資料。

三、申請檢查案件不得積壓。

四、應接受主管建築機關業務督導。

五、檢查員檢查不合格報請處理案件，應通知管理人限期改善，複檢不合格之設備，應即時轉報直轄市、縣（市）主管建築機關處理。

第三項之檢查員應依下列規定執行業務：

一、不得將檢查員證提供他人使用或使用他人之檢查員證。

二、應據實申報檢查結果，對於檢查不合格之設備應報請檢查機構處理。

三、應參加中央主管建築機關舉辦或委託之相關機構、團體所舉辦之訓練。

四、不得同時任職於二家以上檢查機構或團體。

五、檢查發現昇降設備有立即發生危害公共安全之虞時，應即報告管理人停止使用，並儘速報告直轄市、縣（市）主管建築機關處理。

前八項設備申請使用許可證應檢附之文件、使用許可證有效期限、格式、維護保養期間、安全檢查期間、方式、項目、安全檢查結果與格式、受指定辦理安全檢查及受委託辦理訓練之機構或團體之資格、條件、專業廠商登記證、檢查員證、專業技術人員證核發之資格、條件、程序、格式、投保意外責任保險之最低金額、專業廠商聘僱專任專業技術人員之一定人數及保養設備台數等事項之管理辦法，由中央主管建築機關定之。

第五項第三款之保險，其保險條款及保險費率，由金融監督管理委員會會同中央主管建築機關核定之。

第七章｜拆除管理

第 78 條

建築物之拆除應先請領拆除執照。但左列各款之建築物，無第八十三條規定情形者不在此限：

一、第十六條規定之建築物及雜項工作物。

二、因實施都市計畫或拓闢道路等經主管建築機關通知限期拆除之建築物。

三、傾頹或朽壞有危險之虞必須立即拆除之建築物。

四、違反本法或基於本法所發布之命令規定，經主管建築機關通知限期拆除或由主管建築機關強制拆除之建築物。

第 79 條

申請拆除執照應備具申請書，並檢附建築物之權利證明文件或其他合法證明。

第 80 條

直轄市、縣（市）（局）主管建築機關應自收到前條書件之日起五日內審查完竣，合於規定者，發給拆除執照；不合者，予以駁回。

第 81 條

直轄市、縣（市）（局）主管建築機關對傾頹或朽壞而有危害公共安全之建築物，應通知所有人或占有人停止使用，並限期命所有人拆除；逾期未拆者，得強制拆除之。

前項建築物所有人住址不明無法通知者，得逕予公告強制拆除。

第 82 條

因地震、水災、風災、火災或其他重大事變，致建築物發生危險不及通知其所有人或占有人予以拆除時，得由該管主管建築機關逕予強制拆除。

第 83 條

經指定爲古蹟之古建築物、遺址及其他文化遺跡，地方政府或其所有人應予管理維護，其修復應報經古蹟主管機關許可後，始得爲之。

第 84 條

拆除建築物時，應有維護施工及行人安全之設施，並不得妨礙公衆交通。

第八章｜罰則

第 85 條

違反第十三條或第十四條之規定，擅自承攬建築物之設計、監造或承造業務者，勒令其停止業務，並處以六千元以上三萬元以下罰鍰；其不遵從而繼續營業者，處一年以下有期徒刑、拘役或科或併科三萬元以下罰金。

第 86 條

違反第二十五條之規定者，依左列規定，分別處罰：

一、擅自建造者，處以建築物造價千分之五十以下罰鍰，並勒令停工補辦手續；必要時得強制拆除其建築物。

二、擅自使用者，處以建築物造價千分之五十以下罰鍰，並勒令停止使用補辦手續；其有第五十八條情事之一者，並得封閉其建築物，限期修改或強制拆除之。

三、擅自拆除者，處一萬元以下罰鍰，並勒令停止拆除補辦手續。

第 87 條

有下列情形之一者，處起造人、承造人或監造人新臺幣九千元以下罰鍰，並勒令補辦手續；必要時，並得勒令停工。

一、違反第三十九條規定，未依照核定工程圖樣及說明書施工者。

二、建築執照遺失未依第四十條規定，刊登新聞紙或新聞電子報作廢，申請補發者。

三、逾建築期限未依第五十三條第二項規定，申請展期者。

四、逾開工期限未依第五十四條第二項規定，申請展期者。

五、變更起造人、承造人、監造人或工程中止或廢止未依第五十五條第一項規定，申請備案者。

六、中止之工程可供使用部分未依第五十五條第二項規定，辦理變更設計，申請使用者。

七、未依第五十六條規定，按時申報勘驗者。

第 88 條

違反第四十九條至第五十一條各條規定之一者，處其承造人或監造人三千元以上一萬五千元以下罰鍰，並令其限期修改；逾期不遵從者，得強制拆除其建築物。

第 89 條

違反第六十三條至第六十九條及第八十四條各條規定之一者，除勒令停工外，並各處承造人、監造人或拆除人六千元以上三萬元以下罰鍰；其起造人亦有責任時，得處以相同金額之罰鍰。

第 90 條

（刪除）

第 91 條

有左列情形之一者，處建築物所有權人、使用人、機械遊樂設施之經營者新臺幣六萬元以上三十萬元以下罰鍰，並限期改善或補辦手續，屆期仍未改善或補辦手續而繼續使用者，得連續處罰，並限期停止其使用。必要時，並停止供水供電、封閉或命其於期限內自行拆除，恢復原狀或強制拆除：

一、違反第七十三條第二項規定，未經核准變更使用擅自使用建築物者。

二、未依第七十七條第一項規定維護建築物合法使用與其構造及設備安全者。

三、規避、妨礙或拒絕依第七十七條第二項或第四項之檢查、複查或抽查者。

四、未依第七十七條第三項、第四項規定辦理建築物公共安全檢查簽證或申報者。

五、違反第七十七條之三第一項規定，未經領得使用執照，擅自供人使用機械遊樂設施者。

六、違反第七十七條之三第二項第一款規定，未依核准期限使用機械遊樂設施者。

七、未依第七十七條之三第二項第二款規定常時投保意外責任保險者。

八、未依第七十七條之三第二項第三款規定實施定期安全檢查者。

九、未依第七十七條之三第二項第四款規定置專任人員管理操作機械遊樂設施者。

十、未依第七十七條之三第二項第五款規定置經考試及格或檢定合格之機電技術人員負責經常性之保養、修護者。

有供營業使用事實之建築物，其所有權人、使用人違反第七十七條第一項有關維護建築物合法使用與其構造及設備安全規定致人於死者，處一年以上七年以下有期徒刑，得併科新臺幣一百萬元以上五百萬元以下罰金；致重傷者，處六個月以上五年以下有期徒刑，得併科新臺幣五十萬元以上二百五十萬元以下罰鍰。

第 91-1 條

有左列情形之一者，處建築師、專業技師、專業機構或人員、專業技術人員、檢查員或實施機械遊樂設施安全檢查人員新臺幣六萬元以上三十萬元以下罰鍰：

一、辦理第七十七條第三項之檢查簽證內容不實者。

二、允許他人假借其名義辦理第七十七條第三項檢查簽證業務或假借他人名義辦理該檢查簽證業務者。

三、違反第七十七條之四第六項第一款或第七十七條之四第八項第一款規定，將登記證或檢查員證提供他人使用或使用他人之登記證或檢查員證執業者。

四、違反第七十七條之三第二項第三款規定，安全檢查報告內容不實者。

第 91-2 條

專業機構或專業檢查人違反第七十七條第五項內政部所定有關檢查簽證事項之規定情節重大者，廢止其認可。

建築物昇降設備及機械停車設備之專業廠商有左列情形之一者，直轄市、縣（市）主管建築機關應通知限期改正，屆期未改正者，得予停業或報請中央主管建築機關廢止其登記證：

一、違反第七十七條之四第五項第一款規定，指派非專業技術人員安裝及維護者。

二、違反第七十七條之四第五項第二款規定，未依原送備查之圖說資料安裝者。

三、未依第七十七條之四第五項第三款規定常時投保意外責任保險者。

四、未依第七十七條之四第五項第四款之規定聘僱一定人數之專任專業技術人員者。

五、違反第七十七條之四第五項第五款之規定，將登記證提供他人使用或使用他人之登記證執業者。

六、違反第七十七條之四第五項第六款規定，規避、妨害、拒絕接受業務督導者。

七、違反第七十七條之四第五項第八款規定，報請核備之資料與事實不符者。

八、違反第七十七條之四第五項第九款規定，設備經檢查或抽查不合格拒不改善或改善後複檢仍不合格者。

九、違反第七十七條之四第五項第十款規定，未於期限內申辦者。

專業技術人員有左列情形之一者，直轄市、縣（市）主管建築機關應通知限期改正，屆期未改正者，得予停止執行職務或報請中央主管建築機關廢止其專業技術人員登記證：

一、違反第七十七條之四第六項第一款規定，將登記證提供他人使用或使用他人之登記證執業者。

二、違反第七十七條之四第六項第二款規定，維護保養結果記載不實者。

三、未依第七十七條之四第六項第三款規定參加訓練者。

四、違反第七十七條之四第六項第四款規定，同時受聘於兩家以上專業廠商者。

檢查機構有左列情形之一者，直轄市、縣（市）主管建築機關應通知限期改正，屆期未改正者，得予停止執行職務或報請中央主管建築機關廢止指定：

一、違反第七十七條之四第七項第一款規定，喪失執行業務能力者。

二、未依第七十七條之四第七項第二款規定據實申報檢查員異動資料者。

三、違反第七十七條之四第七項第三款規定，積壓申請檢查案件者。

四、違反第七十七條之四第七項第四款規定，規避、妨害或拒絕接受業務督導者。

五、未依第七十七條之四第七項第五款規定通知管理人限期改善或將複檢不合格案件即時轉報主管建築機關處理者。

檢查員有左列情形之一者，直轄市、縣（市）主管建築機關應通知限期改正，屆期未改正者，得予停止執行職務或報請中央主管建築機關廢止其檢查員證：

一、違反第七十七條之四第八項第一款規定，將檢查員證提供他人使用或使用他人之檢查員證執業者。

二、違反第七十七條之四第八項第二款規定，未據實申報檢查結果或對於檢查不合格之設備未報檢查機構處理者。

三、未依第七十七條之四第八項第三款規定參加訓練者。

四、違反第七十七條之四第八項第四款規定，同時任職於兩家以上檢查機構或團體者。

五、未依第七十七條之四第八項第五款規定報告管理人停止使用或儘速報告主管建築機關處理者。

專業廠商、專業技術人員或檢查員經撤銷或廢止登記證或檢查員證，未滿三年者，不得重行申請核發同種類登記證或檢查員證。

第 92 條

本法所定罰鍰由該管主管建築機關處罰之，並得於行政執行無效時，移送法院強制執行。

第 93 條

依本法規定勒令停工之建築物，非經許可不得擅自復工；未經許可擅自復工經制止不從者，除強制拆除其建築物或勒令恢復原狀外，處一年以下有期徒刑、拘役或科或併科三萬元以下罰金。

第 94 條

依本法規定停止使用或封閉之建築物，非經許可不得擅自使用；未經許可擅自使用經制止不從者，處一年以下有期徒刑、拘役或科或併科新臺幣三十萬元以下罰金。

第 94-1 條

依本法規定停止供水或供電之建築物，非經直轄市、縣（市）（局）主管建築機關審查許可，不得擅自接水、接電或使用；未經許可擅自接水、接電或使用者，處一年以下有期徒刑、拘役或科或併科新臺幣三十萬元以下罰金。

第 95 條

依本法規定強制拆除之建築物，違反規定重建者，處一年以下有期徒刑、拘役或科或併科新臺幣三十萬元以下罰金。

第 95-1 條

違反第七十七條之二第一項或第二項規定者，處建築物所有權人、使用人或室內裝修從業者新臺幣六萬元以上三十萬元以下罰鍰，並限期改善或補辦，逾期仍未改善或補辦者得連續處罰；必要時強制拆除其室內裝修違規部分。

室內裝修從業者違反第七十七條之二第三項規定者，處新臺幣六萬元以上三十萬元以下罰鍰，並得勒令其停止業務，必要時並撤銷其登記；其為公司組織者，通知該管主管機關撤銷其登記。

經依前項規定勒令停止業務，不遵從而繼續執業者，處一年以下有期徒刑、拘役或科或併科新臺幣三十萬元以下罰金；其為公司組織者，處罰其負責人及行為人。

第 95-2 條

建築物昇降設備及機械停車設備管理人違反第七十七條之四第二項規定者，處新臺幣三千元以上一萬五千元以下罰鍰，並限期改善或補辦手續，屆期仍未改善或補辦手續者，得連續處罰。

第 95-3 條

本法修正施行後，違反第九十七條之三第二項規定，未申請審查許可，擅自設置招牌廣告或樹立廣告者，處建築物所有權人、土地所有權人或使用人新臺幣四萬元以上二十萬元以下罰鍰，並限期改善或補辦手續，屆期仍未改善或補辦手續者，得連續處罰。必要時，得命其限期自行拆除其招牌廣告或樹立廣告。

第九章｜附則

第 96 條

本法施行前，供公眾使用之建築物而未領有使用執照者，其所有權人應申請核發使用執照。但都市計畫範圍內非供公眾使用者，其所有權人得申請核發使用執照。

前項建築物使用執照之核發及安全處理，由直轄市、縣（市）政府於建築管理規則中定之。

第 96-1 條

依本法規定強制拆除之建築物均不予補償，其拆除費用由建築物所有人負擔。

前項建築物內存放之物品，主管機關應公告或以書面通知所有人、使用人或管理人自行遷移，逾期不遷移者，視同廢棄物處理。

第 97 條

有關建築規劃、設計、施工、構造、設備之建築技術規則，由中央主管建築機關定之，並應落實建構兩性平權環境之政策。

第 97-1 條

山坡地建築之審查許可、施工管理及使用管理等事項之辦法，由中央主管建築機關定之。

第 97-2 條

違反本法或基於本法所發布命令規定之建築物，其處理辦法，由內政部定之。

第 97-3 條

一定規模以下之招牌廣告及樹立廣告，得免申請雜項執照。其管理並得簡化，不適用本法全部或一部之規定。

招牌廣告及樹立廣告之設置，應向直轄市、縣（市）主管建築機關申請審查許可，直轄市、縣（市）主管建築機關得委託相關專業團體審查，其審查費用由申請人負擔。

前二項招牌廣告及樹立廣告之一定規模、申請審查許可程序、施工及使用等事項之管理辦法，由中央主管建築機關定之。

第二項受委託辦理審查之專業團體之資格條件、執行審查之工作內容、收費基準與應負之責任及義務等事項，由該管直轄市、縣（市）主管建築機關定之。

第 98 條

特種建築物得經行政院之許可，不適用本法全部或一部之規定。

第 99 條

左列各款經直轄市、縣（市）主管建築機關許可者，得不適用本法全部或一部之規定：

一、紀念性之建築物。

二、地面下之建築物。

三、臨時性之建築物。

四、海港、碼頭、鐵路車站、航空站等範圍內之雜項工作物。

五、興闢公共設施，在拆除剩餘建築基地內依規定期限改建或增建之建築物。

六、其他類似前五款之建築物或雜項工作物。

前項建築物之許可程序、施工及使用等事項之管理，得於建築管理規則中定之。

第 99-1 條

實施都市計畫以外地區或偏遠地區建築物之管理得予簡化，不適用本法全部或一部之規定；其建築管理辦法，得由縣政府擬訂，報請內政部核定之。

第 100 條

第三條所定適用地區以外之建築物，得由內政部另定辦法管理之。

第 101 條

直轄市、縣（市）政府得依據地方情形，分別訂定建築管理規則，報經內政部核定後實施。

第 102 條

直轄市、縣（市）政府對左列各款建築物，應分別規定其建築限制：

一、風景區、古蹟保存區及特定區內之建築物。

二、防火區內之建築物。

第 102-1 條

建築物依規定應附建防空避難設備或停車空間；其防空避難設備因特殊情形施工確有困難或停車空間在一定標準以下及建築物位於都市計畫停車場公共設施用地一定距離範圍內者，得由起造人繳納代金，由直轄市、縣（市）主管建築機關代為集中興建。

前項標準、範圍、繳納代金及管理使用辦法，由直轄市、縣（市）政府擬訂，報請內政部核定之。

第 103 條

直轄市、縣（市）（局）主管建築機關為處理有關建築爭議事件，得聘請資深之營建專家及建築師，並指定都市計劃及建築管理主管人員，組設建築爭議事件評審委員會。

前項評審委員會之組織，由內政部定之。

第 104 條

直轄市、縣（市）（局）政府對於建築物有關防火及防空避難設備之設計與構造，得會同有關機關為必要之規定。

第 105 條

本法自公布日施行。

本法中華民國九十八年五月十二日修正之條文，自九十八年十一月二十三日施行。

建築師法

■修正日期：民國 103 年 01 月 15 日

第一章｜總則

第 1 條

中華民國人民經建築師考試及格者，得充任建築師。

第 2 條

具有左列資格之一者，前條考試得以檢覈行之：

一、公立或立案之私立專科以上學校，或經教育部承認之國外專科以上學校，修習建築工程學系、科、所畢業，並具有建築工程經驗而成績優良者，其服務年資，研究所及大學五年畢業者爲三年，大學四年畢業者爲四年，專科學校畢業者爲五年。

二、公立或立案之私立專科以上學校，或經教育部承認之國外專科以上學校，修習建築工程學系、科、所畢業，並曾任專科以上學校教授、副教授、助理教授、講師，經教育部審查合格，講授建築學科三年以上，有證明文件者。

三、公立或立案之私立專科以上學校，或經教育部承認之國外專科以上學校，修習土木工程、營建工程技術學系、科畢業，修滿建築設計二十二學分以上，並具有建築工程經驗而成績優良者，其服務年資，大學四年畢業者爲五年，專科學校畢業者爲六年。

四、公立或立案之私立專科以上學校，或經教育部承認之國外專科以上學校，修習土木工程、營建工程技術學系、科畢業，修滿建築設計二十二學分以上，並曾任專科以上學校教授、副教授、助理教授、講師，經教育部審查合格，講授建築學科四年以上，有證明文件者。

五、經公務人員高等考試建築工程科考試及格，且經分發任用，並具有建築工程工作經驗三年以上，成績優良，有證明文件者。

六、在外國政府領有建築師證書，經考選部認可者。

前項檢覈辦法，由考試院會同行政院定之。

第 3 條

本法所稱主管機關：在中央為內政部；在直轄市為直轄市政府；在縣（市）為縣（市）政府。

第 4 條

有下列情形之一者，不得充任建築師；已充任建築師者，由中央主管機關撤銷或廢止其建築師證書：

一、受監護或輔助宣告，尚未撤銷。

二、罹患精神疾病或身心狀況違常，經中央主管機關委請二位以上相關專科醫師諮詢，並經中央主管機關認定不能執行業務。

三、受破產宣告，尚未復權。

四、因業務上有關之犯罪行為，受一年有期徒刑以上刑之判決確定，而未受緩刑之宣告。

五、受廢止開業證書之懲戒處分。

前項第一款至第三款原因消滅後，仍得依本法之規定，請領建築師證書。

第 5 條

請領建築師證書，應具申請書及證明資格文件，呈請內政部核明後發給。

第 6 條

建築師開業，應設立建築師事務所執行業務，或由二個以上建築師組織聯合建築師事務所共同執行業務，並向所在地直轄市、縣（市）辦理登記開業且以全國為其執行業務之區域。

第二章｜開業

第 7 條

領有建築師證書，具有二年以上建築工程經驗者，得申請發給開業證書。

第 8 條

建築師申請發給開業證書，應備具申請書載明左列事項，並檢附建築師證書及經歷證明文件，向所在縣（市）主管機關申請審查登記後發給之；其在直轄市者，由工務局為之：

一、事務所名稱及地址。

二、建築師姓名、性別、年齡、照片、住址及證書字號。

第 9 條

建築師在未領得開業證書前，不得執行業務。

第 9-1 條

開業證書有效期間爲六年，領有開業證書之建築師，應於開業證書有效期間屆滿日之三個月前，檢具原領開業證書及內政部認可機構、團體出具之研習證明文件，向所在直轄市、縣（市）主管機關申請換發開業證書。

前項申請換發開業證書之程序、應檢附文件、收取規費及其他應遵行事項之辦法，由內政部定之。

第一項機構、團體出具研習證明文件之認可條件、程序及其他應遵行事項之辦法，由內政部定之。

前三項規定施行前，已依本法規定核發之開業證書，其有效期間自前二項辦法施行之日起算六年；其申請換發，依第一項規定辦理。

第 10 條

直轄市、縣（市）主管機關於核准發給建築師開業證書時，應報內政部備查，並刊登公報或公告；註銷開業證書時，亦同。

第 11 條

建築師開業後，其事務所地址變更及其從業建築師與技術人員受聘或解僱，應報直轄市、縣（市）主管機關分別登記。

第 12 條

建築師事務所遷移於核准登記之直轄市、縣（市）以外地區時，應向原登記之主管機關申請核轉；接受登記之主管機關應即核發開業證書，並報請中央主管機關備查。

第 13 條

建築師自行停止執業，應檢具開業證書，向原登記主管機關申請註銷開業證書。

第 14 條

（刪除）

第 15 條

直轄市、縣（市）主管機關應備具開業建築師登記簿，載明左列事項：

一、開業申請書所載事項。

二、開業證書號數。
三、從業建築師及技術人員姓名、受聘或解僱日期。
四、登記事項之變更。
五、獎懲種類、期限及事由。
六、停止執業日期及理由。
前項登記簿按年另繕副本，層報內政部備案。

第三章｜開業建築師之業務及責任

第 16 條

建築師受委託人之委託，辦理建築物及其實質環境之調查、測量、設計、監造、估價、檢查、鑑定等各項業務，並得代委託人辦理申請建築許可、招商投標、擬定施工契約及其他工程上之接洽事項。

第 17 條

建築師受委託設計之圖樣、說明書及其他書件，應合於建築法及基於建築法所發布之建築技術規則、建築管理規則及其他有關法令之規定；其設計內容，應能使營造業及其他設備廠商，得以正確估價，按照施工。

第 18 條

建築師受委託辦理建築物監造時，應遵守左列各款之規定：
一、監督營造業依照前條設計之圖說施工。
二、遵守建築法令所規定監造人應辦事項。
三、查核建築材料之規格及品質。
四、其他約定之監造事項。

第 19 條

建築師受委託辦理建築物之設計，應負該工程設計之責任；其受委託監造者，應負監督該工程施工之責任，但有關建築物結構與設備等專業工程部分，除五層以下非供公眾使用之建築物外，應由承辦建築師交由依法登記開業之專業技師負責辦理，建築師並負連帶責任。當地無專業技師者，不在此限。

第 19-1 條

經建築師考試及格，領有建築師證書及建築師開業證書者，除法律另有規定者外，得辦理建築科工業技師業務。

第 20 條

建築師受委託辦理各項業務，應遵守誠實信用之原則，不得有不正當行為及違反或廢弛其業務上應盡之義務。

第 21 條

建築師對於承辦業務所為之行為，應負法律責任。

第 22 條

建築師受委託辦理業務，其工作範圍及應收酬金，應與委託人於事前訂立書面契約，共同遵守。

第 23 條

（刪除）

第 24 條

建築師對於公共安全、社會福利及預防災害等有關建築事項，經主管機關之指定，應襄助辦理。

第 25 條

建築師不得兼任或兼營左列職業：

一、依公務人員任用法任用之公務人員。

二、營造業、營造業之主任技師或技師，或為營造業承攬工程之保證人。

三、建築材料商。

第 26 條

建築師不得允諾他人假借其名義執行業務。

第 27 條

建築師對於因業務知悉他人之秘密，不得洩漏。

第四章｜公會

第 28 條

建築師領得開業證書後，非加入該管直轄市、縣（市）建築師公會，不得執行業務；建築師公會對建築師之申請入會，不得拒絕。

本法中華民國九十八年十二月十一日修正之條文施行前已加入省公會執行業務之建築師，自該修正施行之日起二年內得繼續執業。期限屆滿前，應加入縣（市）公會，縣（市）公會未成立前，得加入鄰近縣（市）公會。原省建築師公會應自期限屆滿日起一年內，辦理解散。

直轄市、縣（市）建築師公會應將所屬會員入會資料，轉送至全國建築師公會辦理登錄備查。

第一項開業建築師，以加入一個直轄市或縣（市）建築師公會為限。

第 28-1 條

為促進金門馬祖地區之建築師公會發展，規定如下：

一、建築師領得開業證書後，得加入金門馬祖地區之建築師公會，不受前條第四項規定之限制；非加入該管金門馬祖地區之建築師公會，不得於金門馬祖地區執行業務。但在該管金門馬祖地區之建築師公會未成立前，不在此限。

二、領有金門馬祖地區開業證書之建築師，得加入臺灣本島之直轄市、縣（市）公會，並以一個為限。

原福建省建築師公會應變更組織為金門馬祖地區之建築師公會，並以會所所在地之當地政府為主管機關。

第 29 條

建築師公會於直轄市、縣（市）組設之，並設全國建築師公會於中央政府所在地。但報經中央主管機關核准者，得設於其他地區。

第 30 條

直轄市、縣（市）有登記開業之建築師達九人以上者，得組織建築師公會；其不足九人者，得加入鄰近直轄市、縣（市）之建築師公會或共同組織之。

同一或共同組織之行政區域內，其組織同級公會，以一個為限。

第 31 條

全國建築師公會，應由直轄市、縣（市）建築師公會共同組織之。各直轄市、縣（市）建築師公會，應自組織完成之日起六個月內，加入全國建築師公會，全國建築師公會不得拒絕。

第 31-1 條

本法中華民國九十八年十二月十一日修正之條文施行前，已設立之中華民國建築師公會全國聯合會，應自該修正施行之日起二年內，依本法規定變更組織為全國建築師公會；原已設立之臺灣省建築師公會所屬各縣（市）辦事處，得於三年內調整、變更組織或併入各直轄市、縣（市）建築師公會；其所屬直轄市聯絡處得調整、變更組織或併入各該直轄市建築師公會。

因第二十八條之一第二項及前項調整或變更組織而財產移轉，適用下列規定：

一、所書立之各項契據憑證，免徵印花稅。

二、其移轉之有價證券，免徵證券交易稅。

三、其移轉貨物或勞務，非屬營業稅之課徵範圍。

四、其不動產移轉，免徵契稅及不課徵土地增值稅。但土地於再移轉時，以前項調整或變更組織前該土地之原規定地價或前次移轉現值為原地價，計算漲價數額，課徵土地增值稅。

第 32 條

建築師公會之主管機關為主管社會行政機關。但其目的事業，應受主管建築機關之指導、監督。

第 33 條

建築師公會設理事、監事，由會員大會選舉之；其名額如下：

一、建築師公會之理事不得逾二十五人；監事不得逾七人。

二、全國建築師公會之理事不得逾三十五人；監事不得逾十一人。

三、候補理、監事不得超過理、監事名額二分之一。

前項理事、監事之任期為三年，連選得連任一次。

第 34 條

建築師公會每年開會員大會一次，必要時得召開臨時大會；如經會員五分之一以上之要求，應召開臨時大會。

會員大會，須有會員二分之一以上出席，始得開會。但章程另有規定會員大會出席會員低於二分之一者，不在此限。

會員大會依前項但書之規定召開者，會員應親自出席，不得委託他人代理。

第 35 條

建築師公會應訂立章程，造具會員簡表及職員名冊，申請該管社政主管機關核准，並應分報各該主管機關備案。

第 36 條

建築師公會章程，應規定下列事項：

一、名稱、地區及會所所在地。
二、宗旨、組織及任務。
三、會員之入會及退會。
四、會員之權利及義務。
五、理事、監事、候補理事、候補監事之名額、權限、任期及其選任、解任。
六、會議。
七、會員遵守之公約。
八、建築師紀律委員會之組織及風紀維持方法。
九、會費、經費及會計。
十、其他處理會務之必要事項。
直轄市、縣（市）建築師公會訂立章程，不得牴觸全國建築師公會章程。全國建築師公會章程，應規定有關各直轄市、縣（市）建築師公會之聯繫協調事項。

第 37 條

建築師公會應訂立建築師業務章則，載明業務內容、受取酬金標準及應盡之責任、義務等事項。前項業務章則，應經會員大會通過，在直轄市者，報請所在地主管建築機關，核轉內政部核定；在省者，報請內政部核定。

第 38 條

建築師公會所在地之主管社會行政機關及主管建築機關於建築師公會召開會員大會時，應派員出席指導；理監事會議得派員出席指導，並得核閱其會議紀錄。

第 39 條

建築師公會應將左列事項分別呈報所在地主管社會行政機關與主管建築機關：
一、建築師公會章程。
二、會員名冊及會員之入會、退會。
三、理事、監事選舉情形及當選人姓名。
四、會員大會、理事、監事會議之開會日期、時間、處所及會議情形。
五、提議、決議事項。
前項呈報，由所在地主管社會行政機關轉報內政部核備。

第 40 條

建築師公會違反法令或建築師公會章程者，主管社會行政機關得分別施以左列之處分：
一、警告。

二、撤銷其決議。

三、整理。

前項第一款及第二款之處分，主管建築機關並得爲之。

第五章｜獎懲

第 41 條

建築師有左列情事之一者，直轄市、縣（市）主管機關得予以獎勵之；特別優異者，層報內政部獎勵之：

一、對建築法規、區域計畫或都市計畫襄助研究及建議，有重大貢獻者。

二、對公共安全、社會福利或預防災害等有關建築事項襄助辦理，成績卓著者。

三、對建築設計或學術研究有卓越表現者。

四、對協助推行建築實務著有成績者。

第 42 條

建築師之獎勵如左：

一、嘉獎。

二、頒發獎狀。

第 43 條

建築師未經領有開業證書、已撤銷或廢止開業證書、未加入建築師公會或受停止執行業務處分而擅自執業者，除勒令停業外，並處新臺幣一萬元以上三萬元以下之罰鍰；其不遵從而繼續執業者，得按次連續處罰。

第 43-1 條

建築師違反第九條之一規定，開業證書已逾有效期間未申請換發，而繼續執行建築師業務者，處新臺幣六千元以上一萬五千元以下罰鍰，並令其限期補辦申請；屆期不遵從而繼續執業者，得按次連續處罰。

第 44 條

（刪除）

第 45 條

建築師之懲戒處分如下：

一、警告。

二、申誡。
三、停止執行業務二月以上二年以下。
四、撤銷或廢止開業證書。

建築師受申誡處分三次以上者，應另受停止執行業務時限之處分；受停止執行業務處分累計滿五年者，應廢止其開業證書。

第 46 條

建築師違反本法者，依下列規定懲戒之：

一、違反第十一條至第十三條或第五十四條第三項規定情事之一者，應予警告或申誡。
二、違反第六條、第二十四條或第二十七條規定情事之一者，應予申誡或停止執行業務。
三、違反第二十五條之規定者，應予停止執行業務，其不遵從而繼續執業者，應予廢止開業證書。
四、違反第十七條或第十八條規定情事之一者，應予警告、申誡或停止執行業務或廢止開業證書。
五、違反第四條或第二十六條之規定者，應予撤銷或廢止開業證書。

第 47 條

直轄市、縣（市）主管機關對於建築師懲戒事項，應設置建築師懲戒委員會處理之。建築師懲戒委員會應將交付懲戒事項，通知被付懲戒之建築師，並限於二十日內提出答辯或到會陳述；如不遵限提出答辯或到會陳述時，得逕行決定。

第 48 條

被懲戒人對於建築師懲戒委員會之決定，有不服者，得於通知送達之翌日起二十日內，向內政部建築師懲戒覆審委員會申請覆審。

第 49 條

建築師懲戒委員會及建築師懲戒覆審委員會之組織，由內政部訂定，報請行政院備案。

第 50 條

建築師有第四十六條各款情事之一時，利害關係人、直轄市、縣（市）主管機關或建築師公會得列舉事實，提出證據，報請或由直轄市、縣（市）主管機關交付懲戒。

第 51 條

被懲戒人之處分確定後，直轄市、縣（市）主管機關應予執行，並刊登公報或公告。

第六章｜附則

第 52 條

本法施行前，領有建築師甲等開業證書有案者，仍得充建築師。但應依本法規定，檢具證件，申請內政部核發建築師證書。本法施行前，領有建築科工業技師證書者，準用前項之規定。

第 52-1 條

第二條第一項第五款建築科工業技師檢覈取得建築師證書者，限期於中華民國七十四年六月三十日前辦理完畢，逾期不再受理。

依前條及本條前項之規定檢覈領有建築師證書者，自中華民國七十五年一月一日起不得同時執行建築師、土木科工業技師或建築科工業技師業務；已執行者應取消其一。第十九條之一建築師辦理建築科工業技師業務者亦同。

第 53 條

本法施行前，領有建築師乙等開業證書者，得於本法施行後，憑原領開業證書繼續執行業務。但其受委託設計或監造之工程造價以在一定限額以下者為限。

前項領有乙等開業證書受委託設計或監造之工程造價限額，由直轄市、縣（市）政府定之，並得視地方經濟變動情形，報經內政部核定後予以調整。

第 54 條

外國人得依中華民國法律應建築師考試。

前項考試及格領有建築師證書之外國人，在中華民國執行建築師業務，應經內政部之許可，並應遵守中華民國一切法令及建築師公會章程及章則。外國人經許可在中華民國開業為建築師者，其有關業務上所用之文件、圖說，應以中華民國文字為主。

第 55 條

建築師證書及建築師開業證書之證書費金額，由內政部定之。

第 56 條

本法施行細則，由內政部定之。

第 57 條

本法自公布日施行。

本法中華民國八十六年五月七日修正公布之第五十四條，其施行日期由行政院定之；九十八年五月十二日修正之條文，自九十八年十一月二十三日施行。

建築師法施行細則

■修正日期：民國 100 年 04 月 25 日

第 1 條

本細則依建築師法（以下簡稱本法）第五十六條規定訂定之。

第 2 條

依本法第五條規定請領建築師證書者，應檢具下列書件連同證書費，向中央主管機關提出：

一、申請書一份。

二、本人最近二吋半身照片一式三張。

三、證明資格文件。

前項第三款證明資格文件如下：

一、經建築師考試或檢覈及格者，應繳送及格證書及其影本一份。

二、本法施行前領有建築師甲等開業證書者，應繳送建築師甲等開業證書及其影本一份。

第 3 條

中央主管機關受理前條申請應即審查，合格者發給建築師證書，並發還原繳送證書；不合格者駁回其申請，並退還申請書件及證書費。

申請手續不完備者，應將應行補正事項一次通知限期補正。

第 4 條

本法第七條所稱具有二年以上建築工程經驗者，指下列情形之一：

一、在開業建築師事務所從事建築工程實際工作累計二年以上。

二、在政府機關、機構、公營或登記有案之民營事業機構從事建築工程實際工作累計二年以上。

三、任專科以上學校教授、副教授、助理教授、講師講授建築學科二門主科累計各二年以上。

第 5 條

依本法第八條規定申請發給開業證書者，應檢具下列書件連同證書費，向所在地主管機關提出：

一、申請書三份。

二、戶籍謄本或身分證件影本一份。

三、建築工程經歷證明文件一份。

四、事務所房屋合法使用證明文件影本一份。

五、建築師證書及其影本一份。

六、本人最近二吋半身照片一式五張。

前項第三款證明文件，於依建築師檢覈辦法申請檢覈及格者，免予檢附。

第 6 條

本法第八條所稱經歷證明文件如下：

一、在政府機關、機構、公營事業機構服務者，應繳驗該機關、機構、公營事業機構載明任職職務之服務證明書。

二、在開業建築師事務所或登記有案之民營事業機構服務者，應繳驗該事務所或事業機構之登記證件及其出具載明任職工作性質之服務證明書。

三、在專科以上學校服務者，應繳驗教育部審查合格之教授、副教授、助理教授或講師之證書及由該校出具講授建築主要學科之證明書。

前項第二款之服務證明書應經認證。

第 7 條

建築師證書或開業證書遺失者，得檢附申請書、證書費、照片，依第二條或第五條規定申請補發。嗣後如發現已報失之證書，應即繳銷。

第 8 條

建築師證書或開業證書損壞者，得檢具原證書，依第二條或第五條規定申請換領。

第 9 條

建築師事務所遷移於登記之直轄市、縣（市）以外地區，依本法第十二條申請核轉時，應檢具申請書向原登記之主管機關提出，原登記之主管機關受理後，應即核轉遷移後之主管機關。

接受核轉登記之主管機關應依原登記主管機關核轉之書件審查，於核准登記後，應即通知原登記之主管機關註銷原開業證書，並副知該建築師原加入之建築師公會。

第 10 條

本法第二十八條第一項所稱該管直轄市、縣（市）建築師公會，指建築師辦理登記開業所在地之直轄市、縣（市）建築師公會。

第 11 條

依本法第三十條規定得共同組織建築師公會者，指二個以上鄰近直轄市、縣（市）登記開業之建築師人數，均不足九人，或任一個不足九人者。

前項共同組織之建築師公會，應申請其會所所在地之主管社會行政機關核准，並分報各該主管機關備查。

共同組織之建築師公會，其名稱應冠以各該直轄市、縣（市）之行政區域名稱；必要時，得予簡稱。

本法第三十七條至第四十條所定之建築師公會所在地主管社會行政機關及主管建築機關，於共同組織之建築師公會，爲其會所所在地之主管社會行政機關及主管建築機關。

第 12 條

全國建築師公會（以下簡稱全國公會）理事、監事之被選舉人，不限於直轄市、縣（市）建築師公會（以下簡稱直轄市、縣（市）公會）選派參加之會員代表。

直轄市、縣（市）公會選派參加全國公會之會員代表，不限於各該公會之理事、監事。

第 13 條

全國公會出席之代表，由直轄市、縣（市）公會選派之，其選派之代表人數於全國公會章程中定之。

第 14 條

直轄市、縣（市）公會按年繳納全國公會之經費，於全國公會章程中定之。

第 15 條

建築師受撤銷或廢止建築師證書之處分者，中央主管機關應刊登公報或公告。建築師受撤銷或廢止開業證書之處分確定者，直轄市、縣（市）主管機關應刊登公報或公告。前二項之建築師證書及開業證書，應由受處分之建築師繳交各該主管機關。

第 16 條

建築師違反本法規定者，應由執行業務地區直轄市、縣（市）主管機關處理之；直轄市、縣（市）主管機關於懲戒處分確定後，應即通知其登記開業之主管機關，副知其他直轄市、縣（市）主管機關及該管直轄市、縣（市）建築師公會、全國公會，並報中央主管機關備查。

第 17 條

建築師證書、開業證書及各類申請書表之格式，由中央主管機關定之。

第 18 條

本細則自發布日施行。

建築技術規則

4-1　建築技術規則總則編

■修正日期：民國 109 年 10 月 19 日

第 1 條

本規則依建築法（以下簡稱本法）第九十七條規定訂之。

第 2 條

本規則之適用範圍，依本法第三條規定。但未實施都市計畫地區之供公眾使用與公有建築物，實施區域計畫地區及本法第一百條規定之建築物，中央主管建築機關另有規定者，從其規定。

第 3 條

建築物之設計、施工、構造及設備，依本規則各編規定。但有關建築物之防火及避難設施，經檢具申請書、建築物防火避難性能設計計畫書及評定書向中央主管建築機關申請認可者，得不適用本規則建築設計施工編第三章、第四章一部或全部，或第五章、第十一章、第十二章有關建築物防火避難一部或全部之規定。

前項之建築物防火避難性能設計評定書，應由中央主管建築機關指定之機關（構）、學校或團體辦理。

第一項之申請書、建築物防火避難性能設計計畫書及評定書格式、應記載事項、得免適用之條文、認可程序及其他應遵循事項，由中央主管建築機關另定之。

第二項之機關（構）、學校或團體，應具備之條件、指定程序及其應遵循事項，由中央主管建築機關另定之。

特別用途之建築物專業法規另有規定者，各該專業主管機關應請中央主管建築機關轉知之。

第 3-1 條

建築物增建、改建或變更用途時，其設計、施工、構造及設備之檢討項目及標準，由中央主管建築機關另定之，未規定者依本規則各編規定。

第 3-2 條

直轄市、縣（市）主管建築機關為因應當地發展特色及地方特殊環境需求，得就下列事項另定其設計、施工、構造或設備規定，報經中央主管建築機關核定後實施：

一、私設通路及基地內通路。

二、建築物及其附置物突出部分。但都市計畫法令有規定者，從其規定。

三、有效日照、日照、通風、採光及節約能源。

四、建築物停車空間。但都市計畫法令有規定者，從其規定。

五、除建築設計施工編第一百六十四條之一規定外之建築物之樓層高度與其設計、施工及管理事項。

合法建築物因震災毀損，必須全部拆除重行建築或部分拆除改建者，其設計、施工、構造及設備規定，得由直轄市、縣（市）主管建築機關另定，報經中央主管建築機關核定後實施。

第 3-3 條

建築物用途分類之類別、組別定義，應依下表規定；其各類組之用途項目，由中央主管建築機關另定之。

類別		類別定義	組別	組別定義
A 類	公共集會類	供集會、觀賞、社交、等候運輸工具，且無法防火區劃之場所。	A-1 集會表演	供集會、表演、社交，且具觀眾席及舞臺之場所。
			A-2 運輸場所	供旅客等候運輸工具之場所。
B 類	商業類	供商業交易、陳列展售、娛樂、餐飲、消費之場所。	B-1 娛樂場所	供娛樂消費，且處封閉或半封閉之場所。
			B-2 商場百貨	供商品批發、展售或商業交易，且使用人替換頻率高之場所。
			B-3 餐飲場所	供不特定人餐飲，且直接使用燃具之場所。
			B-4 旅館	供不特定人士休息住宿之場所。
C 類	工業、倉儲類	供儲存、包裝、製造、修理物品之場所。	C-1 特殊廠庫	供儲存、包裝、製造、修理工業物品，且具公害之場所。
			C-2 一般廠庫	供儲存、包裝、製造一般物品之場所。
D 類	休閒、文教類	供運動、休閒、參觀、閱覽、教學之場所。	D-1 健身休閒	供低密度使用人口運動休閒之場所。

類別		類別定義	組別	組別定義
			D-2 文教設施	供參觀、閱覽、會議，且無舞臺設備之場所。
			D-3 國小校舍	供國小學童教學使用之相關場所。（宿舍除外）
			D-4 校舍	供國中以上各級學校教學使用之相關場所。（宿舍除外）
			D-5 補教托育	供短期職業訓練、各類補習教育及課後輔導之場所。
E 類	宗教、殯葬類	供宗教信徒聚會殯葬之場所。	F 宗教、殯葬類	供宗教信徒聚會、殯葬之場所。
F 類	衛生、福利、更生類	供身體行動能力受到健康、年紀或其他因素影響，需－特別照顧之使用場所。	F-1 醫療照護	供醫療照護之場所。
			F-2 社會福利	供身心障礙者教養、醫療、復健、重健、訓練（庇護）、輔導、服務之場所。
			F-3 兒童福利	供學齡前兒童照護之場所。
			F-4 戒護場所	供限制個人活動之戒護場所。
G 類	辦公、服務類	供商談、接洽、處理一般事務或一般門診、零售、日常服務之場所。	G-1 金融證券	供商談、接洽、處理一般事務，且使用人替換頻率高之場所。
			G-2 辦公場所	供商談、接洽、處理一般事務之場所。
			G-3 店鋪診所	供一般門診、零售、日常服務之場所。
H 類	住宿類	供特定人住宿之場所。	H-1 宿舍安養	供特定人短期住宿之場所。
			H-2 住宅	供特定人長期住宿之場所。
I 類	危險物品類	供製造、分裝、販賣、儲存公共危險物品及可燃性高壓氣體之場所。	I 危險廠庫	供製造、分裝、販賣、儲存公共危險物品及可燃性高壓氣體之場所。

第 3-4 條

下列建築物應辦理防火避難綜合檢討評定，或檢具經中央主管建築機關認可之建築物防火避難性能設計計畫書及評定書；其檢具建築物防火避難性能設計計畫書及評定書者，並得適用本編第三條規定：

一、高度達二十五層或九十公尺以上之高層建築物。但僅供建築物用途類組H-2組使用者，不在此限。
二、供建築物使用類組B-2組使用之總樓地板面積達三萬平方公尺以上之建築物。
三、與地下公共運輸系統相連接之地下街或地下商場。

前項之防火避難綜合檢討評定，應由中央主管建築機關指定之機關（構）、學校或團體辦理。

第一項防火避難綜合檢討報告書與評定書應記載事項及其他應遵循事項，由中央主管建築機關另定之。

第二項之機關（構）、學校或團體，應具備之條件、指定程序及其應遵循事項，由中央主管建築機關另定之。

第 4 條

建築物應用之各種材料及設備規格，除中華民國國家標準有規定者從其規定外，應依本規則規定。但因當地情形，難以應用符合本規則與中華民國國家標準材料及設備，經直轄市、縣（市）主管建築機關同意修改設計規定者，不在此限。

建築材料、設備與工程之查驗及試驗結果，應達本規則要求；如引用新穎之建築技術、新工法或建築設備，適用本規則確有困難者，或尚無本規則及中華民國國家標準適用之特殊或國外進口材料及設備者，應檢具申請書、試驗報告書及性能規格評定書，向中央主管建築機關申請認可後，始得運用於建築物。

中央主管建築機關得指定機關（構）、學校或團體辦理前項之試驗報告書及性能規格評定書，並得委託經指定之性能規格評定機關（構）、學校或團體辦理前項認可。

第二項申請認可之申請書、試驗報告書及性能規格評定書之格式、認可程序及其他應遵行事項，由中央主管建築機關另定之。

第三項之機關（構）、學校或團體，應具備之條件、指定程序及其應遵行事項，由中央主管建築機關另定之。

第 5 條

本規則由中央主管建築機關於發布後隨時檢討修正及統一解釋，必要時得以圖例補充規定之。

第 5-1 條

建築物設計及施工技術之規範，由中央主管建築機關另定之。

第 6 條

中央主管建築機關，得組設建築技術審議委員會，以從事建築設計、施工、構造、材料與設備等技術之審議、研究、建議及改進事項。

建築設計如有益於公共安全、公共交通及公共衛生，且對於都市發展、建築藝術、施工技術或公益上確有重大貢獻，並經建築技術審議委員會審議認可者，得另定標準適用之。

第 7 條

本規則施行日期，由中央主管建築機關以命令定之。

4-2　建築技術規則建築構造編

■修正日期：民國 110 年 01 月 19 日

第一章｜基本規則

第一節　設計要求

第 1 條

建築物構造須依業經公認通用之設計方法，予以合理分析，並依所規定之需要強度設計之。剛構必須按其束制程度及構材勁度，分配適當之彎矩設計之。

第 2 條

建築物構造各構材之強度，須能承受靜載重與活載重，並使各部構材之有效強度，不低於本編所規定之設計需要強度。

第 3 條

建築物構造除垂直載重外，須設計能以承受風力或地震力或其他橫力。風力與地震力不必同時計入；但需比較兩者，擇其較大者應用之。

第 4 條

本編規定之材料容許應力及基土支承力，如將風力或地震力與垂直載重合併計算時，得增加三分之一。但所得設計結果不得小於僅計算垂直載重之所得值。

第 5 條

建築物構造之設計圖，須明確標示全部構造設計之平面、立面、剖面及各構材斷面、尺寸、用料規格、相互接合關係：並能達到明細周全，依圖施工無疑義。繪圖應依公制標準，一般構造尺度，以公分爲單位；精細尺度，得以公厘爲單位，但須於圖上詳細說明。

第 6 條

建築物之結構計算書，應詳細列明載重、材料強度及結構設計計算。所用標註及符號，均應與設計圖一致。

第 7 條

使用電子計算機程式之結構計算，可以設計標準、輸入值、輸出值等能以符合結構計算規定之資料，代替計算書。但所用電子計算機程式必須先經直轄市、縣（市）主管建築機關備案。當地主管建築機關認爲有需要時，應由設計人提供其他方法證明電子計算機程式之確實，作爲以後同樣設計之應用。

第二節　施工品質

第 8 條

建築物構造施工，須以施工說明書詳細說明施工品質之需要，除設計圖及詳細圖能以表明者外，所有爲達成設計規定之施工品質要求，均應詳細載明施工說明書中。

第 9 條

建築物構造施工期中，監造人須隨工作進度，依中華民國國家標準，取樣試驗證明所用材料及工程品質符合規定，特殊試驗得依國際通行試驗方法。

施工期間工程疑問不能解釋時，得以試驗方法證明之。

第三節　載重

第 10 條

靜載重爲建築物本身各部份之重量及固定於建築物構造上各物之重量，如牆壁、隔牆、樑柱、樓版及屋頂等，可移動隔牆不作爲靜載重。

第 11 條

建築物構造之靜載重，應予按實核計。建築物應用各種材料之單位體積重量，應不小於左表所列，不在表列之材料，應按實計算重量。

材料名稱	重量 （公斤／立方公尺）	材料名稱	重量 （公斤／立方公尺）
普通黏土	一六〇〇	礦物溶滓	一四〇〇
飽和濕土	一八〇〇	浮石	九〇〇
乾沙	一七〇〇	砂石	二〇〇〇
飽和濕沙	二〇〇〇	花崗石	二五〇〇
乾碎石	一七〇〇	大理石	二七〇〇
飽和濕碎石	二一〇〇	磚	一九〇〇
濕沙及碎石	二三〇〇	泡沫混凝土	一〇〇〇
飛灰火山灰	六五〇	鋼筋混凝土	二四〇〇
水泥混凝土	二三〇〇	黃銅紫銅	八六〇〇
煤屑混凝土	一四五〇	生鐵	七二〇〇
石灰三合土	一七五〇	熟鐵	七六五〇
針葉樹木材	五〇〇	鋼	七八五〇
闊葉樹木材	六五〇	鉛	一一四〇〇
硬木	八〇〇	鋅	八九〇〇
鋁	二七〇〇		
銅	八九〇〇		

第 12 條

屋面重量，應按實計算，並不得小於下表所列；不在表列之屋面亦應按實計算重量：

屋面名稱	重量 （公斤／平方公尺）	屋面名稱	重量 （公斤／平方公尺）
文化瓦	六十	白鐵皮浪版	七點五
水泥瓦	四十五	鋁反浪版	二點五
紅土瓦	一百二十	六毫米玻璃	十六
單層瀝青防水紅	三點五		

第 13 條

天花板（包括暗筋）重量，應按實計算，並不得小於左表所列；不在表列之天花板，亦應按實計算重量：

天花版名稱	重量 公斤／平方公尺	天花版名稱	重量 公斤／平方公尺
蔗版吸音版	一五	耐火版	二〇
三夾版	一五	石灰版條	四〇

第 14 條

地版面分實舖地版及空舖地版兩種，其重量應按實計算，並不得小於左表所列，不在表列之地版面，亦應按實計算重量：

實舖地版名稱	重量 （公斤／平方公尺 ／一公分厚）	實舖地版名稱	重量 （公斤／平方公尺 ／一公分厚）
水泥沙漿粉光	二〇	舖馬賽克	二〇
磨石子	二四	舖瀝青地磚	二五
舖塊石	三〇	舖拼花地版	一五

空舖地版名稱	重量（公斤／平方公尺）
木地版（包括擱柵）	一五
疊蓆（包括木版擱柵）	三五

第 15 條

牆壁量重，按牆壁本身及牆面粉刷與貼面，分別按實計算，並不得小於左表所列；不在表列之牆壁亦應按實計算重量：

牆壁名稱		重量 公斤／平方公尺	牆壁名稱	重量 公斤／平方公尺
紅磚牆	一磚厚	四四〇	魚鱗版牆	二五
混空磚	二十公分	二五〇	灰版條牆	五〇
凝	十五公分	一九〇	甘蔗版牆	八
土心牆	十公分	一三〇	夾版牆	六
煤屑空心磚牆	二十公分	一六五	竹笆牆	四八
	十五公分	一三五	空心紅磚牆	一九二
	十公分	一〇〇	白石磚牆一磚厚	四四〇

牆面粉刷及貼面名稱	重量（一公分厚）（公斤／平方公尺）
水泥沙漿粉刷	二〇
貼面磚馬賽克	二〇
貼搗擺磨石子	二〇
洗石子或斬石子	二〇
貼大理石片	三〇
貼塊石片	二五

第 16 條

垂直載重中不屬於靜載重者，均為活載重，活載重包括建築物室內人員、傢俱、設備、貯藏物品、活動隔間等。工廠建築應包括機器設備及堆置材料等。倉庫建築應包括貯藏物品、搬運車輛及吊裝設備等。積雪地區應包括雪載重。

第 17 條

建築物構造之活載重，因樓地版之用途而不同，不得小於左表所列；不在表列之樓地版用途或使用情形與表列不同，應按實計算，並須詳列於結構計算書中：

樓地版用途類別	載重 （公斤／平方公尺）
一、住宅、旅館客房、病房。	二〇〇
二、教室。	二五〇
三、辦公室、商店、餐廳、圖書閱覽室、醫院手術室及固定座位之集會堂、電影院、戲院、歌廳與演藝場等。	三〇〇
四、博物館、健身房、保齡球館、太平間、市場及無固定座位之集會堂、電影院、戲院歌廳與演藝場等。	四〇〇
五、百貨商場、拍賣商場、舞廳、夜總會、運動場及看臺、操練場、工作場、車庫、臨街看臺、太平樓梯與公共走廊。	五〇〇
六、倉庫、書庫	六〇〇
七、走廊、樓梯之活載重應與室載重相同，但供公衆使用人數衆多者如教室、集會堂等之公共走廊、樓梯每平方公尺不得少於四〇〇公斤。	
八、屋頂露臺之活載重得較室載重每平方公尺減少五〇公斤，但供公衆使用人數衆多者，每平方公尺不得少於三〇〇公斤。	

第 18 條

承受重載之樓地版，如作業場、倉庫、書庫、車庫等，須以明顯耐久之標誌，在其應用位置標示，建築物使用人，應負責使實用活載重不超過設計活載重。

第 19 條

作業場、停車場如須通行車輛，其樓地版之活載重應按車輛後輪載重設計之。

第 20 條

辦公室樓地版須核計以一公噸分佈於八十公分見方面積之集中載重，替代每平方公尺三百公斤均佈載重，並依產生應力較大者設計之。

第 21 條

辦公室或類似應用之建築物。如採用活動隔牆，應按每平方公尺一百公斤均佈活載重設計之。

第 22 條

陽台欄杆、樓梯欄杆、須依欄杆頂每公尺受橫力三十公斤設計之。

第 23 條

建築物構造承受活載重並有衝擊作用時，除另行實際測定者，按實計計算外，應依左列加算活載重。

一、承受電梯之構材，加電梯重之百分之百。

二、承受架空吊車之大樑：

（一）行駛速度在每分鐘六十公尺以下時，加車輪載重百分之十，六十公尺以上時，加車輪載重的百分之二十。

（二）軌道無接頭，行駛速度在每分鐘九十公尺以下時，加車輪載重的百分之十，九十公尺以上時，加車輪載重百分之二十。

三、承受電動機轉動輕機器之構材，加機器重量百分之二十。

四、承受往復式機器或原動機之構材。加機器重量百分之五十。

五、懸吊之樓版或陽台，加活載重百分之三十。

第 24 條

架空吊車所受橫力，應依左列規定：

一、架空吊車行駛方向之剎車力，為剎止各車輪載重百分之十五，作用於軌道頂。

二、架空吊車行駛時，每側車道樑承受架空吊車擺動之側力，為吊車車輪重百分之十，作用於車道樑之軌頂。

三、架空吊車斜向牽引工作時，構材受力部份之應予核計。

四、地震力依吊車重量核計，作用於軌頂，不必計吊載重量。

第 25 條

用以設計屋架、樑、柱、牆、基礎之活載重如未超過每平方公尺五百公斤，亦非公衆使用場所，構材承受載重面積超過十四平方公尺時，得依每平方公尺樓地版面積百分之〇・八五折減率減少，但折減不能超過百分之六十或左式之百分值。

$$R = 23\left(1 + \frac{D}{L}\right)$$

（R）爲折減百分值。

（D）爲構材載重面積，每平方公尺之靜載重公斤值。

（L）爲構材載重面積，每平方公尺之活載重公斤值。

活載重超過每平方公尺五百公斤時，僅柱及基礎之活載重得以減少百分之二十。

第 26 條

不作用途之屋頂，其水平投影面之活載重每平方公尺不得小於左表列之公斤重量：

屋頂度	載重面積（水平投影面）：平方公尺		
	二〇以下	二〇以上至六〇	六〇以上
平頂 1/6 以上拱頂 1/8 以上拱頂	一〇〇	八〇	六〇
1/6 至 1/2 坡頂 1/8 至 3/8 拱頂	八〇	七〇	六〇
1/2 以上披頂 3/8 以上拱頂	六〇	六〇	六〇

第 27 條

雪載重僅須在積雪地區視爲額外活載重計入，可依本編第二十六條規定設計之。

第 28 條

計算連續樑之強度時，活載重須依全部負載、相鄰負載、間隔負載等各種配置，以求算最大剪力及彎矩，作爲設計之依據。

第 29 條

計算屋架或橫架之強度時，須以屋架一半負載活載重與全部負載活載比較，以求得最大應力及由一半跨度負載產生之反向應力。

第 30 條

吊車載重應視爲額外活載重，並按吊車之移動位置與吊車之組合比較，以求得構材之最大應力。

第 31 條

計算柱接頭或柱腳應力時，應比較僅計算靜載重與風力或地震力組合不計活載重之應力，與計入活載重組合之應力，而以較大者設計之。

第四節　耐風設計

第 32 條

封閉式、部分封閉式及開放式建築物結構或地上獨立結構物，與其局部構材、外部被覆物設計風力之計算及耐風設計，依本節規定辦理。建築物耐風設計規範及解說（以下簡稱規範）由中央主管建築機關另定之。

第 33 條

封閉式、部分封閉式及開放式建築物結構或地上獨立結構物主要風力抵抗系統所應承受之設計風力，依下列規定：

一、設計風力計算式：應考慮建築物不同高度之風速壓及陣風反應因子，其計算式及風壓係數或風力係數依規範規定。

二、風速之垂直分布：各種地況下，風速隨距地面高度增加而遞增之垂直分布法則依規範規定。

三、基本設計風速：

（一）任一地點之基本設計風速，係假設該地點之地況爲平坦開闊之地面，離地面十公尺高，相對於五十年回歸期之十分鐘平均風速。

（二）臺灣地區各地之基本設計風速，依規範規定。

四、用途係數：一般建築物之設計風速，其回歸期爲五十年，其他各類建築物應依其重要性，對應合宜之回歸期，訂定用途係數。用途係數依規範規定。

五、風速壓：各種不同用途係數之建築物在不同地況下，不同高度之風速壓計算式，依規範規定。

六、地形對風速壓之影響：對獨立山丘、山脊或懸崖等特殊地形，風速壓應予修正，其修正方式依規範規定。

七、陣風反應因子：

（一）陣風反應因子係考慮風速具有隨時間變動之特性，及其對建築物之影響。此因子將順風向造成之動態風壓轉換成等值風壓處理。

（二）不同高度之陣風反應因子與地況關係，其計算式依規範規定。

（三）對風較敏感之柔性建築物，其陣風反應因子應考慮建築物之動力特性，其計算式依規範規定。

八、風壓係數及風力係數：封閉式、部分封閉式及開放式建築物或地上獨立結構物所使用之風壓係數及風力係數，依規範規定。

九、橫風向之風力：建築物應檢核避免在設計風速內，發生渦散頻率與建築物自然頻率接近而產生之共振及空氣動力不穩定現象。於不產生共振及空氣動力不穩定現象情況下，橫風向之風力應依規範規定計算。

十、作用在建築物上之扭矩：作用在建築物上之扭矩應依規範規定計算。

十一、設計風力之組合：建築物同時受到順風向、橫風向及扭矩之作用，設計時風力之組合依規範規定。

第 34 條

局部構材與外部被覆物之設計風壓及風力依下列規定：

一、封閉式及部分封閉式建築物或地上獨立結構物中局部構材及外部被覆物之設計風壓應考慮外風壓及內風壓；有關設計風壓之計算式及外風壓係數、內風壓係數依規範規定。

二、開放式建築物或地上獨立結構物中局部構材及外部被覆物之設計風力計算式以及風力係數，依規範規定。

第 35 條

建築物最高居室樓層側向加速度之控制依下列規定：

一、建築物最高居室樓層容許尖峰加速度值：爲控制風力作用下建築物引起之振動，最高居室樓層側向加速度應予以限制，其容許尖峰加速度值依規範規定。

二、最高居室樓層側向加速度之計算：最高居室樓層振動尖峰加速度值，應考量順風向振動、橫風向振動及扭轉振動所產生者；順風向振動、橫風向振動及扭轉振動引起最高居室樓層總振動尖峰加速度之計算方法，依規範規定。

三、降低建築物最高居室樓層側向加速度裝置之使用：提出詳細設計資料，並證明建築物最高居室樓層總振動尖峰加速度值在容許值以內者，得採用降低建築物側向加速度之裝置。

四、評估建築物側向尖峰加速度值，依規範規定，使用較短之回歸期計算。

第 36 條～第 37 條

（刪除）

第 38 條

基本設計風速得依風速統計資料，考慮不同風向產生之效應。其分析結果，應檢附申請書及統計分析報告書，向中央主管建築機關申請認可後，始得運用於建築物耐風設計。

前項統計分析報告書，應包括風速統計紀錄、風向統計分析方法及不同風向五十年回歸期之基本設計風速分析結果等事項。

中央主管建築機關爲辦理第一項基本設計風速之方向性分析結果認可，得邀集相關專家學者組成認可小組審查。

第 39 條

（刪除）

第 39-1 條

建築物施工期間應提供足夠之臨時性支撐，以抵抗作用於結構構材或組件之風力。施工期間搭建之臨時結構物並應考慮適當之風力，其設計風速得依規範規定採用較短之回歸期。

第 40 條

（刪除）

第 41 條

建築物之耐風設計，依規範無法提供所需設計資料者，得進行風洞試驗。進行風洞試驗者，其設計風力、設計風壓及舒適性評估得以風洞試驗結果設計之。

風洞試驗之主要項目、應遵守之模擬要求及設計時風洞試驗報告之引用，應依規範規定。

第五節　耐震設計

第 41-1 條

建築物耐震設計規範及解說（以下簡稱規範）由中央主管建築機關另定之。

第 42 條

建築物構造之耐震設計、地震力及結構系統，應依左列規定：

一、耐震設計之基本原則，係使建築物結構體在中小度地震時保持在彈性限度內，設計地震時得容許產生塑性變形，其韌性需求不得超過容許韌性容量，最大考量地震時使用之韌性可以達其韌性容量。

二、建築物結構體、非結構構材與設備及非建築結構物，應設計、建造使其能抵禦任何方向之地震力。

三、地震力應假設橫向作用於基面以上各層樓板及屋頂。

四、建築物應進行韌性設計，構材之韌性設計依本編各章相關規定辦理。

五、風力或其他載重之載重組合大於地震力之載重組合時，建築物之構材應按風力或其他載重組合產生之內力設計，其耐震之韌性設計依規範規定。

六、抵抗地震力之結構系統分左列六種：

（一）承重牆系統：結構系統無完整承受垂直載重立體構架，承重牆或斜撐系統須承受全部或大部分垂直載重，並以剪力牆或斜撐構架抵禦地震力者。

（二）構架系統：具承受垂直載重完整立體構架，以剪力牆或斜撐構架抵禦地震力者。

（三）抗彎矩構架系統：具承受垂直載重完整立體構架，以抗彎矩構架抵禦地震力者。

（四）二元系統：具有左列特性者：

1.完整立體構架以承受垂直載重。

2.以剪力牆、斜撐構架及韌性抗彎矩構架或混凝土部分韌性抗彎矩構架抵禦地震水平力，其中抗彎矩構架應設計能單獨抵禦百分之二十五以上的總橫力。

3.抗彎矩構架與剪力牆或抗彎矩構架與斜撐構架應設計使其能抵禦依相對勁度所分配之地震力。

（五）未定義之結構系統：不屬於前四目之建築結構系統者。

（六）非建築結構物系統：建築物以外自行承擔垂直載重與地震力之結構物系統者。

七、建築物之耐震分析可採用靜力分析方法或動力分析方法，其適用範圍由規範規定之。

前項第三款規定之基面係指地震輸入於建築物構造之水平面，或可使其上方之構造視為振動體之水平面。

第 43 條

建築物耐震設計之震區劃分，由中央主管建築機關公告之。

第 43-1 條

建築物構造採用靜力分析方法者，應依左列規定：

一、適用於高度未達五十公尺或未達十五層之規則性建築物。

二、構造物各主軸方向分別所受地震之最小設計水平總橫力V應考慮左列因素：

（一）應依工址附近之地震資料及地體構造，以可靠分析方法訂定工址之地震危害度。

（二）建築物之用途係數值（Ｉ）如左；建築物種類依規範規定。

1.第一類建築物：地震災害發生後，必須維持機能以救濟大眾之重要建築物。

I=1.5。

2.第二類建築物：儲存多量具有毒性、爆炸性等危險物品之建築物。

I=1.5。

3.第三類建築物：由規範指定之公眾使用建築物或其他經中央主管建築機關認定之建築物。

I=1.25。

4.第四類建築物：其他一般建築物。

I=1.0。

（三）應依工址地盤軟硬程度或特殊之地盤條件訂定適當之反應譜。地盤種類之判定方法依規範規定。使用反應譜時，建築物基本振動周期得依規範規定之經驗公式計算，或依結構力學方法計算，但設計周期上限值依規範規定之。

（四）應依強度設計法載重組合之載重係數，或工作應力法使用之容許應力調整設計地震力，使有相同的耐震能力。

（五）計算設計地震力時，可考慮抵抗地震力結構系統之類別、使用結構材料之種類及韌性設計，確認其韌性容量後，折減設計地震及最大考量地震地表加速度，以彈性靜力或動力分析進行耐震分析及設計。各種結構系統之韌性容量及結構系統地震力折減係數依規範規定。

（六）計算地震總橫力時，建築物之有效重量應考慮建築物全部靜載重。至於活動隔間之重量，倉庫、書庫之活載重百分比及水箱、水池等容器內容物重量亦應計入；其值依規範規定。

（七）為避免建築物因設計地震力太小，在中小度地震過早降伏，造成使用上及修復上之困擾，其地震力之大小依規範規定。

三、最小總橫力應豎向分配於構造之各層及屋頂。屋頂外加集中橫力係反應建築物高振態之效應，其值與建築物基本振動周期有關。地震力之豎向分配依規範規定。

四、建築物地下各層之設計水平地震力依規範規定。

五、耐震分析時，建築結構之模擬應反映實際情形，並力求幾何形狀之模擬、質量分布、構材斷面性質與土壤及基礎結構互制等之模擬準確。

六、為考慮質量分布之不確定性，各層質心之位置應考慮由計算所得之位置偏移。質量偏移量及造成之動態意外扭矩放大的作用依規範規定。

七、地震產生之層間相對側向位移應予限制，以保障非結構體之安全。檢核層間相對側向位移所使用的地震力、容許之層間相對側向位移角及為避免地震時引起的變形造成鄰棟建築物間之相互碰撞，建築物應留設適當間隔之數值依規範規定。

八、爲使建築物各層具有均勻之極限剪力強度，無顯著弱層存在，應檢核各層之極限剪力強度。檢核建築物之範圍及檢核後之容許基準依規範規定。

九、爲使建築物具有抵抗垂直向地震之能力，垂直地震力應做適當的考慮。

第 43-2 條

建築物構造須採用動力分析方法者，應依左列規定：

一、適用於高度五十公尺以上或地面以上樓層達十五層以上之建築物，其他需採用動力分析者，由規範規定之。

二、進行動力分析所需之加速度反應譜依規範規定。

三、動力分析應以多振態反應譜疊加法進行。其振態數目及各振態最大值之疊加法則依規範規定。

四、動力分析應考慮各層所產生之動態扭矩，意外扭矩之設計算應計及其動力效應，其處理方法依規範規定。

五、結構之模擬、地下部分設計地震力、層間相對側向位移與建築物之間隔、極限層剪力強度之檢核及垂直地震效應，準用前條規定。

第 44 條～第 45 條

（刪除）

第 45-1 條

附屬於建築物之結構物部分構體及附件、永久性非結構構材與附件及支承於結構體設備之附件，其設計地震力依規範規定。

前項附件包括錨定裝置及所需之支撐。

第 46 條

（刪除）

第 46-1 條

建築物以外自行承擔垂直載重與地震力之非建築結構物，其設計地震力依規範規定。

第 47 條

（刪除）

第 47-1 條

結構系統應以整體之耐震性設計，並符合規範規定。

第 47-2 條

耐震工程品管及既有建築物之耐震能力評估與耐震補強，依規範規定。

第 48 條

（刪除）

第 48-1 條

建築基地應評估發生地震時，土壤產生液化之可能性，對中小度地震會發生土壤液化之基地，應進行土質改良等措施，使土壤液化不致產生。對設計地震及最大考量地震下會發生土壤液化之基地，應設置適當基礎，並以折減後之土壤參數檢核建築物液化後之安全性。

第 49 條～第 49-1 條

（刪除）

第 49-2 條

建築物耐震設計得使用隔震消能系統，並依規範規定設計。

第 50 條

（刪除）

第 50-1 條

施工中結構體之支撐及臨時結構物應考慮其耐震性。但設計之地震回歸期可較短。施工中建築物遭遇較大地震後，應檢核其構材是否超過彈性限度。

第 51 條～第 54 條

（刪除）

第 55 條

主管建築機關得依地震測報主管機關或地震研究機構或建築研究機構之請，規定建築業主於建築物建造時，應配合留出適當空間，供地震測報主管機關或地震研究機構或建築研究機構設置地震記錄儀，並於建築物使用時保管之，地震後由地震測報主管機關或地震研究機構或建築研究機構收集紀錄存查。

興建完成之建築物需要設置地震儀者，得比照前項規定辦理。

第二章｜基礎構造

第一節　通則

第 56 條

（刪除）

第 56-1 條

建築物基礎構造之地基調查、基礎設計及施工，應依本章規定辦理。

第 56-2 條

建築物基礎構造設計規範（以下簡稱基礎構造設計規範），由中央主管建築機關另定之。

第 57 條

建築物基礎應能安全支持建築物；在各種載重作用下，基礎本身及鄰接建築物應不致發生構造損壞或影響其使用功能。

建築物基礎之型式及尺寸，應依基地之地層特性及本編第五十八條之基礎載重設計。基礎傳入地層之最大應力不得超出地層之容許支承力，且所產生之基礎沉陷應符合本編第七十八條之規定。

同一建築物由不同型式之基礎所支承時，應檢討不同基礎型式之相容性。基礎設計應考慮施工可行性及安全性，並不致因而影響生命及產物之安全。

第二項所稱之最大應力，應依建築物各施工及使用階段可能同時發生之載重組合情形、作用方向、分布及偏心狀況計算之。

第 58 條

建築物基礎設計應考慮靜載重、活載重、上浮力、風力、地震力、振動載重以及施工期間之各種臨時性載重等。

第 59 條

（刪除）

第 60 條

建築物基礎應視基地特性，依左列情況檢討其穩定性及安全性，並採取防護措施：

一、基礎周圍邊坡及擋土設施之穩定性。

二、地震時基礎土壤可能發生液化及流動之影響。

三、基礎受洪流淘刷、土石流侵襲或其他地質災害之安全性。

四、填土基地上基礎之穩定性。

施工期間挖填之邊坡應加以防護，防發生滑動。

第 61 條

（刪除）

第 62 條

基礎設計及施工應防護鄰近建築物之安全。設計及施工前均應先調查鄰近建築物之現況、基礎、地下構造物或設施之位置及構造型式，爲防護設施設計之依據。

前項防護設施，應依本章第六節及建築設計施工編第八章第三節擋土設備安全措施規定設計施工。

第二節　地基調查

第 63 條

（刪除）

第 64 條

建築基地應依據建築物之規劃及設計辦理地基調查，並提出調查報告，以取得與建築物基礎設計及施工相關之資料。地基調查方式包括資料蒐集、現地踏勘或地下探勘等方法，其地下探勘方法包含鑽孔、圓錐貫入孔、探查坑及基礎構造設計規範中所規定之方法。

五層以上或供公眾使用建築物之地基調查，應進行地下探勘。

四層以下非供公眾使用建築物之基地，且基礎開挖深度爲五公尺以內者，得引用鄰地既有可靠之地下探勘資料設計基礎。無可靠地下探勘資料可資引用之基地仍應依第一項規定進行調查。但建築面積六百平方公尺以上者，應進行地下探勘。

基礎施工期間，實際地層狀況與原設計條件不一致或有基礎安全性不足之虞，應依實際情形辦理補充調查作業，並採取適當對策。

建築基地有左列情形之一者，應分別增加調查內容：

一、五層以上建築物或供公眾使用之建築物位於砂土層有土壤液化之虞者，應辦理基地地層之液化潛能分析。

二、位於坡地之基地，應配合整地計畫，辦理基地之穩定性調查。位於坡腳平地之基地，應視需要調查基地地層之不均勻性。

三、位於谷地堆積地形之基地，應調查地下水文、山洪或土石流對基地之影響。

四、位於其他特殊地質構造區之基地，應辦理特殊地層條件影響之調查。

第 65 條

地基調查得依據建築計畫作業階段分期實施。

地基調查計畫之地下探勘調查點之數量、位置及深度，應依據既有資料之可用性、地層之複雜性、建築物之種類、規模及重要性訂定之。其調查點數應依左列規定：

一、基地面積每六百平方公尺或建築物基礎所涵蓋面積每三百平方公尺者，應設一調查點。但基地面積超過六千平方公尺及建築物基礎所涵蓋面積超過三千平方公尺之部分，得視基地之地形、地層複雜性及建築物結構設計之需求，決定其調查點數。

二、同一基地之調查點數不得少於二點，當二處探查結果明顯差異時，應視需要增設調查點。

調查深度至少應達到可據以確認基地之地層狀況，以符合基礎構造設計規範所定有關基礎設計及施工所需要之深度。

同一基地之調查點，至少應有半數且不得少於二處，其調度深度應符合前項規定。

第 65-1 條

地下探勘及試驗之方法應依中華民國國家標準規定之方法實施。但中華民國國家標準未規定前，得依符合調查目的之相關規範及方法辦理。

第 66 條

地基調查報告包括紀實及分析，其內容依設計需要決定之。

地基調查未實施地下探勘而引用既有可靠資料者，其調查報告之內容應與前項規定相同。

第 66-1 條

建築基地有全部或一部位於地質敏感區內者，除依本編第六十四條至第六十六條規定辦理地基調查外，應依地質法第八條第一項規定辦理基地地質調查及地質安全評估。

前項基地地質調查及地質安全評估應依地質敏感區基地地質調查及地質安全評估作業準則辦理。

本編第六十四條第一項地基調查報告部分內容，得引用第一項之基地地質調查及地質安全評估結果報告資料。

第 67 條～第 68 條

（刪除）

第三節　淺基礎

第 69 條

淺基礎以基礎版承載其自身及以上建築物各種載重，支壓於其下之基土，而基土所受之壓力，不得超過其容許支承力。

第 70 條

基土之極限支承力與地層性質、基礎面積、深度及形狀等有關者，依基礎構造設計規範之淺基礎承載理論計算之。

第 71 條

基地之容許支承力由其極限支承力除以安全係數計算之。

前項安全係數應符合基礎構造設計規範。

第 72 條

（刪除）

第 73 條

基礎版底深度之設定，應考慮基底土壤之容許支承力、地層受溫度、體積變化或沖刷之影響。

第 74 條～第 76 條

（刪除）

第 77 條

基礎地層承受各種載重所引致之沉陷量，應依土壤性質、基礎形式及載重大小，利用試驗方法、彈性壓縮理論、壓密理論、或以其他方法推估之。

第 78 條

基礎之容許沉陷量應依基礎構造設計規範，就構造種類、使用條件及環境因素等定之，其基礎沉陷應求其均勻，使建築物及相鄰建築物不致發生有害之沉陷及傾斜。

相鄰建築物不同時興建，後建者應設計防止因開挖或本身沉陷而導致鄰屋之損壞。

第 78-1 條

獨立基腳、聯合基腳、連續基腳及筏式基礎之分析，應符合基礎構造設計規範。

基礎版之結構設計，應檢核其剪力強度與彎矩強度等，並應符合本編第六章規定。

第 79 條～第 85 條

（刪除）

第 86 條

各類基腳承受水平力作用時，應檢核發生滑動或傾覆之穩定性，其安全係數應符合基礎構造設計規範。

第 87 條～第 88 條

（刪除）

第四節　深基礎

第 88-1 條

深基礎包括樁基礎及沉箱基礎，分別以基樁或沉箱埋設於地層中，以支承上部建築物之各種載重。

第 89 條

使用基樁承載建築物之各種載重時，不得超過基樁之容許支承力，且基樁之變位量不得導致上部建築物發生破壞或影響其使用功能。

同一建築物之基樁，應選定同一種支承方式進行分析及設計。但因情況特殊，使用不同型式之支承時，應檢討其相容性。

基樁之選擇及設計，應考慮容許支承力及檢討施工之可行性。

基樁施工時，應避免使周圍地層發生破壞及周邊建築物受到不良影響。

斜坡上之基樁應檢討地層滑動之影響。

第 90 條

基樁之垂直支承力及抗拉拔力，根據基樁種類、載重型式及地層情況，依基礎構造設計規範之分析方法及安全係數計算；其容許支承力不得超過基樁本身之容許強度。

基樁貫穿之地層可能發生相對於基樁之沉陷時，應檢討負摩擦力之影響。

基樁須承受側向作用力時，應就地層情況及基樁強度依基礎構造設計規範推估其容許側向支承力。

第 91 條～第 95 條
（刪除）

第 96 條
群樁基礎之基樁，應均勻排列；其各樁中心間距，應符合基礎構造設計規範最小間距規定。
群樁基礎之容許支承力，應考慮群樁效應之影響，並檢討其沉陷量以避免對建築物發生不良之影響。

第 97 條
基樁支承力應以樁載重或其他方式之試驗確認基樁之支承力及品質符合設計要求。
前項試驗方法及數量，應依基礎構造設計規範辦理。
基樁施工後樁材品質及施工精度未符合設計要求時，應檢核該樁基礎之支承功能及安全性。

第 98 條～第 99 條
（刪除）

第 100 條
基樁以整支應用爲原則，樁必須接合施工時，其接頭應不得在基礎版面下三公尺以內，樁接頭不得發生脫節或彎曲之現象。基樁本身容許強度應按基礎構造設計規範依接頭型式及接樁次數折減之。

第 101 條～第 104 條
（刪除）

第 105 條
如基樁應用地點之土質或水質情形對樁材有害時，應以業經實用有效之方法，予以保護。

第 105-1 條
基樁樁體之設計應符合基礎構造設計規範及本編第四章至第六章相關規定。

第 106 條～第 120 條
（刪除）

第 121 條

沉箱基礎係以預築沉埋或場鑄方式施築，其容許支承力應依基礎構造設計規範計算。

第五節　擋土牆

第 121-1 條

擋土牆於承受各種側向壓力及垂直載重情況下，應分別檢核其抵抗傾覆、水平滑動及邊坡整體滑動現象之穩定性，其最小安全係數須符合基礎構造設計規範。

第 121-2 條

擋土牆承受之側向土壓力，須考慮牆體形狀、牆體前後地層性質及分佈、地表坡度、地表載重、該區地震係數，依基礎構造設計規範之規定採用適當之側向土壓力公式計算之。

擋土牆承受之水壓力，應視地下水位、該區地震係數及牆背、牆基之排水與濾層設置狀況等適當考量之。

第 121-3 條

擋土牆基礎作用於地層之最大壓力不得超過基礎地層之容許支承力，且基礎之不均勻沉陷量不得影響其擋土功能及鄰近構造物之安全。

第 121-4 條

擋土牆牆體之設計，應分別檢核牆體在靜態及動態條件下牆體所受之作用力，並應符合基礎構造設計規範及本編第四章至第六章相關規定。

第六節　基礎開挖

第 122 條

基礎開挖分為斜坡式開挖及擋土式開挖，其規定如左：

一、斜坡式開挖：基礎開挖採用斜坡式開挖時，應依照基礎構造設計規範檢討邊坡之穩定性。

二、擋土式開挖：基礎開挖採用擋土式開挖時，應依基礎構造設計規範進行牆體變形分析與支撐設計，並檢討開挖底面土壤發生隆起、砂湧或上舉之可能性及安全性。

第 123 條
基礎開挖深度在地下水位以下時，應檢討地下水位控制方法，避免引起周圍設施及鄰房之損害。

第 124 條
擋土設施應依基礎構造設計規範設計，使具有足夠之強度、勁度及貫入深度以保護開挖面及周圍地層之穩定。

第 125 條～第 127 條
（刪除）

第 127-1 條
基礎開挖得視需要利用適當之監測系統，量測開挖前後擋土設施、支撐設施、地層及鄰近構造物等之變化，並應適時研判，採取適當對策，以維護開挖工程及鄰近構造物之安全。

第 128 條～第 129 條
（刪除）

第 130 條
建築物之地下構造與周圍地層所接觸之地下牆，應能安全承受上部建築物所傳遞之載重及周圍地層之側壓力；其結構設計應符合本編相關規定。

第七節　地層改良

第 130-1 條
基地地層有改良之必要者，應依本規則有關規定辦理。
地層改良爲對原地層進行補強或改善，改良後之基礎設計，應依本規則有關規定辦理。
地層改良之設計，應考量基地地層之條件及改良土體之力學機制，並參考類似案例進行設計，必要時應先進行模擬施工，以驗證其可靠性。

第 130-2 條
施作地層改良時，不得對鄰近構造物或環境造成不良影響，必要時應採行適當之保護措施。
臨時性之地層改良施工，不得影響原有構造物之長期使用功能。

第三章｜磚構造

第一節　通則

第 131 條

磚構造建築物，指以紅磚、砂灰磚、混凝土空心磚為主要結構材料構築之建築物；其設計及施工，依本章規定。但經檢附申請書、結構計算及實驗或調查研究報告，向中央主管建築機關申請認可者，其設計得不適用本章一部或全部之規定。

中央主管建築機關為辦理前項認可，得邀集相關專家學者組成認可小組審查。

建築物磚構造設計及施工規範（以下簡稱規範）由中央主管建築機關另定之。

第 131-1 條

磚構造建築物之高度及樓層數限制，應符合規範規定。

第 131-2 條

磚構造建築物各層樓版及屋頂應為剛性樓版，並經由各層牆頂過梁有效傳遞其所聯絡各牆體之兩向水平地震力。各樓層之結構牆頂，應設置有效連續之鋼筋混凝土過梁，與其上之剛性樓版連結成一體。

過梁應具足夠之強度及剛度，以抵抗面內與面外力。

兩向結構牆之壁量與所圍成之各分割面積，應符合規範規定。

第 132 條

建築物之地盤應穩固，基礎應作必要之設計以支承其上結構牆所傳遞之各種載重。

第二節　材料要求

第 133 條

磚構造所用材料，包括紅磚、砂灰磚、混凝土空心磚、填縫用砂漿材料、混凝土空心磚空心部分填充材料、混凝土及鋼筋等，應符合規範規定。

第 134 條～第 140 條

（刪除）

第三節　牆壁設計原則

第 141 條

建築物整體形狀以箱型為原則，各層結構牆均衡配置，且上下層貫通，使靜載重、活載重所產生之應力均勻分布於結構全體。

各層結構牆應於建築平面上均勻配置，並於長向及短向之配置均有適當之壁量以抵抗兩向之地震力。

第 142 條

牆身最小厚度、牆身最大長度及高度，應符合規範規定。

第 143 條～第 146 條

（刪除）

第 147 條

屋頂欄杆牆、陽臺欄杆牆、壓簷牆及屋頂二側之山牆，均不得單獨以磚砌造，並應以鋼筋混凝土梁柱補強設計。

第 148 條

（刪除）

第 149 條

牆中埋管不得影響結構安全及防火要求。

第 150 條

（刪除）

第四節　磚造建築物

第 151 條

磚造建築物各層平面結構牆中心線區劃之各部分分割面積，應符合規範規定。

建築物之外圍及角隅部分，平面上結構牆應配置成T形或L形。

第 152 條

磚造建築物結構牆之牆身長度及厚度，應符合規範規定。

第 153 條～第 154 條

（刪除）

第 155 條

結構牆開口之設置及周圍補強措施，應符合規範規定。

第 156 條

（刪除）

第 156-1 條

各樓層牆頂過梁之寬度、深度及梁內主鋼筋與箍筋之尺寸、數量、配置等，應符合規範規定。兩向過梁應剛接成整體。

第 156-2 條

牆體基礎結構之設計，應符合下列規定：

一、磚造建築物最下層之牆體底部，應設置可安全支持各牆體並使之互相連結之鋼筋混凝土造連續牆基礎，並於兩向剛接成整體。但建築物爲平房且地盤堅實者，得使用結構純混凝土造之連續牆基礎。

二、連續牆基礎之頂部寬度不得小於其臨接之牆身厚度，底面寬度應儘量放寬，使地盤反力小於土壤容許承載力。

第 156-3 條

磚造圍牆，爲能安全抵抗地震力及風力，應以鋼筋或鐵件補強，下列事項並應符合規範規定：

一、圍牆高度與其對應之最小厚度。

二、圍牆沿長度方向應設置鋼筋混凝土補強柱或突出壁面之扶壁。

磚造圍牆之基礎應爲鋼筋混凝土造連續牆基礎，基礎底面距地表面之最小距離，應符合規範規定。

第五節　（刪除）

第 157 條～第 164 條

（刪除）

第六節　加強磚造建築物

第 165 條

加強磚造建築物，指磚結構牆上下均有鋼筋混凝土過梁或基礎，左右均有鋼筋混凝土加強柱。過梁及加強柱應於磚牆砌造完成後再澆置混凝土。

前項建築物並應符合第四節規定。

第 166 條

二側開口僅上下邊圍束之磚結構牆，其總剖面積不得大於該樓層該方向磚結構牆總剖面積之二分之一。

第 167 條～第 168 條

（刪除）

第 169 條

鋼筋混凝土加強柱尺寸、主鋼筋與箍筋尺寸、數量及配置等，應符合規範規定。

第 169-1 條

磚牆沿加強柱高度方向應配置繫材，連貫磚牆與加強柱，其伸入加強柱與磚牆之深度及繫材間距，應符合規範規定。

第 170 條

（刪除）

第七節　加強混凝土空心磚造建築物

第 170-1 條

加強混凝土空心磚造建築物，指以混凝土空心磚疊砌，並以鋼筋補強之結構牆、鋼筋混凝土造過梁、樓版及基礎所構成之建築物，結構牆應在插入鋼筋與鄰磚之空心部填充混凝土或砂漿。

第 170-2 條

各層平面結構牆中心線區劃之各部分分割面積，應符合規範規定。其配置應使建築物分割面積成矩形爲原則。

建築物之外圍與角隅部分，平面上結構牆應配置成T型或L型。

第 170-3 條

加強混凝土空心磚造建築物結構牆之牆身長度及厚度，應符合規範規定。建築物各樓層之牆厚，不得小於其上方之牆厚。

第 170-4 條

壁量及其強度規定如下：

一、各樓層短向及長向壁量應各自計算，其值不得低於規範規定。

二、每片結構牆垂直向之壓力不得超過規範規定。

第 170-5 條

結構牆配筋，應符合下列規定：

一、配置於結構牆內之縱筋與橫筋（剪力補強筋），其標稱直徑及間距依規範規定。

二、於結構牆之端部、L形或T形牆角隅部、開口部之上緣及下緣處配置之撓曲補強筋，其鋼筋總斷面積應符合規範規定。

第 170-6 條

結構牆之開口，應符合下列規定：

一、開口部離牆體邊緣之最小距離及開口部間最小淨間距，依規範規定。

二、開口部上緣應設置鋼筋混凝土楣梁，其設置要求依規範規定。

第 170-7 條

結構牆內鋼筋之錨定及搭接，應符合下列規定：

一、結構牆之縱向筋應錨定於上下鄰接之過梁、基礎或樓版。

二、結構牆之橫向筋原則上應錨定於交會在端部之另一向結構牆內。

三、開口部上下緣之撓曲補強筋應錨定於其左右之結構牆。

四、鋼筋錨定及搭接之細節，依規範規定。

第 170-8 條

結構牆內鋼筋保護層厚度依規範規定，外牆面並應採取適當之防水處理。

第 170-9 條

過梁之寬度及深度依規範規定。

未與鋼筋混凝土屋頂版連接之過梁，其有效寬度應符合規範規定。

第 170-10 條

建築物最下層之牆體底部，應設置可安全支持各牆體，並使之互相連結之鋼筋混凝土造連續牆基礎，其最小寬度及深度應符合規範規定。

第 170-11 條

混凝土空心磚圍牆結構之下列事項，應符合規範規定：

一、圍牆高度及厚度。

二、連續牆基礎之寬度及埋入深度。

三、圍牆內縱橫兩向補強筋之配置及壓頂磚之細部。

四、圍牆內應設置場鑄鋼筋混凝土造扶壁、扶柱之條件及尺寸。

五、圍牆內縱筋及橫筋之配置、扶壁、扶柱內鋼筋之配置及鋼筋之錨定與搭接長度。

第八節　砌磚工程施工要求

第 170-12 條

第一百三十三條磚構造所用材料之施工，應符合規範規定。

第 170-13 條

填縫水泥砂漿、填充水泥砂漿及填充混凝土等之施工，應符合規範規定。

第 170-14 條

紅磚牆體、清水紅磚牆體及混凝土空心磚牆體等之砌築施工，應符合規範規定。

第四章｜木構造

第 171 條

以木材構造之建築物或以木材為主要構材與其他構材合併構築之建築物，依本章規定。

木構造建築物設計及施工技術規範（以下簡稱規範）由中央主管建築機關另定之。

第 171-1 條

木構造建築物之簷高不得超過十四公尺，並不得超過四層樓。但供公眾使用而非供居住用途之木構造建築物，結構安全經中央主管建築機關審核認可者，簷高得不受限制。

第 172 條

木構造建築物之各構材，須能承受其所承載之靜載重及活載重，而不超過容許應力。

木構造建築物應加用斜支撐或隅支撐或合於中華民國國家標準之集成材，以加強樓版、屋面版、牆版，使能承受由於風力或地震力所產生之橫力，而不致傾倒、變形。

第 173 條

木構材不得用於承載磚石、混凝土或其他類似建材之靜載重及由其所生之橫力。

第 174 條

（刪除）

第 175 條

木構造各構材防腐要求，應符合左列規定：

一、木構造之主要構材柱、梁、牆版及木地檻等距地面一公尺以內之部分，應以有效之防腐措施，防止蟲、蟻類或菌類之侵害。

二、木構造建築物之外牆版，在容易腐蝕部分，應舖以防水紙或其他類似之材料，再以鐵絲網塗敷水泥砂漿或其他相等效能材料處理之。

三、木構造建築物之地基，須先清除花草樹根及表土深三十公分以上。

第 176 條

木構造之勒腳牆、梁端空隙、橫力支撐、錨栓、柱腳鐵件之構築，應依規範規定。

第 177 條～第 180 條

（刪除）

第 181 條

木構造各木構材之品質及尺寸，應符合左列規定：

一、木構造各木構材之品質，應依總則編第三條及第四條之規定。

二、設計構材計算強度之尺寸，應以刨光後之淨尺寸為準。

第 182 條

（刪除）

第183條
木構造各木構材強度應符合下列規定：
一、一般建築物所用木構材之容許應力、斜向木理容許壓應力、應力調整、載重時間影響，應依規範之規定。
二、供公眾使用建築物其構造之主構材，應依中華民國國家標準選樣測定強度並規定其容許應力，其容許強度不得大於前款所規定之容許應力。

第184條～第187條
（刪除）

第188條
木構造各木構材之梁設計、跨度長、彎曲強度、橫剪力、缺口、偏心連接、垂直木理壓應力、橫支撐、單木柱、大小頭柱之斷面、合應力、雙木組合柱、合木柱、主構木柱、木桁條、撓度應依規範及左列規定：
一、依規範規定之設計應力計算而得之各木構材斷面應力值，須小於規範所規定之容許應力值。
二、依規範規定結構物各木構材及結合部，須檢討其變形，不得影響建築物之安全及妨礙使用。
三、結構物各部分須考慮結構計算時之假設、施工之不當、材料之不良、腐朽、磨損等因素，必要時木構材須加補強。

第189條～第196條
（刪除）

第197條
木柱之構造應符合左列規定：
一、平房或樓房之主構木材用上下貫通之整根木柱。但接合處之強度大於或等於整根木柱強度相同者，不在此限。
二、主構木柱之長細比應依規範之規定。
三、合木柱應依雙木組合柱或集成材木柱之規定設計，不得以單木柱設計。

第198條～第202條
（刪除）

第203條
木屋架之設計應符合左列規定：

一、跨度五公尺以上之木屋架須爲桁架，使其各構材分別承受軸心拉力或壓力。
二、各構材之縱軸必須相交於節點，承載重量應作用在節點上。
三、壓力構材斷面須依其個別軸向支撐間之長細比設計。

第 204 條

木梁、桁條及其他受撓構材，於跨度之中央下側處有損及強度之缺口時，應扣除二倍缺口深度後之淨斷面計算其彎曲強度。

第 205 條

（刪除）

第 206 條

木構造各構材之接合應經防銹處理，並符合左列規定：
一、木構材之接合，得以接合圈及螺栓、接合板及螺栓、螺絲釘或釘爲之。
二、木構材拼接時，應選擇應力較小及疵傷最少之部位，二側並以拼接板固定，並用以傳遞應力。
三、木柱與剛性較大之鋼骨受撓構材接合時，接合處之木柱應予補強。

第 207 條

木構造之接合圈、接合圈之應用、接合圈載重量、連接設計、接頭強度、螺栓、螺栓長徑比、平行連接、垂直連接、螺栓排列、支承應力、螺絲釘、釘、拼接位置，應依規範規定。

第 208 條～第 220 條

（刪除）

第 221 條

木構造各木構材採用集成材之設計時，應符合下列規定：
一、集成材之容許應力、弧構材、曲度因素、徑向應力、長細因數、梁深因數、合因數、割鋸限制、形因數、集成材木柱、集成材木版、集成材膜版應符合規範規定。
二、集成材、合板用料、配料、接頭等均應符合中華民國國家標準，且經政府認可之檢驗機關檢驗合格，並有證明文件者，始得應用。

第 222 條～第 234 條

（刪除）

第五章｜鋼構造

第一節　設計原則

第 235 條

本章爲應用鋼材建造建築結構之技術規則，作爲設計及施工之依據。但冷軋型鋼結構、鋼骨鋼筋混凝土結構及其它特殊結構，不在此限。

第 235-1 條

鋼構造建築物鋼結構設計技術規範（以下簡稱設計規範）及鋼構造建築物鋼結構施工規範（以下簡稱施工規範）由中央主管建築機關另定之。

第 235-2 條

鋼結構之設計應依左列規定：

一、各類結構物之設計強度應依其結構型式，在不同載重組合下，利用彈性分析或非彈性分析決定。

二、整體結構及每一構材、接合部均應檢核其使用性。

三、使用容許應力設計法進行設計時，其容許應力應依左列規定：

（一）結構物之桿件、接頭及接合器，其由工作載重所引致之應力均不得超過設計規範規定之容許應力。

（二）風力或地震力與垂直載重聯合作用時，可使用載重組合折減係數計算應力。但不得超過容許應力。

四、使用極限設計法進行設計時，應依左列規定：

（一）設計應檢核強度及使用性極限狀態。

（二）構材及接頭之設計強度應大於或等於由因數化載重組合計得之需要強度。設計強度 ϕRn 係由標稱強度 Rn 乘強度折減因子 ϕ。強度折減因子及載重因數應依設計規範規定。

前項第三款第一目規定容許應力之計算不包括滿足接頭區之局部高應力。第一項第四款第一目規定強度極限係指結構之最大承載能力，其與結構之安全性密切相關；使用性極限係指正常使用下其使用功能之極限狀態。

第 236 條

鋼結構之基本接合型式分爲左列二類：

一、完全束制接合型式：係假設梁及柱之接合爲完全剛性，構材間之交角在載重前後能維持不變。

二、部分束制接合型式：係假設梁及柱間，或小梁及大梁之端部接合無法達完全剛性，在載重前後構材間之交角會改變。

設計接合或分析整體結構之穩定性時，如需考慮接合處之束制狀況時，其接頭之轉動特性應以分析方法或實驗決定之。部分束制接合結構應考慮接合處可容許非彈性且能自行限制之局部變形。

第 237 條

（刪除）

第 238 條

鋼結構製圖應依左列規定：

一、設計圖應依結構計算書之計算結果繪製，並應依設計及施工規範規定。

二、鋼結構施工前應依據設計圖說，事先繪製施工圖，施工圖應註明構材於製造、組合及安裝時所需之完整資料，並應依設計及施工規範規定。

三、鋼結構之製圖比例、圖線規定、構材符號、鋼材符號及銲接符號等應依設計及施工規範規定。

第 239 條

鋼結構施工，由購料、加工、接合至安裝完成，均應詳細查驗證明其品質及安全。

第 240 條

鋼結構之耐震設計，應依本編第一章第五節耐震設計規定，並應採用具有韌性之結構材料、結構系統及細部。其構材及接合之設計，應依設計規範規定。

第二節　設計強度及應力

第 241 條

鋼結構使用之材料包括結構用鋼板、棒鋼、型鋼、結構用鋼管、鑄鋼件、螺栓、墊片、螺帽、剪力釘及銲接材料等，均應符合中華民國國家標準。無中華民國國家標準適用之材料者，應依中華民國國家標準鋼料檢驗通則CNS二六〇八點G五二及相關之國家檢驗測試標準，或中央主管建築機關認可之國際通行檢驗規則檢驗，確認符合其原標示之標準，且證明達到設計規範之設計標準者。

鋼結構使用鋼材，由國外進口者，應具備原製造廠家之品質證明書，並經公立檢驗機關，依中華民國國家標準，或國際通行檢驗規則，檢驗合格，證明符合設計規範之設計標準。

第 242 條

鋼結構使用之鋼材，得依設計需要，採用合適之材料，且必須確實把握產品來源。不同類鋼材如未特別規定，得依強度及接合需要相互配合應用，以銲接爲主接合之鋼結構，應選用可銲性且延展性良好之銲接結構用鋼材。

第 243 條

鋼結構構材之長細比爲其有效長（Kλ）與其迴轉半徑（r）之比（Kλ/r），並應檢核其對強度、使用性及施工性之影響。

第 244 條

鋼結構構材斷面分左列四類：

一、塑性設計斷面：指除彎矩強度可達塑性彎矩外，其肢材在受壓下可達應變硬化而不產生局部挫屈者。

二、結實斷面：指彎曲強度可達塑性彎矩，其變形能力約爲塑性設計斷面之二分之一者。

三、半結實斷面：指肢材可承壓至降伏應力而不產生局部挫屈，且無提供有效之韌性者。

四、細長肢材斷面：指爲肢材在受壓時將產生彈性挫屈者。

第 244-1 條

鋼結構構架穩定應依左列規定：

一、含斜撐系統構架：構架以斜撐構材、剪力牆或其他等效方法提供足夠之側向勁度者，其受壓構材之有效長度係數 k 應採用一・〇。如採用小於一・〇之 k 係數，其值需以分析方法求得。多樓層含斜撐系統構架中之豎向斜撐系統，應以結構分析方法印證其具有足夠之勁度及強度，以維持構架在載重作用下之側向穩定，防止構架挫屈或傾倒，且分析時應考量水平位移之效應。

二、無斜撐系統構架：構架依靠剛接之梁柱系統保持側向穩定者，其受壓構材之有效長度係數 k 應以分析方法決定之，且其值不得小於一・〇。無斜撐系統構架承受載重之分析應考量構架穩定及柱軸向變形之效應。

第 244-2 條

設計鋼結構構材之斷面或其接合，應使其應力不超過容許應力，或使其設計強度大於或等於需要強度。

第 245 條～第 257 條

（刪除）

第 258 條

載重變動頻繁應力反復之構材，應按反復應力規定設計之。

第三節 構材之設計

第 258-1 條

設計拉力構材時應考量全斷面之降伏、淨斷面之斷裂及其振動、變形之影響。計算淨斷面上之強度時應考量剪力遲滯效應。

第 258-2 條

設計壓力構材時應考量局部挫屈、整體挫屈、降伏等之安全性。

第 259 條

梁或版梁承受載重，應使其外緣彎曲應力不超過容許彎曲應力，其端剪力不超過容許剪應力。

第 260 條～第 267 條

（刪除）

第 268 條

梁或板梁之設計，應依撓度限制規定。

第 268-1 條

設計受扭矩及組合力共同作用之構材時，應考量軸力與彎矩共同作用時引致之二次效應，並檢核在各種組合載重作用下之安全性。

第 269 條

採用合成構材時應視需要設計剪力連接物，對於容許應力之計算，應將混凝土之受壓面積轉化爲相當的鋼材面積。對於撓曲強度之計算應採塑性應力分析。合成梁之設計剪力強度應由鋼梁腹板之剪力強度計算。並檢核施工過程中混凝土凝固前鋼梁單獨承受載重之能力。

第 270 條～第 273 條

（刪除）

第四節　（刪除）

第 274 條～第 286 條
（刪除）

第五節　接合設計

第 287 條
接合之受力模式宜簡單明確，傳力方式宜緩和漸變，以避免產生應力集中之現象。接合型式之選用以製作簡單、維護容易爲原則，接合處之設計，應能充分傳遞被接合構材計得之應力，如接合應力未經詳細計算，得依被接合構材之強度設計之。接合設計在必要時，應依接合所在位置對整體結構安全影響程度酌予提高其設計之安全係數。

第 287-1 條
使用高強度螺栓於接合設計時，得視需要採用承壓型接合設計或摩阻型接合設計。

第 287-2 條
採用銲接接合時，應採用銲接性良好之鋼材，配以合適之銲材。銲接施工應依施工規範之規定進行銲接施工及檢驗。

第 287-3 條
承受衝擊或振動之接合部，應使用銲接或摩阻型高強度螺栓設計。因特殊需要而不容許螺栓滑動，或因承受反復荷重之接合部，亦應使用銲接或摩阻型高強度螺栓設計。

第 288 條～第 295 條
（刪除）

第 296 條
承壓型接合之高強度螺栓，不得與銲接共同分擔載重，而應由銲接承擔全部載重。以摩阻型接合設計之高強度螺栓與銲接共同分擔載重時，應先鎖緊高強度螺栓後再銲接。
原有結構如以銲接修改時，現存之摩阻型接合高強度螺栓可用以承受原有靜載重，而銲接僅分擔額外要求之設計強度。

第 296-1 條

錨栓之設計需能抵抗在各種載重組合下，柱端所承受之拉力、剪力與彎矩，及因橫力產生之彎矩所引致之淨拉力分量。

混凝土支承結構的設計需安全支承載重，故埋入深度需有一適當之安全因子，以確保埋置強度不會因局部或全部支承混凝土結構之破壞而折減。

第 297 條～第 321 條

（刪除）

第六節　（刪除）

第 322 條～第 331 條

（刪除）

第六章｜混凝土構造

第一節　通則

第 332 條

建築物以結構混凝土建造之技術規則，依本章規定。

各種特殊結構以結構混凝土建造者如弧拱、薄殼、摺版、水塔、水池、煙囪、散裝倉、樁及耐爆構造等之設計及施工，原則依本章規定辦理。

本章所稱結構混凝土，指具有結構功能之鋼筋混凝土及純混凝土。鋼筋混凝土含預力混凝土；純混凝土爲結構混凝土中鋼筋量少於鋼筋混凝土之規定最低値者，或無鋼筋者。

結構混凝土設計規範（以下簡稱設計規範）及結構混凝土施工規範（以下簡稱施工規範）由中央主管建築機關定之。

第 332-1 條

結構混凝土構材與其他材料構材組合之構體，除應依本編各種材料構材相關章節之規定設計外，並應考慮結構系統之妥適性、構材間之接合行爲、力的傳遞、構材之剛性及韌性、材料的特性等。

第 333 條

結構混凝土之設計，應能在使用環境下承受各種規定載重，並滿足安全及適用性之需求。

第 334 條

結構混凝土之設計圖說應依左列規定：

一、包括設計圖、說明書及計算書。主管機關得要求設計者提供設計資料及附圖；應用電子計算機程式作分析及設計時，並應提供設計假設、說明使用程式、輸入資料及計算結果。

二、應依本編第一章第一節規定。

三、設計圖應在適當位置明示左列規定，其內容於設計規範定之。

（一）設計規範之名稱版本及其相關規定適用之優先順序。

（二）設計所用之活載重及其他特殊載重。

（三）混凝土及鋼材料之強度要求、規格及限制。

（四）其他必要之說明。

第 334-1 條

結構混凝土之施工應依設計圖說之要求製作施工圖說，作爲施工之依據。施工圖說應載明事項於施工規範定之。

第 335 條

結構混凝土施工時，應依工作進度執行品質管制、檢驗及查驗，並予記錄，其內容於施工規範定之。

前項紀錄之格式、簽認、查核、保存方式及年限，由直轄市、縣（市）（局）主管建築機關定之。

第 336 條

結構物或其構材之使用安全，如有疑慮時，主管建築機關得令其依設計規範規定之方法對其強度予以評估。

第 337 條

（刪除）

第二節　品質要求

第 337-1 條

結構混凝土材料及施工品質應符合設計規範及施工規範規定。

第 337-2 條

結構混凝土材料包括混凝土材料及結合混凝土使用之鋼材料或其他加勁材料。

混凝土材料包括水泥、骨材、拌和用水、摻料等。鋼材料包括鋼筋、鋼鍵、鋼骨等。

結構混凝土材料品質檢驗及查驗應依施工規範規定辦理。

第 337-3 條

結構混凝土施工品質之抽樣、檢驗、查驗、評定及認可應依施工規範規定辦理。

第 338 條～第 344 條

（刪除）

第 345 條

結構混凝土材料之儲存應能防止變質及摻入他物；變質或污損等以致無法達到施工規範要求者不得使用。

第 346 條

結構混凝土之規定抗壓強度及試驗齡期應於設計時指定之。抗壓強度試體之取樣、製作及試驗於施工規範定之。

鋼材料之種類、規格及規定強度應於設計時指定，其細節及試驗方式於施工規範定之。

第 347 條

混凝土材料配比應使混凝土之工作性、耐久性及強度等性能達到設計要求及規範規定。

第 348 條～第 350 條

（刪除）

第 351 條

結構混凝土之施工，包括模板與其支撐、鋼筋排置、埋設物及接縫等之澆置前準備，與產製、輸送、澆置、養護及拆模等規定於施工規範定之。

第 352 條～第 361 條

（刪除）

第 361-1 條

鋼材料之施工，包括表面處理、續接、加工、排置、保護層之維持及預力之施加等，應符合設計要求，其內容於施工規範定之。

第 362 條～第 374 條

（刪除）

第三節　設計要求

第 374-1 條

結構混凝土之設計，得採強度設計法、工作應力設計法或其他經中央主管建築機關認可之設計法。

第 375 條

結構混凝土構件應承受依本編第一章規定之各種載重、地震力及風力，尚應考慮使用環境之其他規定作用力。

設計載重爲前項各種載重及各力之組合，應符合所採用設計方法及設計規範規定。

第 375-1 條

結構混凝土構件應依設計規範規定設計，使構材之設計強度足以承受設計載重。

第 375-2 條

結構混凝土分析時，應考慮其使用需求、採用之結構系統、整體之穩定性、非結構構材之影響、施工方法及順序等。

結構分析所用之分析方法及假設於設計規範定之。

構體或構件之模型試驗結果可供結構分析參考。

第 375-3 條

結構混凝土設計時，應考慮結構系統中梁、柱、版、牆及基礎等構件及其接頭所承受之撓曲力、軸力、剪力、扭力等及其間力之傳遞，並考慮彎矩調整、撓度控制與裂紋控制，與構件之相互關係及施工可行性，其設計於設計規範定之。

第 375-4 條

結構混凝土構件設計，應使其充分發揮設定之功能，並考慮左列規定：

一、構件之特性：構件之有效深度、寬度、橫支撐間距、T型梁、柵版、深梁效應等。

二、鋼筋之配置：主筋與橫向鋼筋之配置、間距、彎折、彎鉤、保護層、鋼筋量限制及有關鋼筋之伸展、錨定及續接等。

三、材料特性與環境因素之影響：潛變、乾縮、溫度鋼筋、伸縮縫及收縮縫等。

四、構件之完整性：梁、柱、版、牆、基礎等構件之開孔、管線、預留孔及埋設物等位置、尺寸與補強方法。

五、構件之連結：構件接頭之鋼筋排置及預鑄構件之連接。

六、施工之特別要求：混凝土澆置次序，預力大小、施力位置與程序，及預鑄構件吊裝等。

前項各款設計內容於設計規範定之。

第 376 條～第 406 條

（刪除）

第四節　耐震設計之特別規定

第 407 條

結構混凝土建築物之耐震設計，應符合本編第一章第五節之規定。

就地澆置之結構混凝土，為抵抗地震力採韌性設計者，其構材應符合本節規定在以回歸期四百七十五年之大地震地表加速度作用下，以彈性反應結構分析所得之構材設計內力未超過其設計強度者，得不受第四百零八條至第四百十二條規定之限制。

未依前二項規定設計抵抗地震力之結構混凝土，經實驗與分析證明其具有適當之強度及韌性，使耐震能力等於或超過本節規定者，仍可使用。

第 408 條

抵抗地震力之就地澆置結構混凝土採韌性設計者，應使其構材在大地震時能產生所需塑性變形，並應符合左列規定：

一、應考慮在地震時，所有結構與非結構構材間之相互作用對結構之線性或非線性反應之影響。

二、應考慮韌性設計之撓曲構材、受撓柱、梁柱接頭、結構牆、橫膈版及桁架應符合第四百零九條至第四百十二條之規定。

三、混凝土規定抗壓強度之限制、鋼筋材質與續接及其他設計細節於設計規範定之。

非抵抗水平地震力之構材，應符合第四百十二條之一規定。

第 409 條

受撓曲與較小軸力構材之設計應避免在大地震時產生非韌性破壞；其適用之限制條

件、縱向主筋與橫向鋼筋之用量限制、配置與續接、剪力強度要求等設計細節，於設計規範定之。

第 410 條
受撓柱之設計應使其在大地震時不致產生非韌性破壞；其適用之限制條件、強柱弱梁要求、縱向主筋與橫向箍筋之用量限制、配置與續接、剪力強度要求等設計細節於設計規範定之。

第 411 條
梁柱接頭之設計應可使梁端順利產生塑鉸，接頭不致產生剪力破壞；接頭內梁主筋之伸展與錨定、橫向鋼筋之配置、剪力設計強度等設計細節於設計規範定之。

第 412 條
結構牆、横膈版及桁架設計爲抵抗地震力結構系統之一部分者，其剪力設計強度、鋼筋之配置、邊界構材等設計細節於設計規範定之。

第 412-1 條
抵抗地震力結構系統內設定爲非抵抗水平地震力之構材，其設計應考慮整體結構系統側向位移之影響，設計細節於設計規範定之。

第五節　強度設計法

第 413 條
強度設計法之基本要求爲使結構混凝土之構材依第四百十四條規定之設計強度足以承受加諸於該構材依第四百十三條之一規定之設計載重。

第 413-1 條
結構混凝土構件之設計載重應考慮載重因數及載重組合。載重應依第三百七十五條第一項規定。
載重因數及載重組合於設計規範定之。

第 414 條
結構混凝土構件之設計強度應考慮強度折減，強度折減於設計規範定之。

第 415 條
（刪除）

第 416 條

構材依強度設計法設計時，應考慮力之平衡與應變之一致性，其他相關設計假設於設計規範定之。

第 417 條

構材之撓曲及軸力依強度設計法設計時，應考慮縱向鋼筋與橫向鋼筋之種類及用量要求及配置、受撓構材之橫向支撐、受壓構材之長細效應與設計尺寸，深梁、合成受壓構材、支承版系之受軸力構材及承壓強度等，設計細節於設計規範定之。

第 418 條～第 427 條

（刪除）

第 427-1 條

構材之剪力依強度設計法設計時，應考慮混凝土最小斷面，剪力鋼筋之種類、強度、用量要求與配置等，其設計細節於設計規範定之。

第 428 條～第 432 條

（刪除）

第 432-1 條

構材之扭力設計依強度設計法設計時，應考慮混凝土最小斷面，扭力鋼筋之種類、強度、用量要求與配置等，其設計細節於設計規範定之。

第 433 條～第 439 條

（刪除）

第六節　工作應力設計法

第 439-1 條

工作應力設計法之基本要求爲使結構混凝土構材在依第四百四十條之一規定之設計載重下，其工作應力不超過材料之容許應力。
工作應力設計法不適用於預力混凝土構造。

第 440 條

（刪除）

第 440-1 條

工作應力設計法之設計載重除依第四百十三條之一之規定外，其載重因數及載重組合應視工作應力設計法之特性設計，設計細節於設計規範定之。

第 440-2 條

結構混凝土構材於設計載重下，其工作應力之計算於設計規範定之。

第 441 條

結構混凝土構材之材料容許應力於設計規範定之。

第 441-1 條

構材之撓曲依工作應力設計法設計時，應符合力之平衡與應變之一致性。

其撓曲應力與應變關係應依線性假設，設計細節於設計規範定之。

第 441-2 條

結構混凝土構材之軸力、剪力與扭力，或其與撓曲併合之力之容許值於設計規範定之。

第 442 條～第 445 條

（刪除）

第七節　構件與特殊構材

第 445-1 條

梁、柱、版、牆及基礎等構件之設計應依本章之規定。

版、牆及基礎等構件並得依合理之假設予以簡化，其簡化方式及設計細節於設計規範定之。

第 446 條～第 471 條

（刪除）

第 471-1 條

純混凝土構材、預鑄混凝土構材、合成混凝土構材及預力混凝土構材等特殊構材之設計除應符合本章有關規定外，並應考慮構材、接合及施工之特性，其設計細節及適用範圍於設計規範定之。

第 472 條～第 475 條

（刪除）

第 475-1 條

壁式預鑄鋼筋混凝土造之建築物，其建築高度，不得超過五層樓，簷高不得超過十五公尺。

第 476 條～第 495 條

（刪除）

第七章｜鋼骨鋼筋混凝土構造

第一節　設計原則

第 496 條

應用鋼骨鋼筋混凝土建造之建築結構，其設計及施工應依本章規定。

第 497 條

鋼骨鋼筋混凝土構造設計規範（以下簡稱設計規範）及鋼骨鋼筋混凝土構造施工規範（以下簡稱施工規範），由中央主管建築機關定之。

第 498 條

鋼骨鋼筋混凝土構造之結構分析應採用公認合理之方法；各構材及接合之設計強度應大於或等於由因數化載重組合所得之設計載重效應。

第 499 條

鋼骨鋼筋混凝土構造設計採用之靜載重、活載重、風力及地震力，應依本編第一章規定。

第 500 條

鋼骨鋼筋混凝土構造設計，應審慎規劃適當之結構系統，並考慮結構立面及平面配置之抗震能力。

第 501 條

鋼骨鋼筋混凝土構造設計，除考慮強度、勁度及韌性之需求外，應檢討施工之可行性；決定鋼骨鋼筋混凝土構造中鋼骨與鋼筋之關係位置時，應檢核鋼筋配置及混凝土施工之可行性。

第 502 條

鋼骨鋼筋混凝土構造設計，應考慮左列極限狀態要求：

一、強度極限狀態：包含降伏、挫屈、傾倒、疲勞或斷裂等極限狀態。

二、使用性極限狀態：包含撓度、側向位移、振動或其他影響正常使用功能之極限狀態。

第 503 條

鋼骨鋼筋混凝土構造設計圖，應依結構計算書之結果繪製，並應包含左列事項：

一、結構設計採用之設計規範名稱及版本。

二、建築物全部構造設計之平面圖、立面圖及必要之詳圖，並應註明使用尺寸之單位。

三、構材尺寸、鋼骨及鋼筋之配置詳圖，包含鋼骨斷面尺寸、主筋與箍筋之尺寸、數目、間距、錨定及彎鉤。

四、接合部之詳圖，包含梁柱接頭、構材續接處、基腳及斷面轉換處。

五、鋼骨、鋼筋、混凝土、銲材與螺栓之規格及強度。

第二節　材料

第 504 條

鋼骨鋼筋混凝土構造使用之材料，包含鋼板、型鋼、鋼筋、水泥、螺栓、銲材及剪力釘等均應符合中華民國國家標準；無中華民國國家標準適用之材料者，應依相關之國家檢驗測試標準或中央主管建築機關認可之國際通行檢驗規則檢驗，確認符合其原標示之標準，且證明符合設計規範規定。

第 505 條

鋼骨鋼筋混凝土構造使用之材料由國外進口者，應具備原製造廠家之品質證明書，並經檢驗機關依中華民國國家標準或中央主管建築機關認可之國際通行檢驗規則檢驗合格，且證明符合設計規範規定。

第三節　構材設計

第 506 條

鋼骨鋼筋混凝土構造之撓曲構材，得採用包覆型鋼骨鋼筋混凝土梁或鋼梁；採用包覆型鋼骨鋼筋混凝土梁時，其設計應依本章規定；採用鋼梁時，其設計應依本編第五章鋼構造規定。

第 507 條

鋼骨鋼筋混凝土柱依其斷面型式分爲左列二類：

一、包覆型鋼骨鋼筋混凝土柱：指鋼筋混凝土包覆鋼骨之柱。

二、鋼管混凝土柱：指鋼管內部填充混凝土之柱。

第 508 條

鋼骨鋼筋混凝土構造之柱採用包覆型鋼骨鋼筋混凝土設計時，其相接之梁，得採用包覆型鋼骨鋼筋混凝土梁或鋼梁；採用鋼管混凝土柱時，其相接之梁，應採用鋼梁設計。

第 509 條

矩形斷面鋼骨鋼筋混凝土構材之主筋，以配置在斷面四個角落爲原則；在梁柱接頭處，主筋應以直接通過梁柱接頭爲原則，並不得貫穿鋼骨之翼板。

第 510 條

包覆型鋼骨鋼筋混凝土構材中之鋼骨及鋼筋均應有適當之混凝土保護層，且構材之主筋與鋼骨之間應保持適當之間距，以利混凝土之澆置及發揮鋼筋之握裹力。

第 511 條

鋼骨鋼筋混凝土構材應注意開孔對構材強度之影響，並應視需要予以適當之補強。

第四節　接合設計

第 512 條

鋼骨鋼筋混凝土構材接合設計，應依設計規範規定；接合處應具有足夠之強度，以傳遞其承受之應力。

第 513 條

鋼骨鋼筋混凝土梁柱接頭處之鋼梁，應直接與鋼骨鋼筋混凝土柱中之鋼骨接合，並使接合處之應力能夠有效平順傳遞。

第 514 條

包覆型鋼骨鋼筋混凝土梁柱接頭處，應配置適當之箍筋；箍筋需穿過鋼梁腹板時，腹板之箍筋孔應於設計圖上標明，且穿孔之大小及間距，應不損害鋼梁抵抗剪力之功能。

第 515 條

鋼骨鋼筋混凝土梁柱接頭處之鋼柱，應配置適當之連續板以傳遞水平力；爲使接頭處之混凝土能夠填充密實，應於連續板上設置灌漿孔或通氣孔，開孔尺寸應於設計圖上標明，且其大小應不損害連續板傳遞水平力之功能。

第 516 條

鋼骨鋼筋混凝土構材之續接處應具有足夠之強度，且能平順傳遞其承受之應力，續接之位置宜避開應力較大之處。

第 517 條

鋼骨鋼筋混凝土構材接合處之鋼骨、鋼筋、螺栓及接合板之配置，應考慮施工之可行性，且不妨礙混凝土之澆置及填充密實。

第五節　施工

第 518 條

鋼骨鋼筋混凝土構造之施工，應依施工規範規定，施工過程中任何階段之結構強度及穩定性，應於施工前審慎評估，以確保施工過程中安全無虞。

第 519 條

鋼骨鋼筋混凝土構造之施工，需在鋼骨斷面上穿孔時，其穿孔及補強，應事先於工廠內施作完成。

第 520 條

鋼骨鋼筋混凝土工程之混凝土澆置，應注意其填充性，並應避免混凝土骨材析離。

第八章｜冷軋型鋼構造

第一節　設計原則

第 521 條

應用冷軋型鋼構材建造之建築結構，其設計及施工應依本章規定。

前項所稱冷軋型鋼構材，係由碳鋼、低合金鋼板或鋼片冷軋成型；其鋼材厚度不得超過二十五・四公釐。

冷軋型鋼構造建築物之簷高不得超過十四公尺，並不得超過四層樓。

第 522 條

冷軋型鋼構造結構設計規範（以下簡稱設計規範）及冷軋型鋼構造施工規範（以下簡稱施工規範），由中央主管建築機關定之。

第 523 條

冷軋型鋼結構之設計，應符合左列規定：

一、各類結構物之設計強度，應依其結構型式，在不同載重組合下，利用彈性分析或非彈性分析決定。

二、整體結構及每一構材、接合部，均應檢核其使用性。

三、使用容許應力設計法進行設計時，其容許應力應符合左列規定：

（一）結構物之構材、接頭及連結物，由工作載重所引致之應力，均不得超過設計規範規定之容許應力。

（二）風力或地震力與垂直載重聯合作用時，可使用載重組合折減係數計算應力，並不得超過設計規範規定之容許應力。

四、使用極限設計法進行設計時，應符合左列規定：

（一）設計應檢核強度及使用性極限狀態。

（二）構材及接頭之設計強度，應大於或等於由因數化載重組合計得之需要強度；設計強度係由標稱強度乘強度折減因子；強度折減因子及載重因數，應依設計規範規定。

前項第三款第一目規定容許應力之計算，不包括滿足接頭區之局部高應力。

第一項第四款第一目規定強度極限，指與結構之安全性密切相關之最大承載能力；使用性極限，指正常使用下其使用功能之極限狀態。

設計冷軋型鋼結構構材之斷面或其接合，應使其應力不超過設計規範規定之容許應力，或使其設計強度大於或等於由因數化載重組合計得之需要強度。

第 524 條

冷軋型鋼結構製圖，應符合左列規定：

一、設計圖應依結構計算書之計算結果繪製，並應依設計及施工規範規定。

二、冷軋型鋼結構施工前應依設計圖說，事先繪製施工圖；施工圖應註明構材於製造、組合及安裝時所需之完整資料，並應依設計及施工規範規定。

三、冷軋型鋼結構之製圖比例、圖線規定、構材符號、鋼材符號及相關連結物符號，應依設計及施工規範規定。

第 525 條

冷軋型鋼結構施工，由購料、加工、接合至安裝完成，均應詳細查驗證明其品質及安全。

第 526 條

冷軋型鋼結構之耐震設計，應依本編第一章第五節耐震設計規定；其構材及接合之設計，應依設計規範規定。

第二節　設計強度及應力

第 527 條

冷軋型鋼結構使用之材料包括冷軋成型之鋼構材、螺絲、螺栓、墊片、螺帽、鉚釘及銲接材料等，均應符合中華民國國家標準。無中華民國國家標準適用之材料者，應依中華民國國家標準鋼料檢驗通則CNS二六〇八點G五二及相關之國家檢驗測試標準，或中央主管建築機關認可之國際通行檢驗規則檢驗，確認符合其原標示之標準，且證明符合設計規範規定。

冷軋型鋼結構使用鋼材，由國外進口者，應具備原製造廠家之品質證明書，並經檢驗機關依中華民國國家標準或中央主管建築機關認可之國際通行檢驗規則檢驗合格，證明符合設計規範規定。

第 528 條

冷軋型鋼結構使用之鋼材，得依設計需要，採用合適之材料，且應確實把握產品來源。不同類鋼材未特別規定者，得依強度及接合需要相互配合應用。

冷軋型鋼結構採用銲接時，應選用可銲性且延展良好之銲接結構用鋼材，並以工廠銲接爲原則。

第 529 條

冷軋型鋼結構構材之長細比爲其有效長與其迴轉半徑之比，並應檢核其對強度、使用性及施工性之影響。

第 530 條

冷軋型鋼結構構架穩定應符合左列規定：

一、含斜撐系統構架：以斜撐構材、剪力牆或其他等效方法抵抗橫向力，且提供足夠之側向勁度，其受壓構材之有效長度係數應採用一．〇。如採用小於一．〇之有效長度係數，其值需以分析方法求得。多樓層含斜撐系統構架中之豎向斜撐系統，應以結構分析方法印證其具有足夠之勁度及強度，以維持構架在載重作用下之側向穩定，防止構架挫屈或傾倒，且分析時應考量水平位移之效應。
二、無斜撐系統構架：應經計算或實驗證明其構架之穩定性。

第 531 條
載重變動頻繁應力反復之構材，應依反復應力規定設計。

第三節　構材之設計

第 532 條
設計拉力構材時，應考量全斷面之降伏、淨斷面之斷裂及其振動、變形及連結物之影響。計算淨斷面上之強度時，應考量剪力遲滯效應。

第 533 條
設計壓力構材時，應考量局部挫屈、整體挫屈、降伏等之安全性。

第 534 條
設計撓曲構材時，應考慮其撓曲強度、剪力強度、腹板皺曲強度，並檢核在各種組合載重作用下之安全性。

第 535 條
撓曲構材之設計，除強度符合規範要求外，亦應依撓度限制規定設計之。

第 536 條
設計受扭矩及組合力共同作用之構材時，應考量軸力與彎矩共同作用時引致之二次效應，並檢核在各種組合載重作用下之安全性。

第 537 條
設計冷軋型鋼結構及其他結構材料組合之複合系統，應依設計規範及其他使用材料之設計規定。

第四節　接合設計

第 538 條
接合之受力模式宜簡單明確，傳力方式宜緩和漸變，避免產生應力集中之現象。接合型式之選用以製作簡單、維護容易爲原則，接合處之設計，應能充分傳遞被接合構材計得之應力，如接合應力未經詳細計算，得依被接合構材之強度設計之。
接合設計在必要時，應依接合所在位置對整體結構安全影響程度酌予調整其設計之安全係數或安全因子，以提高結構之安全性。

第 539 條

連結結構體與基礎之錨定螺栓，其設計應能抵抗在各種載重組合下，柱端所承受之拉力、剪力與彎矩，及因橫力產生之彎矩引致之淨拉力分量。

混凝土支承結構設計需安全支承載重，埋入深度應有適當之安全係數或安全因子，確保埋置強度不致因局部或全部支承混凝土結構之破壞而折減。

第 540 條

冷軋型鋼構造之接合應考量接合構材及連結物之強度。

冷軋型鋼構造接合以銲接、螺栓及螺絲接合為主；其接合方式及適用範圍應依設計及施工規範規定，並應考慮接合之偏心問題。

4-2 建築技術規則建築設備編

■修正日期：民國 110 年 01 月 19 日

第一章 | 電氣設備

第一節　通則

第 1 條

建築物之電氣設備，應依屋內線路裝置規則、各類場所消防安全設備設置標準及輸配電業所定電度表備置相關規定辦理；未規定者，依本章之規定辦理。

第 1-1 條

配電場所應設置於地面或地面以上樓層。如有困難必須設置於地下樓層時，僅能設於地下一層。

配電場所設置於地下一層者，應裝設必要之防水或擋水設施。但地面層之開口均位於當地洪水位以上者，不在此限。

第 2 條

使用於建築物內之電氣材料及器具，均應為經中央目的事業主管機關或其認可之檢驗機構檢驗合格之產品。

第 2-1 條

電氣設備之管道間應有足夠之空間容納各電氣系統管線。其與電信、給水排水、消防、燃燒、空氣調節及通風等設備之管道間採合併設置時，電氣管道與給水排水管、消防水管、燃氣設備之供氣管路、空氣調節用水管等管道應予以分隔。

第二節　照明設備及緊急供電設備

第 3 條

建築物之各處所除應裝置一般照明設備外，應依本規則建築設計施工編第一百一十六條之二規定設置安全維護照明裝置，並應依各類場所消防安全設備設置標準之規定裝置緊急照明燈、出口標示燈及避難方向指示燈等設備。

第 4 條～第 6 條

（刪除）

第 7 條

建築物內之下列各項設備應接至緊急電源：

一、火警自動警報設備。

二、緊急廣播設備。

三、地下室排水、污水抽水幫浦。

四、消防幫浦。

五、消防用排煙設備。

六、緊急昇降機。

七、緊急照明燈。

八、出口標示燈。

九、避難方向指示燈。

十、緊急電源插座。

十一、防災中心用電設備。

第 7-1 條

緊急電源之供應，採用發電機設備者，發電機室應有適當之進氣及排氣開孔，並應留設維修進出通道；採用蓄電池設備者，蓄電池室應有適當之排氣裝置。

第 8 條

（刪除）

第 9 條
緊急昇降機及消防用緊急供電設備之配線，均應連接至電動機，並依各類場所消防安全設備設置標準規定設置。

第 10 條
（刪除）

第三節　特殊供電

第 11 條
凡裝設於舞臺之電氣設備，應依下列規定：
一、對地電壓應為三百伏特以下。
二、配電盤前面須為無活電露出型，後面如有活電露出，應用牆、鐵板或鐵網隔開。
三、舞臺燈之分路，每路最大負荷不得超過二十安培。
四、凡簾幕馬達使用電刷型式者，其外殼須為全密閉型者。
五、更衣室內之燈具不得使用吊管或鏈吊型，燈具離樓地板面高度低於二點五公尺者，並應加裝燈具護罩。

第 12 條
電影製片廠影片儲藏室內之燈具為氣密型玻璃外殼者，燈之控制開關應裝置於室外之牆壁上，開關旁並應附裝標示燈，以示室內燈光之點滅。

第 13 條
電影院之放映室，應依下列規定：
一、放映室燈應有燈具護罩，室內並須裝設機械通風設備。
二、放映室應專作放置放映機之用。整流器、變阻器、變壓器等應放置其他房間。但有適當之護罩使整流器、變壓器等所發生之熱或火花不致碰觸軟版者，不在此限。

第 14 條
招牌廣告燈及樹立廣告燈之裝設，應依下列規定：
一、於每一組個別獨立安裝之廣告燈可視及該廣告燈之範圍內，均應裝設一可將所有非接地電源線切斷之專用開關，且其電路上應有漏電斷路器。
二、設置於屋外者，其電源回路之配線應採用電纜。
三、廣告燈之金屬外殼及固定支撐鐵架等，均應接地。

四、應在明顯處所附有永久之標示，註明廣告燈製造廠名稱、電源電壓及輸入電流，以備日後檢查之用。

五、電路之接地、漏電斷路器、開關箱、配管及配線等裝置，應依屋內線路裝置規則辦理。

第 15 條

X光機或放射線之電氣裝置，應依下列規定：

一、每一組機器應裝設保護開關於該室之門上，並應將開關連接至機器控制器上，當室門未緊閉時，機器即自動斷電。

二、室外門上應裝設紅色及綠色標示燈，當機器開始操作時，紅燈須點亮，機器完全停止時，綠燈點亮。

第 16 條

游泳池之電氣設備，應依下列規定：

一、為供應游泳池內電氣器具之電源，應使用絕緣變壓器，其一次側電壓，應為三百伏特以下，二次側電壓，應為一百五十伏特以下，且絕緣變壓器之二次側不得接地，並附接地隔屏於一次線圈與二次線圈間，絕緣變壓器二次側配線應按金屬管工程施工。

二、供應游泳池部分之電源應裝設漏電斷路器。

三、所有器具均應按第三種地線工程妥為接地。

第四節　緊急廣播設備

第 17 條～第 18 條

（刪除）

第五節　避雷設備

第 19 條

為保護建築物或危險物品倉庫遭受雷擊，應裝設避雷設備。

前項避雷設備，應包括受雷部、避雷導線（含引下導體）及接地電極。

第 20 條

下列建築物應有符合本節所規定之避雷設備：

一、建築物高度在二十公尺以上者。

二、建築物高度在三公尺以上並作危險物品倉庫使用者（火藥庫、可燃性液體倉庫、可燃性氣體倉庫等）。

第 21 條

避雷設備受雷部之保護角及保護範圍，應依下列規定：

一、受雷部採用富蘭克林避雷針者，其針體尖端與受保護地面周邊所形成之圓錐體即為避雷針之保護範圍，此圓錐體之頂角之一半即為保護角，除危險物品倉庫之保護角不得超過四十五度外，其他建築物之保護角不得超過六十度。

二、受雷部採用前款型式以外者，應依本規則總則編第四條規定，向中央主管建築機關申請認可後，始得運用於建築物。

第 22 條

受雷部針體應用直徑十二公厘以上之銅棒製成；設置環境有使銅棒腐蝕之虞者，其銅棒外部應施以防蝕保護。

第 23 條

受雷部之支持棒可使用銅管或鐵管。使用銅管時，長度在一公尺以下者，應使用外徑二十五公厘以上及管壁厚度一點五公厘以上；超過一公尺者，須用外徑三十一公厘以上及管壁厚度二公厘以上。使用鐵管時，應使用管徑二十五公厘以上及管壁厚度三公厘以上，並不得將導線穿入管內。

第 24 條

建築物高度在三十公尺以下時，應使用斷面積三十平方公厘以上之銅導線；建築物高度超過三十公尺，未達三十六公尺時，應用六十平方公厘以上之銅導線；建築物高度在三十六公尺以上時，應用一百平方公厘以上之銅導線。導線裝置之地點有被外物碰傷之虞時，應使用硬質塑膠管或非磁性金屬管保護之。

第 25 條

避雷設備之安裝應依下列規定：

一、避雷導線須與電力線、電話線、燃氣設備之供氣管路離開一公尺以上。但避雷導線與電力線、電話線、燃氣設備之供氣管路間有靜電隔離者，不在此限。

二、距離避雷導線在一公尺以內之金屬落水管、鐵樓梯、自來水管等應用十四平方公厘以上之銅線予以接地。

三、避雷導線除煙囪、鐵塔等面積甚小得僅設置一條外，其餘均應至少設置二條以上，如建築物外周長超過一百公尺，每超過五十公尺應增裝一條，其超過部分不足五十公尺者得不計，並應使各接地導線相互間之距離儘量平均。

四、避雷系統之總接地電阻應在十歐姆以下。

五、接地電極須用厚度一點四公厘以上之銅板，其大小不得小於零點三五平方公尺，或使用二點四公尺長十九公厘直徑之鋼心包銅接地棒或可使總接地電阻在十歐姆以下之其他接地材料。接地電極之埋設深度，採用銅板者，其頂部應與地表面有一點五公尺以上之距離；採用接地棒者，應有一公尺以上之距離。

六、一個避雷導線引下至二個以上之接地電極以並聯方式連接時，其接地電極相互之間隔應爲二公尺以上。

七、導線之連接：

（一）導線應儘量避免連接。

（二）導線之連接須以銅焊或銀焊爲之，不得僅以螺絲連接。

八、導線轉彎時其彎曲半徑應在二十公分以上。

九、導線每隔二公尺須用適當之固定器固定於建築物上。

十、不適宜裝設受雷部針體之地點，得使用與避雷導線相同斷面之裸銅線架空以代替針體。其保護角應符合第二十一條之規定。

十一、鋼構造建築，其直立鋼骨之斷面積三百平方公厘以上，或鋼筋混凝土建築，其直立主鋼筋均用焊接連接其總斷面積三百平方公厘以上，且依第四款及第五款規定在底部用三十平方公厘以上接地線接地時，得以鋼骨或鋼筋代替避雷導線。

十二、平屋頂之鋼架或鋼筋混凝土建築物，裝設避雷設備符合本條第十款規定者，其保護角應遮蔽屋頂突出物全部與建築物屋角及邊緣。其平屋頂中間平坦部分之避雷設備，除危險物品倉庫外，得省略之。

第二章｜給水排水系統及衛生設備

第一節　給水排水系統

第 26 條

建築物給水排水系統設計裝設及設備容量、管徑計算，除自來水用戶用水設備標準、下水道用戶排水設備標準，及各地區另有規定者從其規定外，應依本章及建築物給水排水設備設計技術規範規定辦理。

前項建築物給水排水設備設計技術規範，由中央主管建築機關定之。

第 27 條

（刪除）

第 28 條

給水、排水及通氣管路全部或部分完成後，應依建築物給水排水設備設計技術規範進行管路耐壓試驗，確認通過試驗後始爲合格。

第 29 條

給水排水管路之配置，應依建築物給水排水設備設計技術規範設計，以確保建築物安全，避免管線設備腐蝕及污染。

排水系統應裝設衛生上必要之設備，並應依下列規定設置截留器、分離器：

一、餐廳、店鋪、飲食店、市場、商場、旅館、工廠、機關、學校、醫院、老人福利機構、身心障礙福利機構、兒童及少年安置教養機構及俱樂部等建築物之附設食品烹飪或調理場所之水盆及容器落水，應裝設油脂截留器。

二、停車場、車輛修理保養場、洗車場、加油站、油料回收場及涉及機械設施保養場所，應裝設油水分離器。

三、營業性洗衣工廠及洗衣店、理髮理容場所、美容院、寵物店及寵物美容店等應裝設截留器及易於拆卸之過濾罩，罩上孔徑之小邊不得大於十二公釐。

四、牙科醫院診所、外科醫院診所及玻璃製造工廠等場所，應裝設截留器。

未設公共污水下水道或專用下水道之地區，沖洗式廁所排水及生活雜排水均應納入污水處理設施加以處理，污水處理設施之放流口應高出排水溝經常水面三公分以上。

沖洗式廁所排水、生活雜排水之排水管路應與雨水排水管路分別裝設，不得共用。

住宅及集合住宅設有陽臺之每一住宅單位，應至少於一處陽臺設置生活雜排水管路，並予以標示。

第 30 條～第 36 條

（刪除）

第二節　衛生設備

第 37 條

建築物裝設之衛生設備數量不得少於下表規定：

建築物種類		大便器	小便器	洗面盆	浴缸或淋浴
一	住宅、集合住宅	每一居住單位一個。		每一居住單位一個。	每一居住單位一個。

<table>
<tr><th colspan="2">建築物種類</th><th colspan="2">大便器</th><th>小便器</th><th colspan="3">洗面盆</th><th>浴缸或淋浴</th></tr>
<tr><td>二</td><td>小學、中學</td><td colspan="2">男子：每五十人一個。女子：每十人一個。</td><td>男子：每三十人一個。</td><td colspan="3">每六十人一個。</td><td></td></tr>
<tr><td>三</td><td>其他學校</td><td colspan="2">男子：每七十五人一個。
女子：每十五人一個。</td><td>男子：每三十人一個。</td><td colspan="3">每六十人一個。</td><td></td></tr>
<tr><td>四</td><td>辦公廳</td><td>總人數</td><td>男</td><td>女</td><td>個數</td><td>總人數</td><td>個數</td><td></td></tr>
<tr><td></td><td></td><td>一至十五</td><td>一</td><td>一</td><td>一</td><td>一至十五</td><td>一</td><td></td></tr>
<tr><td></td><td></td><td>十六至三十五</td><td>一</td><td>二</td><td>一</td><td>十六至三十五</td><td>二</td><td></td></tr>
<tr><td></td><td></td><td>三十六至五十五</td><td>一</td><td>三</td><td>一</td><td>三十六至六十</td><td>三</td><td></td></tr>
<tr><td></td><td></td><td>五十六至八十</td><td>一</td><td>三</td><td>二</td><td>六十一至九十</td><td>四</td><td></td></tr>
<tr><td></td><td></td><td>八十一至一百十</td><td>一</td><td>四</td><td>二</td><td>九十一至一百二十五</td><td>五</td><td></td></tr>
<tr><td></td><td></td><td>一百十一至一百五十</td><td>二</td><td>六</td><td>三</td><td></td><td></td><td></td></tr>
<tr><td></td><td></td><td colspan="3">超過一百五十人時，以人數男女各占一半計算，每增加男子一百二十人男用增加一個，每增加女子三十人女用增加一個。</td><td>超過一百五十人時，每增加男子六十人增加一個。</td><td colspan="2">超過一百二十五人時，每增加四十五人增加一個。</td><td></td></tr>
<tr><td>五</td><td>工廠、倉庫</td><td>總人數</td><td>男</td><td>女</td><td>個數</td><td colspan="2">一百人以下時，每十人一個，超過一百人時每十五人一個。</td><td>在高溫有廠每十五個。</td></tr>
<tr><td></td><td></td><td>一至二十四</td><td>一</td><td>一</td><td>一</td><td colspan="2"></td><td></td></tr>
<tr><td></td><td></td><td>二十五至四十九</td><td>一</td><td>二</td><td>一</td><td colspan="2"></td><td></td></tr>
<tr><td></td><td></td><td>五十至一百</td><td>一</td><td>三</td><td>二</td><td colspan="2"></td><td></td></tr>
<tr><td></td><td></td><td colspan="3">超過一百人時，以人數男女各占一半計算，每增加男子一百二十人男用增加一個，每增加女子三十人女用增加一個。</td><td>超過一百人時，每增加男子六十人增加一個。</td><td colspan="2"></td><td></td></tr>
<tr><td>六</td><td>宿舍</td><td colspan="3">男子：每十人一個，超過十人時，每增加二十五人，增加一個。
女子：每六人一個，超過三十人時，每增加十人增加一個。</td><td>男子：每二十五人一個，超過一百五十人時，每增加五十人增加一個。</td><td colspan="2">每十二人一個，超過十二人時，男子每增加二十人增加一個，女子每增加十五人增加一個。</td><td>每八人一個，超過一百五十人，每增加二十人增加一個。女子宿舍每三</td></tr>
</table>

<table>
<tr><th colspan="2">建築物種類</th><th colspan="2">大便器</th><th>小便器</th><th colspan="3">洗面盆</th><th>浴缸或淋浴</th></tr>
<tr><td></td><td></td><td colspan="3"></td><td></td><td colspan="2"></td><td>十人增加浴缸一個。</td></tr>
<tr><td rowspan="6">七</td><td rowspan="6">戲院演藝場集會堂電影院歌廳</td><td>總人數</td><td>男</td><td>女</td><td>個數</td><td>總人數</td><td>個數</td><td rowspan="6"></td></tr>
<tr><td>一至一百</td><td>一</td><td>五</td><td>二</td><td>一至二百</td><td>二</td></tr>
<tr><td>一百零一至二百</td><td>二</td><td>十</td><td>四</td><td>二百零一至四百</td><td>四</td></tr>
<tr><td>二百零一至三百</td><td>三</td><td>十五</td><td>六</td><td>四百零一至七百五十</td><td>六</td></tr>
<tr><td>三百零一至四百</td><td>四</td><td>二十</td><td>八</td><td></td><td></td></tr>
<tr><td colspan="3">超過四百人時，以人數男女各占一半計算，每增加男子一百人男用增加一個，每增加女子二十人女用增加一個。</td><td>超過四百人時，每增加男子五十人增加一個。</td><td colspan="2">超過七百五十人時，每增加三百人增加一個。</td></tr>
<tr><td rowspan="7">八</td><td rowspan="7">車站航空站候船室</td><td>總人數</td><td>男</td><td>女</td><td>個數</td><td>總人數</td><td>個數</td><td rowspan="7"></td></tr>
<tr><td>一至五十</td><td>一</td><td>二</td><td>一</td><td>一至二百</td><td>二</td></tr>
<tr><td>五十一至一百</td><td>一</td><td>五</td><td>二</td><td>二百零一至四百</td><td>四</td></tr>
<tr><td>一百零一至二百</td><td>二</td><td>十</td><td>二</td><td>四百零一至六百</td><td>六</td></tr>
<tr><td>二百零一至三百</td><td>三</td><td>十五</td><td>四</td><td></td><td></td></tr>
<tr><td>三百零一至四百</td><td>四</td><td>二十</td><td>六</td><td></td><td></td></tr>
<tr><td colspan="3">超過四百人時，以人數男女各占一半計算，每增加男子一百人男用增加一個，每增加女子二十人女用增加一個。</td><td>超過四百人時，每增加男子五十人增加一個。</td><td colspan="2">超過六百人時，每增加三百人增加一個。</td></tr>
<tr><td rowspan="6">九</td><td rowspan="6">其他供公衆使用之建築物</td><td>總人數</td><td>男</td><td>女</td><td>個數</td><td>總人數</td><td>個數</td><td rowspan="6"></td></tr>
<tr><td>一至五十</td><td>一</td><td>二</td><td>一</td><td>一至十五</td><td>一</td></tr>
<tr><td>五十一至一百</td><td>一</td><td>四</td><td>二</td><td>十六至三十五</td><td>二</td></tr>
<tr><td>一百零一至二百</td><td>二</td><td>七</td><td>四</td><td>三十六至六十</td><td>三</td></tr>
<tr><td></td><td></td><td></td><td></td><td>六十一至九十</td><td>四</td></tr>
<tr><td></td><td></td><td></td><td></td><td>九十一至一百二十五</td><td>五</td></tr>
</table>

建築物種類		大便器	小便器	洗面盆		浴缸或淋浴
		超過二百人時，以人數男女各占一半計算，每增加男子一百二十人男用增加一個，每增加女子三十人女用增加一個。		超過二百人時，每增加男子六十人增加一個。	超過一百二十五人時，每增加四十五人增加一個。	

說明：

一、本表所列使用人數之計算，應依下列規定：

（一）小學、中學及其他學校按同時收容男女學生人數計算。

（二）辦公廳之建築物按居室面積每平方公尺零點一人計算。

（三）工廠、倉庫按居室面積每平方公尺零點一人計算或得以目的事業主管機關核定之投資計畫或設廠計畫書等之設廠人數計算；無投資計畫或設廠計畫書者，得由申請人檢具預定設廠之製程、設備及作業人數，區分製造業及非製造業，前者送請中央工業主管機關檢核，後者送請直轄市、縣（市）政府備查，分別依檢核或備查之作業人數計算。

（四）宿舍按固定床位計算，且得依宿舍實際男女人數之比例調整之。

（五）戲院、演藝場、集會堂、電影院、歌廳按固定席位數計算；未設固定席位者，按觀衆席面積每平方公尺一點二人計算。

（六）車站按營業及等候空間面積每平方公尺零點四人計算，航空站、候船室按營業及等候空間面積每平方公尺零點二人計算；或得依該中央目的事業主管機關核定之車站、航空站、候船室使用人數（以每日總運量乘以零點二）計算之。

（七）其他供公衆使用之建築物按居室面積每平方公尺零點二人計算。

（八）本表所列建築物人數計算以男女各占一半計算。但辦公廳、其他供公衆使用建築物、工廠、倉庫、戲院、演藝場、集會堂、電影院、歌廳、車站及航空站，得依實際男女人數之比例調整之。

二、依本表計算之男用大便器及小便器數量，得在其總數量不變下，調整個別便器之數量。但大便器數量不得為表列個數二分之一以下。

第 38 條

裝設洗手槽時，以每四十五公分長度相當於一個洗面盆。

第 39 條

本規則建築設計施工編第四十九條規定之污水處理設施，其污水放流水質應符合水污染防治法規定。

第 40 條

（刪除）

第 40-1 條

污水處理設施爲現場構築者，其技術規範由中央主管建築機關另定之；爲預鑄式者，應經中央環境保護主管機關會同中央主管建築機關審核認可。

第 41 條
（刪除）

第三章｜消防栓設備

第一節　消防設備

第 42 條
本規則建築設計施工編第一一四條第一款規定之消防栓，其裝置方法及必需之配件，應依本節規定。

第 43 條
消防栓之消防立管管系，應採用符合中國國家標準之鍍鋅白鐵管或黑鐵管。

第 44 條
消防栓之消防立管管系竣工時，應作加壓試驗，試驗壓力不得小於每平方公分十四公斤，如通水後可能承受之最大水壓超過每平方公分十公斤時，則試驗壓力應爲可能承受之最大水壓加每平方公分三・五公斤。
試驗壓力應以繼續維持兩小時而無漏水現象爲合格。

第 45 條
消防栓之消防立管之裝置，應依左列規定：
一、管徑不得小於六十三公厘，並應自建築物最低層直通頂層。
二、在每一樓層每二十五公尺半徑範圍內應裝置一支。
三、立管應裝置於不受外來損傷及火災不易殃及之位置。
四、同一建築物內裝置立管在二支以上時，所有立管管頂及管底均應以橫管相互連通，每支管裝接處應設水閥，以便破損時能及時關閉。

第 46 條
每一樓層之每一消防立管，應接裝符合左列規定之消防栓一個：
一、距離樓地板面之高度，不得大於一・五公尺，並不得小於三十公分。
二、應爲銅質角形閥。
三、應裝在走廊或防火構造之樓梯間附近便於取用之位置。供集會或娛樂場所，應裝在左列位置：
（一）舞台兩側。

（二）觀衆席後兩側。

（三）包箱後側。

四、消防栓之放水量，須經常保持每分鐘不得小於一三○公升。瞄子放水水壓不得小於每平方公分一・七公斤，（五支瞄子同時出水）消防栓出口之靜水壓超過每平方公分七公斤時，應加裝減壓閥，但直徑六十三公厘之消防栓免裝。

第47條

消防栓應裝置於符合左列規定之消防栓箱內：

一、箱身應依不燃材料構造，並予固定不移動。

二、箱面標有明顯而不易脫落之「消防栓」字樣。

三、箱內應配有左列兩種裝備之任一種。

（一）第一種裝備

1.口徑三十八公厘或五十公厘消防水栓一個。

2.口徑三十八公厘或五十公厘消防水帶二條，每條長十公尺並附快式接頭。

3.軟管架。

4.口徑十三公厘直線水霧兩用瞄子一個。

5.五層以上建築物第五層以上樓層、每層每一立管、應裝口徑六十三公厘供消防專用快接頭出水口一處。

（二）第二種裝備

1.口徑二十五公厘自動消防栓連同管盤，長三十公尺之皮管及直線水霧兩用瞄子一套。

2.口徑六十三公厘消防栓一個，並附長十公尺水帶二條及瞄子一具，其水壓應符合前條規定。

第48條

裝置消防立管之建築物，應自備一種以上可靠之水源。水源容量不得小於裝置消防栓最多之樓層內全部消防栓繼續放水二十分鐘之水量，但該樓層內全部消防栓數量超過五個時，以五個計算之。

前項水源，應依左列規定：

一、重力水箱：專供消防用者，容量不得小於前項規定，與普通給水合併使用者，容量應為普通給水量與不小於前項規定之消防用水量之和。普通給水管管系與消防立管管系，必須分開，不得相互連通，消防立管管系與水箱連接後，應裝設逆水閥。重力水箱之水泵，應連接緊急電源。

二、地下水池及消防水泵：地下水池之容量不得小於重力水箱規定之容量。水泵應裝有自動或手動之啓動裝置，手動啓動裝置在每一消防栓箱內。水泵並應與緊急電源相連接。

三、壓力水箱及加壓水泵：水箱內空氣容積不得小於水箱容積之三分之一，壓力不得小於使建築物最高處之消防栓維持規定放水水壓所需壓力。水箱內貯水量及加壓水泵輸水量之配合水量，不得小於前項規定之水源容量。水箱內壓力減低時，水泵應能立即啓動。水泵應與緊急電源相連接。

四、在自來水壓力及供水充裕之地區，經當地主管自來水機關之同意，消防水泵或加壓水泵得直接接自來水管。

第 49 條

裝置消防立管之建築物，應於地面層室外臨建築線處設置口徑六十三公厘且符合左列規定之送水口。

一、消防立管數在二支以下時，應設置雙口式送水口一個，並附快接頭，三支以上時，設置二個。

二、送水口應與消防立管系連通，且在連接處裝置逆止閥。

三、送水口距離基地地面之高度不得大於一公尺，並不得小於五十公分。

四、送水口上應標明「消防送水口」字樣。

五、送水口之裝設以埋入型爲原則，如需加裝露出型時，應不得妨礙交通及市容。

第 50 條

裝置消防立管之建築物，其地面以上樓層數在十層以上者，應在其屋頂上適當位置，設置口徑六十三公厘之消防栓一個，消防栓應與消防立管系連通，其距離屋頂面之高度不得大於一公尺，並不得小於五十公分。

第二節　自動撒水設備

第 51 條

本規則建築設計施工編第一一四第二款規定之自動撒水設備，其裝置方法及必需之配件，應依本節規定。

第 52 條

自動撒水設備管系採用之材料，應依本編第四十三條規定。

第 53 條

自動撒水設備竣工時，應作加壓試驗，試驗方法：準用本編第四十四條規定，但乾式管系應併行空壓試驗，試驗時，應使空氣壓力達到每平方公分二・八公斤之標準，在保持二十四小時之試驗時間內，如漏氣量達到〇・二三公斤以上時，應即將漏氣部份加以填塞。

第 54 條

自動撒水設備得依實際情況需要，採用左列任一裝置形式：

一、密閉濕式：平時管內貯滿高壓水，作用時即時撒水。

二、密閉乾式：平時管內貯滿高壓空氣，作用時先排空氣，繼即撒水。

三、開放式：平時管內無水，用火警感應器啓動控制閥，使水流入管系撒水。

第 55 條

自動撒水設備之撒水頭，其配置應依左列規定：

一、撒水頭之配置，在正常情形下應採交錯方式。

二、戲院、舞廳、夜總會、歌廳、集會堂表演場所之舞台及道具室、電影院之放映室及貯存易燃物品之倉庫，每一撒水頭之防護面積不得大於六平方公尺，撒水頭間距，不得大於三公尺。

三、前款以外之建築物，每一撒水頭之防護面積不得大於九平方公尺，間距不得大於三公尺半。但防火建築物或防火構造建築物，其防護面積得增加爲十一平方公尺以下，間距四公尺以下。

四、撒水頭與牆壁間距離，不得大於前兩款規定間距之半數。

第 56 條

撒水頭裝置位置與結構體之關係，應依左列規定：

一、撒水頭之迴水板，應裝置成水平，但樓梯上得與樓梯斜面平行。

二、撒水頭之迴水板與屋頂板，或天花板之間距，不得小於八公分，且不得大於四十公分。

三、撒水頭裝置於樑下時，迴水板與梁底之間距不得大於十公分，且與屋頂板，或天花板之間距不得大於五十公分。

四、撒水頭四週，應保持六十公分以上之淨空間。

五、撒水頭側面有樑時，應依左表規定裝置之：

迴水版高出梁底面尺寸（公分）	撒水頭與樑側面淨距離（公分）
○	一～三○
二・五	三一～六○
五・○	六一～七五
七・五	七六～九○
十・○	九一～一○五

迴水版高出梁底面尺寸（公分）	撒水頭與樑側面淨距離（公分）
一五・〇	一〇六～一二〇
一七・〇	一二一～一三五
二二・五	一三六～一五〇
二七・五	一五一～一六五
三五・〇	一六六～一八〇

六、撒水頭迴水板與其下方隔間牆頂或櫥櫃頂之間距，不得小於四十五公分。

七、撒水裝在空花型天花板內，對熱感應與撒水皆有礙時，應用定格溫度較低之撒水頭。

第 57 條

左列房間，得免裝撒水頭：

一、洗手間、浴室、廁所。

二、室內太平梯間。

三、防火構造之電梯機械室。

四、防火構造之通信設備室及電腦室，具有其他有效滅火設備者。

五、貯存鋁粉、碳酸鈣、磷酸鈣、鈉、鉀、生石灰、鎂粉、過氧化鈉等遇水將發生危險之化學品倉庫或房間。

第 58 條

撒水頭裝置數量與其管徑之配比，應依左表規定：

管徑（公厘）	25	32	40	50	65	80	90	100
撒水頭數量（個）	2	3	5	10	30	60	100	100 以上

每一直接接裝撒水頭之支管上，撒水頭不得超過八個。

第 59 條

撒水頭放水量應依左列規定：

一、密閉濕式或乾式：每分鐘不得小於八十公升。

二、開放式：每分鐘不得小於一六〇公升。

第 60 條

自動撒水設備應裝設自動警報逆止閥，每一樓層之樓地板面積三千平方公尺以內者，每一樓層應裝置一套；超過三千平方公尺時，每一樓層應裝設兩套。無隔間之樓層內，前項三千平方公尺，得增為一萬二千平方公尺。

第 61 條

每一裝有自動警報逆止閥之自動撒水系統，應與左列規定，配置查驗管：

一、管徑不得小於二十五公厘。

二、出口端配裝平滑而防銹之噴水口，其放水量應與本編第五十九條規定相符。

三、查驗管應接裝在建築物最高層或最遠支管之末端。

四、查驗管控制閥距離地板面之高度，不得大於二・一公尺。

第 62 條

裝置自動撒水設備之建築物，應自備一種以上可靠之水源。水源容量，應依左列規定：

一、十層以下建築物：不得小於十個撒水頭繼續放水二十分鐘之水量。

二、十一層以上之建築物及百貨商場、戲院之樓層：不得小於三十個撒水頭繼續放水二十分鐘之水量。

前項水源，應為能自動供水之重力水箱，地下水池及消防水泵、或壓力水箱及加壓水泵。水泵均應連接緊急電源。

第 63 條

裝置自動撒水設備之建築物，應依本編第四十九條第一、二、三款設置送水口，並在送水口上標明「自動撒水送水口」字樣。

第三節　火警自動警報器設備

第 64 條

本規則建築設計施工編第一一五條規定之火警自動警報器，其裝置方法及必需之配件，應依本節規定。

第 65 條

裝設火警自動警報器之建築物，應依左列規定，劃定火警分區：

一、每一火警分區不得超過一樓層，且不得超過樓地板面積六〇〇平方公尺，但上下兩層樓地板面積之和不超過五〇〇平方公尺者，得二層共同一分區。

二、每一分區之任一邊長，不得超過五十公尺。

三、如由主要出入口，或直通樓梯出入口能直接觀察該樓層任一角落時，第一款規定之六〇〇平方公尺得增為一、〇〇〇平方公尺。

第66條

火警自動警報設備應包括左列設備：

一、自動火警探測設備。

二、手動報警機。

三、報警標示燈。

四、火警警鈴。

五、火警受信機總機。

六、緊急電源。

裝置於散發易燃性塵埃處所之火警自動警報設備，應具有防爆性能。裝置於散發易燃性飛絮或非導電性及非可燃性塵埃處所者，應具有防塵性能。

第67條

自動火警探測設備，應爲符合左列規定型式之任一型：

一、定溫型：裝置點溫度到達探測器定格溫度時，即行動作。該探測器之性能，應能在室溫攝氏二十度昇至攝氏八十五度時，於七分鐘內動作。

二、差動型：當裝置點溫度以平均每分鐘攝氏十度上昇時，應能在四分半鐘以內即行動作，但通過探測器之氣流較裝置處所室溫度高出攝氏二十度時，該探測器亦應能在三十秒內動作。

三、偵煙型：裝置點煙之濃度到達百分之八遮光程度時，探測器應能在二十秒內動作。

第68條

探測器之有效探測範圍，應依左表規定：

型式	離地板面高度	有效探測範圍（平方公尺）	
		防火建築物及防火構造建築物	其他建築物
定溫型	四公尺以下	二十	十五
差動型	四公尺以下	七十	四十
	四至八公尺	四十	二五
偵煙型	四公尺以下	一〇〇	一〇〇
	四至八公尺	五十	五十
	八至二十公尺	三十	三十

偵測器裝置於四週均爲通達天花板牆壁之房間內時，其探測範圍，除照前項規定外，並不得大於該房間樓地板面積。

探測器裝置於四週均爲淨高六十公分以上之樑或類似構造體之平頂時，其探測範圍，除照本條表列規定外，並不得大於該樑或類似構造體所包圍之面積。

第 69 條

探測器之構造，應依左列規定：

一、動作用接點，應裝置於密封之容器內，不得與外面空氣接觸。

二、氣溫降至攝氏零下十度時，其性能應不受影響。

三、底板應有充力之強度，裝置後不致因構造體變形而影響其性能。

四、探測器之動作，不得因熱氣流方向之不同，而有顯著之變化。

第 70 條

探測器裝置位置，應依左列規定：

一、應裝置在天花板下方三十公分範圍內。

二、設有排氣口時，應裝置於排氣口週圍一公尺範圍內。

三、天花板上設出風口時，應距離該出風口一公尺以上。

四、牆上設有出風口時，應距離該出風口三公尺以上。

五、高溫處所，應裝置耐高溫之特種探測器。

第 71 條

手動報警機應依左列規定：

一、按鈕按下時，應能即刻發出火警音響。

二、按鈕前應有防止隨意撥弄之保護板，但在八公斤靜指壓力下，該保護板應即時破裂。

三、電氣接點應爲雙接點式。

裝置於屋外之報警機，應具有防水性能。

第 72 條

標示燈應依左列規定：

一、用五瓦特或十瓦特之白熾燈泡，裝置於玻璃製造之紅色透明罩內。

二、透明罩應爲圓弧形，裝置後凸出牆面。

第 73 條

火警警鈴應依左列規定：

一、電源應爲直流式。

二、電壓到達規定電壓之百分之八十時，應能即刻發出音響。

三、在規定電壓下，離開火警警鈴一百公分處，所測得之音量，不得小於八十五貧（phon）。

四、電鈴絕緣電阻在二〇兆歐姆以上。

五、警鈴音響應有別於建築物其他音響，並除報警外，不得兼作他用。

第 74 條

手動報警機、標示燈及火警鈴之裝置位置，應依左列規定：

一、應裝設於火警時人員避難通道內適當而明顯之位置。

二、手動報警機高度，離地板面之高度不得小於一・二公尺，並不得大於一・五公尺。

三、標示燈及火警警鈴距離地板面之高度，應在二公尺至二・五公尺之間，但與手動報警機合併裝設者，不在此限。

四、建築物內裝有消防立管之消防栓箱時，手動報警機、標示燈、及火警警鈴應裝設在消火栓箱上方牆上。

第 75 條

火警受信總機應依左列規定：

一、應具有火警表示裝置，指示火警發生之分區。

二、火警發生時，應能發出促使警戒人員注意之音響。

三、應具有試驗火警表示動作之裝置。

四、應爲交直流電源兩用型，火警分區不超過十區之總機，其直流電源得採用適當容量之乾電池，超過十區者，應採用附裝自動充電裝置之蓄電池。

五、應裝有全自動電源切換裝置，交流電源停電時，可自動切換至直流電源。

六、火警分區超過十區之總機，應附有線路斷線試驗裝置。

七、總機開關，應能承受最大負荷電流之二倍，且使用一萬次以上而無任何異狀者，總機所用電鍵如非在定位時，應以亮燈方式表示。

八、火警表示裝置之燈泡，每分區至少應有二個並聯，以免因燈泡損壞而影響火警。

九、繼電器應爲雙接點式並附有防塵外殼，在正常負荷下，使用三十萬次後，不得有任何異狀。

第 76 條

火警受信總機之裝置位置，應依左列規定：

一、應裝置於值日室或警衛室等經常有人之處所。

二、應裝在日光不直接照射之位置。

三、應垂直裝置，避免傾斜，其外殼並須接地。

四、壁掛型總機操作開關距離樓地板之高度，應在一・五公尺至一・八公尺之間。

第 77 條

火警自動警報器之配線，應依左列規定：

一、採用電線配線者，應為耐熱六〇〇伏特塑膠絕緣電線，其線徑不得小於一・二公厘，或採用同斷面積以上之絞線。

二、採用電纜者，應為通信用電纜。

三、纜、線連接時，應先絞合焊錫，再以膠布包纏。

四、除室外架空者外，纜、線應一律穿入金屬或硬質塑膠導線管內。

五、採用數個分區共同一公用線方式配線時，該公用線供應之分區數，不得超過七個。

六、導線管許可容納電線根數應依左表規定：

導管口徑（公厘） 電線根數 電線線徑或斷面積	76	63	50	38	32	25	19	13
1.2 公厘	160	105	74	45	33	18	12	7
1.6 公厘	143	93	65	40	29	16	10	6
2.0 公厘	117	76	53	32	24	13	8	4
5.5 平方公厘	95	61	43	26	19	11	6	4
8 平方公厘	56	36	25	15	11	6	4	

七、電線或電纜之斷面積，（包括包覆之絕緣物）不得大於導線管斷面積之百分之三十。

八、配線應採用串接式，並應加設終端電阻，以便斷線發生時，可用通路試驗法由線機處測出。

九、前款終端電阻，得以環繞型接線代替。

十、埋設於屋外或有浸水之虞之配線，應採用電纜外套金屬管，並與電力線保持三十公分以上之間距。

第四章｜燃燒設備

第一節　燃氣設備

第 78 條

建築物安裝天然氣、煤氣、液化石油氣、油裂氣或混合氣等非工業用燃氣設備，其燃氣供給管路、燃氣器具及供排氣設備等，除應符合燃氣及燃燒設備之目的事業主管機關有關規定外，應依本節規定。

第 79 條

燃氣設備之燃氣供給管路，應依下列規定：

一、燃氣管材應符合中華民國國家標準或經目的事業主管機關認定者。

二、管徑大小應能足量供應其所連接之燃氣設備之最大用量，其壓力下降以不影響供給壓力為準。

三、不得埋設於建築物基礎、樑柱、牆壁、樓地板及屋頂構造體內。

四、埋設於基地內之室外引進管，應依下列規定：

（一）埋設深度不得小於三十公分，深度不足時應加設抵禦外來損傷之保護層。

（二）可能與腐蝕性物質接觸者，應有防腐蝕措施。

（三）貫穿外牆（含地下層）時，應裝套管，管壁間孔隙應用填料填塞，並應有吸收相對變位之措施。

五、敷設於建築物內之供氣管路，應符合下列規定：

（一）燃氣供給管路貫穿主要結構時，不得對建築物構造應力產生不良影響。

（二）燃氣供給管路不得設置於昇降機道、電氣設備室及煙囪等高溫排氣風道。

（三）分歧管或不定期使用管路應有分歧閥等開閉裝置。

（四）燃氣供給管路穿越伸縮縫時，應有吸收變位之措施。

（五）燃氣供給管路穿越隔震構造建築物之隔震層時，應有吸收相對變位之措施。

（六）燃氣器具連接供氣管路之連接管，得為金屬管或橡皮管。橡皮管長度不得超過一點八公尺，並不得隱蔽在構造體內或貫穿樓地板或牆壁。

（七）燃氣供給管路之固定、支承應使地震時仍能安全固定支撐。

六、管路內有積留水份之虞處，應裝置適當之洩水裝置。

七、管路出口、應依下列規定：

（一）應裝置牢固。

（二）不得裝置於門後，並應伸出樓地板面、牆面及天花板適當長度，以便扳手工作。

（三）未車牙管子伸出樓地板面之長度，不得小於五公分，伸出牆面或天花板面，不得小於二點五公分。

（四）所有出口，不論有無關閉閥，未連接器具前，均應裝有管塞或管帽。

八、建築物之供氣管路立管應考慮層間變位，容許層間變位為百分之一。

第 79-1 條

（刪除）

第 80 條

燃氣器具及其供排氣等附屬設備應為符合中華民國國家標準之製品。

燃氣器具之設置安裝應符合下列規定：

一、燃氣器具及其供排氣等附屬設備設置安裝時，應依燃燒方式、燃燒器具別、設置方式別、周圍建築物之可燃、不可燃材料裝修別，設置防火安全間距並預留維修空間。

二、設置燃氣器具之室內裝修材料，應達耐燃二級以上。

三、燃氣器具不得設置於危險物貯存、處理或有易燃氣體發生之場所。

四、燃氣器具應擇建築物之樓板、牆面、樑柱等構造部固定安裝，並能防止因地震、其他振動、衝擊等而發生傾倒、破損，連接配管及供排氣管鬆脫、破壞等現象。

第 80-1 條

燃氣設備之供排氣管設置安裝應符合下列規定：

一、燃氣器具排氣口周圍為非不燃材料裝修或設有建築物開口部時，應依本編第八十條之二規定，保持防火安全間距。

二、燃氣器具連接之煙囪、排氣筒、供排氣管（限排氣部分）等應使用材質為不銹鋼（型號：SUS三〇四）或同等性能以上之材料。

三、煙囪、排氣筒、供排氣管應牢固安裝，可耐自重、風壓、振動，且各部分之接續與器具之連接處應為不易鬆脫之氣密構造。

四、煙囪、排氣筒、供排氣管應為不易積水之構造，必要時設置洩水裝置。

五、煙囪、排氣筒、供排氣管不得與建築物之其他換氣設備之風管連接共用。

第 80-2 條

燃氣器具之煙囪、排氣筒、供排氣管之周圍為非不燃材料裝修時，應保持安全之防火間距或有效防護，並符合下列規定：

一、當排氣溫度達攝氏二百六十度以上時，防火間距取十五公分以上或以厚度十公分以上非金屬不燃材料包覆。

二、當排氣溫度未達攝氏二百六十度時，防火間距取排氣筒直徑之二分之一或以厚度二公分以上非金屬不燃材料包覆。但密閉式燃燒器具之供排氣筒或供排氣管之排氣溫度在攝氏二百六十度以下時，不在此限。

第 80-3 條

天花板內等隱蔽部設置排氣筒、排氣管、供排氣管時，各部位之連接結合應牢固不易鬆脫且爲氣密構造，並以非金屬不燃材料包覆。但排氣溫度未達攝氏一百度時，不在此限。

第 80-4 條

燃氣設備之排氣管及供排氣管貫穿風道管道間，或有延燒之虞之外牆時，其設置安裝應符合下列規定：

一、排氣管及供排氣管之材料除應符合本編第八十條之一第二款規定外，並應符合該區劃或外牆防火時效以上之性能。

二、貫穿位置應防火填塞，且該風道管道間僅供排氣使用（密閉式燃燒設備除外），頂部開放外氣或以排氣風機排氣。

三、貫穿防火構造外牆時，貫穿部分之斷面積，密閉式燃燒設備應在一千五百平方公分以下，非密閉式燃燒設備應在二百五十平方公分以下。

第 81 條

（刪除）

第 81-1 條

於室內使用燃氣器具時，其設置換氣通風設備之構造，應符合下列規定：

一、供氣口應設置在該室天花板高度二分之一以下部分，並開向與外氣直接流通之空間。以煙囪或換氣扇行換氣通風且無礙燃氣器具之燃燒者，得選擇適當之位置。

二、排氣口應設置在該室天花板下八十公分範圍內，設置換氣扇或開放外氣或以排氣筒連接。以煙囪或排氣罩連接排氣筒行換氣通風者，得選擇適當之位置。

三、直接開放外氣之排氣口或排氣筒頂罩，其構造不得因外氣流妨礙排氣功能。

四、燃氣器具以排氣罩接排氣筒者，其排氣罩應爲不燃材料製造。

第 81-2 條

排氣口及其連接之排氣筒、煙囪等，應使室內之燃燒廢氣或其他生成物不產生逆流或洩漏至他室，其構造應符合下列規定：

一、排氣筒或煙囪之頂端開放在燃氣設備排氣管道間內時，排氣筒或煙囪在排氣管道間內昇管二公尺以上，或設有逆風檔可有效防止逆流者，該排氣筒或煙囪視同開放至外氣。
二、煙囪內不得設置防火閘門或其他因溫度上昇而影響排氣之裝置。
三、使用燃氣器具室之排氣筒或煙囪，不得與其他換氣通風設備之排氣管、風道或其他類似物相連接。

第 82 條～第 85 條

（刪除）

第二節　鍋爐

第 86 條

建築物內裝設蒸汽鍋爐或熱水鍋爐，其製造、安裝及燃油之貯存，除應依中華民國國家標準CNS二一三九「陸用鋼製鍋爐」、CNS一〇八九七「小型鍋爐」、鍋爐及壓力容器安全規則或其他有關安全規定外，應依本節規定。

第 87 條

鍋爐安裝，應依下列規定：
一、應安裝在防火構造之鍋爐間內。鍋爐間應有緊急電源之照明、足量之通風，及適當之消防設備與操作、檢查、保養用之空間。
二、基礎應能承受鍋爐自重、加熱膨脹應力及其他外力。
三、與管路連接處，應設置膨脹接頭及伸縮彎管。
四、應與給水系統連接。如以水箱作爲水源時，該水箱應有供應緊急用水之容量，並應裝有存水指示標。

第 88 條

（刪除）

第三節　熱水器

第 89 條

家庭用電氣或燃氣熱水器，應爲符合中華民國國家標準之製品或經中央主管檢驗機關檢驗合格之製品，並應符合本節規定。

第 90 條

熱水器之構造及安裝，應依下列規定：

一、應裝有安全閥及逆止閥，其誤差不得超過標定洩放壓之百分之十五。

二、應安裝在防火構造或以不燃材料建造之樓地板或牆壁上。

三、燃氣熱水器之裝置，應符合本章第一節燃氣設備及燃氣熱水器及其配管安裝標準之有關規定。

第五章｜空氣調節及通風設備

第一節　空氣調節及通風設備之安裝

第 91 條

建築物內設置空氣調節及通風設備之風管、風口、空氣過濾器、鼓風機、冷卻或加熱等設備，構造應依本節規定。

第 92 條

機械通風設備及空氣調節設備之風管構造，應依下列規定：

一、應採用鋼、鐵、鋁或其他經中央主管建築機關認可之材料製造。

二、應具有適度之氣密，除爲運轉或養護需要面設置者外，不得開設任何開口。

三、有包覆或襯裡時，該包覆或襯裡層均應用不燃材料製造。有加熱設備時，包覆或襯裡層均應在適當處所切斷，不得與加熱設備連接。

四、風管以不貫穿防火牆爲原則，如必需貫穿時，其包覆或襯裡層均應在適當處所切斷，並應在貫穿部位任一側之風管內裝設防火閘門。

五、風管貫穿牆壁、樓地板等防火構造體時，貫穿處周圍，應以礦棉或其他不燃材料密封，並設置符合本編第九十四條規定之防火閘板，其包覆或襯裡層亦應在適當處所切斷，不得妨礙防火閘板之正常作用。

六、垂直風管貫穿整個樓層時，風管應設於管道間內。

七、除垂直風管外，風管應設有清除內部灰塵或易燃物質之清掃孔，清掃孔間距以六公尺爲度。

八、空氣全部經過噴水或過濾設備再進入送風管者，該送風管得免設前款規定之清掃孔。

九、專供銀行、辦公室、教堂、旅社、學校、住宅等不產生棉絮、塵埃、油汽等類易燃物質之房間使用之回風管，且其構造符合下列規定者，該回風管得免設第七款規定之清掃孔：

（一）回風口距離樓地板面之高度在二點一公尺以上。

（二）回風口裝有一點八毫米以下孔徑之不朽金屬網罩。

（三）回風管內風速每分鐘不低於三百公尺。

十、風管安裝不得損傷建築物防火構造體之防火性能，構造體上設置與風管有關之必要開口時，應採用不燃材料製造且具防火時效不低於構造體防火時效之門或蓋予以嚴密關閉或掩蓋。

十一、鋼鐵構造建築物內，風管不得安裝在鋼鐵結構體與其防火保護層之間。

十二、風管與機械設備連接處，應設置不燃材料製造之避震接頭，接頭長度不得大於二十五公分。

第 93 條

防火閘門應依左列規定：

一、其構造應符合本規則建築設計施工編第七十六條第一款甲種防火門窗之規定。

二、應設有便於檢查及養護防火閘門之手孔，手孔應附有緊密之蓋。

三、溫度超過正常運轉之最高溫度達攝氏二十八度時，熔鍊或感溫裝置應即行作用，使防火閘門自動嚴密關閉。

四、發生事故時，風管即使損壞，防火閘門應仍能確保原位，保護防火牆貫穿孔。

第 94 條

防火閘板之設置位置及構造，應依左列規定：

一、風管貫穿具有一小時防火時效之分間牆處。

二、本編第九十二條第六款規定之管道間開口處。

三、供應二層以上樓層之風管系統：

（一）垂直風管在管道間上之直接送風口及排風口，或此垂直風管貫穿樓地板後之直接送回風口。

（二）支管貫穿管道間與垂直主風管連接處。

四、未設管道間之風管貫穿防火構造之樓地板處。

五、以熔鍊或感溫裝置操作閘板，使溫度超過正常運轉之最高溫度達攝氏二十八度時，防火閘板即自動嚴密關閉。

六、關閉時應能有效阻止空氣流通。

七、火警時，應保持關閉位置，風管即使損壞，防火閘板應仍能確保原位，並封閉該構造體之開口。

八、應以不銹材料製造，並有一小時半以上之防火時效。

九、應設有便於檢查及養護防火閘門之手孔，手孔應附有緊密之蓋。

第 95 條

與風管連接備空氣進出風管之進風口、回風口、送風口及排風口等之位置及構造，應依左列規定：

一、空氣中存有易燃氣體、棉絮、塵埃、煤煙及惡臭之處所，不得裝設新鮮空氣進風口及回風口。

二、醫院、育幼院、養老院、學校、旅館、集合住宅、寄宿社等及其他類似建築物之採用中間走廊型者，該走廊不得作爲進風或回風用之空氣來源。但集合住宅內廚房、浴、廁或其他有燃燒設備之空間而設有排風機者，該走廊得作爲該等空間補充空氣之來源。

三、送風口、排風口及回風口距離樓地板面之高度不得小於七・五公分，但戲院、集會堂等觀衆席座位下設有保護裝置之送風口，不在此限。

四、送風口及排風口距離樓地板面之高度不足二一〇公分時，該等風口應裝孔徑不大於一・二公分之欄柵或金屬網保護。

五、新鮮空氣進風口應裝設在不致吸入易燒物質及不易著火之位置，並應裝有孔徑不大於一・二公分之不銹金屬網罩。

六、風口應爲不燃材料製造。

第 96 條

空氣過濾器應爲不自燃及接觸火焰時不產生濃煙或其他有害氣體之材料製造。

過濾器應有適當訊號裝置，當器內積集塵埃對氣流之阻力超過原有阻力二倍時，應即能發出訊號者。

第 97 條

鼓風機之設置，應依左列規定：

一、應設置在易於修護、清理、檢查及保養之處所。

二、應與堅固之基礎或支承連接穩固。

三、鼓風機及所連接之過濾器、加熱或冷卻等調節設備，應設置於與其他使用空間隔離之機房內，該機房應爲防火構造。機房開向室外之開口，應裝置堅固之金屬網或欄柵。

四、前款防火構造之牆及樓地板，其防火時效均不得小於一小時。

五、鼓風機、單獨設置之送風機或排風機，應在適當位置裝置緊急開關，於緊急事故發生時能迅速停止操作。

六、鼓風機風量每分鐘超過五六〇立方公尺者，應依左列規定裝設感溫裝置，當溫度超過定格溫度時，該裝置能即時作用，使鼓風機自動停止操作：

（一）攝氏五十八度定格溫度之感溫裝置，應裝設在回風管內，回風氣流溫度未被新鮮空氣沖低之位置。

（二）定格溫度定在正常運轉最高溫度加攝氏二十八度之感溫裝置，應裝設在空氣過濾器下游送風主管內之適當位置。

第 98 條

機械通風或空氣調節設備之電氣配線，應依本編第一章電氣設備有關之規定。

第 99 條

空氣調節設備之冷卻塔，如設置在建築物屋頂上時，應依左列規定：

一、應與該建築物主要構造連接牢固，並應爲防震、防風及能抵禦其他水平外力之構造。

二、主要部份應爲不燃材料或經中央主管建築機關認爲無礙防火安全之方法製造。加熱設備與木料及其他易燃物料間，應保持適當之間距。

第二節　機械通風系統及通風量

第 100 條

本規則建築設計施工編第四十三條規定之機械通風設備，其構造應依本節規定。

第 101 條

機械通風應依實際情況，採用左列系統：

一、機械送風及機械排風。

二、機械送風及自然排風。

三、自然送風及機械排風。

第 102 條

建築物供各種用途使用之空間，設置機械通風設備時，通風量不得小於左表規定：

房間用途	樓地板面積每平方公尺所需通風量（立方公尺／小時）	
	前條第一款及第二款通風方式	前條第三款通風方式
臥室、起居室、私人辦公室等容納人數不多者。	8	8
辦公室、會客室	10	10
工友室、警衛室、收發室、詢問室。	12	12
會議室、候車室、候診室等容納人數較多者。	15	15

房間用途		樓地板面積每平方公尺所需通風量（立方公尺／小時）	
		前條第一款及第二款通風方式	前條第三款通風方式
展覽陳列室、理髮美容院。		12	12
百貨商場、舞蹈、棋室、球戲等康樂活動室、灰塵較少之工作室、印刷工場、打包工場。		15	15
吸煙室、學校及其他指定人數使用之餐廳。		20	20
營業用餐廳、酒吧、咖啡館。		25	25
戲院、電影院、演藝場、集會堂之觀衆席。		75	75
廚房	營業用	60	60
	非營業用	35	35
配膳室	營業用	25	25
	非營業用	15	15
衣帽間、更衣室、盥洗室、樓地板面積大於 15 平方公尺之發電或配電室		–	10
茶水間		–	15
住宅內浴室或廁所、照相暗室、電影放映機室		–	20
公共浴室或廁所，可能散發毒氣或可燃氣體之作業工場		–	30
蓄電池間		–	35
汽車庫		–	25

第三節　廚房排除油煙設備

第 103 條

本規則建築設計施工編第四十三條第二款規定之排除油煙設備、包括煙罩、排煙管、排風機及濾脂網等，均應依本節規定。

第 104 條

煙罩之構造，應依左列規定：

一、應為厚度一・二七公厘（十八號）以上之鐵板，或厚度〇・九五公厘（二十號）以上之不銹鋼板製造。

二、所有接縫均應為水密性焊接。

三、應有瀝油槽，寬度不得大於四公分，深度不得大於六公厘，並應有適當坡度連接金屬容器，容器容量不得大於四公升。

四、與易燃物料間之距離不得小於四十五公分。

五、應能將燃燒設備完全蓋罩，其下邊距地板面之高度不得大於二一〇公分。煙罩本身高度不得小於六十公分。

六、煙罩四週得將裝置燈具，該項燈具應以鐵殼及玻璃密封。

第 105 條

連接煙罩之排煙管，其構造及位置應依左列規定：

一、應為厚度一・五八公厘（十六號）以上之鐵板，或厚度一・二七公厘（十八號）以上之不銹鋼板製造。

二、所有接縫均應為水密性焊接。

三、應就最近捷徑通向室外。

四、垂直排煙管應設置室外，如必需設置室內時，應符合本編第九十二條第六款規定加設管道間。

五、不得貫穿任何防火構造分間牆及防火牆，並不得與建築物任何其他管道連通。

六、轉向處應設置清潔孔，孔底距離橫管管底不得小於四公分，並設與管身相同材料製造之嚴密孔蓋。

七、與易燃物料間之距離，不得小於四十五公分。

八、設置於室外之排煙管，除用不銹鋼板製造者外，其外面應塗刷防銹塗料。

九、垂直排煙管底部應設有沉渣阱，沉渣阱應附有適應清潔孔。

十、排煙管應伸出屋面至少一公尺。排煙管出口距離鄰地境界線、進風口及基地地面不得小於三公尺。

第 106 條

排煙機之裝置，應依左列規定：

一、排煙機之電氣配線不得裝置在排煙管內，並應依本編第一章電氣設備有關規定。

二、排煙機為隱蔽裝置者，應在廚房內適當位置裝置運轉指示燈。

三、應有檢查、養護及清理排煙機之適當措施。

四、排煙管內風速每分鐘不得小於四五〇公尺。

五、設有煙罩之廚房應以機械方法補充所排除之空氣。

第 107 條

濾脂網之構造，應依左列規定：

一、應為不燃材料製造。

二、應安裝固定，並易於拆卸清理。

三、下緣與燃燒設備頂面之距離，不得小於一二〇公分。

四、與水平面所成角度不得小於四十五度。
五、下緣應設有符合本編第一〇四條第三款規定之瀝油槽及金屬容器。
六、濾脂網之構造，不得減小排煙機之排風量，並不得減低前條第四款規定之風速。

第六章｜昇降設備

第一節　通則

第 108 條

建築物內設置昇降機、昇降階梯或其他類似昇降設備者，仍應依本規則建築設計施工編有關樓梯之規定設置樓梯。

第 109 條

本章所用技術用語，應依下列規定：
一、設計載重：昇降機或昇降階梯達到設計速度時所能負荷之最大載重量。
二、設計速度：昇降機廂承載設計載重後所能達到之最大上升速度（鋼索式昇降機）或下降速度（油壓式昇降機）；或依昇降階梯傾斜角度所量得之速度。
三、平衡錘：平衡昇降機廂靜載重及部分設計載重之一個或數個重物。
四、安全裝置：操作時停止昇降機廂或平衡錘，並保持機廂或平衡錘不脫離導軌之機械裝置。
五、昇降機廂：昇降機載運其設計載重之廂體。
六、昇降送貨機：機廂底面積一平方公尺以下，及機廂內淨高度一點二公尺以下之專爲載貨物之昇降機。
七、機廂頂部安全距離：昇降機機廂抵達最高停止位置且與出入口地板水平時，該機廂上樑與昇降機道頂部天花板下面之垂直距離；機廂無上樑者，自機廂上天花板所測得之值。
八、昇降機道機坑深度：由最下層出入口地板面至昇降機道地板面之垂直距離。

第 109-1 條

（刪除）

第二節　昇降機

第 110 條

供昇降機廂上下運轉之昇降機道，應依下列規定：

一、昇降機道內除機廂及其附屬之器械裝置外，不得裝置或設置任何物件，並應留設適當空間，以保持機廂運轉之安全。

二、同一昇降機道內所裝機廂數，不得超過四部。

三、除出入門及通風孔外，昇降機道四周應為防火構造之密閉牆壁，且有足夠強度以支承機廂及平衡錘之導軌。

四、昇降機道內應有適當通風，且不得與昇降機無關之管道兼用。

五、昇降機出入口處之樓地板面，應與機廂地板面保持平整，其與機廂地板面邊緣之間隙，不得大於四公分。

六、昇降機應設有停電復歸就近樓層之裝置。

第 111 條

機廂頂部安全距離及機坑深度不得小於下表規定：

昇降機之設計速度（公尺／分鐘）	頂部安全距離（公尺）	機坑深度（公尺）
四十五以下	一點二	一點二
超過四十五至六十以下	一點四	一點五
超過六十至九十以下	一點六	一點八
超過九十至一百二十以下	一點八	二點一
超過一百二十至一百五十以下	二點零	二點四
超過一百五十至一百八十以下	二點三	二點七
超過一百八十至二百一十以下	二點七	三點二
超過二百一十至二百四十以下	三點三	三點八
超過二百四十	四點零	四點零

第 112 條

機坑之構造應依下列規定：

一、機坑在地面以下者應為防水構造，並留有適當之空間，以保持操作之安全。機坑之直下方另有其他之使用者，機坑底部應有足夠之安全強度，以抵抗來自機廂之任何衝擊力。

二、應裝設符合中華民國國家標準CNS二八六六規定之照明設備。

三、機坑深度在一點四公尺以上時，應裝設有固定之爬梯，使維護人員能進入機坑底。
四、相鄰昇降機機坑之間應隔開。

第 113 條～第 114 條
（刪除）

第 115 條
昇降機房應依下列規定：
一、機房面積須大於昇降機道水平面積之二倍。但無礙機械配設及管理，並經主管建築機關核准者，不在此限。
二、機房內淨高度不得小於下表現定：

昇降機設計速度（公尺／分鐘）	機房內淨高度（公尺）
六十以下	二點零
超過六十至一百五十以下	二點二
超過一百五十至二百一十以下	二點五
超過二百一十	二點八

三、須有有效通風口或通風設備，其通風量應參照昇降機製造廠商所規定之需要。
四、其有設置樓梯之必要者，樓梯寬度不得小於七十公分，與水平面之傾斜角度不得大於六十度，並應設置扶手。
五、機房門不得小於七十公分寬，一百八十公分高，並應爲附鎖之鋼製門。

第 116 條
（刪除）

第 117 條
昇降機於同一樓層不得設置超過二處之出入口，且出入口不得同時開啓。

第 118 條
支承昇降機之樑或版，應能承載該昇降機之總載量。
前項所指之總載量，應爲裝置於樑或版上各項機件重量與機廂及其設計載重在靜止時所產生最大重量和之二倍。

第 119 條～第 120 條
（刪除）

第三節　自動樓梯

第 121 條

昇降階梯之構造，應依下列規定：

一、須不致夾住人或物，並不與任何障礙物衝突。

二、額定速度、坡度及揚程高度應符合中華民國國家標準CNS一二六五一之相關規定。

第 122 條

昇降階梯梯底及放置機械處所四周，應為不燃材料所建造。

前項放置機械處所，均應設有通風口。

第 123 條～第 124 條

（刪除）

第 125 條

昇降階梯踏階兩側應設置符合中華民國國家標準CNS一二六五一規定之欄杆，其臨向梯級面，應平滑而無任何突出物。

第 125-1 條

昇降階梯之扶手上端外側與建築物天花板、樑等構造或其他昇降階梯等設備之水平距離小於五十公分時，應於上述構造、設備之底部設置符合下列規定之防夾保護板，以確保使用者之安全：

一、防夾保護板應為六公釐以上無尖銳角隅之板材。

二、其高度應延伸至扶手上端以下二十公分。

三、防夾保護板於碰撞時應具有滑動功能。

第 126 條～第 128 條

（刪除）

第 129 條

昇降階梯應設有自動停止之安全裝置，並於昇降階梯出入口附近且易於操作之位置設置緊急停止按鈕開關。

前項安全裝置之構造應符合中華民國國家標準CNS一二六五一之相關規定。

第四節　服務昇降機

第 130 條

昇降送貨機之昇降機道，應使用不燃材料建造，其開口部須設有金屬門。

第 131 條

（刪除）

第 132 條

應裝置連動開關使當昇降機道所有之門未緊閉前，應無法運轉昇降機。

第七章｜受信箱設備

第 133 條

供作住宅、辦公、營業、教育或依其用途需要申請編列門牌號碼接受郵局投遞郵件之建築物，均應設置受信箱，其裝設方法及規格如下：

一、裝設位置：

（一）平房建築每編列一門牌號碼者，均應在大門上或門旁牆壁上裝設。

（二）二樓以上及地下層之建築，每戶應於地面層主要出入口之牆壁或大門上裝設。

（三）前目裝置處所之光線必須充足，且鄰接投遞人員或車輛進出之通路。

二、裝設高度：受信箱裝設之高度，應以投信口離地高度在八十公分至一百八十公分為準。

三、裝設要領：

（一）裝設於牆壁者，得採用懸掛或嵌入方式，投信口均應向外。

（二）裝設於大門者，投信口應向外。

（三）裝置應力求牢固。

四、製作材料、型式及規格應符合中華民國國家標準受信箱之規定。

第 134 條

裝置之受信箱應符合下列規定，並能辨識其所屬門牌地址：

一、同一建築物內設有二戶以上，其受信箱上並應依下列方式標明：

（一）公司行號機關團體之名稱。

（二）外國人或外國團體得另附英文姓氏或名稱。

二、標註位置：投信口之下方。

第 135 條

（刪除）

第八章｜電話設備

第 136 條

建築物電信設備應依建築物電信設備及空間設置使用管理規則及建築物屋內外電信設備工程技術規範規定辦理。

第 137 條

（刪除）

第 138 條

建築物為收容第一類電信事業之電信設備，供建築物用戶自用通信之需要，配合設置單獨電信室時，其面積應依建築物電信設備及空間設置使用管理規則規定辦理。

建築物收容前項電信設備與建築物安全、監控及管理服務之資訊通信設備時，得設置設備室，其供電信設備所需面積依前項規則規定辦理。

第 138-1 條

建築物設置符合下列規定之中央監控室，屬建築設計施工編第一百六十二條規定之機電設備空間，得與同編第一百八十二條、第二百五十九條及前條第二項規定之中央管理室、防災中心及設備室合併設計：

一、四周應以不燃材料建造之牆壁及門窗予以分隔，其內部牆面及天花板，以不燃材料裝修為限。

二、應具備監視、控制及管理下列設備之功能：

（一）電氣、電力設備。

（二）消防安全設備。

（三）排煙設備及通風設備。

（四）緊急昇降機及昇降設備。但建築物依法免裝設者，不在此限。

（五）連絡通信及廣播設備。

（六）空氣調節設備。

（七）門禁保全設備。

（八）其他必要之設備。

第 139 條～第 144 條

（刪除）

4-3 建築技術規則建築設計施工編

■修正日期：民國 110 年 01 月 19 日

■生效狀態：※ 本法規部分或全部條文尚未生效

1.93.03.10 修正之第 301 條條文，施行日期另定。

2.本規則 110.01.19 修正之第 86 條條文，自中華民國一百十年七月一日施行。

第一章｜用語定義

第 1 條

本編建築技術用語，其他各編得適用，其定義如下：

一、一宗土地：本法第十一條所稱一宗土地，指一幢或二幢以上有連帶使用性之建築物所使用之建築基地。但建築基地為道路、鐵路或永久性空地等分隔者，不視為同一宗土地。

二、建築基地面積：建築基地（以下簡稱基地）之水平投影面積。

三、建築面積：建築物外牆中心線或其代替柱中心線以內之最大水平投影面積。但電業單位規定之配電設備及其防護設施、地下層突出基地地面未超過一點二公尺或遮陽板有二分之一以上為透空，且其深度在二點零公尺以下者，不計入建築面積；陽臺、屋簷及建築物出入口雨遮突出建築物外牆中心線或其代替柱中心線超過二點零公尺，或雨遮、花臺突出超過一點零公尺者，應自其外緣分別扣除二點零公尺或一點零公尺作為中心線；每層陽臺面積之和，以不超過建築面積八分之一為限，其未達八平方公尺者，得建築八平方公尺。

四、建蔽率：建築面積占基地面積之比率。

五、樓地板面積：建築物各層樓地板或其一部分，在該區劃中心線以內之水平投影面積。但不包括第三款不計入建築面積之部分。

六、觀眾席樓地板面積：觀眾席位及縱、橫通道之樓地板面積。但不包括吸煙室、放映室、舞臺及觀眾席外面二側及後側之走廊面積。

七、總樓地板面積：建築物各層包括地下層、屋頂突出物及夾層等樓地板面積之總和。

八、基地地面：基地整地完竣後，建築物外牆與地面接觸最低一側之水平面；基地地面高低相差超過三公尺，以每相差三公尺之水平面爲該部分基地地面。

九、建築物高度：自基地地面計量至建築物最高部分之垂直高度。但屋頂突出物或非平屋頂建築物之屋頂，自其頂點往下垂直計量之高度應依下列規定，且不計入建築物高度：

（一）第十款第一目之屋頂突出物高度在六公尺以內或有昇降機設備通達屋頂之屋頂突出物高度在九公尺以內，且屋頂突出物水平投影面積之和，除高層建築物以不超過建築面積百分之十五外，其餘以不超過建築面積百分之十二點五爲限，其未達二十五平方公尺者，得建築二十五平方公尺。

（二）水箱、水塔設於屋頂突出物上高度合計在六公尺以內或設於有昇降機設備通達屋頂之屋頂突出物高度在九公尺以內或設於屋頂面上高度在二點五公尺以內。

（三）女兒牆高度在一點五公尺以內。

（四）第十款第三目至第五目之屋頂突出物。

（五）非平屋頂建築物之屋頂斜率（高度與水平距離之比）在二分之一以下者。

（六）非平屋頂建築物之屋頂斜率（高度與水平距離之比）超過二分之一者，應經中央主管建築機關核可。

十、屋頂突出物：突出於屋面之附屬建築物及雜項工作物：

（一）樓梯間、昇降機間、無線電塔及機械房。

（二）水塔、水箱、女兒牆、防火牆。

（三）雨水貯留利用系統設備、淨水設備、露天機電設備、煙囪、避雷針、風向器、旗竿、無線電桿及屋脊裝飾物。

（四）突出屋面之管道間、採光換氣或再生能源使用等節能設施。

（五）突出屋面之三分之一以上透空遮牆、三分之二以上透空立體構架供景觀造型、屋頂綠化等公益及綠建築設施，其投影面積不計入第九款第一目屋頂突出物水平投影面積之和。但本目與第一目及第六目之屋頂突出物水平投影面積之和，以不超過建築面積百分之三十爲限。

（六）其他經中央主管建築機關認可者。

十一、簷高：自基地地面起至建築物簷口底面或平屋頂底面之高度。

十二、地板面高度：自基地地面至地板面之垂直距離。

十三、樓層高度：自室內地板面至其直上層地板面之高度；最上層之高度，爲至其天花板高度。但同一樓層之高度不同者，以其室內樓地板面積除該樓層容積之商，視爲樓層高度。

十四、天花板高度：自室內地板面至天花板之高度，同一室內之天花板高度不同時，以其室內樓地板面積除室內容積之商作天花板高度。

十五、建築物層數：基地地面以上樓層數之和。但合於第九款第一目之規定者，不作爲層數計算；建築物內層數不同者，以最多之層數作爲該建築物層數。

十六、地下層：地板面在基地地面以下之樓層。但天花板高度有三分之二以上在基地地面上者，視爲地面層。

十七、閣樓：在屋頂內之樓層，樓地板面積在該建築物建築面積三分之一以上時，視爲另一樓層。

十八、夾層：夾於樓地板與天花板間之樓層；同一樓層內夾層面積之和，超過該層樓地板面積三分之一或一百平方公尺者，視爲另一樓層。

十九、居室：供居住、工作、集會、娛樂、烹飪等使用之房間，均稱居室。門廳、走廊、樓梯間、衣帽間、廁所盥洗室、浴室、儲藏室、機械室、車庫等不視爲居室。但旅館、住宅、集合住宅、寄宿舍等建築物其衣帽間與儲藏室面積之合計以不超過該層樓地板面積八分之一爲原則。

二十、露臺及陽臺：直上方無任何頂遮蓋物之平臺稱爲露臺，直上方有遮蓋物者稱爲陽臺。

二十一、集合住宅：具有共同基地及共同空間或設備。並有三個住宅單位以上之建築物。

二十二、外牆：建築物外圍之牆壁。

二十三、分間牆：分隔建築物內部空間之牆壁。

二十四、分戶牆：分隔住宅單位與住宅單位或住戶與住戶或不同用途區劃間之牆壁。

二十五、承重牆：承受本身重量及本身所受地震、風力外並承載及傳導其他外壓力及載重之牆壁。

二十六、帷幕牆：構架構造建築物之外牆，除承載本身重量及其所受之地震、風力外，不再承載或傳導其他載重之牆壁。

二十七、耐水材料：磚、石料、人造石、混凝土、柏油及其製品、陶瓷品、玻璃、金屬材料、塑膠製品及其他具有類似耐水性之材料。

二十八、不燃材料：混凝土、磚或空心磚、瓦、石料、鋼鐵、鋁、玻璃、玻璃纖維、礦棉、陶瓷品、砂漿、石灰及其他經中央主管建築機關認定符合耐燃一級之不因火熱引起燃燒、熔化、破裂變形及產生有害氣體之材料。

二十九、耐火板：木絲水泥板、耐燃石膏板及其他經中央主管建築機關認定符合耐燃二級之材料。

三十、耐燃材料：耐燃合板、耐燃纖維板、耐燃塑膠板、石膏板及其他經中央主管建築機關認定符合耐燃三級之材料。

三十一、防火時效：建築物主要結構構件、防火設備及防火區劃構造遭受火災時可耐火之時間。

三十二、阻熱性：在標準耐火試驗條件下，建築構造當其一面受火時，能在一定時間內，其非加熱面溫度不超過規定值之能力。

三十三、防火構造：具有本編第三章第三節所定防火性能與時效之構造。

三十四、避難層：具有出入口通達基地地面或道路之樓層。

三十五、無窗戶居室：具有下列情形之一之居室：

（一）依本編第四十二條規定有效採光面積未達該居室樓地板面積百分之五者。

（二）可直接開向戶外或可通達戶外之有效防火避難構造開口，其高度未達一點二公尺，寬度未達七十五公分；如爲圓型時直徑未達一公尺者。

（三）樓地板面積超過五十平方公尺之居室，其天花板或天花板下方八十公分範圍以內之有效通風面積未達樓地板面積百分之二者。

三十六、道路：指依都市計畫法或其他法律公布之道路（得包括人行道及沿道路邊綠帶）或經指定建築線之現有巷道。除另有規定外，不包括私設通路及類似通路。

三十七、類似通路：基地內具有二幢以上連帶使用性之建築物（包括機關、學校、醫院及同屬一事業體之工廠或其他類似建築物），各幢建築物間及建築物至建築線間之通路；類似通路視爲法定空地，其寬度不限制。

三十八、私設通路：基地內建築物之主要出入口或共同出入口（共用樓梯出入口）至建築線間之通路；主要出入口不包括本編第九十條規定增設之出入口；共同出入口不包括本編第九十五條規定增設之樓梯出入口。私設通路與道路之交叉口，免截角。

三十九、直通樓梯：建築物地面以上或以下任一樓層可直接通達避難層或地面之樓梯（包括坡道）。

四十、永久性空地：指下列依法不得建築或因實際天然地形不能建築之土地（不包括道路）：

（一）都市計畫法或其他法律劃定並已開闢之公園、廣場、體育場、兒童遊戲場、河川、綠地、綠帶及其他類似之空地。

（二）海洋、湖泊、水堰、河川等。

（三）前二目之河川、綠帶等除夾於道路或二條道路中間者外，其寬度或寬度之和應達四公尺。

四十一、退縮建築深度：建築物外牆面自建築線退縮之深度；外牆面退縮之深度不等，以最小之深度爲退縮建築深度。但第三款規定，免計入建築面積之陽臺、屋簷、雨遮及遮陽板，不在此限。

四十二、幢：建築物地面層以上結構獨立不與其他建築物相連，地面層以上其使用機能可獨立分開者。

四十三、棟：以具有單獨或共同之出入口並以無開口之防火牆及防火樓板區劃分開者。

四十四、特別安全梯：自室內經由陽臺或排煙室始得進入之安全梯。

四十五、遮煙性能：在常溫及中溫標準試驗條件下，建築物出入口裝設之一般門或區劃出入口裝設之防火設備，當其構造二側形成火災情境下之壓差時，具有漏煙通氣量不超過規定值之能力。

四十六、昇降機道：建築物供昇降機廂運行之垂直空間。

四十七、昇降機間：昇降機廂駐停於建築物各樓層時，供使用者進出及等待搭乘等之空間。

第二章｜一般設計通則

第一節　建築基地

第 2 條

基地應與建築線相連接，其連接部份之最小長度應在二公尺以上。基地內私設通路之寬度不得小於左列標準：

一、長度未滿十公尺者為二公尺。

二、長度在十公尺以上未滿二十公尺者為三公尺。

三、長度大於二十公尺為五公尺。

四、基地內以私設通路為進出道路之建築物總樓地板面積合計在一、〇〇〇平方公尺以上者，通路寬度為六公尺。

五、前款私設通路為連通建築線，得穿越同一基地建築物之地面層；穿越之深度不得超過十五公尺；該部份淨寬並應依前四款規定，淨高至少三公尺，且不得小於法定騎樓之高度。

前項通路長度，自建築線起算計量至建築物最遠一處之出入口或共同入口。

第 2-1 條

私設通路長度自建築線起算未超過三十五公尺部分，得計入法定空地面積。

第 3 條

（刪除）

第 3-1 條

私設通路為單向出口，且長度超過三十五公尺者，應設置汽車迴車道；迴車道視為該通路之一部份，其設置標準依左列規定：

一、迴車道可採用圓形、方形或丁形。

二、通路與迴車道交叉口截角長度爲四公尺，未達四公尺者以其最大截角長度爲準。

三、截角爲三角形，應爲等腰三角形；截角爲圓弧，其截角長度即爲該弧之切線長。

前項私設通路寬度在九公尺以上，或通路確因地形無法供車輛通行者，得免設迴車道。

第 3-2 條

基地臨接道路邊寬度達三公尺以上之綠帶，應從該綠帶之邊界線退縮四公尺以上建築。但道路邊之綠帶實際上已鋪設路面作人行步道使用，或在都市計畫書圖內載明係供人行步道使用者，免退縮；退縮後免設騎樓；退縮部份，計入法定空地面積。

第 4 條

建築基地之地面高度，應在當地洪水位以上，但具有適當防洪及排水設備，或其建築物有一層以上高於洪水位，經當地主管建築機關認爲無礙安全者，不在此限。

第 4-1 條

建築物除位於山坡地基地外，應依下列規定設置防水閘門（板），並應符合直轄市、縣（市）政府之防洪及排水相關規定：

一、建築物地下層及地下層停車空間於地面層開向屋外之出入口及汽車坡道出入口，應設置高度自基地地面起算九十公分以上之防水閘門（板）。

二、建築物地下層突出基地地面之窗戶及開口，其位於自基地地面起算九十公分以下部分，應設置防水閘門（板）。

前項防水閘門（板）之高度，直轄市、縣（市）政府另有規定者，從其規定。

第 4-2 條

沿海或低窪之易淹水地區建築物得採用高腳屋建築，並應符合下列規定：

一、供居室使用之最低層樓地板及其水平支撐樑之底部，應在當地淹水高度以上，並增加一定安全高度；且最低層下部空間之最大高度，以其樓地板面不得超過三公尺，或以樓地板及其水平支撐樑之底部在淹水高度加上一定安全高度爲限。

二、前款最低層下部空間，僅得作爲樓梯間、昇降機間、梯廳、昇降機道、排煙室、坡道、停車空間或自來水蓄水池使用；其梯廳淨深度及淨寬度不得大於二公尺，緊急昇降機間及排煙室應依本編第一百零七條第一款規定之最低標準設置。

三、前二款最低層下部空間除設置結構必要之樑柱，樓梯間、昇降機間、昇降機道、梯廳、排煙室及自來水蓄水池所需之牆壁或門窗，及樓梯或坡道構造外，不得設置其他阻礙水流之構造或設施。

四、機電設備應設置於供居室使用之最低層以上。

五、建築物不得設置地下室，並得免附建防空避難設備。

前項沿海或低窪之易淹水地區、第一款當地淹水高度及一定安全高度，由直轄市、縣（市）政府視當地環境特性指定之。

第一項樓梯間、昇降機間、梯廳、昇降機道、排煙室、坡道及最低層之下部空間，得不計入容積總樓地板面積，其下部空間並得不計入建築物之層數及高度。

基地地面設置通達最低層之戶外樓梯及戶外坡道，得不計入建築面積及容積總樓地板面積。

第 4-3 條

都市計畫地區新建、增建或改建之建築物，除本編第十三章山坡地建築已依水土保持技術規範規劃設置滯洪設施、個別興建農舍、建築基地面積三百平方公尺以下及未增加建築面積之增建或改建部分者外，應依下列規定，設置雨水貯集滯洪設施：

一、於法定空地、建築物地面層、地下層或筏基內設置水池或儲水槽，以管線或溝渠收集屋頂、外牆面或法定空地之雨水，並連接至建築基地外雨水下水道系統。

二、採用密閉式水池或儲水槽時，應具備泥砂清除設施。

三、雨水貯集滯洪設施無法以重力式排放雨水者，應具備抽水泵浦排放，並應於地面層以上及流入水池或儲水槽前之管線或溝渠設置溢流設施。

四、雨水貯集滯洪設施得於四周或底部設計具有滲透雨水之功能，並得依本編第十七章有關建築基地保水或建築物雨水貯留利用系統之規定，合併設計。

前項設置雨水貯集滯洪設施規定，於都市計畫法令、都市計畫書或直轄市、縣（市）政府另有規定者，從其規定。

第一項設置之雨水貯集滯洪設施，其雨水貯集設計容量不得低於下列規定：

一、新建建築物且建築基地內無其他合法建築物者，以申請建築基地面積乘以零點零四五（立方公尺／平方公尺）。

二、建築基地內已有合法建築物者，以新建、增建或改建部分之建築面積除以法定建蔽率後，再乘以零點零四五（立方公尺／平方公尺）。

第 5 條

建築基地內之雨水污水應設置適當排水設備或處理設備，並排入該地區之公共下水道。

第 6 條

除地質上經當地主管建築機關認為無礙或設有適當之擋土設施者外，斷崖上下各二倍於斷崖高度之水平距離範圍內，不得建築。

第二節　牆面線、建築物突出部份

第 7 條

為景觀上或交通上需要，直轄市、縣（市）政府得依法指定牆面線令其退縮建築；退縮部分，計入法定空地面積。

第 8 條

基地臨接供通行之現有巷道，其申請建築原則及現有巷道申請改道，廢止辦法由直轄市、縣（市）政府定之。

基地他側同時臨接較寬之道路並為角地者，建築物高度不受現有巷道寬度之限制。

第 9 條

依本法第五十一條但書規定可突出建築線之建築物，包括左列各項：

一、紀念性建築物：紀念碑、紀念塔、紀念銅像、紀念坊等。

二、公益上有必要之建築物：候車亭、郵筒、電話亭、警察崗亭等。

三、臨時性建築物：牌樓、牌坊、裝飾塔、施工架、棧橋等，短期內有需要而無礙交通者。

四、地面下之建築物、對公益上有必要之地下貫穿道等，但以不妨害地下公共設施之發展為限。

五、高架道路橋面下之建築物。

六、供公共通行上有必要之架空走廊，而無礙公共安全及交通者。

第 10 條

架空走廊之構造應依左列規定：

一、應為防火構造或不燃材料所建造，但側牆不能使用玻璃等容易破損之材料裝修。

二、廊身兩側牆壁之高度應在一・五公尺以上。

三、架空走廊如穿越道路，其廊身與路面垂直淨距離不得小於四・六公尺。

四、廊身支柱不得妨害車道，或影響市容觀瞻。

第三節　建築物高度

第 11 條～第 13 條

〈移至建築構造編〉

第 14 條

建築物高度不得超過基地面前道路寬度之一・五倍加六公尺。面前道路寬度之計算，依左列規定：

一、道路邊指定有牆面線者，計至牆面線。

二、基地臨接計畫圓環，以交會於圓環之最寬道路視為面前道路；基地他側同時臨接道路，其高度限制並應依本編第十六條規定。

三、基地以私設通路連接建築線，並作為主要進出道路者，該私設通路視為面前道路。但私設通路寬度大於其連接道路寬度，應以該道路寬度，視為基地之面前道路。

四、臨接建築線之基地內留設有私設通路者，適用本編第十六條第一款規定，其餘部份適用本條第三款規定。

五、基地面前道路中間夾有綠帶或河川，以該綠帶或河川兩側道路寬度之和，視為基地之面前道路，且以該基地直接臨接一側道路寬度之二倍為限。

前項基地面前道路之寬度未達七公尺者，以該道路中心線深進三・五公尺範圍內，建築物之高度不得超過九公尺。

特定建築物面前道路寬度之計算，適用本條之規定。

第 15 條

基地周圍臨接或面對永久性空地，其高度限制如左：

一、基地臨接道路之對側有永久性空地，其高度不得超過該道路寬度與面對永久性空地深度合計之一・五倍，且以該基地臨接較寬（最寬）道路寬度之二倍加六公尺為限。

二、基地周圍臨接永久性空地，永久性空地之寬度與深度（或深度之和）應為二十公尺以上，建築物高度以該基地臨接較寬（最寬）道路寬度之二倍加六公尺為限。

三、基地僅部份臨接或面對永久性空地，自臨接或面對永久性空地之部份，向未臨接或未面對之他側延伸相當於臨接或面對部份之長度，且未逾三十公尺範圍者，適用前二款規定。

前項第一款如同時適用前條第五款規定者，選擇較寬之規定適用之。

第 16 條

基地臨接兩條以上道路，其高度限制如左：

一、基地臨接最寬道路境界線深進其路寬二倍且未逾三十公尺範圍內之部分，以最寬道路視爲面前道路。

二、前款範圍外之基地，以其他道路中心線各深進十公尺範圍內，自次寬道路境界線深進其路寬二倍且未逾三十公尺，以次寬道路視爲面前道路，並依此類推。

三、前二款範圍外之基地，以最寬道路視爲面前道路。

第 16-1 條～第 18 條

（刪除）

第 19 條

基地臨接道路盡頭，以該道路寬度，作爲面前道路。但基地他側臨接較寬道路，建築物高度不受該盡頭道路之限制。

第 20 條～第 22 條

（刪除）

第 23 條

住宅區建築物之高度不得超過二十一公尺及七層樓。但合於下列規定之一者，不在此限。其高度超過三十六公尺者，應依本編第二十四條規定：

一、基地面前道路之寬度，在直轄市爲三十公尺以上，在其他地區爲二十公尺以上，且臨接該道路之長度各在二十五公尺以上。

二、基地臨接或面對永久性空地，其臨接或面對永久性空地之長度在二十五公尺以上，且永久性空地之平均深度與寬度各在二十五公尺以上，面積在五千平方公尺以上。

第 24 條

未實施容積管制地區建築物高度不得超過三十六公尺及十二層樓。但合於下列規定之一者，不在此限：

一、基地面積在一千五百平方公尺以上，平均深度在三十公尺以上，且基地面前道路之寬度在三十公尺以上，臨接該道路之長度在三十公尺以上。

二、基地面積在一千五百平方公尺以上，平均深度在三十公尺以上，且基地面前道路之寬度在二十公尺以上，該基地面前道路對側或他側（或他側臨接道路之對側）臨接永久性空地，面對或臨接永久性空地之長度在三十公尺以上，且永久性空地之平均深度與寬度各在三十公尺以上，面積在五千平方公尺以上。

第 24-1 條

用途特殊之雜項工作物其高度必須超過三十五公尺方能達到使用目的，經直轄市、縣（市）主管建築機關認為對交通、通風、採光、日照及安全上無礙者，其高度得超過三十五公尺。

第四節　建蔽率

第 25 條

基地之建蔽率，依都市計畫法及其他有關法令之規定；其有未規定者，得視實際情況，由直轄市、縣（市）政府訂定，報請中央主管建築機關核定。

第 26 條

基地之一部份有左列情形之一者，該部分（包括騎樓面積）之全部作為建築面積：

一、基地之一部份，其境界線長度在商業區有二分之一以上，在其他使用區有三分之二以上臨接道路或永久性空地，全部作為建築面積，並依左表計算之：

全部作建築面積 基地情況 使用分區	二分之一臨接	三分之二臨接	全部臨接
商業區	五〇〇平方公尺	八〇〇平方公尺	一、〇〇〇平方公尺
其他使用分區		五〇〇平方公尺	八〇〇平方公尺
說明： （一）基地依表列選擇較寬之規定適用之。 （二）臨接道路之長度因角地截角時，以未截角時之長度計算。 （三）所稱面前道路，不包括私設通路及類似通路。 （四）道路有同編第十四條第五款規定之情形者，本條適用之。			

二、基地臨接永久性空地，自臨接永久性空地之基地境界線，垂直縱深十公尺以內部分。

前項第一款、第二款之面前道路寬度及永久性空地深度應在八公尺以上。基地如同時合於第一項第一款及第二款規定者，得選擇較寬之規定適用之。

第 27 條

建築物地面層超過五層或高度超過十五公尺者，每增加一層樓或四公尺，其空地應增加百分之二。

不增加依前項及本編規定核計之建築基地允建地面層以上最大總樓地板面積及建築面積者，得增加建築物高度或層數，而免再依前項規定增加空地，但建築物高度不得超過本編第二章第三節　之高度限制。

住宅、集合住宅等類似用途建築物依前項規定設計者，其地面一層樓層高度，不得超過四．二公尺，其他各樓層高度均不得超過三．六公尺；設計挑空者，其挑空部分計入前項允建地面層以上最大總樓地板面積。

第 28 條

商業區之法定騎樓或住宅區面臨十五公尺以上道路之法定騎樓所占面積不計入基地面積及建築面積。

建築基地退縮騎樓地未建築部分計入法定空地。

第 29 條

建築基地跨越二個以上使用分區時，應保留空地面積，建築物高度，應依照各分區使用之規定分別計算，但空地之配置不予限制。

第五節　容積率

第 30 條～第 30-1 條

（刪除）

第六節　地板、天花板

第 31 條

建築物最下層居室之實鋪地板，應爲厚度九公分以上之混凝土造並在混凝土與地板面間加設有效防潮層。其爲空鋪地板者，應依左列規定：

一、空鋪地板面至少應高出地面四十五公分。

二、地板四週每五公尺至少應有通風孔一處，且須具有對流作用者。

三、空鋪地板下，須進入者應留進入口，或利用活動地板開口進入。

第 32 條

天花板之淨高度應依左列規定：

一、學校教室不得小於三公尺。

二、其他居室及浴廁不得小於二．一公尺，但高低不同之天花板高度至少應有一半以上大於二．一公尺，其最低處不得小於一．七公尺。

第七節　樓梯、欄杆、坡道

第 33 條

建築物樓梯及平臺之寬度、梯級之尺寸，應依下列規定：

用途類別	樓梯及平臺寬度	級高尺寸	級深尺寸
一、小學校舍等供兒童使用之樓梯。	一點四零公尺以上	十六公分以下	二十六公分以上
二、學校校舍、醫院、戲院、電影院、歌廳、演藝場、商場（包括加工服務部等，其營業面積在一千五百平方公尺以上者），舞廳、遊藝場、集會堂、市場等建築物之樓梯。	一點四零公尺以上	十八公分以下	二十六公分以上
三、地面層以上每層之居室樓地板面積超過二百平方公尺或地下面積超過二百平方公尺者。	一點二零公尺以上	二十公分以下	二十四公分以上
四、第一、二、三款以外建築物樓梯。	七十五公分以上	二十公分以下	二十一公分以上

說明：

一、表第一、二欄所列建築物之樓梯，不得在樓梯平臺內設置任何梯級，但旋轉梯自其級深較窄之一邊起三十公分位置之級深，應符合各欄之規定，其內側半徑大於三十公分者，不在此限。

二、第三、四欄樓梯平臺內設置扇形梯級時比照旋轉梯之規定設計。

三、依本編第九十五條、第九十六條規定設置戶外直通樓梯者，樓梯寬度，得減爲九十公分以上。其他戶外直通樓梯淨寬度，應爲七十五公分以上。

四、各樓層進入安全梯或特別安全梯，其開向樓梯平臺門扇之迴轉半徑不得與安全或特別安全梯內樓梯寬度之迴轉半徑相交。

五、樓梯及平臺寬度二側各十公分範圍內，得設置扶手或高度五十公分以下供行動不便者使用之昇降軌道；樓梯及平臺最小淨寬仍應爲七十五公分以上。

六、服務專用樓梯不供其他使用者，不受本條及本編第四章之規定。

第 34 條

前條附表第一、二欄樓梯高度每三公尺以內，其他各欄每四公尺以內應設置平台，其深度不得小於樓梯寬度。

第 35 條

自樓梯級面最外緣量至天花板底面、梁底面或上一層樓梯底面之垂直淨空距離，不得小於一九〇公分。

第 36 條

樓梯內兩側均應裝設距梯級鼻端高度七十五公分以上之扶手，但第三十三條第三、四款有壁體者，可設一側扶手，並應依左列規定：

一、樓梯之寬度在三公尺以上者，應於中間加裝扶手，但級高在十五公分以下，且級深在三十公分以上者得免設置。

二、樓梯高度在一公尺以下者得免裝設扶手。

第 37 條

樓梯數量及其應設置之相關位置依本編第四章之規定。

第 38 條

設置於露臺、陽臺、室外走廊、室外樓梯、平屋頂及室內天井部分等之欄桿扶手高度，不得小於一・一〇公尺；十層以上者，不得小於一・二〇公尺。

建築物使用用途爲A-1、A-2、B-2、D-2、D-3、F-3、G-2、H-2組者，前項欄桿不得設有可供直徑十公分物體穿越之鏤空或可供攀爬之水平橫條。

第 39 條

建築物內規定應設置之樓梯可以坡道代替之，除其淨寬應依本編第三十三條之規定外，並應依左列規定：

一、坡道之坡度，不得超過一比八。

二、坡道之表面，應爲粗面或用其他防滑材料處理之。

第八節　日照、採光、通風、節約能源

第 39-1 條

新建或增建建築物高度超過二十一公尺部分，在冬至日所造成之日照陰影，應使鄰近之住宅區或商業區基地有一小時以上之有效日照。但符合下列情形之一者，不在此限：

一、基地配置單幢建築物，且其投影於北向面寬不超過十公尺。

二、建築物外牆面自基地北向境界線退縮六公尺以上淨距離，且投影於北向最大面寬合計不超過二十公尺。基地配置之各建築物，其相鄰間最外緣部位連線角度在十二點五度以上時，該相鄰建築物投影於北向之面寬得分別計算。

三、基地及北向鄰近基地均爲商業區，且在基地北向境界線已依都市計畫相關規定，留設三公尺以上前院、後院或側院。

基地配置之各建築物，應合併檢討有效日照。但符合下列各款規定者，各建築物得個別檢討有效日照：

一、各建築物外牆面自基地北向境界線退縮六公尺以上淨距離，如基地北向鄰接道路者，其北向道路寬度得合併計算退縮距離。

二、建築物相鄰間最外緣部位連線角度在十二點五度以上，且建築物相鄰間淨距離在六公尺以上；或最外緣部位連線角度在三十七點五度以上，且建築物相鄰間淨距離在三公尺以上。

前二項檢討有效日照之建築物範圍，應包括不計入建築面積及建築物可產生日照陰影之部分。

基地境界線任一點之法線與正北向夾角在四十五度以下時，該境界線視爲北向境界線。

第 40 條

住宅至少應有一居室之窗可直接獲得日照。

第 41 條

建築物之居室應設置採光用窗或開口，其採光面積依下列規定：

一、幼兒園及學校教室不得小於樓地板面積五分之一。

二、住宅之居室，寄宿舍之臥室，醫院之病房及兒童福利設施包括保健館、育幼院、育嬰室、養老院等建築物之居室，不得小於該樓地板面積八分之一。

三、位於地板面以上七十五公分範圍內之窗或開口面積不得計入採光面積之內。

第 42 條

建築物外牆依前條規定留設之採光用窗或開口應在有效採光範圍內並依下式計算之：

一、設有居室建築物之外牆高度（採光用窗或開口上端有屋簷時爲其頂端部分之垂直距離）（H）與自該部分至其面臨鄰地境界線或同一基地內之他幢建築物或同一幢建築物內相對部分（如天井）之水平距離（D）之比，不得大於下表規定：

	土地使用區	H/D
(1)	住宅區、行政區、文教區	4/1
(2)	商業區	5/1

二、前款外牆臨接道路或臨接深度六公尺以上之永久性空地者，免自境界線退縮，且開口應視爲有效採光面積。

三、用天窗採光者，有效採光面積按其採光面積之三倍計算。

四、採光用窗或開口之外側設有寬度超過二公尺以上之陽臺或外廊（露臺除外），有效採光面積按其採光面積百分之七十計算。

五、在第一款表所列商業區內建築物；如其水平間距已達五公尺以上者，得免再增加。

六、住宅區內建築物深度超過十公尺，各樓層背面或側面之採光用窗或開口，應在有效採光範圍內。

第 43 條

居室應設置能與戶外空氣直接流通之窗戶或開口，或有效之自然通風設備，或依建築設備編規定設置之機械通風設備，並應依下列規定：

一、一般居室及浴廁之窗戶或開口之有效通風面積，不得小於該室樓地板面積百分之五。但設置符合規定之自然或機械通風設備者，不在此限。

二、廚房之有效通風開口面積，不得小於該室樓地板面積十分之一，且不得小於零點八平方公尺。但設置符合規定之機械通風設備者，不在此限。廚房樓地板面積在一百平方公尺以上者，應另依建築設備編規定設置排除油煙設備。

三、有效通風面積未達該室樓地板面積十分之一之戲院、電影院、演藝場、集會堂等之觀衆席及使用爐灶等燃燒設備之鍋爐間、工作室等，應設置符合規定之機械通風設備。但所使用之燃燒器具及設備可直接自戶外導進空氣，並能將所發生之廢氣，直接排至戶外而無污染室內空氣之情形者，不在此限。

前項第二款廚房設置排除油煙設備規定，於空氣污染防制法相關法令或直轄市、縣（市）政府另有規定者，從其規定。

第 44 條

自然通風設備之構造應依左列規定：

一、應具有防雨、防蟲作用之進風口，排風口及排風管道。

二、排風管道應以不燃材料建造，管道應儘可能豎立並直通戶外。除頂部及一個排風口外，不得另設其他開口，一般居室及無窗居室之排風管有效斷面積不得小於左列公式之計算值；

$$Av = \frac{Af}{250\sqrt{h}}$$

其中Av：排風管之有效斷面積，單位爲平方公尺。

Af：居室之樓地板面積（該居室設有其他有效通風開口時應爲該居室樓地板面積減去有效通風面積二十倍後之差），單位爲平方公尺。

h：自進風口中心量至排風管頂部出口中心之高度，單位爲公尺。

三、進風口及排風口之有效面積不得小於排風管之有效斷面積。

四、進風口之位置應設於天花板高度二分之一以下部份，並開向與空氣直流通之空間。

五、排風口之位置應設於天花板下八十公分範圍內，並經常開放。

第 45 條

建築物外牆開設門窗、開口，廢氣排出口或陽臺等，依下列規定：

一、門窗之開啟均不得妨礙公共交通。

二、緊接鄰地之外牆不得向鄰地方向開設門窗、開口及設置陽臺。但外牆或陽臺外緣距離境界線之水平距離達一公尺以上時，或以不能透視之固定玻璃磚砌築者，不在此限。

三、同一基地內各幢建築物間或同一幢建築物內相對部份之外牆開設門窗、開口或陽臺，其相對之水平淨距離應在二公尺以上；僅一面開設者，其水平淨距離應在一公尺以上。但以不透視之固定玻璃磚砌築者，不在此限。

四、向鄰地或鄰幢建築物，或同一幢建築物內之相對部分，裝設廢氣排出口，其距離境界線或相對之水平淨距離應在二公尺以上。

五、建築物使用用途為H-2、D-3、F-3組者，外牆設置開啟式窗戶之窗臺高度不得小於一・一〇公尺；十層以上不得小於一・二〇公尺。但其鄰接露臺、陽臺、室外走廊、室外樓梯、室內天井，或設有符合本編第三十八條規定之欄杆、依本編第一百零八條規定設置之緊急進口者，不在此限。

第 45-1 條～第 45-8 條

（刪除）

第九節　防音

第 46 條

新建或增建建築物之空氣音隔音設計，其適用範圍如下：

一、寄宿舍、旅館等之臥室、客房或醫院病房之分間牆。

二、連棟住宅、集合住宅之分戶牆。

三、昇降機道與第一款建築物居室相鄰之分間牆，及與前款建築物居室相鄰之分戶牆。

四、第一款及第二款建築物置放機械設備空間與上層或下層居室分隔之樓板。

新建或增建建築物之樓板衝擊音隔音設計，其適用範圍如下：

一、連棟住宅、集合住宅之分戶樓板。

二、前款建築物昇降機房之樓板，及置放機械設備空間與下層居室分隔之樓板。

第 46-1 條

本節建築技術用詞，定義如下：

一、隔音性能：指牆壁、樓板等構造阻隔噪音量之物理性能。

二、機械設備：指給水、排水設備、消防設備、燃燒設備、空氣調節及通風設備、發電機、昇降設備、汽機車昇降機及機械停車設備等。

三、空氣音隔音指標（Rw）：指依中華民國國家標準CNS一五一六零之三及CNS一五三一六測試，並依CNS八四六五之一評定牆、樓板等建築構件於實驗室測試之空氣傳音衰減量。

四、樓板衝擊音指標（Ln,w）：指依中華民國國家標準CNS一五一六零之六測試，並依CNS八四六五之二評定樓板於實驗室測試之衝擊音量。

五、樓板表面材衝擊音降低量指標（△Lw）：指依中華民國國家標準CNS一五一六零之八測試，並依CNS八四六五之二評定樓板表面材（含緩衝材）於實驗室測試之衝擊音降低量。

六、總面密度：指面密度爲板材單位面積之重量，其單位爲公斤／平方公尺；由多層板材複合之牆板，其總面密度爲各層板材面密度之總和。

七、動態剛性（s'）：指緩衝材受動態力時，其動態應力與動態變形量之比值，其單位爲百萬牛頓／立方公尺。

第 46-2 條

分間牆、分戶牆、樓板或屋頂應爲無空隙、無害於隔音之構造，牆壁應自樓板建築至上層樓板或屋頂，且整體構造應相同或由具同等以上隔音性能之構造組合而成。管線貫穿分間牆、分戶牆或樓板造成空隙時，應於空隙處使用軟質填縫材進行密封填塞。

第 46-3 條

分間牆之空氣音隔音構造，應符合下列規定之一：

一、鋼筋混凝土造或密度在二千三百公斤／立方公尺以上之無筋混凝土造，含粉刷總厚度在十公分以上。

二、紅磚或其他密度在一千六百公斤／立方公尺以上之實心磚造，含粉刷總厚度在十二公分以上。

三、輕型鋼骨架或木構骨架爲底，兩面各覆以石膏板、水泥板、纖維水泥板、纖維強化水泥板、木質系水泥板、氧化鎂板或硬質纖維板，其板材總面密度在四十四公斤／平方公尺以上，板材間以密度在六十公斤／立方公尺以上，厚度在七點五公分以上之玻璃棉、岩棉或陶瓷棉填充，且牆總厚度在十公分以上。

四、其他經中央主管建築機關認可具有空氣音隔音指標Rw在四十五分貝以上之隔音性能，或取得內政部綠建材標章之高性能綠建材（隔音性）。

昇降機道與居室相鄰之分間牆，其空氣音隔音構造，應符合下列規定之一：

一、鋼筋混凝土造含粉刷總厚度在二十公分以上。

二、輕型鋼骨架或木構骨架為底，兩面各覆以石膏板、水泥板、纖維水泥板、纖維強化水泥板、木質系水泥板、氧化鎂板或硬質纖維板，其板材總面密度在六十五公斤／平方公尺以上，板材間以密度在六十公斤／立方公尺以上，厚度在十公分以上之玻璃棉、岩棉或陶瓷棉填充，且牆總厚度在十五公分以上。

三、其他經中央主管建築機關認可或取得內政部綠建材標章之高性能綠建材（隔音性）具有空氣音隔音指標Rw在五十五分貝以上之隔音性能。

第 46-4 條

分戶牆之空氣音隔音構造，應符合下列規定之一：

一、鋼筋混凝土造或密度在二千三百公斤／立方公尺以上之無筋混凝土造，含粉刷總厚度在十五公分以上。

二、紅磚或其他密度在一千六百公斤／立方公尺以上之實心磚造，含粉刷總厚度在二十二公分以上。

三、輕型鋼骨架或木構骨架為底，兩面各覆以石膏板、水泥板、纖維水泥板、纖維強化水泥板、木質系水泥板、氧化鎂板或硬質纖維板，其板材總面密度在五十五公斤／平方公尺以上，板材間以密度在六十公斤／立方公尺以上，厚度在七點五公分以上之玻璃棉、岩棉或陶瓷棉填充，且牆總厚度在十二公分以上。

四、其他經中央主管建築機關認可具有空氣音隔音指標Rw在五十分貝以上之隔音性能，或取得內政部綠建材標章之高性能綠建材（隔音性）。

昇降機道與居室相鄰之分戶牆，其空氣音隔音構造，應依前條第二項規定設置。

第 46-5 條

置放機械設備空間與上層或下層居室分隔之樓板，其空氣音隔音構造，應符合下列規定之一：

一、鋼筋混凝土造含粉刷總厚度在二十公分以上。

二、鋼承板式鋼筋混凝土造含粉刷最大厚度在二十四公分以上。

三、其他經中央主管建築機關認可具有空氣音隔音指標Rw在五十五分貝以上之隔音性能。

前項樓板之設置符合第四十六條之七規定者，得不適用前項規定。

第 46-6 條

分戶樓板之衝擊音隔音構造，應符合下列規定之一。但陽臺或各層樓板下方無設置居室者，不在此限：

一、鋼筋混凝土造樓板厚度在十五公分以上或鋼承板式鋼筋混凝土造樓板最大厚度在十九公分以上，其上鋪設表面材（含緩衝材）應符合下列規定之一：

（一）橡膠緩衝材（厚度零點八公分以上，動態剛性五十百萬牛頓／立方公尺以下），其上再鋪設混凝土造地板（厚度五公分以上，以鋼筋或鋼絲網補強），地板表面材得不受限。

（二）橡膠緩衝材（厚度零點八公分以上，動態剛性五十百萬牛頓／立方公尺以下），其上再鋪設水泥砂漿及地磚厚度合計在六公分以上。

（三）橡膠緩衝材（厚度零點五公分以上，動態剛性五十五百萬牛頓／立方公尺以下），其上再鋪設木質地板厚度合計在一點二公分以上。

（四）玻璃棉緩衝材（密度九十六至一百二十公斤／立方公尺）厚度零點八公分以上，其上再鋪設木質地板厚度合計在一點二公分以上。

（五）架高地板其木質地板厚度合計在二公分以上者，架高角材或基座與樓板間須鋪設橡膠緩衝材（厚度零點五公分以上）或玻璃棉緩衝材（厚度零點八公分以上），架高空隙以密度在六十公斤／立方公尺以上、厚度在五公分以上之玻璃棉、岩棉或陶瓷棉填充。

（六）玻璃棉緩衝材（密度九十六至一百二十公斤／立方公尺）或岩棉緩衝材（密度一百至一百五十公斤／立方公尺）厚度二點五公分以上，其上再鋪設混凝土造地板（厚度五公分以上，以鋼筋或鋼絲網補強），地板表面材得不受限。

（七）經中央主管建築機關認可之表面材（含緩衝材），其樓板表面材衝擊音降低量指標△Lw在十七分貝以上，或取得內政部綠建材標章之高性能綠建材（隔音性）。

二、鋼筋混凝土造樓板厚度在十二公分以上或鋼承板式鋼筋混凝土造樓板最大厚度在十六公分以上，其上鋪設經中央主管建築機關認可之表面材（含緩衝材），其樓板表面材衝擊音降低量指標△Lw在二十分貝以上，或取得內政部綠建材標章之高性能綠建材（隔音性）。

三、其他經中央主管建築機關認可具有樓板衝擊音指標Ln,w在五十八分貝以下之隔音性能。

緩衝材其上如澆置混凝土或水泥砂漿時，表面應有防護措施。

地板表面材與分戶牆間應置入軟質填縫材或緩衝材，厚度在零點八公分以上。

第 46-7 條

昇降機房之樓板，及置放機械設備空間與下層居室分隔之樓板，其衝擊音隔音構造，應符合前條第二項及第三項規定，並應符合下列規定之一：

一、鋼筋混凝土造樓板厚度在十五公分以上或鋼承板式鋼筋混凝土造樓板最大厚度在十九公分以上，其上鋪設表面材（含緩衝材）須符合下列規定之一：

（一）橡膠緩衝材（厚度一點六公分以上，動態剛性四十百萬牛頓／立方公尺以下），其上再鋪設混凝土造地板（厚度七公分以上，以鋼筋或鋼絲網補強），地板表面材得不受限。

（二）玻璃棉緩衝材（密度九十六至一百二十公斤／立方公尺）或岩棉緩衝材（密度一百至一百五十公斤／立方公尺）厚度五公分以上，其上再鋪設混凝土造地板（厚度七公分以上，以鋼筋或鋼絲網補強），地板表面材得不受限。

（三）經中央主管建築機關認可之表面材（含緩衝材），其樓板表面材衝擊音降低量指標△Lw在二十五分貝以上。

二、其他經中央主管建築機關認可具有樓板衝擊音指標Ln,w在五十分貝以下之隔音性能。

第十節　廁所、污水處理設施

第 47 條

凡有居室之建築物，其樓地板面積達三十平方公尺以上者，應設置廁所。

但同一基地內，已有廁所者不在此限。

第 48 條

廁所應設有開向戶外可直接通風之窗戶，但沖洗式廁所，如依本章第八節規定設有適當之通風設備者不在此限。

第 49 條

沖洗式廁所排水、生活雜排水除依下水道法令規定排洩至污水下水道系統或集中處理場者外，應設置污水處理設施，並排至有出口之溝渠，其排放口上方應予標示，並不得堆放雜物。但起造人申請建造執照時，經當地下水道主管機關認定該建造執照案屆本法第五十三條第一項規定之建築期限時，公共污水下水道系統可容納該新建建築物之污水者，得免予設置污水處理設施。

前項之生活雜排水係指廚房、浴室洗滌水及其他生活所產生之污水。

新建建築物之廢（污）水產生量達依水污染防治法規定公告之事業標準者，並應依水污染防治法相關規定辦理。

第 50 條

非沖洗式廁所之構造，應依左列規定：

一、便器、污水管及糞池均應爲耐水材料所建造，或以防水水泥砂漿等具有防水性質之材料粉刷，使成爲不漏水之構造。

二、掏糞口須有密閉裝置，並應高出地面十公分以上，且不得直接面向道路。

三、掏糞口前方及左右三十公分以內，應鋪設混凝土或其他耐水材料。

四、糞池上應設有內徑十公分以上之通氣管。

第 51 條

水井與掏糞廁所糞池或污水處理設施之距離應在十五公尺以上。

第十一節　煙囪

第 52 條

附設於建築物之煙囪，其構造應依下列規定：

一、煙囪伸出屋面之高度不得小於九十公分，並應在三公尺半徑範圍內高出任何建築物最高部分六十公分以上。但伸出屋面部分爲磚造、石造、或水泥空心磚造且未以鐵件補強者，其高度不得超過九十公分。

二、金屬造之煙囪，在屋架內、天花板內、或樓板內部者，應以金屬以外之不燃材料包覆之。

三、金屬造之煙囪應距離木料等易燃材料十五公分以上。但以厚十公分以上金屬以外之不燃材料包覆者，不在此限。

四、煙囪爲鋼筋混凝土造者，其厚度不得小於十五公分，其爲無筋混凝土或磚造者，其厚度不得小於二十三公分。煙囪之煙道，應裝置陶管或於其內部以水泥粉刷或以耐火磚襯砌。煙道彎角小於一百二十度者，均應於彎曲處設置清除口。

第 53 條

鍋爐之煙囪自地面計量之高度不得小於十五公尺。使用重油、輕油或焦碳爲燃料者，其高度不得小於九公尺。但鍋爐每小時燃料消耗量在二十五公斤以下者不在此限。惟煙囪所排放廢氣，均須符合有關衛生法令規定之標準。

第 54 條

鍋爐煙囪之煙道及最小斷面積應符合左式之規定：

$$(147 - 27\sqrt{A})\sqrt{H} \geqq Q$$

A：爲煙道之最小斷面積，單位爲平方公尺。

H：爲鍋爐自爐柵算起至煙囪最高部份之高度，單位爲公尺。

Q：爲鍋爐燃料消耗量，單位爲公斤／一小時。

第十二節　昇降及垃圾排除設備

第 55 條

昇降機之設置依下列規定：

一、六層以上之建築物，至少應設置一座以上之昇降機通達避難層。建築物高度超過十層樓，依本編第一百零六條規定，設置可供緊急用之昇降機。

二、機廂之面積超過一平方公尺或其淨高超過一點二公尺之昇降機，均依本規則之規定。但臨時用昇降機經主管建築機關認爲其構造與安全無礙時，不在此限。

三、昇降機道之構造應依下列規定：

（一）昇降機道之出入口，周圍牆壁或其圍護物應以不燃材料建造，並應使機道外之人、物無法與機廂或平衡錘相接觸。

（二）機廂在每一樓層之出入口，不得超過二處。

（三）出入口之樓地板面邊緣與機廂地板邊緣應齊平，其水平距離在四公分以內。

四、其他設備及構造，應依建築設備編之規定。

本規則中華民國一百年二月二十七日修正生效前領得使用執照之五層以下建築物增設昇降機者，得依下列規定辦理：

一、不計入建築面積及各層樓地板面積。其增設之昇降機間及昇降機道於各層面積不得超過十二平方公尺，且昇降機道面積不得超過六平方公尺。

二、不受鄰棟間隔、前院、後院及開口距離有關規定之限制。

三、增設昇降機所需增加之屋頂突出物，其高度應依第一條第九款第一目規定設置。但投影面積不計入同目屋頂突出物水平投影面積之和。

第 56 條

垃圾排除設備應依左列規定：

一、垃圾排除設備包括垃圾導管及垃圾箱，其構造如左：

（一）垃圾導管應爲耐水及不燃材料建造，其淨空不得小於六十公分見方，如爲圓形，其淨空半徑不得小於三十公分。導管內表面應保持平整，其上端突出屋頂至少六十公分，並加頂蓋及面積不小於五〇〇平方公分之通風口。

（二）每一樓層均應設置垃圾投入口，並設置密閉而便於傾倒垃圾之門。投入口之尺寸規定如左：

自樓地板至投入口上緣	投入口之淨尺寸
九十公分	三十公分見方

（三）垃圾箱應為耐火及不燃材料構造，垃圾箱底應高出地板面一・二公尺以上，其寬度及深度應各為一・二公尺以上，垃圾箱底應向外傾斜並應設置排水孔接通排水溝。垃圾箱清除口應設不易腐銹之密閉門。

（四）垃圾箱上部應設置進風口裝設銅絲網。

二、垃圾排除設備之垃圾箱位置，應能接通至都市道路或指定建築線之既成巷路。

第十三節　騎樓、無遮簷人行道

第 57 條

凡經指定在道路兩旁留設之騎樓或無遮簷人行道，其寬度及構造由市、縣（市）主管建築機關參照當地情形，並依照左列標準訂定之：

一、寬度：自道路境界線至建築物地面層外牆面，不得小於三・五公尺，但建築物有特殊用途或接連原有騎樓或無遮簷人行道，且其建築設計，無礙於市容觀瞻者，市、縣（市）主管建築機關，得視實際需要，將寬度酌予增減並公布之。

二、騎樓地面應與人行道齊平，無人行道者，應高於道路邊界處十公分至二十公分，表面鋪裝應平整，不得裝置任何台階或阻礙物，並應向道路境界線作成四十分之一瀉水坡度。

三、騎樓淨高，不得小於三公尺。

四、騎樓柱正面應自道路境界線退後十五公分以上，但騎樓之淨寬不得小於二・五〇公尺。

第 58 條

（刪除）

第十四節　停車空間

第 59 條

建築物新建、改建、變更用途或增建部分，依都市計畫法令或都市計畫書之規定，設置停車空間。其未規定者，依下表規定。

類別	建築物用途	都市計畫內區域		都市計畫外區域	
		樓地板面積	設置標準	樓地板面積	設置標準
第一類	戲院、電影院、歌廳、國際觀光旅館、演藝場、集會堂、舞廳、夜總會、視聽伴唱遊藝場、遊藝場、酒家、展覽場、辦公室、金融業、市場、商場、餐廳、飲食店、店鋪、俱樂部、撞球場、理容業、公共浴室、旅遊及運輸業、攝影棚等類似用途建築物。	三百平方公尺以下部分。	免設。	三百平方公尺以下部分。	免設。
		超過三百平方公尺部分。	每一百五十平方公尺設置一輛。	超過三百平方公尺部分。	每二百五十平方公尺設置一輛。
第二類	住宅、集合住宅等居住用途建築物。	五百平方公尺以下部分。	免設。	五百平方公尺以下部分。	免設。
		超過五百平方公尺部分。	每一百五十平方公尺設置一輛。	超過五百平方公尺部分。	每三百平方公尺設置一輛。
第三類	旅館、招待所、博物館、科學館、歷史文物館、資料館、美術館、圖書館、陳列館、水族館、音樂廳、文康活動中心、醫院、殯儀館、體育設施、宗教設施、福利設施等類似用途建築物。	五百平方公尺以下部分。	免設。	五百平方公尺以下部分。	免設。
		超過五百平方公尺部分。	每二百平方公尺設置一輛。	超過五百平方公尺部分。	每三百五十平方公尺設置一輛。
第四類	倉庫、學校、幼稚園、托兒所、車輛修配保管、補習班、屠宰場、工廠等類似用途建築物。	五百平方公尺以下部分。	免設。	五百平方公尺以下部分。	免設。
		超過五百平方公尺部分。	每二百五十平方公尺設置一輛。	超過五百平方公尺部分。	每三百五十平方公尺設置一輛。
第五類	前四類以外建築物，由內政部視實際情形另定之。				

說明：

（一）表列總樓地板面積之計算，不包括室內停車空間面積、法定防空避難設備面積、騎樓或門廊、外廊等無牆壁之面積，及機械房、變電室、蓄水池、屋頂突出物等類似用途部分。

（二）第二類所列停車空間之數量爲最低設置標準，實施容積管制地區起造人得依實際需要增設至每一居住單元一輛。

（三）同一幢建築物內供二類以上用途使用者，其設置標準分別依表列規定計算附設之，唯其免設部分應擇一適用。其中一類未達該設置標準時，應將各類樓地板面積合併計算依較高標準附設之。

（四）國際觀光旅館應於基地地面層或法定空地上按其客房數每滿五十間設置一輛大客車停車位，每設置一輛大客車停車位減設表列規定之三輛停車位。

（五）都市計畫內區域屬本表第一類或第三類用途之公有建築物，其建築基地達一千五百平方公尺者，應按表列規定加倍附設停車空間。但符合下列情形之一者，得依其停車需求之分析結果附設停車空間：

1. 建築物交通影響評估報告經地方交通主管機關審查同意，且停車空間數量達表列規定以上。
2. 經各級都市計畫委員會或都市設計審議委員會審議同意。

（六）依本表計算設置停車空間數量未達整數時，其零數應設置一輛。

第 59-1 條

停車空間之設置，依左列規定：

一、停車空間應設置在同一基地內。但二宗以上在同一街廓或相鄰街廓之基地同時請領建照者，得經起造人之同意，將停車空間集中留設。

二、停車空間之汽車出入口應銜接道路，地下室停車空間之汽車坡道出入口並應留設深度二公尺以上之緩衝車道。其坡道出入口鄰接騎樓（人行道）者，應留設之緩衝車道自該騎樓（人行道）內側境界線起退讓。

三、停車空間部分或全部設置於建築物各層時，於各該層應集中設置，並以分間牆區劃用途，其設置於屋頂平台者，應依本編第九十九條之規定。

四、停車空間設於法定空地時，應規劃車道，使車輛能順暢進出。

五、附設停車空間超過三〇輛者，應依本編第一百三十六條至第一百三十九條之規定設置之。

第 59-2 條

爲鼓勵建築物增設營業使用之停車空間，並依停車場法或相關法令規定開放供公眾停車使用，有關建築物之樓層數、高度、樓地板面積之核計標準或其他限制事項，直轄市、縣（市）建築機關得另定鼓勵要點，報經中央主管建築機關核定實施。

本條施行期限至中華民國一百零一年十二月三十一日止。

第 60 條

停車空間及其應留設供汽車進出用之車道，規定如下：

一、每輛停車位爲寬二點五公尺，長五點五公尺。但停車位角度在三十度以下者，停車位長度爲六公尺。大客車每輛停車位爲寬四公尺，長十二點四公尺。

二、設置於室內之停車位，其五分之一車位數，每輛停車位寬度得寬減二十公分。但停車位長邊鄰接牆壁者，不得寬減，且寬度寬減之停車位不得連續設置。

三、機械停車位每輛為寬二點五公尺，長五點五公尺，淨高一點八公尺以上。但不供乘車人進出使用部分，寬得為二點二公尺，淨高為一點六公尺以上。

四、設置汽車昇降機，應留設寬三點五公尺以上、長五點七公尺以上之昇降機道。

五、基地面積在一千五百平方公尺以上者，其設於地面層以外樓層之停車空間應設汽車車道（坡道）。

六、車道供雙向通行且服務車位數未達五十輛者，得為單車道寬度；五十輛以上者，自第五十輛車位至汽車進出口及汽車進出口至道路間之通路寬度，應為雙車道寬度。但汽車進口及出口分別設置且供單向通行者，其進口及出口得為單車道寬度。

七、實施容積管制地區，每輛停車空間（不含機械式停車空間）換算容積之樓地板面積，最大不得超過四十平方公尺。

前項機械停車設備之規範，由內政部另定之。

第 60-1 條

停車空間設置於供公眾使用建築物之室內者，其鄰接居室或非居室之出入口與停車位間，應留設淨寬七十五公分以上之通道連接車道。其他法規另有規定者，並應符合其他法規之規定。

第 61 條

車道之寬度、坡度及曲線半徑應依下列規定：

一、車道之寬度：

（一）單車道寬度應為三點五公尺以上。

（二）雙車道寬度應為五點五公尺以上。

（三）停車位角度超過六十度者，其停車位前方應留設深六公尺，寬五公尺以上之空間。

二、車道坡度不得超過一比六，其表面應用粗面或其他不滑之材料。

三、車道之內側曲線半徑應為五公尺以上。

第 62 條

停車空間之構造應依下列規定：

一、停車空間及出入車道應有適當之舖築。

二、停車空間設置戶外空氣之窗戶或開口，其有效通風面積不得小於該層供停車使用之樓地板面積百分之五或依規定設置機械通風設備。

三、供停車空間之樓層淨高，不得小於二點一公尺。

四、停車空間應依用戶用電設備裝置規則預留供電動車輛充電相關設備及裝置之裝設空間，並便利行動不便者使用。

第三章｜建築物之防火

第一節　適用範圍

第 63 條

建築物之防火應符合本章之規定。

本法第一百零二條所稱之防火區，係指本法適用地區內，爲防火安全之需要，經直轄市、縣（市）政府劃定之地區。

防火區內之建築物，除應符合本章規定外，並應依當地主管建築機關之規定辦理。

第 64 條～第 65 條

（刪除）

第二節　雜項工作物之防火限制

第 66 條～第 67 條

（刪除）

第 68 條

高度在三公尺以上或裝置在屋頂上之廣告牌（塔），裝飾物（塔）及類似之工作物，其主要部分應使用不燃材料。

第三節　防火構造

第 69 條

下表之建築物應爲防火構造。但工廠建築，除依下表C類規定外，作業廠房樓地板面積，合計超過五十平方公尺者，其主要構造，均應以不燃材料建造。

建築物使用類組			應為防火構造者		
類別	組別		樓層	總樓地板面積	樓層及樓地板面積之和
A 類	公共集會類	全部	全部	—	—
B 類	商業類	全部	三層以上之樓層	三〇〇〇平方公尺以上	二層部分之面積在五〇〇平方公尺以上。

建築物使用類組			應為防火構造者		
類別	組別		樓層	總樓地板面積	樓層及樓地板面積之和
C 類	工業、倉儲類	全部	三層以上之樓層	一五〇〇平方公尺以上（工廠除外）	變電所、飛機庫、汽車修理場、發電場、廢料堆置或處理場、廢棄物處理場及其他經地方主管建築機關認定之建築物，其總樓地板面積在一五〇平方公尺以上者。
D 類	休閒、文教類	全部	三層以上之樓層	二〇〇〇平方公尺以上	－
E 類	宗教、殯葬類	全部			
F 類	衛生、福生、更生類	全部	三層以上之樓層	－	二層面積在三〇〇平方公尺以上。醫院限於有病房者。
G 類	辦公、服務類	全部	三層以上之樓層	二〇〇〇平方公尺以上	－
H 類	住宿類	全部	三層以上之樓層	－	二層面積在三〇〇平方公尺以上。
I 類	危險物品類	全部	依危險品種及儲藏量，另行由內政部以命令規定之。		

說明：表內三層以上之樓層，係表示三層以上之任一樓層供表列用途時，該棟建築物即應為防火構造，表示如在第二層供同類用途使用，則可不受防火構造之限制。但該使用之樓地板面積，超過表列規定時，即不論層數如何，均應為防火構造。

第 70 條

防火構造之建築物，其主要構造之柱、樑、承重牆壁、樓地板及屋頂應具有左表規定之防火時效：

層數 / 主要構造部分	自頂層起算不超過四層之各樓層	自頂層起算超過第四層至第十四層之各樓層	自頂層起算第十五層以上之各樓層
承重牆壁	一小時	一小時	二小時
樑	一小時	二小時	三小時
柱	一小時	二小時	三小時
樓地板	一小時	二小時	二小時

主要構造部分＼層數	自頂層起算不超過四層之各樓層	自頂層起算超過第四層至第十四層之各樓層	自頂層起算第十五層以上之各樓層
屋頂	半小時		
（一）屋頂突出物未達計算層樓面積者，其防火時效應與頂層同。 （二）本表所指之層數包括地下層數。			

第 71 條

具有三小時以上防火時效之樑、柱，應依左列規定：

一、樑：

（一）鋼筋混凝土造或鋼骨鋼筋混凝土造。

（二）鋼骨造而覆以鐵絲網水泥粉刷其厚度在八公分以上（使用輕骨材時為七公分）或覆以磚、石或空心磚，其厚度在九公分以上者（使用輕骨材時為八公分）。

（三）其他經中央主管建築機關認可具有同等以上之防火性能者。

二、柱：短邊寬度在四十公分以上並符合左列規定者：

（一）鋼筋混凝土造或鋼骨鋼筋混凝土造。

（二）鋼骨混凝土造之混凝土保護層厚度在六公分以上者。

（三）鋼骨造而覆以鐵絲網水泥粉刷，其厚度在九公分以上（使用輕骨材時為八公分）或覆以磚、石或空心磚，其厚度在九公分以上者（使用輕骨材時為八公分）。

（四）其他經中央主管建築機關認可具有同等以上之防火性能者。

第 72 條

具有二小時以上防火時效之牆壁、樑、柱、樓地板，應依左列規定：

一、牆壁：

（一）鋼筋混凝土造或鋼骨鋼筋混凝土造厚度在十公分以上，且鋼骨混凝土造之混凝土保護層厚度在三公分以上者。

（二）鋼骨造而雙面覆以鐵絲網水泥粉刷，其單面厚度在四公分以上，或雙面覆以磚、石或空心磚，其單面厚度在五公分以上者。但用以保護鋼骨構造之鐵絲網水泥砂漿保護層應將非不燃材料部分之厚度扣除。

（三）木絲水泥板二面各粉以厚度一公分以上之水泥砂漿，板壁總厚度在八公分以上者。

（四）以高溫高壓蒸氣保養製造之輕質泡沫混凝土板，其厚度在七・五公分以上者。

（五）中空鋼筋混凝土版，中間填以泡沫混凝土等其總厚度在十二公分以上，且單邊之版厚在五公分以上者。

（六）其他經中央主管建築機關認可具有同等以上之防火性能。

二、柱：短邊寬二十五公分以上，並符合左列規定者：

（一）鋼筋混凝土造鋼骨鋼筋混凝土造。

（二）鋼骨混凝土造之混凝土保護層厚度在五公分以上者。

（三）經中央主管建築機關認可具有同等以上之防火性能者。

三、樑：

（一）鋼筋混凝土造或鋼骨鋼筋混凝土造。

（二）鋼骨混凝土造之混凝土保護層厚度在五公分以上者。

（三）鋼骨造覆以鐵絲網水泥粉刷其厚度在六公分以上（使用輕骨材時為五公分）以上，或覆以磚、石或空心磚，其厚度在七公分以上者（水泥空心磚使用輕質骨材得時為六公分）。

（四）其他經中央主管建築機關認可具有同等以上之防火性能者。

四、樓地板：

（一）鋼筋混凝土造或鋼骨鋼筋混凝土造厚度在十公分以上者。

（二）鋼骨造而雙面覆以鐵絲網水泥粉刷或混凝土，其單面厚度在五公分以上者。但用以保護鋼鐵之鐵絲網水泥砂漿保護層應將非不燃材料部分扣除。

（三）其他經中央主管建築機關認可具有同等以上之防火性能者。

第 73 條

具有一小時以上防火時效之牆壁、樑、柱、樓地板，應依左列規定：

一、牆壁：

（一）鋼筋混凝土造、鋼骨鋼筋混凝土造或鋼骨混凝土造厚度在七公分以上者。

（二）鋼骨造而雙面覆以鐵絲網水泥粉刷，其單面厚度在三公分以上或雙面覆以磚、石或水泥空心磚，其單面厚度在四公分以上者。但用以保護鋼骨之鐵絲網水泥砂漿保護層應將非不燃材料部分扣除。

（三）磚、石造、無筋混凝土造或水泥空心磚造，其厚度在七公分以上者。

（四）其他經中央主管建築機關認可具有同等以上之防火性能者。

二、柱：

（一）鋼筋混凝土造、鋼骨鋼筋混凝土造或鋼骨混凝土造。

（二）鋼骨造而覆以鐵絲網水泥粉刷其厚度在四公分以上（使用輕骨材時得為三公分）或覆以磚、石或水泥空心磚，其厚度在五公分以上者。

（三）其他經中央主管建築機關認可具有同等以上之防火性能者。

三、樑：

（一）鋼筋混凝土造、鋼骨鋼筋混凝土造或鋼骨混凝土造。

（二）鋼骨造而覆以鐵絲網水泥粉刷其厚度在四公分以上（使用輕骨材時為三公分以上），或覆以磚、石或水泥空心磚，其厚度在五公分以上者（水泥空心磚使用輕骨材時得為四公分）。

（三）鋼骨造屋架、但自地板面至樑下端應在四公尺以上，而構架下面無天花板或有不燃材料造或耐燃材料造之天花板者。

（四）其他經中央主管建築機關認可具有同等以上之防火性能者。

四、樓地板：

（一）鋼筋混凝土造或鋼骨鋼筋混凝土造厚度在七公分以上。

（二）鋼骨造而雙面覆以鐵絲網水泥粉刷或混凝土，其單面厚度在四公分以上者。但用以保護鋼骨之鐵絲網水泥砂漿保護層應將非不燃材料部分扣除。

（三）其他經中央主管建築機關認可具有同等以上之防火性能者。

第 74 條

具有半小時以上防火時效之非承重外牆、屋頂及樓梯，應依左列規定：

一、非承重外牆：經中央主管建築機關認可具有半小時以上之防火時效者。

二、屋頂：

（一）鋼筋混凝土造或鋼骨鋼筋混凝土造。

（二）鐵絲網混凝土造、鐵絲網水泥砂漿造、用鋼鐵加強之玻璃磚造或鑲嵌鐵絲網玻璃造。

（三）鋼筋混凝土（預鑄）版，其厚度在四公分以上者。

（四）以高溫高壓蒸汽保養所製造之輕質泡沫混凝土板。

（五）其他經中央主管建築機關認可具有同等以上之防火性能者。

三、樓梯：

（一）鋼筋混凝土造或鋼骨鋼筋混凝土造。

（二）鋼造。

（三）其他經中央主管建築機關認可具有同等以上之防火性能者。

第 75 條

防火設備種類如左：

一、防火門窗。

二、裝設於防火區劃或外牆開口處之撒水幕，經中央主管建築機關認可具有防火區劃或外牆同等以上之防火性能者。

三、其他經中央主管建築機關認可具有同等以上之防火性能者。

第 76 條

防火門窗係指防火門及防火窗，其組件包括門窗扇、門窗樘、開關五金、嵌裝玻璃、通風百葉等配件或構材；其構造應依左列規定：

一、防火門窗周邊十五公分範圍內之牆壁應以不燃材料建造。

二、防火門之門扇寬度應在七十五公分以上，高度應在一百八十公分以上。

三、常時關閉式之防火門應依左列規定：

（一）免用鑰匙即可開啓，並應裝設經開啓後可自行關閉之裝置。

（二）單一門扇面積不得超過三平方公尺。

（三）不得裝設門止。

（四）門扇或門樘上應標示常時關閉式防火門等文字。

四、常時開放式之防火門應依左列規定：

（一）可隨時關閉，並應裝設利用煙感應器連動或其他方法控制之自動關閉裝置，使能於火災發生時自動關閉。

（二）關閉後免用鑰匙即可開啓，並應裝設經開啓後可自行關閉之裝置。

（三）採用防火捲門者，應附設門扇寬度在七十五公分以上，高度在一百八十公分以上之防火門。

五、防火門應朝避難方向開啓。但供住宅使用及宿舍寢室、旅館客房、醫院病房等連接走廊者，不在此限。

第 77 條～第 78 條

（刪除）

第四節　防火區劃

第 79 條

防火構造建築物總樓地板面積在一、五〇〇平方公尺以上者，應按每一、五〇〇平方公尺，以具有一小時以上防火時效之牆壁、防火門窗等防火設備與該處防火構造之樓地板區劃分隔。防火設備並應具有一小時以上之阻熱性。

前項應予區劃範圍內，如備有效自動滅火設備者，得免計算其有效範圍樓地面板面積之二分之一。

防火區劃之牆壁，應突出建築物外牆面五十公分以上。但與其交接處之外牆面長度有九十公分以上，且該外牆構造具有與防火區劃之牆壁同等以上防火時效者，得免突出。

建築物外牆為帷幕牆者，其外牆面與防火區劃牆壁交接處之構造，仍應依前項之規定。

第 79-1 條

防火構造建築物供左列用途使用，無法區劃分隔部分，以具有一小時以上防火時效之牆壁、防火門窗等防火設備與該處防火構造之樓地板自成一個區劃者，不受前條第一項之限制：

一、建築物使用類組爲A-1組或D-2組之觀衆席部分。

二、建築物使用類組爲C類之生產線部分、D-3組或D-4組之教室、體育館、零售市場、停車空間及其他類似用途建築物。

前項之防火設備應具有一小時以上之阻熱性。

第 79-2 條

防火構造建築物內之挑空部分、昇降階梯間、安全梯之樓梯間、昇降機道、垂直貫穿樓板之管道間及其他類似部分，應以具有一小時以上防火時效之牆壁、防火門窗等防火設備與該處防火構造之樓地板形成區劃分隔。昇降機道裝設之防火設備應具有遮煙性能。管道間之維修門並應具有一小時以上防火時效及遮煙性能。

前項昇降機道前設有昇降機間且併同區劃者，昇降機間出入口裝設具有遮煙性能之防火設備時，昇降機道出入口得免受應裝設具遮煙性能防火設備之限制；昇降機間出入口裝設之門非防火設備但開啓後能自動關閉且具有遮煙性能時，昇降機道出入口之防火設備得免受應具遮煙性能之限制。

挑空符合下列情形之一者，得不受第一項之限制：

一、避難層通達直上層或直下層之挑空、樓梯及其他類似部分，其室內牆面與天花板以耐燃一級材料裝修者。

二、連跨樓層數在三層以下，且樓地板面積在一千五百平方公尺以下之挑空、樓梯及其他類似部分。

第一項應予區劃之空間範圍內，得設置公共廁所、公共電話等類似空間，其牆面及天花板裝修材料應爲耐燃一級材料。

第 79-3 條

防火構造建築物之樓地板應爲連續完整面，並應突出建築物外牆五十公分以上。但與樓板交接處之外牆面高度有九十公分以上，且該外牆構造具有與樓地板同等以上防火時效者，得免突出。

外牆爲帷幕牆者，其牆面與樓地板交接處之構造，應依前項之規定。

建築物有連跨複數樓層，無法逐層區劃分隔之垂直空間者，應依前條規定。

第 79-4 條

防火構造建築物之外牆，除本編第七十九條及第七十九條之三及第一百十條規定外，其他部分外牆應具有半小時以上防火時效。

第 80 條

非防火構造之建築物，其主要構造使用不燃材料建造者，應按其總樓地板面積每一、〇〇〇平方公尺以具有一小時防火時效之牆壁及防火門窗等防火設備予以區劃分隔。

前項之區劃牆壁應自地面層起，貫穿各樓層而與屋頂交接，並突出建築物外牆面五十公分以上。但與區劃牆壁交接處之外牆有長度九十公分以上，且具有一小時以上防火時效者，得免突出。

第一項之防火設備應具有一小時以上之阻熱性。

第 81 條

非防火構造之建築物，其主要構造爲木造等可燃材料建造者，應按其總樓地板面積每五〇〇平方公尺，以具有一小時以上防火時效之牆壁予以區劃分隔。

前項之區劃牆壁應爲獨立式構造，並應自地面層起，貫穿各樓層與屋頂，除該牆突出外牆及屋面五十公分以上者外，與該牆交接處之外牆及屋頂應有長度三・六公尺以上部分具有一小時以上防火時效且無開口，或雖有開口但裝設具有一小時以上防火時效之防火門窗等防火設備。區劃牆壁不得爲無筋混凝土或磚石構造。

第一項之區劃牆壁上需設開口者，其寬度及高度不得大於二・五公尺，並應裝設具有一小時以上防火時效及阻熱性之防火門窗等防火設備。

第 82 條

非防火構造建築物供左列用途使用時，其無法區劃分隔部分，以具有半小時以上防火時效之牆壁、樓板及防火門窗等防火設備自成一個區劃，其天花板及面向室內之牆壁，以使用耐燃一級材料裝修者，不受前二條規定限制。

一、體育館、建築物使用類組爲C類之生產線部分及其他供類似用途使用之建築物。
二、樓梯間、昇降機間及其他類似用途使用部分。

第 83 條

建築物自第十一層以上部分，除依第七十九條之二規定之垂直區劃外，應依左列規定區劃：

一、樓地板面積超過一〇〇平方公尺，應按每一〇〇平方公尺範圍內，以具有一小時以上防火時效之牆壁、防火門窗等防火設備與各該樓層防火構造之樓地板形成區劃分隔。但建築物使用類組H-2組使用者，區劃面積得增爲二〇〇平方公尺。

二、自地板面起一・二公尺以上之室內牆面及天花板均使用耐燃一級材料裝修者，得按每二〇〇平方公尺範圍內，以具有一小時以上防火時效之牆壁、防火門窗等防火設備與各該樓層防火構造之樓地板區劃分隔；供建築物使用類組H-2組使用者，區劃面積得增為四〇〇平方公尺。

三、室內牆面及天花板（包括底材）均以耐燃一級材料裝修者，得按每五〇〇平方公尺範圍內，以具有一小時以上防火時效之牆壁、防火門窗等防火設備與各該樓層防火構造之樓地板區劃分隔。

四、前三款區劃範圍內，如備有效自動滅火設備者得免計算其有效範圍樓地面板面積之二分之一。

五、第一款至第三款之防火門窗等防火設備應具有一小時以上之阻熱性。

第 84 條

非防火構造之連棟式建築物，其建築面積超過三〇〇平方公尺且屋頂為木造等可燃材料建造之屋架時，應在長度每十五公尺範圍內以具有一小時以上防火時效之牆壁區劃之，並應突出建築物外牆面五十公分以上。但與其交接處之外牆面長度有九十公分以上，且該外牆構造具有與防火區劃之牆壁同等以上防火時效者，得免突出。

第 84-1 條

非防火構造建築物之外牆及屋頂，應使用不燃材料建造或覆蓋。且基地內距境界線三公尺範圍內之建築物外牆及頂部部分，與二幢建築物相對距離在六公尺範圍內之外牆及屋頂部分，應具有半小時以上之防火時效，其上之開口應裝設具同等以上防火性能之防火門窗等防火設備。但屋頂面積在十平方公尺以下者，不在此限。

第 85 條

貫穿防火區劃牆壁或樓地板之風管，應在貫穿部位任一側之風管內裝設防火閘門或閘板，其與貫穿部位合成之構造，並應具有一小時以上之防火時效。

貫穿防火區劃牆壁或樓地板之電力管線、通訊管線及給排水管線或管線匣，與貫穿部位合成之構造，應具有一小時以上之防火時效。

第 85-1 條

各種電氣、給排水、消防、空調等設備開關控制箱設置於防火區劃牆壁時，應以不破壞牆壁防火時效性能之方式施作。

前項設備開關控制箱嵌裝於防火區劃牆壁者，該牆壁仍應具有一小時以上防火時效。

第 86 條

分戶牆及分間牆構造依下列規定：

一、連棟式或集合住宅之分戶牆，應以具有一小時以上防火時效之牆壁及防火門窗等防火設備與該處之樓板或屋頂形成區劃分隔。

二、建築物使用類組為A類、D類、B條之一組、B條之二組、B條之四組、F條之一組、H條之一組、總樓地板面積為三百平方公尺以上之B條之三組及各級政府機關建築物，其各防火區劃內之分間牆應以不燃材料建造。但其分間牆上之門窗，不在此限。

三、建築物屬F條之一組、F條之二組、H條之一組及H條之二組之護理之家機構、老人福利機構、機構住宿式服務類長期照顧服務機構、社區式服務類長期照顧服務機構（團體家屋）、身心障礙福利機構及精神復健機構，其各防火區劃內之分間牆應以不燃材料建造，寢室之分間牆上之門窗應為不燃材料製造或具半小時以上防火時效，且不適用前款但書規定。

四、建築物使用類組為B條之三組之廚房，應以具有一小時以上防火時效之牆壁及防火門窗等防火設備與該樓層之樓地板形成區劃，其天花板及牆面之裝修材料以耐燃一級材料為限，並依建築設備編第五章第三節規定。

五、其他經中央主管建築機關指定使用用途之建築物或居室，應以具有一小時防火時效之牆壁及防火門窗等防火設備與該樓層之樓地板形成區劃，裝修材料並以耐燃一級材料為限。

前項第三款門窗為具半小時以上防火時效者，得不受同編第七十六條第三款及第四款限制。

第 87 條

建築物有本編第一條第三十五款第二目規定之無窗戶居室者，區劃或分隔其居室之牆壁及門窗應以不燃材料建造。

第五節　內部裝修限制

第 88 條

建築物之內部裝修材料應依下表規定。但符合下列情形之一者，不在此限：

一、除下表（十）至（十四）所列建築物，及建築使用類組為B-1、B-2、B-3組及I類者外，按其樓地板面積每一百平方公尺範圍內以具有一小時以上防火時效之牆壁、防火門窗等防火設備與該層防火構造之樓地板區劃分隔者，或其設於地面層且樓地板面積在一百平方公尺以下。

二、裝設自動滅火設備及排煙設備。

建築物類別			組別	供該用途之專用樓地板面積合計	內部裝修材料	
					居室或該使用部分	通達地面之走廊及樓梯
（一）	A 類	公共集會類	全部	全部	耐燃三級以上	耐燃二級以上
（二）	B 類	商業類	全部			
（三）	C 類	工業、倉儲類	C-1	全部	耐燃二級以上	
（四）	D 類	休閒、	全部			
（五）	E 類	宗教、殯葬類	E			
（六）	F 類	衛生、福利、更生類	全部	全部	耐燃三級以上	耐燃二級以上
（七）	G 類	辦公、服務類	全部			
（八）	H 類	住宿類	H-1			
			H-2	–	–	–
（九）	I 類	危險物品類	I	全部	耐燃一級	耐燃一級
（一〇）	地下層、地下工作物供 A 類、G 類、B-1 組、B-2 組或 B-3 組使用者		全部		耐燃二級以上	耐燃一級
（一一）	無窗戶之居室		全部			
（一二）	使用燃燒設備之房間		H-2	二層以上部分（但頂層除外）		
			其他	全部		
（一三）	十一層以上部分		每二百平方公尺以內有防火區劃之部分			
			每五百平方公尺以內有防火區劃之部分		耐燃一級	耐燃一級
			防火區劃面積按一百平方公尺以上二百平方公尺以下區劃者		耐燃二級以上	
（一四）	地下建築物		防火區劃面積按二百零一平方公尺以上五百平方公尺以下區劃者		耐燃一級	

一、應受限制之建築物其用途、層數、樓地板面積等依本表之規定。

二、本表所稱內部裝修材料係指固著於建築物構造體之天花板、內部牆面或高度超過一點二公尺固定於地板之隔屏或兼作櫥櫃使用之隔屏（均含固著其表面並暴露於室內之隔音或吸音材料）。

三、除本表（三）（九）（十）（十一）所列各種建築物外，在其自樓地板面起高度在一點二公尺以下部分之牆面、窗臺及天花板周圍押條等裝修材料得不受限制。

四、本表（十三）（十四）所列建築物，如裝設自動滅火設備者，所列面積得加倍計算之。

第四章｜防火避難設施及消防設備

第一節　出入口、走廊、樓梯

第 89 條

本節規定之適用範圍，以左列情形之建築物爲限。但建築物以無開口且具有一小時以上防火時效之牆壁及樓地板所區劃分隔者，適用本章各節規定，視爲他棟建築物：

一、建築物使用類組爲A、B、D、E、F、G及H類者。

二、三層以上之建築物。

三、總樓地板面積超過一、○○○平方公尺之建築物。

四、地下層或有本編第一條第三十五款第二目及第三目規定之無窗戶居室之樓層。

五、本章各節關於樓地板面積之計算，不包括法定防空避難設備面積，室內停車空間面積、騎樓及機械房、變電室、直通樓梯間、電梯間、蓄水池及屋頂突出物面積等類似用途部分。

第 89-1 條

（刪除）

第 90 條

直通樓梯於避難層開向屋外之出入口，應依左列規定：

一、六層以上，或建築物使用類組爲A、B、D、E、F、G類及H-1組用途使用之樓地板面積合計超過五○○平方公尺者，除其直通樓梯於避難層之出入口直接開向道路或避難用通路者外，應在避難層之適當位置，開設二處以上不同方向之出入口。其中至少一處應直接通向道路，其他各處可開向寬一・五公尺以上之避難通路，通路設有頂蓋者，其淨高不得小於三公尺，並應接通道路。

二、直通樓梯於避難層開向屋外之出入口，寬度不得小於一・二公尺，高度不得小於一・八公尺。

第 90-1 條

建築物於避難層開向屋外之出入口，除依前條規定者外，應依左列規定：

一、建築物使用類組爲A-1組者在避難層供公衆使用之出入口，應爲外開門。出入口之總寬度，其爲防火構造者，不得小於觀衆席樓地板面積每十平方公尺寬十七公分之計算值，非防火構造者，十七公分應增爲二十公分。

二、建築物使用類組爲B-1、B-2、D-1、D-2組者，應在避難層設出入口，其總寬度不得小於該用途樓層最大一層之樓地板面積每一〇〇平方公尺寬三十六公分之計算值；其總樓地板面積超過一、五〇〇平方公尺時，三十六公分應增加為六十公分。

三、前二款每處出入口之寬度不得小於二公尺，高度不得小於一・八公尺；其他建築物（住宅除外）出入口每處寬度不得小於一・二公尺，高度不得小於一・八公尺。

第 91 條

避難層以外之樓層，通達供避難使用之走廊或直通樓梯間，其出入口依左列規定：

一、建築物使用類組為A-1組部分，其自觀眾席開向二側及後側走廊之出入口，不得小於觀眾席樓地板合計面積每十平方公尺寬十七公分之計算值。

二、建築物使用類組為B-1、B-2、D-1、D-2組者，地面層以上各樓層之出入口不得小於各該樓層樓地板面積每一〇〇平方公尺寬二十七公分計算值；地面層以下之樓層，二十七公分應增為三十六公分。但該用途使用部分直接以直通樓梯作為進出口者（即使用之部分與樓梯出入口間未以分間牆隔離。）直通樓梯之總寬度應同時合於本條及本編第九十八條之規定。

三、前二款規定每處出入口寬度，不得小於一・二公尺，並應裝設具有一小時以上防火時效之防火門。

第 92 條

走廊之設置應依左列規定：

一、供左表所列用途之使用者，走廊寬度依其規定：

走廊配置 用途	走廊二側有居室者	其他走廊
一、建築物使用類組為 D-3、D-4、D-5 組供教室使用部分	二・四〇公尺以上	一・八〇公尺以上
二、建築物使用類組為 F–1 組	一・六〇公尺以上	一・二〇公尺以上
三、其他建築物： （一）同一樓層內之居室樓地板面積在二百平方公尺以上（地下層時為一百平方公尺以上）。	一・六〇公尺以上	一・二〇公尺以上
（二）同一樓層內之居室樓地板面積未滿二百平方公尺（地下層時為未滿一百平方公尺）。	一・二〇公尺以上	

二、建築物使用類組為A-1組者，其觀眾席二側及後側應設置互相連通之走廊並連接直通樓梯。但設於避難層部分其觀眾席樓地板面積合計在三〇〇平方公尺以

下及避難層以上樓層其觀衆席樓地板面積合計在一五〇平方公尺以下，且爲防火構造，不在此限。觀衆席樓地板面積三〇〇平方公尺以下者，走廊寬度不得小於一・二公尺；超過三〇〇平方公尺者，每增加六十平方公尺應增加寬度十公分。

三、走廊之地板面有高低時，其坡度不得超過十分之一，並不得設置臺階。

四、防火構造建築物內各層連接直通樓梯之走廊牆壁及樓地板應具有一小時以上防火時效，並以耐燃一級材料裝修爲限。

第 93 條

直通樓梯之設置應依左列規定：

一、任何建築物自避難層以外之各樓層均應設置一座以上之直通樓梯（包括坡道）通達避難層或地面，樓梯位置應設於明顯處所。

二、自樓面居室之任一點至樓梯口之步行距離（即隔間後之可行距離非直線距離）依左列規定：

（一）建築物用途類組爲A類、B-1、B-2、B-3及D-1組者，不得超過三十公尺。建築物用途類組爲C類者，除有現場觀衆之電視攝影場不得超過三十公尺外，不得超過七十公尺。

（二）前目規定以外用途之建築物不得超過五十公尺。

（三）建築物第十五層以上之樓層依其使用應將前二目規定爲三十公尺者減爲二十公尺，五十公尺者減爲四十公尺。

（四）集合住宅採取複層式構造者，其自無出入口之樓層居室任一點至直通樓梯之步行距離不得超過四十公尺。

（五）非防火構造或非使用不燃材料所建造之建築物，不論任何用途，應將本款所規定之步行距離減爲三十公尺以下。

前項第二款至樓梯口之步行距離，應計算至直通樓梯之第一階。但直通樓梯爲安全梯者，得計算至進入樓梯間之防火門。

第 94 條

避難層自樓梯口至屋外出入口之步行距離不得超過前條規定。

第 95 條

八層以上之樓層及下列建築物，應自各該層設置二座以上之直通樓梯達避難層或地面：

一、主要構造屬防火構造或使用不燃材料所建造之建築物在避難層以外之樓層供下列使用，或地下層樓地板面積在二百平方公尺以上者。

（一）建築物使用類組爲A-1組者。

（二）建築物使用類組爲F-1組樓層，其病房之樓地板面積超過一〇〇平方公尺者。

（三）建築物使用類組爲H-1、B-4組及供集合住宅使用，且該樓層之樓地板面積超過二四〇平方公尺者。

（四）供前三目以外用途之使用，其樓地板面積在避難層直上層超過四〇〇平方公尺，其他任一層超過二四〇平方公尺者。

二、主要構造非屬防火構造或非使用不燃材料所建造之建築物供前款使用者，其樓地板面積一〇〇平方公尺者應減爲五〇平方公尺；樓地板面積二四〇平方公尺者應減爲一〇〇平方公尺；樓地板面積四〇〇平方公尺者應減爲二〇〇平方公尺。

前項建築物之樓面居室任一點至二座以上樓梯之步行路徑重複部分之長度不得大於本編第九十三條規定之最大容許步行距離二分之一。

第 96 條

下列建築物依規定應設置之直通樓梯，其構造應改爲室內或室外之安全梯或特別安全梯，且自樓面居室之任一點至安全梯口之步行距離應合於本編第九十三條規定：

一、通達三層以上，五層以下之各樓層，直通樓梯應至少有一座爲安全梯。

二、通達六層以上，十四層以下或通達地下二層之各樓層，應設置安全梯；通達十五層以上或地下三層以下之各樓層，應設置戶外安全梯或特別安全梯。但十五層以上或地下三層以下各樓層之樓地板面積未超過一百平方公尺者，戶外安全梯或特別安全梯改設爲一般安全梯。

三、通達供本編第九十九條使用之樓層者，應爲安全梯，其中至少一座應爲戶外安全梯或特別安全梯。但該樓層位於五層以上者，通達該樓層之直通樓梯均應爲戶外安全梯或特別安全梯，並均應通達屋頂避難平臺。

直通樓梯之構造應具有半小時以上防火時效。

第 96-1 條

三層以上，五層以下防火構造之建築物，符合下列情形之一者，得免受前條第一項第一款限制：

一、僅供建築物使用類組D-3、D-4組或H-2組之住宅、集合住宅及農舍使用。

二、一棟一戶之連棟式住宅或獨棟住宅同時供其他用途使用，且屬非供公衆使用建築物。其供其他用途使用部分，爲設於地面層及地上二層，且地上二層僅供D-5、G-2或G-3組使用，並以具有一小時以上防火時效之防火門、牆壁及樓地板與供住宅使用部分區劃分隔。

第 97 條

安全梯之構造，依下列規定：

一、室內安全梯之構造：

（一）安全梯間四周牆壁除外牆依前章規定外，應具有一小時以上防火時效，天花板及牆面之裝修材料並以耐燃一級材料為限。

（二）進入安全梯之出入口，應裝設具有一小時以上防火時效及半小時以上阻熱性且具有遮煙性能之防火門，並不得設置門檻；其寬度不得小於九十公分。

（三）安全梯間應設有緊急電源之照明設備，其開設採光用之向外窗戶或開口者，應與同幢建築物之其他窗戶或開口相距九十公分以上。

二、戶外安全梯之構造：

（一）安全梯間四週之牆壁除外牆依前章規定外，應具有一小時以上之防火時效。

（二）安全梯與建築物任一開口間之距離，除至安全梯之防火門外，不得小於二公尺。但開口面積在一平方公尺以內，並裝置具有半小時以上之防火時效之防火設備者，不在此限。

（三）出入口應裝設具有一小時以上防火時效且具有半小時以上阻熱性之防火門，並不得設置門檻，其寬度不得小於九十公分。但以室外走廊連接安全梯者，其出入口得免裝設防火門。

（四）對外開口面積（非屬開設窗戶部分）應在二平方公尺以上。

三、特別安全梯之構造：

（一）樓梯間及排煙室之四週牆壁除外牆依前章規定外，應具有一小時以上防火時效，其天花板及牆面之裝修，應為耐燃一級材料。管道間之維修孔，並不得開向樓梯間。

（二）樓梯間及排煙室，應設有緊急電源之照明設備。其開設採光用固定窗戶或在陽臺外牆開設之開口，除開口面積在一平方公尺以內並裝置具有半小時以上之防火時效之防火設備者，應與其他開口相距九十公分以上。

（三）自室內通陽臺或進入排煙室之出入口，應裝設具有一小時以上防火時效及半小時以上阻熱性之防火門，自陽臺或排煙室進入樓梯間之出入口應裝設具有半小時以上防火時效之防火門。

（四）樓梯間與排煙室或陽臺之間所開設之窗戶應為固定窗。

（五）建築物達十五層以上或地下層三層以下者，各樓層之特別安全梯，如供建築物使用類組A-1、B-1、B-2、B-3、D-1或D-2組使用者，其樓梯間與排煙室或樓梯間與陽臺之面積，不得小於各該層居室樓地板面積百分之五；如供其他使用，不得小於各該層居室樓地板面積百分之三。

安全梯之樓梯間於避難層之出入口，應裝設具一小時防火時效之防火門。建築物各棟設置之安全梯，應至少有一座於各樓層僅設一處出入口且不得直接連接居室。

第 97-1 條

前條所定特別安全梯不得經由他座特別安全梯之排煙室或陽臺進入。

第 98 條

直通樓梯每一座之寬度依本編第三十三條規定，且其總寬度不得小於左列規定：

一、供商場使用者，以該建築物各層中任一樓層（不包括避難層）商場之最大樓地板面積每一〇〇平方公尺寬六十公分之計算值，並以避難層爲分界，分別核計其直通樓梯總寬度。

二、建築物用途類組爲A-1組者，按觀眾席面積每十平方公尺寬十公分之計算值，且其二分之一寬度之樓梯出口，應設置在戶外出入口之近旁。

三、一幢建築物於不同之樓層供二種不同使用，直通樓梯總寬度應逐層核算，以使用較嚴（最嚴）之樓層爲計算標準。但距離避難層遠端之樓層所核算之總寬度小於近端之樓層總寬度者，得分層核算直通樓梯總寬度，且核算後距避難層近端樓層之總寬度不得小於遠端樓層之總寬度。同一樓層供二種以上不同使用，該樓層之直通樓梯寬度應依前二款規定分別計算後合計之。

第 99 條

建築物在五層以上之樓層供建築物使用類組A-1、B-1及B-2組使用者，應依左列規定設置具有戶外安全梯或特別安全梯通達之屋頂避難平臺：

一、屋頂避難平臺應設置於五層以上之樓層，其面積合計不得小於該棟建築物五層以上最大樓地板面積二分之一。屋頂避難平臺任一邊邊長不得小於六公尺，分層設置時，各處面積均不得小於二百平方公尺，且其中一處面積不得小於該棟建築物五層以上最大樓地板面積三分之一。

二、屋頂避難平臺面積範圍內不得建造或設置妨礙避難使用之工作物或設施，且通達特別安全梯之最小寬度不得小於四公尺。

三、屋頂避難平臺之樓地板至少應具有一小時以上之防火時效。

四、與屋頂避難平臺連接之外牆應具有一小時以上防火時效，開設之門窗應具有半小時以上防火時效。

第 99-1 條

供下列各款使用之樓層，除避難層外，各樓層應以具一小時以上防火時效之牆壁及防火設備分隔爲二個以上之區劃，各區劃均應以走廊連接安全梯，或分別連接不同安全梯：

一、建築物使用類組F-2組之機構、學校。

二、建築物使用類組F-1或H-1組之護理之家、產後護理機構、老人福利機構及住宿型精神復健機構。

前項區劃之樓地板面積不得小於同樓層另一區劃樓地板面積之三分之一。區劃及安全梯出入口裝設之防火設備，應具有遮煙性能；自一區劃至同樓層另一區劃所需經過之出入口，寬度應為一百二十公分以上，出入口設置之防火門，關閉後任一方向均應免用鑰匙即可開啓，並得不受同編第七十六條第五款限制。

第二節　排煙設備

第 100 條

左列建築物應設置排煙設備。但樓梯間、昇降機間及其他類似部份，不在此限：

一、供本編第六十九條第一類、第四類使用及第二類之養老院、兒童福利設施之建築物，其每層樓地板面積超過五〇〇平方公尺者。但每一〇〇平方公尺以內以分間牆或以防煙壁區劃分隔者，不在此限。

二、本編第一條第三十一款第三目所規定之無窗戶居室。

前項第一款之防煙壁，係指以不燃材料建造之垂壁，自天花板下垂五十公分以上。

第 101 條

排煙設備之構造，應依左列規定：

一、每層樓地板面積在五〇〇平方公尺以內，得以防煙壁區劃，區劃範圍內任一部份至排煙口之水平距離，不得超過四十五公尺，排煙口之開口面積，不得小於防煙區劃部份樓地板面積百分之二，並應開設在天花板或天花板下八十公分範圍內之外牆，或直接與排煙風道（管）相接。

二、排煙口在平時應保持關閉狀態，需要排煙時，以手搖式裝置，或利用煙感應器連動之自動開關裝置、或搖控式開關裝置予以開啓，其開口門扇之構造應注意不受開放排煙時所發生氣流之影響。

三、排煙口得裝置手搖式開關，開關位置應在距離樓地板面八十公分以上一・五公尺以下之牆面上。其裝設於天花板者，應垂吊於高出樓地板面一・八公尺之位置，並應標註淺易之操作方法說明。

四、排煙口如裝設排風機，應能隨排煙口之開啓而自動操作，其排風量不得小於每分鐘一二〇立方公尺，並不得小於防煙區劃部份之樓地板面積每平方公尺一立方公尺。

五、排煙口、排煙風道（管）及其他與火煙之接觸部份，均應以不燃材料建造，排煙風道（管）之構造，應符合本編第五十二條第三、四款之規定，其貫穿防煙壁部份之空隙，應以水泥砂漿或以不燃材料填充。

六、需要電源之排煙設備，應有緊急電源及配線之設置，並依建築設備編規定辦理。

七、建築物高度超過三十公尺或地下層樓地板面積超過一、○○○平方公尺之排煙設備，應將控制及監視工作集中於中央管理室。

第 102 條

一、應設置可開向戶外之窗戶，其面積不得小於二平方公尺，二者兼用時，不得小於三平方公尺，並應位於天花板高度二分之一以上範圍內。

二、未設前款規定之窗戶時，應依其規定位置開設面積在四平方公尺以上之排煙口，（兼排煙室使用時，應為六平方公尺以上），並直接連通排煙管道。

三、排煙管道之內部斷面積，不得小於六平方公尺（兼排煙室使用時，不得小於九平方公尺），並應垂直裝置，其頂部應直接通向戶外。

四、設有每秒鐘可進、排四立方公尺以上，並可隨進風口、排煙口之開啓而自動操作之進風機、排煙機者，得不受第二款、第三款、第五款之限制。

五、進風口之開口面積，不得小於一平方公尺（兼作排煙室使用時，不得小於一·五平方公尺），開口位置應開設在樓地板或設於天花板高度二分之一以下範圍內之牆壁上。開口應直通連接戶外之進風管道，管道之內部斷面積，不得小於二平方公尺（兼作排煙室使用時，不得小於三平方公尺）。

六、排煙室之開關裝置及緊急電源設備，依本編第一○一條之規定辦理。

第 103 條

（刪除）

第三節　緊急照明設備

第 104 條

左列建築物，應設置緊急照明設備：

一、供本編第六十九條第一類、第四類及第二類之醫院、旅館等用途建築物之居室。

二、本編第一條第三十一款第（一）目規定之無窗戶或無開口之居室。

三、前二款之建築物，自居室至避難層所需經過之走廊、樓梯、通道及其他平時依賴人工照明之部份。

第 105 條

緊急照明之構造應依建築設備篇之規定。

第四節　緊急用昇降機

第 106 條

依本編第五十五條規定應設置之緊急用昇降機，其設置標準依左列規定：

一、建築物高度超過十層樓以上部分之最大一層樓地板面積，在一、五〇〇平方公尺以下者，至少應設置一座：超過一、五〇〇平方公尺時，每達三、〇〇〇平方公尺，增設一座。

二、左列建築物不受前款之限制：

（一）超過十層樓之部分爲樓梯間、昇降機間、機械室、裝飾塔、屋頂窗及其他類似用途之建築物。

（二）超過十層樓之各層樓地板面積之和未達五〇〇平方公尺者。

第 107 條

緊急用昇降機之構造除本編第二章第十二節及建築設備編對昇降機有關機廂、昇降機道、機械間安全裝置、結構計算等之規定外，並應依下列規定：

一、機間：

（一）除避難層、集合住宅採取複層式構造者其無出入口之樓層及整層非供居室使用之樓層外，應能連通每一樓層之任何部分。

（二）四周應爲具有一小時以上防火時效之牆壁及樓板，其天花板及牆裝修，應使用耐燃一級材料。

（三）出入口應爲具有一小時以上防火時效之防火門。除開向特別安全梯外，限設一處，且不得直接連接居室。

（四）應設置排煙設備。

（五）應有緊急電源之照明設備並設置消防栓、出水口、緊急電源插座等消防設備。

（六）每座昇降機間之樓地板面積不得小於十平方公尺。

（七）應於明顯處所標示昇降機之活載重及最大容許乘座人數，避難層之避難方向、通道等有關避難事項，並應有可照明此等標示以及緊急電源之標示燈。

二、機間在避難層之位置，自昇降機出口或昇降機間之出入口至通往戶外出入口之步行距離不得大於三十公尺。戶外出入口並應臨接寬四公尺以上之道路或通道。

三、昇降機道應每二部昇降機以具有一小時以上防火時效之牆壁隔開。但連接機間之出入口部分及連接機械間之鋼索、電線等周圍，不在此限。

四、應有能使設於各層機間及機廂內之昇降控制裝置暫時停止作用，並將機廂呼返避難層或其直上層、下層之特別呼返裝置，並設置於避難層或其直上層或直下層等機間內，或該大樓之集中管理室（或防災中心）內。
五、應設有連絡機廂與管理室（或防災中心）間之電話系統裝置。
六、應設有使機廂門維持開啓狀態仍能昇降之裝置。
七、整座電梯應連接至緊急電源。
八、昇降速度每分鐘不得小於六十公尺。

第五節　緊急進口

第108條

建築物在二層以上，第十層以下之各樓層，應設置緊急進口。但面臨道路或寬度四公尺以上之通路，且各層之外牆每十公尺設有窗戶或其他開口者，不在此限。

前項窗戶或開口寬應在七十五公分以上及高度一・二公尺以上，或直徑一公尺以上之圓孔，開口之下緣應距樓地板八十公分以下，且無柵欄，或其他阻礙物者。

第109條

緊急進口之構造應依左列規定：
一、進口應設地面臨道路或寬度在四公尺以上通路之各層外牆面。
二、進口之間隔不得大於四十公尺。
三、進口之寬度應在七十五公分以上，高度應在一・二公尺以上。其開口之下端應距離樓地板面八十公分範圍以內。
四、進口應爲可自外面開啓或輕易破壞得以進入室內之構造。
五、進口外應設置陽台，其寬度應爲一公尺以上，長度四公尺以上。
六、進口位置應於其附近以紅色燈作爲標幟，並使人明白其爲緊急進口之標示。

第六節　防火間隔

第110條

防火構造建築物，除基地鄰接寬度六公尺以上之道路或深度六公尺以上之永久性空地側外，依左列規定：
一、建築物自基地境界線退縮留設之防火間隔未達一・五公尺範圍內之外牆部分，應具有一小時以上防火時效，其牆上之開口應裝設具同等以上防火時效之防火門或固定式防火窗等防火設備。
二、建築物自基地境界線退縮留設之防火間隔在一・五公尺以上未達三公尺範圍內之外牆部分，應具有半小時以上防火時效，其牆上之開口應裝設具同等以上防火時效之防火門窗等防火設備。但同一居室開口面積在三平方公尺以下，且以具半小時防火時效之牆壁（不包括裝設於該牆壁上之門窗）與樓板區劃分隔者，其外牆之開口不在此限。

三、一基地內二幢建築物間之防火間隔未達三公尺範圍內之外牆部分，應具有一小時以上防火時效，其牆上之開口應裝設具同等以上防火時效之防火門或固定式防火窗等防火設備。

四、一基地內二幢建築物間之防火間隔在三公尺以上未達六公尺範圍內之外牆部分，應具有半小時以上防火時效，其牆上之開口應裝設具同等以上防火時效之防火門窗等防火設備。但同一居室開口面積在三平方公尺以下，且以具半小時防火時效之牆壁（不包括裝設於該牆壁上之門窗）與樓板區劃分隔者，其外牆之開口不在此限。

五、建築物配合本編第九十條規定之避難層出入口，應在基地內留設淨寬一・五公尺之避難用通路自出入口接通至道路，避難用通路得兼作防火間隔。臨接避難用通路之建築物外牆開口應具有一小時以上防火時效及半小時以上之阻熱性。

六、市地重劃地區，應由直轄市、縣（市）政府規定整體性防火間隔，其淨寬應在三公尺以上，並應接通道路。

第 110-1 條

非防火構造建築物，除基地鄰接寬度六公尺以上道路或深度六公尺以上之永久性空地側外，建築物應自基地境界線（後側及兩側）退縮留設淨寬一・五公尺以上之防火間隔。一基地內兩幢建築物間應留設淨寬三公尺以上之防火間隔。

前項建築物自基地境界線退縮留設之防火間隔超過六公尺之建築物外牆與屋頂部分，及一基地內二幢建築物間留設之防火間隔超過十二公尺之建築物外牆與屋頂部分，得不受本編第八十四條之一應以不燃材料建造或覆蓋之限制。

第 110-2 條～第 112 條

（刪除）

第七節　消防設備

第 113 條

建築物應按左列用途分類分別設置滅火設備、警報設備及標示設備，應設置之數量及構造應依建築設備編之規定：

一、第一類：戲院、電影院、歌廳、演藝場及集會堂等。

二、第二類：夜總會、舞廳、酒家、遊藝場、酒吧、咖啡廳、茶室等。

三、第三類：旅館、餐廳、飲食店、商場、超級市場、零售市場等。

四、第四類：招待所（限於有寢室客房者）寄宿舍、集合住宅、醫院、療養院、養老院、兒童福利設施、幼稚園、盲啞學校等。

五、第五類：學校補習班、圖書館、博物館、美術館、陳列館等。

六、第六類：公共浴室。

七、第七類：工廠、電影攝影場、電視播送室、電信機器室。

八、第八類：車站、飛機場大廈、汽車庫、飛機庫、危險物品貯藏庫等，建築物依法附設之室內停車空間等。

九、第九類：辦公廳、證券交易所、倉庫及其他工作場所。

第 114 條

滅火設備之設置依左列規定：

一、室內消防栓應設置合於左列規定之樓層：

（一）建築物在第五層以下之樓層供前條第一款使用，各層之樓地板面積在三〇〇平方公尺以上者；供其他各款使用（學校校舍免設），各層之樓地板面積在五〇〇平方公尺以上者。但建築物為防火構造，合於本編第八十八條規定者，其樓地板面積加倍計算。

（二）建築物在第六層以上之樓層或地下層或無開口之樓層，供前條各款使用，各層之樓地板面積在一五〇平方公尺以上者。但建築物為防火構造，合於本編第八十八條規定者，其樓地板面積加倍計算。

（三）前條第九款規定之倉庫，如為儲藏危險物品者，依其貯藏量及物品種類稱另以行政命令規定設置之。

二、自動撒水設備應設置於左列規定之樓層：

（一）建築物在第六層以上，第十層以下之樓層，或地下層或無開口之樓層，供前條第一款使用之舞台樓地板面積在三〇〇平方公尺以上者，供第二款使用，各層之樓地板面積在一、〇〇〇平方公尺以上者；供第三款、第四款（寄宿舍，集合住宅除外）使用，各層之樓地板面積在一、五〇〇平方公尺以上者。

（二）建築物在第十一層以上之樓層，各層之樓地板面積在一〇〇平方公尺以上者。

（三）供本編第一一三條第八款使用，應視建築物各部份使用性質就自動撒水設備、水霧自動撒水設備、自動泡沫滅火設備、自動乾粉滅火設備、自動二氧化碳設備或自動揮發性液體設備等選擇設置之，但室內停車空間之外牆開口面積（非屬門窗部份）達二分之一以上，或各樓層防火區劃範圍內停駐車位數在二十輛以下者，免設置。

（四）危險物品貯藏庫，依其物品種類及貯藏量另以行政命令規定設置之。

第 115 條

建築物依左列規定設置警報設備。其受信機（器）並應集中管理，設於總機室或值日室。但依本規則設有自動撒水設備之樓層，免設警報設備。

一、火警自動警報設備應在左列規定樓層之適當地點設置之：

（一）地下層或無開口之樓層或第六層以上之樓層，各層之樓地板面積在三〇〇平方公尺以上者。

（二）第五層以下之樓層，供本編第一一三條第一款至第四款使用，各層之樓地板面積在三〇〇平方公尺以上者。但零售市場、寄宿舍、集合住宅應爲五〇〇平方公尺以上；第五款至第九款使用各層之樓地板面積在五〇〇公尺以上者；第九款之其他工作場所在一、〇〇〇平方公尺以上者。

二、手動報警設備：第三層以上，各層之樓地板面積在二〇〇平方公尺以上，且未裝設自動警報設備之樓層，應依建築設備編規定設置之。

三、廣播設備：第六層以上（集合住宅除外），裝設火警自動警報設備之樓層，應裝設之。

第 116 條

供本編第一一三條第一款、第二款使用及第三款之旅館使用者，依左列規定設置標示設備：

一、出口標示燈：各層通達安全梯及戶外或另一防火區劃之防火門上方，觀衆席座位間通路等應設置標示燈。

二、避難方向指標：通往樓梯、屋外出入口、陽台及屋頂平台等之走廊或通道應於樓梯口、走廊或通道之轉彎處，設置或標示固定之避難方向指標。

第四章之一｜建築物安全維護設計

第 116-1 條

爲強化及維護使用安全，供公衆使用建築物之公共空間應依本章規定設置各項安全維護裝置。

第 116-2 條

前條安全維護裝置應依下表規定設置：

裝置物名稱空間種類		安全維護照明裝置	監視攝影裝置	緊急求救裝置	警戒探測裝置	備註
（一）	停車空間　室內	○	○	○		
	停車空間　室外	○	○			
（二）	車道	○	○	○		汽車進出口至道路間之通路
（三）	車道出入口	○	○	△		
（四）	機電設備空間出入口				△	
（五）	電梯車廂內		○			
（六）	安全梯間	○	△	△		
（七）	屋突層機械室出入口				△	
（八）	屋頂避難平台出入口				△	
（九）	屋頂空中花園		△			
（十）	公共廁所	○	△	○	△	
（十一）	室內公共通路走廊	△	○			
（十二）	基地內通路	○	△			
（十三）	排煙室		△			
（十四）	避難層門廳		△			
（十五）	避難層出入口	○	△		△	

說明：「○」指至少必須設置一處。「△」指由申請人視實際需要自由設置。

第 116-3 條

安全維護照明裝置照射之空間範圍，其地面照度基準不得小於下表規定：

	空間種類	照度基準（lux）
（一）	停車空間（室內）	六十
（二）	停車空間（室外）	三十
（三）	車道	三十
（四）	車道出入口	一百
（五）	安全梯間	六十
（六）	公共廁所	一百
（七）	基地內通路	六十
（八）	避難層出入口	一百

第 116-4 條

監視攝影裝置應依下列規定設置：

一、應依監視對象、監視目的選定適當形式之監視攝影裝置。

二、攝影範圍內應維持攝影必要之照度。

三、設置位置應避免與太陽光及照明光形成逆光現象。

四、屋外型監視攝影裝置應有耐候保護裝置。

五、監視螢幕應設置於警衛室、管理員室或防災中心。

設置前項裝置，應注意隱私權保護。

第 116-5 條

緊急求救裝置應依下列方式之一設置：

一、按鈕式：觸動時應發出警報聲。

二、對講式：利用電話原理，以相互通話方式求救。

前項緊急求救裝置應連接至警衛室、管理員室或防災中心。

第 116-6 條

警戒探測裝置得採用下列方式設置：

一、碰撞振動感應。

二、溫度變化感應。

三、人通過感應。

警戒探測裝置得與監視攝影、照明等其他安全維護裝置形成連動效用。

第 116-7 條

各項安全維護裝置應有備用電源供應，並具有防水性能。

第五章｜特定建築物及其限制

第一節　通則

第 117 條

本章之適用範圍依左列規定：

一、戲院、電影院、歌廳、演藝場、電視播送室、電影攝影場、及樓地板面積超過二百平方公尺之集會堂。

二、夜總會、舞廳、室內兒童樂園、遊藝場及酒家、酒吧等，供其使用樓地板面積之和超過二百平方公尺者。

三、商場（包括超級市場、店鋪）、市場、餐廳（包括飲食店、咖啡館）等，供其使用樓地板面積之和超過二百平方公尺者。但在避難層之店鋪，飲食店以防火牆區劃分開，且可直接通達道路或私設通路者，其樓地板面積免合併計算。

四、旅館、設有病房之醫院、兒童福利設施、公共浴室等、供其使用樓地板面積之和超過二百平方公尺者。

五、學校。

六、博物館、圖書館、美術館、展覽場、陳列館、體育館（附屬於學校者除外）、保齡球館、溜冰場、室內游泳池等，供其使用樓地板面積之和超過二百平方公尺者。

七、工廠類，其作業廠房之樓地板面積之和超過五十平方公尺或總樓地板面積超過七十平方公尺者。

八、車庫、車輛修理場所、洗車場、汽車站房、汽車商場（限於在同一建築物內有停車場者）等。

九、倉庫、批發市場、貨物輸配所等，供其使用樓地板面積之和超過一百五十平方公尺者。

十、汽車加油站、危險物貯藏庫及其處理場。

十一、總樓地板面積超過一千平方公尺之政府機關及公私團體辦公廳。

十二、屠宰場、污物處理場、殯儀館等，供其使用樓地板面積之和超過二百平方公尺者。

第 118 條

前條建築物之面前道路寬度，除本編第一百二十一條及第一百二十九條另有規定者外，應依下列規定。基地臨接二條以上道路，供特定建築物使用之主要出入口應臨接合於本章規定寬度之道路：

一、集會堂、戲院、電影院、酒家、夜總會、歌廳、舞廳、酒吧、加油站、汽車站房、汽車商場、批發市場等建築物，應臨接寬十二公尺以上之道路。

二、其他建築物應臨接寬八公尺以上之道路。但前款用途以外之建築物臨接之面前道路寬度不合本章規定者，得按規定寬度自建築線退縮後建築。退縮地不得計入法定空地面積，且不得於退縮地內建造圍牆、排水明溝及其他雜項工作物。

三、建築基地未臨接道路，且供第一款用途以外之建築物使用者，得以私設通路連接道路，該道路及私設通路寬度均合於本條之規定者，該私設通路視爲該建築基地之面前道路，且私設通路所占面積不得計入法定空地面積。

前項面前道路寬度，經直轄市、縣（市）政府審查同意者，得不受前項、本編第一百二十一條及第一百二十九條之限制。

第 119 條

建築基地臨接前條規定寬度道路之長度，除本編第一百二十一條及第一百二十九條另有規定者外，不得小於下表規定：

特定建築物總樓地板面積	臨接長度
五百平方公尺以下者	四公尺
超過五百平方公尺，一千平方公尺以下者	六公尺
超過一千平方公尺，二千平方公尺以下者	八公尺
超過二千平方公尺者	十公尺

前項面前道路之臨接長度，經直轄市、縣（市）政府審查同意者，得不受前項、本編第一百二十一條及第一百二十九條之限制。

第 120 條

本節規定建築物之廚房，浴室等經常使用燃燒設備之房間不得設在樓梯直下方位置。

第二節　戲院、電影院、歌廳、演藝場及集會

第 121 條

本節所列建築物基地之面前道路寬度與臨接長度依左列規定：

一、觀衆席地板合計面積未達一、〇〇〇平方公尺者，道路寬度應爲十二公尺以上。觀衆席樓地板合計面積在一、〇〇〇平方公尺以上者，道路寬度應爲十五公尺以上。

二、基地臨接前款規定道路之長度不得小於左列規定：

（一）應爲該基地周長六分之一以上。

（二）觀衆席樓地板合計面積未達二〇〇平方公尺者，應爲十五公尺以上，超過二〇〇平方公尺未達六〇〇平方公尺每十平方公尺或其零數應增加三十四公分，超過六〇〇平方公尺部份每十平方公尺或其零數應增加十七公分。

三、基地除臨接第一款規定之道路外，其他兩側以上臨接寬四公尺以上之道路或廣場、公園、綠地或於基地內兩側以上留設寬四公尺且淨高三公尺以上之通路，前款規定之長度按十分之八計算。

四、建築物內有二種以上或一種而有二家以上之使用者，其在地面層之主要出入口應依本章第一二二條規定留設空地或門廳。

第 122 條

本節所列建築物依左列規定留設空地或門廳：

一、觀衆席主層在避難層，建築物應依左列規定留設前面及側面空地：

（一）觀衆席樓地板面積合計在二〇〇平方公尺以下者，自建築線退縮一・五公尺以上。

（二）觀衆席樓地板面積合計超過二〇〇平方公尺以上者，除應自建築線起退縮一・五公尺外，並按超過部份每十平方公尺或其零數，增加二・五公分。

（三）臨接法定騎樓或牆面線者，退縮深度不得小於騎樓或牆面線之深度。

（四）側面空地深度依前面空地規定之深度（側面道路之寬度併計爲空地深度），並應連接前條第一款規定之道路。基地前、後臨接道路，且道路寬度大於規定之側面空地深度者，免設側面空地。

（五）建築物爲防火建築物，留設之前面或側面空地內得設置淨高在三公尺以上之騎樓（含私設騎樓）、門廊或其他頂蓋物。

二、觀衆席主層在避難層以外之樓層，依左列規定：

（一）建築物臨接前條第一款規定道路部份，依本條前款規定留設前面空地者，免設側面空地。

（二）觀衆席主層之主要出入口前面應留設門廳；門廳之長度不得小於本編第九十條第二款規定出入口之總寬度，且深度及淨高應分別爲五公尺及三公尺以上。

（三）同一樓層有二種以上或一種而有兩家以上之使用者，其門廳可分別留設或集中留設。

三、同一建築物內有二種以上或一種而有二家以上之使用，其觀衆席主層分別在避難層及避難層以外之不同樓層者，留設前面空地之深度應合計其各層觀衆席樓地板面積計算之；側面空地之深度免計避難層以外樓層之樓地板面積。依前項規定留設之空地，不得作爲停車空間。

第 123 條

觀衆席之構造，依左列規定：

一、固定席位：椅背間距離不得小於八十五公分，單人座位寬度不得小於四十五公分。

二、踏級式樓地板每級之寬度應爲八十五公分以上，每級高度應爲五十公分以下。

三、觀衆席之天花板高度應在三・五公尺以上，且淨高不得小於二・五公尺。

第 124 條

觀衆席位間之通道，應依左列規定：

一、每排相連之席位應在每八位（椅背與椅背間距離在九十五公分以上時，得爲十二席）座位之兩側設置縱通道，但每排僅四席位相連者（椅背與椅背間距離在九十五公分以上時得爲六席）縱通道得僅設於一側。
二、第一款通道之寬度，不得小於八十公分，但主要樓層之觀衆席面積超過九〇〇平方公尺者，應爲九十五公分以上，緊靠牆壁之通道，應爲六十公分以上。
三、橫排席位至少每十五排（椅背與椅背間在九十五分以上者得爲二十排）及觀衆席之最前面均應設置寬一公尺以上之橫通道。
四、第一款至第三款之通道均應直通規定之出入口。
五、除踏級式樓地板外，通道地板如有高低時，其坡度應爲十分之一以下，並不得設置踏步；通道長度在三公尺以下者，其坡度得爲八分之一以下。
六、踏級式樓地板之通道應依左列規定：
（一）級高應一致，並不得大於二十五公分，級寬應爲二十五公分以上。
（二）高度超過三公尺時，應每三公尺以內爲橫通道，走廊或連接樓梯之通道相接通。

第 124-1 條

觀衆席位，依連續式席位規定設置者，免依前條規定設置縱、橫通道；連續式席位之設置，依左列規定：
一、每一席位之寬度應在四十五公分以上。
二、橫排席位間扣除座椅後之淨寬度依左表標準。

每排席位數	淨寬度
未滿十九位	四十五公分
十九位以上未滿三十六位	四十七 · 五公分
三十六位以上未滿四十六位	五十公分
四十六位以上	五十二 · 五公分

三、席位之兩側應設置一·一公尺寬之通道，並接通規定之出入口。
四、前款席位兩側之通道應按每五排橫席位各留設一處安全門，其寬度不得小於一·四公尺。

第 125 條

（刪除）

第 126 條

戲院及演藝場之舞台面積在三〇〇平方公尺以上者，其構造依左列規定：

一、舞台開口之四周應設置防火牆，舞台開口之頂部與觀眾席之分界處應設置防火構造壁梁通達屋頂或樓板。

二、舞台下及舞台各側之其他各室均應爲防火構造或以不燃材料所建造。

三、舞台上方應設置自動撒水或噴霧泡沫等滅火設備及有效之排煙設備。

四、自舞台及舞台各側之其他各室應設有可通達戶外空地之出入口、樓梯或寬一公尺以上之避難用通道。

第 127 條

觀眾席主層在避難層以外之樓層，應依左列規定：

一、位避難層以上之樓層，得設置符合左列規定之陽台或露台或外廊以取代本編第九十二條第二款規定之走廊。

（一）寬度在一・五公尺以上。

（二）與自觀眾席向外開啓之防火門出入口相接。

（三）地板面高度應與前目出入口部分之觀眾席地板面同高。

（四）應與通達避難層或地面之樓梯或坡道連接。

二、位於避難層以下之樓層，觀眾席樓地板面應在基地地面或道路路面以下七公尺以內，面積合計不得超過二百平方公尺，並以一層爲限。但觀眾席主層能通達室外空地，室外空地面積爲觀眾席樓地板面積五分之一以上，且任一邊之最小淨寬度應在六公尺以上，且該空地在基地地面下七公尺以內，能通達基地地面避難者，不在此限。

三、位於五層樓以上之樓層，且觀眾席樓地板面積合計超過二百平方公尺者，應於該層設置可供避難之室外平台，其面積應爲觀眾席樓地板面積五分之一以上，且任一邊之最小淨寬度應在四公尺以上。該平台面積得計入屋頂避難平台面積，並應自該平台設置一座以上之特別安全梯或戶外安全梯直通避難層。

第 128 條

放映室之構造，依下列規定：

一、應爲防火構造（天花板採用不燃材料）。

二、天花板高度，不得小於二點一公尺，容納一台放映機之房間其淨深不得小於三公尺，淨寬不得小於二公尺，但放映機每增加一台，應增加淨寬一公尺。

三、出入口應裝設向外開之具有一小時以上防火時效之防火門。放映孔及瞭望孔等應以玻璃或其他材料隔開，或裝設自動或手動開關。

四、應有適當之機械通風設備。

放映機採數位或網路設備，且非使用膠捲者，得免設置放映室。

第三節　商場、餐廳、市場

第 129 條

供商場、餐廳、市場使用之建築物，其基地與道路之關係應依左列規定：

一、供商場、餐廳、市場使用之樓地板合計面積超過一、五〇〇平方公尺者，不得面向寬度十公尺以下之道路開設，臨接道路部份之基地長度並不得小於基地周長六分之一。

二、前款樓地板合計面積超過三、〇〇〇平方公尺者，應面向二條以上之道路開設，其中一條之路寬不得小於十二公尺，但臨接道路之基地長度超過其周長三分之一以上者，得免面向二條以上道路。

第 130 條

前條規定之建築物應於其地面層主要出入口前面依下列規定留設空地或門廳：

一、樓地板合計面積超過一、五〇〇平方公尺者，空地或門廳之寬度不得小於依本編第九十條之一規定出入口寬度之二倍，深度應在三公尺以上。

二、樓地板合計面積超過二、〇〇〇平方公尺者，寬度同前款之規定，深度應爲五公尺以上。

三、第一款、第二款規定之門廳淨高應爲三公尺以上。

前項空地不得作爲停車空間。

第 131 條

連續式店鋪商場之室內通路寬度應依左表規定：

各層之樓地板面積	兩側均有店鋪之通路寬度	其他通路寬度
二百平方公尺以上，一千平方公尺以下	三公尺以上	二公尺以上
三千平方公尺以下	四公尺以上	三公尺以上
超過三千平方公尺	六公尺以上	四公尺以上

第 132 條

市場之出入口不得少於二處，其地面層樓地板面積超過一、〇〇〇平方公尺者應增設一處。前項出入口及市場內通路寬度均不得小於三公尺。

第四節　學校

第 133 條

校舍配置，方位與設備應依左列規定：

一、臨接應留設法定騎樓之道路時，應自建築線退縮騎樓地再加一・五公尺以上建築。

二、臨接建築線或鄰地境界線者，應自建築線或鄰地界線退後三公尺以上建築。

三、教室之方位應適當，並應有適當之人工照明及遮陽設備。

四、校舍配置，應避免聲音發生互相干擾之現象。

五、建築物高度，不得大於二幢建築物外牆中心線水平距離一・五倍，但相對之外牆均無開口，或有開口但不供教學使用者，不在此限。

六、樓梯間、廁所、圍牆及單身宿舍不受第一款、第二款規定之限制。

第 134 條

國民小學，特殊教育學校或身心障礙者教養院之教室，不得設置在四層以上。但國民小學而有下列各款情形並無礙於安全者不在此限：

一、四層以上之教室僅供高年級學童使用。

二、各層以不燃材料裝修。

三、自教室任一點至直通樓梯之步行距離在三十公尺以下。

第 134-1 條

（刪除）

第五節　車庫、車輛修理場所、洗車站房、汽車商場（包括出租汽車及計程車營業站）

第 135 條

建築物之汽車出入口不得臨接下列道路及場所：

一、自道路交叉點或截角線，轉彎處起點，穿越斑馬線、橫越天橋或地下道上下口起五公尺以內。

二、坡度超過八比一之道路。

三、自公共汽車招呼站、鐵路平交道起十公尺以內。

四、自幼兒園、國民小學、特殊教育學校、身心障礙者教養院或公園等出入口起二十公尺以內。

五、其他經主管建築機關或交通主管機關認為有礙交通所指定之道路或場所。

第 136 條

汽車出入應設置緩衝空間，其寬度及深度應依下列規定：

一、自建築線後退二公尺之汽車出入路中心線上一點至道路中心線之垂直線左右各六十度以上範圍無礙視線之空間。

二、利用昇降設備之車庫，除前款規定之空間外，應再增設寬度及深度各六公尺以上之等候空間。

第 137 條

車庫等之建築物構造除應依本編第六十九條附表第六類規定辦理外，凡有左列情形之一者，應爲防火建築物：

一、車庫等設在避難層，其直上層樓地板面積超過一〇〇平方公尺者。但設在避難層之車庫其直上層樓地板面積在一〇〇平方公尺以下或其主要構造爲防火構造，且與其他使用部份之間以防火樓板、防火牆以及甲種防火門區劃者不在此限。

二、設在避難層以外之樓層者。

第 138 條

供車庫等使用部份之構造及設備除依本編第六十一條第六十二條規定外，應依左列規定：

一、樓地板應爲耐水材料，並應有污水排除設備。

二、地板如在地面以下時，應有二面以上直通戶外之通風口，或有代替之機械通風設備。

三、利用汽車昇降機設備者，應按車庫樓地板面積每一、二〇〇平方公尺以內爲一單位裝置昇降機一台。

第 139 條

車庫部分之樓地板面積超過五百平方公尺者，其構造設備除依本編第六十一條、第六十二條規定外，應依下列規定。但使用特殊裝置經主管建築機關認爲具有同等效能者，不在此限。

一、應設置能供給樓地板面積每一平方公尺每小時二十五立方公尺以上換氣量之機械通風設備。但設有各層樓地板面積十分之一以上有效通風之開口面積者，不在此限。

二、汽車出入口處應裝置警告及減速設備。

三、應設置之直通樓梯應改爲安全梯。

第六章｜防空避難設備

第一節　通則

第 140 條

凡經中央主管建築機關指定之適用地區，有新建、增建、改建或變更用途行爲之建築物或供公衆使用之建築物，應依本編第一百四十一條附建標準之規定設置防空避難設備。但符合下列規定之一者不在此限：

一、建築物變更用途後應附建之標準與原用途相同或較寬者。

二、依本條指定爲適用地區以前建造之建築物申請垂直方向增建者。

三、建築基地周圍一百五十公尺範圍內之地形，有可供全體人員避難使用之處所，經當地主管建築機關會同警察機關勘察屬實者。

四、其他特殊用途之建築物經中央主管建築機關核定者。

第 141 條

防空避難設備之附建標準依下列規定：

一、非供公衆使用之建築物，其層數在六層以上者，按建築面積全部附建。

二、供公衆使用之建築物：

（一）供戲院、電影院、歌廳、舞廳及演藝場等使用者，按建築面積全部附建。

（二）供學校使用之建築物，按其主管機關核定計畫容納使用人數每人零點七五平方公尺計算，整體規劃附建防空避難設備。並應就實際情形於基地內合理配置，且校舍或居室任一點至最近之避難設備步行距離，不得超過三百公尺。

（三）供工廠使用之建築物，其層數在五層以上者，按建築面積全部附建，或按目的事業主管機關所核定之投資計畫或設廠計畫書等之設廠人數每人零點七五平方公尺計算，整體規劃附建防空避難設備。

（四）供其他公衆使用之建築物，其層數在五層以上者，按建築面積全部附建。

前項建築物樓層數之計算，不包括整層依獎勵增設停車空間規定設置停車空間之樓層。

第 142 條

建築物有下列情形之一，經當地主管建築機關審查或勘查屬實者，依下列規定附建建築物防空避難設備：

一、建築基地如確因地質地形無法附建地下或半地下式避難設備者，得建築地面式避難設備。

二、應按建築面積全部附建之建築物，因建築設備或結構上之原因，如昇降機機道之緩衝基坑、機械室、電氣室、機器之基礎，蓄水池、化糞池等固定設備等必須設在地面以下部份，其所佔面積准免補足；並不得超過附建避難設備面積四分之一。

三、因重機械設備或其他特殊情形附建地下室或半地下室確實有困難者，得建築地面式避難設備。

四、同時申請建照之建築物，其應附建之防空避難設備得集中附建。但建築物居室任一點至避難設備進出口之步行距離不得超過三百公尺。

五、進出口樓梯及盥洗室、機械停車設備所占面積不視爲固定設備面積。

六、供防空避難設備使用之樓層地板面積達到二百平方公尺者，以兼作停車空間爲限；未達二百平方公尺者，得兼作他種用途使用，其使用限制由直轄市、縣（市）政府定之。

第 143 條

（刪除）

第二節　設計及構造概要

第 144 條

防空避難設備之設計及構造準則規定如下：

一、天花板高度或地板至樑底之高度不得小於二點一公尺。

二、進出口之設置依下列規定：

（一）面積未達二百四十平方公尺者，應設二處進出口。其中一處得爲通達戶外之爬梯式緊急出口。緊急出口淨寬至少爲零點六公尺見方或直徑零點八五公尺以上。

（二）面積達二百四十平方公尺以上者，應設二處階梯式（包括汽車坡道）進出口，其中一處應通達戶外。

三、開口部分直接面向戶外者（包括面向地下天井部分），其門窗應爲具一小時以上防火時效之防火門窗。室內設有進出口門，應爲不燃材料。

四、避難設備露出地面之外牆或進出口上下四周之露天部分或露天頂板，其構造體之鋼筋混凝土厚度不得小於二十四公分。

五、半地下式避難設備，其露出地面部分應小於天花板高度二分之一。

六、避難設備應有良好之通風設備及防水措施。

七、避難室構造應一律爲鋼筋混凝土構造或鋼骨鋼筋混凝土構造。

第七章｜雜項工作物

第 145 條

本章適用範圍依本法第七條之規定，高架遊戲設施及纜車等準用本章之規定。

第 146 條

煙囪之構造除應符合本規則建築構造編、建築設備編有關避雷設備及本編第五十二條、第五十三條規定外，並應依下列規定辦理：

一、磚構造及無筋混凝土構造應補強設施，未經補強之煙囪，其高度應依本編第五十二條第一款規定。

二、混凝土管煙囪，在管之搭接處應以鐵管套連接，並應加設支撐用框架或以斜拉線固定。

三、高度超過十公尺之煙囪應爲鋼筋混凝土造或鋼鐵造。

四、鋼筋混凝土造煙囪之鋼筋保護層厚度應爲五公分以上。

前項第二款之斜拉線應固定於鋼筋混凝土樁或建築物或工作物或經防腐處理之木樁。

第 147 條

廣告牌塔、裝飾塔、廣播塔或高架水塔等之構造應依左列規定：

一、主要部份之構造不得爲磚造或無筋混凝土造。

二、各部份構造應符合本規則建築構造編及建築設備編之有關規定。

三、設置於建築物外牆之廣告牌不得堵塞本規則規定設置之各種開口及妨礙消防車輛之通行。

第 148 條

駁崁之構造除應符合本規則建築構造編之有關規定外並應依左列規定辦理：

一、應爲鋼筋混凝土造、石造或其他不腐爛材料所建造之構造，並能承受土壤及其他壓力。

二、卵石造駁崁裡層及卵石間應以混凝土填充，使石子和石子之間能緊密結合成爲整體。

三、駁崁應設有適當之排水管，在出水孔裡層之周圍應填以小石子層。

第 149 條

高架遊戲設施之構造，除應符合建築構造編之有關規定外，並應依左列規定辦理：

一、支撐或支架用於吊掛車廂、纜車或有人乘坐設施之構造，其主要部份應爲鋼骨造或鋼筋混凝土造。

二、第一款之車廂、纜車或有人乘坐設施應構造堅固，並應防止人之墜落及其他構造部份撞觸時發生危害等。

三、滾動式構造接合部份均應爲可防止脫落之安全構造。

四、利用滑車昇降之纜車等設備者。其鋼纜應爲二條以上，並應爲防止鋼纜與滑車脫離之安全構造。

五、乘坐設施應於明顯處標明人數限制。

六、在動力被切斷或控制裝置發生故障可能發生危險事故者，應有自動緊急停止裝置。

七、其他經中央主管建築機關認爲在安全上之必要規定。

第八章｜施工安全措施

第一節　通則

第 150 條

凡從事建築物之新建、增建、改建、修建及拆除等行爲時，應於其施工場所設置適當之防護圍籬、擋土設備、施工架等安全措施，以預防人命之意外傷亡、地層下陷、建築物之倒塌等而危及公共安全。

第 151 條

在施工場所儘量避免有燃燒設備，如在施工時確有必要者，應在其周圍以不燃材料隔離或採取防火上必要之措施。

第二節　防護範圍

第 152 條

凡從事本編第一五〇條規定之建築行爲時，應於施工場所之周圍，利用鐵板木板等適當材料設置高度在一·八公尺以上之圍籬或有同等效力之其他防護設施，但其周圍環境無礙於公共安全及觀瞻者不在此限。

第 153 條

爲防止高處墜落物體發生危害，應依左列規定設置適當防護措施：

一、自地面高度三公尺以上投下垃圾或其他容易飛散之物體時，應用垃圾導管或其他防止飛散之有效設施。

二、本法第六十六條所稱之適當圍籬應為設在施工架周圍以鐵絲網或帆布或其他適當材料等設置覆蓋物以防止墜落物體所造成之傷害。

第三節　擋土設備安全措施

第 154 條

凡進行挖土、鑽井及沉箱等工程時，應依左列規定採取必要安全措施：

一、應設法防止損壞地下埋設物如瓦斯管、電纜，自來水管及下水道管渠等。

二、應依據地層分布及地下水位等資料所計算繪製之施工圖施工。

三、靠近鄰房挖土，深度超過其基礎時，應依本規則建築構造編中有關規定辦理。

四、挖土深度在一・五公尺以上者，除地質良好，不致發生崩塌或其周圍狀況無安全之慮者外，應有適當之擋土設備，並符合本規則建築構造編中有關規定設置。

五、施工中應隨時檢查擋土設備，觀察周圍地盤之變化及時予以補強，並採取適當之排水方法，以保持穩定狀態。

六、拔取板樁時，應採取適當之措施以防止周圍地盤之沉陷。

第四節　施工架、工作台、走道

第 155 條

建築工程之施工架應依左列規定：

一、施工架、工作台、走道、梯子等，其所用材料品質應良好，不得有裂紋，腐蝕及其他可能影響其強度之缺點。

二、施工架等之容許載重量，應按所用材料分別核算，懸吊工作架（台）所使用鋼索、鋼線之安全係數不得小於十，其他吊鎖等附件不得小於五。

三、施工架等不得以油漆或作其他處理，致將其缺點隱蔽。

四、不得使用鑄鐵所製鐵件及曾和酸類或其他腐蝕性物質接觸之繩索。

五、施工架之立柱應使用墊板、鐵件或採用埋設等方法予以固定，以防止滑動或下陷。

六、施工架應以斜撐加強固定，其與建築物間應各在牆面垂直方向及水平方向適當距離內妥實連結固定。

七、施工架使用鋼管時，其接合處應以零件緊結固定；接近架空電線時，應將鋼管或電線覆以絕緣體等，並防止與架空電線接觸。

第 156 條

工作台之設置應依左列規定：

一、凡離地面或樓地板面二公尺以上之工作台應舖以密接之板料：
（一）固定式板料之寬度不得小於四十公分，板縫不得大於三公分，其支撐點至少應有二處以上。
（二）活動板之寬度不得小於二十公分，厚度不得小於三・六公分，長度不得小於三・五公尺，其支撐點至少有三處以上，板端突出支撐點之長度不得少於十公分，但不得大於板長十八分之一。
（三）二重板重疊之長度不得小於二十公分。
二、工作台至少應低於施工架立柱頂一公尺以上。
三、工作台上四周應設置扶手護欄，護欄下之垂直空間不得超過九十公分，扶手如非斜放，其斷面積不得小於三十平方公分。

第 157 條

走道及階梯之架設應依左列規定：
一、坡度應為三十度以下，其為十五度以上者應加釘間距小於三十公分之止滑板條，並應裝設適當高度之扶手。
二、高度在八公尺以上之階梯，應每七公尺以下設置平台一處。
三、走道木板之寬度不得小於三十公分，其兼為運送物料者，不得小於六十公分。

第五節　按裝及材料之堆積

第 158 條

建築物各構材之按裝時應用支撐或螺栓予以固定並應考慮其承載能力。

第 159 條

工程材料之堆積不得危害行人或工作人員及不得阻塞巷道，堆積在擋土設備之周圍或支撐上者，不得超過設計荷重。

第九章｜容積設計

第 160 條

實施容積管制地區之建築設計，除都市計畫法令或都市計畫書圖另有規定外，依本章規定。

第 161 條

本規則所稱容積率，指基地內建築物之容積總樓地板面積與基地面積之比。基地面積之計算包括法定騎樓面積。

前項所稱容積總樓地板面積，指建築物除依本編第五十五條、第一百六十二條、第一百八十一條、第三百條及其他法令規定，不計入樓地板面積部分外，其餘各層樓地板面積之總和。

第 162 條

前條容積總樓地板面積依本編第一條第五款、第七款及下列規定計算之：

一、每層陽臺、屋簷突出建築物外牆中心線或柱中心線超過二公尺或雨遮、花臺突出超過一公尺者，應自其外緣分別扣除二公尺或一公尺作為中心線，計算該層樓地板面積。每層陽臺面積未超過該層樓地板面積之百分之十部分，得不計入該層樓地板面積。每層共同使用之樓梯間、昇降機間之梯廳，其淨深度不得小於二公尺；其梯廳面積未超過該層樓地板面積百分之十部分，得不計入該層樓地板面積。但每層陽臺面積與梯廳面積之和超過該層樓地板面積之百分之十五部分者，應計入該層樓地板面積；無共同使用梯廳之住宅用途使用者，每層陽臺面積之和，在該層樓地板面積百分之十二點五或未超過八平方公尺部分，得不計入容積總樓地板面積。

二、二分之一以上透空之遮陽板，其深度在二公尺以下者，或露臺或法定騎樓或本編第一條第九款第一目屋頂突出物或依法設置之防空避難設備、裝卸、機電設備、安全梯之梯間、緊急昇降機之機道、特別安全梯與緊急昇降機之排煙室及依公寓大廈管理條例規定之管理委員會使用空間，得不計入容積總樓地板面積。但機電設備空間、安全梯之梯間、緊急昇降機之機道、特別安全梯與緊急昇降機之排煙室及管理委員會使用空間面積之和，除依規定僅須設置一座直通樓梯之建築物，不得超過都市計畫法規及非都市土地使用管制規則規定該基地容積之百分之十外，其餘不得超過該基地容積之百分之十五。

三、建築物依都市計畫法令或本編第五十九條規定設置之停車空間、獎勵增設停車空間及未設置獎勵增設停車空間之自行增設停車空間，得不計入容積總樓地板面積。但面臨超過十二公尺道路之一棟一戶連棟建築物，除汽車車道外，其設置於地面層之停車空間，應計入容積總樓地板面積。

前項第二款之機電設備空間係指電氣、電信、燃氣、給水、排水、空氣調節、消防及污物處理等設備之空間。但設於公寓大廈專有部分或約定專用部分之機電設備空間，應計入容積總樓地板面積。

第 163 條

基地內各幢建築物間及建築物至建築線間之通路，得計入法定空地面積。基地內通路之寬度不得小於左列標準，但以基地內通路為進出道路之建築物，其總樓地板面積合計在一、〇〇〇平方公尺以上者，通路寬度為六公尺。

一、長度未滿十公尺者爲二公尺。
二、長度在十公尺以上未滿二十公尺者爲三公尺。
三、長度在二十公尺以上者爲五公尺。

基地內通路爲連通建築線者，得穿越同一基地建築物之地面層，穿越之深度不得超過十五公尺，淨寬並應依前項寬度之規定，淨高至少三公尺，其穿越法定騎樓者，淨高不得少於法定騎樓之高度。該穿越部份得不計入樓地板面積。

第一項基地內通路之長度，自建築線起算計量至建築物最遠一處之出入口或共同出入口。

第 164 條

建築物高度依下列規定：

一、建築物以三・六比一之斜率，依垂直建築線方向投影於面前道路之陰影面積，不得超過基地臨接面前道路之長度與該道路寬度乘積之半，且其陰影最大不得超過面前道路對側境界線；建築基地臨接面前道路之對側有永久性空地，其陰影面積得加倍計算。陰影及高度之計算如下：

$$As \leqq \frac{L \times Sw}{2}$$

且$H \leqq 3.6(Sw+D)$

其中

As：建築物以三・六比一之斜率，依垂直建築線方向，投影於面前道路之陰影面積。

L：基地臨接面前道路之長度。

Sw：面前道路寬度（依本編第十四條第一項各款之規定）。

H：建築物各部分高度。

D：建築物各部分至建築線之水平距離。

二、前款所稱之斜率，爲高度與水平距離之比值。

第 164-1 條

住宅、集合住宅等類似用途建築物樓板挑空設計者，挑空部分之位置、面積及高度應符合下列規定：

一、挑空部分每住宅單位限設一處，應設於客廳或客餐廳之上方，並限於建築物面向道路、公園、綠地等深度達六公尺以上之法定空地或其他永久性空地之方向設置。

二、挑空部分每處面積不得小於十五平方公尺，各處面積合計不得超過該基地內建築物允建總容積樓地板面積十分之一。

三、挑空樓層高度不得超過六公尺，其旁側之未挑空部分上、下樓層高度合計不得超過六公尺。

挑空部分計入容積率之建築物，其挑空部分之位置、面積及高度得不予限制。

第一項用途建築物設置夾層者，僅得於地面層或最上層擇一處設置；設置夾層之樓層高度不得超過六公尺，其未設夾層部分之空間應依第一項第一款及第二款規定辦理。

第一項用途建築物未設計挑空者，地面一層樓層高度不得超過四點二公尺，其餘各樓層之樓層高度均不得超過三點六公尺。但同一戶空間變化需求而採不同樓板高度之構造設計時，其樓層高度最高不得超過四點二公尺。

第一項挑空部分或第三項未設夾層部分之空間，其設置位置、每處最小面積、各處合計面積與第一項、第三項及前項規定之樓層高度限制，經建造執照預審小組審查同意者，得依其審定結果辦理。

第 165 條

建築基地跨越二個以上使用分區時，空地及建築物樓地板面積之配置不予限制，但應保留空地面積應依照各分區使用規定，分別計算。

前項使用分區不包括都市計畫法第三十二條其他使用區及特定專用區。

第 166 條

本編第二條、第二條之一、第十四條第一項有關建築物高度限制部分，第十五條、第二十三條、第二十六條、第二十七條，不適用實施容積管制地區。

第 166-1 條

實施容積管制前已申請或領有建造執照，在建造執照有效期限內，依申請變更設計時法令規定辦理變更設計時，以不增加原核准總樓地板面積及地下各層樓地板面積不移到地面以上樓層者，得依下列規定提高或增加建築物樓層高度或層數，並依本編第一百六十四條規定檢討建築物高度。

一、地面一層樓高度應不超過四點二公尺。

二、其餘各樓層之高度應不超過三點六公尺。

三、增加建築物層數者，應檢討該建築物在冬至日所造成之日照陰影，使鄰近基地有一小時以上之有效日照；臨接道路部分，自道路中心線起算十公尺範圍內，該部分建築物高度不得超過十五公尺。

前項建築基地位於須經各該直轄市、縣（市）政府都市設計審議委員會審議者，應先報經各該審議委員會審議通過。

第十章｜無障礙建築物

第 167 條

爲便利行動不便者進出及使用建築物，新建或增建建築物，應依本章規定設置無障礙設施。但符合下列情形之一者，不在此限：

一、獨棟或連棟建築物，該棟自地面層至最上層均屬同一住宅單位且第二層以上僅供住宅使用。

二、供住宅使用之公寓大廈專有及約定專用部分。

三、除公共建築物外，建築基地面積未達一百五十平方公尺或每棟每層樓地板面積均未達一百平方公尺。

前項各款之建築物地面層，仍應設置無障礙通路。

前二項建築物因建築基地地形、垂直增建、構造或使用用途特殊，設置無障礙設施確有困難，經當地主管建築機關核准者，得不適用本章一部或全部之規定。

建築物無障礙設施設計規範，由中央主管建築機關定之。

第 167-1 條

居室出入口及具無障礙設施之廁所盥洗室、浴室、客房、昇降設備、停車空間及樓梯應設有無障礙通路通達。

第 167-2 條

建築物設置之直通樓梯，至少應有一座爲無障礙樓梯。

第 167-3 條

建築物依本規則建築設備編第三十七條應裝設衛生設備者，除使用類組爲H-2組住宅或集合住宅外，每幢建築物無障礙廁所盥洗室數量不得少於下表規定，且服務範圍不得大於三樓層：

建築物規模	無障礙廁所盥洗室數量（處）	設置處所
建築物總樓層數在三層以下者	一	任一樓層
建築物總樓層數超過三層，超過部分每增加三層且有一層以上之樓地板面積超過五百平方公尺者	加設一處	每增加三層之範圍內設置一處

本規則建築設備編第三十七條建築物種類第七類及第八類，其無障礙廁所盥洗室數量不得少於下表規定：

大便器數量（個）	無障礙廁所盥洗室數量（處）
十九以下	一
二十至二十九	二
三十至三十九	三
四十至四十九	四
五十至五十九	五
六十至六十九	六
七十至七十九	七
八十至八十九	八
九十至九十九	九
一百至一百零九	十
超過一百零九個大便器者，超過部分每增加十個，應增加一處無障礙廁所盥洗室；不足十個，以十個計。	

第 167-4 條

建築物設有共用浴室者，每幢建築物至少應設置一處無障礙浴室。

第 167-5 條

建築物設有固定座椅席位者，其輪椅觀眾席位數量不得少於下表規定：

固定座椅席位數量（個）	輪椅觀眾席位數量（個）
五十以下	一
五十一至一百五十	二
一百五十一至二百五十	三
二百五十一至三百五十	四
三百五十一至四百五十	五
四百五十一至五百五十	六
五百五十一至七百	七
七百零一至八百五十	八
八百五十一至一千	九
一千零一至五千	超過一千個固定座椅席位者，超過部分每增加一百五十個，應增加一個輪椅觀眾席位；不足一百五十個，以一百五十個計。
超過五千個固定座椅席位者，超過部分每增加二百個，應增加一個輪椅觀眾席位；不足二百個，以二百個計。	

第 167-6 條

建築物依法設有停車空間者，除使用類組為H-2組住宅或集合住宅外，其無障礙停車位數量不得少於下表規定：

停車空間總數量（輛）	無障礙停車位數量（輛）
五十以下	一
五十一至一百	二
一百零一至一百五十	三
一百五十一至二百	四
二百零一至二百五十	五
二百五十一至三百	六
三百零一至三百五十	七
三百五十一至四百	八
四百零一至四百五十	九
四百五十一至五百	十
五百零一至五百五十	十一
超過五百五十輛停車位者，超過部分每增加五十輛，應增加一輛無障礙停車位；不足五十輛，以五十輛計。	

建築物使用類組為H-2組住宅或集合住宅，其無障礙停車位數量不得少於下表規定：

停車空間總數量（輛）	無障礙停車位數量（輛）
五十以下	一
五十一至一百五十	二
一百五十一至二百五十	三
二百五十一至三百五十	四
三百五十一至四百五十	五
四百五十一至五百五十	六
超過五百五十輛停車位者，超過部分每增加一百輛，應增加一輛無障礙停車位；不足一百輛，以一百輛計。	

第 167-7 條

建築物使用類組為B-4組者，其無障礙客房數量不得少於下表規定：

客房總數量（間）	無障礙客房數量（間）
十六至一百	一
一百零一至二百	二
二百零一至三百	三
三百零一至四百	四
四百零一至五百	五
五百零一至六百	六
超過六百間客房者，超過部分每增加一百間，應增加一間無障礙客房；不足一百間，以一百間計。	

第 168 條～第 169 條

（刪除）

第 170 條

公共建築物之適用範圍如下表：

建築物使用類組		建築物之適用範圍	
A 類	公共集會類	A-1	1. 戲（劇）院、電影院、演藝場、歌廳、觀覽場。 2. 觀衆席面積在二百平方公尺以上之下列場所：音樂廳、文康中心、社教館、集會堂（場）、社區（村里）活動中心。 3. 觀衆席面積在二百平方公尺以上之下列場所：體育館（場）及設施。
		A-2	1. 車站（公路、鐵路、大衆捷運）。 2. 候船室、水運客站。 3. 航空站、飛機場大廈。
B 類	商業類	B-2	百貨公司（百貨商場）商場、市場（超級市場、零售市場、攤販集中場）、展覽場（館）、量販店。
		B-3	1. 小吃街等類似場所。 2. 樓地板面積在三百平方公尺以上之下列場所：餐廳、飲食店、飲料店（無陪侍提供非酒精飲料服務之場所，包括茶藝館、咖啡店、冰果店及冷飲店等）、飲酒店（無陪侍，供應酒精飲料之餐飲服務場所，包括啤酒屋）等類似場所。
		B-4	國際觀光旅館、一般觀光旅館、一般旅館。
D 類	休閒、文教類	D-1	室內游泳池。
		D-2	1. 會議廳、展示廳、博物館、美術館、圖書館、水族館、科學館、陳列館、資料館、歷史文物館、天文臺、藝術館。 2. 觀衆席面積未達二百平方公尺之下列場所：音樂廳、文康中心、社教館、集會堂（場）、社區（村里）活動中心。 3. 觀衆席面積未達二百平方公尺之下列場所：體育館（場）及設施。

建築物使用類組		建築物之適用範圍	
		D-3	小學教室、教學大樓、相關教學場所。
		D-4	國中、高中（職）、專科學校、學院、大學等之教室、教學大樓、相關教學場所。
		D-5	樓地板面積在五百平方公尺以上之下列場所：補習（訓練）班、課後托育中心。
E 類	宗教、殯葬類	E	1.樓地板面積在五百平方公尺以上之寺（寺院）、廟（廟宇）、教堂。 2.樓地板面積在五百平方公尺以上之殯儀館。
F 類	衛生、福利、更生類	F-1	1.設有十床病床以上之下列場所：醫院、療養院。 2.樓地板面積在五百平方公尺以上之下列場所：護理之家、屬於老人福利機構之長期照護機構。
		F-2	1.身心障礙者福利機構、身心障礙者教養機構（院）、身心障礙者職業訓練機構。 2.特殊教育學校。
		F-3	1.樓地板面積在五百平方公尺以上之下列場所：幼兒園、兒童及少年福利機構。 2.發展遲緩兒早期療育中心。
G 類	辦公、服務類	G-1	含營業廳之下列場所：金融機構、證券交易場所、金融保險機構、合作社、銀行、郵政、電信、自來水及電力等公用事業機構之營業場所。
		G-2	1.郵政、電信、自來水及電力等公用事業機構之辦公室。 2.政府機關（公務機關）。 3.身心障礙者就業服務機構。
		G-3	1.衛生所。 2.設置病床未達十床之下列場所：醫院、療養院。
			公共廁所。
			便利商店。
H 類	住宿類	H-1	1.樓地板面積未達五百平方公尺之下列場所：護理之家、屬於老人福利機構之長期照護機構。 2.老人福利機構之場所：養護機構、安養機構、文康機構、服務機構。
		H-2	1.六層以上之集合住宅。 2.五層以下且五十戶以上之集合住宅。
I 類	危險物品類	I	加油（氣）站。

第 171 條～第 177-1 條

（刪除）

第十一章｜地下建築物

第一節　一般設計通則

第 178 條

公園、兒童遊樂場、廣場、綠地、道路、鐵路、體育場、停車場等公共設施用地及經內政部指定之地下建築物，應依本章規定。本章未規定者依其他各編章之規定。

第 179 條

本章建築技術用語之定義如左：

一、地下建築物：主要構造物定著於地面下之建築物，包括地下使用單元、地下通道、地下通道之直通樓梯、專用直通樓梯、地下公共設施等，及附設於地面上出入口、通風採光口、機電房等類似必要之構造物。

二、地下使用單元：地下建築物之一部分，供一種或在使用上具有不可區分關係之二種以上用途所構成之區劃單位。

三、地下通道：地下建築物之一部分，專供連接地下使用單元、地下通道直通樓梯、地下公共設施等，及行人通行使用者。

四、地下通道直通樓梯：地下建築物之一部分，專供連接地下通道，且可通達地面道路或永久性空地之直通樓梯。

五、專用直通樓梯：地下使用單元及緩衝區內，設置專供該地下使用單元及緩衝區使用，且可通達地面道路或永久性空地之直通樓梯。

六、緩衝區：設置於地下建築物或地下運輸系統與建築物地下層之連接處，具有專用直通樓梯以供緊急避難之獨立區劃空間。

第 180 條

地下建築物之用途，除依照都市計畫法省、市施行細則及分區使用管制規則或公共設施多目標使用方案或大眾捷運系統土地聯合開發辦法辦理並得由該直轄市、縣（市）政府依公共安全，公共衛生及公共設施指定之目的訂定，轉報內政部核定之。

第 181 條

建築物非經當地主管建築機關會同有關機關認定有公益需要、無安全顧慮且其構造、設備應符合本章規定者，不得與基地外之地下建築物、地下運輸系統設施連接。

前項以地下通道直接連接者，該建築物地面以下之部分及地下通道適用本章規定。

但以緩衝區間接連接，並符合下列規定者，不在此限：

一、緩衝區與連接之地下建築物、地下運輸系統及建築物之地下層間應以具有一小時以上防火時效之牆壁、防火門窗等防火設備及該層防火構造之樓地板區劃分隔，防火門窗等防火設備應具有一小時以上之阻熱性，其內部裝修材料應爲耐燃一級材料，且設有通風管道時，其通風管道不得同時貫穿緩衝區與二側建築物之防火區劃。

二、連接緩衝區二側之連接出入口，總寬度均應在三公尺以上，六公尺以下，且任一出入口淨寬度不得小於一點五公尺。連接出入口應設置具有一小時以上防火時效及阻熱性之防火門窗等防火設備，非連接出入口部分不得以防火門窗取代防火區劃牆。

三、緩衝區連接地下建築物、地下運輸系統之出入口防火門窗應爲常時開放式，且應裝設利用煙感應器連動或其他方法控制之自動關閉裝置，並應與所連接地下建築物、地下運輸系統及建築物之中央管理室或防災中心連動監控，使能於災害發生時自動關閉。

四、緩衝區之面積：

A≧W1^2+W2^2

A：緩衝區之面積（平方公尺），專用直通樓梯面積不得計入。

W1：緩衝區與地下建築物或地下運輸系統連接部分之出入口總寬度（公尺）。

W2：緩衝區與建築物地下層連接部分之出入口總寬度（公尺）。

五、緩衝區設置之專用直通樓梯寬度不得小於地下建築物或地下運輸系統連接緩衝區連接出入口總寬度之二分之一，專用直通樓梯分開設置時，其樓梯寬度得合併計算。

六、緩衝區面積之百分之三十以上應挑空至地面層。地面層挑空上方設有頂蓋者，其頂蓋距地面之淨高應在三公尺以上，且其地面以上立面之透空部份應在立面周圍面積三分之一以上。但緩衝區設置水平挑空空間確有困難者，得設置符合本編第一百零二條規定之進風排煙設備，並適用兼用排煙室之相關規定。

七、以緩衝區連接之建築物地下層當層設有燃氣設備及鍋爐設備者，應依本編第二百零一條第二項辦理；瓦斯供氣設備並依本編第二百零六條規定辦理。

八、利用緩衝區與地下建築物或地下運輸系統連接之原有建築物未設置中央管理室或防災中心者，應增設之。

九、緩衝區所連接之建築物及地下建築物或地下運輸系統之中央管理室或防災中心監控，其監控項目應依本規則相關規定設置。雙方之中央管理室或防災中心應設置，專用電話或對講裝置並連接緊急電源，供互相連絡。

十、緩衝區及其專用直通樓梯之空間，得不計入建築面積及容積總樓地板面積。

十一、緩衝區內專供通行及緊急避難使用，不得有營業行為；牆壁得以耐燃一級材料設置嵌入式廣告物。

第 182 條

地下建築物應設置中央管理室，各管理室間應設置相互連絡之設備。

前項中央管理室，應設置專用直通樓梯，與其他部分之間並應以具有二小時以上防火時效之牆壁、防火門窗等防火設備及該處防火構造之樓地板區劃分隔。

第 183 條

地下使用單元臨接地下通道之寬度，不得小於二公尺。自地下使用單元內之任一點，至地下通道或專用直通樓梯出入口之步行距離不得超過二十公尺。

第 184 條

地下通道依左列規定：

一、地下通道之寬度不得小於六公尺，並不得設置有礙避難通行之設施。

二、地下通道之地板面高度不等時應以坡道連接之，不得設置台階，其坡度應小於一比十二，坡道表面並應作止滑處理。

三、地下通道及地下廣場之天花板淨高不得小於三公尺，但至天花板下之防煙壁、廣告物等類似突出部份之下端，得減為二・五公尺以上。

四、地下通道末端不與其他地下通道相連者，應設置出入口通達地面道路或永久性空地，其出入口寬度不得小於該通道之寬度。該末端設有二處以上出入口時，其寬度得合併計算。

第 185 條

地下通道直通樓梯依左列規定：

一、自地下通道之任一點，至可通達地面道路或永久性空地之直通樓梯口，其步行距離不得大於三十公尺。

二、前款直通樓梯分開設置時，其出入口之距離小於地下通道寬度者，樓梯寬度得合併計算，但每座樓梯寬度不得小於一・五公尺。

依前二款規定設置之直通樓梯得以坡道代替之，其坡度不得超過一比八，表面應作止滑處理。

第 186 條

地下使用單元之任一部份或廣告物或其他類似設施，均不得突出地下通道突出物限制線。但供通行及避難必需之方向指標、號誌等不在此限。

前項突出物限制線應予明確標示，其與地下使用單元之境界線距離並不得大於五〇公分。

第 187 條

地下通道之下水溝及其他類似設施，應以耐磨材料覆蓋之，且不得妨礙通行。

第 188 條

自地下通道任一點之步行距離六十公尺範圍內，應設置地下廣場，其面積依左列公式計算（附圖示）：

第 189 條

地下建築物與建築物地下層連接時，其連接部分應以具有一小時以上防火時效之牆壁、防火門窗等防火設備及該處防火構造之樓地板予以區劃分隔，並應設置可通達地面道路或永久性空地之安全梯。但連接部分已設有符合本章規定之直通樓梯者，不在此限。

第 190 條

道路、公園廣場等類似用地範圍內之地下建築物，其頂蓋與地盤面之間距應配合週圍環境條件保持必要距離，供各類公共設施之埋設。其間距由主管建築機關協商有關機關訂定之，但道路部分不得少於三公尺。

第 191 條

地下建築物設置於地盤面上之進、排風口、樓梯間出入口等類似設施，設置於人行道上時，該人行道應保持三公尺以上之淨寬。

第 192 條

地下通道直通樓梯之平台及上下端第一梯級各部份半徑三公尺內之牆面不得設置地下使用單元之出入口及其他開口。但直通樓梯為安全梯不在此限。

第 193 條

地下通道臨接樓地板面積合計在一、〇〇〇平方公尺以上地下使用單元者，應在該部分通道任一點之視線範圍內設置開向地面之天窗或其他類似之開口。但於該通道內設有合於左列規定之地下通道直通樓梯者，不在此限：

一、直通樓梯爲安全梯者。

二、自地下通道任一點至樓梯間之步行距離小於二十公尺。

三、直通樓梯地面出入口直接面臨道路或永久性空地，或利用具有一小時以上防火時效之牆壁、防火門窗等防火設備及該處防火構造之樓地板區劃而成之通道通達道路或永久性空地者。

第 194 條

本章規定應設置之直通樓梯淨寬應依左列規定：

一、地下通道直通樓梯淨寬不得小於該地下通道之寬度；其臨接二條以上寬度不同之地下通道時，應以較寬者爲準。但經由起造人檢討逃生避難計畫並經中央主管建築機關審核認可者，不在此限。

二、地下廣場之直通樓梯淨寬不得小於二公尺。

三、專用直通樓梯淨寬不得小於一點五公尺。但地下使用單元之總樓地板面積在三百平方公尺以上時，應爲一點八公尺以上。

前項直通樓梯級高應在十八公分以下，級深應在二十六公分以上。樓梯高度每三公尺以內應設置平台，爲直梯者，其深度不得小於一點五公尺；爲轉折梯者，其深度不得小於樓梯寬度。

第 194-1 條

（刪除）

第二節　建築構造

第 195 條

地下建築物之頂版、外牆、底版等直接與土壤接觸部份，應採用水密性混凝土。

第 196 條

地下建築物各部份所受之水平力，不得小於該部份之重量與震力係數之乘積，震力係數應以左列公式計算：

$C \geqq 0.075(1-H/40)Z$

C：地下震力分佈係數。

H：公尺，地下建築物各部份距地盤面之深度，超過二十公尺時，以二十公尺計。

Z：震區係數。

第 197 條

地下建築物之上部爲道路時，其設計載重應包括該道路設計載重之影響及覆土載重。

第 198 條

地下建築物應調查基地地下水位之變化，根據雨季之最高水位計算其上揚力，並做適當之設計及因應措施以防止構造物之上浮。

第 199 條

地下建築物應於適當位置設置地下水位觀測站，以供隨時檢討其受水浮力之影響。

第 200 條

地下建築物間之連接部份，必要時應設置伸縮縫，其止水帶及貫通之各管線，應有足夠之強度及韌性以承受其不均勻之沈陷。

第三節　建築物之防火

第 201 條

地下使用單元與地下通道間，應以具有一小時以上防火時效之牆壁、防火門窗等防火設備及該處防火構造之樓地板予以區劃分隔。

設有燃氣設備及鍋爐設備之使用單元等，應儘量集中設置，且與其他使用單元之間，應以具有一小時以上防火時效之牆壁、防火門窗等防火設備及該處防火構造之樓地板予以區劃分隔。

第 202 條

地下建築物供地下使用單元使用之總樓地板面積在一、〇〇〇平方公尺以上者，應按每一、〇〇〇平方公尺，以具有一小時以上防火時效之牆壁、防火門窗等防火設備及該處防火構造之樓地板予以區劃分隔。

供地下通道使用，其總樓地板面積在一、五〇〇平方公尺以上者，應按每一、五〇〇平方公尺，以具有一小時以上防火時效之牆壁、防火門窗等防火設備及該處防火構造之樓地板予以區劃分隔。且每一區劃內，應設有地下通道直通樓梯。

第 203 條

超過一層之地下建築物，其樓梯、昇降機道、管道及其他類似部分，與其他部分之間，應以具有一小時以上防火時效之牆壁、防火門窗等防火設備予以區劃分隔。樓梯、昇降機道裝設之防火設備並應具有遮煙性能。管道間之維修門應具有一小時以上防火時效及遮煙性能。

前項昇降機道前設有昇降機間且併同區劃者，昇降機間出入口裝設具有遮煙性能之防火設備時，昇降機道出入口得免受應裝設具遮煙性能防火設備之限制；昇降機間出入口裝設之門非防火設備但開啓後能自動關閉且具有遮煙性能時，昇降機道出入口之防火設備得免受應具遮煙性能之限制。

第 204 條

地下使用單元之隔間、天花板、地下通道、樓梯等，其底材、表面材之裝修材料及標示設施、廣告物等均應爲不燃材料製成者。

第 205 條

給水管、瓦斯管、配電管及其他管路均應以不燃材料製成，其貫通防火區劃時，貫穿部位與防火區劃合成之構造應具有二小時以上之防火時效。

第 206 條

地下建築物內不得存放使用桶裝液化石油氣。瓦斯供氣管路應依左列規定：

一、燃氣用具應使用金屬管、金屬軟管或瓦斯專用軟管與瓦斯出口栓連接，並應附設自動熄火安全裝置。

二、瓦斯供氣幹管應儘量減少而單純化，表面顏色應爲鉻黃色。

三、天花板內有瓦斯管路時，天花板每隔三十公尺內，應設檢查口一處。

四、中央管理室應設有瓦斯漏氣自動警報受信總機及瓦斯供氣緊急遮斷裝置。

五、廚房應設煙罩及直通戶外之排煙管，並配置適當之乾粉或二氧化碳滅火器。

第四節　防火避難設施及消防設備

第 207 條

地下建築物設置自動撒水設備，應依左列規定：

一、撒水頭應裝設於天花板面及天花板內。但符合下列情形者得設於天花板內，天花板面免再裝設：

（一）天花板內之高度未達〇・五公尺者。

（二）天花板採挑空花格構造者。

二、每一撒水頭之防護面積及水平間距，應依下列規定：

（一）廚房等設有燃氣用具之場所，每一撒水頭之防護面積不得大於六平方公尺，撒水頭間距，不得大於三公尺。

（二）前目以外之場所，每一撒水頭之防護面積不得大於九平方公尺，間距不得大於三・五公尺。

三、水源容量不得小於三十個撒水頭連續放水二十分鐘之水量。

第 208 條

地下建築物，應依場所特性及環境狀況，每一〇〇平方公尺範圍內配置適當之泡沫、乾粉或二氧化碳滅火器一具，滅火器之裝設依左列規定：

一、滅火器應分別固定放置於取用方便之明顯處所。

二、滅火器應即可使用。

三、懸掛於牆上或放置於消防栓箱中之滅火器，其上端與樓地板面之距離，十八公斤以上者不得超過一公尺。

第 209 條

地下建築物應依左列規定設置消防隊專用出水口：

一、每層每二十五公尺半徑範圍內應設一處口徑六十三公厘附快式接頭消防栓，其距離樓地板面之高度不得大於一公尺，並不得小於五十公分。

二、消防栓應裝設在樓梯間或緊急用升降機間等附近，便於消防隊取用之位置。

三、消防立管之內徑不得小於一〇〇公厘。

第 210 條

地下建築物應設置左列漏電警報設備：

一、漏電檢出機：其感度電流最高值應在一安培以下。

二、受信總機：應具有配合開關設備，自動切斷電路之機能。

前項漏電警報設備應與火警自動警報設備併設但須區分之。

第 211 條

地下使用單元等使用瓦斯之場所，均應設置左列瓦斯漏氣自動警報設備：

一、瓦斯漏氣探測設備：依燃氣種類及室內氣流情形適當配置。

二、警報裝置。

三、受信總機。

第 212 條

地下建築物應依左列規定設置標示設備：

一、出口標示燈：各層通達安全梯、或另一防火區劃之防火門上方及地坪，均應設置標示燈。

二、方向指示：凡通往樓梯、地面出入口等之通道或廣場，均應於樓梯口、廣場或通道轉彎處，設置位置指示圖及避難方向指標。

三、避難方向指示燈：設置避難方向指標下方距地板面高度一公尺範圍內，且在其正下方五十公分處應具有一勒克斯以上之照度。

第 213 條

地下建築物內設置之左列各項設備應接至緊急電源：

一、室內消防栓：自動消防設備（自動撒水、自動泡沫滅火、水霧自動撒水、自動乾粉滅火、自動二氧化碳、自動揮發性液體等消防設備）。

二、火警自動警報設備。

三、漏電自動警報設備。

四、出口標示燈、緊急照明、避難方向指示燈、緊急排水及排煙設備。

五、瓦斯漏氣自動警報設備。

六、緊急用電源插座。

七、緊急廣播設備。

各緊急供電設備之控制及監視系統應集中於中央管理室。

第 214 條

地下通道地板面之水平面，應有平均十勒克斯以上之照度。

第 215 條

地下使用單元樓地板面積在五〇〇平方公尺以上者，應設置排煙設備。但每一〇〇平方公尺以內以分間牆或防煙壁區劃分隔者不在此限。地下通道之排煙設備依左列規定：

一、地下通道應按其樓地板面積每三〇〇平方公尺以內，以自天花板面下垂八十公分以上之防煙壁，或其他類似防止煙流動之設施，予以區劃分隔。

二、前款用以區劃之壁體，或其他類似之設施，應爲不燃材料，或爲不燃材料被覆者。

三、依第一款之每一區劃，至少應配置一處排煙口。排煙口應開設在天花板或天花板下八十公分範圍內之牆壁，並直接與排煙風道連接。

四、排煙口之開口面積，在該防煙區劃樓地板面積之百分之二以上，且直接與外氣連接者，免設排煙機。

五、排煙機得由二個以上防煙區劃共用之：每分鐘不得少於三〇〇立方公尺。

地下通道總排煙量每分鐘不得少於六〇〇立方公尺。

第 216 條

地下通道之緊急排水設備，應依左列規定：

一、排水管、排水溝及陰井等及其他與污水有關部份之構造，應為耐水且為不燃材料。

二、排水設備之處理能力，應為消防設備用水量及污水排水量總和之二倍。

三、排水管或排水溝等之末端，不得與公共下水道、都市下水道等類似設施直接連接。

四、地下通道之地面層出入口，應設置擋水設施。

第 217 條

地下通道之緊急照明設備，應依左列規定：

一、地下通道之地板面，應具有平均十勒克斯以上照度。

二、照明器具（包括照明燈蓋等之附件），除絕緣材料及小零件外，應由不燃材料所製成或覆蓋。

三、光源之燈罩及其他類似部份之最下端，應在天花板面（無天花板時為版）下五十公分內之範圍。

第五節　空氣調節及通風設備

第 218 條

地下建築物之空氣調節設備應按地下使用單元部份與地下通道部份，分別設置空氣調節系統。

第 219 條

地下建築物，其樓地板面積在一、〇〇〇平方公尺以上之樓層，應設置機械送風及機械排風；其樓地板面積在一、〇〇〇平公尺以下之樓層，得視其地下使用單元之配置狀況，擇一設置機械送風及機械排風系統、機械送風及自然排風系統、或自然送風及機械排風系統。

前項之通風系統，並應使地下使用單元及地下通道之通風量有均等之效果。

第 220 條

依前條設置之通風系統，其通風量應依左列規定：

一、按樓地板面積每平方公尺應有每小時三十立方公尺以上之新鮮外氣供給能力。但使用空調設備者每小時供給量得減為十五立方公尺以上。

二、設置機械送風及機械排風者，平時之給氣量，應經常保持在排氣量之上。

三、各地下使用單元應設置進風口或排風口，平時之給氣量並應大於排氣量。

第 221 條

廚房、廁所及緊急電源室（不包括密閉式蓄電池室），應設專用排氣設備。

第 222 條

新鮮空氣進氣口應有防雨、防蟲、防鼠、防塵之構造，且應設於地面上三公尺以上之位置。該位置附近之空氣狀況，經主管機關認定不合衛生條件者，應設置空氣過濾或洗淨設備。

設置空氣過濾或洗淨設備者，在不妨礙衛生情況下，前項之高度得不受限制。

第 223 條

地下建築物內之通風、空調設備，其在送風機側之風管，應設置直徑十五公分以上可開啓之圓形護蓋以供測量風量使用。

第 224 條

通風機械室之天花板高度不得小於二公尺，且電動機、送風機、及其他通風機械設備等，應距周圍牆壁五十公分以上。但動力合計在〇・七五千瓦以下者，不在此限。

第六節　環境衛生及其它

第 225 條

地下使用單元之樓地板面，不得低於其所臨接之地下通道面，但在防水及排水上無礙者，不在此限。

第 226 條

地下建築物，應設有排水設備及可供垃圾集中處理之處所。

排水設備之處理能力不得小於地下建築物平均日排水量除以平均日供水時間之值的二倍。

第十二章｜高層建築物

第一節　一般設計通則

第 227 條

本章所稱高層建築物，係指高度在五十公尺或樓層在十六層以上之建築物。

第 228 條

高層建築物之總樓地板面積與留設空地之比，不得大於左列各值：

一、商業區：三十。

二、住宅區及其他使用分區：十五。

第 229 條

高層建築物應自建築線及地界線依落物曲線距離退縮建築。但建築物高度在五十公尺以下部分得免退縮。

落物曲線距離為建築物各該部分至基地地面高度平方根之二分之一。

第 230 條

高層建築物之地下各層最大樓地板面積計算公式如左：

$$AO \leqq (1 + Q)A/2$$

AO：地下各層最大樓地板面積。

A：建築基地面積。

Q：該基地之最大建蔽率。

高層建築物因施工安全或停車設備等特殊需要，經預審認定有增加地下各層樓地板面積必要者，得不受前項限制。

第 231 條～第 232 條

（刪除）

第 233 條

高層建築物在二層以上，十六層或地板面高度在五十公尺以下之各樓層，應設置緊急進口。但面臨道路或寬度四公尺以上之通路，且各層之外牆每十公尺設有窗戶或其他開口者，不在此限。

前項窗戶或開口應符合本編第一百零八條第二項之規定。

第二節　建築構造

第 234 條

高層建築物有左列情形之一者，應提出理論分析，必要時得要求提出結構試驗作為該設計評估之依據。

一、基地地面以上高度超過七十五公尺者。

二、結構物之立面配置有勁度、質量、立面幾何不規則；抵抗側力之豎向構材於其立面內明顯轉折或不連續、各層抵抗側力強度不均勻者。

三、結構物之平面配置導致明顯扭曲、轉折狀、橫隔板不連續、上下層平面明顯退縮或錯位、抵抗側力之結構系統不互相平行者。

四、結構物立面形狀之塔狀比（高度／短邊長度）爲四以上者。

五、結構體爲鋼筋混凝土造、鋼骨造或鋼骨鋼筋混凝土造以外者。

六、建築物之基礎非由穩定地盤直接支承，或非以剛強之地下工程支承於堅固基礎者。

七、主體結構未採用純韌性立體剛構架或韌性立體剛構架與剪力牆或斜撐併用之系統者。

八、建築物之樓板結構未具足夠之勁度與強度以充分抵抗及傳遞樓板面內之水平力者。

第 235 條

作用於高層建築物地上各樓層之設計用地震力除依本規則建築構造編第一章第五節規定外，並應經動力分析檢討，以兩者地震力取其合理值。

第 236 條

高層建築物依設計用風力求得之結構體層間位移角不得大於千分之二・五。

高層建築物依設計地震力求得之結構體層間位移所引致之二次力矩，倘超過該層地震力矩之百分之十，應考慮二次力矩所衍生之構材應力與層間位移。

第 237 條

高層建築物之基礎應確定其於設計地震力、風力作用下不致上浮或傾斜。

第 238 條

高層建築物爲確保地震時之安全性，應檢討建築物之極限層剪力強度，極限層剪力強度應爲彈性設計內所述設計用地震力作用時之層剪力之一・五倍以上。但剪力牆之剪力強度應爲各該剪力牆設計地震力之二・五倍以上，斜撐構架之剪力強度應爲各該斜撐構架設計地震力之二倍以上。

第 239 條

高層建築物結構之細部設計應使構架具有所要求之強度及足夠之韌性，使用之構材及構架之力學特性，應經由實驗等證實，且在製作及施工上皆無問題者。柱之最小設計用剪力爲長期軸壓力之百分之五以上。

第 240 條
（刪除）

第三節　防火避難設施

第 241 條
高層建築物應設置二座以上之特別安全梯並應符合二方向避難原則。二座特別安全梯應在不同平面位置，其排煙室並不得共用。
高層建築物連接特別安全梯間之走廊應以具有一小時以上防火時效之牆壁、防火門窗等防火設備及該樓層防火構造之樓地板自成一個獨立之防火區劃。
高層建築物通達地板面高度五十公尺以上或十六層以上樓層之直通樓梯，均應爲特別安全梯，且通達地面以上樓層與通達地面以下樓層之梯間不得直通。

第 242 條
高層建築物昇降機道併同昇降機間應以具有一小時以上防火時效之牆壁、防火門窗等防火設備及該處防火構造之樓地板自成一個獨立之防火區劃。
昇降機間出入口裝設之防火設備應具有遮煙性能。連接昇降機間之走廊，應以具有一小時以上防火時效之牆壁、防火門窗等防火設備及該層防火構造之樓地板自成一個獨立之防火區劃。

第 243 條
高層建築物地板面高度在五十公尺或樓層在十六層以上部分，除住宅、餐廳等係建築物機能之必要時外，不得使用燃氣設備。
高層建築物設有燃氣設備時，應將燃氣設備集中設置，並設置瓦斯漏氣自動警報設備，且與其他部分應以具一小時以上防火時效之牆壁、防火門窗等防火設備及該層防火構造之樓地板予以區劃分隔。

第 244 條
高層建築物地板面高度在五十公尺以上或十六層以上之樓層應設置緊急昇降機間，緊急用昇降機載重能力應達十七人（一千一百五十公斤）以上，其速度不得小於每分鐘六十公尺，且自避難層至最上層應在一分鐘內抵達爲限。

第四節　建築設備

第 245 條
高層建築物之配管立管應考慮層間變位，一般配管之容許層間變位爲二百分之一，消防、瓦斯等配管爲百分之一。

第 246 條

高層建築物配管管道間應考慮維修及更換空間。瓦斯管之管道間應單獨設置。但與給水管或排水管共構設置者，不在此限。

第 247 條

高層建築物各種配管管材均應以不燃材料製成或包覆，其貫穿防火區劃之施作應符合本編第八十五條、第八十五條之一規定。

高層建築物內之給排水系統，屬防火區劃管道間內之幹管管材或貫穿區劃部分已施作防火塡塞之水平支管，得不受前項不燃材料規定之限制。

第 248 條

設置於高層建築物屋頂上或中間設備層之機械設備應符合下列規定：

一、應固定於建築物主要結構上，其支承系統除須有避震設施外，並須符合本規則建築構造編之相關規定。

二、主要部分構材應爲不燃材料製成。

第 249 條

設置於高層建築物內、屋頂層或中間樓層或地下層之給水水箱，其設計應考慮結構體之水平變位，箱體不得與建築物其他部分兼用，並應可從外部對箱體各面進行維修檢查。

第 250 條

高層建築物給水設備之裝置系統內應保持適當之水壓。

第 251 條

高層建築物應另設置室內供消防隊專用之連結送水管，其管徑應爲一百公厘以上，出水口應爲雙口形。

高層建築物高度每超過六十公尺者，應設置中繼幫浦，連結送水管三支以下時，其幫浦出水口之水量不得小於二千四百公升／分，每增加一支出水量加八百公升／分，至五支爲止，出水口之出水壓力不得小於三・五公斤／平方公分。

第 252 條

六十公尺以上之高層建築物應設置光源俯角十五度以上，三百六十度方向皆可視認之航空障礙燈。

第 253 條

高層建築物之避雷設備應考慮雷電側擊對應措施。

第 254 條

高層建築物設計時應考慮不得影響無線通信設施及鄰近地區電視收訊。若有影響，應於屋頂突出物提供適當空間供電信機構裝設通信設施，或協助鄰近地區改善電視收訊。

前項電視收訊改善處理原則，由直轄市、縣（市）政府定之。

第 255 條

高層建築物之防災設備所使用強弱電之電線電纜應採用強電三十分鐘、弱電十五分鐘以上防火時效之配線方式。

第 256 條

高層建築物之升降設備應依居住人口、集中率、動線等三者計算交通量，以決定適當之電梯數量及載容量。

第 257 條

高層建築物每一樓層均應設置火警自動警報設備，其十一層以上之樓層以設置偵煙型探測器爲原則。

高層建築物之各層均應設置自動撒水設備。但已設有其他自動滅火設備者，於其有效防護範圍內，得免設置。

第 258 條

高層建築物火警警鈴之設置，其鳴動應依下列規定：

一、起火層爲地上二層以上時，限該樓層與其上兩層及其下一層鳴動。

二、起火層爲地面層時，限該樓層與其上一層及地下層各層鳴動。

三、起火層爲地下層時，限地面層及地下層各層鳴動。

第 259 條

高層建築物應依左列規定設置防災中心：

一、防災中心應設於避難層或其直上層或直下層。

二、樓地板面積不得小於四十平方公尺。

三、防災中心應以具有二小時以上防火時效之牆壁、防火門窗等防火設備及該層防火構造之樓地板予以區劃分隔，室內牆面及天花板（包括底材），以耐燃一級材料爲限。

四、高層建築物左列各種防災設備，其顯示裝置及控制應設於防災中心：
（一）電氣、電力設備。
（二）消防安全設備。
（三）排煙設備及通風設備。
（四）昇降及緊急昇降設備。
（五）連絡通信及廣播設備。
（六）燃氣設備及使用導管瓦斯者，應設置之瓦斯緊急遮斷設備。
（七）其他之必要設備。

高層建築物高度達二十五層或九十公尺以上者，除應符合前項規定外，其防災中心並應具備防災、警報、通報、滅火、消防及其他必要之監控系統設備；其應具功能如左：

一、各種設備之記錄、監視及控制功能。
二、相關設備運動功能。
三、提供動態資料功能。
四、火災處理流程指導功能。
五、逃生引導廣播功能。
六、配合系統型式提供模擬之功能。

第十三章｜山坡地建築

第一節　山坡地基地不得開發建築認定基準

第 260 條

本章所稱山坡地，指依山坡地保育利用條例第三條之規定劃定，報請行政院核定公告之公、私有土地。

第 261 條

本章建築技術用語定義如左：

一、平均坡度：係指在比例尺不小於一千二百分之一實測地形圖上依左列平均坡度計算法得出之坡度值：
（一）在地形圖上區劃正方格坵塊，其每邊長不大於二十五公尺。圖示如左：
（二）每格坵塊各邊及地形圖等高線相交點之點數，記於各方格邊上，再將四邊之交點總和註在方格中間。圖示如左：

3	1 (9)	1	1 (6)	2
5	4 (18)	4	2 (12)	2
	5		4	

（三）依交點數及坵塊邊長，求得坵塊內平均坡度（S）或傾斜角（θ），計算公式如左：

$$S(\%)=\frac{n\pi h}{8L}\times 100\%$$

S：平均坡度（百分比）。

h：等高線首曲線間距（公尺）。

L：方格（坵塊）邊長（公尺）。

n：等高線及方格線交點數。

π：圓周率（3.14）

（四）在坵塊圖上，應分別註明坡度計算之結果。圖示如左：

	S1 （θ1）	S2 （θ2）	
	S3 （θ3）	S4 （θ4）	

二、順向坡：與岩層面或其他規則而具延續性之不連續面大致同向之坡面。圖示如左：

三、自由端：岩層面或不連續面裸露邊坡。

四、岩石品質指標（RQD）：指一地質鑽孔中，其岩心長度超過十公分部分者之總長度，與該次鑽孔長度之百分比。

五、活動斷層：指有活動記錄之斷層或依地面現象由學理推論認定之活動斷層及其推衍地區。

六、廢土堆：人工移置或自然崩塌之土石而未經工程壓密或處理者。

七、坑道：指各種礦坑、涵洞及其他未經工程處理之地下空洞。

八、坑道覆蓋層：指地下坑道頂及地面或基礎底面間之覆蓋部分。

九、有效應力深度：指構造物基礎下四倍於基礎最大寬度之深度。

第 262 條

山坡地有下列各款情形之一者，不得開發建築。但穿過性之道路、通路或公共設施管溝，經適當邊坡穩定之處理者，不在此限：

一、坡度陡峭者：所開發地區之原始地形應依坵塊圖上之平均坡度之分布狀態，區劃成若干均質區。在坵塊圖上其平均坡度超過百分之三十者。但區內最高點及最低點間之坡度小於百分之十五，且區內不含顯著之獨立山頭或跨越主嶺線者，不在此限。

二、地質結構不良、地層破碎或順向坡有滑動之虞者：

（一）順向坡傾角大於二十度，且有自由端，基地面在最低潛在滑動面外側地區。圖示如下：

（二）自滑動面透空處起算之平面型地滑波及範圍，且無適當擋土設施者。其公式及圖式如下：

$$D \geqq \frac{H}{2\tan\theta}$$

D：自滑動面透空處起算之波及距離（m）。

θ：岩層坡度。

H：滑動面透空處高度（m）。

（三）在預定基礎面下，有效應力深度內，地質鑽探岩心之岩石品質指標（RQD）小於百分之二十五，且其下坡原地形坡度超過百分之五十五，坡長三十公尺者，距坡緣距離等於坡長之範圍，原地形呈明顯階梯狀者，坡長自下段階地之上坡腳起算。圖示如下：

三、活動斷層：依歷史上最大地震規模（M）劃定在下表範圍內者：

歷史地震規模	不得開發建築範圍
M ≧ 7	斷層帶二外側邊各一百公尺
7 ＞ M ≧ 6	斷層帶二外側邊各五十公尺
M ＜ 6 或無記錄者	斷層帶二外側邊各三十公尺內

四、有危害安全之礦場或坑道：

（一）在地下坑道頂部之地面，有與坑道關連之裂隙或沈陷現象者，其分布寬度二側各一倍之範圍。

（二）建築基礎（含樁基）面下之坑道頂覆蓋層在下表範圍者：

岩盤健全度	坑道頂至建築基礎面坑之厚度
RQD ≧ 75%	＜10× 坑道最大內徑（M）
50% ≦ RQD ＜ 75%	＜20× 坑道最大內徑（M）
RQD ＜ 50%	＜30× 坑道最大內徑（M）

五、廢土堆：廢土堆區內不得開發爲建築用地。但建築物基礎穿越廢土堆者，不在此限。

六、河岸或向源侵蝕：

（一）自然河岸高度超過五公尺範圍者：

河岸邊坡之角度（θ）	地質	不得開發建築範圍（自河岸頂緣內計之範圍）
θ ≧ 60°	砂礫層	岸高（H）×1
	岩盤	岸高（H）×2/3
45° ≦ θ ＜ 60°	砂礫層	岸高（H）×2/3
	岩盤	岸高（H）×1/2
θ ＜ 45°	砂礫層	岸高（H）×1/2
	岩盤	岸高（H）×1/3

（二）在前目表列範圍內已有平行於河岸之裂隙出現者，則自裂隙之內緣起算。

七、洪患：河床二岸低地，過去洪水災害記錄顯示其周期小於十年之範圍。但已有妥善之防洪工程設施並經當地主管建築機關認爲無礙安全者，不在此限。

八、斷崖：斷崖上下各二倍於斷崖高度之水平距離範圍內。但地質上或設有適當之擋土設施並經當地主管建築機關認爲安全無礙者，不在此限。

前項第六款河岸包括海崖、階地崖及臺地崖。

第一項第一款坵塊圖上其平均坡度超過百分之五十五者，不得計入法定空地面積；坵塊圖上其平均坡度超過百分之三十且未逾百分之五十五者，得作爲法定空地或開放空間使用，不得配置建築物。但因地區之發展特性或特殊建築基地之水土保持處理與維護之需要，經直轄市、縣（市）政府另定適用規定者，不在此限。

建築基地跨越山坡地與非山坡地時，其非山坡地範圍有礦場或坑道者，適用第一項第四款規定。

第二節　設計原則

第 263 條

建築基地應自建築線或基地內通路邊退縮設置人行步道，其退縮距離不得小於一點五公尺，退縮部分得計入法定空地。但道路或基地內通路邊已設置人行步道者，可合併計算退縮距離。

建築基地具特殊情形，經當地主管建築機關認定未能依前項規定退縮者，得減少其退縮距離或免予退縮；其認定原則由當地主管建築機關定之。

臨建築線或基地內通路邊第一進之擋土設施各點至路面高度不得大於道路或基地內通路中心線至擋土設施邊之距離，且其高度不得大於六公尺。

前項以外建築基地內之擋土設施以一比一點五之斜率，依垂直道路或基地內通路方向投影於道路或基地內通路之陰影，最大不得超過道路或基地內通路之中心線。

第 264 條

山坡地地面上之建築物至擋土牆坡腳間之退縮距離，應依左列公式計算：

一、擋土牆上方無構造物載重者：

$$D1 \geqq \frac{H}{2}(1 + \tan\theta)$$

二、擋土牆上方有構造物載重者：

$$D2 \geqq \frac{H}{2}\left(1 + \tan\theta\frac{2Q}{r1H2}\right)$$

三、擋土牆後方為順向坡者：

$$D3 \geqq \frac{H}{2}\left(1 + \tan\theta\frac{2Q}{r1H2}\right) + \frac{3L}{H}\left(\frac{2H\tan}{\sqrt{1} + \tan2\theta}C\right)$$

D1、D2、D3：建築物外牆各點與擋土牆坡腳間之水平距離（m）

H：第一進擋土牆坡頂至坡腳之高度（m）。

θ：第一進擋土牆上方邊坡坡度。

Q：擋土牆上方D1範圍內淺基礎構造物單位長度載重（t/m）。

r1：擋土牆背填土單位重量（t/m^3）。

C：順向坡滑動界面之抗剪強度（t/m^2）。

L：順向坡長度（m）。

第 265 條

基地地面上建築物外牆距離高度一點五公尺以上之擋土設施者，其建築物外牆與擋土牆設施間應有二公尺以上之距離。但建築物外牆各點至高度三點六公尺以上擋土設施間之水平距離，應依左列公式計算：

$$D \geqq 2 + \frac{H - 3 \cdot 6}{4}$$

H：擋土設施各點至坡腳之高度。

D：建築物外牆各點及擋土設施間之水平距離。

第 266 條

建築物至建築線間之通路或建築物至通路間設置戶外階梯者，應依左列規定辦理：

一、戶外階梯高度每三公尺應設置平台一處，平台深度不得小於階梯寬度。但平台深度大於二公尺者，得免再增加其寬度。

二、戶外階梯每階之級深及級高，應依左列公式計算：

$2R + T \geqq 64$（CM）且$R \leqq 18$（CM）

R：每階之級高。

T：每階之級深。

三、戶外階梯寬度不得小於一點二公尺。但以戶外階梯為私設通路或基地內通路者，其階梯及平台之寬度應依私設通路寬度之規定。

以坡道代替前項戶外階梯者，其坡度不得大於一比八。

第 267 條

建築基地地下各層最大樓地板面積計算公式如左：

$$A0 < (1 + Q)A/2$$

A0：地下各層最大樓地板面積。

A：建築基地面積。

Q：該基地之最大建蔽率。

建築物因施工安全或停車設備等特殊需要，經主管建築機關審定有增加地下各層樓地板面積必要者，得不受前項限制。

建築基地內原有樹木，其距離地面一公尺高之樹幹周長大於五十公分以上經列管有案者，應予保留或移植於基地之空地內。

第 268 條

建築物高度除依都市計畫法或區域計畫法有關規定許可者，從其規定外，不得高於法定最大容積率除以法定最大建蔽率之商乘三點六再乘以二，其公式如左：

$$H \leq \frac{\text{法定最大容積率}}{\text{法定最大建蔽率}} \times 3.6 \times 2$$

建築物高度因構造或用途等特殊需要，經目的事業主管機關審定有增加其建築物高度必要者，得不受前項限制。

第十四章　工廠類建築物

第 269 條

下列地區之工廠類建築物，除依原獎勵投資條例、原促進產業升級條例或產業創新條例所興建之工廠，或各該工業訂有設廠標準或其他法令另有規定者外，其基本設施及設備應依本章規定辦理：

一、依都市計畫劃定為工業區內之工廠。

二、非都市土地丁種建築用地內之工廠。

第 270 條

本章用語定義如下：

一、作業廠房：指供直接生產、儲存或倉庫之作業空間。

二、廠房附屬空間：指輔助或便利工業生產設置，可供寄宿及工作之空間。但以供單身員工宿舍、辦公室及研究室、員工餐廳及相關勞工福利設施使用者為限。

第 271 條

作業廠房單層樓地板面積不得小於一百五十平方公尺。其面積一百五十平方公尺以下之範圍內，不得有固定隔間區劃隔離；面積超過一百五十平方公尺部分，得予適當隔間。

作業廠房與其附屬空間應以具有一小時以上防火時效之牆壁、樓地板、防火門窗等防火設備區劃用途，並能個別通達避難層、地面或樓梯口。

前項防火設備應具有一小時以上之阻熱性。

第 271-1 條

作業廠房符合下列情形之一者，不受前條第一項單層樓地板面積之限制：

一、中華民國八十二年四月十三日以前完成地籍分割之建築基地，符合直轄市、縣（市）畸零地使用規定，其可建築之單層樓地板面積無法符合前條第一項規定。

二、中華民國八十二年四月十三日以前申請建造執照並已領得使用執照之合法工廠建築物，作業廠房單層樓地板面積不符前條第一項規定，於原建築基地範圍內申請改建或修建。

三、原建築基地可建築之單層樓地板面積符合前條第一項規定，其中部分經劃設爲公共設施用地致賸餘基地無法符合規定，或建築基地上之建築物已領有使用執照，於重新申請建築執照時，因都市計畫變更建蔽率調降，致無法符合規定。

第 272 條

廠房附屬空間設置面積應符合下列規定：

一、辦公室（含守衛室、接待室及會議室）及研究室之合計面積不得超過作業廠房面積五分之一。

二、作業廠房面積在三百平方公尺以上之工廠，得附設單身員工宿舍，其合計面積不得超過作業廠房面積三分之一。

三、員工餐廳（含廚房）及其他相關勞工福利設施之合計面積不得超過作業廠房面積四分之一。

前項附屬空間合計樓地板面積不得超過作業廠房面積之五分之二。

第 273 條

本編第一條第三款陽臺面積得不計入建築面積及第一百六十二條第一款陽臺面積得不計入該層樓地板面積之規定，於工廠類建築物不適用之。

第 274 條

作業廠房之樓層高度扣除直上層樓板厚度及樑深後之淨高度不得小於二點七公尺。

第 275 條

工廠類建築物設有二座以上直通樓梯者，其樓梯口相互間之直線距離不得小於建築物區劃範圍對角線長度之半。

第 276 條

工廠類建築物出入口應自建築線至少退縮該建築物高度平方根之二分之一，且平均退縮距離不得小於三公尺、最小退縮距離不得小於一點五公尺。

第 277 條

（刪除）

第 278 條

作業廠房樓地板面積一千五百平方公尺以上者，應設一處裝卸位；面積超過一千五百平方公尺部分，每增加四千平方公尺，應增設一處。

前項裝卸位長度不得小於十三公尺，寬度不得小於四公尺，淨高不得低於四點二公尺。

第 279 條

倉庫或儲藏空間設於避難層以外之樓層者，應設置專用載貨昇降機。

第 280 條

工廠類建築物每一樓層之衛生設備應集中設置。但該層樓地板面積超過五百平方公尺者，每超過五百平方公尺得增設一處，不足一處者以一處計。

第十五章｜實施都市計畫區建築基地綜合設計

第 281 條

實施都市計畫地區建築基地綜合設計，除都市計畫書圖或都市計畫法規另有規定者外，依本章之規定。

第 282 條

建築基地為住宅區、文教區、風景區、機關用地、商業區或市場用地並符合下列規定者，得適用本章之規定：

一、基地臨接寬度在八公尺以上之道路，其連續臨接長度在二十五公尺以上或達周界總長度六分之一以上。

二、基地位於商業區或市場用地面積一千平方公尺以上，或位於住宅區、文教區、風景區或機關用地面積一千五百平方公尺以上。

前項基地跨越二種以上使用分區或用地，各分區或用地面積與前項各該分區或用地規定最小面積之比率合計值大於或等於一者，得適用本章之規定。

第 283 條

本章所稱開放空間，指建築基地內依規定留設達一定規模且連通道路開放供公眾通行或休憩之下列空間：

一、沿街步道式開放空間：指建築基地臨接道路全長所留設寬度四公尺以上之步行專用道空間，且其供步行之淨寬度在一點五公尺以上者。但沿道路已設有供步行之淨寬度在一點五公尺以上之人行道者，供步行之淨寬度得不予限制。

二、廣場式開放空間：指前款以外符合下列規定之開放空間：

（一）任一邊之最小淨寬度在六公尺以上者。

（二）留設之最小面積，於住宅區、文教區、風景區或機關用地為二百平方公尺以上，或於商業區或市場用地為一百平方公尺以上者。

（三）任一邊臨接道路或沿街步道式開放空間，其臨接長度六公尺以上者。

（四）開放空間與基地地面或臨接道路路面之高低差不得大於七公尺，且至少有二處以淨寬二公尺以上或一處淨寬四公尺以上之室外樓梯或坡道連接至道路或其他開放空間。

（五）前目開放空間與基地地面或道路路面之高低差一點五公尺以上者，其應有全周長六分之一以上臨接道路或沿街步道式開放空間。

（六）二個以上廣場式開放空間相互間之最大高低差不超過一點五公尺，並以寬度四公尺以上之沿街步道式開放空間連接者，其所有相連之空間得視為一體之廣場式開放空間。

前項開放空間得設頂蓋，其淨高不得低於六公尺，深度應在高度四倍範圍內，且其透空淨開口面積應占該空間立面周圍面積（不含主要樑柱部分）三分之二以上。

基地內供車輛出入之車道部分，不計入開放空間。

第 284 條

本章所稱開放空間有效面積，指開放空間之實際面積與有效係數之乘積。有效係數規定如下：

一、沿街步道式開放空間，其有效係數為一點五。

二、廣場式開放空間：

（一）臨接道路或沿街步道式開放空間長度大於該開放空間全周長八分之一者，其有效係數為一。

（二）臨接道路或沿街步道式開放空間長度小於該開放空間全周長八分之一者，其有效係數為零點六。

前項開放空間設有頂蓋部分，有效係數應乘以零點八；其建築物地面層為住宅、集合住宅者，應乘以零。

前二項開放空間與基地地面或臨接道路路面有高低差時，有效係數應依下列規定乘以有效值：
一、高低差一點五公尺以下者，有效值爲一。
二、高低差超過一點五公尺至三點五公尺以下者，有效值爲零點八。
三、高低差超過三點五公尺至七公尺以下者，有效值爲零點六。

第 284-1 條

本章所稱公共服務空間，係指基地位於住宅區之公寓大廈留設於地面層之共用部分，供住戶作集會、休閒、文教及交誼等服務性之公共空間。

第 285 條

留設開放空間之建築物，經直轄市、縣（市）主管建築機關審查符合本編章規定者，得增加樓地板面積合計之最大值∑△FA，應符合都市計畫法規或都市計畫書圖之規定；其未規定者，應提送當地直轄市、縣（市）都市計畫委員會審議通過後實施，並依下式計算：

∑△FA ＝ △FA1 ＋ △FA2

△FA1：依本編第二百八十六條第一款規定計算增加之樓地板面積。
△FA2：依本章留設公共服務空間而增加之樓地板面積。

第 286 條

前條建築物之設計依下列規定：
一、增加之樓地板面積△FA1，依下式計算：

△FA1 ＝ S×I

S：開放空間有效面積之總和。
I：鼓勵係數。容積率乘以五分之二。但商業區或市場用地不得超過二點五，住宅區、文教區、風景區或機關用地爲零點五以上、一點五以下。
二、高度依下列規定：
（一）應依本編第一百六十四條規定計算及檢討日照。
（二）臨接道路部分，應自道路中心線起退縮六公尺建築，且自道路中心線起算十公尺範圍內，其高度不得超過十五公尺。
三、住宅、集合住宅等居住用途建築物各樓層高度設計，應符合本編第一百六十四條之一規定。

四、建蔽率依本編第二十五條之規定計算。但不適用同編第二十六條至第二十八條之規定。

五、本編第一百十八條第一款規定之特定建築物，得比照同條第二款之規定退縮後建築。退縮地不得計入法定空地面積，並不得於退縮地內建造圍牆、排水明溝及其他雜項工作物。

第287條

建築物留設之開放空間有效面積之總和，不得少於法定空地面積之百分之六十。

第288條

建築物之設計，其基地臨接道路部分，應設寬度四公尺以上之步行專用道或法定騎樓；步行專用道設有花臺或牆柱等設施者，其可供通行之淨寬度不得小於一點五公尺。但依規定應設置騎樓者，其淨寬從其規定。

建築物地面層為住宅或集合住宅者，非屬開放空間之建築基地部分，得於臨接開放空間設置圍牆、欄杆、灌木綠籬或其他區隔設施。

第289條

開放空間除應予綠化外，不得設置圍牆、欄杆、灌木綠籬、棚架、建築物及其他妨礙公眾通行之設施或為其他使用。但基於公眾使用安全需要，且不妨礙公眾通行或休憩者，經直轄市、縣（市）主管建築機關之建造執照預審小組審查同意，得設置高度一點二公尺以下之透空欄杆扶手或灌木綠籬，且其透空面積應達三分之二以上。

前項綠化之規定應依本編第十七章綠建築基準及直轄市、縣（市）主管建築機關依當地環境氣候、都市景觀等需要所定之植栽綠化執行相關規定辦理。

第二項綠化工程應納入建築設計圖說，於請領建造執照時一併核定之，並於工程完成經勘驗合格後，始得核發使用執照。

第一項開放空間於核發使用執照後，主管建築機關應予登記列管，每年並應作定期或不定期檢查。

第290條

依本章設計之建築物，除依建造執照預審辦法申請預審外，並依下列規定辦理：

一、直轄市、縣（市）主管建築機關之建造執照預審小組，應就開放空間之植栽綠化及公益性，與其對公共安全、公共交通、公共衛生及市容觀瞻之影響詳予評估。

二、建築基地臨接永久性空地或已依本章申請建築之基地，其開放空間應配合整體留設。

三、直轄市、縣（市）主管建築機關之建造執照預審小組，應就建築物之私密性與安全管理需求及公共服務空間之位置、面積及服務設施與設備之必要性及公益性詳予評估。

第 291 條

本規則中華民國九十二年三月二十日修正施行前，都市計畫書圖中規定依未實施容積管制地區綜合設計鼓勵辦法或實施都市計畫地區建築基地綜合設計鼓勵辦法辦理者，於本規則修正施行後，依本章之規定辦理。

第 292 條

本規則中華民國九十二年三月二十日修正施行前，依未實施容積管制地區綜合設計鼓勵辦法或實施都市計畫地區建築基地綜合設計鼓勵辦法規定已申請建造執照，或領有建造執照且在建造執照有效期間內者，申請變更設計時，得適用該辦法之規定。

第十六章｜老人住宅

第 293 條

本章所稱老人住宅之適用範圍如左：

一、依老人福利法或其他法令規定興建，專供老人居住使用之建築物；其基本設施及設備應依本章規定。

二、建築物之一部分專供作老人居住使用者，其臥室及服務空間應依本章規定。該建築物不同用途之部分以無開口之防火牆、防火樓板區劃分隔且有獨立出入口者，不適用本章規定。

老人住宅基本設施及設備規劃設計規範（以下簡稱設計規範），由中央主管建築機關定之。

第 294 條

老人住宅之臥室，居住人數不得超過二人，其樓地板面積應為九平方公尺以上。

第 295 條

老人住宅之服務空間，包括左列空間：

一、居室服務空間：居住單元之浴室、廁所、廚房之空間。

二、共用服務空間：建築物門廳、走廊、樓梯間、昇降機間、梯廳、共用浴室、廁所及廚房之空間。

三、公共服務空間：公共餐廳、公共廚房、交誼室、服務管理室之空間。

前項服務空間之設置面積規定如左：

一、浴室含廁所者，每一處之樓地板面積應為四平方公尺以上。

二、公共服務空間合計樓地板面積應達居住人數每人二平方公尺以上。

三、居住單元超過十四戶或受服務之老人超過二十人者，應至少提供一處交誼室，其中一處交誼室之樓地板面積不得小於四十平方公尺，並應附設廁所。

第 296 條

老人住宅應依設計規範設計，其各層得增加之樓地板面積合計之最大值依左列公式計算：

$$\sum\triangle FA = \triangle FA1 + \triangle FA2 + \triangle FA3 \leqq 0.2FA$$

FA：基準樓地板面積，實施容積管制地區為該基地面積與容積率之乘積；未實施容積管制地區為該基地依本編規定核計之地面上各層樓地板面積之和。建築物之一部分作為老人住宅者，為該老人住宅部分及其服務空間樓地板面積之和。

∑△FA：得增加之樓地板面積合計值。

△FA1：得增加之居室服務空間樓地板面積。但不得超過基準樓地板面積之百分之五。

△FA2：得增加之共用服務空間樓地板面積。但不得超過基準樓地板面積之百分之五，且不包括未計入該層樓地板面積之共同使用梯廳。

△FA3：得增加之公共服務空間樓地板面積。但不得超過基準樓地板面積之百分之十。

第 297 條

老人住宅服務空間應符合左列規定：

一、二層以上之樓層或地下層應設專供行動不便者使用之昇降設備或其他設施通達地面層。該昇降設備其出入口淨寬度及出入口前方供輪椅迴轉空間應依本編第一百七十四條規定。

二、老人住宅之坡道及扶手、避難層出入口、室內出入口、室內通路走廊、樓梯、共用浴室、共用廁所應依本編第一百七十一條至第一百七十三條及第一百七十五條規定。

前項昇降機間及直通樓梯之梯間，應為獨立之防火區劃並設有避難空間，其面積及配置於設計規範定之。

第十七章｜綠建築基準

第一節　一般設計通則

第 298 條

本章規定之適用範圍如下：

一、建築基地綠化：指促進植栽綠化品質之設計，其適用範圍為新建建築物。但個別興建農舍及基地面積三百平方公尺以下者，不在此限。

二、建築基地保水：指促進建築基地涵養、貯留、滲透雨水功能之設計，其適用範圍為新建建築物。但本編第十三章山坡地建築、地下水位小於一公尺之建築基地、個別興建農舍及基地面積三百平方公尺以下者，不在此限。

三、建築物節約能源：指以建築物外殼設計達成節約能源目的之方法，其適用範圍為學校類、大型空間類、住宿類建築物，及同一幢或連棟建築物之新建或增建部分之地面層以上樓層（不含屋頂突出物）之樓地板面積合計超過一千平方公尺之其他各類建築物。但符合下列情形之一者，不在此限：

（一）機房、作業廠房、非營業用倉庫。

（二）地面層以上樓層（不含屋頂突出物）之樓地板面積在五百平方公尺以下之農舍。

（三）經地方主管建築機關認可之農業或研究用溫室、園藝設施、構造特殊之建築物。

四、建築物雨水或生活雜排水回收再利用：指將雨水或生活雜排水貯集、過濾、再利用之設計，其適用範圍為總樓地板面積達一萬平方公尺以上之新建建築物。但衛生醫療類（F-1組）或經中央主管建築機關認可之建築物，不在此限。

五、綠建材：指第二百九十九條第十二款之建材；其適用範圍為供公眾使用建築物及經內政部認定有必要之非供公眾使用建築物。

第 299 條

本章用詞，定義如下：

一、綠化總固碳當量：指基地綠化栽植之各類植物固碳當量與其栽植面積乘積之總和。

二、最小綠化面積：指基地面積扣除執行綠化有困難之面積後與基地內應保留法定空地比率之乘積。

三、基地保水指標：指建築後之土地保水量與建築前自然土地之保水量之相對比值。

四、建築物外殼耗能量：指為維持室內熱環境之舒適性，建築物外周區之空調單位樓地板面積之全年冷房顯熱熱負荷。

五、外周區：指空間之熱負荷受到建築外殼熱流進出影響之空間區域，以外牆中心線五公尺深度內之空間為計算標準。

六、外殼等價開窗率：指建築物各方位外殼透光部位，經標準化之日射、遮陽及通風修正計算後之開窗面積，對建築外殼總面積之比值。

七、平均熱傳透率：指當室內外溫差在絕對溫度一度時，建築物外殼單位面積在單位時間內之平均傳透熱量。

八、窗面平均日射取得量：指除屋頂外之建築物所有開窗面之平均日射取得量。

九、平均立面開窗率：指除屋頂以外所有建築外殼之平均透光開口比率。

十、雨水貯留利用率：指在建築基地內所設置之雨水貯留設施之雨水利用量與建築物總用水量之比例。

十一、生活雜排水回收再利用率：指在建築基地內所設置之生活雜排水回收再利用設施之雜排水回收再利用量與建築物總生活雜排水量之比例。

十二、綠建材：指經中央主管建築機關認可符合生態性、再生性、環保性、健康性及高性能之建材。

十三、耗能特性分區：指建築物室內發熱量、營業時程較相近且由同一空調時程控制系統所控制之空間分區。

前項第二款執行綠化有困難之面積，包括消防車輛救災活動空間、戶外預鑄式建築物污水處理設施、戶外教育運動設施、工業區之戶外消防水池及戶外裝卸貨空間、住宅區及商業區依規定應留設之騎樓、迴廊、私設通路、基地內通路、現有巷道或既成道路。

第 300 條

適用本章之建築物，其容積樓地板面積、機電設備面積、屋頂突出物之計算，得依下列規定辦理：

一、建築基地因設置雨水貯留利用系統及生活雜排水回收再利用系統，所增加之設備空間，於樓地板面積容積千分之五以內者，得不計入容積樓地板面積及不計入機電設備面積。

二、建築物設置雨水貯留利用系統及生活雜排水回收再利用系統者，其屋頂突出物之高度得不受本編第一條第九款第一目之限制。但不超過九公尺。

第 301 條
爲積極維護生態環境，落實建築物節約能源，中央主管建築機關得以增加容積或其他獎勵方式，鼓勵建築物採用綠建築綜合設計。

第二節　建築基地綠化

第 302 條
建築基地之綠化，其綠化總固碳當量應大於二分之一最小綠化面積與下表固碳當量基準值之乘積：

使用分區或用地	固碳當量基準值（公斤/（平方公尺・年））
學校用地、公園用地	零點八三
商業區、工業區（不含科學園區）	零點五零
前二類以外之建築基地	零點六六

第 303 條
建築基地之綠化檢討以一宗基地爲原則；如單一宗基地內之局部新建執照者，得以整宗基地綜合檢討或依基地內合理分割範圍單獨檢討。

第 304 條
建築基地綠化之總固碳當量計算，應依設計技術規範辦理。
前項建築基地綠化設計技術規範，由中央主管建築機關定之。

第三節　建築基地保水

第 305 條
建築基地應具備原裸露基地涵養或貯留滲透雨水之能力，其建築基地保水指標應大於〇・五與基地內應保留法定空地比率之乘積。

第 306 條
建築基地之保水設計檢討以一宗基地爲原則；如單一宗基地內之局部新建執照者，得以整宗基地綜合檢討或依基地內合理分割範圍單獨檢討。

第 307 條
建築基地保水指標之計算，應依設計技術規範辦理。
前項建築基地保水設計技術規範，由中央主管建築機關定之。

第四節　建築物節約能源

第 308 條

建築物建築外殼節約能源之設計，應依據下表氣候分區辦理：

氣候分區	行政區域
北部氣候區	臺北市、新北市、宜蘭縣、基隆市、桃園縣、新竹縣、新竹市、苗栗縣、福建省連江縣、金門縣
中部氣候區	臺中市、彰化縣、南投縣、雲林縣、花蓮縣
南部氣候區	嘉義縣、嘉義市、臺南市、澎湖縣、高雄市、屏東縣、臺東縣

第 308-1 條

建築物受建築節約能源管制者，其受管制部分之屋頂平均熱傳透率應低於零點八瓦／（平方公尺．度），且當設有水平仰角小於八十度之透光天窗之水平投影面積HWa大於一點零平方公尺時，其透光天窗日射透過率HWs應低於下表之基準值HWsc：

水平投影面積 HWa 條件	透光天窗日射透過率基準值 HWsc
$HWa<30m^2$	HWsc = 0.35
$HWa \geqq 30m^2$ 且 $HWa<230m^2$	HWsc = 0.35 − 0.001 ×(HWa − 30.0)
$HWa \geqq 230m^2$	HWsc = 0.15
計算單位 HWa：m^2；HWsc：無單位	

有下列情形之一者，免受前項規定限制：

一、屋頂下方爲樓梯間、倉庫、儲藏室或機械室。

二、除月臺、觀衆席、運動設施及表演臺外之建築物外牆透空二分之一以上之空間。

建築物外牆、窗戶與屋頂所設之玻璃對戶外之可見光反射率不得大於零點二。

第 308-2 條

受建築節約能源管制建築物，位於海拔高度八百公尺以上者，其外牆平均熱傳透率、立面開窗部位（含玻璃與窗框）之窗平均熱傳透率應低於下表所示之基準值：受建築節約能源管制建築物，其外牆平均熱傳透率、外窗部位（含玻璃與窗框）之窗平均熱傳透率及窗平均遮陽係數應低於下表所示之基準值；住宿類建築物每一居室之可開啓窗面積應大於開窗面積之百分之十五。但符合前項、本編第三百零九條至第三百十二條規定者，不在此限：

第 309 條

A類第二組、B類、D類第二組、D類第五組、E類、F類第一組、F類第三組、F類第四組及G類空調型建築物，及C類之非倉儲製程部分等空調型建築物，爲維持室內熱環境之舒適性，應依其耗能特性分區計算各分區之外殼耗能量，且各分區外殼耗能量對各分區樓地板面積之加權值，應低於下表外殼耗能基準對各分區樓地板面積之加權平均值。但符合本編第三百零八條之二規定者，不在此限：

耗能特性分區	氣候分區	外殼耗能基準（千瓦・小時／（平方公尺・年））
辦公、文教、宗教、照護分區	北部氣候區	一百五十
	中部氣候區	一百七十
	南部氣候區	一百八十
商場餐飲娛樂分區	北部氣候區	二百四十五
	中部氣候區	二百六十五
	南部氣候區	二百七十五
醫院診療分區	北部氣候區	一百八十五
	中部氣候區	二百零五
	南部氣候區	二百十五
醫院病房分區	北部氣候區	一百七十五
	中部氣候區	一百九十五
	南部氣候區	二百
旅館、招待所客房區	北部氣候區	一百十
	中部氣候區	一百三十
	南部氣候區	一百三十五
交通運輸旅客大廳分區	北部氣候區	二百九十
	中部氣候區	三百十五
	南部氣候區	三百二十五

第 310 條

住宿類建築物外殼不透光之外牆部分之平均熱傳透率應低於三點五瓦／（平方公尺・度），且其建築物外殼等價開窗率之計算值應低於下表之基準值。但符合本編第三百零八條之二規定者，不在此限。

住宿類： H 類第一組 H 類第二組	氣候分區	建築物外殼等價開窗率基準值
	北部氣候區	百分之十三
	中部氣候區	百分之十五
	南部氣候區	百分之十八

第 311 條

學校類建築物之行政辦公、教室等居室空間之窗面平均日射取得量應分別低於下表之基準值。但符合本編第三百零八條之二規定者，不在此限：

學校類建築物： D 類第三組 D 類第四組 F 類第二組	氣候分區	窗面平均日射取得量 單位：千瓦．小時／（平方公尺．年）
	北部氣候區	一百六十
	中部氣候區	二百
	南部氣候區	二百三十

第 312 條

大型空間類建築物居室空間之窗面平均日射取得量應分別低於下表公式所計算之基準值。但平均立面開窗率在百分之十以下，或符合本編第三百零八條之二規定者，不在此限：

大型空間類建築物： A 類第一組 D 類第一組	氣候分區	窗面平均日射取得量基準值計算公式
	北部氣候區	基準值 = $146.2X^2 - 414.9X + 276.2$
	中部氣候區	基準值 = $273.3X^2 - 616.9X + 375.4$
	南部氣候區	基準值 = $348.4X^2 - 748.4X + 436.0$
	X：平均立面開窗率（無單位） 基準值單位：千瓦／（平方公尺．度）	

第 313 條

（刪除）

第 314 條

同一幢或連棟建築物中，有供本節適用範圍二類以上用途，且其各用途之規模分別達本編第二百九十八條第三款規定者，其耗能量之計算基準值，除本編第三百零九條之空調型建築物應依各耗能特性分區樓地板面積加權計算其基準值外，應分別依其規定基準值計算。

第 315 條

有關建築物節約能源之外殼節約能源設計，應依設計技術規範辦理。

前項建築物節約能源設計技術規範，由中央主管建築機關定之。

第五節　建築物雨水及生活雜排水回收再利用

第 316 條

建築物應就設置雨水貯留利用系統或生活雜排水回收再利用系統，擇一設置。設置雨水貯留利用系統者，其雨水貯留利用率應大於百分之四；設置生活雜排水回收利用系統者，其生活雜排水回收再利用率應大於百分之三十。

第 317 條

由雨水貯留利用系統或生活雜排水回收再利用系統處理後之用水，可使用於沖廁、景觀、澆灌、灑水、洗車、冷卻水、消防及其他不與人體直接接觸之用水。

第 318 條

建築物設置雨水貯留利用或生活雜排水回收再利用設施者，應符合左列規定：

一、輸水管線之坡度及管徑設計，應符合建築設備編第二章給水排水系統及衛生設備之相關規定。

二、雨水供水管路之外觀應為淺綠色，且每隔五公尺標記雨水字樣；生活雜排水回收再利用水供水管之外觀應為深綠色，且每隔四公尺標記生活雜排水回收再利用水字樣。

三、所有儲水槽之設計均須覆蓋以防止灰塵、昆蟲等雜物進入；地面開挖貯水槽時，必須具備預防砂土流入及防止人畜掉入之安全設計。

四、雨水貯留利用設施或生活雜排水回收再利用設施，應於明顯處標示雨水貯留利用設施或生活雜排水回收再利用設施之名稱、用途或其他說明標示，其專用水栓或器材均應有防止誤用之注意標示。

第 319 條

建築物雨水及生活雜排水回收再利用之計算及系統設計，應依設計技術規範辦理。

前項建築物雨水及生活雜排水回收再利用設計技術規範，由中央主管建築機關定之。

第六節　綠建材

第 320 條

（刪除）

第 321 條

建築物應使用綠建材，並符合下列規定：

一、建築物室內裝修材料、樓地板面材料及窗，其綠建材使用率應達總面積百分之六十以上。但窗未使用綠建材者，得不計入總面積檢討。

二、建築物戶外地面扣除車道、汽車出入緩衝空間、消防車輛救災活動空間、依其他法令規定不得鋪設地面材料之範圍及地面結構上無須再鋪設地面材料之範圍，其餘地面部分之綠建材使用率應達百分之二十以上。

第 322 條

綠建材材料之構成，應符合左列規定之一：

一、塑橡膠類再生品：塑橡膠再生品的原料須全部爲國內回收塑橡膠，回收塑橡膠不得含有行政院環境保護署公告之毒性化學物質。

二、建築用隔熱材料：建築用的隔熱材料其產品及製程中不得使用蒙特婁議定書之管制物質且不得含有環保署公告之毒性化學物質。

三、水性塗料：不得含有甲醛、鹵性溶劑、汞、鉛、鎘、六價鉻、砷及銻等重金屬，且不得使用三酚基錫（TPT）與三丁基錫（TBT）。

四、回收木材再生品：產品須爲回收木材加工再生之產物。

五、資源化磚類建材：資源化磚類建材包括陶、瓷、磚、瓦等需經窯燒之建材。其廢料混合攙配之總和使用比率須等於或超過單一廢料攙配比率。

六、資源回收再利用建材：資源回收再利用建材係指不經窯燒而回收料摻配比率超過一定比率製成之產品。

七、其他經中央主管建築機關認可之建材。

第 323 條

綠建材之使用率計算，應依設計技術規範辦理。

前項綠建材設計技術規範，由中央主管建築機關定之。

建造執照預審辦法

■修正日期：民國 74 年 06 月 26 日

第 1 條

本辦法依建築法第三十四條之一第三項規定訂定之。

第 2 條

建築物之起造人或受其委託之設計人於申請建造執照前得填具申請書（如附表一）詳細列明預審事項及理由，繳納審查費，檢附工程圖樣及說明書暨其他有關證明文件向直轄市、縣（市）（局）主管建築機關申請預審。

第 3 條

直轄市、縣（市）（局）主管建築機關爲辦理建造執照申請預審案件，得設建造執照預審小組辦理之。

第 4 條

建造執照預審小組每月月底開會一次，審理該月二十日前申請預審案件。

必要時得加開預審會議爲不定期審查。

直轄市、縣（市）（局）主管建築機關應於預審會議之日起十日內，將審定結果製作審定書（如附表二）通知申請人。

第 5 條

直轄市、縣（市）（局）主管建築機關對申請建造執照預審案件及審定結果，應予統計、分析、按月彙整呈報中央主管建築機關。

第 6 條

本辦法自發布日施行。

附表一　建造執照預審申請書

<table>
<tr><td colspan="8">建造執照預審申請書</td></tr>
<tr><td colspan="2">建築物名稱</td><td></td><td colspan="2">申請日期文</td><td colspan="3">年　月　日　字　號</td></tr>
<tr><td colspan="2">建築物用途</td><td></td><td colspan="2">送審附件</td><td colspan="3">（共件張）</td></tr>
<tr><td rowspan="3">建築基地</td><td>使用分區</td><td></td><td rowspan="3">申請人</td><td>姓名</td><td colspan="3">（簽章）</td></tr>
<tr><td>地址</td><td></td><td>地址</td><td colspan="3"></td></tr>
<tr><td>地號</td><td></td><td>電話</td><td colspan="3"></td></tr>
<tr><td colspan="3">申請預審事項</td><td colspan="3">說　明</td><td colspan="2">初審意見（此欄由作業單位填寫）</td></tr>
<tr><td colspan="3"></td><td colspan="3"></td><td colspan="2"></td></tr>
<tr><td colspan="3"></td><td colspan="3"></td><td colspan="2"></td></tr>
<tr><td colspan="3"></td><td colspan="3"></td><td colspan="2"></td></tr>
</table>

附表二　建造執照預審審定書

<table>
<tr><td colspan="5">建造執照預審審定書</td></tr>
<tr><td>建築物名稱</td><td></td><td rowspan="3">建築基地</td><td>使用分區</td><td></td></tr>
<tr><td>建築物用途</td><td></td><td>地　址</td><td></td></tr>
<tr><td>審定日期文號</td><td>年　月　日　字　號</td><td>地　號</td><td></td></tr>
<tr><td>申請預審事項</td><td colspan="2">審　定　結　果</td><td colspan="2">備　註</td></tr>
<tr><td></td><td colspan="2"></td><td colspan="2"></td></tr>
<tr><td></td><td colspan="2"></td><td colspan="2"></td></tr>
<tr><td></td><td colspan="2"></td><td colspan="2"></td></tr>
</table>

建築物使用類組及變更使用辦法

■修正日期：民國 102 年 06 月 27 日

第 1 條

本辦法依建築法（以下簡稱本法）第七十三條第四項規定訂定之。

第 2 條

建築物之使用類別、組別及其定義，如附表一。

前項建築物之使用項目舉例如附表二。

原核發之使用執照未登載使用類組者，該管主管建築機關應於建築物申請變更使用執照時，依前二項規定確認其類別、組別，加註於使用執照或核發確認使用類組之文件。建築物所有權人申請加註者，亦同。

第 3 條

建築物變更使用類組時，除應符合都市計畫土地使用分區管制或非都市土地使用管制之容許使用項目規定外，並應依建築物變更使用原則表如附表三辦理。

第 4 條

建築物變更使用類組規定檢討項目之各類組檢討標準如附表四。

第 5 條

建築物變更使用類組，應以整層爲之。但不妨害或破壞其他未變更使用部分之防火避難設施且符合下列情形之一者，得以該樓層局部範圍變更使用：

一、變更範圍直接連接直通樓梯、梯廳或屋外，且以具有一小時以上防火時效之牆壁、樓板、防火門窗等防火構造及設備區劃分隔，其防火設備並應具有一小時以上之阻熱性。

二、變更範圍以符合建築技術規則建築設計施工編第九十二條規定之走廊連接直通樓梯或屋外，且開向走廊之開口以具有一小時以上防火時效之防火門窗等防火設備區劃分隔，其防火設備並應具有一小時以上之阻熱性。

第 6 條

建築物於同一使用單元內，申請變更爲多種使用類組者，應同時符合各使用類組依附表三規定之檢討項目及附表四規定之檢討標準。但符合下列各款規定者，得以主用途之使用類組檢討：
一、具主從用途關係如附表五。
二、從屬用途範圍之所有權應與主用途相同。
三、從屬用途樓地板面積不得超過該使用單元樓地板面積之五分之二。
四、同一使用單元內主從空間應相互連通。
建築物有連跨複數樓層，無法逐層區劃分隔之垂直空間，且未以具有一小時以上之牆壁、樓板及防火門窗等防火構造及設備區劃分隔者，應視爲同一使用單元檢討。
同一使用單元內之各種使用類組應以該使用單元之全部樓地板面積爲檢討範圍。

第 7 條

建築物申請變更爲A、B、C類別及D1組別之使用單元，其與同樓層、直上樓層及直下樓層相鄰之其他使用單元，應依第五條規定區劃分隔及符合下列各款規定：
一、建築物之主要構造應爲防火構造。
二、坐落於非商業區之建築物申請變更之使用單元與H類別及F1、F2、F3組別等使用單元之間，應以具有一小時以上防火時效之無開口牆壁及防火構造之樓地板區劃分隔。

第 8 條

本法第七十三條第二項所定有本法第九條建造行爲以外主要構造、防火區劃、防火避難設施、消防設備、停車空間及其他與原核定使用不合之變更者，應申請變更使用執照之規定如下：
一、建築物之基礎、樑柱、承重牆壁、樓地板等之變更。
二、防火區劃範圍、構造或設備之調整或變更。
三、防火避難設施：
（一）直通樓梯、安全梯或特別安全梯之構造、數量、步行距離、總寬度、避難層出入口數量、寬度及高度、避難層以外樓層出入口之寬度、樓梯及平臺淨寬等之變更。
（二）走廊構造及寬度之變更。
（三）緊急進口構造、排煙設備、緊急照明設備、緊急用昇降機、屋頂避難平臺、防火間隔之變更。
四、供公眾使用建築物或經中央主管建築機關認有必要之非供公眾使用建築物之消防設備之變更。
五、建築物或法定空地停車空間之汽車或機車車位之變更。
六、建築物獎勵增設營業使用停車空間之變更。

七、建築物於原核定建築面積及各層樓地板範圍內設置或變更之昇降設備。

八、建築物之共同壁、分戶牆、外牆、防空避難設備、機械停車設備、中央系統空氣調節設備及開放空間，或其他經中央主管建築機關認定項目之變更。

第 9 條

建築物申請變更使用無須施工者，經直轄市、縣（市）主管建築機關審查合格後，發給變更使用執照或核准變更使用文件；其須施工者，發給同意變更文件，並核定施工期限，最長不得超過二年。申請人因故未能於施工期限內施工完竣時，得於期限屆滿前申請展期六個月，並以一次爲限。未依規定申請展期或已逾展期期限仍未完工者，其同意變更文件自規定得展期之期限屆滿之日起，失其效力。

領有同意變更文件者，依前項核定期限內施工完竣後，應申請竣工查驗，經直轄市、縣（市）主管建築機關查驗與核准設計圖樣相符者，發給變更使用執照或核准變更使用文件。不符合者，一次通知申請人改正，申請人應於接獲通知之日起三個月內，再報請查驗；屆期未申請查驗或改正仍不合規定者，駁回該申請案。

第 10 條

建築物申請變更使用時，其違建部分依違章建築處理相關規定，得另行處理。

第 11 條

本辦法自中華民國一百年十月一日施行。

本辦法修正條文自發布日施行。

建築物部分使用執照核發辦法

■修正日期：民國 91 年 03 月 14 日

第 1 條

本辦法依建築法（以下簡稱本法）第七十條之一規定訂定之。

第 2 條

部分使用執照之效力與使用執照相同。

第 3 條

本法第七十條之一所稱建築工程部分完竣，係指下列情形之一者：

一、二幢以上建築物，其中任一幢業經全部施工完竣。

二、連棟式建築物，其中任一棟業經施工完竣。

三、高度超過三十六公尺或十二層樓以上，或建築面積超過八〇〇〇平方公尺以上之建築物，其中任一樓層至基地地面間各層業經施工完竣。

前項所稱幢、棟定義如下：

一、幢：建築物地面層以上結構體獨立不與其他建築物相連，地面層以上其使用機能可獨立分開者。

二、棟：以一單獨或共同出入口及以無開口之防火牆及防火樓板所區劃分開者。

第 4 條

本法第七十條之一所稱可供獨立使用者，係指申請部分之建築物主要構造、室內隔間及主要設備等施工完成並具獨立出入口。

第 5 條

部分使用執照之申請手續、查驗、應附書件與使用執照同。但申請前應修正施工計畫書、增列安全防護計畫，送請主管建築機關備查，並於該防護措施完成後，併部分使用執照一併勘驗。

第 6 條

建築物已分別領得部分使用執照後，得免重新申領全部使用執照。

第 7 條

本辦法自發布日施行。

設置再生能源設施免請領雜項執照標準

■修正日期：民國 110 年 02 月 08 日

第 1 條

本標準依再生能源發展條例（以下簡稱本條例）第十七條第二項規定訂定之。

第 2 條

本標準所適用之範圍，以設置太陽能熱水系統產品及太陽光電發電設備爲限。

前項太陽光電發電設備除應有利用太陽電池轉換太陽光能爲電能之發電設備外，並得包含支撐架、新設頂蓋及運轉維護孔道或通道之設施。

第 3 條

本標準所稱建築物，指符合下列情形之一者：

一、依建築法規定取得建造執照及其使用執照，或合於建築法第九十八條規定之合法建築物。

二、實施建築管理前，已建造完成之合法建築物。

三、經直轄市、縣（市）政府依其自治條例所許可設置太陽光電發電設備之建築構造物。

四、依廢止前臺灣省違章建築拆除認定基準第二點第十款規定，取得專供畜禽生產證明文件，或取得專供農業生產之寮舍接水、接電證明書且專供畜禽生產之寮舍。

第 4 條

設置於建築物屋頂之太陽能熱水系統產品，其高度爲二公尺以下者，得免依建築法規定申請雜項執照。

第 5 條

設置太陽光電發電設備，符合下列條件之一者，得免依建築法規定申請雜項執照：

一、設置於建築物屋頂或露臺，包含支撐架並得結合新設頂蓋，其高度自屋頂面或露臺面起算四點五公尺以下。

二、設置於屋頂突出物，包含支撐架並得結合新設頂蓋，其高度自屋頂突出物面起算一點五公尺以下。

三、設置於地面，其高度自地面起算四點五公尺以下。但經目的事業主管機關核准者，包含支撐架並得結合新設頂蓋，其高度自地面起算九公尺以下。

前項設備屬仰角非固定者，僅得設置於地面，以固定仰角三十度爲計算標準，其高度自地面起算四點五公尺以下，不適用前項第三款但書之規定。

第一項之設備設置新設頂蓋者，該頂蓋最大設置面積不得超出太陽光電發電設備之範圍。

架高於設置面之運轉維護孔道或通道設施，其水平投影面積不得超過太陽光電發電設備整體水平投影面積百分之三十。

太陽光電發電設備設置於屋頂、露臺或屋頂突出物者，得視爲屋簷，其最大設置範圍以建築物外牆中心線或其代替柱中心線外一公尺爲限，且不得超過建築基地範圍。

第一項第一款合法建築物屋頂，如有違章建築者，設置太陽光電發電設備時，不得影響公共安全及妨礙違章建築處理，其適用類型如下：

一、結構分立型：太陽光電設備（含支撐架）與違章建築結構分立。

二、結構共構型：太陽光電設備（含支撐架）與違章建築結構共構。

三、設備安裝型（非屬建築行爲）：太陽光電設備直接安裝於既存違章建築屋頂上。

第 6 條

設置前條太陽光電發電設備者，應於設置前，檢附下列證明文件送所在地主管建築機關備查：

一、再生能源發電設備同意備案文件影本。

二、依法登記開業或執業之建築師、土木技師或結構技師出具太陽光電發電設備免請領雜項執照簽證表（附件一）及結構安全證明書（附件二）。

有下列情形之一者，應另檢附太陽光電發電設備結構計算說明書：

一、設置高度超過三公尺。

二、設置仰角非固定。

三、設置範圍超出建築物外牆中心線或其代替柱中心線。

四、設置支撐架結合新設頂蓋。

前條太陽光電發電設備應於竣工後，檢附依法登記開業或執業之建築師、土木技師或結構技師出具之太陽光電發電設備工程完竣證明書（附件三），報請所在地主管建築機關備查。

第 7 條

本標準自發布日施行。

附件一

太陽光電發電設備免請領雜項執照簽證表

申請日期：　　年　　月　　日

<table>
<tr><td rowspan="2">申請人
（設置者）</td><td>姓名或
機構名稱</td><td></td><td>身分證明文件
統一編號</td><td></td></tr>
<tr><td colspan="4">地址</td></tr>
<tr><td rowspan="2">負責人</td><td>姓名</td><td></td><td>身分證明文件
統一編號</td><td></td></tr>
<tr><td colspan="4">地址</td></tr>
<tr><td>設置地址</td><td colspan="2"></td><td colspan="2">□建造執照
（文號：　　　　）
□使用執照
（文號：　　　　）
□其他證明文件
（函號：　　　　）</td></tr>
<tr><td rowspan="3">再生能源發電設備
同意備案文件</td><td colspan="2">核發機關及文號</td><td colspan="2"></td></tr>
<tr><td colspan="2">核准裝置容量</td><td colspan="2"></td></tr>
<tr><td colspan="2">備案編號</td><td colspan="2"></td></tr>
<tr><td rowspan="6">簽證建築師、
土木技師或結構技師</td><td colspan="2">姓名</td><td colspan="2"></td></tr>
<tr><td colspan="2">開業證書／執業執照號碼</td><td colspan="2"></td></tr>
<tr><td colspan="2">事務所名稱</td><td colspan="2"></td></tr>
<tr><td colspan="2">負責人姓名</td><td colspan="2"></td></tr>
<tr><td colspan="2">事務所電話</td><td colspan="2"></td></tr>
<tr><td colspan="2">事務所地址</td><td colspan="2"></td></tr>
<tr><td colspan="5">簽證內容</td></tr>
<tr><td>適用範圍</td><td colspan="3">本案設置之太陽光電發電設備除應有利用太陽電池轉換太陽光能為電能之發電設備外，並得包含支撐架、新設頂蓋及運轉維護孔道或通道之設施。</td><td>□符合
□不符合</td></tr>
<tr><td rowspan="2">適用類型</td><td rowspan="2">□屋　　頂
□露　　臺</td><td colspan="2">□設置合法建物，其高度自□屋頂／□露臺面起算為四點五公尺以下。
□包含支撐架結合新設頂蓋，該頂蓋設置面積並無超過太陽光電發電設備之範圍。</td><td>□符合
□不符合
（量測高度：　　公尺）</td></tr>
<tr><td colspan="2">□設置合法建物存有違章建築，其高度自□屋頂／□露臺面起算，為四點五公尺以下。
□太陽光電發設備置場址之違章建築諮詢表設置類型</td><td>□符合
□不符合
（量測高度：　　公尺）</td></tr>
</table>

		□結構分立型 □結構共構型 □設備安裝型	
	□屋頂突出物	□設置高度自屋頂突出物面起算，為一點五公尺以下。 □包含支撐架結合新設頂蓋，該頂蓋設置面積並無超過太陽光電發電設備之範圍。	□符合 □不符合 （量測高度：　　公尺）
	□地面	□設置高度自地面起算為四點五公尺以下。	□符合 □不符合 （量測高度：　　公尺）
		□經目的事業主管機關核准 □設置高度自地面起算為九公尺以下。 □包含支撐架結合新設頂蓋，該頂蓋設置面積並應超過太陽光電發電設備之範圍。	
設置區域	本案太陽光電發電設備之設置未超出建築物外牆中心線或其代替柱中心線外一公尺之範圍，且無超過建築基地範圍。		□符合 □不符合
	□本案無設置運轉維護孔道或通道。 □本案設置架高於設置面之運轉維護孔道或通道設施，其水平投影面積不得超過太陽光電發電設備整體水平投影面積百分之三十。		□符合 □不符合
應檢附備查圖說	□剖面示意圖		
	□平面配置圖		
	□立面圖		
	□結構計算說明書 □設置高度超過三公尺 □太陽光電發電設備仰角非固定 □設置範圍超出建築物外牆中心線或其代替柱中心線 □設置支撐架結合新設頂蓋		

此致　　　　主管機關

建築師、土木技師或結構技師　　　　（簽名或蓋章）

以上資料由本建築師／土木技師／結構技師簽證負責

開業／執業圖戳

中　華　民　國　年　月　日

附件二

太陽光電發電設備結構安全證明書

申請人（設置者）：
備 案 編 號：
設 置 地 址：
設 置 容 量：核准設置容量＿＿＿＿瓩，實際總裝置容量＿＿＿＿瓩
（單一模組裝置容量＿＿＿＿瓩、片數＿＿＿＿片）

□本案設置之太陽光電發電設備其設置仰角非固定。

□本案設置之太陽光電發電設備相關設置空間設計之簽證及監造，符合建築師法及技師法等相關法令規定辦理。經結構計算後，其組立後之結構安全設計符合相關法規之要求。

□且不影響原有建築物結構安全（設置於屋頂、露臺或屋頂突出物者，須勾選）。

特此證明

簽 名 或 蓋 章：
開業/執業執照號碼：
事 務 所 名 稱：

開業/執業圖戳

附件三

太陽光電發電設備免請領雜項執照簽證表

申請日期：　　年　　月　　日

<table>
<tr><td rowspan="2">申請人
（設置者）</td><td>姓名或
機構名稱</td><td></td><td>身分證明文件
統一編號</td><td></td></tr>
<tr><td colspan="4">地址</td></tr>
<tr><td rowspan="2">負責人</td><td>姓名</td><td></td><td>身分證明文件
統一編號</td><td></td></tr>
<tr><td colspan="4">地址</td></tr>
<tr><td colspan="2">設置地址</td><td></td><td colspan="2">□建造執照
（文號：　　）
□使用執照
（文號：　　）
□其他證明文件
（函號：　　）</td></tr>
<tr><td colspan="2" rowspan="4">再生能源發電設備
同意備案文件</td><td>核發機關及文號</td><td colspan="2"></td></tr>
<tr><td>核准裝置容量</td><td colspan="2"></td></tr>
<tr><td>實際裝置容量</td><td colspan="2"></td></tr>
<tr><td>備案編號</td><td colspan="2"></td></tr>
<tr><td colspan="2" rowspan="6">簽證建築師、
土木技師或結構技師</td><td>姓名</td><td colspan="2"></td></tr>
<tr><td>開業證書／執業執照號碼</td><td colspan="2"></td></tr>
<tr><td>事務所名稱</td><td colspan="2"></td></tr>
<tr><td>負責人姓名</td><td colspan="2"></td></tr>
<tr><td>事務所電話</td><td colspan="2"></td></tr>
<tr><td>事務所地址</td><td colspan="2"></td></tr>
<tr><td colspan="5">工程完竣證明書內容</td></tr>
<tr><td colspan="2">適用範圍</td><td colspan="2">本案設置之太陽光電發電設備除應有利用太陽電池轉換太陽光能為電能之發電設備外，並得包含支撐架、新設頂蓋及運轉維護孔道或通道之設施。</td><td>□符合
□不符合</td></tr>
<tr><td colspan="2" rowspan="2">適用類型</td><td rowspan="2">□屋頂
□露臺</td><td>□設置合法建物，其高度自□屋頂／□露臺面起算為四點五公尺以下。
□包含支撐架結合新設頂蓋，該頂蓋設置面積並無超過太陽光電發電設備之範圍。</td><td>□符合
□不符合
（量測高度：　　公尺）</td></tr>
<tr><td>□設置合法建物存有違章建築，其高度自□屋頂／□露臺面起算，為四點五公尺以下。
□太陽光電發設備置場址之違章建築諮詢表設置類型</td><td>□符合
□不符合
（量測高度：　　公尺）</td></tr>
</table>

<table>
<tr><td rowspan="4"></td><td></td><td>□結構分立型
□結構共構型
□設備安裝型</td><td></td></tr>
<tr><td>□屋頂突出物</td><td>□設置高度自屋頂突出物面起算，為一點五公尺以下。
□包含支撐架結合新設頂蓋，該頂蓋設置面積並無超過太陽光電發電設備之範圍。</td><td>□符合
□不符合
（量測高度：　　公尺）</td></tr>
<tr><td rowspan="2">□地面</td><td>□設置高度自地面起算為四點五公尺以下。</td><td rowspan="2">□符合
□不符合
（量測高度：　　公尺）</td></tr>
<tr><td>□經目的事業主管機關核准
□設置高度自地面起算為九公尺以下。
□包含支撐架結合新設頂蓋，該頂蓋設置面積並應超過太陽光電發電設備之範圍。</td></tr>
<tr><td rowspan="2">設置區域</td><td colspan="2">本案太陽光電發電設備之設置未超出建築物外牆中心線或其代替柱中心線外一公尺之範圍，且無超過建築基地範圍。</td><td>□符合
□不符合</td></tr>
<tr><td colspan="2">□本案無設置運轉維護孔道或通道。
□本案設置架高於設置面之運轉維護孔道或通道設施，其水平投影面積不得超過太陽光電發電設備整體水平投影面積百分之三十。</td><td>□符合
□不符合</td></tr>
<tr><td rowspan="4">應檢附備查圖說</td><td colspan="2">□剖面示意圖</td><td>□符合
□不符合</td></tr>
<tr><td colspan="2">□平面配置圖</td><td>□符合
□不符合</td></tr>
<tr><td colspan="2">□立面圖</td><td>□符合
□不符合</td></tr>
<tr><td colspan="2">□結構計算說明書
□設置高度超過三公尺
□太陽光電發電設備仰角非固定
□設置範圍超出建築物外牆中心線或其代替柱中心線
□設置支撐架結合新設頂蓋</td><td>□符合
□不符合</td></tr>
<tr><td colspan="4">此致　　　　　　　主管機關
建築師、土木技師或結構技師　　　　　　　　　　（簽名或蓋章）
以上資料由本建築師／土木技師／結構技師簽證負責

開業／執業圖戳

中　華　民　國　年　月　日</td></tr>
</table>

招牌廣告及樹立廣告管理辦法

■發布日期：民國 93 年 06 月 17 日

第 1 條

本辦法依建築法第九十七條之三第三項規定訂定之。

第 2 條

本辦法用辭定義如下：

一、招牌廣告：指固著於建築物牆面上之電視牆、電腦顯示板、廣告看板、以支架固定之帆布等廣告。

二、樹立廣告：指樹立或設置於地面或屋頂之廣告牌（塔）、綵坊、牌樓等廣告。

第 3 條

下列規模之招牌廣告及樹立廣告，免申請雜項執照：

一、正面式招牌廣告縱長未超過二公尺者。

二、側懸式招牌廣告縱長未超過六公尺者。

三、設置於地面之樹立廣告高度未超過六公尺者。

四、設置於屋頂之樹立廣告高度未超過三公尺者。

第 4 條

側懸式招牌廣告突出建築物牆面不得超過一點五公尺，並應符合下列規定：

一、位於車道上方者，自下端計量至地面淨距離應在四點六公尺以上。

二、前款以外者，自下端計量至地面淨距離應在三公尺以上；位於退縮騎樓上方者，並應符合當地騎樓淨高之規定。

正面式招牌廣告突出建築物牆面不得超過五十公分。

前二項規定於都市計畫及其相關法令已有規定者，從其規定。

第 5 條

設置招牌廣告及樹立廣告者，應備具申請書，檢同設計圖說，設置處所之所有權或使用權證明及其他相關證明文件，向直轄市、縣（市）主管建築機關或其委託之專業團體申請審查許可。

設置應申請雜項執照之招牌廣告及樹立廣告，其申請審查許可，應併同申請雜項執照辦理。

第6條

前條之專業團體受託辦理招牌廣告及樹立廣告之審查業務時，應將審查結果送當地主管建築機關，合格者，由該管主管建築機關核發許可。

第7條

招牌廣告及樹立廣告申請審查許可時，其廣告招牌燈之裝設，應依建築技術規則建築設備編第十四條之規定辦理。

設置於建築物之招牌廣告及樹立廣告，其裝設之廣告招牌燈應依建築物公共安全檢查簽證及申報辦法之規定辦理。

第8條

直轄市、縣（市）主管建築機關為因應地方特色之發展，得就招牌廣告及樹立廣告之規模、突出建築物牆面之距離，於第三條及第四條規定範圍內另定規定；並得就其形狀、色彩及字體型式等事項，訂定設置規範。

申請設置樹立廣告及招牌廣告時，直轄市、縣（市）主管建築機關應依前項規定及設置規範審查；其審查得委託第五條第一項之專業團體辦理。

第9條

直轄市、縣（市）主管建築機關依前條之設置規範，得製定各種招牌廣告及樹立廣告之標準圖樣供申請人選用。

申請人選用前項之標準圖樣時，得由直轄市、縣（市）主管建築機關簡化其審查程序。

第10條

取得許可之招牌廣告及樹立廣告，應將許可證核准日期及字號標示於廣告物之左下角、右下角或明顯處。

第11條

招牌廣告及樹立廣告未經直轄市、縣（市）主管建築機關許可，不得擅自變更；其有變更時，應重新申請審查許可。

第12條

招牌廣告及樹立廣告許可之有效期限為五年，期限屆滿後，原雜項使用執照及許可失其效力，應重新申請審查許可或恢復原狀。

第 13 條

下列用途之建築物或場所，其招牌廣告及樹立廣告除商標以外之文字，應附加英語標示：

一、觀光旅館。

二、百貨公司。

三、總樓地板面積超過一萬平方公尺之超級市場、量販店、餐廳。

第 14 條

下列處所不得設置招牌廣告及樹立廣告：

一、公路、高岡處所或公園、綠地、名勝、古蹟等處所。但經各目的事業主管機關核准者，不在此限。

二、妨礙公共安全或交通安全處所。

三、妨礙市容、風景或觀瞻處所。

四、妨礙都市計畫或建築工程認為不適當之處所。

五、公路兩側禁建、限建範圍不得設置之處所。

六、阻礙該建築物各樓層依各類場所消防安全設備標準規定設置之避難器具開口部開啓、使用及下降操作之處所。

七、其他法令禁止設置之處所。

第 15 條

本辦法所定書、表格式，由中央主管建築機關定之。

第 16 條

本辦法自發布日施行。

防火避難綜合檢討執行要點

■內政部 93.1.9 台內營字第 0920091078 號令訂定

■內政部 94.10.14 台內營字第 0940085713 號令修正第七點規定

■內政部 96.11.19 台內營字第 0960806688 號令修正第三點規定

■內政部 106.1.3 台內營字第 1050816960 號令修正第四點規定內政部 108.12.10

■內營字第 1080821175 號令修正

一、本要點依建築技術規則總則編第三條之四第三項規定訂定之。

二、申請評定之案件，應由申請人檢具防火避難綜合檢討報告書向中央主管建築機關指定之機關（構）、學校或團體（以下簡稱評定專業機構）辦理，評定通過由評定專業機構發給評定書。

三、防火避難綜合檢討報告書應載明下列事項：

（一）建築物之概要：

1.建築概要表（附表一）。

2.周圍現況圖。

3.建築計畫概要。

4.設備計畫概要。

（二）防火避難計畫基本原則：

1.防火避難計畫上之特徵。

2.基地與道路之關係。

3.避難層之位置。

4.防火區劃及防煙區劃。

5.安全區劃。

6.各層區劃圖。

7.防災設備系統概要。

8.防災設備機器一覽表（附表二）。

9.內裝計畫。

10.特定事項。

（三）火災感知、通報及避難誘導（圖面應將各項設備合併記入）：

1. 火警自動警報設備。
2. 緊急電話。
3. 向消防機關通報之設備。

   行政院公報第 025 卷第 233 期 20191210 內政篇

4. 緊急廣播設備。
5. 緊急照明設備及標示設備。
6. 避難指示之方法。

（四）避難計畫：

1. 避難計畫概要。
2. 標準樓層之避難計畫。
3. 特殊樓層之避難計畫。
4. 避難安全性能驗證。
5. 屬建築技術規則總則編第三條之四第一項第二款者，應依大型空間暫時避難據點規劃設計指導原則檢討設置暫時避難據點。

（五）排煙及消防活動：

1. 排煙設備概要。
2. 排煙系統說明圖。
3. 排煙口位置圖。
4. 緊急用進口位置。
5. 緊急用昇降機。
6. 室內消防栓設備。
7. 各種滅火設備、其他。
8. 消防車輛救災活動空間。
9. 如設有屋頂直昇機停機坪者，並應包括屋頂直昇機停機坪。

（六）管理經營：

1. 中央管理室。
2. 各設備之作動程序。
3. 維護管理體制。
4. 維護管理方法。

（七）附圖：

1. 各層平面圖。
2. 各向立面圖。
3. 剖面圖。
4. 其他詳圖。

四、避難計畫之避難人數，依下表計算：

組別	使用人數
A-1 集會表演	1. 有固定席位者： 固定席位部分：以實際席位數計。 站席部分：2.00（人 /m^2） 2. 固定席位者： (1) 座椅型式：1.45（人 /m^2） (2) 桌椅型式：0.75（人 /m^2） (3) 站　　席：2.00（人 /m^2） 3. 舞臺：0.75（人 /m^2）
A-2 運輸場所	1. 大廳、候機（車）室及月臺： 有座椅部分：1.45（人 /m^2） 無座椅部分：2.00（人 /m^2） 2. 行政辦公區：0.3（人 /m^2） 3. 其他附屬設施：依實際用途比照其他類組。
B-1 娛樂場所	1. 夜總會、舞廳： 舞臺：0.75（人 /m^2） 舞池：2.0（人 /m^2） 休息區：0.75（人 /m^2） 2. 酒家：1.00（人 /m^2） 3. 公共浴室：1.00（人 /m^2）
B-2 商場百貨	1. 商場、市場： 有購物車：0.55（人 /m^2） 無購物車：0.75（人 /m^2） 2. 百貨公司：1.00（人 /m^2） 3. 拍賣會場：1.50（人 /m^2） 4. 吸煙室：0.125（人 /m^2） 5. 展覽館：1.00（人 /m^2）
B-3 餐飲場所	餐廳：0.75（人 /m^2） 廚房：0.125（人 /m^2）
B-4 旅館	客房區：住房人數 ×1.1 餐廳：0.75（人 /m^2） 宴會廳：1.00（人 /m^2） 會議廳：同 A-1 組。 廚房：0.125（人 /m^2）
C-1 特殊廠庫	1. 汽車庫：0.04（人 /m^2） 2. 修理廠： 工作區：0.10（人 /m^2） 儲藏區：0.04（人 /m^2） 3. 電影攝影場、電視播放室： 有現場觀衆：1.45（人 /m^2） 無現場觀衆：0.75（人 /m^2）

組別	使用人數
C-2 一般廠庫	1. 倉庫：0.03（人 /m^2） 2. 工廠： 製造區：0.10（人 /m^2） 儲藏區：0.04（人 /m^2）
D-1 健身休閒	1. 體育館：同 A-1 組。 2. 室內游泳池： 游泳池 / 更衣室：0.30（人 /m^2） 休息區：0.75（人 /m^2） 3. 健身房：0.5（人 /m^2） 4. 保齡球館： 除球道部分之外：0.75（人 /m^2） 5. 溜冰場： 溜冰區：0.25（人 /m^2） 休息區：0.75（人 /m^2） 6. 遊藝場：1.00（人 /m^2）
D-2 文教設施	1. 圖書館： 閱覽區：0.40（人 /m^2） 書架區：0.15（人 /m^2） 辦公區：0.3（人 /m^2） 2. 其他使用項目：0.5（人 /m^2） 3. 廚房：0.125（人 /m^2）
D-3 國小校舍	小學教室：0.50（人 /m^2） 集會場所：同 A-1 組。 電腦室 / 研究室：0.40（人 /m^2） 實驗室：依實際狀況。 餐廳：0.75（人 /m^2） 廚房：0.125（人 /m^2） 行政辦公區：0.30（人 /m^2）
D-4 校舍	大學教室：0.80（人 /m^2） 中學教室：0.70（人 /m^2） 集會場所：同 A-1 組。 電腦室 / 研究室：0.40（人 /m^2） 實驗室：依實際狀況 餐廳：0.75（人 /m^2） 廚房：0.125（人 /m^2） 行政辦公區：0.30（人 /m^2）
D-5 補教托育	1.0（人 /m^2）
E 宗教、殯葬類	1. 集會堂部分：同 A-1 組。 2. 其他附屬設施：依實際狀況。

組別	使用人數
F-1 醫療照護	門診區（含候診區、掛號區）：0.3（人/m^2） 病房區：病床數 ×2.0 診療區：0.08（人/m^2） 行政辦公區：0.3（人/m^2）
F-2 社會福利	0.3（人/m^2）
F-3 兒童福利	0.50（人/m^2）
F-4 戒護場所	0.50（人/m^2）
G-1 金融證券	營業廳：0.7（人/m^2） 其他：同 G-2 組。
G-2 辦公場所	辦公區：0.30（人/m^2） 會議室：0.60（人/m^2） 會議廳：同 A-1 組。 休息室（貴賓室等）：0.5（人/m^2） 餐廳：0.75（人/m^2） 廚房：0.125（人/m^2） 吸煙室：0.125（人/m^2）
G-3 店鋪診所	店鋪：0.5（人/m^2） 餐飲：0.75（人/m^2） 診所：0.3（人/m^2）
H-1 宿舍安養	1.寄宿舍：0.40（人/m^2） 2.養老院、安養（收容）中心：0.25（人/m^2）
H-2 住宅	0.06（人/m^2）
I 危險廠庫	0.04（人/m^2）
說明： 一、表列樓地板面積之計算，不包括法定防空避難設備面積，室內停車空間面積、騎樓及機械房、變電室、直通樓梯間、電梯間、蓄水池及屋頂突出物面積等類似用途部分。 二、若設置管理委員會空間應依實際用途選取適當之計算參數。 三、依本表計算之避難人數未達整數時，其零數以一人計之。	

五、第三點第四款第四目之避難安全性能驗證，係指以建築物之單一樓層爲對象，驗證對象樓層任一居室發生火災時，位於該樓層之所有避難人員從該樓層任一點進入直通樓梯完成避難爲止，該樓層各居室或經由走廊到達直通樓梯等避難路徑上之煙層下降高度不得形成避難障礙。並依下列步驟驗證：

（一）應先驗證可能成爲起火室之居室人員安全避難至居室外部，完成避難所需之時間小於火災發生至煙層下降高度達形成避難障礙所需之時間。

（二）繼而驗證該樓層起火室以外之其他各居室人員安全避難至直通樓梯，完成避難所需時間小於避難路徑上煙層下降高度達形成避難障礙所需之時間。

（三）分別假設該樓層內各居室爲起火室，驗證樓層避難完成時間均小於煙層下降高度達形成避難障礙之時間。

六、防火避難綜合評定書應載明下列事項：

（一）評定書編號、評定日期。

（二）評定專業機構名稱、負責人及評定人員姓名、簽章。

（三）建築物起造人及設計人。

（四）建築物概要。

（五）評定基準（規範或原則）以及評定結果（含審查會議紀錄）。

（六）注意事項。

（七）其他相關之補充資料。

七、自防火避難綜合檢討報告書評定通過之日起六個月內，建築物起造人應檢具防火避難綜合檢討報告書及評定書送請直轄市、縣（市）主管建築機關據以核發建造執照或同意變更使用。

但經直轄市、縣（市）主管建築機關同意延至申報開工或放樣勘驗，並保留建造執照之廢止權者，得於其同意期限前補送。

起造人經領得建造執照，依建造執照核定之工程圖樣製作副本一份送原評定專業機構，評定專業機構認爲不符評定內容者，應將不符之處詳爲列舉，送原核發建造執照之主管建築機關通知起造人辦理變更設計，經原評定專業機構查核與評定內容相符並函復准予備查者，始得申報放樣勘驗。但未規定申報放樣勘驗之直轄市、縣（市），應於開工申報前完成備查，始得申報開工。

八、建築物防火避難綜合檢討報告書之評定作業要點及避難安全性能驗證方法，由各評定專業機構擬定並報中央主管建築機關核定。

九、（刪除）

附表一　建築物概要表

<table>
<tr><td colspan="3">建造別</td><td colspan="3">□新建　□增建　□改建　□修建　□變更設計
□變更使用執照　□變更使用類組　□室內裝修</td></tr>
<tr><td colspan="3">基地位置</td><td colspan="3"></td></tr>
<tr><td colspan="3">土地使用分區或編定用地</td><td colspan="3"></td></tr>
<tr><td colspan="3">申請條件</td><td colspan="3">□高度達二十五層或九十公尺以上之高層建築物
□供建築物使用類組 B-2 組使用之總樓地板面積達三萬平方公尺以上之建築物
□與地下公共運輸系統相連接之地下街或地下商場</td></tr>
<tr><td colspan="3">基地數</td><td colspan="3"></td></tr>
<tr><td colspan="3">有無他棟</td><td colspan="3">□無　□有（　　棟）</td></tr>
<tr><td colspan="3" rowspan="2">防災中心</td><td colspan="3">□無　□有（　　處，中央管理室、其他）</td></tr>
<tr><td colspan="3">副中心　□無　□有（　　處）</td></tr>
<tr><td rowspan="4">面積</td><td colspan="2">基地面積</td><td colspan="3">M²</td></tr>
<tr><td colspan="2">建築面積</td><td colspan="3">M²　建蔽率：　　%</td></tr>
<tr><td colspan="2">總樓地板面積</td><td colspan="3">M²　容積率：　　%</td></tr>
<tr><td colspan="2">標準層樓地板面積</td><td colspan="3">M²</td></tr>
<tr><td rowspan="2">樓層數</td><td colspan="2">地上</td><td colspan="3">層　塔屋：　　層</td></tr>
<tr><td colspan="2">地下</td><td colspan="3">層</td></tr>
<tr><td rowspan="3">高度</td><td colspan="2">建築物高度</td><td colspan="3">M</td></tr>
<tr><td colspan="2">最高部分高度</td><td colspan="3">M</td></tr>
<tr><td colspan="2">標準層樓高</td><td colspan="3">M</td></tr>
<tr><td rowspan="2">主體構造</td><td colspan="2">地上</td><td colspan="3">□S 造　□SRC 造　□RC 造　□其他</td></tr>
<tr><td colspan="2">地下</td><td colspan="3">□S 造　□SRC 造　□RC 造　□其他</td></tr>
<tr><td rowspan="2">停車空間</td><td colspan="2">室內</td><td colspan="3">□小客車：　輛　□大客車：　輛</td></tr>
<tr><td colspan="2">室外</td><td colspan="3">□小客車：　輛　□大客車：　輛</td></tr>
<tr><td rowspan="18">各樓層概要</td><td>棟別</td><td>層別</td><td>使用類組</td><td>申請面積</td><td>樓層高度</td></tr>
<tr><td></td><td></td><td></td><td></td><td></td></tr>
<tr><td></td><td></td><td></td><td></td><td></td></tr>
<tr><td></td><td></td><td></td><td></td><td></td></tr>
<tr><td></td><td></td><td></td><td></td><td></td></tr>
<tr><td></td><td></td><td></td><td></td><td></td></tr>
<tr><td></td><td></td><td></td><td></td><td></td></tr>
<tr><td></td><td></td><td></td><td></td><td></td></tr>
<tr><td></td><td></td><td></td><td></td><td></td></tr>
<tr><td></td><td></td><td></td><td></td><td></td></tr>
<tr><td></td><td></td><td></td><td></td><td></td></tr>
<tr><td></td><td></td><td></td><td></td><td></td></tr>
<tr><td></td><td></td><td></td><td></td><td></td></tr>
<tr><td></td><td></td><td></td><td></td><td></td></tr>
<tr><td></td><td></td><td></td><td></td><td></td></tr>
<tr><td></td><td></td><td></td><td></td><td></td></tr>
<tr><td></td><td></td><td></td><td></td><td></td></tr>
<tr><td></td><td></td><td></td><td></td><td></td></tr>
</table>

附表二　防災設備機器一覽表

（棟別：　棟）

樓	層數	地下　層	地下　層	第壹層	第　層	第　層	第　層	第　層	第　層	第　層	第　層	防災中心	
用	途												
	防災中心												
垂直動線	A、樓梯（　）											監視	控制
	B、樓梯（　）												
	C、樓梯（　）												
	緊急用昇降機												
	昇降機緊急疏散系統												
	中間避難層												
	屋頂直昇機停機坪												
發現、通報設備	火警自動警報設備												
	緊急廣播設備												
	緊急電話設備												
	瓦斯漏氣探測器												
避難設備	緊急照明設備												
	標示設備												
	排煙設備												
滅火設備等	滅火器具												
	自動撒水設備												
	室內消防栓設備												
	輔助撒水設備												
	泡沫滅火設備												
	連結送水管設備												
	緊急電源插座設備												

註一：本表應分棟填寫。

註二：樓梯乙列，"（　）"內填入室內安全梯、戶外安全梯或特別安全梯。

註三：樓梯、緊急用昇降機及昇降機緊急疏散系統，可通達之樓層填入"○"，避難層並將"○"改為"●"；其餘各列，於設有該項設備之樓層及依防災中心監控情形，填入"○"。

第11章 辦理建築物防火避難性能設計評定書及防火避難綜合檢討評定書專業機構指定要點

■內政部 93.3.12 台內營字第 0930082534 號令訂定

一、本要點依建築技術規則總則編第三條第四項及第三條之四第四項規定訂定之。

二、辦理建築物防火避難性能設計評定書或防火避難綜合檢討評定書之專業機構（以下簡稱評定專業機構）應具備下列條件：

（一）各級政府機關、公營事業機構、公立或立案之私立大學以上學校或法人團體。

（二）置有大專以上畢業之專任行政人員一人以上。

（三）置有大學以上畢業之專任技術人員二以上。

（四）設有能夠容納二十人以上進行評定作業之會議場所一處以上。

（五）設有能使評定作業資訊公開化之電子（網路）化環境。

（六）申請評定項目能邀集中央主管建築機關認可之學者專家十人以上組成評定小組。

（七）辦理或經營之他項業務不影響評定作業之公正性。

前項第六款之學者專家，不得同時受聘於二個以上依本要點指定之評定專業機構。

三、具有第二點第一項規定條件者，得備具申請書、執行計畫書及條件證明文件正本及影本各乙份，向中央主管建築機關申請指定為評定專業機構。

前項之指定有效期限為三年，評定專業機構應於期限屆滿前，向中央主管建築機關申請重新指定。

四、中央主管建築機關為辦理評定專業機構之指定及第二點第一項第六款之學者專家之認可，得邀集內政部建築技術審議委員會部分委員及相關之學者專家組成評選委員會進行評選。

五、申請指定單位經評選委員會評選通過者，由中央主管建築機關指定之。

六、依第三點第一項檢附之執行計畫書應包括下列事項：

（一）申請單位之屬性介紹。

（二）專責人力配置說明。□

（三）評定小組組成及人員邀集情形說明。□

（四）詳細之評定作業流程。

（五）詳細之評定作業時程管制方式。

（六）可提供申請人之諮詢服務方式。

（七）建築物防火避難性能設計計畫書或防火避難綜合檢討報告書評定作業要點草案。

（八）可提供之會議場所等硬體設備。

（九）可提供之資訊電子化設備。

（十）收費標準。

前項第四款之評定作業流程應載明各申請案參與審查之評定小組學者專家最低人數。

七、經指定之評定專業機構，有下列情形之一者，中央主管建築機關得廢止其指定：

（一）應具備之人員或設施設備不足，未依規定補足者。

（二）辦理或經營之他項業務影響評定作業之公正性者。

（三）未依規定或收費標準執行業務經查屬實者。

（四）評定小組學者專家之變更未經中央主管建築機關同意者。

八、中央主管建築機關爲辦理第二點第一項第六款之學者專家認可，得邀請國內各相關機關（構）、學校或團體推薦，經第四點之評選委員會評選通過後予以認可。

建築物昇降設備設置及檢查管理辦法

■修正日期：民國 104 年 06 月 15 日

第 1 條

本辦法依建築法（以下簡稱本法）第七十七條之四第九項規定訂定之。

第 2 條

本辦法用詞，定義如下：

一、建築物昇降設備（以下簡稱昇降設備）：指設置於建築物之昇降機、自動樓梯或其他類似之昇降設備。

二、管理人：指建築物之所有權人或使用人或經授權管理之人。

三、專業廠商：指領有中央主管建築機關核發登記證，從事昇降設備安裝或維護保養並具有專業技術人員之廠商。

四、專業技術人員：指領有中央主管建築機關核發登記證，並受聘於專業廠商，擔任昇降設備安裝或維護保養之人員。

五、檢查機構：指經中央主管建築機關指定，得接受當地主管建築機關委託執行昇降設備安全檢查業務之機構或團體。

六、檢查員：指領有中央主管建築機關核發檢查員證，並受聘於檢查機構從事昇降設備安全檢查之人員。

第 3 條

昇降設備安裝完成後，非經竣工檢查合格取得使用許可證，不得使用。

前項竣工檢查，當地主管建築機關應於核發建築物或雜項工作物使用執照時併同辦理，或委託檢查機構為之。經檢查通過者，由當地主管建築機關或其委託之檢查機構核發使用許可證，並依第五條第一項規定之安全檢查頻率註明有效期限。

使用許可證應妥善張貼於出入口處前上方顯眼處所。

申請竣工檢查時，應檢附昇降設備組件耐用基準參考表。

第 4 條

管理人應委請專業廠商負責昇降設備之維護保養，由專業技術人員依一般維護保養之作業程序，按月實施並作成紀錄表一式二份，並應簽章及填註其證照號碼，由管理人及專業廠商各執一份。

專業技術人員應查核前條第四項昇降設備組件耐用基準參考表，對於已屆耐用基準之組件，應於保養紀錄表載明處理情形；已更換之組件，應另行填列昇降設備組件耐用基準參考表。於本辦法中華民國一百零五年一月一日修正施行前已領得使用許可證之昇降設備，亦同。

昇降設備組件耐用基準參考表應併同維護保養紀錄表，按月檢送當地主管建築機關。

第 5 條

昇降設備安全檢查頻率，規定如下：

一、昇降送貨機每三年一次。

二、個人住宅用昇降機每三年一次。但建築物經竣工檢查合格達十五年者，每年一次。

三、供五樓以下公寓大廈使用之昇降機每二年一次。但建築物經竣工檢查合格達十五年者，每年一次。

四、前三款以外之昇降設備每年一次。但建築物經竣工檢查合格達十五年者，每半年一次。

管理人應於使用許可證使用期限屆滿前二個月內，自行或委託維護保養之專業廠商向當地主管建築機關或其委託之檢查機構申請安全檢查。

第 6 條

昇降設備之安全檢查，由檢查機構受理者，檢查機構應指派檢查員依第七條規定檢查，並製作安全檢查表。

昇降設備檢查通過者，安全檢查表經檢查員簽證後，應於五日內送交檢查機構，由檢查機構核發使用許可證。

前項檢查結果，檢查機構應按月彙報當地主管建築機關備查。

第 7 條

昇降設備之安全檢查應檢核下列事項：

一、昇降設備由管理人負責管理。

二、已委請專業廠商負責維護保養。

三、已由專業技術人員從事維護保養。

四、已依第四條第一項規定實施平時之維護保養並作成紀錄。

五、已依第四條第二項及第三項規定，由專業技術人員載明昇降設備組件耐用基準處理情形，及按月檢送維護保養紀錄表予當地主管建築機關。

六、昇降設備運轉正常。

第 8 條

當地主管建築機關就停止使用之昇降設備，除通知管理人外，並應於昇降設備上張貼經檢查不合格，應停止使用之標示。

第 9 條

中央主管建築機關得指定符合下列各款條件者爲檢查機構：

一、昇降設備相關之協會、機械工程科或電機工程科技師公會等專業性之法人機構或團體。

二、具有專任檢查員十人以上。

三、具有昇降設備有關之資訊與檔案資料及設備，並能與中央及當地主管建築機關連線者。

四、有獨立設置之檢查辦事處所，並設有檔案室、檢查設備存放室及檢查機構人員辦公作息之空間，面積在一百平方公尺以上者。

五、具有技師資格或五年以上昇降設備檢查經驗之檢查員擔任檢查業務主管。

第 10 條

中央主管建築機關得委託符合下列各款資格之一之機關（構）、團體或學校辦理專業技術人員或檢查員訓練：

一、全國性之機械工程科、電機工程科等技師公會。

二、全國性昇降設備相關之協會或團體。

三、從事昇降設備相關之研究、設計、檢查或教育訓練等工作著有成績之機關（構）、團體或學校。

前項受委託之訓練機關（構）或團體應具有從事昇降設備工作五年以上經驗，足堪擔任相關訓練工作之專業技術人員五人以上爲其會員或受聘爲工作人員。

第 11 條

申請登記爲專業廠商者，應檢附申請書及下列證明文件向中央主管建築機關申請核發專業廠商登記證：

一、第一類專業廠商：

（一）資本額在新臺幣五千萬元以上。

（二）公司或商業登記證明文件。

（三）三十名以上專業技術人員之登記文件，至少十名需具備昇降機乙級裝修技術士資格或機械、電機、電子工程技師證書資格。

二、第二類專業廠商：

（一）資本額在新臺幣二千萬元以上。

（二）公司或商業登記證明文件。
（三）十五名以上專業技術人員之登記文件，至少五名需具備昇降機乙級裝修技術士資格或機械、電機、電子工程技師證書資格。
三、第三類專業廠商：
（一）資本額在新臺幣六百萬元以上。
（二）公司或商業登記證明文件。
（三）六名以上專業技術人員之登記文件，至少二名需具備昇降機乙級裝修技術士資格或機械、電機、電子工程技師證書資格。
前項文件有變更者，應向中央主管建築機關辦理變更登記。

第 12 條

專業廠商登記證有效期限爲五年，專業廠商應於期限屆滿前三個月內，檢附下列文件，向中央主管建築機關申請換發專業廠商登記證：
一、申請書。
二、原專業廠商登記證正本。
三、公司或商業登記證明文件。
四、專業技術人員之登記文件。
五、其他相關文件。
本辦法中華民國一百零五年一月一日修正施行前領得專業廠商登記證者，應於修正施行後二年內檢附申請書及原專業廠商登記證正本，向中央主管建築機關申請換發專業廠商登記證；屆期未辦理者，原專業廠商登記證失其效力。

第 13 條

具有下列資格之一者，得向中央主管建築機關申請核發檢查員證：
一、領有機械、電機、電子工程技師證書及執業執照。
二、具有昇降機乙級裝修技術士資格且經檢查員訓練達一定時數並測驗合格。
前項第二款訓練之課程及時數，由中央主管建築機關另定之，並於訓練合格後發給檢查員訓練結業證書。
本辦法中華民國九十三年十一月十一日修正生效之日起五年內，原以具有專科以上學校機械、電機、電子等有關科系畢業經考訓合格取得檢查員證者，應於期限內取得第一項之技師或昇降機乙級裝修技術士資格，重新申請檢查員證，屆期未取得檢查員證者，不得辦理昇降設備之檢查。

第 14 條

申請核發檢查員證者，應檢附申請書及下列證明文件：

一、機械、電機、電子工程技師證書及執業執照正本及其影本，或昇降機乙級裝修技術士證正本及其影本各一份。
二、檢查員資料卡。
三、檢查員訓練結業證書正本及其影本各一份。
前項文件有變更者，應向中央主管建築機關辦理變更登記。
第一項第三款檢查員訓練結業證書有效期爲五年，於有效期限屆滿前未依規定申請核發檢查員證者，應重新參加前條第一項第二款之訓練。
本辦法中華民國一百零五年一月一日修正施行前領有訓練結業證書而未申請核發檢查員證者，應於修正施行後一年內，向中央主管建築機關申請核發檢查員證；屆期未辦理者，原檢查員訓練結業證書失其效力。

第 15 條

檢查員證有效期限爲五年；領有檢查員證之檢查員，應於領證後五年內參加中央主管建築機關或其委託之相關機關（構）、團體或學校舉辦訓練十六小時以上並取得證明文件。

第 16 條

檢查員應於檢查員證有效期限屆滿前六個月內，檢附下列文件向中央主管建築機關申請換發檢查員證：
一、申請書。
二、原檢查員證正本。
三、前條規定之訓練證明文件。但符合第十三條第一項第一款者，免附。
本辦法中華民國一百零五年一月一日修正施行前領得檢查員證者，應依附表一之規定期限檢附申請書及原檢查員證正本，向中央主管建築機關申請換發檢查員證；屆期未辦理者，原檢查員證失其效力。

第 17 條

具有下列資格之一者，得向中央主管建築機關申請核發專業技術人員登記證：
一、領有機械、電機、電子工程等技師證書。
二、領有昇降機裝修技術士證明文件者。

第 18 條

申請核發專業技術人員登記證者，應檢附申請書及下列證明文件：
一、昇降機裝修技術士證正本及其影本各一份或技師執業執照證書正本及其影本各一份。

二、專業技術人員資料卡。

前項文件有變更者，應向中央主管建築機關辦理變更登記。

第 19 條

專業技術人員登記證有效期限爲五年；領有專業技術人員登記證之專業技術人員，應於領證後五年內參加中央主管建築機關或其委託之相關機關（構）、團體或學校舉辦訓練十六小時以上，並取得證明文件。

第 20 條

專業技術人員應於專業技術人員登記證有效期限屆滿前六個月內，檢附下列文件向中央主管建築機關申請換發其登記證：

一、申請書。

二、原專業技術人員登記證正本。

三、前條規定之訓練證明文件。但符合第十七條第一款者，免附。

本辦法中華民國一百零五年一月一日修正施行前領得專業技術人員登記證者，應依附表二之規定期限檢附申請書及原登記證正本，向中央主管建築機關申請換發其登記證；屆期未辦理者，原登記證失其效力。

第 21 條

專業廠商依本法規定投保意外責任保險之最低保險金額如下：

一、每一個人身體傷亡：新臺幣三百萬元。

二、每一事故身體傷亡：新臺幣三千萬元。

三、每一事故財產損失：新臺幣二百萬元。

四、保險期間總保險金額：新臺幣六千四百萬元。

第 22 條

專業廠商維護保養昇降設備臺數在二百臺以下者，至少應聘僱專業技術人員六人；超過二百臺者，每增加五十臺增加一人，未達五十臺者，亦同。專業廠商應按月製作所屬每位專業技術人員保養維修昇降設備數量統計表，併同第四條之維護保養紀錄表留存，以備當地主管建築機關查考。

第 23 條

專業廠商於登記證有效期限五年內，有本法第九十一條之二第二項情形之一者，經當地主管建築機關通知限期改正達三次，當地主管建築機關得報請中央主管建築機關處一年以上三年以下之停止換發登記證處分。

第 24 條

專業廠商有下列情形之一者，由當地主管建築機關報請中央主管建築機關廢止其登記證：

一、有本法第九十一條之二第二項情形之一者，經當地主管建築機關通知限期改正，屆期未改正者，並經當地主管建築機關處停止執行職務之處分達三次且受停止執行職務之處分累計滿三年。

二、受停止換發登記證處分累計三次。

第 25 條

檢查員於登記證有效期限五年內，有本法第九十一條之二第五項情形之一者，經當地主管建築機關通知限期改正達三次，當地主管建築機關得報請中央主管建築機關處一年以上三年以下之停止換發登記證處分。

第 26 條

檢查員有有下列情形之一者，由當地主管建築機關報請中央主管建築機關廢止其檢查員證：

一、有本法第九十一條之二第五項情形之一者，經當地主管建築機關通知限期改正，屆期未改正者，並經當地主管建築機關處停止執行職務之處分達三次且受停止執行職務之處分累計滿三年。

二、受停止換發登記證處分累計三次。

第 27 條

專業技術人員於登記證有效期限五年內，有本法第九十一條之二第三項情形之一者，經當地主管建築機關通知限期改正達三次，當地主管建築機關得報請中央主管建築機關處一年以上三年以下之停止換發登記證處分。

第 28 條

專業技術人員有下列情形之一者，由當地主管建築機關報請中央主管建築機關廢止其登記證：

一、有本法第九十一條之二第三項情形之一者，經當地主管建築機關通知限期改正，屆期未改正者，並經當地主管建築機關處停止執行職務之處分達三次且受停止執行職務之處分累計滿三年。

二、受停止換發登記證處分累計三次。

第 29 條

專業廠商、專業技術人員或檢查員因可歸責於已之事由，致其專業廠商登記證、專業技術人員登記證或檢查員證經依法廢止或撤銷，於廢止或撤銷未滿三年者，不得重新申請登記或核發。

前項期限屆滿後，檢查員應重新依第十三條規定申請檢查員證者，並重新取得檢查員訓練結業證書。

第 30 條

檢查機構有本法第九十一條之二第四項情形之一者，經當地主管建築機關通知限期改正，屆期未改正者，並經當地主管建築機關處停止執行職務達三次且受停止執行職務之處分累計滿三年者，由當地主管建築機關報請中央主管建築機關廢止指定。

第 31 條

經依前條規定廢止指定，或因可歸責於已之事由致依法撤銷指定，於廢止或撤銷未滿三年者，不得指定為檢查機構。

第 32 條

本辦法自中華民國一百零五年一月一日施行。

附表一　檢查員證換發期限

換證梯次	檢查員領得檢查員證之登記日期	換證期限由本辦法修正生效日期起算
一	原取得舊證之檢查員	二年內
二	九十六年一月一日至九十八年十二月三十一日	四年內
三	九十九年一月一日以後至本辦法一百零五年一月一日修正生效日前	五年內

附表二　專業技術人員登記證換發期限

換證梯次	專業技術人員領得登記證之登記日期	換證期限由本辦法修正生效日期起算
一	原取得登記通知書之專業技術人員	二年內
二	九十五年一月一日至九十六年十二月三十一日	三年內
三	九十七年一月一日至一百年十二月三十一日	四年內
四	一百零一年一月一日以後至本辦法一百零五年一月一日修正生效日前	五年內

建築物使用類組及變更使用辦法

■修正日期：民國 102 年 06 月 27 日

第 1 條

本辦法依建築法（以下簡稱本法）第七十三條第四項規定訂定之。

第 2 條

建築物之使用類別、組別及其定義，如附表一。

前項建築物之使用項目舉例如附表二。

原核發之使用執照未登載使用類組者，該管主管建築機關應於建築物申請變更使用執照時，依前二項規定確認其類別、組別，加註於使用執照或核發確認使用類組之文件。建築物所有權人申請加註者，亦同。

第 3 條

建築物變更使用類組時，除應符合都市計畫土地使用分區管制或非都市土地使用管制之容許使用項目規定外，並應依建築物變更使用原則表如附表三辦理。

第 4 條

建築物變更使用類組規定檢討項目之各類組檢討標準如附表四。

第 5 條

建築物變更使用類組，應以整層為之。但不妨害或破壞其他未變更使用部分之防火避難設施且符合下列情形之一者，得以該樓層局部範圍變更使用：

一、變更範圍直接連接直通樓梯、梯廳或屋外，且以具有一小時以上防火時效之牆壁、樓板、防火門窗等防火構造及設備區劃分隔，其防火設備並應具有一小時以上之阻熱性。

二、變更範圍以符合建築技術規則建築設計施工編第九十二條規定之走廊連接直通樓梯或屋外，且開向走廊之開口以具有一小時以上防火時效之防火門窗等防火設備區劃分隔，其防火設備並應具有一小時以上之阻熱性。

第 6 條

建築物於同一使用單元內，申請變更為多種使用類組者，應同時符合各使用類組依附表三規定之檢討項目及附表四規定之檢討標準。但符合下列各款規定者，得以主用途之使用類組檢討：

一、具主從用途關係如附表五。

二、從屬用途範圍之所有權應與主用途相同。

三、從屬用途樓地板面積不得超過該使用單元樓地板面積之五分之二。

四、同一使用單元內主從空間應相互連通。

建築物有連跨複數樓層，無法逐層區劃分隔之垂直空間，且未以具有一小時以上之牆壁、樓板及防火門窗等防火構造及設備區劃分隔者，應視為同一使用單元檢討。

同一使用單元內之各種使用類組應以該使用單元之全部樓地板面積為檢討範圍。

第 7 條

建築物申請變更為A、B、C類別及D1組別之使用單元，其與同樓層、直上樓層及直下樓層相鄰之其他使用單元，應依第五條規定區劃分隔及符合下列各款規定：

一、建築物之主要構造應為防火構造。

二、坐落於非商業區之建築物申請變更之使用單元與H類別及F1、F2、F3組別等使用單元之間，應以具有一小時以上防火時效之無開口牆壁及防火構造之樓地板區劃分隔。

第 8 條

本法第七十三條第二項所定有本法第九條建造行為以外主要構造、防火區劃、防火避難設施、消防設備、停車空間及其他與原核定使用不合之變更者，應申請變更使用執照之規定如下：

一、建築物之基礎、樑柱、承重牆壁、樓地板等之變更。

二、防火區劃範圍、構造或設備之調整或變更。

三、防火避難設施：

（一）直通樓梯、安全梯或特別安全梯之構造、數量、步行距離、總寬度、避難層出入口數量、寬度及高度、避難層以外樓層出入口之寬度、樓梯及平臺淨寬等之變更。

（二）走廊構造及寬度之變更。

（三）緊急進口構造、排煙設備、緊急照明設備、緊急用昇降機、屋頂避難平臺、防火間隔之變更。

四、供公眾使用建築物或經中央主管建築機關認有必要之非供公眾使用建築物之消防設備之變更。

五、建築物或法定空地停車空間之汽車或機車車位之變更。

六、建築物獎勵增設營業使用停車空間之變更。

七、建築物於原核定建築面積及各層樓地板範圍內設置或變更之昇降設備。
八、建築物之共同壁、分戶牆、外牆、防空避難設備、機械停車設備、中央系統空氣調節設備及開放空間，或其他經中央主管建築機關認定項目之變更。

第 9 條
建築物申請變更使用無須施工者，經直轄市、縣（市）主管建築機關審查合格後，發給變更使用執照或核准變更使用文件；其須施工者，發給同意變更文件，並核定施工期限，最長不得超過二年。申請人因故未能於施工期限內施工完竣時，得於期限屆滿前申請展期六個月，並以一次為限。未依規定申請展期或已逾展期期限仍未完工者，其同意變更文件自規定得展期之期限屆滿之日起，失其效力。
領有同意變更文件者，依前項核定期限內施工完竣後，應申請竣工查驗，經直轄市、縣（市）主管建築機關查驗與核准設計圖樣相符者，發給變更使用執照或核准變更使用文件。不符合者，一次通知申請人改正，申請人應於接獲通知之日起三個月內，再報請查驗；屆期未申請查驗或改正仍不合規定者，駁回該申請案。

第 10 條
建築物申請變更使用時，其違建部分依違章建築處理相關規定，得另行處理。

第 11 條
本辦法自中華民國一百年十月一日施行。
本辦法修正條文自發布日施行。

附表一　建築物之使用類別、組別及其定義

類別		類別定義	組別	組別定義
A 類	公共集會類	供集會、觀賞、社交、等候運輸工具，且無法防火區劃之場所。	A-1	供集會、表演、社交，且具觀衆席之場所。
			A-2	供旅客等候運輸工具之場所。
B 類	商業類	供商業交易、陳列展售、娛樂、餐飲、消費之場所。	B-1	供娛樂消費，且處封閉或半封閉之場所。
			B-2	供商品批發、展售或商業交易，且使用人替換頻率高之場所。
			B-3	供不特定人餐飲，且直接使用燃具之場所。
			B-4	供不特定人士休息住宿之場所。

類別		類別定義	組別	組別定義
C 類	工業、倉儲類	供儲存、包裝、製造、檢驗、研發、組裝及修理物品之場所。	C-1	供儲存、包裝、製造、檢驗、研發、組裝及修理工業物品，且具公害之場所。
			C-2	供儲存、包裝、製造、檢驗、研發、組裝及修理一般物品之場所。
D 類	休閒、文教類	供運動、休閒、參觀、閱覽、教學之場所。	D-1	供低密度使用人口運動休閒之場所。
			D-2	供參觀、閱覽、會議之場所。
			D-3	供國小學童教學使用之相關場所。（宿舍除外）
			D-4	供國中以上各級學校教學使用之相關場所。（宿舍除外）
			D-5	供短期職業訓練、各類補習教育及課後輔導之場所。
E 類	宗教、殯葬類	供宗教信徒聚會、殯葬之場所。	E	供宗教信徒聚會、殯葬之場所。
F 類	衛生、福利、更生類	供身體行動能力受到健康、年紀或其他因素影響，需特別照顧之使用場所。	F-1	供醫療照護之場所。
			F-2	供身心障礙者教養、醫療、復健、重健、訓練、輔導、服務之場所。
			F-3	供兒童及少年照護之場所。
			F-4	供限制個人活動之戒護場所。
G 類	辦公、服務類	供商談、接洽、處理一般事務或一般門診、零售、日常服務之場所。	G-1	供商談、接洽、處理一般事務，且使用人替換頻率高之場所。
			G-2	供商談、接洽、處理一般事務之場所。
			G-3	供一般門診、零售、日常服務之場所。
H 類	住宿類	供特定人住宿之場所。	H-1	供特定人短期住宿之場所。
			H-2	供特定人長期住宿之場所。
I 類	危險物品類	供製造、分裝、販賣、儲存公共危險物品及可燃性高壓氣體之場所。	I	供製造、分裝、販賣、儲存公共危險物品及可燃性高壓氣體之場所。

第二條附表二　建築物使用類組使用項目舉例

類組	使用項目舉例
A-1	1.戲（劇）院、電影院、演藝場、歌廳、觀覽場等類似場所。 2.觀衆席面積在二百平方公尺以上之下列場所：體育館（場）及設施、音樂廳、文康中心、社教館、集會堂（場）、社區（村里）活動中心等類似場所。
A-2	1.車站（公路、鐵路、大衆捷運）。 2.候船室、水運客站。 3.航空站、飛機場大廈。
B-1	1.視聽歌唱場所（提供伴唱視聽設備，供人唱歌場所）、理髮（理容）場所（將場所加以區隔或包廂式為人理髮理容之場所）、按摩場所（將場所加以區隔或包廂式為人按摩之場所）、三溫暖場所（提供冷、熱水池、蒸烤設備，供人沐浴之場所）、舞廳（備有舞伴，供不特定人跳舞之場所）、舞場（不備舞伴，供不特定人跳舞之場所）、酒家（備有陪侍，供應酒、菜或其他飲食物之場所）、酒吧（備有陪侍，供應酒類或其他飲料之場所）、特種咖啡茶室（備有陪侍，供應飲料之場所）、夜總會、遊藝場、俱樂部等類似場所。 2.電子遊戲場（依電子遊戲場業管理條例定義）。 3.錄影帶（節目帶）播映場所。 4.B-3 使用組別之場所，有提供表演節目等娛樂服務者。
B-2	1.百貨公司（百貨商場）商場、市場（超級市場、零售市場、攤販集中場）、展覽場（館）、量販店、批發場所（倉儲批發、一般批發、農產品批發）等類似場所。 2.樓地板面積在五百平方公尺以上之下列場所：店舖、當舖、一般零售場所、日常用品零售場所等類似場所。
B-3	1.飲酒店（無陪侍，供應酒精飲料之餐飲服務場所，包括啤酒屋）、小吃街等類似場所。 2.樓地板面積在三百平方公尺以上之下列場所：餐廳、飲食店、飲料店（無陪侍提供非酒精飲料服務之場所，包括茶藝館、咖啡店、冰果店及冷飲店等）等類似場所。
B-4	1.觀光旅館（飯店）、國際觀光旅館（飯店）等之客房部。 2.旅社、旅館、賓館等類似場所。 3.樓地板面積在五百平方公尺以上之下列場所：招待所、供香客住宿等類似場所。
C-1	1.變電所、飛機庫、汽車修理場（車輛修理場所、修車廠、修理場、車輛修配保管場、汽車站房）等類似場所。 2.特殊工作場、工場、工廠（具公害）、自來水廠、屠（電）宰場、發電場、施工機料及廢料堆置或處理場、廢棄物處理場、污水（水肥）處理貯存場等類似場所。
C-2	1.倉庫（倉儲場）、洗車場、汽車商場（出租汽車、計程車營業站）、書庫、貨物輸配所、電信機器室（電信機房）、電視（電影、廣播電台）之攝影場（攝影棚、播送室）、實驗室等類似場所。 2.一般工場、工作場、工廠等類似場所。
D-1	1.保齡球館、室內溜冰場、室內游泳池、室內球類運動場、室內機械遊樂場、室內兒童樂園、保健館、健身房、健身服務場所（三溫暖除外）、公共浴室（包括溫泉泡湯池）、室內操練場、撞球場、室內體育場所、少年服務機構（供休閒、育樂之服務設施）、室內高爾夫球練習場、室內釣蝦（魚）場、健身休閒中心、美容瘦身中心等類似場所。

類組	使用項目舉例
	2. 資訊休閒服務場所（提供場所及電腦設備，供人透過電腦連線擷取網路上資源或利用電腦功能以磁碟、光碟供人使用之場所）。
D-2	1. 會議廳、展示廳、博物館、美術館、圖書館、水族館、科學館、陳列館、資料館、歷史文物館、天文臺、藝術館等類似場所。 2. 觀眾席面積未達二百平方公尺之下列場所：體育館（場）及設施、音樂廳、文康中心、社教館、集會堂（場）、社區（村里）活動中心等類似場所。
D-3	小學教室、教學大樓等相關教學場所。
D-4	國中、高中、專科學校、學院、大學等之教室、教學大樓等相關教學場所。
D-5	1. 補習（訓練）班、文康機構等類似場所。 2. 兒童課後照顧服務中心等類似場所。
E	1. 寺（寺院）、廟（廟宇）、教堂（教會）、宗祠（家廟）、宗教設施、樓地板面積未達五百平方公尺供香客住宿等類似場所。 2. 殯儀館、禮廳、靈堂、供存放骨灰（骸）之納骨堂（塔）、火化場等類似場所。
F-1	1. 設有十床病床以上之下列場所：醫院、療養院等類似場所。 2. 樓地板面積在一千平方公尺以上之診所。 3. 樓地板面積在五百平方公尺以上之下列場所：護理之家機構（一般護理之家、精神護理之家）、產後護理機構、屬於老人福利機構之長期照顧機構（長期照護型）、長期照顧機構（失智照顧型）等類似場所。
F-2	1. 身心障礙福利機構（全日型住宿機構、日間服務機構、樓地板面積在五百平方公尺以上之福利中心）、身心障礙者職業訓練機構等類似場所。 2. 啟智（聰、明）學校、盲啞學校、益智學校。 3. 日間型精神復健機構。
F-3	兒童及少年安置教養機構、幼兒園、幼兒園兼辦國民小學兒童課後照顧服務、托嬰中心、早期療育機構等類似場所。
F-4	精神病院、傳染病院、勒戒所、監獄、看守所、感化院、觀護所、收容中心等類似場所。
G-1	含營業廳之下列場所：金融機構、證券交易場所、金融保險機構、合作社、銀行、證券公司（證券經紀業、期貨經紀業）、票券金融機構、電信局（公司）郵局、自來水及電力公司之營業場所。
G-2	1. 不含營業廳之下列場所：金融機構、證券交易場所、金融保險機構、合作社、銀行、證券公司（證券經紀業、期貨經紀業）、票券金融機構、電信局（公司）郵局、自來水及電力公司。 2. 政府機關（公務機關）、一般事務所、自由職業事務所、辦公室（廳）、員工文康室、旅遊及運輸業之辦公室、投資顧問業辦公室、未兼營提供電影攝影場（攝影棚）之動畫影片製作場所、有線電視及廣播電台除攝影棚外之其他用途場所、少年服務機構綜合之服務場所等類似場所。 3. 提供場地供人閱讀之下列場所：K 書中心、小說漫畫出租中心。 4. 身心障礙者就業服務機構。

類組	使用項目舉例
G-3	1. 衛生所（健康服務中心）、健康中心、捐血中心、醫事技術機構、牙體技術所、理髮場所（未將場所加以區隔且非包廂式為人理髮之場所）、按摩場所（未將場所加以區隔且非包廂式為人按摩之場所）、美容院、洗衣店、公共廁所、動物收容、寵物繁殖或買賣場所等類似場所。 2. 設置病床未達十床之下列場所：醫院、療養院等類似場所。 3. 樓地板面積未達一千平方公尺之診所。 4. 樓地板面積未達五百平方公尺之下列場所：店舖、當舖、一般零售場所、日常用品零售場所、便利商店等類似場所。 5. 樓地板面積未達三百平方公尺之下列場所：餐廳、飲食店、飲料店（無陪侍提供非酒精飲料服務之場所，包括茶藝館、咖啡店、冰果店及冷飲店等）等類似場所。
H-1	1. 民宿（客房數六間以上）、宿舍、樓地板面積未達五百平方公尺之招待所。 2. 樓地板面積未達五百平方公尺之下列場所：護理之家機構（一般護理之家、精神護理之家）、產後護理機構、屬於老人福利機構之長期照顧機構（長期照護型）、長期照顧機構（失智照顧型）、身心障礙福利服務中心等類似場所。 3. 老人福利機構之場所：長期照顧機構（養護型）、安養機構、其他老人福利機構。 4. 身心障礙福利機構（夜間型住宿機構）、居家護理機構。 5. 住宿型精神復健機構、社區式日間照顧及重建服務、社區式身心障礙者日間服務等類似場所。
H-2	1. 集合住宅、住宅、民宿（客房數五間以下）。 2. 設於地面一層面積在五百平方公尺以下或設於二層至五層之任一層面積在三百平方公尺以下且樓梯寬度一點二公尺以上、分間牆及室內裝修材料符合建築技術規則現行規定之下列場所：小型安養機構、小型身心障礙者職業訓練機構、小型日間型精神復健機構、小型住宿型精神復健機構、小型社區式日間照顧及重建服務、小型社區式身心障礙者日間服務等類似場所。 3. 農舍。 4. 社區式家庭托顧服務、身心障礙者社區居住服務場所。
I	1. 化工原料行、礦油行、瓦斯行、石油煉製廠、爆竹煙火製造儲存販賣場所、液化石油氣分裝場、液化石油氣容器儲存室、液化石油氣鋼瓶檢驗機構（場）等類似場所。 2. 加油（氣）站、儲存石油廠庫、天然氣加壓站、天然氣製造場等類似場所。

第三條附表三、建築物變更使用原則表

變更使用類別、組別 \ 原使用類別、組別		A		B				C		D					E	F				G			H		I
		1	2	1	2	3	4	1	2	1	2	3	4	5		1	2	3	4	1	2	3	1	2	
公共集會類（A類）	A－1		☆	○	○	○	○	○	○	○	○	○	○	○	○	○	○	○	○	○	○	○	○	○	◎
	A－2	☆		○	○	○	○	○	○	○	○	○	○	○	○	○	○	○	○	○	○	○	○	○	◎
商業類（B類）	B－1	※	※		☆	※	※	○	○	○	○	○	○	○	○	○	○	○	○	○	○	○	○	○	◎
	B－2	※	※	☆		※	※	○	○	○	○	○	○	○	○	○	○	○	○	○	○	○	○	○	◎
	B－3	※	※	☆	☆		※	○	○	○	○	○	○	○	○	○	○	○	○	○	○	○	○	○	◎
	B－4	※	※	※	※	※		○	○	○	○	○	○	○	○	○	○	○	○	○	○	○	○	○	◎
工業、倉儲類（C類）	C－1	○	○	○	○	○	○		△	○	○	○	○	○	○	○	○	○	○	○	○	○	○	○	◎
	C－2	○	○	○	○	○	○	☆		○	○	○	○	○	○	○	○	○	○	○	○	○	○	○	◎
休閒、文教類（D類）	D－1	☆	☆	☆	☆	☆	☆	※	※		☆	☆	☆	△	○	○	○	○	○	○	○	○	○	○	◎
	D－2	☆	☆	☆	☆	☆	☆	※	※	☆		☆	☆	△	○	○	○	○	○	○	○	○	○	○	◎
	D－3	※	※	※	※	※	※	※	※	☆	☆		☆	△	○	○	○	○	○	○	○	○	○	○	◎
	D－4	※	※	※	※	※	※	※	※	☆	☆	☆		△	○	○	○	○	○	○	○	○	○	○	◎
	D－5	※	※	※	※	※	※	※	※	☆	☆	☆	☆		○	※	※	※	※	※	※	※	※	※	◎
宗教類（E類）	E	※	※	※	※	※	※	※	※	※	※	※	※	※		※	※	※	※	※	※	※	○	○	◎
衛生、福利、更生類（F類）	F－1	※	※	※	※	☆	☆	※	※	☆	☆	☆	☆	☆	※		△	△	△	※	※	※	○	○	◎
	F－2	※	※	※	※	☆	☆	※	※	☆	☆	☆	☆	☆	※	☆		☆	△	※	※	※	※	※	◎
	F－3	※	※	※	※	☆	☆	※	※	☆	☆	☆	☆	☆	※	☆	☆		△	※	※	※	※	※	◎
	F－4	※	※	※	※	※	※	※	※	※	※	※	※	※	※	☆	☆	☆		※	※	※	※	※	◎
辦公類、服務類（G類）	G－1	※	※	☆	☆	☆	☆	☆	☆	☆	☆	☆	☆	☆	☆	☆	☆	☆	☆		△	△	※	※	◎
	G－2	※	※	☆	☆	☆	☆	☆	☆	☆	☆	☆	☆	☆	☆	☆	☆	☆	☆	☆		☆	☆	☆	◎
	G－3	※	※	☆	☆	☆	☆	☆	☆	☆	☆	☆	☆	☆	☆	☆	☆	☆	☆	☆	☆		☆	☆	◎
住宿類（H類）	H－1	※	※	☆	☆	☆	☆	☆	☆	☆	☆	☆	☆	☆	☆	☆	☆	☆	☆	☆	☆	☆		☆	◎
	H－2	※	※	☆	☆	☆	☆	☆	☆	☆	☆	☆	☆	☆	☆	☆	☆	☆	☆	☆	☆	☆	☆		◎
危險物品類（I類）	I	◎	◎	◎	◎	◎	◎	◎	◎	◎	◎	◎	◎	◎	◎	◎	◎	◎	◎	◎	◎	◎	◎	◎	

說明：

一、本表所列之原使用類別、組別，應以建築物原領使用執照之類別、組別為準。

二、△指建築物使用類組除B類外，同類跨組變更，依本表規定應予檢討者，其檢討項目如下：

（一）防火區劃。

（二）分間牆。

（三）內部裝修材料。

（四）直通樓梯步行距離。
（五）緊急進口設置。
（六）防火構造之限制。
（七）停車空間。但停車空間符合下列情形之一者，免予檢討：
1. 原使用類組及申請變更之使用類組依現行都市計畫法令規定及建築技術規則建築設計施工編第五十九條之分類，屬同一設置標準。
2. 原使用類組及申請變更之使用類組依現行都市計畫法令規定及建築技術規則建築設計施工編第五十九條之設置標準，由設置標準高者變更爲設置標準低。

（八）公共建築物無障礙設施。但變更爲非公共建築物者，免予檢討。中華民國一百零一年十二月三十一日以前取得建造執照之建築物，其依本檢討項目規定改善增設之坡道或昇降機，其坡道、昇降機間及乘場面積合計未超過二十平方公尺部分，得不計入建築面積及各層樓地板面積。

三、※ 指建築物使用類組跨類變更及使用分類 B 類跨組變更，依本表規定應予檢討者，其檢討項目包括本表說明二及下列項目：
（一）樓梯及平臺淨寬、梯級尺寸。
（二）避難層出入口數量及寬度。
（三）避難層以外樓層出入口之寬度。
（四）設置二座直通樓梯之限制。增設之直通樓梯不計入建築面積及各層樓地板面積，但不得大於三十平方公尺。
（五）直通樓梯之總寬度。
（六）走廊淨寬度。
（七）直通樓梯改爲安全梯或特別安全梯之限制。
（八）特定建築物之限制。
（九）最低活載重。
（十）建築物使用類組跨類變更，如變更爲 H 類時，並應檢討通風、日照、採光及防音等項目。

四、○指建築物變更使用類組，依本表規定應予檢討者，其檢討項目包括本表說明二、三及下列項目：
（一）通風。
（二）屋頂避難平臺。
（三）防空避難設備。

五、◎指建築物變更使用類組，應依建築技術規則規定全部檢討。

六、☆指建築物變更使用類組除應符合本表說明二有關停車空間及公共建築物無障礙設施之檢討項目規定外，其餘項目免檢討。但變更爲 H 類時，應檢討通風、日照、採光及防音等項目。

七、停車空間或防空避難設備變更爲建築物之使用類組使用，或建築物之使用類組變更爲停車空間或防空避難設備時，依下列規定辦理：
（一）檢討項目除 I 類應依建築技術規則相關規定全部檢討外，其餘各使用類組依本表說明四規定辦理。
（二）有增加容積率之情形時，應檢討符合都市計畫法、區域計畫法相關規定。

第四條附表四、建築物變更使用類組規定項目檢討標準表

（一）A-1 類組規定項目檢討標準表

項次	規定項目	檢討標準
1	防火區劃	符合建築技術規則（以下略）建築設計施工編第七十九條、第七十九條之一規定。
2	分間牆	符合建築設計施工編第八十六條規定。
3	內部裝修材料	符合建築設計施工編第八十八條規定。
4	直通樓梯步行距離	符合建築設計施工編第九十三條規定。
5	緊急進口設置	符合建築設計施工編第一百零八條規定。
6	樓梯及平臺淨寬、梯級尺寸	符合建築設計施工編第三十三條第二欄規定。
7	防火構造限制	符合建築設計施工編第六十九條 A 類規定。
8	避難層出入口數量及寬度	符合建築設計施工編第九十條、第九十條之一規定。
9	避難層以外樓層出入口寬度	符合建築設計施工編第九十一條規定。
10	設置兩座直通樓梯之限制	符合建築設計施工編第九十五條規定。
11	直通樓梯之總寬度	符合建築設計施工編第九十八條規定。
12	走廊淨寬度	符合建築設計施工編第九十二條規定。
13	直通樓梯改為安全梯或特別安全梯之限制	符合建築設計施工編第九十六條規定。
14	特定建築物之限制	符合建築設計施工編第一百十八條第一款、同編第五章第二節規定。
15	最低活載重	符合建築技術規則（以下略）建築構造編第十七條第三欄規定或建築師安全鑑定書簽證符合規定。
16	停車空間	符合都市計畫法令及建築設計施工編第五十九條第一類規定。
17	通風	符合建築設計施工編第四十三條規定。
18	屋頂避難平臺	符合建築設計施工編第九十九條規定。
19	防空避難設備	符合建築設計施工編第一百四十一條第二款第一目規定。
20	公共建築物無障礙設施	符合建築設計施工編第一百七十條或依身心障礙者權益保障法第五十七條規定提具替代改善計畫。

（二）A-2 類組規定項目檢討標準表

項次	規定項目	檢討標準
1	防火區劃	符合建築設計施工編第七十九條規定。
2	分間牆	符合建築設計施工編第八十六條規定。
3	內部裝修材料	符合建築設計施工編第八十八條規定。

項次	規定項目	檢討標準
4	直通樓梯步行距離	符合建築設計施工編第九十三條規定。
5	緊急進口設置	符合建築設計施工編第一百零八條規定。
6	樓梯及平臺淨寬、梯級尺寸	符合建築設計施工編第三十三條第二欄規定。
7	防火構造限制	符合建築設計施工編第六十九條 A 類規定。
8	避難層出入口數量及寬度	符合建築設計施工編第九十條、第九十條之一規定。
9	避難層以外樓層出入口寬度	符合建築設計施工編第九十一條規定。
10	設置兩座直通樓梯之限制	符合建築設計施工編第九十五條規定。
11	直通樓梯之總寬度	無限制規定。
12	走廊淨寬度	符合建築設計施工編第九十二條規定。
13	直通樓梯改為安全梯或特別安全梯之限制	符合建築設計施工編第九十六條規定。
14	特定建築物之限制	符合建築設計施工編第一百十八條第一款、同編第五章第五節規定。
15	最低活載重	符合建築構造編第十七條第三欄規定或建築師安全鑑定書簽證符合規定。
16	停車空間	符合都市計畫法令及建築設計施工編第五十九條第一類規定。
17	通風	符合建築設計施工編第四十三條規定。
18	屋頂避難平臺	無限制規定。
19	防空避難設備	符合建築設計施工編第一百四十一條第二款第四目規定。
20	公共建築物無障礙設施	符合建築設計施工編第一百七十條或依身心障礙者權益保障法第五十七條規定提具替代改善計畫。

（三）B-1 類組規定項目檢討標準表

項次	規定項目	檢討標準
1	防火區劃	符合建築設計施工編第七十九條規定。
2	分間牆	符合建築設計施工編第八十六條規定。
3	內部裝修材料	符合建築設計施工編第八十八條規定。
4	直通樓梯步行距離	符合建築設計施工編第九十三條規定。
5	緊急進口設置	符合建築設計施工編第一百零八條規定。
6	樓梯及平臺淨寬、梯級尺寸	符合建築設計施工編第三十三條第三欄。但設置二座以上符合該條第四欄規定之樓梯者，視為設置一座符合其第三欄規定之樓梯。
7	防火構造限制	符合建築設計施工編第六十九條 B 類規定。

項次	規定項目	檢討標準
8	避難層出入口數量及寬度	符合建築設計施工編第九十條、第九十條之一規定。
9	避難層以外樓層出入口寬度	符合建築設計施工編第九十一條規定。
10	設置兩座直通樓梯之限制	符合建築設計施工編第九十五條規定。
11	直通樓梯之總寬度	無限制規定。
12	走廊淨寬度	符合建築設計施工編第九十二條規定。
13	直通樓梯改為安全梯或特別安全梯之限制	符合建築設計施工編第九十六條規定。
14	特定建築物之限制	符合建築設計施工編第一百十八條第一款規定。
15	最低活載重	舞廳、舞場、夜總會、三溫暖、公共浴室依建築構造編第十七條第五欄規定或建築師安全鑑定書簽證符合規定，其餘依建築構造編第十七條第三欄規定或建築師安全鑑定書簽證符合規定。
16	停車空間	符合都市計畫法令及建築設計施工編第五十九條第一類規定。
17	通風	符合建築設計施工編第四十三條規定。
18	屋頂避難平臺	符合建築設計施工編第九十九條規定。
19	防空避難設備	符合建築設計施工編第一百四十一條第二款第一目、第二目、第四目規定。
20	公共建築物無障礙設施	無限制規定。

（四）B-2 類組規定項目檢討標準表

項次	規定項目	檢討標準
1	防火區劃	符合建築設計施工編第七十九條規定。
2	分間牆	符合建築設計施工編第八十六條規定。
3	內部裝修材料	符合建築設計施工編第八十八條規定。
4	直通樓梯步行距離	符合建築設計施工編第九十三條規定。
5	緊急進口設置	符合建築設計施工編第一百零八條規定。
6	樓梯及平臺淨寬、梯級尺寸	符合建築設計施工編第三十三條第二欄規定。
7	防火構造限制	符合建築設計施工編第六十九條 B 類規定。
8	避難層出入口數量及寬度	符合建築設計施工編第九十條、第九十條之一規定。
9	避難層以外樓層出入口寬度	符合建築設計施工編第九十一條規定。
10	設置兩座直通樓梯之限制	符合建築設計施工編第九十五條規定。
11	直通樓梯之總寬度	符合建築設計施工編第九十八條規定。
12	走廊淨寬度	符合建築設計施工編第九十二條規定。

項次	規定項目	檢討標準
13	直通樓梯改為安全梯或特別安全梯之限制	符合建築設計施工編第九十六條規定。
14	特定建築物之限制	符合建築設計施工編第一百十八條第二款、同編第五章第三節規定。
15	最低活載重	符合建築構造編第十七條第五欄規定或建築師安全鑑定書簽證符合規定。
16	停車空間	符合都市計畫法令及建築設計施工編第五十九條第一類規定。
17	通風	符合建築設計施工編第四十三條規定。
18	屋頂避難平臺	符合建築設計施工編第九十九條規定。
19	防空避難設備	符合建築設計施工編第一百四十一條第二款第四目規定。
20	公共建築物無障礙設施	符合建築設計施工編第一百七十條或依身心障礙者權益保障法第五十七條規定提具替代改善計畫。

（五）B-3 類組規定項目檢討標準表

項次	規定項目	檢討標準
1	防火區劃	符合建築設計施工編第七十九條規定。
2	分間牆	符合總樓地板面積為三百平方公尺以上者應為防火構造或使用不燃材料建造。符合建築設計施工編第八十六條規定。
3	內部裝修材料	符合建築設計施工編第八十八條規定。
4	直通樓梯步行距離	符合建築設計施工編第九十三條規定。
5	緊急進口設置	符合建築設計施工編第一百零八條規定。
6	樓梯及平臺淨寬、梯級尺寸	符合建築設計施工編第三十三條第三、四欄。但設置二座以上符合該條第四欄規定之樓梯者，視為設置一座符合其第三欄規定之樓梯。
7	防火構造限制	符合建築設計施工編第六十九條 B 類規定。
8	避難層出入口數量及寬度	符合建築設計施工編第九十條、第九十條之一規定。
9	避難層以外樓層出入口寬度	無限制規定。
10	設置兩座直通樓梯之限制	符合建築設計施工編第九十五條規定。
11	直通樓梯之總寬度	無限制規定。
12	走廊淨寬度	符合建築設計施工編第九十二條規定。
13	直通樓梯改為安全梯或特別安全梯之限制	符合建築設計施工編第九十六條規定。

項次	規定項目	檢討標準
14	特定建築物之限制	符合建築設計施工編第一百十八條第一款、第二款，同編第五章第三節規定。
15	最低活載重	符合建築構造編第十七條第三欄規定或建築師安全鑑定書簽證符合規定。
16	停車空間	符合都市計畫法令及建築設計施工編第五十九條第一類規定。
17	通風	符合建築設計施工編第四十三條規定。
18	屋頂避難平臺	無限制規定。
19	防空避難設備	符合建築設計施工編第一百四十一條第二款第二目、第四目規定。
20	公共建築物無障礙設施	符合建築設計施工編第一百七十條或依身心障礙者權益保障法第五十七條規定提具替代改善計畫。

（六）B-4類組規定項目檢討標準表

項次	規定項目	檢討標準
1	防火區劃	符合建築設計施工編第七十九條規定。
2	分間牆	符合建築設計施工編第八十六條規定。
3	內部裝修材料	符合建築設計施工編第八十八條規定。
4	直通樓梯步行距離	符合建築設計施工編第九十三條規定。
5	緊急進口設置	符合建築設計施工編第一百零八條規定。
6	樓梯及平臺淨寬、梯級尺寸	符合建築設計施工編第三十三條第三、四欄。但設置二座以上符合該條第四欄規定之樓梯者，視為設置一座符合其第三欄規定之樓梯。
7	防火構造限制	符合建築設計施工編第六十九條 B 類規定。
8	避難層出入口數量及寬度	符合建築設計施工編第九十條規定。
9	避難層以外樓層出入口寬度	無限制規定。
10	設置兩座直通樓梯之限制	符合建築設計施工編第九十五條規定。
11	直通樓梯之總寬度	無限制規定。
12	走廊淨寬度	符合建築設計施工編第九十二條規定。
13	直通樓梯改為安全梯或特別安全梯之限制	符合建築設計施工編第九十六條規定。
14	特定建築物之限制	符合建築設計施工編第一百十八條第二款規定。
15	最低活載重	符合建築構造編第十七條第一欄規定或建築師安全鑑定書簽證符合規定。

項次	規定項目	檢討標準
16	停車空間	符合都市計畫法令及建築設計施工編第五十九條第三類規定。
17	通風	符合建築設計施工編第四十三條規定。
18	屋頂避難平臺	無限制規定。
19	防空避難設備	符合建築設計施工編第一百四十一條第二款第四目規定。
20	公共建築物無障礙設施	符合建築設計施工編第一百七十條或依身心障礙者權益保障法第五十七條規定提具替代改善計畫。

（七）C-1 類組規定項目檢討標準表

項次	規定項目	檢討標準
1	防火區劃	符合建築設計施工編第七十九條、第七十九條之一規定。
2	分間牆	無限制規定。
3	內部裝修材料	符合建築設計施工編第八十八條規定。
4	直通樓梯步行距離	符合建築設計施工編第九十三條規定。
5	緊急進口設置	符合建築設計施工編第一百零八條規定。
6	樓梯及平臺淨寬、梯級尺寸	符合建築設計施工編第三十三條第三、四欄。但設置二座以上符合該條第四欄規定之樓梯者，視為設置一座符合其第三欄規定之樓梯。
7	防火構造限制	符合建築設計施工編第六十九條 C 類規定。
8	避難層出入口數量及寬度	符合建築設計施工編第九十條規定。
9	避難層以外樓層出入口寬度	無限制規定。
10	設置兩座直通樓梯之限制	符合建築設計施工編第九十五條規定。
11	直通樓梯之總寬度	無限制規定。
12	走廊淨寬度	符合建築設計施工編第九十二條規定。
13	直通樓梯改為安全梯或特別安全梯之限制	符合建築設計施工編第九十六條規定。
14	特定建築物之限制	符合建築設計施工編第一百十八條第二款、同編第五章第五節規定。
15	最低活載重	符合建築構造編第十七條第三欄規定或建築師安全鑑定書簽證符合規定。
16	停車空間	符合都市計畫法令及建築設計施工編第五十九條第四類規定。
17	通風	符合建築設計施工編第四十三條規定。
18	屋頂避難平臺	無限制規定。

項次	規定項目	檢討標準
19	防空避難設備	符合建築設計施工編第一百四十一條第二款第三目規定。
20	公共建築物無障礙設施	無限制規定。

（八）C-2 類組規定項目檢討標準表

項次	規定項目	檢討標準
1	防火區劃	符合建築設計施工編第七十九條、第七十九條之一規定。
2	分間牆	無限制規定。
3	內部裝修材料	符合建築設計施工編第八十八條規定。
4	直通樓梯步行距離	符合建築設計施工編第九十三條規定。
5	緊急進口設置	符合建築設計施工編第一百零八條規定。
6	樓梯及平臺淨寬、梯級尺寸	符合建築設計施工編第三十三條第三、四欄。但設置二座以上符合該條第四欄規定之樓梯者，視為設置一座符合其第三欄規定之樓梯。
7	防火構造限制	符合建築設計施工編第六十九條 C 類規定。
8	避難層出入口數量及寬度	符合建築設計施工編第九十條規定。
9	避難層以外樓層出入口寬度	無限制規定。
10	設置兩座直通樓梯之限制	符合建築設計施工編第九十五條規定。
11	直通樓梯之總寬度	無限制規定。
12	走廊淨寬度	符合建築設計施工編第九十二條規定。
13	直通樓梯改為安全梯或特別安全梯之限制	符合建築設計施工編第九十六條規定。
14	特定建築物之限制	符合建築設計施工編第一百十八條第二款、同編第五章第五節規定。
15	最低活載重	符合建築構造編第十七條第五欄規定或建築師安全鑑定書簽證符合規定。
16	停車空間	符合都市計畫法令及建築設計施工編第五十九條第四類規定。
17	通風	符合建築設計施工編第四十三條規定。
18	屋頂避難平臺	無限制規定。
19	防空避難設備	符合建築設計施工編第一百四十一條第二款第三目規定。
20	公共建築物無障礙設施	無限制規定。

（九）D-1 類組規定項目檢討標準表

項次	規定項目	檢討標準
1	防火區劃	符合建築設計施工編第七十九條規定。
2	分間牆	符合建築設計施工編第八十六條規定。
3	內部裝修材料	符合建築設計施工編第八十八條規定。
4	直通樓梯步行距離	符合建築設計施工編第九十三條規定。
5	緊急進口設置	符合建築設計施工編第一百零八條規定。
6	樓梯及平臺淨寬、梯級尺寸	符合建築設計施工編第三十三條第三、四欄。但設置二座以上符合該條第四欄規定之樓梯者，視為設置一座符合其第三欄規定之樓梯。
7	防火構造限制	符合建築設計施工編第六十九條 D 類規定。
8	避難層出入口數量及寬度	符合建築設計施工編第九十條、第九十條之一規定。
9	避難層以外樓層出入口寬度	符合建築設計施工編第九十一條規定。
10	設置兩座直通樓梯之限制	符合建築設計施工編第九十五條規定。
11	直通樓梯之總寬度	無限制規定。
12	走廊淨寬度	符合建築設計施工編第九十二條規定。
13	直通樓梯改為安全梯或特別安全梯之限制	符合建築設計施工編第九十六條規定。
14	特定建築物之限制	符合建築設計施工編第一百十八條第二款規定。
15	最低活載重	符合建築構造編第十七條第四欄規定或建築師安全鑑定書簽證符合規定。
16	停車空間	符合都市計畫法令及建築設計施工編第五十九條第三類規定。
17	通風	符合建築設計施工編第四十三條規定。
18	屋頂避難平臺	無限制規定。
19	防空避難設備	符合建築設計施工編第一百四十一條第二款第四目規定。
20	公共建築物無障礙設施	符合建築設計施工編第一百七十條或依身心障礙者權益保障法第五十七條規定提具替代改善計畫。

（十）D-2 類組規定項目檢討標準表

項次	規定項目	檢討標準
1	防火區劃	符合建築設計施工編第七十九條、第七十九條之一規定。
2	分間牆	符合建築設計施工編第八十六條規定。
3	內部裝修材料	符合建築設計施工編第八十八條規定。
4	直通樓梯步行距離	符合建築設計施工編第九十三條規定。

項次	規定項目	檢討標準
5	緊急進口設置	符合建築設計施工編第一百零八條規定。
6	樓梯及平臺淨寬、梯級尺寸	符合建築設計施工編第三十三條第三、四欄。但設置二座以上符合該條第四欄規定之樓梯者，視為設置一座符合其第三欄規定之樓梯。
7	防火構造限制	符合建築設計施工編第六十九條 D 類規定。
8	避難層出入口數量及寬度	符合建築設計施工編第九十條、第九十條之一規定。
9	避難層以外樓層出入口寬度	符合建築設計施工編第九十一條規定。
10	設置兩座直通樓梯之限制	符合建築設計施工編第九十五條規定。
11	直通樓梯之總寬度	無限制規定。
12	走廊淨寬度	符合建築設計施工編第九十二條規定。
13	直通樓梯改為安全梯或特別安全梯之限制	符合建築設計施工編第九十六條規定。
14	特定建築物之限制	符合建築設計施工編第一百十八條第一款、第二款規定。
15	最低活載重	符合建築構造編第十七條第三欄規定或建築師安全鑑定書簽證符合規定。
16	停車空間	符合都市計畫法令及建築設計施工編第五十九條第三類規定。
17	通風	符合建築設計施工編第四十三條規定。
18	屋頂避難平臺	無限制規定。
19	防空避難設備	符合建築設計施工編第一百四十一條第二款第四目規定。
20	公共建築物無障礙設施	符合建築設計施工編第一百七十條或依身心障礙者權益保障法第五十七條規定提具替代改善計畫。

（十一）D-3 類組規定項目檢討標準表

項次	規定項目	檢討標準
1	防火區劃	符合建築設計施工編第七十九條、第七十九條之一規定。
2	分間牆	符合建築設計施工編第八十六條規定。
3	內部裝修材料	符合建築設計施工編第八十八條規定。
4	直通樓梯步行距離	符合建築設計施工編第九十三條規定。
5	緊急進口設置	符合建築設計施工編第一百零八條規定。
6	樓梯及平臺淨寬、梯級尺寸	符合建築設計施工編第三十三條第一欄規定。
7	防火構造限制	符合建築設計施工編第六十九條 D 類規定。
8	避難層出入口數量及寬度	符合建築設計施工編第九十條規定。

項次	規定項目	檢討標準
9	避難層以外樓層出入口寬度	無限制規定。
10	設置兩座直通樓梯之限制	符合建築設計施工編第九十五條規定。
11	直通樓梯之總寬度	無限制規定。
12	走廊淨寬度	符合建築設計施工編第九十二條規定。
13	直通樓梯改為安全梯或特別安全梯之限制	符合建築設計施工編第九十六條規定。
14	特定建築物之限制	符合建築設計施工編第一百十八條第二款、同編第五章第四節規定。
15	最低活載重	符合建築構造編第十七條第二欄規定或建築師安全鑑定書簽證符合規定。
16	停車空間	符合都市計畫法令及建築設計施工編第五十九條第四類規定。
17	通風	符合建築設計施工編第四十三條規定。
18	屋頂避難平臺	無限制規定。
19	防空避難設備	符合建築設計施工編第一百四十一條第二款第二目規定。
20	公共建築物無障礙設施	符合建築設計施工編第一百七十條或依身心障礙者權益保障法第五十七條規定提具替代改善計畫。

（十二）D-4 類組規定項目檢討標準表

項次	規定項目	檢討標準
1	防火區劃	符合建築設計施工編第七十九條、第七十九條之一規定。
2	分間牆	符合建築設計施工編第八十六條規定。
3	內部裝修材料	符合建築設計施工編第八十八條規定。
4	直通樓梯步行距離	符合建築設計施工編第九十三條規定。
5	緊急進口設置	符合建築設計施工編第一百零八條規定。
6	樓梯及平臺淨寬、梯級尺寸	符合建築設計施工編第三十三條第二欄規定。
7	防火構造限制	符合建築設計施工編第六十九條 D 類規定。
8	避難層出入口數量及寬度	符合建築設計施工編第九十條規定。
9	避難層以外樓層出入口寬度	無限制規定。
10	設置兩座直通樓梯之限制	符合建築設計施工編第九十五條規定。
11	直通樓梯之總寬度	無限制規定。
12	走廊淨寬度	符合建築設計施工編第九十二條規定。

項次	規定項目	檢討標準
13	直通樓梯改為安全梯或特別安全梯之限制	符合建築設計施工編第九十六條規定。
14	特定建築物之限制	符合建築設計施工編第一百十八條第二款、同編第五章第四節規定。
15	最低活載重	符合建築構造編第十七條第二欄規定或建築師安全鑑定書簽證符合規定。
16	停車空間	符合都市計畫法令及建築設計施工編第五十九條第四類規定。
17	通風	符合建築設計施工編第四十三條規定。
18	屋頂避難平臺	無限制規定。
19	防空避難設備	符合建築設計施工編第一百四十一條第二款第二目規定。
20	公共建築物無障礙設施	符合建築設計施工編第一百七十條或依身心障礙者權益保障法第五十七條規定提具替代改善計畫。

（十三）D-5 類組規定項目檢討標準表

項次	規定項目	檢討標準
1	防火區劃	符合建築設計施工編第七十九條規定。
2	分間牆	符合建築設計施工編第八十六條規定。
3	內部裝修材料	符合建築設計施工編第八十八條規定。
4	直通樓梯步行距離	符合建築設計施工編第九十三條規定。
5	緊急進口設置	符合建築設計施工編第一百零八條規定。
6	樓梯及平臺淨寬、梯級尺寸	符合建築設計施工編第三十三條第三、四欄。但設置二座以上符合該條第四欄規定之樓梯者，視為設置一座符合其第三欄規定之樓梯。
7	防火構造限制	符合建築設計施工編第六十九條 D 類規定。
8	避難層出入口數量及寬度	符合建築設計施工編第九十條規定。
9	避難層以外樓層出入口寬度	無限制規定。
10	設置兩座直通樓梯之限制	符合建築設計施工編第九十五條規定。
11	直通樓梯之總寬度	無限制規定。
12	走廊淨寬度	符合建築設計施工編第九十二條規定。
13	直通樓梯改為安全梯或特別安全梯之限制	符合建築設計施工編第九十六條規定。
14	特定建築物之限制	無限制規定。

項次	規定項目	檢討標準
15	最低活載重	符合建築構造編第十七條第一欄規定或建築師安全鑑定書簽證符合規定。
16	停車空間	符合都市計畫法令及建築設計施工編第五十九條第四類規定。
17	通風	符合建築設計施工編第四十三條規定。
18	屋頂避難平臺	無限制規定。
19	防空避難設備	符合建築設計施工編第一百四十一條第二款第四目規定。
20	公共建築物無障礙設施	符合建築設計施工編第一百七十條或依身心障礙者權益保障法第五十七條規定提具替代改善計畫。

（十四）E 類組規定項目檢討標準表

0.2	規定項目	檢討標準
1	防火區劃	符合建築設計施工編第七十九條規定。
2	分間牆	無限制規定。
3	內部裝修材料	符合建築設計施工編第八十八條規定。
4	直通樓梯步行距離	符合建築設計施工編第九十三條規定。
5	緊急進口設置	符合建築設計施工編第一百零八條規定。
6	樓梯及平臺淨寬、梯級尺寸	符合建築設計施工編第三十三條第三、四欄。但設置二座以上符合該條第四欄規定之樓梯者，視為設置一座符合其第三欄規定之樓梯。
7	防火構造限制	符合建築設計施工編第六十九條 E 類規定。
8	避難層出入口數量及寬度	符合建築設計施工編第九十條規定。
9	避難層以外樓層出入口寬度	無限制規定。
10	設置兩座直通樓梯之限制	符合建築設計施工編第九十五條規定。
11	直通樓梯之總寬度	無限制規定。
12	走廊淨寬度	符合建築設計施工編第九十二條規定。
13	直通樓梯改為安全梯或特別安全梯之限制	符合建築設計施工編第九十六條規定。
14	特定建築物之限制	無限制規定。
15	最低活載重	符合建築構造編第十七條第二欄規定或建築師安全鑑定書簽證符合規定。
16	停車空間	符合都市計畫法令及建築設計施工編第五十九條第三類規定。
17	通風	符合建築設計施工編第四十三條規定。

0.2	規定項目	檢討標準
18	屋頂避難平臺	無限制規定。
19	防空避難設備	符合建築設計施工編第一百四十一條第二款第四目規定。
20	公共建築物無障礙設施	符合建築設計施工編第一百七十條或依身心障礙者權益保障法第五十七條規定提具替代改善計畫。

（十五）F-1 類組規定項目檢討標準表

項次	規定項目	檢討標準
1	防火區劃	符合建築設計施工編第七十九條、第九十九條之一規定。
2	分間牆	符合建築設計施工編第八十六條規定。
3	內部裝修材料	符合建築設計施工編第八十八條規定。
4	直通樓梯步行距離	符合建築設計施工編第九十三條規定。
5	緊急進口設置	符合建築設計施工編第一百零八條規定。
6	樓梯及平臺淨寬、梯級尺寸	符合建築設計施工編第三十三條第二欄規定。
7	防火構造限制	符合建築設計施工編第六十九條 F 類規定。
8	避難層出入口數量及寬度	符合建築設計施工編第九十條規定。
9	避難層以外樓層出入口寬度	無限制規定。
10	設置兩座直通樓梯之限制	符合建築設計施工編第九十五條規定。
11	直通樓梯之總寬度	無限制規定。
12	走廊淨寬度	符合建築設計施工編第九十二條規定。
13	直通樓梯改為安全梯或特別安全梯之限制	符合建築設計施工編第九十六條規定。
14	特定建築物之限制	符合建築設計施工編第一百十八條第二款規定。
15	最低活載重	符合建築構造編第十七條第三欄規定或建築師安全鑑定書簽證符合規定。
16	停車空間	符合都市計畫法令及建築設計施工編第五十九條第三類規定。
17	通風	符合建築設計施工編第四十三條規定。
18	屋頂避難平臺	無限制規定。
19	防空避難設備	符合建築設計施工編第一百四十一條第二款第四目規定。
20	公共建築物無障礙設施	符合建築設計施工編第一百七十條或依身心障礙者權益保障法第五十七條規定提具替代改善計畫。

（十六）F-2 類組規定項目檢討標準表

項次	規定項目	檢討標準
1	防火區劃	符合建築設計施工編第七十九條、第九十九條之一規定。
2	分間牆	無限制規定規定。
3	內部裝修材料	符合建築設計施工編第八十八條規定。
4	直通樓梯步行距離	符合建築設計施工編第九十三條規定。
5	緊急進口設置	符合建築設計施工編第一百零八條規定。
6	樓梯及平臺淨寬、梯級尺寸	符合建築設計施工編第三十三條第三、四欄。但設置二座以上符合該條第四欄規定之樓梯者，視為設置一座符合其第三欄規定之樓梯。
7	防火構造限制	符合建築設計施工編第六十九條 F 類規定。
8	避難層出入口數量及寬度	符合建築設計施工編第九十條規定。
9	避難層以外樓層出入口寬度	無限制規定。
10	設置兩座直通樓梯之限制	符合建築設計施工編第九十五條規定。
11	直通樓梯之總寬度	無限制規定。
12	走廊淨寬度	符合建築設計施工編第九十二條規定。
13	直通樓梯改為安全梯或特別安全梯之限制	符合建築設計施工編第九十六條規定。
14	特定建築物之限制	符合建築設計施工編第一百十八條第二款規定。
15	最低活載重	符合建築構造編第十七條第二欄規定或建築師安全鑑定書簽證符合規定。
16	停車空間	符合都市計畫法令及建築設計施工編第五十九條第三類規定。
17	通風	符合建築設計施工編第四十三條規定。
18	屋頂避難平臺	無限制規定。
19	防空避難設備	符合建築設計施工編第一百四十一條第二款第四目規定。
20	公共建築物無障礙設施	符合建築設計施工編第一百七十條或依身心障礙者權益保障法第五十七條規定提具替代改善計畫。

（十七）F-3 類組規定項目檢討標準表

項次	規定項目	檢討標準
1	防火區劃	符合建築設計施工編第七十九條規定。
2	分間牆	無限制規定。
3	內部裝修材料	符合建築設計施工編第八十八條規定。
4	直通樓梯步行距離	符合建築設計施工編第九十三條規定。

項次	規定項目	檢討標準
5	緊急進口設置	符合建築設計施工編第一百零八條規定。
6	樓梯及平臺淨寬、梯級尺寸	符合建築設計施工編第三十三條第三、四欄。但設置二座以上符合該條第四欄規定之樓梯者，視為設置一座符合其第三欄規定之樓梯。
7	防火構造限制	符合建築設計施工編第六十九條 F 類規定。
8	避難層出入口數量及寬度	符合建築設計施工編第九十條規定。
9	避難層以外樓層出入口寬度	無限制規定。
10	設置兩座直通樓梯之限制	符合建築設計施工編第九十五條規定。
11	直通樓梯之總寬度	無限制規定。
12	走廊淨寬度	符合建築設計施工編第九十二條規定。
13	直通樓梯改為安全梯或特別安全梯之限制	符合建築設計施工編第九十六條規定。
14	特定建築物之限制	樓地板面積之和超過二百平方公尺者，依建築設計施工編第一百十八條第二款，其他無限制規定。
15	最低活載重	符合建築構造編第十七條第二欄規定或建築師安全鑑定書簽證符合規定。
16	停車空間	符合都市計畫法令及建築設計施工編第五十九條第四類規定。
17	通風	符合建築設計施工編第四十三條規定。
18	屋頂避難平臺	無限制規定。
19	防空避難設備	符合建築設計施工編第一百四十一條第二款第四目規定。
20	公共建築物無障礙設施	符合建築設計施工編第一百七十條或依身心障礙者權益保障法第五十七條規定提具替代改善計畫。

（十八）F-4 類組規定項目檢討標準表

項次	規定項目	檢討標準
1	防火區劃	符合建築設計施工編第七十九條規定。
2	分間牆	無限制規定。
3	內部裝修材料	符合建築設計施工編第八十八條規定。
4	直通樓梯步行距離	符合建築設計施工編第九十三條規定。
5	緊急進口設置	符合建築設計施工編第一百零八條規定。
6	樓梯及平臺淨寬、梯級尺寸	符合建築設計施工編第三十三條第三、四欄。但設置二座以上符合該條第四欄規定之樓梯者，視為設置一座符合其第三欄規定之樓梯。

項次	規定項目	檢討標準
7	防火構造限制	符合建築設計施工編第六十九條 F 類規定。
8	避難層出入口數量及寬度	符合建築設計施工編第九十條規定。
9	避難層以外樓層出入口寬度	無限制規定。
10	設置兩座直通樓梯之限制	符合建築設計施工編第九十五條規定。
11	直通樓梯之總寬度	無限制規定。
12	走廊淨寬度	符合建築設計施工編第九十二條規定。
13	直通樓梯改為安全梯或特別安全梯之限制	符合建築設計施工編第九十六條規定。
14	特定建築物之限制	符合建築設計施工編第一百十八條第二款規定。
15	最低活載重	符合建築構造編第十七條第三欄規定或建築師安全鑑定書簽證符合規定。
16	停車空間	符合都市計畫法令及建築設計施工編第五十九條第四類規定。
17	通風	符合建築設計施工編第四十三條規定。
18	屋頂避難平臺	無限制規定。
19	防空避難設備	符合建築設計施工編第一百四十一條第二款第四目規定。
20	公共建築物無障礙設施	無限制規定。

（十九）G-1 類組規定項目檢討標準表

項次	規定項目	檢討標準
1	防火區劃	符合建築設計施工編第七十九條規定。
2	分間牆	無限制規定。
3	內部裝修材料	符合建築設計施工編第八十八條規定。
4	直通樓梯步行距離	符合建築設計施工編第九十三條規定。
5	緊急進口設置	符合建築設計施工編第一百零八條規定。
6	樓梯及平臺淨寬、梯級尺寸	符合建築設計施工編第三十三條第三、四欄。但設置二座以上符合該條第四欄規定之樓梯者，視為設置一座符合其第三欄規定之樓梯。
7	防火構造限制	符合建築設計施工編第六十九條 G 類規定。
8	避難層出入口數量及寬度	符合建築設計施工編第九十條規定。
9	避難層以外樓層出入口寬度	無限制規定。
10	設置兩座直通樓梯之限制	符合建築設計施工編第九十五條規定。

項次	規定項目	檢討標準
11	直通樓梯之總寬度	無限制規定。
12	走廊淨寬度	符合建築設計施工編第九十二條規定。
13	直通樓梯改為安全梯或特別安全梯之限制	符合建築設計施工編第九十六條規定。
14	特定建築物之限制	符合建築設計施工編第一百十八條第二款規定。
15	最低活載重	符合建築構造編第十七條第三欄規定或建築師安全鑑定書簽證符合規定。
16	停車空間	符合都市計畫法令及建築設計施工編第五十九條第一類規定。
17	通風	符合建築設計施工編第四十三條規定。
18	屋頂避難平臺	無限制規定。
19	防空避難設備	符合建築設計施工編第一百四十一條第二款第四目規定。
20	公共建築物無障礙設施	符合建築設計施工編第一百七十條或依身心障礙者權益保障法第五十七條規定提具替代改善計畫。

（二十）G-2 類組規定項目檢討標準表

項次	規定項目	檢討標準
1	防火區劃	符合建築設計施工編第七十九條規定。
2	分間牆	各級政府機關建築物應為防火構造或使用不燃材料建造，其他無限制規定。
3	內部裝修材料	符合建築設計施工編第八十八條規定。
4	直通樓梯步行距離	符合建築設計施工編第九十三條規定。
5	緊急進口設置	符合建築設計施工編第一百零八條規定。
6	樓梯及平臺淨寬、梯級尺寸	符合建築設計施工編第三十三條第三、四欄。但設置二座以上符合該條第四欄規定之樓梯者，視為設置一座符合其第三欄規定之樓梯。
7	防火構造限制	符合建築設計施工編第六十九條 G 類規定。
8	避難層出入口數量及寬度	符合建築設計施工編第九十條規定。
9	避難層以外樓層出入口寬度	無限制規定。
10	設置兩座直通樓梯之限制	符合建築設計施工編第九十五條規定。
11	直通樓梯之總寬度	無限制規定。
12	走廊淨寬度	符合建築設計施工編第九十二條規定。
13	直通樓梯改為安全梯或特別安全梯之限制	符合建築設計施工編第九十六條規定。

項次	規定項目	檢討標準
14	特定建築物之限制	符合建築設計施工編第一百十八條第二款規定。
15	最低活載重	符合建築構造編第十七條第三欄規定或建築師安全鑑定書簽證符合規定。
16	停車空間	符合都市計畫法令及建築設計施工編第五十九條第一類規定。
17	通風	符合建築設計施工編第四十三條規定。
18	屋頂避難平臺	無限制規定。
19	防空避難設備	符合建築設計施工編第一百四十一條第二款第四目規定。
20	公共建築物無障礙設施	符合建築設計施工編第一百七十條或依身心障礙者權益保障法第五十七條規定提具替代改善計畫。

（二十一）G-3 類組規定項目檢討標準表

項次	規定項目	檢討標準
1	防火區劃	符合建築設計施工編第七十九條規定。
2	分間牆	無限制規定。
3	內部裝修材料	符合建築設計施工編第八十八條規定。
4	直通樓梯步行距離	符合建築設計施工編第九十三條規定。
5	緊急進口設置	符合建築設計施工編第一百零八條規定。
6	樓梯及平臺淨寬、梯級尺寸	符合建築設計施工編第三十三條第三、四欄。但設置二座以上符合該條第四欄規定之樓梯者，視為設置一座符合其第三欄規定之樓梯。
7	防火構造限制	符合建築設計施工編第六十九條 G 類規定。
8	避難層出入口數量及寬度	符合建築設計施工編第九十條規定。
9	避難層以外樓層出入口寬度	無限制規定。
10	設置兩座直通樓梯之限制	符合建築設計施工編第九十五條規定。
11	直通樓梯之總寬度	無限制規定。
12	走廊淨寬度	符合建築設計施工編第九十二條規定。
13	直通樓梯改為安全梯或特別安全梯之限制	符合建築設計施工編第九十六條規定。
14	特定建築物之限制	符合建築設計施工編第一百十八條第二款規定。
15	最低活載重	符合建築構造編第十七條第三欄規定或建築師安全鑑定書簽證符合規定。
16	停車空間	符合都市計畫法令及建築設計施工編第五十九條第一類規定。

項次	規定項目	檢討標準
17	通風	符合建築設計施工編第四十三條規定。
18	屋頂避難平臺	無限制規定。
19	防空避難設備	符合建築設計施工編第一百四十一條第一款、第二款第四目規定。
20	公共建築物無障礙設施	符合建築設計施工編第一百七十條或依身心障礙者權益保障法第五十七條規定提具替代改善計畫。

（二十二）H-1 類組規定項目檢討標準表

項次	規定項目	檢討標準
1	防火區劃	符合建築設計施工編第七十九條、第九十九條之一規定。
2	分間牆	符合建築設計施工編第八十六條規定。
3	內部裝修材料	符合建築設計施工編第八十八條規定。
4	直通樓梯步行距離	符合建築設計施工編第九十三條規定。
5	緊急進口設置	符合建築設計施工編第一百零八條規定。
6	樓梯及平臺淨寬、梯級尺寸	符合建築設計施工編第三十三條第三、四欄。但設置二座以上符合該條第四欄規定之樓梯者，視為設置一座符合其第三欄規定之樓梯。
7	防火構造限制	符合建築設計施工編第六十九條 H 類規定。
8	避難層出入口數量及寬度	符合建築設計施工編第九十條規定。
9	避難層以外樓層出入口寬度	無限制規定。
10	設置兩座直通樓梯之限制	符合建築設計施工編第九十五條規定。
11	直通樓梯之總寬度	無限制規定。
12	走廊淨寬度	符合建築設計施工編第九十二條規定。
13	直通樓梯改為安全梯或特別安全梯之限制	符合建築設計施工編第九十六條規定。
14	特定建築物之限制	無限制規定。
15	最低活載重	符合建築構造編第十七條第一欄規定或建築師安全鑑定書簽證符合規定。
16	停車空間	符合都市計畫法令及建築設計施工編第五十九條第三類規定。
17	通風	符合建築設計施工編第四十三條規定。
18	屋頂避難平臺	無限制規定。
19	防空避難設備	符合建築設計施工編第一百四十一條第一款、第二款第四目規定。

項次	規定項目	檢討標準
20	公共建築物無障礙設施	符合建築設計施工編第一百七十條或依身心障礙者權益保障法第五十七條規定提具替代改善計畫。
21	日照、採光	符合建築設計施工編第四十條至第四十二條規定。
22	防音	符合建築設計施工編第四十六條規定。

（二十三）H-2 類組規定項目檢討標準表

項次	規定項目	檢討標準
1	防火區劃	符合建築設計施工編第七十九條規定。
2	分間牆	無限制規定。
3	內部裝修材料	符合建築設計施工編第八十八條規定。
4	直通樓梯步行距離	符合建築設計施工編第九十三條規定。
5	緊急進口設置	符合建築設計施工編第一百零八條規定。
6	樓梯及平臺淨寬、梯級尺寸	符合建築設計施工編第三十三條第三、四欄。但設置二座以上符合該條第四欄規定之樓梯者，視為設置一座符合其第三欄規定之樓梯。
7	防火構造限制	符合建築設計施工編第六十九條 H 類規定。
8	避難層出入口數量及寬度	符合建築設計施工編第九十條規定。
9	避難層以外樓層出入口寬度	無限制規定。
10	設置兩座直通樓梯之限制	符合建築設計施工編第九十五條規定。
11	直通樓梯之總寬度	無限制規定。
12	走廊淨寬度	符合建築設計施工編第九十二條規定。
13	直通樓梯改為安全梯或特別安全梯之限制	符合建築設計施工編第九十六條規定。
14	特定建築物之限制	無限制規定。
15	最低活載重	符合建築構造編第十七條第一欄規定或建築師安全鑑定書簽證符合規定。
16	停車空間	符合都市計畫法令及建築設計施工編第五十九條第二類規定。
17	通風	符合建築設計施工編第四十三條規定。
18	屋頂避難平臺	無限制規定。
19	防空避難設備	符合建築設計施工編第一百四十一條第一款、第二款第四目規定。
20	公共建築物無障礙設施	符合建築設計施工編第一百七十條或依身心障礙者權益保障法第五十七條規定提具替代改善計畫。

項次	規定項目	檢討標準
21	日照、採光	符合建築設計施工編第四十條至第四十二條規定。
22	防音	符合建築設計施工編第四十六條規定。

（二十四）I類組規定項目檢討標準表

項次	規定項目	檢討標準
1	防火區劃	符合建築設計施工編第七十九條規定。
2	分間牆	無限制規定。
3	內部裝修材料	符合建築設計施工編第八十八條規定。
4	直通樓梯步行距離	符合建築設計施工編第九十三條規定。
5	緊急進口設置	符合建築設計施工編第一百零八條規定。
6	樓梯及平臺淨寬、梯級尺寸	符合建築設計施工編第三十三條第三、四欄。但設置二座以上符合該條第四欄規定之樓梯者，視為設置一座符合其第三欄規定之樓梯。
7	防火構造限制	符合建築設計施工編第六十九條I類規定。
8	避難層出入口數量及寬度	符合建築設計施工編第九十條規定。
9	避難層以外樓層出入口寬度	無限制規定。
10	設置兩座直通樓梯之限制	符合建築設計施工編第九十五條規定。
11	直通樓梯之總寬度	無限制規定。
12	走廊淨寬度	符合建築設計施工編第九十二條規定。
13	直通樓梯改為安全梯或特別安全梯之限制	符合建築設計施工編第九十六條規定。
14	特定建築物之限制	符合建築設計施工編第一百十八條第二款規定。
15	最低活載重	符合建築構造編第十七條第五欄規定或建築師安全鑑定書簽證符合規定。
16	停車空間	符合都市計畫法令及建築設計施工編第五十九條第四類規定。
17	通風	符合建築設計施工編第四十三條規定。
18	屋頂避難平臺	無限制規定。
19	防空避難設備	符合建築設計施工編第一百四十一條第二款第四目規定。
20	公共建築物無障礙設施	符合建築設計施工編第一百七十條或依身心障礙者權益保障法第五十七條規定提具替代改善計畫。

附表五　建築物主從用途關係表

從屬用途使用組別 ╲ 主用途使用組別		A類（公共集會類）		B類（商業類）				C類（工業、倉儲類）		D類（休閒、文教類）					E類（宗教、殯葬類）	F類（衛生、福利、更生類）				G類（辦公、服務類）			H類（住宿類）
		A-1	A-2	B-1	B-2	B-3	B-4	C-1	C-2	D-1	D-2	D-3	D-4	D-5		F-1	F-2	F-3	F-4	G-1	G-2	G-3	H-1
D類	D-1	○	○	×	×	×	○	×	×		×	×	×	×	×	×	×	×	×	×	×	×	×
	D-2	○	○	×	×	×	○	×	×	×		×	×	×	×	×	×	×	×	×	×	×	×
	D-5	×	×	×	×	×	×	×	×	×	×	○	○		×	×	×	×	×	×	×	×	×
F類	F-3	○	×	×	×	×	×	×	×	×	○	○	○	○	○	○	○		×	×	○	×	×
G類	G-2	○	○	○	○	○	○	△	△	○	○	○	○	○	○	○	○	○	○	○		○	○
	G-3	○	○	○	○	○	○	△	△	○	○	○	○	○	○	○	○	○	○	○	○		○
H類	H-1	×	×	×	×	×	×	△	△	×	×	×	○	×	×	×	×	×	×	×	×	×	

說明：

一、○指表列各從屬用途之合計樓地板面積符合本辦法第六條第一項第三款規定者，其與對應之主用途具有從屬關係。

二、△指表列各從屬用途之合計樓地板面積同時符合本辦法第六條第一項第三款及建築技術規則建築設計施工編第二百七十二條規定者，其與對應之主用途具有從屬關係。

三、╳指對應之使用組別未具從屬關係。

四、本表所列E類別之主用途，以宗教類相關場所爲限。

五、依建築技術規則規定採用建築物防火避難性能設計或依同規則總則編第三條之四規定領有中央主管建築機關認可之建築物防火避難綜合檢討計畫書及評定書之建築物，不適用本表規定。

建築物防火避難設施及設備安全檢查報告書表

■內政部 100.11.17 台內營字第 1000809947 號令修正「建築物防火避難設施及設備安全檢查報告書表」，自中華民國一百零一年一月一日生效。

檔案類型：word文件

F1-1	建築物防火避難設施與設備安全檢查申報書
F1-2	申報人名冊
F1-3	專業檢查人名冊
F1-4	建築物申報樓層概要表
F1-5	直轄市、縣（市）主管建築機關建築物防火避難設施與設備安全檢查申報結果通知書
F2-1-1	建築物防火避難設施與設備安全檢查報告書總表
F2-1-2	建築物防火避難設施與設備安全檢查改善計畫書
F2-1-3	建築物防火避難設施與設備安全檢查報告書
F2-2	昇降設備使用許可證記錄表
F2-3	建築物主用途及從屬用途檢查表
F2-4-1	建築物防火避難設施與設備安全檢查記錄簡圖（A4 格式）
F2-4-2	建築物防火避難設施與設備安全檢查記錄簡圖（A3 格式）

建築物防火避難設施與設備安全檢查申報書

F 1－1

檢查登記號碼：	年度	申報掛號日期	年 月 日
		文 號	

一、下開建築物依建築法第七十七條第三項及建築物公共安全檢查簽證及申報辦法規定辦理防火避難設施與設備安全檢查申報，檢附檢查報告書及有關文件，敬請准予備查。

二、本申報內容如有不實或違反建築法第七十七條第一項有關維護建築物合法使用與其構造及設備安全規定致人於死或致重傷，願依法負其責任。

此致

（當地主管建築機關）

申 報 人：（簽章） 代申報人：（簽章）

申報日期： 年 月 日

檢附文件（依序排列）	1.申報書（申報人名冊、專業檢查人名冊、建築物申報樓層概要表）		
	2.檢查報告書總表	3.改善計畫書	4.檢查報告書
	5.昇降設備使用許可證記錄表	6.主用途及從屬用途檢查表＊	7.檢查記錄簡圖
	8.現況照片	9.使用執照影本	10.建物權利證明文件影本
	11.公共意外責任險證明文件＊	12.室內裝修合格證明＊	13.專業機構或專業檢查人認可證影本

（代申報人）申報人	姓 名		國民身分證統一編號	
	通訊住址		通訊電話	

申報建築物概要	申報建築物或營業場所名稱			現況用途類 組	
	建築物地址			建築物座標	經度： 緯度：
	使用執照字號	字第 號		本次申報範圍之樓地板面積	平方公尺
	整幢建築物現 況	整幢為地上 層、地下 層建築物	申報樓層別（擇一項填列）	地上 地下 層，共1層	
		□整幢建築物供同一使用類組使用 □整幢建築物供二種以上使用類組使用		地上 地下 層至 地上 地下 層，共 層	

專業檢查機構、檢查人資料	專業機構	名稱		認可證字號	
		負責人姓 名		通訊電話	
		通訊地址			
	專業檢查人	事務所執業	名稱	通訊電話	
			通訊地址		
		項目類別檢查簽證	防火避難設施類檢查人姓名	認可證字號	
			設備安全類檢查人姓名	認可證字號	

檢查日期記 錄	本次（年度）檢查日期	自 年 月 日至 年 月 日

註：1.「檢附文件」欄有「＊」符號註記之項目，爲依相關法令規定需查核者始檢附之。

2. 填列本申報書之申報人、專業檢查人之人數達 2 人以上者，應填列「申報人名冊」、「專業檢查人名冊」；申報樓層別達 2 層以上或現況用途類組達 2 類以上者，應填列「建築物申報樓層概要表」。

3.「申報人」如非本國人，其「姓名」欄應填列與護照登載相同之外文姓名；另「國民身分證統一編號」欄應填列護照號碼。

4. 本表所稱「代申報人」，係指建築物公共安全檢查簽證及申報辦法第 2 條第 2 項規定之公寓大廈管理委員會主任委員或管理負責人。

申報人名冊

F1-2

<table>
<tr><td rowspan="2">年度</td><td>申報掛號日期</td><td>年 月 日</td></tr>
<tr><td>文 號</td><td></td></tr>
</table>

檢查登記號碼：　　　　共 頁，第 頁

<table>
<tr><td rowspan="2">01</td><td rowspan="2">申報人</td><td colspan="2">□建築物所有權人 □建築物使用人</td><td>申報範圍（建築物門牌號碼）</td><td>（與申報書相同者免填）</td></tr>
<tr><td>姓 名</td><td>（簽章）</td><td>國民身分證統一編號</td><td></td></tr>
<tr><td rowspan="2">02</td><td rowspan="2">申報人</td><td colspan="2">□建築物所有權人 □建築物使用人</td><td>申報範圍（建築物門牌號碼）</td><td>（與申報書相同者免填）</td></tr>
<tr><td>姓 名</td><td>（簽章）</td><td>國民身分證統一編號</td><td></td></tr>
<tr><td rowspan="2">03</td><td rowspan="2">申報人</td><td colspan="2">□建築物所有權人 □建築物使用人</td><td>申報範圍（建築物門牌號碼）</td><td>（與申報書相同者免填）</td></tr>
<tr><td>姓 名</td><td>（簽章）</td><td>國民身分證統一編號</td><td></td></tr>
<tr><td rowspan="2">04</td><td rowspan="2">申報人</td><td colspan="2">□建築物所有權人 □建築物使用人</td><td>申報範圍（建築物門牌號碼）</td><td>（與申報書相同者免填）</td></tr>
<tr><td>姓 名</td><td>（簽章）</td><td>國民身分證統一編號</td><td></td></tr>
<tr><td rowspan="2">05</td><td rowspan="2">申報人</td><td colspan="2">□建築物所有權人 □建築物使用人</td><td>申報範圍（建築物門牌號碼）</td><td>（與申報書相同者免填）</td></tr>
<tr><td>姓 名</td><td>（簽章）</td><td>國民身分證統一編號</td><td></td></tr>
<tr><td rowspan="2">06</td><td rowspan="2">申報人</td><td colspan="2">□建築物所有權人 □建築物使用人</td><td>申報範圍（建築物門牌號碼）</td><td>（與申報書相同者免填）</td></tr>
<tr><td>姓 名</td><td>（簽章）</td><td>國民身分證統一編號</td><td></td></tr>
<tr><td rowspan="2">07</td><td rowspan="2">申報人</td><td colspan="2">□建築物所有權人 □建築物使用人</td><td>申報範圍（建築物門牌號碼）</td><td>（與申報書相同者免填）</td></tr>
<tr><td>姓 名</td><td>（簽章）</td><td>國民身分證統一編號</td><td></td></tr>
<tr><td rowspan="2">08</td><td rowspan="2">申報人</td><td colspan="2">□建築物所有權人 □建築物使用人</td><td>申報範圍（建築物門牌號碼）</td><td>（與申報書相同者免填）</td></tr>
<tr><td>姓 名</td><td>（簽章）</td><td>國民身分證統一編號</td><td></td></tr>
</table>

<table>
<tr><td rowspan="2">09</td><td rowspan="2">申報人</td><td colspan="2">□建築物所有權人　□建築物使用人</td><td>申報範圍（建築物門牌號碼）</td><td>（與申報書相同者免填）</td></tr>
<tr><td>姓　名</td><td>（簽章）</td><td>國民身分證統一編號</td><td></td></tr>
<tr><td rowspan="2">10</td><td rowspan="2">申報人</td><td colspan="2">□建築物所有權人　□建築物使用人</td><td>申報範圍（建築物門牌號碼）</td><td>（與申報書相同者免填）</td></tr>
<tr><td>姓　名</td><td>（簽章）</td><td>國民身分證統一編號</td><td></td></tr>
</table>

備註：

1.「建築物防火避難設施類與設備安全檢查申報書（表 1-1）」所列申報人數達 2 名以上者，應填列本表。

2.「申報人」如非本國人，其「姓名」欄應填列與護照登載相同之外文姓名；另「國民身分證統一編號」欄應填列護照號碼。

專業檢查人名冊

F1-3

年度	申報掛號日期	年 月 日
	文 號	

檢查登記號碼： 共 頁，第 頁

檢查人			認可證字號	
	檢查項次（檢查項目）		檢查範圍（樓層／面積）	
檢查人			認可證字號	
	檢查項次（檢查項目）		檢查範圍（樓層／面積）	
檢查人			認可證字號	
	檢查項次（檢查項目）		檢查範圍（樓層／面積）	
檢查人			認可證字號	
	檢查項次（檢查項目）		檢查範圍（樓層／面積）	
檢查人			認可證字號	
	檢查項次（檢查項目）		檢查範圍（樓層／面積）	
檢查人			認可證字號	
	檢查項次（檢查項目）		檢查範圍（樓層／面積）	
檢查人			認可證字號	
	檢查項次（檢查項目）		檢查範圍（樓層／面積）	
檢查人			認可證字號	
	檢查項次（檢查項目）		檢查範圍（樓層／面積）	

<table>
<tr><td rowspan="2">檢查人</td><td></td><td></td><td>認可證字號</td><td></td></tr>
<tr><td>檢查項次
(檢查項目)</td><td></td><td>檢查範圍
(樓層/面積)</td><td></td></tr>
<tr><td rowspan="2">檢查人</td><td></td><td></td><td>認可證字號</td><td></td></tr>
<tr><td>檢查項次
(檢查項目)</td><td></td><td>檢查範圍
(樓層/面積)</td><td></td></tr>
</table>

備註：

1. 辦理建築物防火避難設施類或設備安全類各類檢查項次之專業檢查人數達 2 名以上者，應填列本表。
2. 本表所稱「檢查項次（檢查項目）」應依據建築物公共安全檢查簽證及申報辦法第 4 條第 3 項附表二規定填列。

建築物申報樓層概要表

F1-4

年度	申報掛號日期	年 月 日
	文 號	

檢查登記號碼：　　　　　　　　　　　　　　　　共　頁，第　頁

申報樓層別		建築物門牌號碼	使用執照或變更使用執照核定用途（使用類組）	現況用途（使用類組）
地下層	第○層		（ ）	（ ）
	第○層		（ ）	（ ）
	第○層		（ ）	（ ）
	第○層		（ ）	（ ）
	第○層		（ ）	（ ）
地上層	第○層		（ ）	（ ）
	第○層		（ ）	（ ）
	第○層		（ ）	（ ）
	第○層		（ ）	（ ）
	第○層		（ ）	（ ）
	第○層		（ ）	（ ）
	第○層		（ ）	（ ）
	第○層		（ ）	（ ）
	第○層		（ ）	（ ）
	第○層		（ ）	（ ）
	第○層		（ ）	（ ）
	第○層		（ ）	（ ）

備註：

1. 申報樓層別達2層以上或現況用途類組達2類以上者，應填列本表。
2. 本表所稱「現況用途（使用類組）」，應按實際現況用途依據建築物使用類組及變更使用辦法規定填列。

直轄市、縣（市）主管建築機關建築物防火避難設施與設備安全檢查申報結果通知書

F1-5

<table>
<tr><td rowspan="3">年度檢查申報案</td><td>掛號日期</td><td>年　月　日</td></tr>
<tr><td>發文日期</td><td>年　月　日</td></tr>
<tr><td>發文字號</td><td>年　月　日</td></tr>
</table>

檢查登記號碼：

受文者：

副本受文者：

主旨：所報附表建築物依建築法第 77 條第 3 項及建築物公共安全檢查簽證及申報辦法規定辦理防火避難設施與設備安全檢查申報，業依規定查核完竣，復請查照。

通知事項：

一、本次所附申報書件，查核結果如下（勾選或註記之項目）：

□ 1. 查核合格，予以備查。

□ 2. 案內提具改善計畫之檢查簽證項目，限於　　年　　月　　日以前改正完竣並再行申報。

□ 3. 不合規定，除申請書外其餘文件檢還。不合規定項目（詳附表二），限於本通知書送達之次日起 30 日內改正完竣辦理復核。

二、未依通知事項一第 2 點規定改善申報，或第 3 點規定送請復核或復核仍不符合規定者，應依建築法第 91 條第 1 項規定處以新臺幣六萬元以上三十萬元以下之罰鍰，並得連續處罰，限期停止使用。

三、下次（年度）應申報期間為年月日至年月日，屆時請依規定辦理申報。

四、本申報建築物如為供 A-1、B、D-1、D-5、F-1、F-2、F-3、H-1 等類組別使用之營業場所（詳申報資料表「現況用途類組」），申報人應將本通知書張掛（貼）於營業場所明顯處。

五、如有不服，依訴願法第 14 條規定應自行政處分達到之次日起 30 日內，向原處分機關或受理訴願機關提起訴願。

（主管建築機關銜戳）

《附表一》申報資料表

<table>
<tr><td rowspan="2">（代申報人）申報人</td><td colspan="2" rowspan="2">□使用人
□所有權人
□公寓大廈管理委員會之主任委員、管理負責人</td><td>姓　名</td><td></td><td>國民身分證統一編號</td><td colspan="2"></td></tr>
<tr><td>通訊住址</td><td></td><td>通訊電話</td><td colspan="2"></td></tr>
<tr><td rowspan="4">申報建築物概要</td><td colspan="2">申報建築物或營業場所名稱</td><td colspan="3"></td><td>現況用途類組</td><td></td></tr>
<tr><td colspan="2">建築物地址</td><td colspan="3"></td><td>使用執照字號</td><td>使字第　　號</td></tr>
<tr><td colspan="2">整幢建築物現況</td><td colspan="2">地上　　層、地下　　層</td><td rowspan="2">申報樓層別</td><td colspan="2">□ 地上/地下　　層，共1層</td></tr>
<tr><td colspan="2">本次申報範圍之樓地板面積</td><td colspan="2">平方公尺</td><td colspan="2">□ 地上/地下　　層至 地上/地下　　層，共　　層</td></tr>
<tr><td rowspan="4">專業機構、專業檢查人資料</td><td rowspan="2">事務所專業機構</td><td colspan="2">機構（事務所）名稱</td><td></td><td>認可證字號</td><td colspan="2"></td></tr>
<tr><td colspan="2">機構（事務所）負責人姓名</td><td></td><td>通訊電話</td><td colspan="2"></td></tr>
<tr><td rowspan="2">專業檢查人</td><td>防火避難設施類</td><td>姓　名</td><td></td><td>認可證字號</td><td colspan="2"></td></tr>
<tr><td>設備安全類</td><td>姓　名</td><td></td><td>認可證字號</td><td colspan="2"></td></tr>
</table>

《附表二》查核結果表

不合格項目	（本欄位內容依審查表所列項目，由主管建築機關填列） □ 1.申報書（說明：　　　　） □ 2.檢查報告書總表（說明：　　　　） □ 3.改善計畫書（說明：　　　　） □ 4.檢查報告書（說明：　　　　） □ 5.昇降設備許可證紀錄表（說明：　　　　） □ 6.主用途及從屬用途檢查表（說明：　　　　） □ 7.記錄簡圖（說明：　　　　） □ 8.現況照片（說明：　　　　） □ 9.使用執照影本（說明：　　　　） □ 10.建物權利證明文件影本（說明：　　　　） □ 11.公共意外責任險證明文件（說明：　　　　） □ 12.室內裝修合格證明（說明：　　　　） □ 13.專業機構或專業檢查人認可證影本（說明：　　　　） □ 14.其他（說明：　　　　）

（以下空白）

查　　核　　　　　　複　　核　　　　　　決　　行

綜合查核意見：

建築物防火避難設施與設備安全檢查報告書總表

F2-1-1

檢查登記號碼：

年度 檢查申報案	檢查日期	自　年　月　日至　年　月　日

一、建築物概要	申報建築物或營業場所名				現況用途（使用類組）	（　類組）
	建築物地址					
	建造執照核發日期	年　月　日	使用執照字號		最近一次變更使用許可字號	

檢查簽證類別及項目				檢查結果
二、建築物防火避難設施類檢查紀錄	(一)防火區劃	1.面積區劃	(1)十層以下樓層	□合格　□不合格 □提改善　□免檢討
			(2)十一層以上樓層	□合格　□不合格 □提改善　□免檢討
		2.特定用途空間區劃		□合格　□不合格 □提改善　□免檢討
		3.垂直區劃	(1)挑空部分	□合格　□不合格 □提改善　□免檢討
			(2)電扶梯間	□合格　□不合格 □提改善　□免檢討
			(3)昇降機間	□合格　□不合格 □提改善　□免檢討
			(4)垂直貫穿樓地板之管道間及其他類似部分	□合格　□不合格 □提改善　□免檢討
		4.層間區劃		□合格　□不合格 □提改善　□免檢討
		5.貫穿部區劃		□合格　□不合格 □提改善　□免檢討
		6.地下建築物區劃	(1)與地下建築物連通區劃	□合格　□不合格 □提改善　□免檢討
			(2)地下建築物本體區劃	□合格　□不合格 □提改善　□免檢討
		7.高層建築物區劃		□合格　□不合格 □提改善　□免檢討
		8.防火區劃之防火門窗		□合格　□不合格 □提改善　□免檢討
	(二)非防火區劃分間牆			□合格　□不合格 □提改善　□免檢討
	(三)內部裝修材料			□合格　□不合格 □提改善　□免檢討
	(四)避難層出入口			□合格　□不合格 □提改善　□免檢討
	(五)避難層以外樓層出入口			□合格　□不合格 □提改善　□免檢討
	(六)走廊	1.連續式店舖商場之室內通路		□合格　□不合格 □提改善　□免檢討
		2.一般走廊		□合格　□不合格 □提改善　□免檢討
	(七)直通樓梯	1.設置與步行距離		□合格　□不合格 □提改善　□免檢討
		2.設置兩座直通樓梯之限制		□合格　□不合格 □提改善　□免檢討
		3.樓梯及平臺淨寬度		□合格　□不合格 □提改善　□免檢討

<table>
<tr><td rowspan="8">二、建築物防火避難設施類檢查紀錄</td><td rowspan="3">(七)直通樓梯</td><td>4.直通樓梯總寬度</td><td>□合格 □不合格
□提改善 □免檢討</td></tr>
<tr><td>5.迴轉半徑</td><td>□合格 □不合格
□提改善 □免檢討</td></tr>
<tr><td>6.改為安全梯或特別安全梯</td><td>□合格 □不合格
□提改善 □免檢討</td></tr>
<tr><td rowspan="3">(八)安全梯</td><td>1.室內安全梯</td><td>□合格 □不合格
□提改善 □免檢討</td></tr>
<tr><td>2.戶外安全梯</td><td>□合格 □不合格
□提改善 □免檢討</td></tr>
<tr><td>3.特別安全梯</td><td>□合格 □不合格
□提改善 □免檢討</td></tr>
<tr><td colspan="2">(九)屋頂避難平臺</td><td>□合格 □不合格
□提改善 □免檢討</td></tr>
<tr><td colspan="2">(十)緊急進口</td><td>□合格 □不合格
□提改善 □免檢討</td></tr>
<tr><td rowspan="11">三、建築物設備安全類檢查紀錄</td><td colspan="2">(一)昇降設備</td><td>□合格 □不合格
□提改善 □免檢討</td></tr>
<tr><td colspan="2">(二)避雷設備</td><td>□合格 □不合格
□免檢討</td></tr>
<tr><td colspan="2">(三)緊急供電系統</td><td>□合格 □不合格
□免檢討</td></tr>
<tr><td rowspan="5">(四)特殊供電</td><td>1.舞臺</td><td>□合格 □不合格
□免檢討</td></tr>
<tr><td>2.電影院</td><td>□合格 □不合格
□免檢討</td></tr>
<tr><td>3.廣告招牌(燈)</td><td>□合格 □不合格
□免檢討</td></tr>
<tr><td>4.航空障礙燈</td><td>□合格 □不合格
□免檢討</td></tr>
<tr><td>5.游泳池</td><td>□合格 □不合格
□免檢討</td></tr>
<tr><td colspan="2">(五)空調風管</td><td>□合格 □不合格
□提改善 □免檢討</td></tr>
<tr><td rowspan="2">(六)燃燒設備</td><td>1.燃氣設備</td><td>□合格 □不合格
□免檢討</td></tr>
<tr><td>2.鍋爐</td><td>□合格 □不合格
□提改善 □免檢討</td></tr>
</table>

<table>
<tr><td rowspan="6">四、檢查簽證結果</td><td rowspan="6">□ 1.各檢查項目均符合規定。
□ 2.檢查項目不符合規定，已提具改善計畫書。
□ 3.檢查項目不符合規定。</td><td rowspan="2">專業機構</td><td colspan="2">機構名稱（負責人姓名）</td><td></td></tr>
<tr><td colspan="2">認可證字號</td><td></td></tr>
<tr><td rowspan="4">專業檢查人</td><td rowspan="2">防火避難設施類</td><td>檢查人姓名</td><td></td></tr>
<tr><td>認可證字號</td><td></td></tr>
<tr><td rowspan="2">設備安全類</td><td>檢查人姓名</td><td></td></tr>
<tr><td>認可證字號</td><td></td></tr>
</table>

備註：本表係由申報系統填列後自動生成，申報人直接列印裝訂及加蓋騎縫章後檢附，無庸另行填列並不得塗改。

建築物防火避難設施與設備安全檢查改善計畫書

F2-1-2

年度	申報掛號日期	年　月　日
	文　　號	

檢查登記號碼：　　　　　　　　　　　　　　　　　　　　　共　頁，第　頁

【壹】改善事項				
項次	檢查項目	無法合格原因	改善方式	法令依據（代碼）
01				
02				
03				
04				
05				
06				

專業檢查人：　　　　　　　　　　　　（簽章）
申報人（代申報人）：　　　　　　　　　　（簽章）
填表日期：　　　年　　　月　　　日

【貳】填表說明

1. 本表所列改善計畫之項目及內容，於專業檢查人依序填列後由申報作業系統自動產出，其項目及內容不得塗改。
2. 建築物逃生避難之出入口、走廊、直通樓梯、安全梯、特別安全梯（排煙室）等類似空間，如有堆置物品妨害通行或於防火門擅自增設拴鎖等情事者，專業檢查人應立即通知申報人改善，並不得提列改善計畫。
3. 表列「法令依據（代碼）」乙欄，應視各改善項目所涉建築法相關規定，依下列代碼選項擇一填列：

【A1】：按建築物原領得使用執照，或最近一次變更使用執照核准圖說恢復原狀。

【A2】：依建築法第 28 條規定申請建造執照或雜項執照。

【A3】：依建築法第 73 條、建築物使用類組及變更使用辦法相關規定申請變更使用執照。

【A4】：依直轄市、縣（市）主管建築機關所定一定規模以下免辦理變更使用執照相關規定辦理。

【A5】：依建築法第 77 條之 1、原有合法建築物防火避難設施及消防設備改善辦法相關規定辦理。

【A6】：依建築法第 77 條之 2、建築物室內裝修管理辦法相關規定申請許可。

【A7】：依建築法第 77 條之 4、建築物昇降設備設置及檢查管理辦法相關規定申請安全檢查及取得使用許可證。

【A8】：依建築技術規則總則編第 3 條、建築物防火避難性能設計計畫書申請認可要點規定申請認可。

建築物防火避難設施與設備安全檢查報告書

F2-1-3

檢查登記號碼：　　　　　　　　年度 檢查申報案　　檢查日期　自　年　月　日至　年　月　日

【壹】申報建築物概要			
申報建築物或營業場所名稱		現況用途（使用類組）	（　類組）
建築物地址			
建造執照字號	字第　號	發照日期	年　月　日
最近一次變更使用執照（許可）字號	字第　號	許可日期	年　月　日

【貳】防火避難設施類檢查紀錄	
填表說明	本表「檢查標準」欄內「○」、「△」、「☆」及「×」等符號表示之檢查法令依據如下，專業檢查人應視建築物之現況用途，擇一標準檢查填列： 1.「○」：依現行建築技術規則規定檢討改善。 2.「△」：依原有合法建築物防火避難設施及消防設備改善辦法第5條至第24條有關規定檢討改善。 3.「☆」：依建築物建造、變更使用當時建築技術規則有關規定檢討。 4.「×」：依法得免檢討或建造當時法令無限制規定。 5.「◎」：依建築物防火避難性能設計計畫書申請認可要點採用性能設計，依認可注意事項辦理檢查。

檢查項目		檢查標準	檢查內容（符合者標註■、不符合者標註☒、無涉關事項標註／）	檢查結果
(一)防火區劃	十層以下樓層面積區劃	□「△」	□ 防火構造建築物或防火建築物，其總樓地板面積在1500平方公尺以上者，應按每1500平方公尺，以具有1小時以上防火時效之牆壁、樓地板及防火設備區劃分隔；具備有效自動滅火設備者，得免計算其有效範圍樓地板面積之二分之一。	□合格 □不合格 □提改善 □免檢討
			□ 非防火構造建築物，依下列規定檢討改善： (1) 主要構造部分使用不燃材料建造之建築物者，應按其總樓地板面積每1000平方公尺，以具有1小時防火時效之牆壁、樓地板及防火設備區劃分隔。 (2) 主要構造為木造且屋頂以不燃材料覆蓋者，按其總樓地板面積每500平方公尺，以具有1小時防火時效之牆壁、樓地板及防火設備區劃分隔。	
		□「☆」	□ 法令適用期間（年／月／日，以下略）630217~921231 防火構造建築物或防火建築物，其總樓地板面積在1500平方公尺以上者，應按每1500平方公尺，以具有1小時防火時效之防火牆、防火樓板及甲種防火門窗區劃分隔。但區劃範圍內具備有效自動滅火設備者，得免計算其有效範圍樓地板面積之二分之一。	
			□ 630217~921231 非防火構造之建築物，其主要構造使用不燃材料建造者，應按其總樓地板面積每1000平方公尺以具有1小時防火時效之防火牆、防火樓板、甲種防火門窗等予以區劃分隔。	
		□「○」	□ 930101~ 防火構造建築物總樓地板面積在1500平方公尺以上者，應按每1500平方公尺，以具有1小時以上防火時效之牆壁、防火門窗等防火設備與該處防火構造之樓地板區劃分隔。但區劃範圍內具備有效自動滅火設備者，得免計算其有效範圍樓地板面積之二分之一。	
			□ 930101~ 非防火構造之建築物，其主要構造使用不燃材料建造者，應按其總樓地板面積每1000平方公尺以具有1小時防火時效之牆壁、防火門窗等防火設備予以區劃分隔。	
		□「×」	□ 本申報場所依法得免檢討或建造當時法令無限制規定。	
		□「◎」	□ 本申報場所依建築物防火避難性能設計計畫書申請認可要點採用性能設計，與原核定事項相符。	□合格 □不合格

(一)防火區劃	十一層以上樓層面積區劃	□「△」	□ 原有合法建築物依下列規定檢討改善： (1) 樓地板面積超過100平方公尺者，應按每100平方公尺，以具有1小時以上防火時效之牆壁、樓地板及防火設備區劃分隔。建築物供作 H-2類組使用者，其區劃面積得增為200平方公尺。 (2) 自地板面起1.2公尺以上之室內牆面及天花板均使用耐燃一級材料裝修者，得按每200平方公尺，以具有1小時以上防火時效之牆壁、樓地板及防火設備區劃分隔。建築物供作 H-2類組使用者，區劃面積得增為400平方公尺。 (3) 室內牆面及天花板（包括底材）均以耐燃一級材料裝修者，得按每500平方公尺範圍內，以具有1小時以上防火時效之牆壁、樓地板及防火設備區劃分隔。 (4) 前3款區劃範圍內，備有效自動滅火設備者，得免計算其有效範圍樓地板面積之二分之一。	□合格 □不合格 □提改善 □免檢討
		□「☆」	□ 630217~640806 各層之樓地板面積超過100平方公尺者，應按每100平方公尺範圍內以符合防火構造之防火牆、防火樓板及甲、乙種防火門窗等區劃分隔之，但有下列情形者不在此限： (1) 自地板面起高度在1.2公尺以上之室內牆面及天花板均使用不燃材料，或以不燃材料為底之石膏板、木絲水泥板裝修者，按每200平方公尺範圍內區劃，並以甲種防火門窗分隔者為限。 (2) 天花板及室內牆面包括其底材，均以不燃材料裝修者，按每500平方公尺範圍內區劃，並以甲種防火門窗分隔者為限。 (3) 樓梯間、電梯間。 □ 640807~921231 建築物除樓梯間及昇降機間外，應按下列規定區劃： (1) 樓地板面積超過100平方公尺者，應按每100平方公尺範圍內以防火牆、防火樓板及甲、乙種防火門窗等區劃之。 (2) 自地板面起1.2公尺以上之室內牆面及天花板均使用不燃材料，或以不燃材料為底之石膏板、木絲水泥板裝修者，得按每200平方公尺範圍內以防火牆、防火樓板及甲種防火門窗等區劃之。 (3) 天花板及室內牆面包括其底材，均以不燃材料裝修者，得按每500平方公尺範圍內以防火牆、防火樓板及甲種防火門窗等區劃之。	
		□「○」	□ 930101~ 建築物除垂直區劃外，應依左列規定區劃： (1) 樓地板面積超過100平方公尺，應按每100平方公尺範圍內，以具有1小時以上防火時效之牆壁、防火門窗等防火設備與各該樓層防火構造之樓地板形成區劃分隔。但建築物使用類組 H-2組使用者，區劃面積得增為200平方公尺。 (2) 自地板面起1.2公尺以上之室內牆面及天花板均使用耐燃一級材料裝修者，得按每200平方公尺範圍內，以具有1小時以上防火時效之牆壁、防火門窗等防火設備與各該樓層防火構造之樓地板區劃分隔；供建築物使用類組 H-2組使用者，區劃面積得增為400平方公尺。 (3) 室內牆面及天花板（包括底材）均以耐燃一級材料裝修者，得按每500平方公尺範圍內，以具有1小時以上防火時效之牆壁、防火門窗等防火設備與各該樓層防火構造之樓地板區劃分隔。 (4) 前3款區劃範圍內，如備有效自動滅火設備者得免計算其有效範圍樓地面板面積之二分之一。 (5) 第1款至第3款之防火門窗等防火設備應具有1小時以上之阻熱性。	
		□「×」	□ 本申報場所依法得免檢討或建造當時法令無限制規定。	
		□「◎」	□ 本申報場所依建築物防火避難性能設計計畫書申請認可要點採用性能設計，與原核定事項相符。	□合格 □不合格
	特定用途空間區劃	□「△」	□ 防火構造建築物供下列用途使用者，其無法區劃分隔部分，以具有1小時以上防火時效之牆壁、樓地板及防火設備區劃分隔： (1) 建築物使用類組為 A-1類組或 D-2類組之觀眾席部分。 (2) 建築物使用類組為 C 類組之生產線部分、D-3類組或 D-4類組之教室、體育館、零售市場、停車空間及其他類似用途建築物。 □ 非防火構造建築物供下列用途使用者，其無法區劃分隔部分，以具有半小時以上防火時效之牆壁、樓地板及防火設備區劃分隔，天花板及面向室內之牆壁，以耐燃一級材料裝修： (1) 體育館、建築物使用類組為 C 類組之生產線部分及其他供類似用途使用之建築物。 (2) 樓梯間、昇降機間及其他類似用途使用部分。 □ 位於都市計畫工業區或非都市土地丁種建築用地之建築物供 C 類組使用者，其作業廠房與其附屬空間應以1小時以上防火時效之牆壁、樓地板及防火設備區劃用途，同時能通達避難層或地面或樓梯口。	□合格 □不合格 □提改善 □免檢討

<table>
<tr>
<td rowspan="13">(一)防火區劃</td>
<td rowspan="3">特定用途空間區劃</td>
<td rowspan="2">□「○」</td>
<td>□ 930101~
防火構造建築物供下列用途使用者，其無法區劃分隔部分，以具有1小時以上防火時效之牆壁、樓地板及防火設備區劃分隔，其防火設備並應具有1小時以上之阻熱性：
(1) 建築物使用類組為A-1類組或D-2類組之觀眾席部分。
(2) 建築物使用類組為 C 類組之生產線部分、D-3類組或 D-4類組之教室、體育館、零售市場、停車空間及其他類似用途建築物。</td>
<td rowspan="3"></td>
</tr>
<tr>
<td>□ 930101~
非防火構造建築物供下列用途使用時，其無法區劃分隔部分，以具有半小時以上防火時效之牆壁、樓板及防火門窗等防火設備自成一個區劃，其天花板及面向室內之牆壁，以使用耐燃一級材料裝修者，免檢討「十層以下樓層面積區劃」。
(1) 體育館、建築物使用類組為 C 類之生產線部分及其他供類似用途使用之建築物。
(2) 樓梯間、昇降機間及其他類似用途使用部分。</td>
</tr>
<tr>
<td>□「×」</td>
<td>□ 本申報場所依法得免檢討或建造當時法令無限制規定。</td>
</tr>
<tr>
<td rowspan="4">挑空部分區劃</td>
<td rowspan="2">□「△」</td>
<td>□ (1) 各層樓地板應為連續完整面，並突出挑空處之牆面50公分以上。但與樓地板面交接處之牆面高度應有90公分以上且具有1小時防火時效者，得免突出。
□ (2) 鄰接挑空部分同樓層供不同使用單元使用之居室，其牆面相對間隔未達3公尺者，該牆面應具有1小時以上防火時效；牆壁開口應裝置具有1小時防火時效之防火設備。
□ (3) 挑空部分應設自然排煙或機械排煙設備。</td>
<td rowspan="4">□合格
□不合格
□提改善
□免檢討</td>
</tr>
<tr>
<td>□ 鄰接挑空部分之區分所有權專有部分，以1小時防火時效之牆壁、樓地板及防火設備區劃分隔，且防火設備具遮煙性者，得僅就專有部分檢討。</td>
</tr>
<tr>
<td>□「○」</td>
<td>□ 930101~
防火構造建築物內之挑空部分，應以具有1小時以上防火時效之牆壁、防火門窗等防火設備與該處防火構造之樓地板形成區劃分隔。但符合下列情形之一者，得不受限制：
(1) 避難層通達直上層或直下層之挑空、樓梯及其他類似部分，其室內牆面與天花板以耐燃一級材料裝修者。
(2) 連跨樓層數在3層以下，且樓地板面積在1500平方公尺以下之挑空、樓梯及其他類似部分。</td>
</tr>
<tr>
<td>□「×」</td>
<td>□ 本申報場所依法得免檢討或建造當時法令無限制規定。</td>
</tr>
<tr>
<td rowspan="3">電扶梯間區劃</td>
<td>□「△」</td>
<td>□ 原有合法建築物之電扶梯間應以具有1小時以上防火時效之牆壁、防火設備與該處防火構造之樓地板形成區劃分隔。但鄰接電扶梯之區分所有權專有部分，以1小時以上防火時效之牆壁、樓地板及防火設備區劃分隔，且防火設備具有遮煙性者，得僅就專有部分檢討。</td>
<td rowspan="3">□合格
□不合格
□提改善
□免檢討</td>
</tr>
<tr>
<td>□「○」</td>
<td>□ 930101~
防火構造建築物內之電扶梯間，應以具有1小時以上防火時效之牆壁、防火門窗等防火設備與該處防火構造之樓地板形成區劃分隔。但符合下列情形之一者，得不受限制：
(1) 避難層通達直上層或直下層之挑空、樓梯及其他類似部分，其室內牆面與天花板以耐燃一級材料裝修者。
(2) 連跨樓層數在3層以下，且樓地板面積在1500平方公尺以下之挑空及其他類似部分。</td>
</tr>
<tr>
<td>□「×」</td>
<td>□ 本申報場所依法得免檢討或建造當時法令無限制規定。</td>
</tr>
<tr>
<td rowspan="3">昇降機間區劃</td>
<td>□「△」</td>
<td>□ 原有合法建築物昇降機間部分，應以具有1小時以上防火時效之牆壁、防火設備與該處防火構造之樓地板形成區劃分隔。但鄰接昇降機間部分之區分所有權專有部分，以1小時以上防火時效之牆壁、樓地板及防火設備區劃分隔，且防火設備具有遮煙性者，得僅就專有部分檢討。</td>
<td rowspan="3">□合格
□不合格
□提改善
□免檢討</td>
</tr>
<tr>
<td>□「○」</td>
<td>□ 930101~
防火構造建築物內之昇降機間，應以具有1小時以上防火時效之牆壁、防火門窗等防火設備與該處防火構造之樓地板形成區劃分隔。但符合下列情形之一者，得不受限制：
(1) 避難層通達直上層或直下層之挑空、樓梯及其他類似部分，其室內牆面與天花板以耐燃一級材料裝修者。
(2) 連跨樓層數在3層以下，且樓地板面積在1500平方公尺以下之挑空及其他類似部分。</td>
</tr>
<tr>
<td>□「×」</td>
<td>□ 本申報場所依法得免檢討或建造當時法令無限制規定。</td>
</tr>
</table>

類別	項目	標記	內容	結果
	管道間及其他類似部分區劃垂直貫穿樓地板之管道間	□「△」	□ 原有合法建築物垂直貫穿樓地板之管道間及其他類似部分，應以具有1小時以上防火時效之牆壁形成區劃分隔。管道間之維修門應具有1小時以上之防火時效及遮煙性。	□合格 □不合格 □提改善 □免檢討
		□「○」	□ 930101~ 防火構造建築物內之垂直貫穿樓地板之管道間，應以具有1小時以上防火時效之牆壁、防火門窗等防火設備與該處防火構造之樓地板形成區劃分隔，管道間之維修門並應具有1小時以上之防火時效。但符合下列情形之一者，得不受限制： (1) 避難層通達直上層或直下層之挑空、樓梯及其他類似部分，其室內牆面與天花板以耐燃一級材料裝修者。 (2) 連跨樓層數在3層以下，且樓地板面積在1500平方公尺以下之挑空及其他類似部分。	
		□「×」	□ 本申報場所依法得免檢討或建造當時法令無限制規定。	
(二)防火區劃	層(戶)間區劃	□「△」	□ (1) 防火構造建築物之樓地板應為連續完整面，並應突出建築物外牆50公分以上；與樓地板交接處之外牆或外牆之內側面高度有90公分以上，且該外牆或內側構造具有與樓地板同等以上防火時效者，得免突出。 □ (2) 外牆為帷幕牆者，其牆面與樓地板交接處之構造，應依前款之規定。 □ (3) 建築物有連跨複數樓層，無法逐層區劃分隔之垂直空間者，應以具有1小時以上防火時效之牆壁、防火設備與該處防火構造之樓地板形成區劃分隔。但鄰接該垂直空間之區分所有權專有部分，以1小時以上防火時效之牆壁、樓地板及防火設備區劃分隔，且防火設備具有遮煙性者，得僅就專有部分檢討。	□合格 □不合格 □提改善 □免檢討
		□「☆」	□ 630217~921231 防火樓板應突出外牆面50公分以上，但與其交接處之外牆有高度90公分以上為防火構造者得免突出。	
		□「○」	□ 930101~ 防火構造建築物之樓地板應為連續完整面，並應突出建築物外牆50公分以上。但與樓板交接處之外牆面高度有90公分以上，且該外牆構造具有與樓地板同等以上防火時效者，得免突出。外牆為帷幕牆者，其牆面與樓地板交接處之構造，亦同。	
		□「×」	□ 本申報場所依法得免檢討或建造當時法令無限制規定。	
		□「◎」	□ 本申報場所依建築物防火避難性能設計計畫書申請認可要點採用性能設計，與原核定事項相符。	□合格 □不合格
	貫穿部區劃與地下建築物連通區劃	□「△」	□ (1) 貫穿防火區劃牆壁或樓地板之風管，應在貫穿部位任一側之風管內裝設防火閘門或閘板，其與貫穿部位合成之構造，並應具有1小時以上之防火時效。 □ (2) 貫穿防火區劃牆壁或樓地板之電力管線、通訊管線及給排水管線或管線匣，與貫穿部位合成之構造，應具有1小時以上之防火時效。	□合格 □不合格 □提改善 □免檢討
		□「☆」	□ 630217~921231 貫穿防火區劃牆之風管，應在貫穿部位任一側之風管內裝設防火閘門或閘板。	
		□「○」	□ 930101~ □ (1) 貫穿防火區劃牆壁或樓地板之風管，應在貫穿部位任一側之風管內裝設防火閘門或閘板，其與貫穿部位合成之構造，並應具有1小時以上之防火時效。 □ (2) 貫穿防火區劃牆壁或樓地板之電力管線、通訊管線及給排水管線或管線匣，與貫穿部位合成之構造，應具有1小時以上之防火時效。	
		□「×」	□ 本申報場所依法得免檢討或建造當時法令無限制規定。	
		□「☆」	□ 780618~921231 建築物與地下建築物以緩衝區間接連接者，該緩衝區與連接之地下建築物、地下運輸系統及建築物之地下層間應以具有1小時以上防火時效之牆壁、防火樓板及甲種防火門窗區劃分隔，其內部裝修材料應為不燃材料，且設有通風管道時，其通風管道不得同時貫穿緩衝區與二側建築物間之防火區劃。	□合格 □不合格 □提改善 □免檢討
		□「○」	□ 930101~ 建築物與地下建築物以緩衝區間接連接者，該緩衝區與連接之地下建築物、地下運輸系統及建築物之地下層間應以具有1小時以上防火時效之牆壁、防火門窗等防火設備及該層防火構造之樓地板區劃分隔，防火門窗等防火設備並應具有1小時以上之阻熱性。其內部裝修材料應為耐燃一級材料，且設有通風管道時，其通風管道不得同時貫穿緩衝區與二側建築物間之防火區劃。	
		□「×」	□ 本申報場所依法得免檢討或建造當時法令無限制規定。	

<table>
<tr><td rowspan="9">(一)防火區劃</td><td rowspan="3">地下建築物本體區劃</td><td>□「☆」</td><td>□ 780618~921231
□(1)供地下使用單元使用之總樓地板面積在1000平方公尺以上者，應按每1000平方公尺，以具有1小時以上防火時效之牆、防火樓板及甲種防火門予以區劃分隔。
□(2)供地下通道使用，其總樓地板面積在1500平方公尺以上者，應按每1500平方公尺，以具有1小時以上防火時效之牆、防火樓板及甲種防火門予以區劃分隔。</td><td rowspan="3">□合格
□不合格
□提改善
□免檢討</td></tr>
<tr><td>□「○」</td><td>□ 930101~
□(1)地下建築物供地下使用單元使用之總樓地板面積在1000平方公尺以上者，應按每1000平方公尺，以具有1小時以上防火時效之牆壁、防火門窗等防火設備及該處防火構造之樓地板予以區劃分隔。
□(2)供地下通道使用，其總樓地板面積在1500平方公尺以上者，應按每1500平方公尺，以具有1小時以上防火時效之牆壁、防火門窗等防火設備及該處防火構造之樓地板予以區劃分隔。</td></tr>
<tr><td>□「×」</td><td>□ 本申報場所依法得免檢討或建造當時法令無限制規定。</td></tr>
<tr><td rowspan="4">高層建築物區劃</td><td>□「△」</td><td>□(1)高層建築物連接室內安全梯、特別安全梯、昇降機及梯廳之走廊應以具有1小時以上防火時效之牆壁、防火設備與該樓層防火構造之樓地板形成獨立之防火區劃。
□(2)高層建築物昇降機道及梯廳應以具有1小時以上防火時效之牆壁、防火設備與該處防火構造之樓地板形成獨立之防火區劃，出入口之防火設備並應具有遮煙性。
□(3)高層建築物設有燃氣設備時，應將設置燃氣設備之空間與其他部分以具有1小時以上防火時效之牆壁、防火設備及該層防火構造之樓地板區予以劃分隔。
□(4)高層建築物設有防災中心者，該防災中心應以具有2小時以上防火時效之牆壁、防火設備及該層防火構造之樓地板予以區劃分隔，室內牆面及天花板，以耐燃一級材料為限。</td><td rowspan="4">□合格
□不合格
□提改善
□免檢討</td></tr>
<tr><td>□「☆」</td><td>□ 831030~921231
□(1)連接特別安全梯間之走廊通道應為獨立之防火區劃。
□(2)昇降機道及梯廳應自成一獨立防火區劃。
□(3)設有燃氣設備時，應將燃氣設備集中設置，且與其他部分應以具1小時以上防火時效之防火牆、防火樓板及甲種防火門窗予以區劃分隔。
□(4)防災中心應以具有2小時以上防火時效之之防火牆、防火樓板及甲種防火門窗予以區劃分隔。</td></tr>
<tr><td>□「○」</td><td>□ 930101~
□(1)連接特別安全梯間之走廊應以具有1小時以上防火時效之牆壁、防火門窗等防火設備及該樓層防火構造之樓地板自成一個獨立之防火區劃。
□(2)昇降機道及梯廳應以具有1小時以上防火時效之牆壁、防火門窗等防火設備及該處防火構造之樓地板自成一個獨立之防火區劃。連接昇降機間之走廊，應以具有1小時以上防火時效之牆壁、防火門窗等防火設備及該層防火構造之樓地板自成一個獨立之防火區劃。
□(3)設有燃氣設備時，應將燃氣設備集中設置，且與其他部分應以具1小時以上防火時效之牆壁、防火門窗等防火設備及該層防火構造之樓地板予以區劃分隔。
□(4)防災中心應以具有2小時以上防火時效之牆壁、防火門窗等防火設備及該層防火構造之樓地板予以區劃分隔，室內牆面及天花板（包括底材），以耐燃一級材料為限。</td></tr>
<tr><td>□「×」</td><td>□ 本申報場所依法得免檢討或建造當時法令無限制規定。</td></tr>
<tr><td rowspan="2">防火區劃之防火門窗</td><td>□「△」
□「○」</td><td>□(1)常時關閉式之防火門應免用鑰匙即可開啓，並裝設開啓後自行關閉之裝置，其門扇或門樘上應標示常時關閉式防火門等文字。
□(2)常時開放式之防火門應裝設利用煙感應器連動或於火災發生時能自動關閉之裝置；其關閉後應免用鑰匙即可開啓，且開啓後自行關閉。
□(3)防火捲門者，其下方不得堆置雜物妨害啓降功能，並應附設門扇寬度在75公分以上，高度180公分以上之防火門。
□(4)設於避難通道或避難出口之防火門應朝避難方向開啓（但供住宅使用及宿舍寢室、旅館客房、醫院病房等連接走廊之防火門不受此限）且無封閉或阻塞情事行。</td><td rowspan="2">□合格
□不合格
□提改善
□免檢討</td></tr>
<tr><td>□「×」</td><td>□ 本申報場所依法得免檢討或建造當時法令無限制規定。</td></tr>
</table>

<table>
<tr><td rowspan="4">（二）
非防火
區劃分
間牆</td><td>□「△」</td><td>□ 非防火區劃分間牆依規定應具1小時防火時效者，得以不燃材料裝修其牆面替代之。</td><td rowspan="4">□合格
□不合格
□提改善
□免檢討</td></tr>
<tr><td>□「☆」</td><td>□ 630217~710714
□（1）連棟式或集合住宅之分戶（界）牆，應為防火構造，並應通達樓板或屋頂。
□（2）學校、醫院、旅館、寄宿舍、市場及其他類似之建築物，其主要分間牆應為防火構造或使用不燃材料建造。
□ 710715~840413
□（1）連棟式或集合住宅之分戶（界）牆，應為防火構造，並應通達樓板或屋頂。
□（2）學校、醫院、旅館、寄宿舍、市場及其他類似之建築物，其主要分間牆應為防火構造或使用不燃材料建造。
□（3）餐飲業之廚房應以具有1小時以上防火時效之防火牆及乙種防火門窗區劃分隔。
□ 840414~921231
□（1）三溫暖、視聽歌唱業、理容院、電影院(戲院)、酒家、酒吧、歌廳、舞廳、夜總會、補習班、百貨公司、旅館、保齡球館、學校、醫院、寄宿舍、市場、總樓地板面積為300㎡以上之餐廳與其他類似用途之建築物及各級政府機關建築物，其分間牆應為防火構造或使用不燃材料建造。
□（2）學校、醫院、旅館、寄宿舍、市場及其他類似之建築物，其主要分間牆應為防火構造或使用不燃材料建造。
□（3）餐飲業之廚房應以具有1小時以上防火時效之防火牆及乙種防火門窗區劃分隔。</td></tr>
<tr><td>□「○」</td><td>□930101~
□（1）連棟式或集合住宅之分戶牆，應以具有1小時以上防火時效之牆壁及防火門窗等防火設備與該處之樓板或屋頂形成區劃分隔。
□（2）建築物使用類組為 A 類、D 類、B-1組、B-2組、B-4組、F-1組、H-1組、總樓地板面積為300平方公尺以上之 B-3組及各級政府機關建築物，其各防火區劃內之分間牆應以不燃材料建造。
□（3）建築物使用類組為 B-3組之廚房，應以具有1小時以上防火時效之牆壁及防火門窗等防火設備與該樓層之樓地板形成區劃，其天花板及牆面之裝修材料以耐燃1級材料為限。</td></tr>
<tr><td>□「×」</td><td>□ 本申報場所依法得免檢討或建造當時法令無限制規定。</td></tr>
<tr><td>（三）
內部裝
修材料</td><td>□「☆」</td><td>□630215~920820
建築物之內部牆面及天花板之裝修材料應依下表規定：
<table>
<tr><td colspan="2" rowspan="2">建築用途、構造</td><td colspan="2">供該用途之專用樓地板面積合計</td><td colspan="2">內部裝修材料</td></tr>
<tr><td>防火建築物、防火構造建築物</td><td>非防火構造建築物</td><td>居室或該使用部分</td><td>通達地面之走廊樓梯及通道</td></tr>
<tr><td>(1)</td><td>戲院、電影院、歌廳、演藝場、觀覽場、集會堂</td><td>全部</td><td>全部</td><td rowspan="3">不燃材料耐火板（石膏板木絲水泥板）、耐燃材料</td><td rowspan="9">不燃材料耐火板</td></tr>
<tr><td>(2)</td><td>醫院、旅館、養老院、寄宿舍等建築物</td><td>全部</td><td>全部</td></tr>
<tr><td>(3)</td><td>商場、市場、辦公廳、展覽場、夜總會、酒吧、酒家、舞廳、遊藝場、公共浴室、餐廳、理容院、視聽歌唱業等</td><td>全部</td><td>全部</td></tr>
<tr><td>(4)</td><td>地下層、地下工作物供(1)、(3)使用者</td><td>全部</td><td>全部</td><td rowspan="6">不燃材料耐火板</td></tr>
<tr><td>(5)</td><td>汽車庫、汽車修理場</td><td>全部</td><td>全部</td></tr>
<tr><td>(6)</td><td>無窗戶之居室</td><td>全部</td><td>全部</td></tr>
<tr><td rowspan="2">(7)</td><td rowspan="2">使用燃燒設備之房間</td><td>住宅</td><td>2層以上部分(頂層除外)</td></tr>
<tr><td>非住宅</td><td>全部</td></tr>
<tr><td rowspan="2">(8)</td><td rowspan="2">11層以上部分</td><td colspan="2">每200平方公尺以內有防火區劃之部分</td></tr>
<tr><td colspan="2">每500平方公尺以內有防火區劃之部分</td><td>不燃材料</td><td rowspan="3">不燃材料</td></tr>
<tr><td rowspan="2">(9)</td><td rowspan="2">地下建築物</td><td colspan="2">防火區劃面積按100平方公尺以上200平方公尺以下區劃者</td><td>不燃材料耐火板</td></tr>
<tr><td colspan="2">防火區劃面積按201平方公尺以上500平方公尺以下區劃者</td><td>不燃材料</td></tr>
<tr><td colspan="6">說明：
1本表⑴、⑵、⑶、⑺、⑻、⑼所列各種建築用途，在其自樓地板面起高度1.2公尺以下部分之牆</td></tr>
</table></td><td>□合格
□不合格
□提改善
□免檢討</td></tr>
</table>

面、窗台及天花板周圍押條等裝修材料得不受限制。
2本表(1)、(2)、(3)所列建築物，如按其樓地板面積每100平方公尺範圍內以防火牆、防火樓板及防火門窗區劃分隔者，或其設於地面層且樓地板面積在100平方公尺以下者，其內部裝修得不受限制。
3.凡裝設自動滅火設備及排煙設備者，其內部裝修得不受限制。
4本表(8)、(9)所列建築物，如裝設自動灑水等設備者，其區劃面積得加倍計算之。

（三）內部裝修材料

□「☆」

□920821~940630

建築物之內部裝修材料應依下表規定。但符合下列情形之一者，不在此限：

（1）除下表(10)至(14)所列建築物，及建築物使用類組為Ｉ類者外，如按其樓地板面積每100平方公尺範圍內以具有1小時以上防火時效之牆壁、防火門窗等防火設備與該層防火構造之樓地板區劃分隔者，或其設於地面層且樓地板面積在100平方公尺以下者。

（2）裝設自動滅火設備及排煙設備者。

建築物類別			組別	供該用途之專用樓地板面積合計	內部裝修材料	
					居室或該使用部分	通達地面之走廊及樓梯
(1)	A類	公共集會類	A-1	全部	耐燃三級以上	耐燃二級以上
			A-2			
(2)	B類	商業類	B-1			
			B-2			
			B-3			
			B-4			
(3)	C類	工業、倉儲類	C-1	全部	耐燃二級以上	耐燃二級以上
			C-2	全部	耐燃三級以上	
(4)	D類	休閒、文教類	D-1	全部	耐燃三級以上	耐燃二級以上
			D-2			
			D-3			
			D-4			
			D-5			
(5)	E類	宗教、殯葬類	E	全部		
(6)	F類	衛生、福利、更生類	F-1	全部	耐燃三級以上	耐燃二級以上
			F-2			
			F-3			
			F-4			
(7)	G類	辦公、服務類	G-1	全部	耐燃三級以上	耐燃二級以上
			G-2			
			G-3			
			G-4			
(8)	H類	住宿類	H-1			
			H-2	－	－	－
(9)	I類	危險物品類	I	全部	耐燃一級	耐燃一級
(10)	地下層、地下工作物供A、B-1、B-2、B-3或G類組使用者			全部	耐燃二級以上	耐燃二級以上
(11)	無窗戶之居室			全部		
(12)	使用燃燒設備之房間		H-2	2層以上部分(頂層除外)	耐燃二級以上	耐燃二級以上
			其他	全部		
(13)	11層以上部分		每200平方公尺以內有防火區劃之部分		耐燃二級以上	耐燃二級以上
			每500平方公尺以內有防火區劃之部分		耐燃一級	耐燃一級
(14)	地下建築物		防火區劃面積按100平方公尺以上200平方公尺以下區劃者		耐燃二級以上	耐燃一級
			防火區劃面積按201平方公尺以上500平方公尺以下區劃者		耐燃二級以上	

說明：
1除本表(3)、(9)、(10)、(11)所列各種建築物外，在其自樓地板面起高度1.2公尺以下部分之牆面、窗台及天花板周圍押條等裝修材料得不受限制。
2.本表(13)、(14)所列建築物，如裝設自動滅火設備者，所列面積得加倍計算之。

□合格
□不合格
□提改善
□免檢討

<table>
<tr>
<td>（三）
內部裝修材料</td>
<td>□「☆」</td>
<td>
□940701~1000629
建築物之內部裝修材料應依下表規定。但符合下列情形之一者，不在此限：
（1）除下表（10）至（14）所列建築物，及建築物使用類組為Ｉ類者外，如按其樓地板面積每100平方公尺範圍內以具有1小時以上防火時效之牆壁、防火門窗等防火設備與該層防火構造之樓地板區劃分隔者，或其設於地面層且樓地板面積在100平方公尺以下者。
（2）裝設自動滅火設備及排煙設備者。
<table>
<tr><td colspan="3" rowspan="2">建築物類別</td><td rowspan="2">組別</td><td rowspan="2">供該用途之專用樓地板面積合計</td><td colspan="2">內部裝修材料</td></tr>
<tr><td>居室或該使用部分</td><td>通達地面之走廊及樓梯</td></tr>
<tr><td rowspan="2">（1）</td><td rowspan="2">A 類</td><td rowspan="2">公共集會類</td><td>A-1</td><td rowspan="6">全部</td><td rowspan="6">耐燃三級以上</td><td rowspan="7">耐燃二級以上</td></tr>
<tr><td>A-2</td></tr>
<tr><td rowspan="4">（2）</td><td rowspan="4">B 類</td><td rowspan="4">商業類</td><td>B-1</td></tr>
<tr><td>B-2</td></tr>
<tr><td>B-3</td></tr>
<tr><td>B-4</td></tr>
<tr><td rowspan="2">（3）</td><td rowspan="2">C 類</td><td rowspan="2">工業、倉儲類</td><td>C-1</td><td>全部</td><td>耐燃二級以上</td></tr>
<tr><td>C-2</td><td rowspan="7">全部</td><td rowspan="7">耐燃三級以上</td><td rowspan="7">耐燃二級以上</td></tr>
<tr><td rowspan="5">（4）</td><td rowspan="5">D 類</td><td rowspan="5">休閒、文教類</td><td>D-1</td></tr>
<tr><td>D-2</td></tr>
<tr><td>D-3</td></tr>
<tr><td>D-4</td></tr>
<tr><td>D-5</td></tr>
<tr><td>（5）</td><td>E 類</td><td>宗教、殯葬類</td><td>E</td></tr>
<tr><td rowspan="4">（6）</td><td rowspan="4">F 類</td><td rowspan="4">衛生、福利、更生類</td><td>F-1</td><td rowspan="9">全部</td><td rowspan="9">耐燃三級以上</td><td rowspan="9">耐燃二級以上</td></tr>
<tr><td>F-2</td></tr>
<tr><td>F-3</td></tr>
<tr><td>F-4</td></tr>
<tr><td rowspan="4">（7）</td><td rowspan="4">G 類</td><td rowspan="4">辦公、服務類</td><td>G-1</td></tr>
<tr><td>G-2</td></tr>
<tr><td>G-3</td></tr>
<tr><td>G-4</td></tr>
<tr><td rowspan="2">（8）</td><td rowspan="2">H 類</td><td rowspan="2">住宿類</td><td>H-1</td></tr>
<tr><td>H-2</td><td>－</td><td>－</td><td>－</td></tr>
<tr><td>（9）</td><td>I類</td><td>危險物品類</td><td>I</td><td>全部</td><td>耐燃一級</td><td>耐燃一級</td></tr>
<tr><td>（10）</td><td colspan="3">地下層、地下工作物供 A 、B-1、B-2、B-3或G 類組使用者</td><td>全部</td><td rowspan="5">耐燃二級以上</td><td rowspan="5">耐燃一級</td></tr>
<tr><td>（11）</td><td colspan="3">無窗戶之居室</td><td>全部</td></tr>
<tr><td rowspan="2">（12）</td><td colspan="2" rowspan="2">使用燃燒設備之房間</td><td>H-2</td><td>2層以上部分（頂層除外）</td></tr>
<tr><td>其他</td><td>全部</td></tr>
<tr><td rowspan="2">（13）</td><td colspan="2" rowspan="2">11層以上部分</td><td colspan="2">每200平方公尺以內有防火區劃之部分</td></tr>
<tr><td colspan="2">每500平方公尺以內有防火區劃之部分</td><td>耐燃一級</td><td rowspan="3">耐燃一級</td></tr>
<tr><td rowspan="2">（14）</td><td colspan="2" rowspan="2">地下建築物</td><td colspan="2">防火區劃面積按100平方公尺以上200平方公尺以下區劃者</td><td>耐燃二級以上</td></tr>
<tr><td colspan="2">防火區劃面積按201平方公尺以上500平方公尺以下區劃者</td><td>耐燃一級</td></tr>
<tr><td colspan="7">說明：
1.除本表(3)、(9)、(10)、(11)所列各種建築物外，在其自樓地板面起高度1.2公尺以下部分之牆面、窗台及天花板周圍押條等裝修材料得不受限制。
2.本表(13)、(14)所列建築物，如裝設自動滅火設備者，所列面積得加倍計算之。</td></tr>
</table>
</td>
<td>□合格
□不合格
□提改善
□免檢討</td>
</tr>
</table>

(三)內部裝修材料	□「△」 □「○」	□1000630~ 建築物之內部裝修材料應依下表規定。但符合下列情形之一者，不在此限： (1) 除下表(1)至(14)所列建築物，及建築使用類組為 B-1、B-2、B-3組及 I 類者外，按其樓地板面積每一百平方公尺範圍內以具有一小時以上防火時效之牆壁、防火門窗等防火設備與該層防火構造之樓地板區劃分隔者，或其設於地面層且樓地板面積在100平方公尺以下。 (2) 裝設自動滅火設備及排煙設備。	

建築物類別			組別	供該用途之專用樓地板面積合計	內部裝修材料	
					居室或該使用部分	通達地面之走廊及樓梯
(1)	A 類	公共集會類	全部	全部	耐燃三級以上	耐燃二級以上
(2)	B 類	商業類	全部			
(3)	C 類	工業、倉儲類	C-1	全部	耐燃二級以上	
			C-2	全部	耐燃三級以上	耐燃二級以上
(4)	D 類	休閒、文教類	全部			
(5)	E 類	宗教、殯葬類	E			
(6)	F 類	衛生、福利、更生類	全部	全部	耐燃三級以上	耐燃二級以上
(7)	G 類	辦公、服務類	全部			
(8)	H 類	住宿類	H-1			
			H-2	—	—	—
(9)	I類	危險物品類	I	全部	耐燃一級	耐燃一級
(10)	地下層、地下工作物供 A 類、G 類、B-1組、B-2組、B-3組使用者			全部	耐燃二級以上	耐燃一級
(11)	無窗戶之居室			全部		
(12)	使用燃燒設備之房間		H-2	2層以上部分(頂層除外)		
			其他	全部		
(13)	11層以上部分		每200平方公尺以內有防火區劃之部分			
			每500平方公尺以內有防火區劃之部分		耐燃一級	耐燃一級
(14)	地下建築物		防火區劃面積按100平方公尺以上200平方公尺以下區劃者		耐燃二級以上	
			防火區劃面積按201平方公尺以上500平方公尺以下區劃者		耐燃一級	

說明：
1.應受限制之建築物其用途、層數、樓地板面積等依本表之規定。
2.本表所稱內部裝修材料係指固著於建築物構造體之天花板、內部牆面或高度超過1.2公尺固定於地板之隔屏或兼作櫥櫃使用之隔屏(均含固著其表面並暴露於室內之隔音或吸音材料)。
3.除本表(3)(9)(10)(11)所列各種建築物外，在其自樓地板面起高度在1.2公尺以下部分之牆面、窗臺及天花板周圍押條等裝修材料得不受限制。
4.本表(13)(14)所列建築物，如裝設自動滅火設備者，所列面積得加倍計算之。

	□「×」	□ 本申報場所依法得免檢討或建造當時法令無限制規定。	
	□「◎」	□ 本申報場所依建築物防火避難性能設計計畫書申請認可要點採用性能設計，與原核定事項相符。	

<table>
<tr><td rowspan="5">（四）
避難層
出入口</td><td>□「△」</td><td>□ 6層以上，或建築物使用類組為A、B、D、E、F、G類及H-1組用途使用者，其直通樓梯於避難層開向屋外之出入口，應依下列規定檢討改善：
□（1）應有一處以上之出入口寬度不得小於90公分，且高度不得低於1.8公尺。
□（2）樓地板面積超過500平方公尺者，至少應有二個不同方向之出入口。</td><td rowspan="4">□合格
□不合格
□提改善
□免檢討</td></tr>
<tr><td>□「☆」</td><td>□ 630217~640806
□（1）建築物使用類組為A、B、D、E、F、G類及H-1組用途使用者，該用途使用之樓地板面積合計超過500平方公尺者，應在避難層之適當位置，開設2處以上不同方向之出入口。其中至少一處應直接通向道路，其他可開向寬1.5公尺以上之通路。
□（2）建築物使用類組為A-1組者，在避難層供公眾使用之出入口應為外開門，且無封閉或阻塞情形。
□（3）建築物使用類組為B-2組，且該用途樓地板面積合計在1500平方公尺以上者，設在避難層之出入口，每處寬度不得小於2公尺，且均無封閉或阻塞情形。
□ 640807~710714
□（1）建築物使用類組為A、B、D、E、F、G類及H-1組用途使用者，該用途使用之樓地板面積合計超過500平方公尺者，應在避難層之適當位置，開設2處以上不同方向之出入口，每處寬度不得小於1.2公尺。其中至少一處應直接通向道路，其他可開向寬1.5公尺以上之通路。
□（2）建築物使用類組為A-1類組者，在避難層供公眾使用之出入口應為外開門，且無封閉或阻塞情形。
□（3）建築物使用類組為A-1、B-1、B-2、D-1、D-2組者，設在避難層之出入口，每處寬度不得小於2公尺，且無封閉或阻塞情形。
□ 710715~921231
□（1）6層以上，或建築物使用類組為A、B、D、E、F、G類及H-1組用途使用者，該用途使用之樓地板面積合計超過500平方公尺者，應在避難層之適當位置，開設2處以上不同方向之出入口，每處寬度不得小於1.2公尺。其中至少一處應直接通向道路，其他可開向寬1.5公尺以上之通路，通路淨高不得小於3公尺，並應接通道路。
□（2）建築物使用類組為A-1組者，在避難層供公眾使用之出入口應為外開門，且無封閉或阻塞情形。
□（3）建築物使用類組為A-1、B-1、B-2、D-1、D-2組者，設在避難層之出入口，每處寬度不得小於2公尺，高度不得小於1.8公尺，且無封閉或阻塞情形。</td></tr>
<tr><td>□「○」</td><td>□ 930101~
□（1）6層以上，或建築物使用類組為A、B、D、E、F、G類及H-1組用途使用之樓地板面積合計超過500平方公尺者，除其直通樓梯於避難層之出入口直接開向道路或避難用通路者外，應在避難層之適當位置，開設二處以上不同方向之出入口。其中至少一處應直接通向道路，其他各處可開向寬1.5公尺以上之避難通路，通路設有頂蓋者，其淨高不得小於3公尺，並應接通道路。
□（2）直通樓梯於避難層開向屋外之出入口，寬度不得小於1.2公尺，高度不得小於1.8公尺。
□（3）建築物使用類組為A-1組者在避難層供公眾使用之出入口，應為外開門，且無封閉或阻塞情形。
□（4）建築物使用類組為A-1、B-1、B-2、D-1、D-2組者，應在避難層設出入口，每處出入口之寬度不得小於2公尺，高度不得小於1.8公尺；其他建築物（住宅除外）出入口每處寬度不得小於1.2公尺，高度不得小於1.8公尺，且無封閉或阻塞情形。</td></tr>
<tr><td>□「×」</td><td>□ 本申報場所依法得免檢討或建造當時法令無限制規定。</td></tr>
<tr><td>□「◎」</td><td>□ 本申報場所依建築物防火避難性能設計計畫書申請認可要點採用性能設計，與原核定事項相符。</td><td>□合格
□不合格</td></tr>
</table>

<table>
<tr><td rowspan="5">（五）
避難層以外樓層出入口</td><td colspan="2">□「△」</td><td>□ 建築物使用類組為 A-1、B-1、B-2、D-1、D-2組者，其避難層以外樓層，通達供避難使用之走道或直通樓梯間，出入口寬度不得小於90公分，高度不得低於1.8公尺。</td><td rowspan="4">□合格
□不合格
□提改善
□免檢討</td></tr>
<tr><td colspan="2">□「☆」</td><td>□ 630217~640806
建築物使用類組為 A-1組者，出入口應裝設甲種防火門。供 A-1、B-2組使用者，每處出入口寬度不得小於1.2公尺，且無封閉或阻塞情形。
□ 640807~921231
建築物使用類組為 A-1、B-1、B-2、D-1、D-2組者，每處出入口寬度不得小於1.2公尺，並應裝設甲種防火門，且無封閉或阻塞情形。</td></tr>
<tr><td colspan="2">□「○」</td><td>□ 930101~
建築物使用類組為 A-1、B-1、B-2、D-1、D-2組者，每處出入口寬度不得小於1.2公尺，並應裝設具有1小時以上防火時效之防火門，且無封閉或阻塞情形。</td></tr>
<tr><td colspan="2">□「×」</td><td>□ 本申報場所依法得免檢討或建造當時法令無限制規定。</td></tr>
<tr><td colspan="2">□「◎」</td><td>□ 本申報場所依建築物防火避難性能設計計畫書申請認可要點採用性能設計，與原核定事項相符。</td><td>□合格
□不合格</td></tr>
<tr><td rowspan="3">（六）走廊</td><td rowspan="2">室內通路</td><td>□「△」
□「○」</td><td>□ 連續式店鋪商場之室內通路寬度應依下表規定檢討改善：
<table>
<tr><td>各層之樓地板面積</td><td>二側均有店鋪之通路寬度</td><td>其他通路寬度</td></tr>
<tr><td>200平方公尺以上，1000平方公尺以下</td><td>3公尺以上</td><td>2公尺以上</td></tr>
<tr><td>3000平方公尺以下</td><td>4公尺以上</td><td>3公尺以上</td></tr>
<tr><td>超過3000平方公尺</td><td>6公尺以上</td><td>4公尺以上</td></tr>
</table></td><td rowspan="2">□合格
□不合格
□提改善
□免檢討</td></tr>
<tr><td>□「×」</td><td>□ 本申報場所依法得免檢討或建造當時法令無限制規定。</td></tr>
<tr><td>一般走廊</td><td>□「△」</td><td>□ 630216以前興建完成之建築物，其走廊淨寬度不得小於90公分；走廊一側為外牆者，其寬度不得小於80公分，且不得封閉、阻塞或堆置雜物。走廊內部並應以不燃材料裝修。
□ 630217~850418
□（1）防火構造建築物內各層連接直通樓梯之走廊通道，其牆壁應為防火構造或不燃材料。
□（2）走廊不得封閉、阻塞或堆置雜物，地板面有高低時，其坡度不得超過十分之一，並不得設置臺階。
□（3）供 A-1類組使用者，其觀眾席二側及後側應設置互相連通之走廊並連接直通樓梯。但設於避難層部分其觀眾席樓地板面積合計在300平方公尺以下及避難層以上樓層其觀眾席樓地板面積合計在150平方公尺以下，且為防火構造，不在此限。觀眾席樓地板面積300平方公尺以下者，走廊寬度不得小於1.2公尺；超過300平方公尺者，每增加60平方公尺應增加寬度10公分。
□（4）一般走廊寬度應依下表規定檢討改善：
<table>
<tr><td>走廊配置
用途</td><td>二側均有居室之走廊</td><td>其他走廊</td></tr>
<tr><td>各級學校供教室使用部分</td><td>2.4公尺以上</td><td>1.8公尺以上</td></tr>
<tr><td>醫院、旅館、集合住宅等及其他建築物在同一層內之居室樓地板面積200平方公尺以上（地下層時為100平方公尺以上）</td><td>1.6公尺以上</td><td>1.1公尺以上</td></tr>
<tr><td>其他建築物在同一層內之居室樓地板面積200平方公尺以下（地下層時為100平方公尺以下）</td><td colspan="2">0.9公尺以上</td></tr>
</table></td><td>□合格
□不合格
□提改善
□免檢討</td></tr>
</table>

（六）走廊　一般走廊

□「☆」

□ 630217~850418

□（1）走廊不得封閉、阻塞或堆置雜物，地板面有高低時，其坡度不得超過十分之一，並不得設置臺階。

□（2）一般走廊寬度應依下表規定檢討改善：

用途＼走廊配置	二側均有居室之走廊	其他走廊
1.各級學校供室使用部分	2.4公尺以上	1.8公尺以上
2.醫院、旅館、集合住宅等及其他建築物在同一層內之居室樓地板面積200平方公尺以上（地下層時為100平方公尺以上）	1.6公尺以上	1.1公尺以上

□ 850419~921231

□（1）走廊不得封閉、阻塞或堆置雜物，地板面有高低時，其坡度不得超過十分之一，並不得設置臺階。

□（2）防火建築物內各層連接直通樓梯之走廊通道之牆壁，應為防火構造或不燃材料。

□（3）一般走廊寬度應依下表規定檢討改善：

用途＼走廊配置		二側均有居室之走廊	其他走廊
1.各級學校供室使用部分		2.4公尺以上	1.8公尺以上
2.醫院、旅館、集合住宅等及其他建築物在同一層內之居室樓地板面積200平方公尺以上（地下層時為100平方公尺以上）		1.6公尺以上	1.1公尺以上
3.其他建築物	(1) 同一樓層內之居室樓地板面積在200平方公尺以上（地下層時為100平方公尺以上）。	1.6公尺以上	1.1公尺以上
	(2) 同一樓層內之居室樓地板面積未滿200平方公尺（地下層時為未滿100平方公尺）。	1.1公尺以上	

□「○」

□ 930101~

□（1）走廊不得封閉、阻塞或堆置雜物，地板面有高低時，其坡度不得超過十分之一，並不得設置臺階。

□（2）防火構造建築物內各層連接直通樓梯之走廊牆壁及樓地板應具有1小時以上防火時效，並以耐燃一級材料裝修為限。

□（3）一般走廊寬度應依下表規定檢討改善：

用途＼走廊配置		二側均有居室之走廊	其他走廊
1.建築物使用類組為 D-3、D-4、D-5組供教室使用部分		2.4公尺以上	1.8公尺以上
2.建築物使用類組為 F-1組		1.6公尺以上	1.2公尺以上
3.其他建築物	(1) 同一樓層內之居室樓地板面積在200平方公尺以上（地下層時為100平方公尺以上）。	1.6公尺以上	1.2公尺以上
	(2) 同一樓層內之居室樓地板面積未滿200平方公尺（地下層時為未滿100平方公尺）。	1.2公尺以上	

□合格
□不合格
□提改善
□免檢討

□「×」　□ 本申報場所依法得免檢討或建造當時法令無限制規定。

□「◎」　□ 本申報場所依建築物防火避難性能設計計畫書申請認可要點採用性能設計，與原核定事項相符。　□合格　□不合格

（七）直通樓梯	設置與步行距離	□「△」	□（1）任何建築物避難層以外之各樓層，應設置一座以上之直通樓梯（含坡道）通達避難層或地面。 □（2）自樓面居室任一點至樓梯口之步行距離，依下列規定檢討改善： （A）建築物用途類組為A、B-1、B-2、B-3及D-1類組者，不得超過30公尺。建築物用途類組為C類組者，除電視攝影場不得超過30公尺外，不得超過70公尺。其他類組之建築物不得超過50公尺。 （B）前目規定於建築物第15層以上之樓層，依其供使用之類組適用30公尺者減為20公尺，50公尺者減為40公尺。 （C）非防火構造或非使用不燃材料建造之建築物，適用前三目規定之步行距離減為30公尺以下。 □（3）建築物屬防火構造者，其直通樓梯應為防火構造，內部並以不燃材料裝修。	□合格 □不合格 □提改善 □免檢討
		□「☆」	□ 630217~710714 □（1）任何建築物避難層以外之各樓層，應設置一座以上之直通樓梯（含坡道）通達避難層或地面。 □（2）自樓面居室任一點至樓梯口之步行距離，依下列規定： （A）建築物用途類組為A、B-1、B-2、B-3及D-1類組者，不得超過30公尺。 （B）前目規定以外用途之建築物不得超過50公尺。 （C）主要構造為防火構造或使用不燃材料建造，其居室及走廊等避難通道之天花板及高出樓地板面1.2公尺之牆面均以不燃材料裝修者，(A)(B)兩目規定之步行距離得各延長10公尺。 （D）15層以上建築物依其使用應將(A)(B)兩目規定為30公尺者減為20公尺，50公尺者減為40公尺。 （E）非防火構造或非使用不燃材料建造之建築物，無論任何用途，應將步行距離減為30公尺以下。 □ 710715~921231 □（1）任何建築物避難層以外之各樓層，應設置一座以上之直通樓梯（含坡道）通達避難層或地面。 □（2）自樓面居室任一點至樓梯口之步行距離（即隔間後之可行距離非直線距離），依下列規定： （A）建築物用途類組為A、B-1、B-2、B-3及D-1類組者及無窗戶居室，不得超過30公尺。供C類使用者，不得超過70公尺。 （B）前目規定以外用途之建築物不得超過50公尺。 （C）15層以上建築物依其使用應將(A)(B)兩目規定為30公尺者減為20公尺，50公尺者減為40公尺。 （D）非防火構造或非使用不燃材料建造之建築物，無論任何用途，應將步行距離減為30公尺以下。	
		□「○」	□ 930101~ □（1）任何建築物避難層以外之各樓層，應設置一座以上之直通樓梯（含坡道）通達避難層或地面。 □（2）自樓面居室之任一點至樓梯口之步行距離（即隔間後之可行距離非直線距離）依下列規定： （A）建築物用途類組為A類、B-1、B-2、B-3及D-1組者，不得超過30公尺。建築物用途類組為C類者，除有現場觀衆之電視攝影場不得超過30公尺外，不得超過70公尺。 （B）前目規定以外用途之建築物不得超過50公尺。 （C）15層以上建築物依其使用應將(A)(B)兩目規定為30公尺者減為20公尺，50公尺者減為40公尺。 （D）非防火構造或非使用不燃材料建造之建築物，無論任何用途，應將步行距離減為30公尺以下。	
		□「×」	□ 本申報場所依法得免檢討或建造當時法令無限制規定。	
		□「◎」	□ 本申報場所依建築物防火避難性能設計計畫書申請認可要點採用性能設計，與原核定事項相符。	□合格 □不合格

<table>
<tr><td rowspan="5">（七）直通樓梯</td><td rowspan="3">設置兩座直通樓梯之限制</td><td>□「☆」</td><td>□ 640807~921231
□（1）下列建築物應自各該層設置二座以上之直通樓梯達避難層或地面：
（A）主要構造屬防火構造或使用不燃材料所建造之建築物在避難層以外之樓層供下列使用，或地下層樓地板面積在200平方公尺以上者。
（a）建築物使用類組為 A-1組者。
（b）供醫院或診所使用之樓層，其病房之樓地板面積超過100平方公尺者。
（c）建築物使用類組為 H-1、B-4組及供集合住宅使用，且該樓層之樓地板面積超過240平方公尺者。
（d）供前三目以外用途之使用，其樓地板面積在避難層直上層超過400㎡，其他任一層超過240平方公尺者。
（B）主要構造非屬防火構造或非使用不燃材料所建造之建築物供前款使用者，其樓地板面積100平方公尺者應減為50平方公尺；樓地板面積240平方公尺者應減為100平方公尺；樓地板面積400平方公尺者應減為200平方公尺。
□（2）建築物之樓面居室任一點至二座以上樓梯之步行路徑重複部分之長度不得大於最大容許步行距離二分之一。但經由陽臺、露臺或屋外通路等達到有效避難目的時，不在此限。
□ 930101~940630
□（1）下列建築物應自各該層設置二座以上之直通樓梯達避難層或地面：
（A）主要構造屬防火構造或使用不燃材料所建造之建築物在避難層以外之樓層供下列使用，或地下層樓地板面積在200平方公尺以上者。
（a）建築物使用類組為 A-1組者。
（b）建築物使用類組為 F-1組樓層，其病房之樓地板面積超過100平方公尺者。
（c）建築物使用類組為 H-1、B-4組及供集合住宅使用，且該樓層之樓地板面積超過240平方公尺者。
（d）供前三目以外用途之使用，其樓地板面積在避難層直上層超過400平方公尺，其他任一層超過240平方公尺者。
（B）主要構造非屬防火構造或非使用不燃材料所建造之建築物供前款使用者，其樓地板面積100平方公尺者應減為50平方公尺；樓地板面積240平方公尺者應減為100平方公尺；樓地板面積400平方公尺者應減為200平方公尺。
□（2）建築物之樓面居室任一點至二座以上樓梯之步行路徑重複部分之長度不得大於最大容許步行距離二分之一。</td><td rowspan="3">□合格
□不合格
□提改善
□免檢討</td></tr>
<tr><td>□「○」</td><td>□ 940701~
□（1）八層以上之樓層及下列建築物，應自各該層設置二座以上之直通樓梯達避難層或地面：
（A）主要構造屬防火構造或使用不燃材料所建造之建築物在避難層以外之樓層供下列使用，或地下層樓地板面積在200平方公尺以上者。
（a）建築物使用類組為 A-1組者。
（b）建築物使用類組為 F-1組樓層，其病房之樓地板面積超過100平方公尺者。
（c）建築物使用類組為 H-1、B-4組及供集合住宅使用，且該樓層之樓地板面積超過240平方公尺者。
（d）供前三目以外用途之使用，其樓地板面積在避難層直上層超過400平方公尺，其他任一層超過240平方公尺者。
（B）主要構造非屬防火構造或非使用不燃材料所建造之建築物供前款使用者，其樓地板面積100平方公尺者應減為50平方公尺；樓地板面積240平方公尺者應減為100平方公尺；樓地板面積400平方公尺者應減為200平方公尺。
□（2）建築物之樓面居室任一點至二座以上樓梯之步行路徑重複部分之長度不得大於最大容許步行距離二分之一。</td></tr>
<tr><td>□「×」</td><td>□ 本申報場所依法得免檢討或建造當時法令無限制規定。</td></tr>
<tr><td rowspan="2">樓梯及平台淨寬度</td><td>□「△」
□「○」</td><td>□（1）直通樓梯及平臺不得堆置雜物妨礙出入，且淨寬應符合下列規定：
（A）國民小學校舍等供兒童使用者，不得小於1.3公尺。
（B）醫院、戲院、電影院、歌廳、演藝場、商場（包括營業面積在1500平方公尺以上之加工服務部）、舞廳、遊藝場、集會堂及市場等建築物，不得小於1.4公尺。
（C）地面層以上每層之居室樓地板面積超過200平方公尺或地下層面積超過200平方公尺者不得小於1.2公尺。
（D）前三款以外建築物，不得小於75公分。
□（2）直通樓梯設置於室外並供作安全梯使用，其寬度得減為90公分以上。其他應為75公分以上。但服務專用樓梯不供其他使用者，得不受限制。</td><td>□合格
□不合格
□提改善
□免檢討</td></tr>
<tr><td>□「×」</td><td>□ 本申報場所依法得免檢討或建造當時法令無限制規定。</td><td></td></tr>
</table>

項目	細項	符號	內容	結果
（七）直通樓梯	直通樓梯總寬度	□「△」	□（1）供商場使用者，以其直上層以上各層中任何一層之最大樓地板面積每100平方公尺寬60公分之計算值，並以避難層作分界，分別核計其直通樓梯總寬度。 □（2）供作A-1類組使用者，按觀眾席面積每10平方公尺寬10公分之計算值。	□合格 □不合格 □提改善 □免檢討
		□「☆」	□ 630217~901231 □（1）供商場使用者，以其直上層以上各層中任何一層之最大樓地板面積每100平方公尺寬60公分之計算值，並以避難層作分界，分別核計其直通樓梯總寬度。 □（2）供作A-1類組使用者，按觀眾席面積每10平方公尺寬10公分之計算值。 □（3）依第（1）、（2）款規定設置之樓梯間與電梯間，面積之合達建築面積八分之一且大於15平方公尺者，免再增加樓梯寬度。	
		□「○」	□ 910101~ □（1）供商場使用者，以其直上層以上各層中任何一層之最大樓地板面積每100平方公尺寬60公分之計算值。 □（2）供作A-1類組使用者，按觀眾席面積每10平方公尺寬10公分之計算值，且其二分之一寬度之樓梯出口，應設置在戶外出入口之近旁。	
		□「×」	□ 本申報場所依法得免檢討或建造當時法令無限制規定。	
		□「◎」	□ 本申報場所依建築物防火避難性能設計計畫書申請認可要點採用性能設計，與原核定事項相符。	□合格 □不合格
	迴轉半徑	□「○」	□ 710715~ 各樓層進入安全梯或特別安全梯，其開向樓梯平台門扇之迴轉半徑不得與安全梯或特別安全梯內樓梯寬度之迴轉半徑相交。	□合格 □不合格 □提改善 □免檢討
		□「×」	□ 本申報場所依法得免檢討或建造當時法令無限制規定。	
	改為安全梯或特別安全梯限制	□「△」	□ 下列建築物依規定應設置之直通樓梯，其構造應改為室內或室外之安全梯或特別安全梯： □（1）通達6層以上，14層以下或通達地下2層之各樓層，應設置安全梯；通達15層以上或地下3層以下之各樓層，應設置戶外安全梯或特別安全梯。但15層以上或地下3層以下各樓層之樓地板面積未超過100平方公尺者，戶外安全梯或特別安全梯改設為室內安全梯。 □（2）通達4層以下供作A-1、B-1及B-2類組使用之樓層，應設置安全梯，其中應至少一座為戶外安全梯或特別安全梯。 □（3）通達5層以上供作A-1、B-1及B-2類組使用之樓層之直通樓梯，應為戶外安全梯或特別安全梯，並應通達屋頂避難平臺。	□合格 □不合格 □提改善 □免檢討
		□「☆」	□ 940701~1000630 □ 下列建築物依規定應設置之直通樓梯，其構造應改為室內或室外之安全梯或特別安全梯： □（1）通達6層以上，14層以下或通達地下2層之各樓層，應設置安全梯；通達15層以上或地下3層以下之各樓層，應設置戶外安全梯或特別安全梯。但15層以上或地下3層以下各樓層之樓地板面積未超過100平方公尺者，戶外安全梯或特別安全梯改設為一般安全梯。 □（2）通達4層以下供作A-1、B-1及B-2類組使用之樓層，應設置安全梯，其中至少一座應為戶外安全梯或特別安全梯。 □（3）通達5層以上供作A-1、B-1及B-2類組使用之樓層之直通樓梯，均應為戶外安全梯或特別安全梯，並均應通達屋頂避難平臺。 □（4）直通樓梯之構造應具有半小時以上防火時效。	
		□「○」	□ 1000701~ □ 下列建築物依規定應設置之直通樓梯，其構造應改為室內或室外之安全梯或特別安全梯： □（1）通達3層以上，5層以下之各樓層，直通樓梯應至少有一座為安全梯。但符合下列情形之一者免受限制： □（a）僅供建築物使用類組D-3、D-4組或H-2組之住宅、集合住宅及農舍使用。 □（b）一棟一戶之連棟式住宅或獨棟住宅同時供其他用途使用，且屬非供公眾使用建築物。其供其他用途使用部分，為設於地面層及地上2層僅供D-5、G-2或G-3組使用，並以具有1小時以上防火時效之防火門、牆壁及樓地板與供住宅使用部分區劃分隔。 □（2）通達6層以上，14層以下或通達地下2層之各樓層，應設置安全梯；通達15層以上或地下3層以下之各樓層，應設置戶外安全梯或特別安全梯。但15層以上或地下3層以下各樓層之樓地板面積未超過100平方公尺者，戶外安全梯或特別安全梯改設為一般安全梯。 □（3）通達A-1、B-1及B-2類組使用之樓層者，應為安全梯，其中至少一座應為戶外安全梯或特別安全梯。但該樓層位於5層以上者，通達該樓層之直通樓梯均應為戶外安全梯或特別安全梯，並均應通達屋頂避難平臺。 □（4）直通樓梯之構造應具有半小時以上防火時效。	
		□「×」	□ 本申報場所依法得免檢討或建造當時法令無限制規定。	

(八)安全梯	室內安全梯	□「△」	□（1）四周牆壁應具有1小時以上防火時效，天花板及牆面之裝修材料並以耐燃一級材料為限。 □（2）進入安全梯之出入口，應裝設具有1小時以上防火時效及遮煙性之防火門，且不得設置門檻。 □（3）安全梯出入口之寬度不得小於90公分。 □（4）建築物各棟設置之安全梯應至少有一座於各樓層僅設一處出入口且不得直接連接居室。但鄰接安全梯之各區分所有權專有部分出入口裝設之門改善為能自行關閉且具有遮煙性者，或安全梯出入口之防火門改善為具有遮煙性者，得不受限制。	□合格 □不合格 □提改善 □免檢討
		□「☆」	□ 640807~921231 □（1）安全梯間四周牆壁應為防火構造，天花板及牆面，應以不燃材料裝修。 □（2）進入安全梯之出入口，應裝設甲種或乙種防火門，並不得設置門檻。 □（3）安全梯間應設有緊急電源之照明設備，其開設採光用之向外窗戶或開口者，應與其他窗戶或開口相距90公分以上。	
		□「○」	□ 930101~ □（1）安全梯間四周牆壁除外牆應具有1小時以上防火時效，天花板及牆面之裝修材料並以耐燃1級材料為限。 □（2）進入安全梯之出入口，應裝設具有1小時以上防火時效且具有半小時以上阻熱性之防火門，並不得設置門檻；其寬度不得小於90公分。 □（3）安全梯間應設有緊急電源之照明設備，其開設採光用之向外窗戶或開口者，應與同幢建築物之其他窗戶或開口相距90公分以上。	
		□「×」	□ 本申報場所依法得免檢討或建造當時法令無限制規定。	
	戶外安全梯	□「△」	□（1）戶外安全梯間四週之牆壁應具有1小時以上之防火時效。 □（2）出入口應裝設具有1小時以上防火時效之防火門，並不得設置門檻，其寬度不得小於90公分。但以室外走廊連接安全梯者，其出入口得免裝設防火門。	□合格 □不合格 □提改善 □免檢討
		□「☆」	□ 640807~921231 □（1）安全梯應為防火構造。 □（2）安全梯與建築物任一開口間之距離，除至安全梯之防火門外，不得小於2公尺。但開口面積在1平方公尺以內，並裝置鑲嵌鐵絲網之固定玻璃者，不在此限。 □（3）出入口應裝設甲種防火門或鑲嵌鐵絲網玻璃之乙種防火門，但以室外走廊連接安全梯者，其出入口得免裝設防火門。	
		□「○」	□ 930101~ □（1）安全梯間四週之牆壁，應具有1小時以上之防火時效。 □（2）安全梯與建築物任一開口間之距離，除至安全梯之防火門外，不得小於2公尺。但開口面積在1平方公尺以內，並裝置具有半小時以上之防火時效之防火設備者，不在此限。 □（3）出入口應裝設具有1小時以上防火時效且具有半小時以上阻熱性之防火門，並不得設置門檻，其寬度不得小於90公分。但以室外走廊連接安全梯者，其出入口得免裝設防火門。	
		□「×」	□ 本申報場所依法得免檢討或建造當時法令無限制規定。	
	特別安全梯	□「△」	□（1）樓梯間及排煙室之四週牆壁應具有1小時以上防火時效，其天花板及牆面之裝修，應為耐燃1級材料。樓梯間及排煙室開設採光用固定窗戶或在陽臺外牆開設之開口，除開口面積在1平方公尺以內並裝置具有半小時以上之防火時效之防火設備者，應與其他開口相距90公分以上。 □（2）自室內通陽臺或進入排煙室之出入口，應裝設具有1小時以上防火時效及遮煙性之防火門，自陽臺或排煙室進入樓梯間之出入口應裝設具有半小時以上防火時效之防火門。 □（3）樓梯間與排煙室或陽臺之間所開設之窗戶應為固定窗。 □（4）排煙室內應維持淨空，且不得違規使用。	□合格 □不合格 □提改善 □免檢討
		□「☆」	□ 640807~921231 □（1）自室內至安全梯，應經由陽臺或排煙室，始得進入；樓梯間及排煙室四周牆壁應為防火構造，其天花板及牆面之裝修，應為不燃材料。 □（2）樓梯間及排煙室，應設有緊急電源之照明設備。其開設採光用固定窗戶或在陽臺外牆開設之開口，除開口面積在1平方公尺以內並裝置鑲嵌鐵絲網之固定玻璃者外，應與其他開口相距90公分以上。 □（3）自室內通陽臺或進入排煙室之出入口，應裝設甲種防火門；自陽臺或排煙室進入樓梯間之出入口應裝設甲種或乙種防火門。 □（4）樓梯間與排煙室或陽臺之間所開設之窗戶應為固定窗。 □（5）排煙室內應維持淨空，且不得違規使用。	

<table>
<tr><td rowspan="2">（八）安全梯</td><td rowspan="2">特別安全梯</td><td>□「○」</td><td>□ 930101~
□（1）樓梯間及排煙室之四週牆壁應具有1小時以上防火時效，其天花板及牆面之裝修，應為耐燃1級材料。
□（2）樓梯間及排煙室，應設有緊急電源之照明設備。其開設採光用固定窗戶或在陽臺外牆開設之開口，除開口面積在1平方公尺以內並裝置具有半小時 以上之防火時效之防火設備者，應與其他開口相距90公分以上。
□（3）自室內通陽臺或進入排煙室之出入口，應裝設具有1小時以上防火時效及半小時以上阻熱性之防火門，自陽臺或排煙室進入樓梯間之出入口應裝設具有半小時以上防火時效之防火門。
□（4）樓梯間與排煙室或陽臺之間所開設之窗戶應為固定窗。
□（5）排煙室內應維持淨空，且不得違規使用。</td><td rowspan="2">□合格
□不合格
□提改善
□免檢討</td></tr>
<tr><td>□「×」</td><td>□ 本申報場所依法得免檢討或建造當時法令無限制規定。</td></tr>
<tr><td colspan="2" rowspan="4">（九）屋頂避難平臺</td><td>□「○」</td><td>□（1）建築物在5層以上之樓層供建築物使用類組 A-1、B-1及 B-2組使用者，屋頂避難平臺應設置於5層以上之樓層，其面積合計不得小於該棟建築物5層以上最大樓地板面積二分之一。
□（2）屋頂避難平臺任一邊邊長不得小於6公尺，分層設置時，各處面積均不得小於200平方公尺，且其中一處面積不得小於該棟建築物5層以上最大樓地板面積三分之一。
□（3）屋頂避難平臺面積範圍內不得建造或設置妨礙避難使用之工作物或設施，且通達特別安全梯之最小寬度不得小於4公尺。
□（4）屋頂避難平臺之樓地板至少應具有1小時以上之防火時效。</td><td rowspan="4">□合格
□不合格
□提改善
□免檢討</td></tr>
<tr><td>□「☆」</td><td>□ 630217~860410
建築物在5層以上之樓層供建築物使用類組 A-1、B-1及 B-2組使用者，應設置屋頂避難平臺，其面積合計不得小於建築面積之二分之一，在該範圍內不得建造其他設施。
□ 860411~921231
□（1）建築物在5層以上之樓層供建築物使用類組 A-1、B-1及 B-2組使用者，應設置屋頂避難平臺。屋頂避難平臺應設置於5層以上之樓層，其面積合計不得小於該棟建築物5層以上最大樓地板面積二分之一。
□（2）屋頂避難平臺分層設置時，各處面積均不得小於200平方公尺，且其中一處面積不得小於該棟建築物5層以上最大樓地板面積三分之一。
□（3）屋頂避難平臺面積範圍內不得建造或設置妨礙避難使用之工作物或設施，且通達特別安全梯之最小寬度不得小於4公尺。</td></tr>
<tr><td>□「○」</td><td>□ 930101~
□（1）建築物在5層以上之樓層供建築物使用類組 A-1、B-1及 B-2組使用者，屋頂避難平臺應設置於5層以上之樓層，其面積合計不得小於該棟建築物5層以上最大樓地板面積二分之一。
□（2）屋頂避難平臺任一邊邊長不得小於6公尺，分層設置時，各處面積均不得小於200平方公尺，且其中一處面積不得小於該棟建築物5層以上最大樓地板面積三分之一。
□（3）屋頂避難平臺面積範圍內不得建造或設置妨礙避難使用之工作物或設施，且通達特別安全梯之最小寬度不得小於4公尺。
□（4）屋頂避難平臺之樓地板至少應具有1小時以上之防火時效。</td></tr>
<tr><td>□「×」</td><td>□ 本申報場所依法得免檢討或建造當時法令無限制規定。</td></tr>
<tr><td colspan="2">（十）緊急進口</td><td>□「△」</td><td>□（1）建築物在3層以上，第10層以下之各樓層，應設置緊急進口，窗戶或開口寬應在75公分以上及高度1.2公尺以上，或直徑1公尺以上之圓孔，且無柵欄或其他阻礙物。但面臨道路或寬度4公尺以上通路，且各層外牆每10公尺設有窗戶或其他開口者，不在此限。
□（2）緊急進口（含窗戶或其他開口）之寬度應在75公分以上，高度應在1.2公尺以上，其開口之下端應距離樓地板面80公分以內，並可自外面開啓或輕易破壞進入室內之構造。
□（3）緊急進口應設於面臨道路或寬度在4公尺以上通路之各層外牆面，間隔不得大於40公尺。</td><td>□合格
□不合格
□提改善
□免檢討</td></tr>
</table>

（十） 緊急進 口	□「☆」	□ 630217~710714 □（1）建築物在3層以上，高度在35公尺以下之樓層，應設置緊急進口，但下列情形不在此限： （A）設有緊急用昇降機者。 （B）面臨道路或寬度4公尺以上通路，且各層外牆每10公尺設有窗戶或其他開口者。 □（2）緊急進口（含窗戶或其他開口）之寬度應在75公分以上及高度1.2公尺以上，或直徑1公尺以上之圓孔，並可自外面開啓或輕易破壞進入室內之構造。 □（3）緊急進口應設於面臨道路或寬度在4公尺以上通路之各層外牆面，間隔不得大於40公尺。 □ 710715~921231 □（1）建築物在2層以上，第10層以下之樓層，應設置緊急進口，但下列情形不在此限： （A）設有緊急用昇降機者。 （B）面臨道路或寬度4公尺以上通路，且各層外牆每10公尺設有窗戶或其他開口者。 □（2）緊急進口（含窗戶或其他開口）之寬度應在75公分以上及高度1.2公尺以上，或直徑1公尺以上之圓孔，並可自外面開啓或輕易破壞進入室內之構造。 □（3）緊急進口應設於面臨道路或寬度在4公尺以上通路之各層外牆面，間隔不得大於40公尺。	□合格 □不合格 □提改善 □免檢討
	□「○」	□ 930101~ □（1）建築物在2層以上，第10層以下之各樓層，應設置緊急進口，窗戶或開口寬應在75公分以上及高度1.2公尺以上，或直徑1公尺以上之圓孔，且無柵欄或其他阻礙物。但面臨道路或寬度4公尺以上通路，且各層外牆每10公尺設有窗戶或其他開口者，不在此限。 □（2）緊急進口（含窗戶或其他開口）之寬度應在75公分以上，高度應在1.2公尺以上，其開口之下端應距離樓地板面80公分以內，並可自外面開啓或輕易破壞進入室內之構造。 □（3）緊急進口應設於面臨道路或寬度在4公尺以上通路之各層外牆面，間隔不得大於40公尺。	
	□「×」	□ 本申報場所依法得免檢討或建造當時法令無限制規定。	

【參】設備安全類檢查紀錄

檢查項目	檢查內容（符合者標註■、不符合者標註×、無涉關事項標註／）	檢查結果
（一）昇降設備	□ 供本申報場所使用之昇降設備種類及數量如下： □（1）緊急用昇降機　台，其中領有使用許可證　台，未領使用許可證　台。 □（2）一般昇降機　台，其中領有使用許可證　台，未領使用許可證　台。 □（3）自動樓梯（含自動步道）　台，其中領有使用許可證　台，未領使用許可證　台。	□合格 □不合格 □提改善 □免檢討
	□ 本申報場所依法免設置此項設備。	
	□ 本申報場所為礦業之礦場、製造業之工廠、營造業之工地、水電燃氣之水廠、電廠、瓦斯廠、倉儲業之倉庫、通訊業之電訊交換機房、國防事業之生產機構、軍醫院或研究機構及對外附設之傳播事業單位，依行政院勞工委員會80年9月9日勞安二字第23897號函示規定，該昇降設備　　台由勞檢單位管理，免予檢查。	
	□ 其他：	
（二）避雷設備	□ 本申報場所建築物高度在20公尺以上，或高度在3公尺以上並作危險物品倉庫使用，依規定應設置避雷設備。 □（1）申報場所之避雷設備，現況無遭拆除或損壞情形。 □（2）避雷設備受雷部之保護角或保護範圍內無障礙物阻擋。 □（3）避雷導線無斷裂情形，且距離電燈電力線、電話線、燃氣設備之供氣管路1公尺以上，但有靜電隔離者，不在此限。	□合格 □不合格 □免檢討
	□ 本申報場所依法免設置此項設備。	
	□ 備有電氣專業技術人員之檢驗報告。	
	□ 其他：	
（三）緊急供電系統	□ 本申報場所依規定應設置緊急供電系統（含蓄電池、全自動發電機設備）。 □（1）設備無遭拆除或損壞，且配線接續正常。 □（2）緊急電源應裝置切換開關，當常用電源切斷時，自動切換供應電源至緊急用電器具，而當常用電源恢復時，自動恢復由常用電源供應。 □（3）緊急電源之供應，採用發電機設備者，發電機室應有適當之進氣及排氣開孔，並應留設維修進出通道；採用蓄電池設備者，蓄電池室應有適當之排氣裝置。	□合格 □不合格 □免檢討
	□ 本申報場所依法免設置此項設備。	
	□ 備有電氣專業技術人員之檢驗報告。	
	□ 其他：	

項目	子項目	檢查內容	結果
（四）特殊供電	舞台	□ 本申報場所為A-1組或主體用途附設A-1組，且觀眾席面積在200平方公尺以上者。 □（1）舞台之電氣設備配電盤前面應無活線露出情形，後面如有活電露出，應用牆、鐵板或鐵網隔開。 □（2）簾幕馬達使用電刷型式者，其外殼須為全密閉型者。 □（3）更衣室內之燈具不得使用吊管或鏈吊型，燈具離樓地板面高度低於2.5公尺者，並應加裝燈具護罩。 □ 本申報場所無此項設備。 □ 備有電氣專業技術人員之檢驗報告。	□合格 □不合格 □免檢討
	電影院	□ 本申報場所為電影院或A-1組，並設有放映室。 □（1）放映室燈應有燈具護罩，室內並須裝設機械通風設備。 □（2）放映室應專作放置放映機之用。整流器、變阻器、變壓器等應放置其他房間，但有適當之護罩使整流器、變壓器等所發生之熱或火花不致碰觸軟版者，不在此限。 □ 本申報場所非A-1組，或無放映室。 □ 備有電氣專業技術人員之檢驗報告。	□合格 □不合格 □免檢討
	樹立廣告燈招牌廣告燈及	□ 本申報場所於戶外設有招牌廣告燈及樹立廣告燈。 □（1）每一組個別獨立安裝之廣告燈可視及該廣告登之範圍內，均應裝設一可將所有非接地電源線切斷之專用開關，且其電路上應有漏電斷路器。 □（2）廣告燈塔之金屬外殼及固定支撐鐵架等，均應接地。 □ 本申報場所無此項設備（或未達主管機關規定之檢查規模）。 □ 備有電氣專業技術人員之檢驗報告。	□合格 □不合格 □免檢討
	航空障礙燈	□本申報場所之建築物高度達60公尺以上，依規定應設置光源俯角15度以上，360度方向皆可視認之航空障礙燈。該設備無遭拆除或損壞情形。 □ 本申報場所無此項設備。 □ 其他：	□合格 □不合格 □免檢討
	游泳池	□ 本申報場所設有游泳池，供應游泳池部分之電源應裝設漏電斷路器。 □ 本申報場所無游泳池設備查。 □ 備有電氣專業技術人員之檢驗報告。	□合格 □不合格 □免檢討
（五）空調風管		□ 本申報場所經檢查有空調風管貫穿防火區劃牆壁或樓板情形。 □（1）風管貫穿牆壁、樓地板等防火構造體時，貫穿處周圍應以不燃材料密封，並依規定設置防火閘門或閘板。 □（2）垂直風管貫穿整個樓層時，風管應設於管道間內。 □ 本申報場所無空調風管貫穿防火區劃牆壁或樓板情形。	□合格 □不合格 □提改善 □免檢討
（六）燃燒設備	燃氣設備	□ 本申報場所室內設有燃燒設備 □（1）建築物安裝非工業用之天然氣、煤氣、液化石油氣、油裂氣或混合氣者，其燃氣用具裝置在建築物地下層或其他密閉空間內時，應分別於該空間天花板下及地板面上各30公分範圍內，依規定開設開口，或以通風管連接室外空氣或其他空氣流通之空間。 □（2）燃氣用具連接供氣管路之連接管為橡皮管者，橡皮管長度不得超過1.8公尺，並不得隱蔽在構造體內或貫穿樓地板或牆壁。 □（3）燃氣用具裝有電氣點火裝置者，應另裝有點火失效時即能切斷供氣之安全裝置。 □ 本申報場所無此項設備（或未達主管機關規定之檢查規模）。	□合格 □不合格 □免檢討
	鍋爐	□ 本申報場所室內設有鍋爐設備 □（1）鍋爐應安裝在防火構造之鍋爐間內。 □（2）鍋爐間具有效通風面積達該室樓地板面積十分之一或依規定設置適當之機械通風設備。 □（3）鍋爐設備經證明具有可直接自戶外導進空氣，並能將所發生之廢氣物直接排至戶外而無污染室內空氣之性能。 □ 本申報場所室內無此項設備。	□合格 □不合格 □提改善 □免檢討

<table>
<tr><td colspan="6">【肆】專業檢查人檢查簽證結果</td></tr>
<tr><td rowspan="6">□ 1.各檢查項目均符合規定。
□ 2.檢查項目不符合規定，已提具改善計畫書。
□ 3.檢查項目不符合規定。</td><td rowspan="2">專業機構</td><td colspan="2">機構名稱
（負責人姓名）</td><td></td><td rowspan="2">（用印）</td></tr>
<tr><td colspan="2">認可證字號</td><td></td></tr>
<tr><td rowspan="4">專業檢查人</td><td rowspan="2">防火避難設施類</td><td>檢查人姓名</td><td></td><td rowspan="2">（簽章）</td></tr>
<tr><td>認可證字號</td><td></td></tr>
<tr><td rowspan="2">設備安全類</td><td>檢查人姓名</td><td></td><td rowspan="2">（簽章）</td></tr>
<tr><td>認可證字號</td><td></td></tr>
</table>

昇降設備使用許可證記錄表

F2-2

年度	申報掛號日期	年 月 日
	文　　號	

檢查登記號碼：　　　　　　　　　　　　　　　　　　　共　　頁，第　　頁

編　號	使用許可證字號	有　效　期　限
01		中華民國　年　月　日至　年　月　日
02		中華民國　年　月　日至　年　月　日
03		中華民國　年　月　日至　年　月　日
04		中華民國　年　月　日至　年　月　日
05		中華民國　年　月　日至　年　月　日
06		中華民國　年　月　日至　年　月　日
07		中華民國　年　月　日至　年　月　日
08		中華民國　年　月　日至　年　月　日
09		中華民國　年　月　日至　年　月　日
10		中華民國　年　月　日至　年　月　日
11		中華民國　年　月　日至　年　月　日
12		中華民國　年　月　日至　年　月　日
13		中華民國　年　月　日至　年　月　日
14		中華民國　年　月　日至　年　月　日
15		中華民國　年　月　日至　年　月　日
16		中華民國　年　月　日至　年　月　日
17		中華民國　年　月　日至　年　月　日

建築物主用途及從屬用途檢查表

F2-2

年度 檢查申報案	檢查日期	年　月　日

檢查登記號碼：　　　　　　　　　　　　　　　　　　　　　　　共　　頁，第　　頁

主用途及從屬用途名稱及範圍標示	主從用途及樓地板面積	
	（變更）使用執照核定使用用途及類組	
	主用途名稱及其類組	
	從屬用途名稱及其類組	
	檢查範圍樓地板面積（平方公尺）	
	從屬用途樓地板面積（平方公尺）	
	從屬用途所佔樓地板面積比例（%）	

檢查項目		檢查結果	
		符合	不符合
（一）	對應之使用類組具有主從用途關係		
（二）	從屬用途範圍之所有權應與主用途相同		
（三）	從屬用途樓地板面積不得超過該使用單元樓地板面積之五分之二		
（四）	同一使用單元內主從空間應相互連通		

受檢建築物	名稱		防火避難設施類檢查人簽證	（簽章）	圖　號
	建物地址				

說明欄

1. 本表所稱建築物主用途及從屬用途，係指符合建築物使用類組及變更使用辦法第六條第一項但書及附表五（建築物主從用途關係表）規定者。
2. 本表從屬空間之標示符號，請參照 F2-4-1及 F2-4-2圖例以重虛線繪製。
3. 具有主從用途對應關係之使用類組如下：

主用途／從屬用途		A 類		B 類				C 類		D 類					E 類	F 類				G 類			H 類
		A-1	A-2	B-1	B-2	B-3	B-4	C-1	C-2	D-1	D-2	D-3	D-4	D-5		F-1	F-2	F-3	F-4	G-1	G-2	G-3	H-1
D 類	D-1	○	○	╳	╳	╳	○	╳	╳		╳	╳	╳	╳	╳	╳	╳	╳	╳	╳	╳	╳	╳
	D-2	○	○	╳	╳	╳	○	╳	╳	╳		╳	╳	╳	╳	╳	╳	╳	╳	╳	╳	╳	╳
	D-5	╳	╳	╳	╳	╳	╳	╳	╳	╳	╳	○	○		╳	╳	╳	╳	╳	╳	╳	╳	╳
F 類	F-3	○	╳	╳	╳	╳	╳	╳	╳	╳	○	○	○	○	○	○	○		╳	╳	○	╳	╳
G 類	G-2	○	○	○	○	○	○	△	△	○	○	○	○	○	○	○	○	○	○	○		○	○
	G-3	○	○	○	○	○	○	△	△	○	○	○	○	○	○	○	○	○	○	○	○		○
H 類	H-1	╳	╳	╳	╳	╳	╳	△	△	╳	╳	╳	○	╳	╳	╳	╳	╳	╳	╳	╳	╳	

備註：

一、○指表列各從屬用途之合計樓地板面積符合本辦法第六條第一項第三款規定者，其與對應之主用途具有從屬關係。

二、△指表列各從屬用途之合計樓地板面積同時符合本辦法第六條第一項第三款及建築技術規則建築設計施工編第二百七十二條規定者，其與對應之主用途具有從屬關係。

三、╳指對應之使用組別未具從屬關係。

四、本表所列 E 類別之主用途，以宗教類相關場所為限。

五、依建築技術規則規定採用建築物防火避難性能設計或依同規則總則編第三條之四規定領有中央主管建築機關認可之建築物防火避難綜合檢討計畫書及評定書之建築物，不適用本表規定。

建築物防火避難設施與設備安全檢查記錄簡圖

F2-4-1

年度 檢查申報案	檢查日期	年 月 日

檢查登記號碼：　　　　　　　　　　　　　　　　　共　　頁，第　　頁

受檢建築物或營業場所	名稱		防火避難設施類檢查人簽證	(簽章)	設備安全類檢查人簽證	(簽章)	圖　號
	建物地址						

說明欄

1. 每一案件一項檢查類別以一圖為原則，比例尺不限且以單或雙線繪製，圖說標示內容應清晰可辨。
2. 每一簡圖應予區隔並加註層數編號，如不敷使用時應以同規格另紙繪製，並加註編號。
3. 圖面應依實際使用現況，載明檢查空間之用途名稱及面積（包括從屬空間部分）。
4. 圖面無法標示之設施或設備得以照片輔助文字說明替代，照片超過二張者應附照片索引圖。
5. 申報面積應依使用執照核定範圍為之，並備註附建之違章建築範圍及面積；另建築物依本書表規定辦理之各檢查項目，應就建築物及其附建之違章建築部分合併檢討。
6. 本表繪製圖例及符號標示規定如下：

- （重實線符號）：重實線，表示具有防火時效之牆面。
- （輕實線符號）：輕實線，表示不具有防火時效之牆面。
- （單點線符號）：單點線，表示屋頂平臺可供避難範圍或
- （點線箭頭符號）：路線，並以箭頭表示避難方向。
- （重虛線符號）：重虛線，表示從屬空間位置及範圍。
- （輕虛線符號）：輕虛線，表示閣樓或夾層位置及範圍。
- ／／／／／：以斜線表示走廊範圍。
- ╳╳╳╳╳：以交叉斜線表示附建違章建築範圍。
- （up 或 dn 樓梯符號）：以樓梯踏步驟投影表示樓梯範圍（並標示上下方向）。
- ←n→：表示走廊、出入口、樓梯寬度，n為數字，單位為公分。
- Dn：表示防火門，n為編號。
- Wn：表示防火窗，n為編號。
- En：表示入口符號，n為編號。如設有防火門時另加註防火門符號。
- FRn：表示防火時效之構造，n為小時數。
- FCn：表示使用不燃材料或耐燃材料，n為級數（1-3）。
- CB：表示使用易燃材料。
- E VN：一般昇降機，N為編號。
- EEVN：緊急昇降機，N為編號。
- （排煙口符號）：排煙口。
- （避雷針符號）：避雷針。
- Ⓖ：發電機。
- Ⓡ：蓄電池。
- Ⓝ：廣告燈。
- （三角形內G）：燃氣設備。
- （三角形內B）：鍋爐。
- Ⓛ N：（高層建築物）航空障礙燈，N為編號。

建築物防火避難設施與設備安全檢查記錄簡圖

F2-4-2

年度 檢查申報案	檢查日期	年　月　日

檢查登記號碼：　　　　　　　　　　　　　　　　共　　頁，第　　頁

說明欄

1. 每一案件一項檢查類別以一圖為原則，比例尺不限且以單或雙線繪製，圖說標示內容應清晰可辨。
2. 每一簡圖應予區隔並加註層數編號，如不敷使用時應以同規格另紙繪製，並加註編號。
3. 圖面應依實際使用現況，載明檢查空間之用途名稱及面積（包括從屬空間部分）。
4. 圖面無法標示之設施或設備得以照片輔助文字說明替代，照片超過二張者應附照片索引圖。
5. 申報面積應依使用執照核定範圍為之，並備註附建之違章建築範圍及面積；另建築物依本書表規定辦理之各檢查項目，應就建築物及其附建之違章建築部分合併檢討。
6. 本表繪製圖例及符號標示規定如下：

- （粗實線）：重實線，表示具有防火時效之牆面。
- （細實線）：輕實線，表示不具有防火時效之牆面。
- （點線）：單點線，表示屋頂平臺可供避難範圍或
- （點線箭頭）：路線，並以前頭表示避難方向。
- （粗虛線）：重虛線，表示從屬空間位置及範圍。
- （細虛線）：輕虛線，表示閣樓或夾層位置及範圍。
- ／／／／／：以斜線表示走廊範圍。
- ××××：以交叉斜線表示附建違章建築範圍。
- （樓梯圖例）：以樓梯踏步駁投影表示樓梯範圍（並標示上下方向）。
- ←n→：表示走廊、出入口、樓梯寬度，n 為數字，單位為公分。
- Dn：表示防火門，n 為編號。
- Wn：表示防火窗，n 為編號。
- En：表示入口符號，n 為編號。如設有防火門時另加註防火門符號。
- FRn：表示防火時效之構造，n 為小時數。
- FCn：表示使用不燃材料或耐燃材料，n 為級數（1-3）。
- CB：表示使用易燃材料。
- E V N：一般昇降機，N 為編號。
- FEV N：緊急昇降機，N 為編號。
- （排煙口符號）：排煙口。
- （避雷針符號）：避雷針。
- Ⓖ：發電機。
- Ⓡ：蓄電池。
- Ⓝ：廣告燈。
- （G 三角符號）：燃氣設備。
- （B 三角符號）：鍋爐。
- Ⓛ N：（高層建築物）航空障礙燈，N 為編號。

受檢建築物或營業場所	名稱		防火避難設施類檢查人簽證	（簽章）	設備安全類檢查人簽證	（簽章）	圖　號
	建物地址						

第15章

供公眾使用建築物之範圍

■內政部 64.8.20 台內營字第六四二九一五號函訂定
■內政部 99.3.3 台內營字第 0990801045 號令修正發布，自中華民國九十九年四月一日生效。

建築法第五條所稱供公眾使用之建築物，為供公眾工作、營業、居住、遊覽、娛樂、及其他供公眾使用之建築物，其範圍如下；同一建築物供二種以上不同之用途使用時，應依各該使用之樓地板面積按本範圍認定之：

一、戲院、電影院、演藝場。
二、舞廳（場）、歌廳、夜總會、俱樂部、加以區隔或包廂式觀光（視聽）理髮（理容）場所。
三、酒家、酒吧、酒店、酒館。
四、保齡球館、遊藝場、室內兒童樂園、室內溜冰場、室內游泳場、室內撞球場、體育館、說書場、育樂中心、視聽伴唱遊藝場所、錄影節目帶播映場所、健身中心、技擊館、總樓地板面積二百平方公尺以上之資訊休閒服務場所。
五、旅館類、總樓地板面積在五百平方公尺以上之寄宿舍。
六、總樓地板面積在五百平方公尺以上之市場、百貨商場、超級市場、休閒農場遊客休憩分區內之農產品與農村文物展示（售）及教育解說中心。
七、總樓地板面積在三百平方公尺以上之餐廳、咖啡廳、茶室、食堂。
八、公共浴室、三溫暖場所。
九、博物館、美術館、資料館、圖書館、陳列館、水族館、集會堂（場）。
十、寺廟、教堂（會）、宗祠（祠堂）。
十一、電影（電視）攝影廠（棚）。
十二、醫院、療養院、兒童及少年安置教養機構、老人福利機構之長期照護機構、安養機構（設於地面一層面積超過五百平方公尺或設於二層至五層之任一層面積超過三百平方公尺或設於六層以上之樓層者）、身心障礙福利機構、護理機構、住宿型精神復健機構。
十三、銀行、合作社、郵局、電信局營業所、電力公司營業所、自來水營業所、瓦斯公司營業所、證券交易場所。
十四、總樓地板面積在五百平方公尺以上之一般行政機關及公私團體辦公廳、農漁會營業所。

十五、總樓地板面積在三百平方公尺以上之倉庫、汽車庫、修車場。

十六、托兒所、幼稚園、小學、中學、大專院校、補習學校、供學童使用之補習班、課後托育中心、總樓地板面積在二百平方公尺以上之補習班及訓練班。

十七、都市計畫內使用電力（包括電熱）在三十七點五千瓦以上或其作業廠房之樓地板面積合計在二百平方公尺以上之工廠及休閒農場遊客休憩分區內總樓地板面積在二百平方公尺以上之自產農產品加工（釀造）廠、都市計畫外使用電力（包括電熱）在七十五千瓦以上或其作業廠房之樓地板面積合計在五百平方公尺以上之工廠及休閒農場遊客休憩分區內總樓地板面積在五百平方公尺以上之自產農產品加工（釀造）廠。

十八、車站、航空站、加油（氣）站。

十九、殯儀館、納骨堂（塔）。

二十、六層以上之集合住宅（公寓）。

二十一、總樓地板面積在三百平方公尺以上之屠宰場。

二十二、其他經中央主管建築機關指定者。

都市更新條例

■修正日期：民國 108 年 01 月 30 日

第一章丨總則

第 1 條

爲促進都市土地有計畫之再開發利用，復甦都市機能，改善居住環境與景觀，增進公共利益，特制定本條例。

第 2 條

本條例所稱主管機關：在中央爲內政部；在直轄市爲直轄市政府；在縣（市）爲縣（市）政府。

第 3 條

本條例用詞，定義如下：

一、都市更新：指依本條例所定程序，在都市計畫範圍內，實施重建、整建或維護措施。

二、更新地區：指依本條例或都市計畫法規定程序，於都市計畫特定範圍內劃定或變更應進行都市更新之地區。

三、都市更新計畫：指依本條例規定程序，載明更新地區應遵循事項，作爲擬訂都市更新事業計畫之指導。

四、都市更新事業：指依本條例規定，在更新單元內實施重建、整建或維護事業。

五、更新單元：指可單獨實施都市更新事業之範圍。

六、實施者：指依本條例規定實施都市更新事業之政府機關（構）、專責法人或機構、都市更新會、都市更新事業機構。

七、權利變換：指更新單元內重建區段之土地所有權人、合法建築物所有權人、他項權利人、實施者或與實施者協議出資之人，提供土地、建築物、他項權利或資金，參與或實施都市更新事業，於都市更新事業計畫實施完成後，按其更新前權利價值比率及提供資金額度，分配更新後土地、建築物或權利金。

第 4 條

都市更新處理方式，分為下列三種：

一、重建：指拆除更新單元內原有建築物，重新建築，住戶安置，改進公共設施，並得變更土地使用性質或使用密度。

二、整建：指改建、修建更新單元內建築物或充實其設備，並改進公共設施。

三、維護：指加強更新單元內土地使用及建築管理，改進公共設施，以保持其良好狀況。

都市更新事業得以前項二種以上處理方式辦理之。

第二章｜更新地區之劃定

第 5 條

直轄市、縣（市）主管機關應就都市之發展狀況、居民意願、原有社會、經濟關係、人文特色及整體景觀，進行全面調查及評估，並視實際情況劃定更新地區、訂定或變更都市更新計畫。

第 6 條

有下列各款情形之一者，直轄市、縣（市）主管機關得優先劃定或變更為更新地區並訂定或變更都市更新計畫：

一、建築物窳陋且非防火構造或鄰棟間隔不足，有妨害公共安全之虞。

二、建築物因年代久遠有傾頹或朽壞之虞、建築物排列不良或道路彎曲狹小，足以妨害公共交通或公共安全。

三、建築物未符合都市應有之機能。

四、建築物未能與重大建設配合。

五、具有歷史、文化、藝術、紀念價值，亟須辦理保存維護，或其周邊建築物未能與之配合者。

六、居住環境惡劣，足以妨害公共衛生或社會治安。

七、經偵檢確定遭受放射性污染之建築物。

八、特種工業設施有妨害公共安全之虞。

第 7 條

有下列各款情形之一時，直轄市、縣（市）主管機關應視實際情況，迅行劃定或變更更新地區，並視實際需要訂定或變更都市更新計畫：

一、因戰爭、地震、火災、水災、風災或其他重大事變遭受損壞。

二、為避免重大災害之發生。

三、符合都市危險及老舊建築物加速重建條例第三條第一項第一款、第二款規定之建築物。

前項更新地區之劃定、變更或都市更新計畫之訂定、變更，中央主管機關得指定該管直轄市、縣（市）主管機關限期為之，必要時並得逕為辦理。

第8條

有下列各款情形之一時，各級主管機關得視實際需要，劃定或變更策略性更新地區，並訂定或變更都市更新計畫：

一、位於鐵路場站、捷運場站或航空站一定範圍內。

二、位於都會區水岸、港灣周邊適合高度再開發地區者。

三、基於都市防災必要，需整體辦理都市更新者。

四、其他配合重大發展建設需要辦理都市更新者。

第9條

更新地區之劃定或變更及都市更新計畫之訂定或變更，未涉及都市計畫之擬定或變更者，準用都市計畫法有關細部計畫規定程序辦理；其涉及都市計畫主要計畫或細部計畫之擬定或變更者，依都市計畫法規定程序辦理，主要計畫或細部計畫得一併辦理擬定或變更。

全區採整建或維護方式處理，或依第七條規定劃定或變更之更新地區，其更新地區之劃定或變更及都市更新計畫之訂定或變更，得逕由各級主管機關公告實施之，免依前項規定辦理。

第一項都市更新計畫應表明下列事項，作為擬訂都市更新事業計畫之指導：

一、更新地區範圍。

二、基本目標與策略。

三、實質再發展概要：

（一）土地利用計畫構想。

（二）公共設施改善計畫構想。

（三）交通運輸系統構想。

（四）防災、救災空間構想。

四、其他應表明事項。

依第八條劃定或變更策略性更新地區之都市更新計畫，除前項應表明事項外，並應表明下列事項：

一、劃定之必要性與預期效益。

二、都市計畫檢討構想。

三、財務計畫概要。

四、開發實施構想。
五、計畫年期及實施進度構想。
六、相關單位配合辦理事項。

第 10 條

有第六條或第七條之情形時，土地及合法建築物所有權人得向直轄市、縣（市）主管機關提議劃定更新地區。

直轄市、縣（市）主管機關受理前項提議，應依下列情形分別處理，必要時得通知提議人陳述意見：

一、無劃定必要者，附述理由通知原提議者。
二、有劃定必要者，依第九條規定程序辦理。

第一項提議應符合要件及應檢附之文件，由當地直轄市、縣（市）主管機關定之。

第三章｜政府主導都市更新

第 11 條

各級主管機關得成立都市更新推動小組，督導、推動都市更新政策及協調政府主導都市更新業務。

第 12 條

經劃定或變更應實施更新之地區，除本條例另有規定外，直轄市、縣（市）主管機關得採下列方式之一，免擬具事業概要，並依第三十二條規定，實施都市更新事業：

一、自行實施或經公開評選委託都市更新事業機構爲實施者實施。
二、同意其他機關（構）自行實施或經公開評選委託都市更新事業機構爲實施者實施。

依第七條第一項規定劃定或變更之更新地區，得由直轄市、縣（市）主管機關合併數相鄰或不相鄰之更新單元後，依前項規定方式實施都市更新事業。

依第七條第二項或第八條規定由中央主管機關劃定或變更之更新地區，其都市更新事業之實施，中央主管機關得準用前二項規定辦理。

第 13 條

前條所定公開評選實施者，應由各級主管機關、其他機關（構）擔任主辦機關，公告徵求都市更新事業機構申請，並組成評選會依公平、公正、公開原則審核；其公開評選之公告申請與審核程序、評選會之組織與評審及其他相關事項之辦法，由中央主管機關定之。

主辦機關依前項公告徵求都市更新事業機構申請前，應於擬實施都市更新事業之地區，舉行說明會。

第 14 條

參與都市更新公開評選之申請人對於申請及審核程序，認有違反本條例及相關法令，致損害其權利或利益者，得於下列期限內，以書面向主辦機關提出異議：

一、對公告徵求都市更新事業機構申請文件規定提出異議者，為自公告之次日起至截止申請日之三分之二；其尾數不足一日者，以一日計。但不得少於十日。

二、對申請及審核之過程、決定或結果提出異議者，為接獲主辦機關通知或公告之次日起三十日；其過程、決定或結果未經通知或公告者，為知悉或可得知悉之次日起三十日。

主辦機關應自收受異議之次日起十五日內為適當之處理，並將處理結果以書面通知異議人。異議處理結果涉及變更或補充公告徵求都市更新事業機構申請文件者，應另行公告，並視需要延長公開評選之申請期限。

申請人對於異議處理結果不服，或主辦機關逾期不為處理者，得於收受異議處理結果或期限屆滿次日起十五日內，以書面向主管機關提出申訴，同時繕具副本連同相關文件送主辦機關。

申請與審核程序之異議及申訴處理規則，由中央主管機關定之。

第 15 條

都市更新公開評選申請及審核程序之爭議申訴，依主辦機關屬中央或地方機關（構），分別由中央或直轄市、縣（市）主管機關設都市更新公開評選申訴審議會（以下簡稱都更評選申訴會）處理。

都更評選申訴會由各級主管機關聘請具有法律或都市更新專門知識之人員擔任，並得由各級主管機關高級人員派兼之；其組成、人數、任期、酬勞、運作及其他相關事項之辦法，由中央主管機關定之。

第 16 條

申訴人誤向該管都更評選申訴會以外之機關申訴者，以該機關收受日，視為提起申訴之日。

前項收受申訴書之機關應於收受日之次日起三日內，將申訴書移送於該管都更評選申訴會，並通知申訴人。

都更評選申訴會應於收受申訴書之次日起二個月內完成審議，並將判斷以書面通知申訴人及主辦機關；必要時，得延長一個月。

第 17 條

申訴逾法定期間或不合法定程序者，不予受理。但其情形得予補正者，應定期間命其補正；屆期不補正者，不予受理。

申訴提出後，申請人得於審議判斷送達前撤回之。申訴經撤回後，不得再提出同一之申訴。

第 18 條

申訴以書面審議爲原則。

都更評選申訴會得依職權或申請，通知申訴人、主辦機關到指定場所陳述意見。

都更評選申訴會於審議時，得囑託具專門知識經驗之機關、學校、團體或人員鑑定，並得通知相關人士說明或請主辦機關、申訴人提供相關文件、資料。

都更評選申訴會辦理審議，得先行向申訴人收取審議費、鑑定費及其他必要之費用；其收費標準及繳納方式，由中央主管機關定之。

第 19 條

申請人提出異議或申訴，主辦機關認其異議或申訴有理由者，應自行撤銷、變更原處理結果或暫停公開評選程序之進行。但爲應緊急情況或公共利益之必要者，不在此限。

依申請人之申訴，而爲前項之處理者，主辦機關應將其結果即時通知該管都更評選申訴會。

第 20 條

申訴審議判斷，視同訴願決定。

審議判斷指明原公開評選程序違反法令者，主辦機關應另爲適法之處置，申訴人得向主辦機關請求償付其申請、異議及申訴所支出之必要費用。

第 21 條

都市更新事業依第十二條規定由主管機關或經同意之其他機關（構）自行實施者，得公開徵求提供資金並協助實施都市更新事業，其公開徵求之公告申請、審核、異議、申訴程序及審議判斷，準用第十三條至前條規定。

第四章｜都市更新事業之實施

第 22 條

經劃定或變更應實施更新之地區，其土地及合法建築物所有權人得就主管機關劃定之更新單元，或依所定更新單元劃定基準自行劃定更新單元，舉辦公聽會，擬具事業概要，連同公聽會紀錄，申請當地直轄市、縣（市）主管機關依第二十九條規定審議核准，自行組織都市更新會實施該地區之都市更新事業，或委託都市更新事業機構爲實施者實施之；變更時，亦同。

前項之申請，應經該更新單元範圍內私有土地及私有合法建築物所有權人均超過二分之一，並其所有土地總面積及合法建築物總樓地板面積均超過二分之一之同意；其同意比率已達第三十七條規定者，得免擬具事業概要，並依第二十七條及第三十二條規定，逕行擬訂都市更新事業計畫辦理。任何人民或團體得於第一項審議前，以書面載明姓名或名稱及地址，向直轄市、縣（市）主管機關提出意見，由直轄市、縣（市）主管機關參考審議。

依第一項規定核准之事業概要，直轄市、縣（市）主管機關應即公告三十日，並通知更新單元內土地、合法建築物所有權人、他項權利人、囑託限制登記機關及預告登記請求權人。

第 23 條

未經劃定或變更應實施更新之地區，有第六條第一款至第三款或第六款情形之一者，土地及合法建築物所有權人得按主管機關所定更新單元劃定基準，自行劃定更新單元，依前條規定，申請實施都市更新事業。

前項主管機關訂定更新單元劃定基準，應依第六條第一款至第三款及第六款之意旨，明訂建築物及地區環境狀況之具體認定方式。

第一項更新單元劃定基準於本條例中華民國一百零七年十二月二十八日修正之條文施行後訂定或修正者，應經該管政府都市計畫委員會審議通過後發布實施之；其於本條例中華民國一百零七年十二月二十八日修正之條文施行前訂定者，應於三年內修正，經該管政府都市計畫委員會審議通過後發布實施之。更新單元劃定基準訂定後，主管機關應定期檢討修正之。

第 24 條

申請實施都市更新事業之人數與土地及建築物所有權比率之計算，不包括下列各款：

一、依文化資產保存法所稱之文化資產。

二、經協議保留，並經直轄市、縣（市）主管機關核准且登記有案之宗祠、寺廟、教堂。

三、經政府代管或依土地法第七十三條之一規定由地政機關列冊管理者。

四、經法院囑託查封、假扣押、假處分或破產登記者。

五、未完成申報並核發派下全員證明書之祭祀公業土地或建築物。

六、未完成申報並驗印現會員或信徒名冊、系統表及土地清冊之神明會土地或建築物。

第 25 條

都市更新事業得以信託方式實施之。其依第二十二條第二項或第三十七條第一項規定計算所有權人人數比率，以委託人人數計算。

第 26 條

都市更新事業機構以依公司法設立之股份有限公司爲限。但都市更新事業係以整建或維護方式處理者，不在此限。

第 27 條

逾七人之土地及合法建築物所有權人依第二十二條及第二十三條規定自行實施都市更新事業時，應組織都市更新會，訂定章程載明下列事項，申請當地直轄市、縣（市）主管機關核准：

一、都市更新會之名稱及辦公地點。

二、實施地區。

三、成員資格、幹部法定人數、任期、職責及選任方式等事項。

四、有關會務運作事項。

五、有關費用分擔、公告及通知方式等事項。

六、其他必要事項。

前項都市更新會應爲法人；其設立、管理及解散辦法，由中央主管機關定之。

第 28 條

都市更新會得依民法委任具有都市更新專門知識、經驗之機構，統籌辦理都市更新業務。

第 29 條

各級主管機關爲審議事業概要、都市更新事業計畫、權利變換計畫及處理實施者與相關權利人有關爭議，應分別遴聘（派）學者、專家、社會公正人士及相關機關（構）代表，以合議制及公開方式辦理之，其中專家學者及民間團體代表不得少於二分之一，任一性別比例不得少於三分之一。

各級主管機關依前項規定辦理審議或處理爭議，必要時，並得委託專業團體或機構協助作技術性之諮商。

第一項審議會之職掌、組成、利益迴避等相關事項之辦法，由中央主管機關定之。

第 30 條

各級主管機關應置專業人員專責辦理都市更新業務，並得設專責法人或機構，經主管機關委託或同意，協助推動都市更新業務或實施都市更新事業。

第 31 條

各級主管機關爲推動都市更新相關業務或實施都市更新事業，得設置都市更新基金。

第 32 條

都市更新事業計畫由實施者擬訂，送由當地直轄市、縣（市）主管機關審議通過後核定發布實施；其屬中央主管機關依第七條第二項或第八條規定劃定或變更之更新地區辦理之都市更新事業，得逕送中央主管機關審議通過後核定發布實施。並即公告三十日及通知更新單元範圍內土地、合法建築物所有權人、他項權利人、囑託限制登記機關及預告登記請求權人；變更時，亦同。

擬訂或變更都市更新事業計畫期間，應舉辦公聽會，聽取民衆意見。

都市更新事業計畫擬訂或變更後，送各級主管機關審議前，應於各該直轄市、縣（市）政府或鄉（鎮、市）公所公開展覽三十日，並舉辦公聽會；實施者已取得更新單元內全體私有土地及私有合法建築物所有權人同意者，公開展覽期間得縮短爲十五日。

前二項公開展覽、公聽會之日期及地點，應登報周知，並通知更新單元範圍內土地、合法建築物所有權人、他項權利人、囑託限制登記機關及預告登記請求權人；任何人民或團體得於公開展覽期間內，以書面載明姓名或名稱及地址，向各級主管機關提出意見，由各級主管機關予以參考審議。經各級主管機關審議修正者，免再公開展覽。

依第七條規定劃定或變更之都市更新地區或採整建、維護方式辦理之更新單元，實施者已取得更新單元內全體私有土地及私有合法建築物所有權人之同意者，於擬訂或變更都市更新事業計畫時，得免舉辦公開展覽及公聽會，不受前三項規定之限制。

都市更新事業計畫擬訂或變更後，與事業概要內容不同者，免再辦理事業概要之變更。

第 33 條

各級主管機關依前條規定核定發布實施都市更新事業計畫前，除有下列情形之一者外，應舉行聽證；各級主管機關應斟酌聽證紀錄，並說明採納或不採納之理由作成核定：

一、於計畫核定前已無爭議。
二、依第四條第一項第二款或第三款以整建或維護方式處理，經更新單元內全體土地及合法建築物所有權人同意。
三、符合第三十四條第二款或第三款之情形。
四、依第四十三條第一項但書後段以協議合建或其他方式實施，經更新單元內全體土地及合法建築物所有權人同意。

不服依前項經聽證作成之行政處分者，其行政救濟程序，免除訴願及其先行程序。

第 34 條

都市更新事業計畫之變更，得採下列簡化作業程序辦理：

一、有下列情形之一而辦理變更者，免依第三十二條規定辦理公聽會及公開展覽：
（一）依第四條第一項第二款或第三款以整建或維護方式處理，經更新單元內全體私有土地及私有合法建築物所有權人同意。
（二）依第四十三條第一項本文以權利變換方式實施，無第六十條之情形，且經更新單元內全體私有土地及私有合法建築物所有權人同意。
（三）依第四十三條第一項但書後段以協議合建或其他方式實施，經更新單元內全體土地及合法建築物所有權人同意。
二、有下列情形之一而辦理變更者，免依第三十二條規定舉辦公聽會、公開展覽及審議：
（一）第三十六條第一項第二款實施者之變更，於依第三十七條規定徵求同意，並經原實施者與新實施者辦理公證。
（二）第三十六條第一項第十二款至第十五款、第十八款、第二十款及第二十一款所定事項之變更，經更新單元內全體土地及合法建築物所有權人同意。但第十三款之變更以不減損其他受拆遷安置戶之權益為限。
三、第三十六條第一項第七款至第十款所定事項之變更，經各級主管機關認定不影響原核定之都市更新事業計畫者，或第三十六條第二項應敘明事項之變更，免依第三十二條規定舉辦公聽會、公開展覽及依第三十七條規定徵求同意。

第 35 條

都市更新事業計畫之擬訂或變更，涉及都市計畫之主要計畫變更者，應於依法變更主要計畫後，依第三十二條規定辦理；其僅涉及主要計畫局部性之修正，不違背其原規劃意旨者，或僅涉及細部計畫之擬定、變更者，都市更新事業計畫得先行依第三十二條規定程序發布實施，據以推動更新工作，相關都市計畫再配合辦理擬定或變更。

第 36 條

都市更新事業計畫應視其實際情形，表明下列事項：

一、計畫地區範圍。

二、實施者。

三、現況分析。

四、計畫目標。

五、與都市計畫之關係。

六、處理方式及其區段劃分。

七、區內公共設施興修或改善計畫，含配置之設計圖說。

八、整建或維護區段內建築物改建、修建、維護或充實設備之標準及設計圖說。

九、重建區段之土地使用計畫，含建築物配置及設計圖說。

十、都市設計或景觀計畫。

十一、文化資產、都市計畫表明應予保存或有保存價值建築之保存或維護計畫。

十二、實施方式及有關費用分擔。

十三、拆遷安置計畫。

十四、財務計畫。

十五、實施進度。

十六、效益評估。

十七、申請獎勵項目及額度。

十八、權利變換之分配及選配原則。其原所有權人分配之比率可確定者，其分配比率。

十九、公有財產之處理方式及更新後之分配使用原則。

二十、實施風險控管方案。

二十一、維護管理及保固事項。

二十二、相關單位配合辦理事項。

二十三、其他應加表明之事項。

實施者爲都市更新事業機構，其都市更新事業計畫報核當時之資本總額或實收資本額、負責人、營業項目及實績等，應於前項第二款敘明之。

都市更新事業計畫以重建方式處理者，第一項第二十款實施風險控管方案依下列方式之一辦理：

一、不動產開發信託。

二、資金信託。

三、續建機制。

四、同業連帶擔保。

五、商業團體辦理連帶保證協定。

六、其他經主管機關同意或審議通過之方式。

第 37 條

實施者擬訂或變更都市更新事業計畫報核時，應經一定比率之私有土地與私有合法建築物所有權人數及所有權面積之同意；其同意比率依下列規定計算。但私有土地及私有合法建築物所有權面積均超過十分之九同意者，其所有權人數不予計算：

一、依第十二條規定經公開評選委託都市更新事業機構辦理者：應經更新單元內私有土地及私有合法建築物所有權人均超過二分之一，且其所有土地總面積及合法建築物總樓地板面積均超過二分之一之同意。但公有土地面積超過更新單元面積二分之一者，免取得私有土地及私有合法建築物之同意。實施者應保障私有土地及私有合法建築物所有權人權利變換後之權利價值，不得低於都市更新相關法規之規定。

二、依第二十二條規定辦理者：

（一）依第七條規定劃定或變更之更新地區，應經更新單元內私有土地及私有合法建築物所有權人均超過二分之一，且其所有土地總面積及合法建築物總樓地板面積均超過二分之一之同意。

（二）其餘更新地區，應經更新單元內私有土地及私有合法建築物所有權人均超過四分之三，且其所有土地總面積及合法建築物總樓地板面積均超過四分之三之同意。

三、依第二十三條規定辦理者：應經更新單元內私有土地及私有合法建築物所有權人均超過五分之四，且其所有土地總面積及合法建築物總樓地板面積均超過五分之四之同意。

前項人數與土地及建築物所有權比率之計算，準用第二十四條之規定。

都市更新事業以二種以上方式處理時，第一項人數與面積比率，應分別計算之。第二十二條第二項同意比率之計算，亦同。

各級主管機關對第一項同意比率之審核，除有民法第八十八條、第八十九條、第九十二條規定情事或雙方合意撤銷者外，以都市更新事業計畫公開展覽期滿時為準。所有權人對於公開展覽之計畫所載更新後分配之權利價值比率或分配比率低於出具同意書時者，得於公開展覽期滿前，撤銷其同意。

第 38 條

依第七條規定劃定或變更之都市更新地區或依第四條第一項第二款、第三款方式處理者，其共有土地或同一建築基地上有數幢或數棟建築物，其中部分建築物辦理重建、整建或維護時，得在不變更其他幢或棟建築物區分所有權人之區分所有權及其基地所有權應有部分之情形下，以辦理重建、整建或維護之各該幢或棟建築物所有權人人數、所有權及其基地所有權應有部分爲計算基礎，分別計算其同意之比率。

第 39 條

依第二十二條第二項或第三十七條第一項規定計算之同意比率，除有因繼承、強制執行、徵收或法院之判決於登記前取得所有權之情形，於申請或報核時能提出證明文件者，得以該證明文件記載者爲準外，應以土地登記簿、建物登記簿、合法建物證明或經直轄市、縣（市）主管機關核發之證明文件記載者爲準。

前項登記簿登記、證明文件記載爲公同共有者，或尚未辦理繼承登記，於分割遺產前爲繼承人公同共有者，應以同意之公同共有人數爲其同意人數，並以其占該公同共有全體人數之比率，乘以該公同共有部分面積所得之面積爲其同意面積計算之。

第 40 條

主管機關審議時，知悉更新單元內土地及合法建築物所有權有持分人數異常增加之情形，應依職權調查相關事實及證據，並將結果依第二十九條辦理審議或處理爭議。

第 41 條

實施者爲擬訂都市更新事業計畫，得派員進入更新地區範圍內之公私有土地或建築物實施調查或測量；其進入土地或建築物，應先通知其所有權人、管理人或使用人。

依前項辦理調查或測量時，應先報請當地直轄市、縣（市）主管機關核准。但主管機關辦理者，不在此限。

依第一項辦理調查或測量時，如必須遷移或除去該土地上之障礙物，應先通知所有權人、管理人或使用人，所有權人、管理人或使用人因而遭受之損失，應予適當之補償；補償金額由雙方協議之，協議不成時，由當地直轄市、縣（市）主管機關核定之。

第 42 條

更新地區劃定或變更後，直轄市、縣（市）主管機關得視實際需要，公告禁止更新地區範圍內建築物之改建、增建或新建及採取土石或變更地形。但不影響都市更新事業之實施者，不在此限。

前項禁止期限，最長不得超過二年。

違反第一項規定者，當地直轄市、縣（市）主管機關得限期命令其拆除、改建、停止使用或恢復原狀。

第 43 條

都市更新事業計畫範圍內重建區段之土地，以權利變換方式實施之。但由主管機關或其他機關辦理者，得以徵收、區段徵收或市地重劃方式實施之；其他法律另有規定或經全體土地及合法建築物所有權人同意者，得以協議合建或其他方式實施之。

以區段徵收方式實施都市更新事業時，抵價地總面積占徵收總面積之比率，由主管機關考量實際情形定之。

第 44 條

以協議合建方式實施都市更新事業，未能依前條第一項取得全體土地及合法建築物所有權人同意者，得經更新單元範圍內私有土地總面積及私有合法建築物總樓地板面積均超過五分之四之同意，就達成合建協議部分，以協議合建方式實施之。對於不願參與協議合建之土地及合法建築物，以權利變換方式實施之。

前項參與權利變換者，實施者應保障其權利變換後之權利價值不得低於都市更新相關法規之規定。

第 45 條

都市更新事業計畫經各級主管機關核定發布實施後，範圍內應行整建或維護之建築物，實施者應依實施進度辦理，所需費用所有權人或管理人應交予實施者。

前項費用，經實施者催告仍不繳納者，由實施者報請該管主管機關以書面行政處分命所有權人或管理人依限繳納；屆期未繳納者，由該管主管機關移送法務部行政執行署所屬行政執行分署強制執行。其執行所得之金額，由該管主管機關於實施者支付實施費用之範圍內發給之。

第一項整建或維護建築物需申請建築執照者，得以實施者名義爲之，並免檢附土地權利證明文件。

第 46 條

公有土地及建築物，除另有合理之利用計畫，確無法併同實施都市更新事業者外，於舉辦都市更新事業時，應一律參加都市更新，並依都市更新事業計畫處理之，不受土地法第二十五條、國有財產法第七條、第二十八條、第五十三條、第六十六條、預算法第二十五條、第二十六條、第八十六條及地方政府公產管理法令相關規定之限制。

公有土地及建築物爲公用財產而須變更爲非公用財產者，應配合當地都市更新事業計畫，由各該級政府之非公用財產管理機關逕行變更爲非公用財產，統籌處理，不適用國有財產法第三十三條至第三十五條及地方政府公產管理法令之相關規定。

前二項公有財產依下列方式處理：

一、自行辦理、委託其他機關（構）、都市更新事業機構辦理或信託予信託機構辦理更新。
二、由直轄市、縣（市）政府或其他機關以徵收、區段徵收方式實施都市更新事業時，應辦理撥用或撥供使用。
三、以權利變換方式實施都市更新事業時，除按應有之權利價值選擇參與分配土地、建築物、權利金或領取補償金外，並得讓售實施者。
四、以協議合建方式實施都市更新事業時，得主張以權利變換方式參與分配或以標售、專案讓售予實施者；其採標售方式時，除原有法定優先承購者外，實施者得以同樣條件優先承購。
五、以設定地上權方式參與或實施。
六、其他法律規定之方式。

經劃定或變更應實施更新之地區於本條例中華民國一百零七年十二月二十八日修正之條文施行後擬訂報核之都市更新事業計畫，其範圍內之公有土地面積或比率達一定規模以上者，除有特殊原因者外，應依第十二條第一項規定方式之一辦理。其一定規模及特殊原因，由各級主管機關定之。

公有財產依第三項第一款規定委託都市更新事業機構辦理更新時，除本條例另有規定外，其徵求都市更新事業機構之公告申請、審核、異議、申訴程序及審議判斷，準用第十三條至第二十條規定。

公有土地上之舊違章建築戶，如經協議納入都市更新事業計畫處理，並給付管理機關使用補償金等相關費用後，管理機關得與該舊違章建築戶達成訴訟上之和解。

第 47 條

各級主管機關、其他機關（構）或鄉（鎮、市）公所因自行實施或擔任主辦機關經公開評選都市更新事業機構實施都市更新事業取得之土地、建築物或權利，其處分或收益，不受土地法第二十五條、國有財產法第二十八條、第五十三條及各級政府財產管理規則相關規定之限制。

直轄市、縣（市）主管機關或鄉（鎮、市）公所因參與都市更新事業或推動都市更新辦理都市計畫變更取得之土地、建築物或權利，其處分或收益，不受土地法第二十五條及地方政府財產管理規則相關規定之限制。

第五章 | 權利變換

第 48 條

以權利變換方式實施都市更新時，實施者應於都市更新事業計畫核定發布實施後，擬具權利變換計畫，依第三十二條及第三十三條規定程序辦理；變更時，亦同。但必要時，權利變換計畫之擬訂報核，得與都市更新事業計畫一併辦理。

實施者爲擬訂或變更權利變換計畫，須進入權利變換範圍內公、私有土地或建築物實施調查或測量時，準用第四十一條規定辦理。

權利變換計畫應表明之事項及權利變換實施辦法，由中央主管機關定之。

第 49 條

權利變換計畫之變更，得採下列簡化作業程序辦理：

一、有下列情形之一而辦理變更者，免依第三十二條及第三十三條規定辦理公聽會、公開展覽、聽證及審議：

（一）計畫內容有誤寫、誤算或其他類此之顯然錯誤之更正。

（二）參與分配人或實施者，其分配單元或停車位變動，經變動雙方同意。

（三）依第二十五條規定辦理時之信託登記。

（四）權利變換期間辦理土地及建築物之移轉、分割、設定負擔及抵押權、典權、限制登記之塗銷。

（五）依地政機關地籍測量或建築物測量結果釐正圖冊。

（六）第三十六條第一項第二款所定實施者之變更，經原實施者與新實施者辦理公證。

二、有下列情形之一而辦理變更者，免依第三十二條及第三十三條規定辦理公聽會、公開展覽及聽證：

（一）原參與分配人表明不願繼續參與分配，或原不願意參與分配者表明參與分配，經各級主管機關認定不影響其他權利人之權益。

（二）第三十六條第一項第七款至第十款所定事項之變更，經各級主管機關認定不影響原核定之權利變換計畫。

（三）有第一款各目情形所定事項之變更而涉及其他計畫內容變動，經各級主管機關認定不影響原核定之權利變換計畫。

第 50 條

權利變換前各宗土地、更新後土地、建築物及權利變換範圍內其他土地於評價基準日之權利價值，由實施者委任三家以上專業估價者查估後評定之。

前項估價者由實施者與土地所有權人共同指定；無法共同指定時，由實施者指定一家，其餘二家由實施者自各級主管機關建議名單中，以公開、隨機方式選任之。

各級主管機關審議權利變換計畫認有必要時，得就實施者所提估價報告書委任其他專業估價者或專業團體提複核意見，送各級主管機關參考審議。第二項之名單，由各級主管機關會商相關職業團體建議之。

第 51 條

實施權利變換時，權利變換範圍內供公共使用之道路、溝渠、兒童遊樂場、鄰里公園、廣場、綠地、停車場等七項用地，除以各該原有公共設施用地、未登記地及得無償撥用取得之公有道路、溝渠、河川等公有土地抵充外，其不足土地與工程費用、權利變換費用、貸款利息、稅捐、管理費用及都市更新事業計畫載明之都市計畫變更負擔、申請各項建築容積獎勵及容積移轉所支付之費用由實施者先行墊付，於經各級主管機關核定後，由權利變換範圍內之土地所有權人按其權利價值比率、都市計畫規定與其相對投入及受益情形，計算共同負擔，並以權利變換後應分配之土地及建築物折價抵付予實施者；其應分配之土地及建築物因折價抵付致未達最小分配面積單元時，得改以現金繳納。

前項權利變換範圍內，土地所有權人應共同負擔之比率，由各級主管機關考量實際情形定之。

權利變換範圍內未列為第一項共同負擔之公共設施，於土地及建築物分配時，除原有土地所有權人提出申請分配者外，以原公有土地應分配部分，優先指配；其仍有不足時，以折價抵付共同負擔之土地及建築物指配之。但公有土地及建築物管理機關（構）或實施者得要求該公共設施管理機構負擔所需經費。

第一項最小分配面積單元基準，由直轄市、縣（市）主管機關定之。

第一項後段得以現金繳納之金額，土地所有權人應交予實施者。經實施者催告仍不繳納者，由實施者報請該管主管機關以書面行政處分命土地所有權人依限繳納；屆期未繳納者，由該管主管機關移送法務部行政執行署所屬行政執行分署強制執行。

其執行所得之金額，由該管主管機關於實施者支付共同負擔費用之範圍內發給之。

第 52 條

權利變換後之土地及建築物扣除前條規定折價抵付共同負擔後，其餘土地及建築物依各宗土地權利變換前之權利價值比率，分配與原土地所有權人。但其不願參與分配或應分配之土地及建築物未達最小分配面積單元，無法分配者，得以現金補償之。

依前項規定分配結果，實際分配之土地及建築物面積多於應分配之面積者，應繳納差額價金；實際分配之土地及建築物少於應分配之面積者，應發給差額價金。

第一項規定現金補償於發放或提存後，由實施者列冊送請各級主管機關囑託該管登記機關辦理所有權移轉登記。

依第一項補償之現金及第二項規定應發給之差額價金，經各級主管機關核定後，應定期通知應受補償人領取；逾期不領取者，依法提存之。

第二項應繳納之差額價金，土地所有權人應交予實施者。經實施者催告仍不繳納者，由實施者報請該管主管機關以書面行政處分命土地所有權人依限繳納；屆期未繳納者，由該管主管機關移送法務部行政執行署所屬行政執行分署強制執行。其執行所得之金額，由該管主管機關於實施者支付差額價金之範圍內發給之。

應繳納差額價金而未繳納者，其獲配之土地及建築物不得移轉或設定負擔；違反者，其移轉或設定負擔無效。但因繼承而辦理移轉者，不在此限。

第 53 條

權利變換計畫書核定發布實施後二個月內，土地所有權人對其權利價值有異議時，應以書面敘明理由，向各級主管機關提出，各級主管機關應於受理異議後三個月內審議核復。但因情形特殊，經各級主管機關認有委託專業團體或機構協助作技術性諮商之必要者，得延長審議核復期限三個月。當事人對審議核復結果不服者，得依法提請行政救濟。

前項異議處理或行政救濟期間，實施者非經主管機關核准，不得停止都市更新事業之進行。

第一項異議處理或行政救濟結果與原評定價值有差額部分，由當事人以現金相互找補。

第一項審議核復期限，應扣除各級主管機關委託專業團體或機構協助作技術性諮商及實施者委託專業團體或機構重新查估權利價值之時間。

第 54 條

實施權利變換地區，直轄市、縣（市）主管機關得於權利變換計畫書核定後，公告禁止下列事項。但不影響權利變換之實施者，不在此限：

一、土地及建築物之移轉、分割或設定負擔。

二、建築物之改建、增建或新建及採取土石或變更地形。

前項禁止期限，最長不得超過二年。

違反第一項規定者，當地直轄市、縣（市）主管機關得限期命令其拆除、改建、停止使用或恢復原狀。

第 55 條

依權利變換計畫申請建築執照，得以實施者名義為之，並免檢附土地、建物及他項權利證明文件。

都市更新事業依第十二條規定由主管機關或經同意之其他機關（構）自行實施，並經公開徵求提供資金及協助實施都市更新事業者，且於都市更新事業計畫載明權責分工及協助實施內容，於依前項規定申請建築執照時，得以該資金提供者與實施者名義共同為之，並免檢附前項權利證明文件。

權利變換範圍內土地改良物未拆除或遷移完竣前，不得辦理更新後土地及建築物銷售。

第 56 條

權利變換後，原土地所有權人應分配之土地及建築物，自分配結果確定之日起，視爲原有。

第 57 條

權利變換範圍內應行拆除或遷移之土地改良物，由實施者依主管機關公告之權利變換計畫通知其所有權人、管理人或使用人，限期三十日內自行拆除或遷移；屆期不拆除或遷移者，依下列順序辦理：

一、由實施者予以代爲之。

二、由實施者請求當地直轄市、縣（市）主管機關代爲之。

實施者依前項第一款規定代爲拆除或遷移前，應就拆除或遷移之期日、方式、安置或其他拆遷相關事項，本於眞誠磋商精神予以協調，並訂定期限辦理拆除或遷移；協調不成者，由實施者依前項第二款規定請求直轄市、縣（市）主管機關代爲之；直轄市、縣（市）主管機關受理前項第二款之請求後應再行協調，再行協調不成者，直轄市、縣（市）主管機關應訂定期限辦理拆除或遷移。但由直轄市、縣（市）主管機關自行實施者，得於協調不成時逕爲訂定期限辦理拆除或遷移，不適用再行協調之規定。

第一項應拆除或遷移之土地改良物爲政府代管、扣押、法院強制執行或行政執行者，實施者應於拆除或遷移前，通知代管機關、扣押機關、執行法院或行政執行機關爲必要之處理。

第一項因權利變換而拆除或遷移之土地改良物，應補償其價值或建築物之殘餘價值，其補償金額由實施者委託專業估價者查估後評定之，實施者應於權利變換計畫核定發布後定期通知應受補償人領取；逾期不領取者，依法提存。應受補償人對補償金額有異議時，準用第五十三條規定辦理。

第一項因權利變換而拆除或遷移之土地改良物，除由所有權人、管理人或使用人自行拆除或遷移者外，其代爲拆除或遷移費用在應領補償金額內扣回。

實施者依第一項第二款規定所提出之申請，及直轄市、縣（市）主管機關依第二項規定辦理協調及拆除或遷移土地改良物，其申請條件、應備文件、協調、評估方式、拆除或遷移土地改良物作業事項及其他應遵行事項之自治法規，由直轄市、縣（市）主管機關定之。

第 58 條

權利變換範圍內出租之土地及建築物，因權利變換而不能達到原租賃之目的者，租賃契約終止，承租人並得依下列規定向出租人請求補償。但契約另有約定者，從其約定：

一、出租土地係供爲建築房屋者，承租人得向出租人請求相當一年租金之補償，所餘租期未滿一年者，得請求相當所餘租期租金之補償。

二、前款以外之出租土地或建築物，承租人得向出租人請求相當二個月租金之補償。

權利變換範圍內出租之土地訂有耕地三七五租約者，應由承租人選擇依第六十條或耕地三七五減租條例第十七條規定辦理，不適用前項之規定。

第 59 條

權利變換範圍內設定不動產役權之土地或建築物，該不動產役權消滅。

前項不動產役權之設定爲有償者，不動產役權人得向土地或建築物所有權人請求相當補償；補償金額如發生爭議時，準用第五十三條規定辦理。

第 60 條

權利變換範圍內合法建築物及設定地上權、永佃權、農育權或耕地三七五租約之土地，由土地所有權人及合法建築物所有權人、地上權人、永佃權人、農育權人或耕地三七五租約之承租人於實施者擬訂權利變換計畫前，自行協議處理。

前項協議不成，或土地所有權人不願或不能參與分配時，由實施者估定合法建築物所有權之權利價值及地上權、永佃權、農育權或耕地三七五租約價值，於土地所有權人應分配之土地及建築物權利或現金補償範圍內，按合法建築物所有權、地上權、永佃權、農育權或耕地三七五租約價值占原土地價值比率，分配或補償予各該合法建築物所有權人、地上權人、永佃權人、農育權人或耕地三七五租約承租人，納入權利變換計畫內。其原有之合法建築物所有權、地上權、永佃權、農育權或耕地三七五租約消滅或終止。

土地所有權人、合法建築物所有權人、地上權人、永佃權人、農育權人或耕地三七五租約承租人對前項實施者估定之合法建築物所有權之價值及地上權、永佃權、農育權或耕地三七五租約價值有異議時，準用第五十三條規定辦理。

第二項之分配，視爲土地所有權人獲配土地後無償移轉；其土地增值稅準用第六十七條第一項第四款規定減徵並准予記存，由合法建築物所有權人、地上權人、永佃權人、農育權人或耕地三七五租約承租人於權利變換後再移轉時，一併繳納之。

第 61 條

權利變換範圍內土地及建築物經設定抵押權、典權或限制登記，除自行協議消滅者外，由實施者列冊送請各級主管機關囑託該管登記機關，於權利變換後分配土地及建築物時，按原登記先後，登載於原土地或建築物所有權人應分配之土地及建築物；其爲合併分配者，抵押權、典權或限制登記之登載，應以權利變換前各宗土地或各幢（棟）建築物之權利價值，計算其權利價值。

土地及建築物依第五十二條第三項及第五十七條第四項規定辦理補償時，其設有抵押權、典權或限制登記者，由實施者在不超過原土地或建築物所有權人應得補償之數額內，代爲清償、回贖或提存後，消滅或終止，並由實施者列冊送請各級主管機關囑託該管登記機關辦理塗銷登記。

第 62 條

權利變換範圍內占有他人土地之舊違章建築戶處理事宜，由實施者提出處理方案，納入權利變換計畫內一併報核；有異議時，準用第五十三條規定辦理。

第 63 條

權利變換範圍內，經權利變換分配之土地及建築物，實施者應以書面分別通知受配人，限期辦理接管；逾期不接管者，自限期屆滿之翌日起，視爲已接管。

第 64 條

經權利變換之土地及建築物，實施者應依據權利變換結果，列冊送請各級主管機關囑託該管登記機關辦理權利變更或塗銷登記，換發權利書狀；未於規定期限內換領者，其原權利書狀由該管登記機關公告註銷。

前項建築物辦理所有權第一次登記公告受有都市更新異議時，登記機關於公告期滿應移送囑託機關處理，囑託機關依本條例相關規定處理後，通知登記機關依處理結果辦理登記，免再依土地法第五十九條第二項辦理。

實施權利變換時，其土地及建築物權利已辦理土地登記者，應以各該權利之登記名義人參與權利變換計畫，其獲有分配者，並以該登記名義人之名義辦理囑託登記。

第六章｜獎助

第 65 條

都市更新事業計畫範圍內之建築基地，得視都市更新事業需要，給予適度之建築容積獎勵；獎勵後之建築容積，不得超過各該建築基地一點五倍之基準容積或各該建築基地零點三倍之基準容積再加其原建築容積，且不得超過都市計畫法第八十五條所定施行細則之規定。但各級主管機關依第八條劃定或變更策略性更新地區，屬依第十二條第一項規定方式辦理，且更新單元面積達一萬平方公尺以上者，其獎勵後之建築容積不得超過各該建築基地二倍之基準容積或各該建築基地零點五倍之基準容積再加其原建築容積，不受都市計畫法第八十五條所定施行細則基準容積加計增加建築容積總和上限之限制。

依第七條、第八條規定劃定或變更之更新地區，於實施都市更新事業時，其建築物高度及建蔽率得酌予放寬；其標準，由直轄市、縣（市）主管機關定之。但建蔽率之放寬以住宅區之基地爲限，且不得超過原建蔽率。

第一項建築容積獎勵之項目、計算方式、額度、申請條件及其他相關事項之辦法，由中央主管機關定之；直轄市、縣（市）主管機關基於都市發展特性之需要，得以自治法規另訂獎勵之項目、計算方式、額度、申請條件及其他應遵行事項。

依前項直轄市、縣（市）自治法規給予之建築容積獎勵，不得超過各該建築基地零點二倍之基準容積。但依第一項但書規定辦理者，不得超過各該建築基地零點四倍之基準容積。

各級主管機關依第三項規定訂定辦法或自治法規有關獎勵之項目，應考量對都市環境之貢獻、公共設施服務水準之影響、文化資產保存維護之貢獻、新技術之應用及有助於都市更新事業之實施等因素。

都市更新事業計畫於本條例中華民國一百零七年十二月二十八日修正之條文施行前擬訂報核者，得適用修正前之規定。

第 66 條

更新地區範圍內公共設施保留地、依法或都市計畫表明應予保存、直轄市、縣（市）主管機關認定有保存價值及依第二十九條規定審議保留之建築所坐落之土地或街區，或其他爲促進更有效利用之土地，其建築容積得一部或全部轉移至其他建築基地建築使用，並準用依都市計畫法第八十三條之一第二項所定辦法有關可移出容積訂定方式、可移入容積地區範圍、接受基地可移入容積上限、換算公式、移轉方式及作業方法等規定辦理。

前項建築容積經全部轉移至其他建築基地建築使用者，其原爲私有之土地應登記爲公有。

第 67 條

更新單元內之土地及建築物，依下列規定減免稅捐：

一、更新期間土地無法使用者，免徵地價稅；其仍可繼續使用者，減半徵收。但未依計畫進度完成更新且可歸責於土地所有權人之情形者，依法課徵之。

二、更新後地價稅及房屋稅減半徵收二年。

三、重建區段範圍內更新前合法建築物所有權人取得更新後建築物，於前款房屋稅減半徵收二年期間內未移轉，且經直轄市、縣（市）主管機關視地區發展趨勢及財政狀況同意者，得延長其房屋稅減半徵收期間至喪失所有權止，但以十年爲限。本條例中華民國一百零七年十二月二十八日修正之條文施行前，前款房屋稅減半徵收二年期間已屆滿者，不適用之。

四、依權利變換取得之土地及建築物，於更新後第一次移轉時，減徵土地增值稅及契稅百分之四十。

五、不願參加權利變換而領取現金補償者，減徵土地增值稅百分之四十。

六、實施權利變換應分配之土地未達最小分配面積單元，而改領現金者，免徵土地增值稅。

七、實施權利變換，以土地及建築物抵付權利變換負擔者，免徵土地增值稅及契稅。

八、原所有權人與實施者間因協議合建辦理產權移轉時，經直轄市、縣（市）主管機關視地區發展趨勢及財政狀況同意者，得減徵土地增值稅及契稅百分之四十。

前項第三款及第八款實施年限，自本條例中華民國一百零七年十二月二十八日修正之條文施行之日起算五年；其年限屆期前半年，行政院得視情況延長之，並以一次為限。

都市更新事業計畫於前項實施期限屆滿之日前已報核或已核定尚未完成更新，於都市更新事業計畫核定之日起二年內或於權利變換計畫核定之日起一年內申請建造執照，且依建築期限完工者，其更新單元內之土地及建築物，準用第一項第三款及第八款規定。

第 68 條

以更新地區內之土地為信託財產，訂定以委託人為受益人之信託契約者，不課徵贈與稅。

前項信託土地，因信託關係而於委託人與受託人間移轉所有權者，不課徵土地增值稅。

第 69 條

以更新地區內之土地為信託財產者，於信託關係存續中，以受託人為地價稅或田賦之納稅義務人。

前項土地應與委託人在同一直轄市或縣（市）轄區內所有之土地合併計算地價總額，依土地稅法第十六條規定稅率課徵地價稅，分別就各該土地地價占地價總額之比率，計算其應納之地價稅。但信託利益之受益人為非委託人且符合下列各款規定者，前項土地應與受益人在同一直轄市或縣（市）轄區內所有之土地合併計算地價總額：

一、受益人已確定並享有全部信託利益。

二、委託人未保留變更受益人之權利。

第 70 條

實施者為股份有限公司組織之都市更新事業機構，投資於經主管機關劃定或變更為應實施都市更新地區之都市更新事業支出，得於支出總額百分之二十範圍內，抵減其都市更新事業計畫完成年度應納營利事業所得稅額，當年度不足抵減時，得在以後四年度抵減之。

都市更新事業依第十二條規定由主管機關或經同意之其他機關（構）自行實施，經公開徵求股份有限公司提供資金並協助實施都市更新事業，於都市更新事業計畫或權利變換計畫載明權責分工及協助實施都市更新事業內容者，該公司實施都市更新事業之支出得準用前項投資抵減之規定。

前二項投資抵減，其每一年度得抵減總額，以不超過該公司當年度應納營利事業所得稅額百分之五十為限。但最後年度抵減金額，不在此限。

第一項及第二項投資抵減之適用範圍，由財政部會商內政部定之。

第 71 條

實施者為新設立公司，並以經營都市更新事業為業者，得公開招募股份；其發起人應包括不動產投資開發專業公司及都市更新事業計畫內土地、合法建築物所有權人及地上權人，且持有股份總數不得低於該新設立公司股份總數之百分之三十，並應報經中央主管機關核定。其屬公開招募新設立公司者，應檢具各級主管機關已核定都市更新事業計畫之證明文件，向證券管理機關申報生效後，始得為之。

前項公司之設立，應由都市更新事業計畫內土地、合法建築物之所有權人及地上權人，優先參與該公司之發起。

實施者為經營不動產投資開發之上市公司，為籌措都市更新事業計畫之財源，得發行指定用途之公司債，不受公司法第二百四十七條之限制。

前項經營不動產投資開發之上市公司於發行指定用途之公司債時，應檢具各級主管機關核定都市更新事業計畫之證明文件，向證券管理機關申報生效後，始得為之。

第 72 條

金融機構為提供參與都市更新之土地及合法建築物所有權人、實施者或不動產投資開發專業公司籌措經主管機關核定發布實施之都市更新事業計畫所需資金而辦理之放款，得不受銀行法第七十二條之二之限制。

金融主管機關於必要時，得規定金融機構辦理前項放款之最高額度。

第 73 條

因實施都市更新事業而興修之重要公共設施，除本條例另有規定外，實施者得要求該公共設施之管理者負擔該公共設施興修所需費用之全部或一部；其費用負擔應於都市更新事業計畫中訂定。

更新地區範圍外必要之關聯性公共設施，各該主管機關應配合更新進度，優先興建，並實施管理。

第七章｜監督及管理

第 74 條

實施者依第二十二條或第二十三條規定實施都市更新事業，應依核准之事業概要所表明之實施進度擬訂都市更新事業計畫報核；逾期未報核者，核准之事業概要失其效力，直轄市、縣（市）主管機關應通知更新單元內土地、合法建築物所有權人、他項權利人、囑託限制登記機關及預告登記請求權人。

因故未能於前項期限內擬訂都市更新事業計畫報核者，得敘明理由申請展期；展期之期間每次不得超過六個月，並以二次爲限。

第 75 條

都市更新事業計畫核定後，直轄市、縣（市）主管機關得視實際需要隨時或定期檢查實施者對該事業計畫之執行情形。

第 76 條

前條之檢查發現有下列情形之一者，直轄市、縣（市）主管機關應限期令其改善或勒令其停止營運並限期清理；必要時，並得派員監管、代管或爲其他必要之處理：

一、違反或擅自變更章程、事業計畫或權利變換計畫。

二、業務廢弛。

三、事業及財務有嚴重缺失。

實施者不遵從前項命令時，直轄市、縣（市）主管機關得撤銷其更新核准，並得強制接管；其接管辦法由中央主管機關定之。

第 77 條

依第十二條規定經公開評選委託之實施者，其於都市更新事業計畫核定後，如有不法情事或重大瑕疵而對所有權人或權利關係人之權利顯有不利時，所有權人或權利關係人得向直轄市、縣（市）主管機關請求依第七十五條予以檢查，並由該管主管機關視檢查情形依第七十六條爲必要之處理。

第 78 條

實施者應於都市更新事業計畫完成後六個月內，檢具竣工書圖、經會計師簽證之財務報告及更新成果報告，送請當地直轄市、縣（市）主管機關備查。

第八章｜罰則

第 79 條

實施者違反第五十五條第三項規定者，處新臺幣五十萬元以上五百萬元以下罰鍰，並令其停止銷售；不停止其行爲者，得按次處罰至停止爲止。

第 80 條

不依第四十二條第三項或第五十四條第三項規定拆除、改建、停止使用或恢復原狀者，處新臺幣六萬元以上三十萬元以下罰鍰。並得停止供水、供電、封閉、強制拆除或採取恢復原狀措施，費用由土地或建築物所有權人、使用人或管理人負擔。

第 81 條

實施者無正當理由拒絕、妨礙或規避第七十五條之檢查者，處新臺幣六萬元以上三十萬元以下罰鍰，並得按次處罰之。

第 82 條

前三條所定罰鍰，由直轄市、縣（市）主管機關處罰之。

第九章｜附則

第 83 條

都市更新案申請建築執照之相關法規適用，以擬訂都市更新事業計畫報核日爲準，並應自擬訂都市更新事業計畫經核定之日起二年內爲之。

前項以權利變換方式實施，且其權利變換計畫與都市更新事業計畫分別報核者，得自擬訂權利變換計畫經核定之日起一年內爲之。

未依前二項規定期限申請者，其相關法規之適用，以申請建築執照日爲準。

都市更新事業概要、都市更新事業計畫、權利變換計畫及其執行事項，直轄市、縣（市）政府怠於處理時，實施者得向中央主管機關請求處理，中央主管機關應即邀集有關機關（構）、實施者及相關權利人協商處理，必要時並得由中央主管機關逕行審核處理。

第 84 條

都市更新事業計畫核定發布實施日一年前，或以權利變換方式實施於權利變換計畫核定發布實施日一年前，於都市更新事業計畫範圍內有居住事實，且符合住宅法第四條第二項之經濟、社會弱勢者身分或未達最小分配面積單元者，因其所居住建築物計畫拆除或遷移，致無屋可居住者，除已納入都市更新事業計畫之拆遷安置計畫或權利變換計畫之舊違章建築戶處理方案予以安置者外，於建築物拆除或遷移前，直轄市、縣（市）主管機關應依住宅法規定提供社會住宅或租金補貼等協助，或以專案方式辦理，中央主管機關得提供必要之協助。

前項之經濟或社會弱勢身分除依住宅法第四條第二項第一款至第十一款認定者外，直轄市、縣（市）主管機關應審酌更新單元內實際狀況，依住宅法第四條第二項第十二款認定之。

第 85 條

直轄市、縣（市）主管機關應就都市更新涉及之相關法令、融資管道及爭議事項提供諮詢服務或必要協助。對於因無資力無法受到法律適當保護者，應由直轄市、縣（市）主管機關主動協助其依法律扶助法、行政訴訟法、民事訴訟法或其他相關法令規定申（聲）請法律扶助或訴訟救助。

第 86 條

本條例中華民國一百零七年十二月二十八日修正之條文施行前已申請尚未經直轄市、縣（市）主管機關核准之事業概要，其同意比率、審議及核准程序應適用修正後之規定。

本條例中華民國一百零七年十二月二十八日修正之條文施行前已報核或已核定之都市更新事業計畫，其都市更新事業計畫或權利變換計畫之擬訂、審核及變更，除第三十三條及第四十八條第一項聽證規定外，得適用修正前之規定。

前項權利變換計畫之擬訂，應自擬訂都市更新事業計畫經核定之日起五年內報核。但本條例中華民國一百零七年十二月二十八日修正之條文施行前已核定之都市更新事業計畫，其權利變換計畫之擬訂，應自本條例一百零七年十二月二十八日修正之條文施行日起五年內報核。

未依前項規定期限報核者，其權利變換計畫之擬訂、審核及變更適用修正後之規定。

第 87 條

本條例施行細則，由中央主管機關定之。

第 88 條

本條例自公布日施行。

都市更新條例施行細則

■修正日期：民國 108 年 05 月 15 日

第 1 條

本細則依都市更新條例（以下簡稱本條例）第八十七條規定訂定之。

第 2 條

本條例第六條第四款及第八條第四款所定重大建設、重大發展建設，其範圍如下：
一、經中央目的事業主管機關依法核定或報經行政院核定者。
二、經各級主管機關認定者。

第 3 條

本條例第九條第二項所定公告，由各級主管機關將公告地點及日期刊登政府公報或新聞紙三日，並於各該主管機關設置之專門網頁周知。公告期間不得少於三十日。

第 4 條

依本條例第十二條規定由各級主管機關或其他機關（構）委託都市更新事業機構爲實施者，或各級主管機關同意其他機關（構）爲實施者時，應規定期限令其擬訂都市更新事業計畫報核。

前項實施者逾期且經催告仍未報核者，各該主管機關或其他機關（構）得另行辦理委託，或由各該主管機關同意其他機關（構）辦理。

第 5 條

各級主管機關依本條例第十二條第一項第一款所定經公開評選程序委託都市更新事業機構爲實施者，其委託作業，得委任所屬機關辦理。

前項委託作業，包括公開評選、議約、簽約、履約執行及其他有關事項。

第 6 條

主辦機關依本條例第十三條第二項規定舉行說明會時，應說明都市更新事業機構評選資格、條件及民衆權益保障等相關事宜，並聽取民衆意見。

前項說明會之日期及地點，應通知更新單元範圍內土地、合法建築物所有權人、他項權利人、囑託限制登記機關及預告登記請求權人。

第 7 條

更新單元之劃定，應考量原有社會、經濟關係及人文特色之維繫、整體再發展目標之促進、公共設施負擔之公平性及土地權利整合之易行性等因素。

第 8 條

依本條例第二十二條第一項、第三十二條第二項或第三項規定舉辦公聽會時，應邀請有關機關、學者專家及當地居民代表及通知更新單元內土地、合法建築物所有權人、他項權利人、囑託限制登記機關及預告登記請求權人參加，並以傳單周知更新單元內門牌戶。

前項公聽會之通知，其依本條例第二十二條第一項或第三十二條第二項辦理者，應檢附公聽會會議資料及相關資訊；其依本條例第三十二條第三項辦理者，應檢附計畫草案及相關資訊，並得以書面製作、光碟片或其他裝置設備儲存。

第一項公聽會之日期及地點，應於十日前刊登當地政府公報或新聞紙三日，並張貼於當地村（里）辦公處之公告牌；其依本條例第三十二條第二項或第三項辦理者，並應於專屬或專門網頁周知。

第 9 條

公聽會程序之進行，應公開以言詞爲之。

第 10 條

本條例第二十二條第一項所定事業概要，應表明下列事項：

一、更新單元範圍。

二、申請人。

三、現況分析。

四、與都市計畫之關係。

五、處理方式及其區段劃分。

六、區內公共設施興修或改善構想。

七、重建、整建或維護區段之建築規劃構想。

八、預定實施方式。

九、財務規劃構想。

十、預定實施進度。

十一、申請獎勵項目及額度概估。

十二、其他事項。

前項第六款、第七款、第十一款及第十二款，視其實際情形，經敘明理由者，得免予表明。

第 11 條

依本條例第二十二條第一項或第二十三條第一項申請核准實施都市更新事業之案件，其土地及合法建築物所有權人應將事業概要連同公聽會紀錄及土地、合法建築物所有權人意見綜整處理表，送由直轄市、縣（市）主管機關依本條例第二十九條第一項組成之組織審議。

第 12 條

土地及合法建築物所有權人或實施者，分別依本條例第二十二條第二項或第三十七條第一項規定取得之同意，應檢附下列證明文件：

一、土地及合法建築物之權利證明文件：

（一）地籍圖謄本或其電子謄本。

（二）土地登記謄本或其電子謄本。

（三）建物登記謄本或其電子謄本，或合法建物證明。

（四）有本條例第三十九條第一項於登記前取得所有權情形之證明文件。

二、私有土地及私有合法建築物所有權人出具之同意書。

前項第一款第一目至第三目謄本及電子謄本，以於事業概要或都市更新事業計畫報核之日所核發者為限。

第一項第一款第三目之合法建物證明，其因災害受損拆除之合法建築物，或更新單元內之合法建築物，經直轄市、縣（市）主管機關同意先行拆除者，直轄市、縣（市）主管機關得核發證明文件證明之。

第一項第一款第四目之證明文件，按其取得所有權之情形，檢附下列證明文件：

一、繼承取得者：載有被繼承人死亡記事之戶籍謄本、全體繼承人之戶籍謄本及其繼承系統表。

二、強制執行取得者：執行法院或行政執行機關發給之權利移轉證書。

三、徵收取得者：直轄市、縣（市）主管機關出具應受領之補償費發給完竣之公文書或其他可資證明之文件。

四、法院判決取得者：判決正本並檢附判決確定證明書或各審級之判決正本。

前項第一款之繼承系統表，由繼承人依民法有關規定自行訂定，註明如有遺漏或錯誤致他人受損害者，申請人願負法律責任，並簽名。

第 13 條

直轄市、縣（市）主管機關受理土地及合法建築物所有權人依本條例第二十二條第一項或第二十三條第一項規定申請核准實施都市更新事業之案件，應自受理收件日起三個月內完成審核。但情形特殊者，得延長審核期限一次，最長不得逾三個月。

前項申請案件經審查不合規定者，直轄市、縣（市）主管機關應敘明理由駁回其申請；其得補正者，應詳爲列舉事由，通知申請人限期補正，屆期未補正或經通知補正仍不符規定者，駁回其申請。
第一項審核期限，應扣除申請人依前項補正通知辦理補正之時間。
申請人對於審核結果有異議者，得於接獲通知之翌日起三十日內提請覆議，以一次爲限，逾期不予受理。

第 14 條

依本條例第二十二條第四項或第三十二條第一項辦理公告時，各級主管機關應將公告日期及地點刊登當地政府公報或新聞紙三日，並張貼於當地村（里）辦公處之公告牌及各該主管機關設置之專門網頁周知。

第 15 條

依本條例第二十二條第四項或第三十二條第一項所爲之通知，應連同已核准或核定之事業概要或計畫送達更新單元內土地、合法建築物所有權人、他項權利人、囑託限制登記機關及預告登記請求權人。
前項應送達之資料，得以書面製作、光碟片或其他裝置設備儲存。

第 16 條

各級主管機關辦理審議事業概要、都市更新事業計畫、權利變換計畫及處理實施者與相關權利人有關爭議時，與案情有關之人民或團體代表得列席陳述意見。

第 17 條

各級主管機關審議都市更新事業計畫、權利變換計畫、處理實施者與相關權利人有關爭議或審議核復有關異議時，認有委託專業團體或機構協助作技術性諮商之必要者，於徵得實施者同意後，由其負擔技術性諮商之相關費用。

第 18 條

實施者應於適當地點提供諮詢服務，並於專屬網頁、政府公報、電子媒體、平面媒體或會議以適當方式充分揭露更新相關資訊。

第 19 條

依本條例第三十二條第三項辦理公開展覽時，各級主管機關應將公開展覽日期及地點，刊登當地政府公報或新聞紙三日，並張貼於當地村（里）辦公處之公告牌及各該主管機關設置之專門網頁周知。
依本條例第三十二條第四項所爲公開展覽之通知，應檢附計畫草案及相關資訊，並得以書面製作、光碟片或其他裝置設備儲存。

人民或團體於第一項公開展覽期間內提出書面意見者，以意見書送達或郵戳日期為準。

第 20 條

各級主管機關受理實施者依本條例第三十二條第一項或第四十八條第一項規定，申請核定都市更新事業計畫或權利變換計畫之案件，應自受理收件日起六個月內完成審核。但情形特殊者，得延長審核期限一次，最長不得逾六個月。

前項申請案件經審查不合規定者，各該主管機關應敘明理由駁回其申請；其得補正者，應詳為列舉事由，通知申請人限期補正，屆期未補正或經通知補正仍不符規定者，駁回其申請。

第一項審核期限，應扣除實施者依前項補正通知辦理補正及依各級主管機關審議結果修正計畫之時間。

實施者對於審核結果有異議者，得於接獲通知之翌日起三十日內提請覆議，以一次為限，逾期不予受理。

第 21 條

本條例第三十五條所定都市更新事業計畫之擬訂或變更，僅涉及主要計畫局部性之修正不違背其原規劃意旨者，應符合下列情形：

一、除八公尺以下計畫道路外，其他各項公共設施用地之總面積不減少者。

二、各種土地使用分區之面積不增加，且不影響其原有機能者。

第 22 條

本條例第三十五條所稱據以推動更新工作，指依都市更新事業計畫辦理都市計畫樁測定、地籍分割測量、土地使用分區證明與建築執照核發及其他相關工作；所稱相關都市計畫再配合辦理擬定或變更，指都市計畫應依據已核定發布實施之都市更新事業計畫辦理擬定或變更。

第 23 條

本條例第三十六條第一項第七款至第九款所定圖說，其比例尺不得小於五百分之一。

第 24 條

本條例第三十六條第一項第二十二款所稱相關單位配合辦理事項，指相關單位依本條例第七十三條規定配合負擔都市更新單元內之公共設施興修費用、配合興修更新地區範圍外必要之關聯性公共設施及其他事項。

第 25 條

事業概要或都市更新事業計畫申請或報核後，更新單元內之土地及合法建築物所有權人或權利關係人認有所有權持分人數異常增加之情形，致影響事業概要或都市更新事業計畫申請或報核者，得檢具相關事實及證據，請求主管機關依本條例第四十條規定辦理。

第 26 條

實施者依本條例第四十一條第一項、第三項、第四十五條第二項、第五十一條第五項、第五十二條第四項、第五項、第五十七條第一項、第四項及第六十三條規定所爲之通知或催告，準用行政程序法除寄存送達、公示送達及囑託送達外之送達規定。

前項之通知或催告未能送達，或其應爲送達之處所不明者，報經各級主管機關同意後，刊登當地政府公報或新聞紙三日，並張貼於當地村（里）辦公處之公告牌及各該主管機關設置之專門網頁周知。

第 27 條

本條例第四十二條第一項或第五十四條第一項所定公告，應將公告地點刊登當地政府公報或新聞紙三日，並張貼於直轄市、縣（市）政府、鄉（鎮、市、區）公所、當地村（里）辦公處之公告牌及各該主管機關設置之專門網頁周知。

第 28 條

本條例第四十二條第三項命令拆除、停止使用或恢復原狀、第四十五條第二項或第五十一條第五項催告或繳納費用、第五十二條第四項領取補償現金或差額價金、第五項催告或繳納差額價金及第五十四條第三項命令拆除、停止使用或恢復原狀之期限，均以三十日爲限。

第 29 條

以信託方式實施之都市更新事業，其計畫範圍內之公有土地及建築物所有權爲國有者，應以中華民國爲信託之委託人及受益人；爲直轄市有、縣（市）有或鄉（鎮、市）有者，應以各該地方自治團體爲信託之委託人及受益人。

第 30 條

公有土地及建築物以信託方式辦理更新時，各該管理機關應與信託機構簽訂信託契約。

前項信託契約應載明下列事項：

一、委託人、受託人及受益人之名稱及住所。
二、信託財產之種類、名稱、數量及權利範圍。
三、信託目的。
四、信託關係存續期間。
五、信託證明文件。
六、信託財產之移轉及登記。
七、信託財產之經營管理及運用方法。
八、信託機構財源籌措方式。
九、各項費用之支付方式。
十、信託收益之收取方式。
十一、信託報酬之支付方式。
十二、信託機構之責任。
十三、信託事務之查核方式。
十四、修繕準備及償還債務準備之提撥。
十五、信託契約變更、解除及終止事由。
十六、信託關係消滅後信託財產之交付及債務之清償。
十七、其他事項。

第 31 條

本條例第六十七條第一項第一款所稱更新期間，指都市更新事業計畫發布實施後，都市更新事業實際施工期間；所定土地無法使用，以重建或整建方式實施更新者為限。

前項更新期間及土地無法使用，由實施者申請直轄市、縣（市）主管機關認定後，轉送主管稅捐稽徵機關依法辦理地價稅之減免。

本條例第六十七條第一項第一款但書所定未依計畫進度完成更新且可歸責於土地所有權人之情形，由直轄市、縣（市）主管機關認定後，送請主管稅捐稽徵機關依法課徵地價稅。

第 32 條

本條例第六十七條第一項第二款所定更新後地價稅之減徵，指直轄市、縣（市）主管機關依前條第二項認定之更新期間截止日之次年起，二年內地價稅之減徵；所定更新後房屋稅之減徵，指直轄市、縣（市）主管機關依前條第二項認定之更新期間截止日之次月起，二年內房屋稅之減徵。

第 33 條

更新單元內之土地及建築物，依本條例第六十七條第一項規定減免稅捐時，應由實施者列冊，檢同有關證明文件，向主管稅捐稽徵機關申請辦理；減免原因消滅時，亦同。但依本條例第六十七條第一項第三款規定有減免原因消滅之情形，不在此限。

第 34 條

本條例第七十一條第一項所定不動產投資開發專業公司，係指經營下列業務之一之公司：

一、都市更新業務。

二、住宅及大樓開發租售業務。

三、工業廠房開發租售業務。

四、特定專用區開發業務。

五、投資興建公共建設業務。

六、新市鎮或新社區開發業務。

七、區段徵收及市地重劃代辦業務。

第 35 條

本條例第七十五條所定之定期檢查，至少每六個月應實施一次，直轄市、縣（市）主管機關得要求實施者提供有關都市更新事業計畫執行情形之詳細報告資料。

第 36 條

直轄市、縣（市）主管機關依本條例第七十六條第一項規定限期令實施者改善時，應以書面載明下列事項通知實施者：

一、缺失之具體事實。

二、改善缺失之期限。

三、改善後應達到之標準。

四、逾期不改善之處理。

直轄市、縣（市）主管機關應審酌所發生缺失對都市更新事業之影響程度及實施者之改善能力，訂定適當之改善期限。

第 37 條

實施者經直轄市、縣（市）主管機關依本條例第七十六條第一項規定限期改善後，屆期未改善或改善無效者，直轄市、縣（市）主管機關應依同條項規定勒令實施者停止營運、限期清理，並以書面載明下列事項通知實施者：

一、勒令停止營運之理由。
二、停止營運之日期。
三、限期清理完成之期限。
直轄市、縣（市）主管機關應審酌都市更新事業之繁雜程度及實施者之清理能力，訂定適當之清理完成期限。

第 38 條

直轄市、縣（市）主管機關依本條例第七十六條第一項規定派員監管或代管時，得指派適當機關（構）或人員爲監管人或代管人，執行監管或代管任務。
監管人或代管人爲執行前項任務，得遴選人員、報請直轄市、縣（市）主管機關派員或調派其他機關（構）人員，組成監管小組或代管小組。

第 39 條

實施者受直轄市、縣（市）主管機關之監管或代管處分後，對監管人或代管人執行職務所爲之處置，應密切配合，對於監管人或代管人所爲之有關詢問，有據實答覆之義務。

第 40 條

監管人之任務如下：
一、監督及輔導實施者恢復依原核定之章程、都市更新事業計畫或權利變換計畫繼續實施都市更新事業。
二、監督及輔導實施者改善業務，並協助恢復正常營運。
三、監督及輔導事業及財務嚴重缺失之改善。
四、監督實施者相關資產、權狀、憑證、合約及權利證書之控管。
五、監督及輔導都市更新事業之清理。
六、其他有關監管事項。

第 41 條

代管人之任務如下：
一、代爲恢復依原核定之章程、都市更新事業計畫或權利變換計畫繼續實施都市更新事業。
二、代爲改善業務，並恢復正常營運。
三、代爲改善事業及財務之嚴重缺失。
四、代爲控管實施者相關資產、權狀、憑證、合約及權利證書。
五、代爲執行都市更新事業之清理。

六、其他有關代管事項。

第 42 條

監管人或代管人得委聘具有專門學識經驗之人員協助處理有關事項。

第 43 條

因執行監管或代管任務所發生之費用，由實施者負擔。

第 44 條

受監管或代管之實施者符合下列情形之一，監管人或代管人得報請直轄市、縣（市）主管機關終止監管或代管：

一、已恢復依照原經核定之章程、都市更新事業計畫或權利變換計畫繼續實施都市更新事業者。

二、已具體改善業務，並恢復正常營運者。

三、已具體改善事業及財務之嚴重缺失，並能維持健全營運者。

第 45 條

直轄市、縣（市）主管機關依本條例第七十六條第二項規定撤銷實施者之更新核准時，應以書面載明下列事項通知實施者及主管稅捐稽徵機關：

一、不遵從直轄市、縣（市）主管機關限期改善或停止營運、限期清理命令之具體事實。

二、撤銷更新核准之日期。

第 46 條

本條例第七十八條所定都市更新事業計畫完成之期日，依下列方式認定：

一、依本條例第四條第一項第二款或第三款以整建或維護方式處理者：驗收完畢或驗收合格之日。

二、依本條例第四十三條第一項本文以權利變換方式實施，或依本條例第四十四條第一項規定以部分協議合建、部分權利變換方式實施者：依本條例第六十四條第一項完成登記之日。

三、依本條例第四十三條第一項但書後段以協議合建或其他方式實施者：使用執照核發之日。

第 47 條

本條例第七十八條所定竣工書圖，包括下列資料：

一、重建區段內建築物竣工平面、立面書圖及照片。

二、整建或維護區段內建築物改建、修建、維護或充實設備之竣工平面、立面書圖及照片。

三、公共設施興修或改善之竣工書圖及照片。

第 48 條

本條例第七十八條所定更新成果報告，包括下列資料：

一、更新前後公共設施興修或改善成果差異分析報告。

二、更新前後建築物重建、整建或維護成果差異分析報告。

三、原住戶拆遷安置成果報告。

四、權利變換有關分配結果清冊。

五、後續管理維護之計畫。

第 49 條

本細則自發布日施行。

都市更新權利變換實施辦法

■修正日期：民國 108 年 06 月 17 日

第 1 條

本辦法依都市更新條例（以下簡稱本條例）第四十八條第三項規定訂定之。

第 2 條

本辦法所稱權利變換關係人，指依本條例第六十條規定辦理權利變換之合法建築物所有權人、地上權人、永佃權人、農育權人及耕地三七五租約承租人。

第 3 條

權利變換計畫應表明之事項如下：

一、實施者姓名及住所或居所；其爲法人或其他機關（構）者，其名稱及事務所或營業所所在地。

二、實施權利變換地區之範圍及其總面積。

三、權利變換範圍內原有公共設施用地、未登記地及得無償撥用取得之公有道路、溝渠、河川等公有土地之面積。

四、更新前原土地所有權人及合法建築物所有權人、他項權利人、耕地三七五租約承租人、限制登記權利人、占有他人土地之舊違章建築戶名冊。

五、土地、建築物及權利金分配清冊。

六、第十九條第一項第四款至第十款所定費用。

七、專業估價者之共同指定或選任作業方式及其結果。

八、估價條件及權利價值之評定方式。

九、依本條例第五十一條第一項規定各土地所有權人折價抵付共同負擔之土地及建築物或現金。

十、各項公共設施之設計施工基準及其權屬。

十一、工程施工進度與土地及建築物產權登記預定日期。

十二、不願或不能參與權利變換分配之土地所有權人名冊。

十三、依本條例第五十七條第四項規定土地改良物因拆除或遷移應補償之價值或建築物之殘餘價值。

十四、申請分配及公開抽籤作業方式。

十五、更新後更新範圍內土地分配圖及建築物配置圖。其比例尺不得小於五百分之一。

十六、更新後建築物平面圖、剖面圖、側視圖、透視圖。

十七、更新後土地及建築物分配面積及位置對照表。

十八、地籍整理計畫。

十九、依本條例第六十二條規定舊違章建築戶處理方案。

二十、其他經各級主管機關規定應表明之事項。

前項第五款之土地、建築物及權利金分配清冊應包括下列事項：

一、更新前各宗土地之標示。

二、依第八條第一項及本條例第五十條第一項規定估定之權利變換前各宗土地及合法建築物所有權之權利價值及地上權、永佃權、農育權及耕地三七五租約價值。

三、依本條例第五十條第一項規定估定之更新後建築物與其土地應有部分及權利變換範圍內其他土地之價值。

四、更新後得分配土地及建築物之名冊。

五、土地所有權人或權利變換關係人應分配土地與建築物標示及無法分配者應補償之金額。

六、土地所有權人、權利變換關係人與實施者達成分配權利金之約定事項。

第 4 條

實施者依本條例第四十八條第一項規定報請核定時，應檢附權利變換計畫及下列文件：

一、依本條例第十二條規定實施都市更新事業，經各級主管機關委託、同意或其他機關（構）委託為實施者之證明文件。

二、經各級主管機關核定都市更新事業計畫之證明文件。但與都市更新事業計畫一併辦理者免附。

三、權利變換公聽會紀錄及處理情形。

四、其他經各級主管機關規定應檢附之相關文件。

第 5 條

實施者為擬具權利變換計畫，應就土地所有權人及權利變換關係人之下列事項進行調查：

一、參與分配更新後土地及建築物之意願。

二、更新後土地及建築物分配位置之意願。

第 6 條

本條例第五十條第一項所稱專業估價者，指不動產估價師或其他依法律得從事不動產估價業務者所屬之事務所。

本條例第五十條第二項所定專業估價者由實施者與土地所有權人共同指定，應由實施者與權利變換範圍內全體土地所有權人共同爲之；變更時，亦同。

本條例第五十條第二項所定建議名單，應以受理權利變換計畫之主管機關所提名單爲準。

第 7 條

實施者依本條例第五十條第二項規定選任專業估價者，應於擬具權利變換計畫舉辦公聽會前，依下列規定辦理：

一、選任地點應選擇更新單元範圍所在村（里）或鄰近地域之適當場所辦理選任。

二、選任之日期及地點，應於選任十日前通知權利變換範圍內全體土地所有權人。

三、選任時，應有公正第三人在場見證。

四、依各該主管機關之建議名單抽籤，選任正取二家，備取數家。

第 8 條

本條例第六十條第二項規定由實施者估定合法建築物所有權之權利價值及地上權、永佃權、農育權或耕地三七五租約價值，應由實施者協調土地所有權人及權利變換關係人定之，協調不成時，準用本條例第五十條規定估定之。

前項估定之價值，應包括本條例第六十條第四項規定准予記存之土地增值稅。

第 9 條

本條例第五十二條第一項但書規定之現金補償數額，以依本條例第五十條第一項規定評定之權利變換前權利價值依法定清償順序扣除應納之土地增值稅、田賦、地價稅及房屋稅後計算；實施者應於實施權利變換計畫公告時，造具清冊檢同有關資料，向主管稅捐稽徵機關申報土地移轉現值。

第 10 條

權利變換範圍內土地所有權人及合法建築物所有權人於權利變換後未受土地及建築物分配或不願參與分配者，其應領之補償金於發放或提存後，由實施者列冊送請各級主管機關囑託該管登記機關辦理所有權移轉登記。其土地或合法建築物經設定抵押權、典權或辦竣限制登記者，應予塗銷。登記機關辦理塗銷登記後，應通知權利人或囑託限制登記之法院或機關。

前項補償金，由實施者於權利變換計畫核定發布實施之日起二個月內，通知受補償人或代管機關於受通知之日起三十日內領取。但土地或合法建築物經扣押、法院強制執行或行政執行者，應通知扣押機關、執行法院或行政執行分署於受通知之日起三十日內為必要之處理，並副知應受補償人。

有下列情形之一者，實施者得依第一項規定將補償金額提存之：

一、應受補償人或代管機關逾期不領、拒絕受領或不能受領。

二、應受補償人所在地不明。

三、前項但書情形，扣押機關、執行法院或行政執行分署屆期未核發下列各目執行命令：

（一）應向扣押機關、執行法院或行政執行分署支付。

（二）許債權人收取。

（三）將補償金債權移轉予債權人。

依第一項辦理所有權移轉登記時，於所有權人死亡者，免辦繼承登記。

第 11 條

實施者於依本條例第六十條第二項規定估定地上權、永佃權、農育權或耕地三七五租約價值，於土地所有權人應分配之土地及建築物權利範圍內，按地上權、永佃權、農育權或耕地三七五租約價值占原土地價值比率，分配予各該地上權人、永佃權人、農育權人或耕地三七五租約承租人時，如地上權人、永佃權人、農育權人或耕地三七五租約承租人不願參與分配或應分配之土地及建築物因未達最小分配面積單元，無法分配者，得於權利變換計畫內表明以現金補償。

前項補償金於發放或提存後，由實施者列冊送請各級主管機關囑託該管登記機關辦理地上權、永佃權、農育權或耕地三七五租約塗銷登記。地上權、永佃權、農育權經設定抵押權或辦竣限制登記者，亦同。登記機關辦理塗銷登記後，應通知權利人或囑託限制登記之法院或機關。

第一項補償金之領取及提存，準用前條第二項及第三項規定。

第 12 條

以權利變換方式參與都市更新事業分配權利金者，其權利金數額，以經各級主管機關核定之權利變換計畫所載為準，並於發放後，由實施者列冊送請各級主管機關囑託該管登記機關辦理權利變更登記，並準用第十條第一項及前條第二項規定辦理塗銷登記。

前項權利金發放之稅賦扣繳，準用第九條規定辦理。

第 13 條

第八條第一項、第二十五條第一項及本條例第五十條第一項所定評價基準日，應由實施者定之，其日期限於權利變換計畫報核日前六個月內。但本辦法中華民國九十六年十二月十八日修正施行前已核定發布實施之都市更新事業計畫，實施者於修正施行日起六個月內申請權利變換計畫報核者，其評價基準日，得以都市更新事業計畫核定發布實施日為準。

第 14 條

土地所有權人與權利變換關係人依本條例第六十條第二項規定協議不成，或土地所有權人不願或不能參與分配時，土地所有權人之權利價值應扣除權利變換關係人之權利價值後予以分配或補償。

第 15 條

更新後各土地所有權人應分配之權利價值，應以權利變換範圍內，更新後之土地及建築物總權利價值，扣除共同負擔之餘額，按各土地所有權人更新前權利價值比率計算之。

本條例第三十六條第一項第十八款所定權利變換分配比率，應以前項更新後之土地及建築物總權利價值，扣除共同負擔之餘額，其占更新後之土地及建築物總權利價值之比率計算之。

本條例第三十七條第四項所定更新後分配之權利價值比率，應以第一項各土地所有權人應分配之權利價值，其占更新後之土地及建築物總權利價值，扣除共同負擔餘額之比率計算之。

第 16 條

權利變換採分期或分區方式實施時，前條共同負擔、權利價值比率及分配比率，得按分期或分區情形分別計算之。

第 17 條

實施權利變換後應分配之土地及建築物位置，應依都市更新事業計畫表明分配及選配原則辦理；其於本條例中華民國一百零八年一月三十日修正施行前已報核之都市更新事業計畫未表明分配及選配原則者，得由土地所有權人或權利變換關係人自行選擇。但同一位置有二人以上申請分配時，應以公開抽籤方式辦理。

實施者應訂定期限辦理土地所有權人及權利變換關係人分配位置之申請；未於規定期限內提出申請者，以公開抽籤方式分配之。其期限不得少於三十日。

第 18 條

更新前原土地或建築物如經法院查封、假扣押、假處分或破產登記者，不得合併分配。

第19條

本條例第五十一條所定負擔及費用，範圍如下：

一、原有公共設施用地：指都市更新事業計畫核定發布實施日權利變換地區內依都市計畫劃設之道路、溝渠、兒童遊樂場、鄰里公園、廣場、綠地、停車場等七項公共設施用地，業經各直轄市、縣（市）主管機關或鄉（鎮、市）公所取得所有權或得依法辦理無償撥用者。

二、未登記地：指都市更新事業計畫核定發布實施日權利變換地區內尚未依土地法辦理總登記之土地。

三、得無償撥用取得之公有道路、溝渠、河川：指都市更新事業計畫核定發布實施日權利變換地區內實際作道路、溝渠、河川使用及原作道路、溝渠、河川使用已廢置而尚未完成廢置程序之得無償撥用取得之公有土地。

四、工程費用：包括權利變換地區內道路、溝渠、兒童遊樂場、鄰里公園、廣場、綠地、停車場等公共設施與更新後土地及建築物之規劃設計費、施工費、整地費及材料費、工程管理費、空氣污染防制費及其他必要之工程費用。

五、權利變換費用：包括實施權利變換所需之調查費、測量費、規劃費、估價費、依本條例第五十七條第四項規定應發給之補償金額、拆遷安置計畫內所定之拆遷安置費、地籍整理費及其他必要之業務費。

六、貸款利息：指爲支付工程費用及權利變換費用之貸款利息。

七、管理費用：指爲實施權利變換必要之人事、行政、銷售、風險、信託及其他管理費用。

八、都市計畫變更負擔：指依都市計畫相關法令變更都市計畫，應提供或捐贈之一定金額、可建築土地或樓地板面積，及辦理都市計畫變更所支付之委辦費。

九、申請各項建築容積獎勵所支付之費用：指爲申請各項建築容積獎勵所需費用及委辦費，且未納入本條其餘各款之費用。

十、申請容積移轉所支付之費用：指爲申請容積移轉所支付之容積購入費用及委辦費。

前項第四款至第六款及第九款所定費用，以經各級主管機關核定之權利變換計畫所載數額爲準。第七款及第十款所定費用之計算基準，應於都市更新事業計畫中載明。第八款所定都市計畫變更負擔，以經各級主管機關核定之都市計畫書及協議書所載數額爲準。

第20條

依本條例第五十一條第三項規定，以原公有土地應分配部分優先指配之順序如下：

一、本鄉（鎮、市）有土地。

二、本直轄市、縣（市）有土地。

三、國有土地。
四、他直轄市有土地。
五、他縣（市）有土地。
六、他鄉（鎮、市）有土地。

第 21 條

公有土地符合下列情形之一者，免依本條例第五十一條第三項規定優先指配為同條第一項共同負擔以外之公共設施：
一、權利變換計畫核定前業經協議價購、徵收或有償撥用取得。
二、權利變換計畫核定前已有具體利用或處分計畫，且報經權責機關核定。
三、權利變換計畫核定前，住宅主管機關以住宅基金購置或已報奉核定列管作為興辦社會住宅之土地。
四、非屬都市計畫公共設施用地之學產地。

第 22 條

各級主管機關應於權利變換計畫核定發布實施後公告三十日，將公告地點及日期刊登政府公報或新聞紙三日，並張貼於當地村（里）辦公處之公告牌及各該主管機關設置之專門網頁。
前項公告，應表明下列事項：
一、權利變換計畫。
二、公告起迄日期。
三、依本條例第五十三條第一項規定提出異議之期限、方式及受理機關。
四、權利變換範圍內應行拆除遷移土地改良物預定拆遷日。

第 23 條

實施者應於權利變換計畫核定發布實施後，將下列事項以書面通知土地所有權人、權利變換關係人及占有他人土地之舊違章建築戶：
一、更新後應分配之土地及建築物。
二、應領之補償金額。
三、舊違章建築戶處理方案。

第 24 條

權利變換範圍內應行拆除遷移之土地改良物，實施者應於權利變換計畫核定發布實施之日起十日內，通知所有權人、管理人或使用人預定拆遷日。如為政府代管、扣押、法院強制執行或行政執行者，並應通知代管機關、扣押機關、執行法院或行政執行分署。

前項權利變換計畫公告期滿至預定拆遷日，不得少於二個月。

第 25 條

因權利變換而拆除或遷移之土地改良物，其補償金額準用本條例第五十條規定評定之。

前項補償金額扣除預估本條例第五十七條第五項規定代為拆除或遷移費用之餘額，由實施者於權利變換計畫核定發布實施之日起十日內，準用第十條第二項及第三項規定通知領取及提存。

前項通知領取期限，已核定之權利變換計畫另有表明者，依其表明辦理。

第 26 條

實施權利變換時，權利變換範圍內供自來水、電力、電訊、天然氣等公用事業所需之地下管道、土木工程及其必要設施，各該事業機構應配合權利變換計畫之實施進度，辦理規劃、設計及施工。

前項所需經費，依規定由使用者分擔者，得列為工程費用。

第 27 條

權利變換範圍內經權利變換之土地及建築物，實施者於申領建築物使用執照，並完成自來水、電力、電訊、天然氣之配管及埋設等必要公共設施後，應以書面分別通知土地所有權人及權利變換關係人於三十日內辦理接管。

第 28 條

權利變換計畫核定發布實施後，實施者得視地籍整理計畫之需要，申請各級主管機關囑託該管登記機關辦理實施權利變換地區範圍邊界之鑑界、分割測量及登記。

權利變換工程實施完竣，實施者申領建築物使用執照時，並得辦理實地埋設界樁，申請各級主管機關囑託該管登記機關依權利變換計畫中之土地及建築物分配清冊、更新後更新範圍內土地分配圖及建築物配置圖，辦理地籍測量及建築物測量。

前項測量後之面積，如與土地及建築物分配清冊所載面積不符時，實施者應依地籍測量或建築物測量結果，變更權利變換計畫，釐正相關圖冊之記載。

第 29 條

依本條例第五十一條第一項規定，權利變換範圍內列為抵充或共同負擔之各項公共設施用地，應登記為直轄市、縣（市）所有，其管理機關為各該公共設施主管機關。

第 30 條

權利變換完成後，實際分配之土地及建築物面積與應分配面積有差異時，應按評價基準日評定更新後權利價值，計算應繳納或補償之差額價金。

前項差額價金，由實施者通知土地所有權人及權利變換關係人應於接管之日起三十日內繳納，或通知土地所有權人、權利變換關係人或代管機關應於接管之日起三十日內領取，並準用第十條第二項但書及第三項規定。

第 31 條

實施者依本條例第六十四條第一項規定列冊送請各級主管機關囑託該管登記機關辦理權利變更或塗銷登記時，對於應繳納差額價金而未繳納者，其獲配之土地及建築物應請該管登記機關加註未繳納差額價金，除繼承外不得辦理所有權移轉登記或設定負擔字樣，於土地所有權人繳清差額價金後立即通知登記機關辦理塗銷註記。

前項登記爲本條例第六十條第二項規定分配土地者，由實施者檢附主管機關核准分配之證明文件影本，向主管稅捐稽徵機關申報土地移轉現值，並取得土地增值稅記存證明文件後，辦理土地所有權移轉登記。

依第一項辦理登記完竣後，該管登記機關除應通知囑託限制登記之法院或機關、預告登記請求權人外，並應通知土地所有權人、權利變換關係人及本條例第六十一條第一項之抵押權人、典權人於三十日內換領土地及建築物權利書狀。

第 32 條

本條例第六十條第四項規定記存之土地增值稅，於權利變換後再移轉該土地時，與該次再移轉之土地增值稅分別計算，一併繳納。

第 33 條

本辦法自發布日施行。

第19章 都市更新建築容積獎勵辦法

■修正日期：民國 108 年 05 月 15 日

第 1 條

本辦法依都市更新條例（以下簡稱本條例）第六十五條第三項前段規定訂定之。

第 2 條

都市更新事業計畫範圍內未實施容積率管制之建築基地，及整建、維護區段之建築基地，不適用本辦法規定。但依都市更新事業計畫中保存或維護計畫處理之建築基地，不在此限。

第 3 條

本條例第六十五條第一項、第四項與本辦法所稱基準容積及原建築容積，定義如下：

一、基準容積：指都市計畫法令規定之容積率上限乘土地面積所得之積數。

二、原建築容積：指都市更新事業計畫範圍內實施容積管制前已興建完成之合法建築物，申請建築時主管機關核准之建築總樓地板面積，扣除建築技術規則建築設計施工編第一百六十一條第二項規定不計入樓地板面積部分後之樓地板面積。

第 4 條

都市更新事業計畫範圍內之建築基地，另依其他法令規定申請建築容積獎勵時，應先向各該主管機關提出申請。但獎勵重複者，應予扣除。

第 5 條

實施容積管制前已興建完成之合法建築物，其原建築容積高於基準容積者，得依原建築容積建築，或依原建築基地基準容積百分之十給予獎勵容積。

第 6 條

都市更新事業計畫範圍內之建築物符合下列情形之一者，依原建築基地基準容積一定比率給予獎勵容積：

一、經建築主管機關依建築法規、災害防救法規通知限期拆除、逕予強制拆除，或評估有危險之虞應限期補強或拆除：基準容積百分之十。

二、經結構安全性能評估結果未達最低等級：基準容積百分之八。

前項各款獎勵容積額度不得累計申請。

第 7 條

都市更新事業計畫範圍內依直轄市、縣（市）主管機關公告，提供指定之社會福利設施或其他公益設施，建築物及其土地產權無償登記為公有者，除不計入容積外，依下列公式計算獎勵容積，其獎勵額度以基準容積百分之三十為上限：

提供指定之社會福利設施或其他公益設施之獎勵容積 ＝ 社會福利設施或其他公益設施之建築總樓地板面積，扣除建築技術規則建築設計施工編第一百六十一條第二項規定不計入樓地板面積部分後之樓地板面積×獎勵係數。

前項獎勵係數為一。但直轄市、縣（市）主管機關基於都市發展特性之需要，得提高獎勵係數。

第一項直轄市、縣（市）主管機關公告之社會福利設施或其他公益設施，直轄市、縣（市）主管機關應於本辦法中華民國一百零八年五月十五日修正施行後一年內公告所需之設施項目、最小面積、區位及其他有關事項；直轄市、縣（市）主管機關未於期限內公告者，都市更新事業計畫得逕載明提供社會福利設施，依第一項規定辦理。直轄市、縣（市）主管機關公告後，應依都市發展情形，每四年內至少檢討一次，並重行公告。

第 8 條

協助取得及開闢都市更新事業計畫範圍內或其周邊公共設施用地，產權登記為公有者，依下列公式計算獎勵容積，其獎勵額度以基準容積百分之十五為上限：

協助取得及開闢都市更新事業計畫範圍內或其周邊公共設施用地之獎勵容積 ＝ 公共設施用地面積×（都市更新事業計畫報核日當期之公共設施用地公告土地現值／都市更新事業計畫報核日當期之建築基地公告土地現值）×建築基地之容積率。

前項公共設施用地應開闢完成且將土地產權移轉登記為直轄市、縣（市）有或鄉（鎮、市）有。

第一項公共設施用地或建築基地，有二筆以上者，應按面積比率加權平均計算公告土地現值及容積率。

第一項公共設施用地，以容積移轉方式辦理者，依其規定辦理，不適用前三項規定。

第 9 條

都市更新事業計畫範圍內之古蹟、歷史建築、紀念建築及聚落建築群，辦理整體性保存、修復、再利用及管理維護者，除不計入容積外，並得依該建築物實際面積之一點五倍，給予獎勵容積。

都市更新事業計畫範圍內依本條例第三十六條第一項第十一款規定保存或維護計畫辦理之都市計畫表明應予保存或有保存價值建築物，除不計入容積外，並得依該建築物之實際面積，給予獎勵容積。

前二項建築物實際面積，依文化資產或都市計畫主管機關核准之保存、修復、再利用及管理維護等計畫所載各層樓地板面積總和或都市更新事業計畫實測各層樓地板面積總和爲準。

依第一項辦理古蹟、歷史建築、紀念建築及聚落建築群之整體性保存、修復、再利用及管理維護者，應於領得使用執照前完成。

申請第一項獎勵者，實施者應提出與古蹟、歷史建築、紀念建築及聚落建築群所有權人協議並載明相關內容之文件。

第一項及第二項建築物，以容積移轉方式辦理者，依其規定辦理，不適用前五項規定。

第 10 條

取得候選綠建築證書，依下列等級給予獎勵容積：

一、鑽石級：基準容積百分之十。

二、黃金級：基準容積百分之八。

三、銀級：基準容積百分之六。

四、銅級：基準容積百分之四。

五、合格級：基準容積百分之二。

前項各款獎勵容積不得累計申請。

申請第一項第四款或第五款獎勵容積，以依本條例第七條第一項第三款規定實施之都市更新事業，且面積未達五百平方公尺者爲限。

第一項綠建築等級，於依都市計畫法第八十五條所定都市計畫法施行細則另有最低等級規定者，申請等級應高於該規定，始得依前三項規定給予獎勵容積。

第 11 條

取得候選智慧建築證書，依下列等級給予獎勵容積：

一、鑽石級：基準容積百分之十。

二、黃金級：基準容積百分之八。

三、銀級：基準容積百分之六。

四、銅級：基準容積百分之四。

五、合格級：基準容積百分之二。

前項各款獎勵容積不得累計申請。

申請第一項第四款或第五款獎勵容積，以依本條例第七條第一項第三款規定實施之都市更新事業，且面積未達五百平方公尺者為限。

第 12 條

採無障礙環境設計者，依下列規定給予獎勵容積：

一、取得無障礙住宅建築標章：基準容積百分之五。

二、依住宅性能評估實施辦法辦理新建住宅性能評估之無障礙環境：

（一）第一級：基準容積百分之四。

（二）第二級：基準容積百分之三。

前項各款獎勵容積額度不得累計申請。

第 13 條

採建築物耐震設計者，依下列規定給予獎勵容積：

一、取得耐震設計標章：基準容積百分之十。

二、依住宅性能評估實施辦法辦理新建住宅性能評估之結構安全性能：

（一）第一級：基準容積百分之六。

（二）第二級：基準容積百分之四。

（三）第三級：基準容積百分之二。

前項各款獎勵容積額度不得累計申請。

第 14 條

本辦法中華民國一百零八年五月十五日修正之條文施行日起一定期間內，實施者擬訂都市更新事業計畫報核者，依下列規定給予獎勵容積：

一、劃定應實施更新之地區：

（一）修正施行日起五年內：基準容積百分之十。

（二）前目期間屆滿之次日起五年內：基準容積百分之五。

二、未經劃定應實施更新之地區：

（一）修正施行日起五年內：基準容積百分之七。

（二）前目期間屆滿之次日起五年內：基準容積百分之三點五。

第 15 條

都市更新事業計畫範圍重建區段含一個以上完整計畫街廓或土地面積達一定規模以上者，依下列規定給予獎勵容積：

一、含一個以上完整計畫街廓：基準容積百分之五。

二、土地面積達三千平方公尺以上未滿一萬平方公尺：基準容積百分之五；每增加一百平方公尺，另給予基準容積百分之零點三。

三、土地面積達一萬平方公尺以上：基準容積百分之三十。

前項第一款所定完整計畫街廓，由直轄市、縣（市）主管機關認定之。

第一項第二款及第三款獎勵容積額度不得累計申請；同時符合第一項第一款規定者，得累計申請獎勵容積額度。

第 16 條

都市更新事業計畫範圍重建區段內，更新前門牌戶達二十戶以上，依本條例第四十三條第一項但書後段規定，於都市更新事業計畫報核時經全體土地及合法建築物所有權人同意以協議合建方式實施之都市更新事業，給予基準容積百分之五之獎勵容積。

第 17 條

處理占有他人土地之舊違章建築戶，依都市更新事業計畫報核前之實測面積給予獎勵容積，且每戶不得超過最近一次行政院主計總處人口及住宅普查報告各該直轄市、縣（市）平均每戶住宅樓地板面積，其獎勵額度以基準容積百分之二十爲上限。

前項舊違章建築戶，由直轄市、縣（市）主管機關認定之。

第 18 條

實施者申請第十條至第十三條獎勵容積，應依下列規定辦理：

一、與直轄市、縣（市）主管機關簽訂協議書，並納入都市更新事業計畫。

二、於領得使用執照前向直轄市、縣（市）主管機關繳納保證金。

三、於領得使用執照後二年內，取得標章或通過評估。

前項第二款保證金，依下列公式計算：

應繳納之保證金額 ＝ 都市更新事業計畫範圍內土地按面積比率加權平均計算都市更新事業計畫報核時公告土地現值×零點七×申請第十條至第十三條之獎勵容積樓地板面積。

第一項第二款保證金，應由實施者提供現金、等值之政府公債、定期存款單、銀行開立之本行支票繳納或取具在中華民國境內營業之金融機構之書面保證。但書面保證應以該金融機構營業執照登記有保證業務者爲限。

實施者提供金融機構之書面保證或辦理質權設定之定期存款單，應加註拋棄行使抵銷權及先訴抗辯權，且保證期間或質權存續期間，不得少於第一項第三款所定期間。

依第一項第三款規定取得標章或通過評估者，保證金無息退還。未依第一項第三款規定取得標章或通過評估者，保證金不予退還。

第 19 條

中華民國一百零四年七月一日前依本條例一百零八年一月三十日修正施行前第八條所定程序指定為策略性再開發地區，於一百零四年七月一日起九年內，實施者依第十條、第十五條或一百零八年五月十五日修正施行前第七條、第八條及第十條申請獎勵且更新後集中留設公共開放空間達基地面積百分之五十以上者，其獎勵後之建築容積，得於各該建築基地二倍之基準容積或各該建築基地零點五倍之基準容積再加其原建築容積範圍內，放寬其限制。

依前項規定增加之獎勵，經各級主管機關審議通過後，實施者應與直轄市、縣（市）主管機關簽訂協議書，納入都市更新事業計畫。協議書應載明增加之建築容積於扣除更新成本後增加之收益，實施者自願以現金捐贈當地直轄市、縣（市）主管機關設立之都市更新基金，其捐贈比率以百分之四十為上限，由直轄市、縣（市）主管機關視地區特性訂定。

第 20 條

都市更新事業計畫於本條例中華民國一百零八年一月三十日修正施行前擬訂報核者，得適用修正前之規定。

第 21 條

本辦法自發布日施行。

都市危險及老舊建築物加速重建條例

■修正日期：民國 109 年 05 月 06 日

第 1 條

為因應潛在災害風險，加速都市計畫範圍內危險及老舊瀕危建築物之重建，改善居住環境，提升建築安全與國民生活品質，特制定本條例。

第 2 條

本條例所稱主管機關：在中央為內政部；在直轄市為直轄市政府；在縣（市）為縣（市）政府。

第 3 條

本條例適用範圍，為都市計畫範圍內非經目的事業主管機關指定具有歷史、文化、藝術及紀念價值，且符合下列各款之一之合法建築物：

一、經建築主管機關依建築法規、災害防救法規通知限期拆除、逕予強制拆除，或評估有危險之虞應限期補強或拆除者。

二、經結構安全性能評估結果未達最低等級者。

三、屋齡三十年以上，經結構安全性能評估結果之建築物耐震能力未達一定標準，且改善不具效益或未設置昇降設備者。

前項合法建築物重建時，得合併鄰接之建築物基地或土地辦理。

本條例施行前已依建築法第八十一條、第八十二條拆除之危險建築物，其基地未完成重建者，得於本條例施行日起三年內，依本條例規定申請重建。

第一項第二款、第三款結構安全性能評估，由建築物所有權人委託經中央主管機關評定之共同供應契約機構辦理。

辦理結構安全性能評估機構及其人員不得為不實之簽證或出具不實之評估報告書。

第一項第二款、第三款結構安全性能評估之內容、申請方式、評估項目、權重、等級、評估基準、評估方式、評估報告書、經中央主管機關評定之共同供應契約機構與其人員之資格、管理、審查及其他相關事項之辦法，由中央主管機關定之。

第 4 條

主管機關得補助結構安全性能評估費用，其申請要件、補助額度、申請方式及其他應遵行事項之辦法或自治法規，由各級主管機關定之。

對於前條第一項第二款、第三款評估結果有異議者，該管直轄市、縣（市）政府應組成鑑定小組，受理當事人提出之鑑定申請；其鑑定結果爲最終鑑定。鑑定小組之組成、執行、運作及其他應遵行事項之辦法，由中央主管機關定之。

第5條

依本條例規定申請重建時，新建建築物之起造人應擬具重建計畫，取得重建計畫範圍內全體土地及合法建築物所有權人之同意，向直轄市、縣（市）主管機關申請核准後，依建築法令規定申請建築執照。

前項重建計畫之申請，施行期限至中華民國一百十六年五月三十一日止。

第6條

重建計畫範圍內之建築基地，得視其實際需要，給予適度之建築容積獎勵；獎勵後之建築容積，不得超過各該建築基地一點三倍之基準容積或各該建築基地一點一五倍之原建築容積，不受都市計畫法第八十五條所定施行細則規定基準容積及增加建築容積總和上限之限制。

本條例施行後一定期間內申請之重建計畫，得依下列規定再給予獎勵，不受前項獎勵後之建築容積規定上限之限制：

一、施行後三年內：各該建築基地基準容積百分之十。

二、施行後第四年：各該建築基地基準容積百分之八。

三、施行後第五年：各該建築基地基準容積百分之六。

四、施行後第六年：各該建築基地基準容積百分之四。

五、施行後第七年：各該建築基地基準容積百分之二。

六、施行後第八年：各該建築基地基準容積百分之一。

重建計畫範圍內符合第三條第一項之建築物基地或加計同條第二項合併鄰接之建築物基地或土地達二百平方公尺者，再給予各該建築基地基準容積百分之二之獎勵，每增加一百平方公尺，另給予基準容積百分之零點五之獎勵，不受第一項獎勵後之建築容積規定上限之限制。

前二項獎勵合計不得超過各該建築基地基準容積之百分之十。

依第三條第二項合併鄰接之建築物基地或土地，適用第一項至第三項建築容積獎勵規定時，其面積不得超過第三條第一項之建築物基地面積，且最高以一千平方公尺爲限。

依本條例申請建築容積獎勵者，不得同時適用其他法令規定之建築容積獎勵項目。

第一項建築容積獎勵之項目、計算方式、額度、申請條件及其他應遵行事項之辦法，由中央主管機關定之。

第 7 條

依本條例實施重建者，其建蔽率及建築物高度得酌予放寬；其標準由直轄市、縣（市）主管機關定之。但建蔽率之放寬以住宅區之基地為限，且不得超過原建蔽率。

第 8 條

本條例施行後五年內申請之重建計畫，重建計畫範圍內之土地及建築物，經直轄市、縣（市）主管機關視地區發展趨勢及財政狀況同意者，得依下列規定減免稅捐。但依第三條第二項合併鄰接之建築物基地或土地面積，超過同條第一項建築物基地面積部分之土地及建築物，不予減免：

一、重建期間土地無法使用者，免徵地價稅。但未依建築期限完成重建且可歸責於土地所有權人之情形者，依法課徵之。

二、重建後地價稅及房屋稅減半徵收二年。

三、重建前合法建築物所有權人為自然人者，且持有重建後建築物，於前款房屋稅減半徵收二年期間內未移轉者，得延長其房屋稅減半徵收期間至喪失所有權止。但以十年為限。

依本條例適用租稅減免者，不得同時併用其他法律規定之同稅目租稅減免。但其他法律之規定較本條例更有利者，適用最有利之規定。

第一項規定年限屆期前半年，行政院得視情況延長之，並以一次為限。

第 9 條

直轄市、縣（市）主管機關應輔導第三條第一項第一款之合法建築物重建，就重建計畫涉及之相關法令、融資管道及工程技術事項提供協助。

重建計畫範圍內有居住事實且符合住宅法第四條第二項之經濟或社會弱勢者，直轄市、縣（市）主管機關應依住宅法規定提供社會住宅或租金補貼等協助。

第 10 條

各級主管機關得就重建計畫給予補助，並就下列情形提供重建工程必要融資貸款信用保證：

一、經直轄市、縣（市）主管機關依前條第一項規定輔導協助，評估其必要資金之取得有困難者。

二、以自然人為起造人，無營利事業機構協助取得必要資金，經直轄市、縣（市）主管機關認定者。

三、經直轄市、縣（市）主管機關評估後應優先推動重建之地區。

前項直轄市、縣（市）主管機關所需之經費，中央主管機關應予以補助。

第 10-1 條

商業銀行爲提供參與重建計畫之土地及合法建築物所有權人或起造人籌措經主管機關核准之重建計畫所需資金而辦理之放款，得不受銀行法第七十二條之二之限制。

金融主管機關於必要時，得規定商業銀行辦理前項放款之最高額度。

第 11 條

辦理結構安全性能評估機構及其人員違反第三條第五項規定爲不實之簽證或出具不實之評估報告書者，處新臺幣一百萬元以上五百萬元以下罰鍰。

第 12 條

本條例施行細則，由中央主管機關定之。

第 13 條

本條例自公布日施行。

都市危險及老舊建築物加速重建條例施行細則

■發布日期：民國 106 年 08 月 01 日

第 1 條

本細則依都市危險及老舊建築物加速重建條例（以下簡稱本條例）第十二條規定訂定之。

第 2 條

本條例第三條第一項第三款所定屋齡，其認定方式如下：

一、領得使用執照者：自領得使用執照之日起算，至向直轄市、縣（市）主管機關申請重建之日止。

二、直轄市、縣（市）主管機關依下列文件之一認定建築物興建完工之日起算，至申請重建之日止：

（一）建物所有權第一次登記謄本。

（二）合法建築物證明文件。

（三）房屋稅籍資料、門牌編釘證明、自來水費收據或電費收據。

（四）其他證明文件。

第 3 條

本條例第三條第一項第三款及第三項用詞，定義如下：

一、建築物耐震能力未達一定標準：指依本條例第三條第六項所定辦法進行評估，其評估結果爲初步評估乙級。

二、改善不具效益：指經本條例第三條第六項所定辦法進行評估結果爲建議拆除重建，或補強且其所需經費超過建築物重建成本二分之一。

三、基地未完成重建：指尚未依建築法規定領得使用執照。

第 4 條

依本條例第五條第一項申請重建時，應檢附下列文件，向直轄市、縣（市）主管機關提出：

一、申請書。

二、符合本條例第三條第一項所定合法建築物之證明文件，或第三項所定尚未完成重建之危險建築物證明文件。

三、重建計畫範圍內全體土地及合法建築物所有權人名冊及同意書。

四、重建計畫。

五、其他經直轄市、縣（市）主管機關規定之文件。

第 5 條

前條第四款所定重建計畫，應載明下列事項：

一、重建計畫範圍。

二、土地使用分區。

三、經依法登記開業建築師簽證之建築物配置及設計圖說。

四、申請容積獎勵項目及額度。

五、依本條例第六條第五項所定辦法應取得之證明文件及協議書。

六、其他經直轄市、縣（市）主管機關規定應載明之事項。

第 6 條

直轄市、縣（市）主管機關應自受理第四條申請案件之日起三十日內完成審核。但情形特殊者，得延長一次，延長期間以三十日為限。

前項申請案件應予補正者，直轄市、縣（市）主管機關應將補正事項一次通知申請人限期補正，並應於申請人補正後十五日內審查完竣；屆期未補正或補正不完全者，予以駁回。

前二項申請案件經直轄市、縣（市）主管機關審核符合規定者，應予核准；不合規定者，駁回其申請。

第 7 條

新建建築物起造人應自核准重建之次日起一百八十日內申請建造執照，屆期未申請者，原核准失其效力。但經直轄市、縣（市）主管機關同意者，得延長一次，延長期間以一百八十日為限。

第 8 條

本條例第八條第一項所定減免稅捐，其期間起算規定如下：

一、依第一款免徵地價稅：自依建築法規定開工之日起，至核發使用執照之日止。

二、依第二款減徵地價稅及房屋稅：

（一）地價稅：自核發使用執照日之次年起算。

（二）房屋稅：自核發使用執照日之次月起算。

第 9 條

依本條例第八條第一項申請減免稅捐，規定如下：

一、免徵地價稅：起造人申請直轄市、縣（市）主管機關認定重建期間土地無法使用期間後，轉送主管稅捐稽徵機關依法辦理。

二、減徵地價稅及房屋稅：起造人檢附下列文件向主管稅捐稽徵機關申請辦理：

（一）重建後全體土地及建築物所有權人名冊，並註明是否爲重建前合法建築物所有權人。

（二）第四條第三款所定之名冊。

（三）其他相關證明文件。

第 10 條

本條例第八條第一項第一款但書規定所定未依建築期限完成重建且可歸責於土地所有權人之情形，爲建築法第五十三條第二項規定建造執照失其效力者。

第 11 條

重建計畫範圍內之土地，依本條例第八條第一項第一款但書規定應課徵地價稅時，直轄市、縣（市）主管機關應通知主管稅捐稽徵機關。

第 12 條

本細則自發布日施行。

第22章 都市危險及老舊建築物建築容積獎勵辦法

■修正日期：民國 109 年 11 月 10 日

第 1 條

本辦法依都市危險及老舊建築物加速重建條例（以下簡稱本條例）第六條第七項規定訂定之。

第 2 條

本條例第六條用詞，定義如下：

一、基準容積：指都市計畫法令規定之容積率上限乘土地面積所得之積數。

二、原建築容積：指實施容積管制前已興建完成之合法建築物，申請建築時主管機關核准之建築總樓地板面積，扣除建築技術規則建築設計施工編第一百六十一條第二項規定不計入樓地板面積部分後之樓地板面積。

第 3 條

重建計畫範圍內原建築基地之原建築容積高於基準容積者，其容積獎勵額度爲原建築基地之基準容積百分之十，或依原建築容積建築。

第 4 條

重建計畫範圍內原建築基地符合本條例第三條第一項各款之容積獎勵額度，規定如下：

一、第一款：基準容積百分之十。

二、第二款：基準容積百分之八。

三、第三款：基準容積百分之六。

前項各款容積獎勵額度不得重複申請。

依本條例第三條第三項規定申請重建者，其容積獎勵額度同前項第一款規定。

第 4-1 條

重建計畫範圍內建築基地未達二百平方公尺，且鄰接屋齡均未達三十年之合法建築物基地者，其容積獎勵額度爲基準容積百分之二。但該合法建築物符合本條例第三條第一項第一款者，不適用之。

第 5 條

建築基地退縮建築者之容積獎勵額度，規定如下：

一、建築基地自計畫道路及現有巷道退縮淨寬四公尺以上建築，退縮部分以淨空設計及設置無遮簷人行步道，且與鄰地境界線距離淨寬不得小於二公尺並以淨空設計：基準容積百分之十。

二、建築基地自計畫道路及現有巷道退縮淨寬二公尺以上建築，退縮部分以淨空設計及設置無遮簷人行步道，且與鄰地境界線距離淨寬不得小於二公尺並以淨空設計：基準容積百分之八。

前項各款容積獎勵額度不得重複申請。

第 6 條

建築物耐震設計之容積獎勵額度，規定如下：

一、取得耐震設計標章：基準容積百分之十。

二、依住宅性能評估實施辦法辦理新建住宅性能評估之結構安全性能者：

（一）第一級：基準容積百分之六。

（二）第二級：基準容積百分之四。

（三）第三級：基準容積百分之二。

前項各款容積獎勵額度不得重複申請。

第 7 條

取得候選等級綠建築證書之容積獎勵額度，規定如下：

一、鑽石級：基準容積百分之十。

二、黃金級：基準容積百分之八。

三、銀級：基準容積百分之六。

四、銅級：基準容積百分之四。

五、合格級：基準容積百分之二。

重建計畫範圍內建築基地面積達五百平方公尺以上者，不適用前項第四款及第五款規定之獎勵額度。

第 8 條

取得候選等級智慧建築證書之容積獎勵額度，規定如下：

一、鑽石級：基準容積百分之十。

二、黃金級：基準容積百分之八。

三、銀級：基準容積百分之六。

四、銅級：基準容積百分之四。

五、合格級：基準容積百分之二。

重建計畫範圍內建築基地面積達五百平方公尺以上者，不適用前項第四款及第五款規定之獎勵額度。

第 9 條

建築物無障礙環境設計之容積獎勵額度，規定如下：

一、取得無障礙住宅建築標章：基準容積百分之五。

二、依住宅性能評估實施辦法辦理新建住宅性能評估之無障礙環境者：

（一）第一級：基準容積百分之四。

（二）第二級：基準容積百分之三。

前項各款容積獎勵額度不得重複申請。

第 10 條

協助取得及開闢重建計畫範圍周邊之公共設施用地，產權登記爲公有者，容積獎勵額度以基準容積百分之五爲上限，計算方式如下：

協助取得及開闢重建計畫範圍周邊公共設施用地之獎勵容積 ＝ 公共設施用地面積×（公共設施用地之公告土地現值／建築基地之公告土地現值）×建築基地之容積率。

前項公共設施用地應先完成土地改良物、租賃契約、他項權利及限制登記等法律關係之清理，並開闢完成且將土地產權移轉登記爲直轄市、縣（市）有或鄉（鎮、市、區）有後，始得核發使用執照。

第 11 條

起造人申請第六條至第九條之容積獎勵，應依下列規定辦理：

一、與直轄市、縣（市）政府簽訂協議書。

二、於領得使用執照前繳納保證金。

三、於領得使用執照後二年內，取得耐震標章、綠建築標章、智慧建築標章、無障礙住宅建築標章、通過新建住宅性能評估結構安全性能或無障礙環境評估。

前項第二款之保證金，直轄市、縣（市）主管機關得依實際需要訂定；未訂定者，依下列公式計算：應繳納之保證金額 ＝ 重建計畫範圍內土地當期公告現值×零點四五×申請第六條至第九條之獎勵容積樓地板面積。

起造人依第一項第三款取得標章或通過評估者，保證金無息退還。未取得或通過者，不予退還。

第 12 條

申請第三條至第六條規定容積獎勵後，仍未達本條例第六條第一項所定上限者，始得申請第七條至第十條之容積獎勵。

第 13 條

本辦法自發布日施行。

都市危險及老舊建築物結構安全性能評估辦法

■修正日期：民國 107 年 10 月 11 日

第 1 條

本辦法依都市危險及老舊建築物加速重建條例（以下簡稱本條例）第三條第六項規定訂定之。

第 2 條

本條例第三條第一項第二款、第三款所定結構安全性能評估，爲耐震能力評估；其內容規定如下：

一、初步評估：評估項目、內容、權重及評分，如附表一至附表四；評估等級及基準，如附表五。

二、詳細評估：依內政部營建署代辦建築物耐震能力詳細評估工作共同供應契約（簡約）（以下簡稱共同供應契約）所定之評估內容辦理。

本辦法修正施行前已完成初步評估案件，得依修正施行後之評估等級及基準認定之。

第 3 條

申請結構安全性能評估，應有建築物所有權人逾半數之同意，並推派一人爲代表，檢附逾半數之建築物權利證明文件及建築物使用執照影本或經直轄市、縣（市）主管機關認定之合法建築物證明文件，委託經中央主管機關評定之共同供應契約機構（以下簡稱共同供應契約機構）辦理。

前項建築物爲公寓大廈，其公寓大廈管理委員會得檢附區分所有權人會議決議通過之會議紀錄及建築物使用執照影本或經直轄市、縣（市）主管機關認定之合法建築物證明文件，申請結構安全性能評估。

第 4 條

共同供應契約機構應依下列評估方式，辦理結構安全性能評估後，製作評估報告書：

一、初步評估：應派員至現場勘查，並依附表一至附表四規定辦理檢測。

二、詳細評估：應派員至現場勘查，並依共同供應契約所定評估方式辦理檢測。

第 5 條

初步評估報告書應載明下列事項：

一、建築物所有權人姓名。

二、評估機構名稱、代表人及評估人員姓名、簽章。

三、建築物之地址。

四、評估範圍之建築物樓層數、樓地板面積、結構及構造型式。

五、初步評估結果。

六、其他相關事項。

前項第五款之初步評估結果，應由評估人員所屬評估機構查核。

詳細評估報告書應載明事項，依共同供應契約規定辦理。

第 6 條

於中華民國一百零六年十二月三十一日以前，依住宅性能評估實施辦法申請結構安全評估，其評估報告書，得視爲前條所定之評估報告書。

第 7 條

與內政部營建署簽訂共同供應契約之機構，得檢附下列文件向中央主管機關申請評定爲共同供應契約機構：

一、申請書。

二、共同供應契約影本。

三、五人以上評估人員之名冊。

四、評估費用計算方式。

申請案件未符合前項規定者，中央主管機關應書面通知限期補正，屆期未補正或補正不完全者，駁回其申請。

第 8 條

前條第一項第三款規定之評估人員，應具備下列資格：

一、依法登記開業建築師、執業土木工程技師或結構工程技師。

二、參加中央主管機關主辦或所委託相關機關、團體舉辦之建築物實施耐震能力評估及補強講習會，並取得結訓證明文件。

第 9 條

經中央主管機關審查合格評定之共同供應契約機構，應公告其機構名稱、代表人、地址及有效期限。

前項有效期限，爲共同供應契約所載之期限。

第 10 條

共同供應契約機構及評估人員應公正執行任務；對具有利害關係之鑑定案件，應遵守迴避原則。

評估人員不得同時於二家以上共同供應契約機構執行評估及簽證工作。

第 11 條

共同供應契約機構及評估人員相關資料有變更時，應於變更之日起一個月內報請中央主管機關同意。

評估人員出缺，人數不足第七條第一項第三款規定時，共同供應契約機構應於一個月內補足，並檢附名冊報請中央主管機關同意。

第 12 條

中央主管機關得視實際需要，對共同供應契約機構之評估業務實施不定期檢查及現場勘查，並得要求其提供相關資料。

中央主管機關辦理前項不定期檢查及現場勘查，應事先通知共同供應契約機構。

第 13 條

共同供應契約機構有下列情形之一者，中央主管機關得廢止其評定，並公告之：

一、共同供應契約經內政部營建署終止或解除契約。

二、出具不實之評估報告書。

三、由未具第八條規定資格之人員進行評估。

四、違反第十條第一項利益迴避規定。

五、違反第十條第二項、第十一條第一項規定，經中央主管機關限期令其改善，屆期未改善，且情節重大。

六、違反第十一條第二項規定，屆期未補足評估人員人數，並檢附名冊報請中央主管機關同意。

七、以不正當方式招攬業務，經查證屬實。

八、無正當理由，拒絕、規避或妨礙中央主管機關之檢查或勘查，或拒絕提供資料，經中央主管機關限期令其改善，屆期未改善，且情節重大。

第 14 條

經中央主管機關依前條規定廢止評定者，自廢止之日起三年內，不得重新申請評定爲共同供應契約機構。

第 15 條

本辦法自發布日施行。

附表一　鋼筋混凝土構造及加強磚造建築物結構安全耐震能力初步評估之評估內容及評分表

項次	項目		配分	評估內容	權重(1)	評分
1	結構系統	靜不定程度	5	□單跨(1.0)　□雙跨(0.67)　□三跨(0.33)　□四跨以上(0)		
2		地下室面積比，r_a	2	$0 \leq (1.5-r_a)/1.5 \leq 1.0$；$r_a$：地下室面積與建築面積之比		
3		平面對稱性	3	□不良(1.0)　□尚可(0.5)　□良(0)		
4		立面對稱性	3	□不良(1.0)　□尚可(0.5)　□良(0)		
5		梁之跨深比 b	3	當$b<3$，$w=1.0$；當$3 \leq b<8$，$w=(8-b)/5$；當$b \geq 8$，$w=0$		
6		柱之高深比 c	3	當$c<2$，$w=1.0$；當$2 \leq c<6$，$w=(6-c)/4$；當$c \geq 6$，$w=0$		
7		軟弱層顯著性	3	□高(1.0)　□中(0.67)　□低(0.33)　□無(0)		
8	結構細部	塑鉸區箍筋細部(由設計年度評估)	5	□63 年 2 月以前(1.0)　□63 年 2 月至 71 年 6 月(0.67) □71 年 6 月至 86 年 5 月(0.33)　□86 年 5 月以後(0)		
9		窗台、氣窗造成短柱嚴重性	3	□高(1.0)　□中(0.67)　□低(0.33)　□無(0)		
10		牆體造成短梁嚴重性	3	□高(1.0)　□中(0.67)　□低(0.33)　□無(0)		
11	結構現況	柱之損害程度	2	□高(1.0)　□中(0.67)　□低(0.33)　□無(0)		
12		牆之損害程度	2	□高(1.0)　□中(0.67)　□低(0.33)　□無(0)		
13		裂縫鏽蝕滲水等程度	3	□高(1.0)　□中(0.67)　□低(0.33)　□無(0)		
14	定量分析	475 年耐震能力初步評估	30	當$\frac{A_{c1}}{IA_{475}} \leq 0.25$，$w=1$；當$0.25 \leq \frac{A_{c1}}{IA_{475}} \leq 1$，$w=\frac{4}{3}\left(1-\frac{A_{c1}}{IA_{475}}\right)$；當$\frac{A_{c1}}{IA_{475}}>1$，$w=0$ $A_{c1}=\min[A_{c1,x}, A_{c1,y}]$		
15		2500 年耐震能力初步評估	30	當$\frac{A_{c2}}{IA_{2500}} \leq 0.25$，$w=1$；當$0.25 \leq \frac{A_{c2}}{IA_{2500}} \leq 1$，$w=\frac{4}{3}\left(1-\frac{A_{c2}}{IA_{2500}}\right)$；當$\frac{A_{c2}}{IA_{2500}}>1$，$w=0$ $A_{c2}=\min[A_{c2,x}, A_{c2,y}]$		
危險度分數總計			100	危險度評分總計(P)		
額外評估項目：				此部分為外加評分項目，評估人員應就表列「危險度額外增分」、「危險度額外減分」事項評分，各項最高配分為 2 分，總共最高配分為 8 分；減分最高配分為 2 分		
危險度額外增分	A	分期興建或工程品質有疑慮者				
	B	曾經受災害者，如土石流、火災、震災、人為破壞等				
	C	使用用途由低活載重改為高活載重使用者				
	D	傾斜程度明顯者				
危險度額外減分	a	使用用途由高活載重改為低活載重使用者				
				危險度額外評分總計(S)		
				危險度總評估分數 R=P+S		

備註：(1) 權重欄位由評估人員依評估內容評定後填列。

(2) 評估案件如爲加強磚造者，評估項次 1、5、6、8、9、10 及 11 等 7 項不予評分，項次 2 至 4、7、12 及 13 評分加總，乘以放大係數 2.5，再加上項次 14 及 15 之分數後，即爲危險度評分總計 (P) 值。

附表二　鋼構造及輕鋼構建築物結構安全耐震能力初步評估之評估內容及評分表

項次	項目		配分	評估內容	權重	評分
1	結構系統	靜不定程度	4	□單跨(1.0)□雙跨(0.67)□三跨(0.33)□四跨以上(0)		
2		地下室面積比，r_a	2	$0 \leq (1.5-r_a) / 1.5 \leq 1.0$；$r_a$：地下室面積與建築面積之比　r_a =		
3		平面對稱性	3	□不良(1.0)□尚可(0.5)□良(0)		
4		立面對稱性	3	□不良(1.0)□尚可(0.5)□良(0)		
5		斜撐型式	3	□同心斜撐(1.0)□偏心斜撐(0.5)□BRB(0)□無(0)		
6		梁之跨深比 b	3	當 $b < 3$，$w = 1.0$；當 $3 \leq b < 8$，$w = (8-b)/5$；當 $b \geq 8$，$w = 0$　b =		
7		柱之高深比 c	3	當 $c < 2$，$w = 1.0$；當 $2 \leq c < 6$，$w = (6-c)/4$；當 $c \geq 6$，$w = 0$　c =		
8	結構細部	塑鉸區梁之細部	4	□未處理(1.0) □加蓋鈑或其他(0.4) □梁經切削(0)		
9		未支撐長度	3	□高(1.0)□中(0.67)□低(0.33)□無(0)		
10		斷面結實性	3	□半結實斷面(1.0)□結實斷面(0.5)□耐震與塑性設計斷面(0)		
11	結構現況	柱之損害程度	2	□高(1.0) □中(0.67) □低(0.33) □無(0)		
12		梁之損害程度	2	□高(1.0) □中(0.67) □低(0.33) □無(0)		
13		斜撐損害程度	2	□高(1.0) □中(0.67) □低(0.33) □無(0)		
14		鋼材鏽蝕程度	3	□高(1.0) □中(0.67) □低(0.33) □無(0)		
15	定量分析	475 年耐震能力初步評估	30	當 $\frac{A_{c1}}{IA_{475}} \leq 0.25$，$w = 1$；當 $0.25 \leq \frac{A_{c1}}{IA_{475}} \leq 1$，$w = \frac{4}{3}\left(1-\frac{A_{c1}}{IA_{475}}\right)$；當 $\frac{A_{c1}}{IA_{475}} > 1$，$w = 0$ $A_{c1} = \min[A_{c1,x}, A_{c1,y}]$		
16		2500 年耐震能力初步評估	30	當 $\frac{A_{c2}}{IA_{2500}} \leq 0.25$，$w = 1$；當 $0.25 \leq \frac{A_{c2}}{IA_{2500}} \leq 1$，$w = \frac{4}{3}\left(1-\frac{A_{c2}}{IA_{2500}}\right)$；當 $\frac{A_{c2}}{IA_{2500}} > 1$，$w = 0$ $A_{c2} = \min[A_{c2,x}, A_{c2,y}]$		
危險度分數總計			100	危險度評分總計(P)		
額外評估項目：		此部分為外加評分項目，評估人員應就表列「危險度額外增分」、「危險度額外減分」事項評分，各項最高配分為 2 分，總共最高配分為 8 分；減分最高配分為 2 分				
危險度額外增分	A	分期興建或工程品質有疑慮者				
	B	曾經受災害者，如土石流、火災、震災、人為破壞等				
	C	使用用途由低活載重改為高活載重使用者				
	D	傾斜程度明顯者				
危險度額外減分	a	使用用途由高活載重改為低活載重使用者				
				危險度額外評分總計(S)		
				危險度總評估分數 R=P+S		

附表三　木構造建築物結構安全耐震能力初步評估之評估內容及評分表

<table>
<tr><td colspan="2" rowspan="2">樓層數(N_f)</td><td colspan="2" rowspan="2"></td><td colspan="3">耐震需求參數</td></tr>
<tr><td>S_{DS}</td><td colspan="2"></td></tr>
<tr><td colspan="2">用途係數(I)</td><td colspan="2"></td><td>S_{D1}</td><td colspan="2"></td></tr>
<tr><td colspan="2">韌性容量(R)</td><td colspan="2">1.6</td><td>T_0^D</td><td colspan="2"></td></tr>
<tr><td colspan="2">樓地板面積(A)(m²)</td><td colspan="2"></td><td>S_{aD}</td><td colspan="2"></td></tr>
<tr><td colspan="2">一般工址或臺北盆地</td><td colspan="2"></td><td>R_a</td><td colspan="2"></td></tr>
<tr><td colspan="2">建築物高度／簷高(H)(m)</td><td colspan="2"></td><td>F_u</td><td colspan="2"></td></tr>
<tr><td colspan="2">結構物基本振動週期T(sec)= 0.05 * H^0.75</td><td colspan="2"></td><td>$(S_{aD}/F_u)_m$</td><td colspan="2"></td></tr>
<tr><td colspan="2" rowspan="3">W(kgf) = A * [W_{rf}+ (N_f − 1) * 240]</td><td colspan="2" rowspan="3"></td><td>屋頂種類</td><td colspan="2">屋頂層單位面積重量(W_{rf})(kgf/m²)</td></tr>
<tr><td>木屋架+屋瓦+天花板+半層牆</td><td>□</td><td>220</td></tr>
<tr><td>其他：＿＿＿＿(自行輸入)</td><td>□</td><td></td></tr>
<tr><td rowspan="11">一樓牆量</td><td rowspan="2">抗側力構件種類(厚度)(t)</td><td rowspan="2">單位長度強度(T_{wi})(kgf/m)</td><td colspan="2">牆長度(m)</td><td colspan="2">牆強度(kgf)</td></tr>
<tr><td>X 向總長度(L_{wxi})(m)</td><td>Y 向總長度(L_{wyi})(m)</td><td>X 向(T_{wxi})(kgf)(T_{wxi} = T_{wi} * L_{wxi})</td><td>Y 向(T_{wyi})(kgf)(T_{wyi} = T_{wi} * L_{wyi})</td></tr>
<tr><td>編竹夾泥牆(t < 5cm)</td><td>170</td><td></td><td></td><td></td><td></td></tr>
<tr><td>編竹夾泥牆(5cm ≦ t <7cm)</td><td>220</td><td></td><td></td><td></td><td></td></tr>
<tr><td>編竹夾泥牆(7cm ≦ t <9cm)</td><td>350</td><td></td><td></td><td></td><td></td></tr>
<tr><td>編竹夾泥牆(t ≧ 9cm)</td><td>390</td><td></td><td></td><td></td><td></td></tr>
<tr><td>木板條灰泥牆</td><td>220</td><td></td><td></td><td></td><td></td></tr>
<tr><td>其他：＿＿＿＿</td><td></td><td></td><td></td><td></td><td></td></tr>
<tr><td>牆體種類無法判斷者</td><td>200</td><td></td><td></td><td></td><td></td></tr>
<tr><td colspan="5">X 向牆體強度(TA_{wx})(kgf)[TA_{wx} = Σ(T_{wxi})]</td><td></td></tr>
<tr><td colspan="5">Y 向牆體強度(TA_{wy})(kgf)[TA_{wy} = Σ(T_{wyi})]</td><td></td></tr>
<tr><td colspan="2">調整因子調查項目</td><td colspan="2">調查結果(q_i)</td><td></td><td colspan="2">調整因子 $Q = q_1 * q_2 * q_3 * q_4$</td></tr>
<tr><td>1</td><td>結構系統完整性</td><td colspan="2">□良(1.0)□差(0.9)</td><td></td><td colspan="2" rowspan="4"></td></tr>
<tr><td>2</td><td>變形程度</td><td colspan="2">□無(1.0)□嚴重(0.9)</td><td></td></tr>
<tr><td>3</td><td>構件、接合部及基礎損壞程度</td><td colspan="2">□無、輕微損壞(1.0)
□嚴重損壞(0.8)</td><td></td></tr>
<tr><td>4</td><td>屋頂損壞程度</td><td colspan="2">□無、輕微損壞(1.0)
□嚴重損壞(0.8)</td><td></td></tr>
<tr><td colspan="2">基本耐震性能(E)</td><td>$E_x = TA_{wx} / ((S_{aD}/F_u)_m * I * W) * 70$</td><td></td><td colspan="2">$E_y = TA_{wy} / ((S_{aD}/F_u)_m * I * W) * 70$</td><td></td></tr>
<tr><td colspan="2">耐震指標</td><td>$= E_x * Q$</td><td></td><td colspan="2">$= E_y * Q$</td><td></td></tr>
<tr><td colspan="2">評估分數(木構造建築耐震指標)</td><td colspan="2">= Min(E_x * Q, E_y * Q)</td><td colspan="3"></td></tr>
</table>

附表四　磚構造建築物結構安全耐震能力初步評估之評估內容及評分表

樓層數(N_f)		耐震需求參數		
		S_{DS}		
用途係數(I)		S_{D1}		
韌性容量(R)	1.2	T_0^D		
一般工址或臺北盆地		S_{aD}		
磚牆、磚柱單位斷面積強度(T_{wc})kgf/cm² (T_{wc} = 2.22 + 0.24 * (N_f − 1))		R_a		
建築物高度／簷高(H)m		F_u		
結構物基本振動週期 T(sec)= 0.05 * H^0.75		$(S_{aD}/F_u)_m$		

屋頂種類	屋頂層平均單位重(W_{rf})kgf/m²		各樓層(含屋頂層)樓地板面積		W(kgf) = 1210 * (A_{2f} + A_{3f}) + W_{rf} * A_{rf}
			各樓層之樓地板	樓地板面積 m²	
木屋架+屋瓦+天花板+半層牆	□	600	二樓樓地板 (A_{2f})		
混凝土板+半層牆	□	900	三樓樓地板 (A_{3f})		
其他：＿＿＿＿	□		屋頂樓地板 (A_{rf})		

一樓磚柱量	柱形式	柱尺寸 cm (寬*深)		斷面積 (A_{sci}) cm²	根數 (Nci)	斷面積小計 (A_{ci}) cm² (A_{ci} = A_{sci} * N_{ci})	
	第一種					BAci	
	磚柱總斷面積 cm² (BA_c = Σ (BA_{ci}))			磚柱強度(TA_c)kgf (TA_c = T_{wc}*BA_c)			

一樓磚牆量	牆厚度(T_{wi})cm		牆長度 cm		斷面積小計		
			X 向總長度 (L_{wxi})cm	Y 向總長度(L_{wyi})cm	X 向斷面積(A_{wxi})cm² (A_{wxi} = L_{wxi} * T_{wi})	Y 向斷面積 (A_{wyi})cm² (A_{wyi} = L_{wyi} * T_{wi})	
					BA_{wxi}	BA_{wyi}	
	X 向	磚牆有效總斷面積 cm²	BA_{wx} = Σ (BA_{wxi})				
	Y 向	磚牆有效總斷面積 cm²	BA_{wy} = Σ (BA_{wyi})				
	X 向牆強度(TA_{wx})kgf (T_{Awx} = T_{wc} * B_{Awx})						
	Y 向牆強度(TA_{wy})kgf (T_{Awy} = T_{wc} * B_{Awy})						

調整因子調查項目	主要檢核項目		調查結果(q_i)	
面外因子	1	山牆周圍具有效連續之 RC 圈梁	□合格(1.0) □不合格(0.5)	
	2	牆頂有過梁，或單片磚牆牆身長度小於 10 公尺	□合格(1.0) □不合格(0.5)	
	3	磚牆最小牆身厚度檢核	□合格(1.0) □不合格(0.9)	
形狀因子	4	結構穩定性	□合格(1.0) □不合格(0.9)	

現況因子	5	是否有其他可能危害使用者安全之因素	□無(1.0) □少許(0.95) □嚴重(0.9)		
	6	木屋架屋頂損壞程度	□無、輕微損壞(1.0) □嚴重損壞(0.8)		
調整因子(Q)	$Q = q_1 * q_2 * \cdots * q_6$				

基本耐震性能(E)	$E_x = (TA_c + TA_{wx}) / ((S_{aD}/F_u)_m * I * W) * 70$		$E_y = (TA_c + TA_{wy}) / ((S_{aD}/F_u)_m * I * W) * 70$	
耐震指標	$= E_x * Q$		$= E_y * Q$	
評估分數(磚構造建築耐震指標)	$= \mathrm{Min}\ (E_x * Q,\ E_y * Q)$			

附表五　結構安全耐震能力初步評估基準及等級基準表

單項評估	評估類別	等級	評估基準	評估結果
結構安全耐震評估	初步評估	甲級	危險度總評估分數 R ≦ 30；或評估分數≧ 70。	
		乙級	30 ＜危險度總評估分數 R ≦ 45；或 70 ＞評估分數≧ 55。	

公寓大廈管理條例

■修正日期：民國 105 年 11 月 16 日

第一章｜總則

第 1 條

為加強公寓大廈之管理維護，提昇居住品質，特制定本條例。

本條例未規定者，適用其他法令之規定。

第 2 條

本條例所稱主管機關：在中央為內政部；在直轄市為直轄市政府；在縣（市）為縣（市）政府。

第 3 條

本條例用辭定義如下：

一、公寓大廈：指構造上或使用上或在建築執照設計圖樣標有明確界線，得區分為數部分之建築物及其基地。

二、區分所有：指數人區分一建築物而各有其專有部分，並就其共用部分按其應有部分有所有權。

三、專有部分：指公寓大廈之一部分，具有使用上之獨立性，且為區分所有之標的者。

四、共用部分：指公寓大廈專有部分以外之其他部分及不屬專有之附屬建築物，而供共同使用者。

五、約定專用部分：公寓大廈共用部分經約定供特定區分所有權人使用者。

六、約定共用部分：指公寓大廈專有部分經約定供共同使用者。

七、區分所有權人會議：指區分所有權人為共同事務及涉及權利義務之有關事項，召集全體區分所有權人所舉行之會議。

八、住戶：指公寓大廈之區分所有權人、承租人或其他經區分所有權人同意而為專有部分之使用者或業經取得停車空間建築物所有權者。

九、管理委員會：指為執行區分所有權人會議決議事項及公寓大廈管理維護工作，由區分所有權人選任住戶若干人為管理委員所設立之組織。

十、管理負責人：指未成立管理委員會，由區分所有權人推選住戶一人或依第二十八條第三項、第二十九條第六項規定為負責管理公寓大廈事務者。

十一、管理服務人：指由區分所有權人會議決議或管理負責人或管理委員會僱傭或委任而執行建築物管理維護事務之公寓大廈管理服務人員或管理維護公司。

十二、規約：公寓大廈區分所有權人為增進共同利益，確保良好生活環境，經區分所有權人會議決議之共同遵守事項。

第二章｜住戶之權利義務

第 4 條

區分所有權人除法律另有限制外，對其專有部分，得自由使用、收益、處分，並排除他人干涉。

專有部分不得與其所屬建築物共用部分之應有部分及其基地所有權或地上權之應有部分分離而為移轉或設定負擔。

第 5 條

區分所有權人對專有部分之利用，不得有妨害建築物之正常使用及違反區分所有權人共同利益之行為。

第 6 條

住戶應遵守下列事項：

一、於維護、修繕專有部分、約定專用部分或行使其權利時，不得妨害其他住戶之安寧、安全及衛生。

二、他住戶因維護、修繕專有部分、約定專用部分或設置管線，必須進入或使用其專有部分或約定專用部分時，不得拒絕。

三、管理負責人或管理委員會因維護、修繕共用部分或設置管線，必須進入或使用其專有部分或約定專用部分時，不得拒絕。

四、於維護、修繕專有部分、約定專用部分或設置管線，必須使用共用部分時，應經管理負責人或管理委員會之同意後為之。

五、其他法令或規約規定事項。

前項第二款至第四款之進入或使用，應擇其損害最少之處所及方法為之，並應修復或補償所生損害。

住戶違反第一項規定，經協調仍不履行時，住戶、管理負責人或管理委員會得按其性質請求各該主管機關或訴請法院為必要之處置。

第 7 條

公寓大廈共用部分不得獨立使用供做專有部分。其為下列各款者，並不得為約定專用部分：

一、公寓大廈本身所占之地面。

二、連通數個專有部分之走廊或樓梯，及其通往室外之通路或門廳；社區內各巷道、防火巷弄。

三、公寓大廈基礎、主要樑柱、承重牆壁、樓地板及屋頂之構造。

四、約定專用有違法令使用限制之規定者。

五、其他有固定使用方法，並屬區分所有權人生活利用上不可或缺之共用部分。

第 8 條

公寓大廈周圍上下、外牆面、樓頂平臺及不屬專有部分之防空避難設備，其變更構造、顏色、設置廣告物、鐵鋁窗或其他類似之行為，除應依法令規定辦理外，該公寓大廈規約另有規定或區分所有權人會議已有決議，經向直轄市、縣（市）主管機關完成報備有案者，應受該規約或區分所有權人會議決議之限制。

公寓大廈有十二歲以下兒童或六十五歲以上老人之住戶，外牆開口部或陽臺得設置不妨礙逃生且不突出外牆面之防墜設施。防墜設施設置後，設置理由消失且不符前項限制者，區分所有權人應予改善或回復原狀。

住戶違反第一項規定，管理負責人或管理委員會應予制止，經制止而不遵從者，應報請主管機關依第四十九條第一項規定處理，該住戶並應於一個月內回復原狀。屆期未回復原狀者，得由管理負責人或管理委員會回復原狀，其費用由該住戶負擔。

第 9 條

各區分所有權人按其共有之應有部分比例，對建築物之共用部分及其基地有使用收益之權。但另有約定者從其約定。

住戶對共用部分之使用應依其設置目的及通常使用方法為之。但另有約定者從其約定。

前二項但書所約定事項，不得違反本條例、區域計畫法、都市計畫法及建築法令之規定。

住戶違反第二項規定，管理負責人或管理委員會應予制止，並得按其性質請求各該主管機關或訴請法院為必要之處置。如有損害並得請求損害賠償。

第 10 條

專有部分、約定專用部分之修繕、管理、維護，由各該區分所有權人或約定專用部分之使用人為之，並負擔其費用。

共用部分、約定共用部分之修繕、管理、維護，由管理負責人或管理委員會爲之。其費用由公共基金支付或由區分所有權人按其共有之應有部分比例分擔之。但修繕費係因可歸責於區分所有權人或住戶之事由所致者，由該區分所有權人或住戶負擔。其費用若區分所有權人會議或規約另有規定者，從其規定。

前項共用部分、約定共用部分，若涉及公共環境清潔衛生之維持、公共消防滅火器材之維護、公共通道溝渠及相關設施之修繕，其費用政府得視情況予以補助，補助辦法由直轄市、縣（市）政府定之。

第 11 條

共用部分及其相關設施之拆除、重大修繕或改良，應依區分所有權人會議之決議爲之。

前項費用，由公共基金支付或由區分所有權人按其共有之應有部分比例分擔。

第 12 條

專有部分之共同壁及樓地板或其內之管線，其維修費用由該共同壁雙方或樓地板上下方之區分所有權人共同負擔。但修繕費係因可歸責於區分所有權人之事由所致者，由該區分所有權人負擔。

第 13 條

公寓大廈之重建，應經全體區分所有權人及基地所有權人、地上權人或典權人之同意。但有下列情形之一者，不在此限：

一、配合都市更新計畫而實施重建者。

二、嚴重毀損、傾頹或朽壞，有危害公共安全之虞者。

三、因地震、水災、風災、火災或其他重大事變，肇致危害公共安全者。

第 14 條

公寓大廈有前條第二款或第三款所定情形之一，經區分所有權人會議決議重建時，區分所有權人不同意決議又不出讓區分所有權或同意後不依決議履行其義務者，管理負責人或管理委員會得訴請法院命區分所有權人出讓其區分所有權及其基地所有權應有部分。

前項之受讓人視爲同意重建。

重建之建造執照之申請，其名義以區分所有權人會議之決議爲之。

第 15 條

住戶應依使用執照所載用途及規約使用專有部分、約定專用部分，不得擅自變更。

住戶違反前項規定，管理負責人或管理委員會應予制止，經制止而不遵從者，報請直轄市、縣（市）主管機關處理，並要求其回復原狀。

第 16 條

住戶不得任意棄置垃圾、排放各種污染物、惡臭物質或發生喧囂、振動及其他與此相類之行爲。

住戶不得於私設通路、防火間隔、防火巷弄、開放空間、退縮空地、樓梯間、共同走廊、防空避難設備等處所堆置雜物、設置柵欄、門扇或營業使用，或違規設置廣告物或私設路障及停車位侵占巷道妨礙出入。但開放空間及退縮空地，在直轄市、縣（市）政府核准範圍內，得依規約或區分所有權人會議決議供營業使用；防空避難設備，得爲原核准範圍之使用；其兼作停車空間使用者，得依法供公共收費停車使用。

住戶爲維護、修繕、裝修或其他類似之工作時，未經申請主管建築機關核准，不得破壞或變更建築物之主要構造。

住戶飼養動物，不得妨礙公共衛生、公共安寧及公共安全。但法令或規約另有禁止飼養之規定時，從其規定。

住戶違反前四項規定時，管理負責人或管理委員會應予制止或按規約處理，經制止而不遵從者，得報請直轄市、縣（市）主管機關處理。

第 17 條

住戶於公寓大廈內依法經營餐飲、瓦斯、電焊或其他危險營業或存放有爆炸性或易燃性物品者，應依中央主管機關所定保險金額投保公共意外責任保險。其因此增加其他住戶投保火災保險之保險費者，並應就其差額負補償責任。其投保、補償辦法及保險費率由中央主管機關會同財政部定之。

前項投保公共意外責任保險，經催告於七日內仍未辦理者，管理負責人或管理委員會應代爲投保；其保險費、差額補償費及其他費用，由該住戶負擔。

第 18 條

公寓大廈應設置公共基金，其來源如下：

一、起造人就公寓大廈領得使用執照一年內之管理維護事項，應按工程造價一定比例或金額提列。

二、區分所有權人依區分所有權人會議決議繳納。

三、本基金之孳息。

四、其他收入。

依前項第一款規定提列之公共基金，起造人於該公寓大廈使用執照申請時，應提出繳交各直轄市、縣（市）主管機關公庫代收之證明；於公寓大廈成立管理委員會或推選管理負責人，並完成依第五十七條規定點交共用部分、約定共用部分及其附屬設施設備後向直轄市、縣（市）主管機關報備，由公庫代為撥付。同款所稱比例或金額，由中央主管機關定之。

公共基金應設專戶儲存，並由管理負責人或管理委員會負責管理；如經區分所有權人會議決議交付信託者，由管理負責人或管理委員會交付信託。其運用應依區分所有權人會議之決議為之。

第一項及第二項所規定起造人應提列之公共基金，於本條例公布施行前，起造人已取得建造執照者，不適用之。

第 19 條

區分所有權人對於公共基金之權利應隨區分所有權之移轉而移轉；不得因個人事由為讓與、扣押、抵銷或設定負擔。

第 20 條

管理負責人或管理委員會應定期將公共基金或區分所有權人、住戶應分擔或其他應負擔費用之收支、保管及運用情形公告，並於解職、離職或管理委員會改組時，將公共基金收支情形、會計憑證、會計帳簿、財務報表、印鑑及餘額移交新管理負責人或新管理委員會。

管理負責人或管理委員會拒絕前項公告或移交，經催告於七日內仍不公告或移交時，得報請主管機關或訴請法院命其公告或移交。

第 21 條

區分所有權人或住戶積欠應繳納之公共基金或應分擔或其他應負擔之費用已逾二期或達相當金額，經定相當期間催告仍不給付者，管理負責人或管理委員會得訴請法院命其給付應繳之金額及遲延利息。

第 22 條

住戶有下列情形之一者，由管理負責人或管理委員會促請其改善，於三個月內仍未改善者，管理負責人或管理委員會得依區分所有權人會議之決議，訴請法院強制其遷離：

一、積欠依本條例規定應分擔之費用，經強制執行後再度積欠金額達其區分所有權總價百分之一者。

二、違反本條例規定經依第四十九條第一項第一款至第四款規定處以罰鍰後，仍不改善或續犯者。

三、其他違反法令或規約情節重大者。

前項之住戶如爲區分所有權人時，管理負責人或管理委員會得依區分所有權人會議之決議，訴請法院命區分所有權人出讓其區分所有權及其基地所有權應有部分；於判決確定後三個月內不自行出讓並完成移轉登記手續者，管理負責人或管理委員會得聲請法院拍賣之。

前項拍賣所得，除其他法律另有規定外，於積欠本條例應分擔之費用，其受償順序與第一順位抵押權同。

第 23 條

有關公寓大廈、基地或附屬設施之管理使用及其他住戶間相互關係，除法令另有規定外，得以規約定之。

規約除應載明專有部分及共用部分範圍外，下列各款事項，非經載明於規約者，不生效力：

一、約定專用部分、約定共用部分之範圍及使用主體。

二、各區分所有權人對建築物共用部分及其基地之使用收益權及住戶對共用部分使用之特別約定。

三、禁止住戶飼養動物之特別約定。

四、違反義務之處理方式。

五、財務運作之監督規定。

六、區分所有權人會議決議有出席及同意之區分所有權人人數及其區分所有權比例之特別約定。

七、糾紛之協調程序。

第 24 條

區分所有權之繼受人，應於繼受前向管理負責人或管理委員會請求閱覽或影印第三十五條所定文件，並應於繼受後遵守原區分所有權人依本條例或規約所定之一切權利義務事項。

公寓大廈專有部分之無權占有人，應遵守依本條例規定住戶應盡之義務。無權占有人違反前項規定，準用第二十一條、第二十二條、第四十七條、第四十九條住戶之規定。

第三章｜管理組織

第 25 條

區分所有權人會議，由全體區分所有權人組成，每年至少應召開定期會議一次。

有下列情形之一者，應召開臨時會議：

一、發生重大事故有及時處理之必要，經管理負責人或管理委員會請求者。

二、經區分所有權人五分之一以上及其區分所有權比例合計五分之一以上，以書面載明召集之目的及理由請求召集者。

區分所有權人會議除第二十八條規定外，由具區分所有權人身分之管理負責人、管理委員會主任委員或管理委員爲召集人；管理負責人、管理委員會主任委員或管理委員喪失區分所有權人資格日起，視同解任。無管理負責人或管理委員會，或無區分所有權人擔任管理負責人、主任委員或管理委員時，由區分所有權人互推一人爲召集人；召集人任期依區分所有權人會議或依規約規定，任期一至二年，連選得連任一次。但區分所有權人會議或規約未規定者，任期一年，連選得連任一次。

召集人無法依前項規定互推產生時，各區分所有權人得申請直轄市、縣（市）主管機關指定臨時召集人，區分所有權人不申請指定時，直轄市、縣（市）主管機關得視實際需要指定區分所有權人一人爲臨時召集人，或依規約輪流擔任，其任期至互推召集人爲止。

第 26 條

非封閉式之公寓大廈集居社區其地面層爲各自獨立之數幢建築物，且區內屬住宅與辦公、商場混合使用，其辦公、商場之出入口各自獨立之公寓大廈，各該幢內之辦公、商場部分，得就該幢或結合他幢內之辦公、商場部分，經其區分所有權人過半數書面同意，及全體區分所有權人會議決議或規約明定下列各款事項後，以該辦公、商場部分召開區分所有權人會議，成立管理委員會，並向直轄市、縣（市）主管機關報備。

一、共用部分、約定共用部分範圍之劃分。

二、共用部分、約定共用部分之修繕、管理、維護範圍及管理維護費用之分擔方式。

三、公共基金之分配。

四、會計憑證、會計帳簿、財務報表、印鑑、餘額及第三十六條第八款規定保管文件之移交。

五、全體區分所有權人會議與各該辦公、商場部分之區分所有權人會議之分工事宜。

第二十條、第二十七條、第二十九條至第三十九條、第四十八條、第四十九條第一項第七款及第五十四條規定，於依前項召開或成立之區分所有權人會議、管理委員會及其主任委員、管理委員準用之。

第 27 條

各專有部分之區分所有權人有一表決權。數人共有一專有部分者，該表決權應推由一人行使。

區分所有權人會議之出席人數與表決權之計算，於任一區分所有權人之區分所有權占全部區分所有權五分之一以上者，或任一區分所有權人所有之專有部分之個數超過全部專有部分個數總合之五分之一以上者，其超過部分不予計算。

區分所有權人因故無法出席區分所有權人會議時，得以書面委託配偶、有行為能力之直系血親、其他區分所有權人或承租人代理出席；受託人於受託之區分所有權占全部區分所有權五分之一以上者，或以單一區分所有權計算之人數超過區分所有權人數五分之一者，其超過部分不予計算。

第 28 條

公寓大廈建築物所有權登記之區分所有權人達半數以上及其區分所有權比例合計半數以上時，起造人應於三個月內召集區分所有權人召開區分所有權人會議，成立管理委員會或推選管理負責人，並向直轄市、縣（市）主管機關報備。

前項起造人為數人時，應互推一人為之。出席區分所有權人之人數或其區分所有權比例合計未達第三十一條規定之定額而未能成立管理委員會時，起造人應就同一議案重新召集會議一次。

起造人於召集區分所有權人召開區分所有權人會議成立管理委員會或推選管理負責人前，為公寓大廈之管理負責人。

第 29 條

公寓大廈應成立管理委員會或推選管理負責人。

公寓大廈成立管理委員會者，應由管理委員互推一人為主任委員，主任委員對外代表管理委員會。主任委員、管理委員之選任、解任、權限與其委員人數、召集方式及事務執行方法與代理規定，依區分所有權人會議之決議。但規約另有規定者，從其規定。

管理委員、主任委員及管理負責人之任期，依區分所有權人會議或規約之規定，任期一至二年，主任委員、管理負責人、負責財務管理及監察業務之管理委員，連選得連任一次，其餘管理委員，連選得連任。但區分所有權人會議或規約未規定者，任期一年，主任委員、管理負責人、負責財務管理及監察業務之管理委員，連選得連任一次，其餘管理委員，連選得連任。

前項管理委員、主任委員及管理負責人任期屆滿未再選任或有第二十條第二項所定之拒絕移交者，自任期屆滿日起，視同解任。

公寓大廈之住戶非該專有部分之區分所有權人者，除區分所有權人會議之決議或規約另有規定外，得被選任、推選為管理委員、主任委員或管理負責人。

公寓大廈未組成管理委員會且未推選管理負責人時，以第二十五條區分所有權人互推之召集人或申請指定之臨時召集人為管理負責人。區分所有權人無法互推召集人或申請指定臨時召集人時，區分所有權人得申請直轄市、縣（市）主管機關指定住戶一人為管理負責人，其任期至成立管理委員會、推選管理負責人或互推召集人為止。

第 30 條

區分所有權人會議，應由召集人於開會前十日以書面載明開會內容，通知各區分所有權人。但有急迫情事須召開臨時會者，得以公告為之；公告期間不得少於二日。

管理委員之選任事項，應在前項開會通知中載明並公告之，不得以臨時動議提出。

第 31 條

區分所有權人會議之決議，除規約另有規定外，應有區分所有權人三分之二以上及其區分所有權比例合計三分之二以上出席，以出席人數四分之三以上及其區分所有權比例占出席人數區分所有權四分之三以上之同意行之。

第 32 條

區分所有權人會議依前條規定未獲致決議、出席區分所有權人之人數或其區分所有權比例合計未達前條定額者，召集人得就同一議案重新召集會議；其開議除規約另有規定出席人數外，應有區分所有權人三人並五分之一以上及其區分所有權比例合計五分之一以上出席，以出席人數過半數及其區分所有權比例占出席人數區分所有權合計過半數之同意作成決議。

前項決議之會議紀錄依第三十四條第一項規定送達各區分所有權人後，各區分所有權人得於七日內以書面表示反對意見。書面反對意見未超過全體區分所有權人及其區分所有權比例合計半數時，該決議視為成立。

第一項會議主席應於會議決議成立後十日內以書面送達全體區分所有權人並公告之。

第 33 條

區分所有權人會議之決議，未經依下列各款事項辦理者，不生效力：

一、專有部分經依區分所有權人會議約定為約定共用部分者，應經該專有部分區分所有權人同意。

二、公寓大廈外牆面、樓頂平臺，設置廣告物、無線電台基地台等類似強波發射設備或其他類似之行爲，設置於屋頂者，應經頂層區分所有權人同意；設置其他樓層者，應經該樓層區分所有權人同意。該層住戶，並得參加區分所有權人會議陳述意見。

三、依第五十六條第一項規定成立之約定專用部分變更時，應經使用該約定專用部分之區分所有權人同意。但該約定專用顯已違反公共利益，經管理委員會或管理負責人訴請法院判決確定者，不在此限。

第 34 條

區分所有權人會議應作成會議紀錄，載明開會經過及決議事項，由主席簽名，於會後十五日內送達各區分所有權人並公告之。

前項會議紀錄，應與出席區分所有權人之簽名簿及代理出席之委託書一併保存。

第 35 條

利害關係人於必要時，得請求閱覽或影印規約、公共基金餘額、會計憑證、會計帳簿、財務報表、欠繳公共基金與應分攤或其他應負擔費用情形、管理委員會會議紀錄及前條會議紀錄，管理負責人或管理委員會不得拒絕。

第 36 條

管理委員會之職務如下：

一、區分所有權人會議決議事項之執行。

二、共有及共用部分之清潔、維護、修繕及一般改良。

三、公寓大廈及其周圍之安全及環境維護事項。

四、住戶共同事務應興革事項之建議。

五、住戶違規情事之制止及相關資料之提供。

六、住戶違反第六條第一項規定之協調。

七、收益、公共基金及其他經費之收支、保管及運用。

八、規約、會議紀錄、使用執照謄本、竣工圖說、水電、消防、機械設施、管線圖說、會計憑證、會計帳簿、財務報表、公共安全檢查及消防安全設備檢修之申報文件、印鑑及有關文件之保管。

九、管理服務人之委任、僱傭及監督。

十、會計報告、結算報告及其他管理事項之提出及公告。

十一、共用部分、約定共用部分及其附屬設施設備之點收及保管。

十二、依規定應由管理委員會申報之公共安全檢查與消防安全設備檢修之申報及改善之執行。

十三、其他依本條例或規約所定事項。

第 37 條

管理委員會會議決議之內容不得違反本條例、規約或區分所有權人會議決議。

第 38 條

管理委員會有當事人能力。

管理委員會為原告或被告時，應將訴訟事件要旨速告區分所有權人。

第 39 條

管理委員會應向區分所有權人會議負責，並向其報告會務。

第 40 條

第三十六條、第三十八條及前條規定，於管理負責人準用之。

第四章｜管理服務人

第 41 條

公寓大廈管理維護公司應經中央主管機關許可及辦理公司登記，並向中央主管機關申領登記證後，始得執業。

第 42 條

公寓大廈管理委員會、管理負責人或區分所有權人會議，得委任或僱傭領有中央主管機關核發之登記證或認可證之公寓大廈管理維護公司或管理服務人員執行管理維護事務。

第 43 條

公寓大廈管理維護公司，應依下列規定執行業務：

一、應依規定類別，聘僱一定人數領有中央主管機關核發認可證之繼續性從業之管理服務人員，並負監督考核之責。

二、應指派前款之管理服務人員辦理管理維護事務。

三、應依業務執行規範執行業務。

第 44 條

受僱於公寓大廈管理維護公司之管理服務人員，應依下列規定執行業務：

一、應依核准業務類別、項目執行管理維護事務。

二、不得將管理服務人員認可證提供他人使用或使用他人之認可證執業。

三、不得同時受聘於二家以上之管理維護公司。

四、應參加中央主管機關舉辦或委託之相關機構、團體辦理之訓練。

第 45 條

前條以外之公寓大廈管理服務人員，應依下列規定執行業務：

一、應依核准業務類別、項目執行管理維護事務。

二、不得將管理服務人員認可證提供他人使用或使用他人之認可證執業。

三、應參加中央主管機關舉辦或委託之相關機構、團體辦理之訓練。

第 46 條

第四十一條至前條公寓大廈管理維護公司及管理服務人員之資格、條件、管理維護公司聘僱管理服務人員之類別與一定人數、登記證與認可證之申請與核發、業務範圍、業務執行規範、責任、輔導、獎勵、參加訓練之方式、內容與時數、受委託辦理訓練之機構、團體之資格、條件與責任及登記費之收費基準等事項之管理辦法，由中央主管機關定之。

第五章｜罰則

第 47 條

有下列行為之一者，由直轄市、縣（市）主管機關處新臺幣三千元以上一萬五千元以下罰鍰，並得令其限期改善或履行義務、職務；屆期不改善或不履行者，得連續處罰：

一、區分所有權人會議召集人、起造人或臨時召集人違反第二十五條或第二十八條所定之召集義務者。

二、住戶違反第十六條第一項或第四項規定者。

三、區分所有權人或住戶違反第六條規定，主管機關受理住戶、管理負責人或管理委員會之請求，經通知限期改善，屆期不改善者。

第 48 條

有下列行為之一者，由直轄市、縣（市）主管機關處新臺幣一千元以上五千元以下罰鍰，並得令其限期改善或履行義務、職務；屆期不改善或不履行者，得連續處罰：

一、管理負責人、主任委員或管理委員未善盡督促第十七條所定住戶投保責任保險之義務者。

二、管理負責人、主任委員或管理委員無正當理由未執行第二十二條所定促請改善或訴請法院強制遷離或強制出讓該區分所有權之職務者。

三、管理負責人、主任委員或管理委員無正當理由違反第三十五條規定者。

四、管理負責人、主任委員或管理委員無正當理由未執行第三十六條第一款、第五款至第十二款所定之職務，顯然影響住戶權益者。

第 49 條

有下列行爲之一者，由直轄市、縣（市）主管機關處新臺幣四萬元以上二十萬元以下罰鍰，並得令其限期改善或履行義務；屆期不改善或不履行者，得連續處罰：

一、區分所有權人對專有部分之利用違反第五條規定者。

二、住戶違反第八條第一項或第九條第二項關於公寓大廈變更使用限制規定，經制止而不遵從者。

三、住戶違反第十五條第一項規定擅自變更專有或約定專用之使用者。

四、住戶違反第十六條第二項或第三項規定者。

五、住戶違反第十七條所定投保責任保險之義務者。

六、區分所有權人違反第十八條第一項第二款規定未繳納公共基金者。

七、管理負責人、主任委員或管理委員違反第二十條所定之公告或移交義務者。

八、起造人或建築業者違反第五十七條或第五十八條規定者。

有供營業使用事實之住戶有前項第三款或第四款行爲，因而致人於死者，處一年以上七年以下有期徒刑，得併科新臺幣一百萬元以上五百萬元以下罰金；致重傷者，處六個月以上五年以下有期徒刑，得併科新臺幣五十萬元以上二百五十萬元以下罰金。

第 50 條

從事公寓大廈管理維護業務之管理維護公司或管理服務人員違反第四十二條規定，未經領得登記證、認可證或經廢止登記證、認可證而營業，或接受公寓大廈管理委員會、管理負責人或區分所有權人會議決議之委任或僱傭執行公寓大廈管理維護服務業務者，由直轄市、縣（市）主管機關勒令其停業或停止執行業務，並處新臺幣四萬元以上二十萬元以下罰鍰；其拒不遵從者，得按次連續處罰。

第 51 條

公寓大廈管理維護公司，違反第四十三條規定者，中央主管機關應通知限期改正；

屆期不改正者，得予停業、廢止其許可或登記證或處新臺幣三萬元以上十五萬元以下罰鍰；其未依規定向中央主管機關申領登記證者，中央主管機關應廢止其許可。
受僱於公寓大廈管理維護公司之管理服務人員，違反第四十四條規定者，中央主管機關應通知限期改正；屆期不改正者，得廢止其認可證或停止其執行公寓大廈管理維護業務三個月以上三年以下或處新臺幣三千元以上一萬五千元以下罰鍰。
前項以外之公寓大廈管理服務人員，違反第四十五條規定者，中央主管機關應通知限期改正；屆期不改正者，得廢止其認可證或停止其執行公寓大廈管理維護業務六個月以上三年以下或處新臺幣三千元以上一萬五千元以下罰鍰。

第 52 條

依本條例所處之罰鍰，經限期繳納，屆期仍不繳納者，依法移送強制執行。

第六章｜附則

第 53 條

多數各自獨立使用之建築物、公寓大廈，其共同設施之使用與管理具有整體不可分性之集居地區者，其管理及組織準用本條例之規定。

第 54 條

本條例所定應行催告事項，由管理負責人或管理委員會以書面為之。

第 55 條

本條例施行前已取得建造執照之公寓大廈，其區分所有權人應依第二十五條第四項規定，互推一人為召集人，並召開第一次區分所有權人會議，成立管理委員會或推選管理負責人，並向直轄市、縣（市）主管機關報備。前項公寓大廈於區分所有權人會議訂定規約前，以第六十條規約範本視為規約。但得不受第七條各款不得為約定專用部分之限制。
對第一項未成立管理組織並報備之公寓大廈，直轄市、縣（市）主管機關得分期、分區、分類（按樓高或使用之不同等分類）擬定計畫，輔導召開區分所有權人會議成立管理委員會或推選管理負責人，並向直轄市、縣（市）主管機關報備。

第 56 條

公寓大廈之起造人於申請建造執照時，應檢附專有部分、共用部分、約定專用部分、約定共用部分標示之詳細圖說及規約草約。於設計變更時亦同。
前項規約草約經承受人簽署同意後，於區分所有權人會議訂定規約前，視為規約。

公寓大廈之起造人或區分所有權人應依使用執照所記載之用途及下列測繪規定，辦理建物所有權第一次登記：

一、獨立建築物所有權之牆壁，以牆之外緣爲界。

二、建築物共用之牆壁，以牆壁之中心爲界。

三、附屬建物以其外緣爲界辦理登記。

四、有隔牆之共用牆壁，依第二款之規定，無隔牆設置者，以使用執照竣工平面圖區分範圍爲界，其面積應包括四周牆壁之厚度。

第一項共用部分之圖說，應包括設置管理維護使用空間之詳細位置圖說。本條例中華民國九十二年十二月九日修正施行前，領得使用執照之公寓大廈，得設置一定規模、高度之管理維護使用空間，並不計入建築面積及總樓地板面積；其免計入建築面積及總樓地板面積之一定規模、高度之管理維護使用空間及設置條件等事項之辦法，由直轄市、縣（市）主管機關定之。

第 57 條

起造人應將公寓大廈共用部分、約定共用部分與其附屬設施設備；設施設備使用維護手冊及廠商資料、使用執照謄本、竣工圖說、水電、機械設施、消防及管線圖說，於管理委員會成立或管理負責人推選或指定後七日內會同政府主管機關、公寓大廈管理委員會或管理負責人現場針對水電、機械設施、消防設施及各類管線進行檢測，確認其功能正常無誤後，移交之。

前項公寓大廈之水電、機械設施、消防設施及各類管線不能通過檢測，或其功能有明顯缺陷者，管理委員會或管理負責人得報請主管機關處理，其歸責起造人者，主管機關命起造人負責修復改善，並於一個月內，起造人再會同管理委員會或管理負責人辦理移交手續。

第 58 條

公寓大廈起造人或建築業者，非經領得建造執照，不得辦理銷售。

公寓大廈之起造人或建築業者，不得將共用部分，包含法定空地、法定停車空間及法定防空避難設備，讓售於特定人或爲區分所有權人以外之特定人設定專用使用權或爲其他有損害區分所有權人權益之行爲。

第 59 條

區分所有權人會議召集人、臨時召集人、起造人、建築業者、區分所有權人、住戶、管理負責人、主任委員或管理委員有第四十七條、第四十八條或第四十九條各款所定情事之一時，他區分所有權人、利害關係人、管理負責人或管理委員會得列舉事實及提出證據，報直轄市、縣（市）主管機關處理。

第 59-1 條

直轄市、縣（市）政府爲處理有關公寓大廈爭議事件，得聘請資深之專家、學者及建築師、律師，並指定公寓大廈及建築管理主管人員，組設公寓大廈爭議事件調處委員會。

前項調處委員會之組織，由內政部定之。

第 60 條

規約範本，由中央主管機關定之。

第五十六條規約草約，得依前項規約範本制作。

第 61 條

第六條、第九條、第十五條、第十六條、第二十條、第二十五條、第二十八條、第二十九條及第五十九條所定主管機關應處理事項，得委託或委辦鄉（鎮、市、區）公所辦理。

第 62 條

本條例施行細則，由中央主管機關定之。

第 63 條

本條例自公布日施行。

公寓大廈管理條例施行細則

■修正日期：民國 94 年 11 月 16 日

第 1 條

本細則依公寓大廈管理條例（以下簡稱本條例）第六十二條規定訂定之。

第 2 條

本條例所稱區分所有權比例，指區分所有權人之專有部分依本條例第五十六條第三項測繪之面積與公寓大廈專有部分全部面積總和之比。建築物已完成登記者，依登記機關之記載爲準。

同一區分所有權人有數專有部分者，前項區分所有權比例，應予累計。但於計算區分所有權人會議之比例時，應受本條例第二十七條第二項規定之限制。

第 3 條

本條例所定區分所有權人之人數，其計算方式如下：

一、區分所有權已登記者，按其登記人數計算。但數人共有一專有部分者，以一人計。

二、區分所有權未登記者，依本條例第五十六條第一項圖說之標示，每一專有部分以一人計。

第 4 條

本條例第七條第一款所稱公寓大廈本身所占之地面，指建築物外牆中心線或其代替柱中心線以內之最大水平投影範圍。

第 5 條

本條例第十八條第一項第一款所定按工程造價一定比例或金額提列公共基金，依下列標準計算之：

一、新臺幣一千萬元以下者爲千分之二十。

二、逾新臺幣一千萬元至新臺幣一億元者，超過新臺幣一千萬元部分爲千分之十五。

三、逾新臺幣一億元至新臺幣十億元者，超過新臺幣一億元部分爲千分之五。

四、逾新臺幣十億元者，超過新臺幣十億元部分爲千分之三。

前項工程造價，指經直轄市、縣（市）主管建築機關核發建造執照載明之工程造價。

政府興建住宅之公共基金，其他法規有特別規定者，依其規定。

第 6 條

本條例第二十二條第一項第一款所稱區分所有權總價，指管理負責人或管理委員會促請該區分所有權人或住戶改善時，建築物之評定標準價格及當期土地公告現值之和。

第 7 條

本條例第二十五條第三項所定由區分所有權人互推一人為召集人，除規約另有規定者外，應有區分所有權人二人以上書面推選，經公告十日後生效。

前項被推選人為數人或公告期間另有他人被推選時，以推選之區分所有權人人數較多者任之；人數相同時，以區分所有權比例合計較多者任之。新被推選人與原被推選人不為同一人時，公告日數應自新被推選人被推選之次日起算。

前二項之推選人於推選後喪失區分所有權人資格時，除受讓人另為意思表示者外，其所為之推選行為仍為有效。

區分所有權人推選管理負責人時，準用前三項規定。

第 8 條

本條例第二十六條第一項、第二十八條第一項及第五十五條第一項所定報備之資料如下：

一、成立管理委員會或推選管理負責人時之全體區分所有權人名冊及出席區分所有權人名冊。

二、成立管理委員會或推選管理負責人時之區分所有權人會議會議紀錄或推選書或其他證明文件。

直轄市、縣（市）主管機關受理前項報備資料，應予建檔。

第 9 條

本條例第三十三條第二款所定無線電臺基地臺等類似強波發射設備，由無線電臺基地臺之目的事業主管機關認定之。

第 10 條

本條例第二十六條第一項第四款、第三十五條及第三十六條第八款所稱會計憑證，指證明會計事項之原始憑證；會計帳簿，指日記帳及總分類帳；財務報表，指公共基金之現金收支表及管理維護費之現金收支表及財產目錄、費用及應收未收款明細。

第11條

本條例第三十六條所定管理委員會之職務，除第七款至第九款、第十一款及第十二款外，經管理委員會決議或管理負責人以書面授權者，得由管理服務人執行之。但區分所有權人會議或規約另有規定者，從其規定。

第12條

本條例第五十三條所定其共同設施之使用與管理具有整體不可分性之集居地區，指下列情形之一：

一、依建築法第十一條規定之一宗建築基地。

二、依非都市土地使用管制規則及中華民國九十二年三月二十六日修正施行前山坡地開發建築管理辦法申請開發許可範圍內之地區。

三、其他經直轄市、縣（市）主管機關認定其共同設施之使用與管理具有整體不可分割之地區。

第13條

本條例所定之公告，應於公寓大廈公告欄內爲之；未設公告欄者，應於主要出入口明顯處所爲之。

第14條

本細則自發布日施行。

公寓大廈公共意外責任保險投保及火災保險費差額補償辦法

■修正日期：民國 101 年 02 月 01 日

第 1 條

本辦法依公寓大廈管理條例（以下簡稱本條例）第十七條第一項規定訂定之。

第 2 條

本條例第十七條第一項所稱其他危險營業或存放有爆炸性或易燃性物品之範圍如附表。

第 3 條

公寓大廈內經營餐飲、瓦斯、電焊或其他危險營業或存放有爆炸性或易燃性物品之住戶（以下簡稱經營危險行業住戶）投保之公共意外責任保險，應向經財政部核准或許可設立登記之保險業辦理投保。

第 4 條

依本條例投保之公共意外責任保險，其最低保險金額如下：

一、每一個人身體傷亡：新臺幣三百萬元。

二、第二條附表之下列場所，每一事故身體傷亡爲新臺幣三千萬元，其餘場所爲新臺幣一千五百萬元：

（一）類序一之電影院。

（二）類序二樓地板面積在五百平方公尺以上之場所。

（三）類序三之場所。

（四）類序四客房數超過一百間之場所。

三、每一事故財產損失：新臺幣二百萬元。

四、第二條附表之下列場所，保險期間總保險金額爲新臺幣六千四百萬元，其餘場所爲新臺幣三千四百萬元：

（一）類序一之電影院。

（二）類序二樓地板面積在五百平方公尺以上之場所。

（三）類序三之場所。

（四）類序四客房數超過一百間之場所。

第 5 條

公寓大廈住戶向經營危險行業住戶請求補償火災保險費差額者，應檢附保險契約及保險費收據影本。

經營危險行業住戶應全數補償前項之差額；其超過一戶者，應按各戶所占面積比例分攤火災保險費差額。

第 6 條

經營危險行業住戶遷離公寓大廈時，其補償義務自遷離之日起隨同消滅；並得向其他住戶請求返還其所補償火災保險費差額之未到期部分。

依前項規定返還補償差額費之住戶，得向其他經營危險行業住戶請求補償。

第 7 條

本辦法自發布日施行。

附表

類序	定義	使用項目例舉
一	供集會、表演、社交，且具觀衆席及舞臺之場所。	戲（劇）院、電影院、集會堂、演藝場、歌廳等類似場所。
二	供娛樂消費，處封閉或半封閉場所。	夜總會、酒家、理容院、KTV、MTV、公共浴室、三溫暖、茶室、舞廳等類似場所。
三	供商品批發、展售或商業交易，且使用人替換頻率高之場所。	百貨公司、商場、市場、量販店等類似場所。
四	供不特定人休息住宿之場所。	旅館、觀光飯店等之客房部等類似場所。
五	供低密度使用人口運動休閒之場所。	保齡球館、溜冰場、室內游泳池、室內球類運動場、室內機械遊樂場等類似場所。
六	供製造、分裝、販賣、儲存公共危險物品之場所。	爆炸物、爆竹煙火、液體燃料廠、危險物貯藏庫等類似場所。

建築物室內裝修管理辦法

■修正日期：民國 108 年 06 月 17 日

第 1 條

本辦法依建築法（以下簡稱本法）第七十七條之二第四項規定訂定之。

第 2 條

供公眾使用建築物及經內政部認定有必要之非供公眾使用建築物，其室內裝修應依本辦法之規定辦理。

第 3 條

本辦法所稱室內裝修，指除壁紙、壁布、窗簾、家具、活動隔屏、地氈等之黏貼及擺設外之下列行為：

一、固著於建築物構造體之天花板裝修。

二、內部牆面裝修。

三、高度超過地板面以上一點二公尺固定之隔屏或兼作櫥櫃使用之隔屏裝修。

四、分間牆變更。

第 4 條

本辦法所稱室內裝修從業者，指開業建築師、營造業及室內裝修業。

第 5 條

室內裝修從業者業務範圍如下：

一、依法登記開業之建築師得從事室內裝修設計業務。

二、依法登記開業之營造業得從事室內裝修施工業務。

三、室內裝修業得從事室內裝修設計或施工之業務。

第 6 條

本辦法所稱之審查機構，指經內政部指定置有審查人員執行室內裝修審核及查驗業務之直轄市建築師公會、縣（市）建築師公會辦事處或專業技術團體。

第 7 條

審查機構執行室內裝修審核及查驗業務，應擬訂作業事項並載明工作內容、收費基準與應負之責任及義務，報請直轄市、縣（市）主管建築機關核備。

前項作業事項由直轄市、縣（市）主管建築機關訂定規範。

第 8 條

本辦法所稱審查人員，指下列辦理審核圖說及竣工查驗之人員：

一、經內政部指定之專業工業技師。

二、直轄市、縣（市）主管建築機關指派之人員。

三、審查機構指派所屬具建築師、專業技術人員資格之人員。

前項人員應先參加內政部主辦之審查人員講習合格，並領有結業證書者，始得擔任。但於主管建築機關從事建築管理工作二年以上並領有建築師證書者，得免參加講習。

第 9 條

室內裝修業應依下列規定置專任專業技術人員：

一、從事室內裝修設計業務者：專業設計技術人員一人以上。

二、從事室內裝修施工業務者：專業施工技術人員一人以上。

三、從事室內裝修設計及施工業務者：專業設計及專業施工技術人員各一人以上，或兼具專業設計及專業施工技術人員身分一人以上。

室內裝修業申請公司或商業登記時，其名稱應標示室內裝修字樣。

第 10 條

室內裝修業應於辦理公司或商業登記後，檢附下列文件，向內政部申請室內裝修業登記許可並領得登記證，未領得登記證者，不得執行室內裝修業務：

一、申請書。

二、公司或商業登記證明文件。

三、專業技術人員登記證。

室內裝修業變更登記事項時，應申請換發登記證。

第 11 條

室內裝修業登記證有效期限爲五年，逾期未換發登記證者，不得執行室內裝修業務。但本辦法中華民國一百零八年六月十七日修正施行前已核發之登記證，其有效期限適用修正前之規定。

室內裝修業申請換發登記證，應檢附下列文件：

一、申請書。
二、原登記證正本。
三、公司或商業登記證明文件。
四、專業技術人員登記證。

室內裝修業逾期未換發登記證者，得依前項規定申請換發。

已領得室內裝修業登記證且未於公司或商業登記名稱標示室內裝修字樣者，應於換證前完成辦理變更公司或商業登記名稱，於其名稱標示室內裝修字樣。但其公司或商業登記於中華民國八十九年九月二日前完成者，換證時得免於其名稱標示室內裝修字樣。

第 12 條

專業技術人員離職或死亡時，室內裝修業應於一個月內報請內政部備查。

前項人員因離職或死亡致不足第九條規定人數時，室內裝修業應於二個月內依規定補足之。

第 13 條

室內裝修業停業時，應將其登記證送繳內政部存查，於申請復業核准後發還之。

室內裝修業歇業時，應將其登記證送繳內政部並辦理註銷登記；其未送繳者，由內政部逕爲廢止登記許可並註銷登記證。

第 14 條

直轄市、縣（市）主管建築機關得隨時派員查核所轄區域內室內裝修業之業務，必要時並得命其提出與業務有關文件及說明。

第 15 條

本辦法所稱專業技術人員，指向內政部辦理登記，從事室內裝修設計或施工之人員；依其執業範圍可分爲專業設計技術人員及專業施工技術人員。

第 16 條

專業設計技術人員，應具下列資格之一：

一、領有建築師證書者。
二、領有建築物室內設計乙級以上技術士證，並於申請日前五年內參加內政部主辦或委託專業機構、團體辦理之建築物室內設計訓練達二十一小時以上領有講習結業證書者。

第 17 條

專業施工技術人員，應具下列資格之一：

一、領有建築師、土木、結構工程技師證書者。

二、領有建築物室內裝修工程管理、建築工程管理、裝潢木工或家具木工乙級以上技術士證，並於申請日前五年內參加內政部主辦或委託專業機構、團體辦理之建築物室內裝修工程管理訓練達二十一小時以上領有講習結業證書者。其為領得裝潢木工或家具木工技術士證者，應分別增加四十小時及六十小時以上，有關混凝土、金屬工程、疊砌、粉刷、防水隔熱、面材舖貼、玻璃與壓克力按裝、油漆塗裝、水電工程及工程管理等訓練課程。

第 18 條

專業技術人員向內政部申領登記證時，應檢附下列文件：

一、申請書。

二、建築師、土木、結構工程技師證書；或前二條規定之技術士證及講習結業證書。

本辦法中華民國九十二年六月二十四日修正施行前，曾參加由內政部舉辦之建築物室內裝修設計或施工講習，並測驗合格經檢附講習結業證書者，得免檢附前項第二款規定之技術士證及講習結業證書。

第 19 條

專業技術人員登記證不得供他人使用。

第 20 條

專業技術人員登記證有效期限為五年，逾期未換發登記證者，不得從事室內裝修設計或施工業務。但本辦法中華民國一百零八年六月十七日修正施行前已核發之登記證，其有效期限適用修正前之規定。

專業技術人員申請換發登記證，應檢附下列文件：

一、申請書。

二、原登記證影本。

三、申請日前五年內參加內政部主辦或委託專業機構、團體辦理之回訓訓練達十六小時以上並取得證明文件。但符合第十六條第一款或第十七條第一款資格者，免附。

專業技術人員逾期未換發登記證者，得依前項規定申請換發。

第 21 條

（刪除）

第 22 條

供公衆使用建築物或經內政部認定之非供公衆使用建築物之室內裝修，建築物起造人、所有權人或使用人應向直轄市、縣（市）主管建築機關或審查機構申請審核圖說，審核合格並領得直轄市、縣（市）主管建築機關發給之許可文件後，始得施工。

非供公衆使用建築物變更爲供公衆使用或原供公衆使用建築物變更爲他種供公衆使用，應辦理變更使用執照涉室內裝修者，室內裝修部分應併同變更使用執照辦理。

第 23 條

申請室內裝修審核時，應檢附下列圖說文件：

一、申請書。

二、建築物權利證明文件。

三、前次核准使用執照平面圖、室內裝修平面圖或申請建築執照之平面圖。但經直轄市、縣（市）主管建築機關查明檔案資料確無前次核准使用執照平面圖或室內裝修平面圖屬實者，得以經開業建築師簽證符合規定之現況圖替代之。

四、室內裝修圖說。

前項第三款所稱現況圖爲載明裝修樓層現況之防火避難設施、消防安全設備、防火區劃、主要構造位置之圖說，其比例尺不得小於二百分之一。

第 24 條

室內裝修圖說包括下列各款：

一、位置圖：註明裝修地址、樓層及所在位置。

二、裝修平面圖：註明各部分之用途、尺寸及材料使用，其比例尺不得小於一百分之一。但經直轄市、（縣）市主管建築機關同意者，比例尺得放寬至二百分之一。

三、裝修立面圖：比例尺不得小於一百分之一。

四、裝修剖面圖：註明裝修各部分高度、內部設施及各部分之材料，其比例尺不得小於一百分之一。

五、裝修詳細圖：各部分之尺寸構造及材料，其比例尺不得小於三十分之一。

第 25 條

室內裝修圖說應由開業建築師或專業設計技術人員署名負責。但建築物之分間牆位置變更、增加或減少經審查機構認定涉及公共安全時，應經開業建築師簽證負責。

第 26 條

直轄市、縣（市）主管建築機關或審查機構應就下列項目加以審核：

一、申請圖說文件應齊全。

二、裝修材料及分間牆構造應符合建築技術規則之規定。

三、不得妨害或破壞防火避難設施、防火區劃及主要構造。

第 27 條

直轄市、縣（市）主管建築機關或審查機構受理室內裝修圖說文件之審核，應於收件之日起七日內指派審查人員審核完畢。審核合格者於申請圖說簽章；不合格者，應將不合規定之處詳爲列舉，一次通知建築物起造人、所有權人或使用人限期改正，逾期未改正或復審仍不合規定者，得將申請案件予以駁回。

第 28 條

室內裝修不得妨害或破壞消防安全設備，其申請審核之圖說涉及消防安全設備變更者，應依消防法規規定辦理，並應於施工前取得當地消防主管機關審核合格之文件。

第 29 條

室內裝修圖說經審核合格，領得許可文件後，建築物起造人、所有權人或使用人應將許可文件張貼於施工地點明顯處，並於規定期限內施工完竣後申請竣工查驗；因故未能於規定期限內完工時，得申請展期，未依規定申請展期，或已逾展期期限仍未完工者，其許可文件自規定得展期之期限屆滿之日起，失其效力。

前項之施工及展期期限，由直轄市、縣（市）主管建築機關定之。

第 30 條

室內裝修施工從業者應依照核定之室內裝修圖說施工；如於施工前或施工中變更設計時，仍應依本辦法申請辦理審核。但不變更防火避難設施、防火區劃，不降低原使用裝修材料耐燃等級或分間牆構造之防火時效者，得於竣工後，備具第三十四條規定圖說，一次報驗。

第 31 條

室內裝修施工中，直轄市、縣（市）主管建築機關認有必要時，得隨時派員查驗，發現與核定裝修圖說不符者，應以書面通知起造人、所有權人、使用人或室內裝修從業者停工或修改；必要時依建築法有關規定處理。

直轄市、縣（市）主管建築機關派員查驗時，所派人員應出示其身分證明文件；其未出示身分證明文件者，起造人、所有權人、使用人及室內裝修從業者得拒絕查驗。

第 32 條

室內裝修工程完竣後，應由建築物起造人、所有權人或使用人會同室內裝修從業者向原申請審查機關或機構申請竣工查驗合格後，向直轄市、縣（市）主管建築機關申請核發室內裝修合格證明。

新建建築物於領得使用執照前申請室內裝修許可者，應於領得使用執照及室內裝修合格證明後，始得使用；其室內裝修涉及原建造執照核定圖樣及說明書之變更者，並應依本法第三十九條規定辦理。

直轄市、縣（市）主管建築機關或審查機構受理室內裝修竣工查驗之申請，應於七日內指派查驗人員至現場檢查。經查核與驗章圖說相符者，檢查表經查驗人員簽證後，應於五日內核發合格證明，對於不合格者，應通知建築物起造人、所有權人或使用人限期修改，逾期未修改者，審查機構應報請當地主管建築機關查明處理。

室內裝修涉及消防安全設備者，應由消防主管機關於核發室內裝修合格證明前完成消防安全設備竣工查驗。

第 33 條

申請室內裝修之建築物，其申請範圍用途為住宅或申請樓層之樓地板面積符合下列規定之一，且在裝修範圍內以一小時以上防火時效之防火牆、防火門窗區劃分隔，其未變更防火避難設施、消防安全設備、防火區劃及主要構造者，得檢附經依法登記開業之建築師或室內裝修業專業設計技術人員簽章負責之室內裝修圖說向當地主管建築機關或審查機構申報施工，經主管建築機關核給期限後，准予進行施工。工程完竣後，檢附申請書、建築物權利證明文件及經營造業專任工程人員或室內裝修業專業施工技術人員竣工查驗合格簽章負責之檢查表，向當地主管建築機關或審查機構申請審查許可，經審核其申請文件齊全後，發給室內裝修合格證明：

一、十層以下樓層及地下室各層，室內裝修之樓地板面積在三百平方公尺以下者。

二、十一層以上樓層，室內裝修之樓地板面積在一百平方公尺以下者。

前項裝修範圍貫通二層以上者，應累加合計，且合計值不得超過任一樓層之最小允許值。

當地主管建築機關對於第一項之簽章負責項目得視實際需要抽查之。

第 34 條

申請竣工查驗時，應檢附下列圖說文件：

一、申請書。
二、原領室內裝修審核合格文件。
三、室內裝修竣工圖說。
四、其他經內政部指定之文件。

第 35 條

室內裝修從業者有下列情事之一者，當地主管建築機關應查明屬實後，報請內政部視其情節輕重，予以警告、六個月以上一年以下停止室內裝修業務處分或一年以上三年以下停止換發登記證處分：
一、變更登記事項時，未依規定申請換發登記證。
二、施工材料與規定不符或未依圖說施工，經當地主管建築機關通知限期修改逾期未修改。
三、規避、妨礙或拒絕主管機關業務督導。
四、受委託設計之圖樣、說明書、竣工查驗合格簽章之檢查表或其他書件經抽查結果與相關法令規定不符。
五、由非專業技術人員從事室內裝修設計或施工業務。
六、僱用專業技術人員人數不足，未依規定補足。

第 36 條

室內裝修業有下列情事之一者，經當地主管建築機關查明屬實後，報請內政部廢止室內裝修業登記許可並註銷登記證：
一、登記證供他人從事室內裝修業務。
二、受停業處分累計滿三年。
三、受停止換發登記證處分累計三次。

第 37 條

室內裝修業申請登記證所檢附之文件不實者，當地主管建築機關應查明屬實後，報請內政部撤銷室內裝修業登記證。

第 38 條

專業技術人員有下列情事之一者，當地主管建築機關應查明屬實後，報請內政部視其情節輕重，予以警告、六個月以上一年以下停止執行職務處分或一年以上三年以下停止換發登記證處分：
一、受委託設計之圖樣、說明書、竣工查驗合格簽章之檢查表或其他書件經抽查結果與相關法令規定不符。

二、未依審核合格圖說施工。

第 39 條

專業技術人員有下列情事之一者，當地主管建築機關應查明屬實後，報請內政部廢止登記許可並註銷登記證：

一、專業技術人員登記證供所受聘室內裝修業以外使用。

二、十年內受停止執行職務處分累計滿二年。

三、受停止換發登記證處分累計三次。

第 40 條

經依第三十六條、第三十七條或前條規定廢止或撤銷登記證未滿三年者，不得重新申請登記。

前項期限屆滿後，重新依第十八條第一項規定申請登記證者，應重新取得講習結業證書。

第 41 條

本辦法所需書表格式，除第三十三條所需書表格式由當地主管建築機關定之外，由內政部定之。

第 42 條

本辦法自中華民國一百年四月一日施行。

本辦法修正條文自發布日施行。

臺北市建築物室內裝修審核及查驗作業事項準則

■中華民國九十九年八月二十三日臺北市政府（99）府法三字第〇九九三二五四〇三〇〇號令訂定發布

第 1 條

本準則依建築物室內裝修管理辦法（以下簡稱本辦法）第七條第二項規定訂定之。

第 2 條

本準則之主管機關爲臺北市政府（以下簡稱本府），並委任本府都市發展局（以下簡稱都發局）執行之。

第 3 條

本準則所稱申請人爲建築物起造人、所有權人或使用人。

第 4 條

本準則所稱審查機構，指符合本辦法第六條規定，並依第七條規定經都發局核定之直轄市建築師公會、縣（市）建築師公會辦事處或專業技術團體。

前項審查機構，應有三十五人以上具備圖說審核及竣工查驗專業能力之審查人員，並定期辦理審查人員講習訓練。

第 5 條

本準則所稱審查人員，應符合本辦法第八條規定，並實際參與最近二年審查機構辦理之講習訓練，經審查機構審核其資格符合，核發派任證書，始得從事室內裝修審核及查驗業務。

前項派任證書有效期限爲二年，由審查機構定期統一核發。

審查人員派任資料應由審查機構定期造冊報請都發局備查；異動時，亦同。

第 6 條

審查機構執行室內裝修審核及查驗業務，除本辦法規定應審核項目外，並應審查下列項目：

一、建築改良物登記謄本；其有效期限，自地政機關核發日起算至送審查機構第一次掛號日止，不得超過三個月。

二、室內裝修業從事室內裝修設計或施工者之相關商業同業公會會員證、室內裝修業登記證及所屬專業設計或施工技術人員登記證之影本，並應與內政部營建署網站所載資訊相符。

三、營造業從事室內裝修施工者之相關商業同業公會會員證、營造業之登記證、承攬工程手冊及所屬專任工程人員證明文件之影本，並應與內政部營建署網站所載資訊相符。

四、土木包工業聘有專業施工技術人員者，其受聘人員爲專任人員之證明文件影本。

五、室內裝修申請範圍內之既有裝修材料缺乏證明文件者，經由開業建築師或專業設計技術人員於圖說上標明位置、面積、材質及耐燃級數並簽名負責。

六、室內裝修採用防火性塗料施工者，申請竣工查驗時應審查材料檢驗合格證明、出廠（貨）證明、塗料施工前、中、後之照片及專業施工技術人員現場監督查核報告。

七、設於避難通道或避難出口須經常保持關閉狀態之防火門，應於門扇或門樘上標示常時關閉式防火門等文字。

八、室內裝修併同變更使用執照申辦案件，竣工查驗時應審查其裝修材料、分間牆構造、步行距離、走廊寬度、防火區劃、防火門等有關室內裝修事項，是否與建築技術規則規定相符。

九、列入分類分期計畫處理之既存違章建築範圍，圖說以斜線標示，並由消防設備師或具有消防安全設備設計監造暫行人員（以下簡稱消防專業人員）檢討設置各項消防安全設備。

第 7 條

審查機構執行室內裝修審核及查驗業務，應查核消防安全設備有無變更、妨害或破壞。消防安全設備有變更、妨害或破壞者，申請人應依本辦法第二十五條及第二十九條第四項規定，向本府消防局（以下簡稱消防局）取得消防安全設備圖說審查及竣工查驗合格之文件，申辦流程如附表。

消防安全設備未變更、妨害或破壞者，申請人應出具消防專業人員簽證之證明文件；審查機構應將查核結果以書面通知消防局。

第 8 條

申請人申請圖說審核，經審查人員審核不合格者，審查機構應一次通知申請人改正，申請人應於接獲通知改正之日起三個月內報請復審。

室內裝修圖說經審查人員審核合格並於申請圖說簽章後，轉送都發局發給許可文件及施工許可證後，限期於六個月內按核定圖說施工完竣並申請竣工查驗。
申請人因故未能於六個月內完工時，得於期限屆滿前向都發局申請展延六個月，並以一次爲限。但情況特殊，經都發局核可者，不在此限。

第 9 條

申請人會同室內裝修從業者向審查機構申請竣工查驗，經審查人員查驗不合格者，審查機構應一次通知申請人改正，申請人應於接獲通知改正之日起三個月內再次申請查驗。
審查人員查驗合格並於檢查表簽證後，審查機構應將查驗核准文件轉送都發局核發室內裝修合格證明。
自查驗合格日起，逾六個月未完成領取室內裝修合格證明者，經申請人提出申領室內裝修合格證明時，應由審查機構及消防局重新確認室內裝修現況與核准圖說相符後，始得核發。

第 10 條

審查機構執行室內裝修圖說審核及竣工查驗業務，發現下列各款情事之一時，應檢具事證書面通知都發局：
一、施工材料與規定不符或未依核定圖說施工，經通知限期改正，逾期仍未改正者。
二、非由本辦法第十四條及第十五條所稱之專業人員從事室內裝修設計或施工業務者。
三、室內裝修從業者將其登記證提供他人執行室內裝修業務者。
四、專業技術人員將其登記證供所受聘室內裝修從業者以外使用者。
五、室內裝修併同變更使用執照申辦案件，違反第六條第八款規定者。
六、違反室內裝修相關規定，情節重大者。

第 11 條

審查機構依本辦法第二十四條及第二十九條執行室內裝修圖說審核及竣工查驗業務，應輪派具室內裝修實務經驗審查人員爲之，並考核審核及查驗業務執行情形，其結果定期造冊報請都發局備查。

第 12 條

審查人員依本辦法第二十九條之一執行室內裝修圖說審核及竣工查驗業務，於查核圖說合格並簽章負責後，應簽發施工許可證。
前項施工許可證，應載明施工地址、室內裝修從業者資料、施工工期、審查人員派任資料及戳蓋其執業圖記，並向所屬審查機構辦理案件登錄並受其監督。
申請人領得施工許可證，應張貼於裝修場所出入口明顯處。

第 13 條

審查機構應建置室內裝修業務管理平臺，提供下列服務：
一、申請人、審查人員申請案件查詢。
二、施工許可證登錄及列印。
前項審查人員執行業務，審查機構應進行品質管考，定期造冊報請都發局備查，並建置案件清冊，都發局得隨時查察案件辦理情形。

第 14 條

審查機構執行室內裝修圖說審核及竣工查驗業務，除應依本辦法及本準則相關規定辦理外，並負有下列義務：
一、不得拒絕受理申請人室內裝修圖說審核及竣工查驗之申請。
二、不得為不正當行為或廢弛其業務。
三、申請人對於審查機構之圖說審核及竣工查驗結果如有異議，得向審查機構提出申請覆核，審查機構不得拒絕。覆核辦理方式由審查機構訂定，並報請都發局核定；修正時，亦同。
四、受理室內裝修圖說審核及竣工查驗之相關文件及圖說資料，應保存十年。
五、應協助都發局處理室內裝修審核及查驗業務之文書工作。

第 15 條

審查機構向申請人收取圖說審核及竣工查驗費用之收費基準，由審查機構訂定，報請都發局核定；修正時，亦同。

第 16 條

室內裝修經審查機構圖說審核許可、竣工查驗合格或依本辦法第二十九條之一規定由審查人員查驗簽證之案件，都發局得隨時辦理抽查。
前項抽查作業，由都發局組成專案小組辦理，並得邀集消防局及相關專家學者參加。

第 17 條

審查人員辦理圖說審核、竣工查驗或執行本辦法第二十九條之一查驗簽證合格之案件，經前條專案小組審查認有下列各款情形之一者，審查機構得視審查人員違失情節輕重，處以記缺點或廢止審查人員派任證書；必要時，並移送主管機關懲戒：

一、申請圖說文件未齊全、內容不實或未依中央主管建築機關或都發局頒定之申請文件格式申請者。
二、裝修材料、分間牆、防火門或防火設備不符合建築技術規則之規定者。
三、妨害、破壞或變更防火避難設施、防火區劃、主要構造或消防設備者。
四、適用公寓大廈管理條例建築物，其裝修違反公寓大廈管理條例第八條第一項規定，即查驗簽證合格者。
五、未載明實際使用用途不符、未詳實斜線標繪違章建築或與原核定使用之範圍不符，即查驗簽證合格者。
六、不符合本辦法第二十九條之一規定之簡化審查申辦程序條件，而未經都發局同意，逕予查驗簽證合格者。
七、依第十二條簽發施工許可證未逐案向審查機構進行登錄或其內容登載不實、擅自竄改者。
八、其他經專案小組審認涉有違失情事者。

審查人員自第一次遭記缺點起，一年內再次遭記缺點者，審查機構應終止對該審查人員之派任。

審查人員自終止派任之日起，至任期屆滿後二年內，審查機構不得再發給派任證書。

第 18 條

審查人員有下列情形之一者，審查機構不得指派其辦理圖說審核及竣工查驗業務，已派任者，應終止其派任：

一、資格不符合本辦法第八條規定者。
二、依前條第一項規定廢止派任證書或依前條第二項規定終止派任者。
三、未於最近二年參與審查機構辦理之講習訓練者。
四、派任證書供他人執行圖說審核及竣工查驗業務者。

經終止派任審查人員辦理中之案件，審查機構應另輪派其他審查人員接續辦理。

第 19 條

消防專業人員辦理室內裝修消防圖說、竣工簽證或依本辦法第二十九條之一規定簡化審查申辦程序案件之消防簽證，經專案小組審查，認有簽證不實之情形者，都發局得書面通知消防局處理。

第 20 條

審查人員終止派任人數逾備查總人數十分之一者，都發局得終止委託該審查機構辦理室內裝修審核及查驗作業。

第 21 條

本準則所定書表格式，由都發局定之。

第 22 條

本準則自發布日施行。

附表一　臺北市政府消防局辦理建築物室內裝修消防安全設備圖說審查作業流程

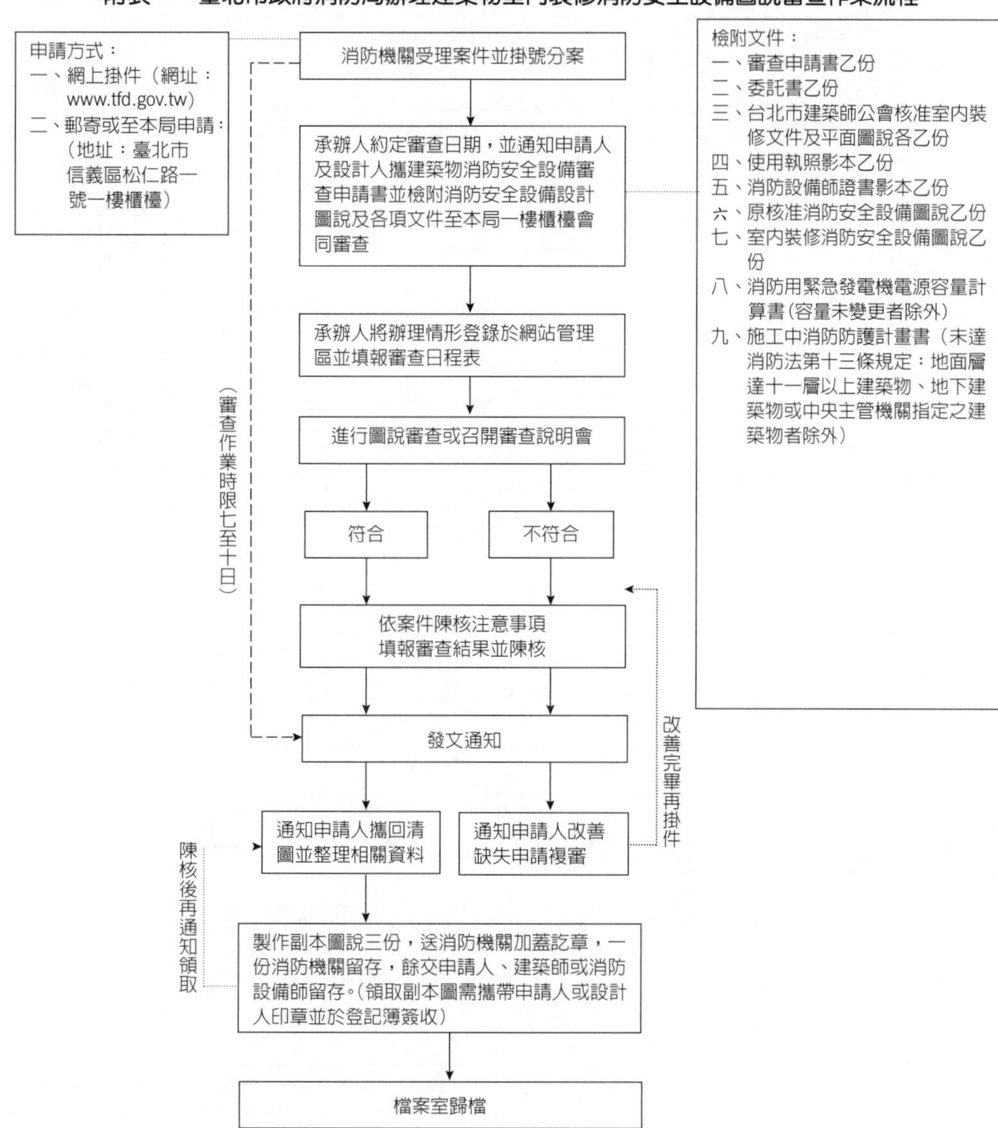

附表二　臺北市政府消防局辦理建築物室內裝修消防安全設備圖說竣工查驗作業流程

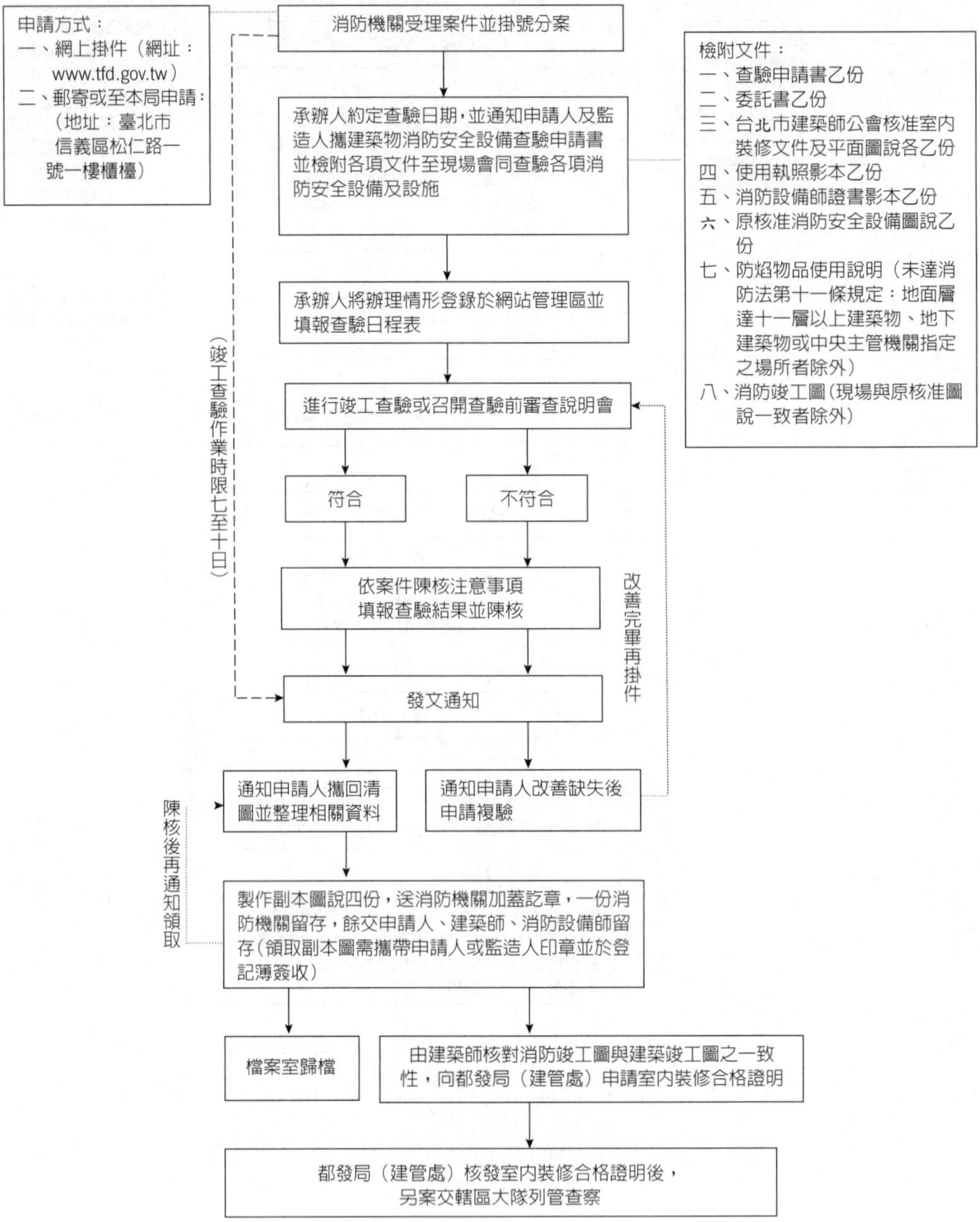

申請方式：
一、網上掛件（網址：www.tfd.gov.tw）
二、郵寄或至本局申請：（地址：臺北市信義區松仁路一號一樓櫃檯）

檢附文件：
一、查驗申請書乙份
二、委託書乙份
三、台北市建築師公會核准室內裝修文件及平面圖說各乙份
四、使用執照影本乙份
五、消防設備師證書影本乙份
六、原核准消防安全設備圖說乙份
七、防焰物品使用說明（未達消防法第十一條規定：地面層達十一層以上建築物、地下建築物或中央主管機關指定之場所者除外）
八、消防竣工圖（現場與原核准圖說一致者除外）

（竣工查驗作業時限七至十日）

消防機關受理案件並掛號分案
↓
承辦人約定查驗日期，並通知申請人及監造人攜建築物消防安全設備查驗申請書並檢附各項文件至現場會同查驗各項消防安全設備及設施
↓
承辦人將辦理情形登錄於網站管理區並填報查驗日程表
↓
進行竣工查驗或召開查驗前審查說明會
↓
符合 ／ 不符合
↓
依案件陳核注意事項填報查驗結果並陳核
↓
發文通知
↓
通知申請人攜回清圖並整理相關資料 ／ 通知申請人改善缺失後申請複驗（改善完畢再掛件 → 進行竣工查驗或召開查驗前審查說明會）
↓
製作副本圖說四份，送消防機關加蓋訖章，一份消防機關留存，餘交申請人、建築師、消防設備師留存（領取副本圖需攜帶申請人或監造人印章並於登記簿簽收）（陳核後再通知領取）
↓
檔案室歸檔 ／ 由建築師核對消防竣工圖與建築竣工圖之一致性，向都發局（建管處）申請室內裝修合格證明
↓
都發局（建管處）核發室內裝修合格證明後，另案交轄區大隊列管查察

第29章 臺北市一定規模以下建築物免辦理變更使用執照管理辦法

■中華民國 94 年 12 月 30 日臺北市政府（94）府法三字第 09429013300 號令訂定發布

■中華民國 101 年 11 月 30 日臺北市政府（101）府法綜字第 10133669400 號令修正發布全文十三條

■中華民國 103 年 9 月 26 日臺北市政府（103）府法綜字第 10333244000 號令修正發布第三條、第五條、第九條條文

■中華民國 108 年 11 月 20 日臺北市政府（108）府法綜字第 1086043236 號令修正發布部分條文

第 1 條

本辦法依建築法第七十三條第三項規定訂定之。

第 2 條

本辦法之主管機關爲臺北市政府都市發展局（以下簡稱都發局）。

第 3 條

建築物變更使用類組，應依附表一規定辦理。

符合附表一規定免辦理變更使用執照之建築物，變更後之使用類組屬下列場所者，所有權人或使用人應檢具相關文件，送交目的事業主管機關轉送都發局審查有關建築管理事項，並經目的事業主管機關依該管法規許可後，始得變更使用：

一、D-1：資訊休閒服務場所。

二、D-5：補習（訓練）班、文康機構、兒童課後照顧服務中心等類似場所。

三、F-2：身心障礙福利機構（全日型住宿機構、日間服務機構、樓地板面積在五百平方公尺以上之福利中心）、身心障礙者職業訓練機構等類似場所。

四、F-3：兒童及少年安置教養機構、幼兒園、托嬰中心、早期療育機構等類似場所。

五、H-1：

（一）樓地板面積未達五百平方公尺之下列場所：護理之家機構（一般護理之家、精神護理之家）、產後護理機構、屬於老人福利機構之長期照顧機構（長期照護型）、長期照顧機構（失智照顧型）、身心障礙福利服務中心等類似場所。

（二）老人福利機構之場所：長期照顧機構（養護型）、安養機構、其他老人福利機構。

（三）身心障礙福利機構（夜間型住宿機構）、居家護理機構、住宿型精神復健機構。

六、H-2：小型安養機構、小型身心障礙者職業訓練機構、小型日間型精神復健機構、小型住宿型精神復健機構等類似場所。

第 4 條

前條第二項所稱相關文件如下：

一、申請書。

二、建物登記謄本（建號全部）及建物測量成果圖。申請人非建築物所有權人者，應檢附所有權人同意書。

三、建築物使用證明文件及其核准圖說。

四、擬變更平面圖。

五、建築師簽證表。

六、建築師或結構、土木專業工業技師簽證之結構安全證明或圖說。

七、門牌如經戶政機關整編、增編或改編者，應檢附門牌整編、增編或改編證明。

八、都市計畫地籍套繪圖及臺北市土地使用分區證明。

九、其他必要文件。

前項第三款所稱建築物使用證明文件，指下列各款文件之一：

一、建築物使用執照、部分使用執照或變更使用執照。

二、中華民國六十年十二月二十二日建築法修正公布前已建築完成，領有建造執照或營造執照但尚未領得使用執照之建築物，得以其領有之執照及核准圖說代替之。

建築物應經目的事業主管機關審查許可始得變更使用類組者，都發局得視實際需要，另定簡易申請程序及應備文件，並公告之。

第 5 條

建築物變更一定規模以下之主要構造、防火區劃、防火避難設施、消防設備、停車空間或其他與原核定不合之變更，應依附表二之一之申請程序辦理。前項申請變更項目屬應辦理一定規模以下變更審查許可者，應檢附附表二之二規定之相關文件；屬免辦理一定規模以下變更審查許可者，得逕予變更使用，但仍須符合公寓大廈管理條例第十一條第一項規定。

第 6 條

依前條申請變更使用，如涉及戶數變更者，並應符合下列規定：

一、戶數變更後各戶應有獨立之出入口；分戶牆之構造應以具有一小時以上防火時效之防火牆及防火門窗等防火設備與該處之樓板或屋頂形成區劃分隔。

二、戶數變更後各戶專有部分樓地板面積應在三十平方公尺以上；各戶衛生設備數量應符合建築技術規則建築設備編規定。

三、公寓大廈之專有部分申辦變更戶數涉及共用部分之變更者，該公寓大廈規約另有規定或區分所有權人會議已有決議，經向臺北市政府（以下簡稱本府）報備有案者，應依該規約或決議之限制辦理。

第 7 條

依第五條申請變更使用，如涉及外牆變更者，該公寓大廈管理規約另有規定或區分所有權人會議已有決議，經向本府報備有案者，應依該規約或決議之限制辦理。

第 8 條

依本辦法申請之各項變更得同時申請之。

第 9 條

依本辦法申請變更之項目，同時涉及室內裝修者，得合併於室內裝修申請案辦理。其得同時申請之變更項目，由都發局定之。

前項申請變更之項目合併於室內裝修申請案辦理者，由都發局委託之室內裝修審查機構併同審查之。

第 10 條

依本辦法規定應檢附之文件屬行政機關核發者，除法規另有規定外，該文件自核發之日起算至申請審查日止，其期間不得超過三個月。

第 11 條

都市計畫書規定應辦理回饋後始得變更使用者，應先依其規定完成辦理回饋，始得適用本辦法。

經臺北市都市設計及土地使用開發許可審議委員會審議之建築物，除符合臺北市都市設計及土地使用開發許可審議規則第八條已明定變更事項免再審查者外，其餘仍應經該委員會審議通過後，始得適用本辦法。

第 12 條

依本辦法規定簽證之書圖，都發局除進行行政審查外，專業技術部分應由建築師或專業工業技師簽證負責；都發局得隨時進行抽查考核。

前項抽查考核作業程序，由都發局定之。

第 13 條

本辦法自發布日施行。

附表一　一定規模以下建築物變更使用類組免辦理變更使用執照表

原核准使用類組 ＼ 擬變更使用類組		A 類		B 類				C 類		D 類					E 類	F 類				G 類			H 類		I 類
		A-1	A-2	B-1	B-2	B-3	B-4	C-1	C-2	D-1	D-2	D-3	D-4	D-5	E	F-1	F-2	F-3	F-4	G-1	G-2	G-3	H-1	H-2	I
公共集會類（A 類）	A-1		×	×	×	×	×	×	×	×	×	×	×	×	×	×	×	×	×	×	×	×	×	×	×
	A-2	×		×	×	×	×	×	×	×	×	×	×	×	×	×	×	×	×	×	×	×	×	×	×
商業類（B 類）	B-1	×	×		×	×	×	×	×	×	×	×	×	×	×	×	×	×	×	×	×	×	×	×	×
	B-2	×	×	×		×	×	×	×	×	×	×	×	×	×	×	×	×	×	×	×	×	×	×	×
	B-3	2	2	2	2		2	2	2	2	2	2	2	2	2	2	2	2	2	2	2	2	2	2	2
	B-4	×	×	×	×	×		×	×	×	×	×	×	×	×	×	×	×	×	×	×	×	×	×	×
工業、倉儲類（C 類）	C-1	*	*	*	*	*	*		*	*	*	*	*	*	*	*	*	*	*	*	*	*	*	*	*
	C-2	*	*	*	*	*	*	2		*	*	*	*	*	*	*	*	*	*	*	*	*	*	*	*
休閒、文教類（D 類）	D-1	5	5	5	5	5	5	5	5		5	5	5	2	2	2	2	2	2	2	2	2	2	2	2
	D-2	2	2	2	2	2	2	2	2	2		2	2	2	2	2	2	2	2	2	2	2	2	2	2
	D-3	×	×	×	×	×	×	×	×	×	×		×	×	×	×	×	×	×	×	×	×	×	×	×
	D-4	×	×	×	×	×	×	×	×	×	×	×		×	×	×	×	×	×	×	×	×	×	×	×
	D-5	2	2	2	2	2	2	2	2	2	2	2	2		2	2	2	2	2	2	2	2	2	2	2
宗教類（E 類）	E	◎	◎	◎	◎	◎	◎	◎	◎	◎	◎	◎	◎	◎		◎	◎	◎	◎	◎	◎	◎	◎	◎	◎
衛生、福利、更生類（F 類）	F-1	×	×	×	×	×	×	×	×	×	×	×	×	×	×		×	×	×	×	×	×	×	×	×
	F-2	5	5	5	5	5	5	5	5	5	5	5	5	5	5	5		5	5	5	5	5	5	5	5
	F-3	2	2	2	2	2	2	2	2	2	2	2	2	2	2	2	2		2	2	2	2	2	2	2
		●	●	●	●	●	●	●	●	●	●	●	●	●	●	●	●		●	●	●	●	●	●	●
	F-4	×	×	×	×	×	×	×	×	×	×	×	×	×	×	×	×	×		×	×	×	×	×	×
辦公類、服務類（G類）	G-1	1	1	1	1	1	1	1	1	1	1	1	1	1	1	1	1	1	1		1	1	1	1	1
	G-2	5	5	5	5	5	5	5	5	5	5	5	5	5	5	5	5	5	5	5		5	5	5	5
	G-3	5	5	5	5	5	5	5	5	5	5	5	5	5	5	5	5	5	5	5	5		⊕ 5	⊕ 5	5
住宿類（H 類）	H-1	5	5	5	5	5	5	5	5	5	5	5	5	5	5	5	5	5	5	5	5	5		5	5
	H-2	5	5	5	5	5	5	5	5	5	5	5	5	5	5	5	5	5	5	5	5	5	5		5
危險物品類（I 類）	I	×	×	×	×	×	×	×	×	×	×	×	×	×	×	×	×	×	×	×	×	×	×	×	

符號及數字說明：

一、× 代表不適用本辦法，應依建築法第 73 條第 2 項辦理變更使用執照。

二、下列符號係代表符合所列條件者免辦理變更使用執照，未符合者應依建築法第 73 條第 2 項辦理變更使用執照：

（一）1 代表使用樓地板面積未達 100 平方公尺者。

（二）2 代表使用樓地板面積未達 200 平方公尺者。
（三）5 代表使用樓地板面積未達 500 平方公尺者。
（四）◎代表建築物之第一層，使用樓地板面積未達 300 平方公尺者。
（五）＊代表建築物之第一層，使用樓地板面積未達 200 平方公尺者。
（六）●代表擬使用為少年及兒童安置教養機構，且使用樓地板面積未達 300 平方公尺者。
（七）⊕代表擬使用為餐廳、飲食店、冷飲店、一般咖啡館（廳、店）（無服務生陪侍）、飲茶（茶藝館）（無服務生陪侍）等類似場所，且使用樓地板面積未達 150 平方公尺者。

三、同一申請人擬申請使用為 D-5 其同一樓層或直上、直下層為同一使用人或由樓梯、挑空連通者，其面積應合併計算。

四、本表建築物使用類組定義係依照「建築物使用類組及變更使用辦法」規定。

附表二之一　一定規模以下建築物變更項目及申請程序對照表

變更項目				申請程序	備註	應備書圖文件
變更主項目	變更細項目					
構造（含主要構造）	樑	自結構體表面剔槽深度 < 3 公分者		○		
		開口或穿孔等變更未達構件單元斷面積 1/3 以上者		△	應符合本辦法相關規定	A
		開口、穿孔或剔槽等變更達構件單元斷面積 1/3 以上者		×		
	柱、基礎、剪力牆	自結構體表面剔槽深度 < 2 公分者		○		
		其他剔槽、開口或穿孔等變更		×		
	承重牆	自結構體表面剔槽深度 < 2 公分者		○		
		開口或穿孔之寬度及長度未達 3 倍牆厚或 45 公分者		△	應符合本辦法相關規定	A
		其他剔槽、開口或穿孔等變更		×		
	樓地板	墊高（含表面材及非結構體之填充底材）、開口、穿孔或剔槽者	1. 自結構體表面剔槽深度 < 2 公分 2. 開口、穿孔面積 < 0.5 平方公尺 3. 墊高單位體積重量 < 2300 公斤 / 立方公尺，且總重量 < 1150 公斤，其面積 < 申請範圍 1/10	○		
			開口總面積 > 30 平方公尺者或墊高總面積 > 200 平方公尺者	×		
			其他之墊高、開口、穿孔或剔槽者	△	應符合本辦法相關規定	A
		非直通樓梯之室內梯變更樓地板構造者		△	應符合本辦法相關規定	A
	因災害產生之危險建築物，且補強規模未涉建築法第 9 條建造行為者			△	應符合本辦法相關規定	A
	經建築物耐震能力詳細評估不符現行規定之建築物，且補強規模未涉建築法第 9 條建造行為者			☆	應符合本辦法相關規定	B2
防火區劃	防火區劃範圍調整	防火區劃範圍調整	涉建築技術規則建築設計施工編第 162 條空間之變更	×		
			區劃面積之檢討未符合原核准時之法令基準者	×		
			其他	☆	應符合本辦法相關規定	B2
		防火牆變更	涉建築技術規則建築設計施工編第 162 條空間之變更	×		
			其他	☆	應符合本辦法相關規定	B2
		貫穿防火區劃		△	應符合本辦法相關規定	B1
	防火設備	防火門窗變更	防火門窗更新（原尺寸、位置等不變）	○	應符合建築技術規則建築設計施工編第 75 條及第 76 條規定	
			其他	△	應符合本辦法相關規定	B1

變更項目					申請程序	備註	應備書圖文件
變更主項目	變更細項目						
防火避難設施	直通樓梯、安全梯或特別安全梯	數量之變更、位置變更			×		
		總寬度之變更					
		構造之變更	單一樓層樓地板面積過半變更者				
			戶外安全梯變更對外開口且面積較原核准減少者				
			戶外安全梯變更對外開口但面積未減少或同原核准者		△	應符合本辦法相關規定	C1
			其他				
		步行距離之變更					
	避難層出入口	數量、寬度、高度之變更					
	避難層以外樓層出入口	寬度之變更					
	走廊	構造、寬度之變更					
	樓梯及平臺	淨寬之變更	直通樓梯、安全梯或特別安全梯之變更樓地板構造者		×		
			非直通樓梯之室內梯變更樓地板構造者		☆	應符合本辦法相關規定	C2
			其他		△	應符合本辦法相關規定	C1
	屋頂避難平臺				☆	應符合本辦法相關規定	C2
	防火間隔				☆		
	緊急進口構造				△	應符合本辦法相關規定	C1
	緊急照明設備、排煙設備						
	緊急用昇降機		未增加載重，且機房、機坑、機道尺寸不變並符合速度安全標準之變更		○	應符合建築物昇降設備設置及檢查管理辦法規定	
			增加載重，且機房、機坑、機道尺寸變更		×		
消防設備	滅火設備				※	另依消防法規定辦理，若涉主要構造、防火區劃、防火避難設施及停車空間變更，應依本辦法相關規定辦理	
	警報設備						
	避難逃生設備						
	消防搶救上之必要設備						
	其他經中央消防主管機關認定之消防安全設備						
停車空間	機械停車設備變更者				×		
	增設（繪）停車位				○	應符合建築技術規則建	
	減少自設停車位						
	停車空間通風口						
	車位尺寸						
	車道						
	車道出入口				△	應符合本辦法相關規定	
	緩衝空間						
	其他				×		D
其他與原核定使用不合之變更	分戶牆	變更後之各戶專有部分面積	樓地板面積≧ 30 平方公尺		☆	應符合本辦法相關規定	E
			樓地板面積 < 30 平方公尺		×		
		其他變更			○	應符合都市計畫法、建築技術規則建築設計施工編第 46 條規定	
	外牆	無須修改使用執照竣工圖說之外牆修繕			○	應符合都市計畫法規定、原都市設計及土地使用開發許可審議委員會決議	
		修改使用執照竣工圖說之外牆修繕（不涉及原開口大小、位置及構造變更。）	原核准屬經都市設計審議者	各向立面變更（含增減）面積合計≦ 1/10 原核准各向立面面積	○		
				各向立面變更（含增減）面積合計 > 1/10 原核准各向立面面積	☆	應符合都市計畫法、原都市設計及土地使用開發許可審議委員會決議及本辦法相關規定	F2
			原核准非屬經都市設計審議者	各向立面變更（含增減）面積合計≦ 1/5 原核准各向立面面積，且增加牆厚合計≦ 2 倍原核准牆厚，且未突出建築線及地界線	○		

變更項目					申請程序	備註	應備書圖文件
變更主項目		變更細項目					
其他與原核定使用不合之變更		開口、穿孔或剔槽者	1. 自結構體表面剔槽深度 < 2 公分 2. 開口、穿孔面積 < 0.5 平方公尺		○		
			開口、穿孔或剔槽面積合計 < 1/10 原核准各向立面面積者		△	應符合本辦法相關規定	F1
			開口、穿孔或剔槽面積合計≧ 1/10 原核准各向立面面積者		☆	應符合本辦法相關規定	F2
		結構變更	總樓層高度五樓以下之建築物		☆	應符合本辦法相關規定	F2
			總樓層高度六樓以上之建築物		×		
	開放空間	綠化設施變更	增加面積者		○		
			植栽種類變更	喬、灌木種類變更占原核准平面投影面積≦ 1/2	○	應符合都市計畫法規定	
				喬、灌木種類變更占原核准平面投影面積 > 1/2	×		
		變更飾面材種類及顏色			○		
		有效面積變更	變更面積占原核准面積≦ 1/10		○	應符合都市計畫法規定	
			變更面積占原核准面積 > 1/10		×		
		遊戲設施	未減少綠覆率		○	應符合都市計畫法規定	
		其他			×		
	防空避難設備	變更用途	變更後屬臨時對外營業場所		×		
			變更後非屬對外營業場所	逾 200 平方公尺	×	1. 應符合建築技術規則建築設計施工編第 6 章、防空疏散避難設施建檔作業要點及本辦法相關規定 2. 應檢討符合該行政區防空避難設備容量及人口數已符合防空需求	
				200 平方公尺以下	☆		G
			變更後屬防空避難設備兼停車空間		○	應符合公寓大廈管理條例第 16 條第 2 項規定	
			變更後屬防空避難設備兼 G-2 類組或 G-3 類組之臨時使用，未達 200 平方公尺		○	應符合公寓大廈管理條例第 16 條第 2 項規定	
		其它	構造（含主要構造）變更			依本表所定變更主項目內容檢討	
			防火區劃變更				
			防火避難設施變更				
			消防設備變更				
			停車空間變更				
	昇降設備	未增加載重，且機房、機坑、機道尺寸不變並符合速度安全標準之變更			○	應符合建築物昇降設備設置及檢查管理辦法規定	
		增加載重，且機房、機坑、機道尺寸變更			×		
	中央系統空氣調節設備	未涉及系統主機（如：冰水主機、冷卻水塔等）變更，致影響過半冷房能力者			○	應符合建築技術規則建築設備編第五章第一節規定	
		其他			×		
	共同壁	未涉及主要構造變更			○		
		其他				依本表所定項目檢討	

符號說明：

「×」：指依建築物使用類組及變更使用辦法辦理變更使用執照。

「○」：指無涉及結構安全，免申請變更審查許可（若涉及公寓大廈規約或區分所有權人會議認定屬共用部分之重大修繕或改良者，仍應依公寓大廈管理條例第 11 條第 1 項規定辦理）。

「※」：依消防法規定辦理，若涉主要構造、防火區劃、防火避難設施及停車空間變更，應依本辦法相關規定辦理。

「△」：指免申請變更使用執照，需權利證明文件，由開業建築師簽證負責後，准予進行施工。工程完竣後，檢附圖說文件報請都發局審核。

「☆」：指免申請變更使用執照，需權利證明文件，施工前由開業建築師檢附圖說文件向都發局申請審核圖說，工程完竣後，檢附圖說文件報請都發局審核。

附表二之二　一定規模以下建築物變更項目應備書圖文件代號表

<table>
<tr><th rowspan="2">代號</th><th colspan="2">應備書圖文件</th><th rowspan="2">備註</th></tr>
<tr><th>圖審</th><th>竣工</th></tr>
<tr><td rowspan="10">A</td><td rowspan="10">免圖審程序。</td><td>1.申請書。</td><td rowspan="10"></td></tr>
<tr><td>2.受任建築師之委託書。</td></tr>
<tr><td>3.申請範圍權利證明文件，申請人非建築物所有權人者，應檢附所有權人同意書。</td></tr>
<tr><td>4.建築物登記謄本（建號全部）及建物測量成果圖。</td></tr>
<tr><td>5.建築師或結構、土木專業工業技師及各項設備專業技師簽證表。</td></tr>
<tr><td>6.建築師或結構、土木專業工業技師簽證竣工圖說。</td></tr>
<tr><td>7.申請變更位置涉及公寓大廈規約或區分所有權人會議認定屬共用部分之重大修繕或改良者，應檢附公寓大廈規約或區分所有權人會議決議或所有權人具結未違反公寓大廈管理條例第 11 條規定。</td></tr>
<tr><td>8.施工勘驗報告書及施工中照片。</td></tr>
<tr><td>9.竣工照片及索引圖。</td></tr>
<tr><td>10.其他經都發局規定之必要文件。</td></tr>
<tr><td rowspan="5">B1</td><td rowspan="5">免圖審程序。</td><td>1.申請書。</td><td rowspan="5"></td></tr>
<tr><td>2.受任建築師之委託書。</td></tr>
<tr><td>3.申請範圍權利證明文件，申請人非建築物所有權人者，應檢附所有權人同意書。</td></tr>
<tr><td>4.建築物登記謄本（建號全部）及建物測量成果圖。</td></tr>
<tr><td>5.變更前申請樓層使用執照核准平面圖。</td></tr>
</table>

代號	應備書圖文件		備註
	圖審	竣工	
B1		6. 建築師簽證表。	
		7. 建築師或結構、土木專業工業技師簽證竣工圖說。但未涉及結構變更者，免附結構技師簽證圖說。	
		8. 申請變更位置涉及公寓大廈規約或區分所有權人會議認定屬共用部分之重大修繕或改良者，應檢附公寓大廈規約或區分所有權人會議決議或所有權人具結未違反公寓大廈管理條例第 11 條規定。	
		9. 竣工照片及索引圖。	
		10. 其他經都發局規定之必要文件。	
B2	1. 申請書。	1. 申請書。	
	2. 受任建築師之委託書。	2. 建築師簽證表。	
	3. 申請範圍權利證明文件，申請人非建築物所有權人者，應檢附所有權人同意書。	3. 建築師或結構、土木專業工業技師簽證竣工圖說。但未涉及結構變更者，免附結構技師簽證圖說。	
	4. 建築物登記謄本（建號全部）及建物測量成果圖。	4. 第一階段核准圖、申請書及簽證表。	
	5. 變更前申請樓層使用執照核准平面圖。	5. 竣工照片及索引圖。	
	6. 建築師簽證表。	6. 涉及結構補強者，應檢附施工勘驗報告書及施工中照片。	
	7. 建築師或結構、土木專業工業技師簽證設計圖說 3 份。但未涉及結構變更者，免附結構技師簽證圖說。	7. 其他經都發局規定之必要文件。	
	8. 依建築物耐震能力詳細評估結果辦理補強者，應檢附委由建築師公會或相關專業技師公會、專業機構或學術團體辦理之評估報告。	（以下空白）	
	9. 申請變更位置涉及公寓大廈規約或區分所有權人會議認定屬共用部分之重大修繕或改良者，應檢附公寓大廈規約或區分所有權人會議決議或所有權人具結未違反公寓大廈管理條例第 11 條規定。		

代號	應備書圖文件		備註
	圖審	竣工	
B2	10.其他經都發局規定之必要文件。		
C1	免圖審程序。	1.申請書。	
		2.受任建築師之委託書。	
		3.申請範圍權利證明文件，申請人非建築物所有權	
		人者，應檢附所有權人同意書。	
		4.建築物登記謄本（建號全部）及建物測量成果圖。	
		5.建築師簽證表。	
		6.變更前申請樓層使用執照核准平面圖。	
		7.建築師或結構、土木專業工業技師簽證竣工圖說。但未涉及結構變更者，免附結構技師簽證圖說。	
		8.申請變更位置涉及公寓大廈規約或區分所有權人會議認定屬共用部分之重大修繕或改良者，應檢附公寓大廈規約或區分所有權人會議決議或所有權人具結未違反公寓大廈管理條例第 11 條規定。	
		9.施工勘驗報告書及施工中照片。	
		10.竣工照片及索引圖。	
		11.其他經都發局規定之必要文件。	
C2	1.申請書。	1.申請書。	
	2.受任建築師之委託書。	2.建築師簽證表。	
	3.申請範圍權利證明文件，申請人非建築物所有權人者，應檢附所有權人同意書。	3.建築師或結構、土木專業工業技師簽證竣工圖說。但未涉及結構變更者，免附結構技師簽證竣工圖說。	
	4.建築物登記謄本（建號全部）及建物測量成果圖。	4.第一階段核准圖、申請書及簽證表。	
	5.變更前申請樓層使用執照核准平面圖。	5.竣工照片及索引圖。	
	6.建築師簽證表。	6.施工勘驗報告書及施工中照片。	

代號	應備書圖文件		備註
	圖審	竣工	
C2	7.建築師或結構、土木專業工業技師簽證設計圖說。但未涉及結構變更者，免附結構技師簽證圖說。	7.其他經都發局規定之必要文件。	
	8.申請變更位置涉及公寓大廈規約或區分所有權人會議認定屬共用部分之重大修繕或改良者，應檢附公寓大廈規約或區分所有權人會議決議或所有權人具結未違反公寓大廈管理條例第 11 條規定。	（以下空白）	
	9.公寓大廈規約或區分所有權人會議決議或所有權人具結未違反公寓大廈管理條例第 8 條規定。		
	10.其他經都發局規定之必要文件。		
D	免圖審程序。	1.申請書。	
		2.建築物登記謄本（建號全部）。	
		3.申請範圍權利證明文件，申請人非建築物所有權人者，應檢附所有權人同意書。	
		4.受任建築師之委託書。	
		5.建築師簽證表。	
		6.建築師或結構、土木專業工業技師簽證竣工圖說。但未涉及結構變更者，免附結構技師簽證圖說。	
		7.申請變更位置涉及公寓大廈規約或區分所有權人會議認定屬共用部分之重大修繕或改良者，應檢附公寓大廈規約或區分所有權人會議決議或所有權人具結未違反公寓大廈管理條例第 11 條規定。	
		8.竣工照片及索引圖。	
		9.其他經都發局規定之必要文件。	
E	1.申請書。	1.申請書。	詳本辦法第 6 條。
	2.申請範圍權利證明文件，申請人非建築物所有權人者，應檢附所有權人同意書。	2.建築師或結構、土木專業工業技師簽證竣工圖說。但未涉及結構變更者，免附結構技師簽證圖說。	
	3.受任建築師之委託書。	3.建築師簽證表。	

代號	應備書圖文件		備註
	圖審	竣工	
E	4. 建築物登記謄本（建號全部）及建物測量成果圖。	4. 第一階段核准圖、申請書及簽證表。	
	5. 變更前申請樓層使用執照核准平面圖。	5. 竣工照片及索引圖。	
	6. 建築師或結構、土木專業工業技師簽證設計圖說 3 份。但未涉及結構變更者，免附結構技師簽證圖說。	6. 防火區劃及結構安全檢討報告書。	
	7. 建築師簽證表。	7. 其他經都發局規定之必要文件。	
	8. 申請變更位置涉及公寓大廈規約或區分所有權人會議認定屬共用部分之重大修繕或改良者，應檢附公寓大廈規約或區分所有權人會議決議或所有權人具結未違反公寓大廈管理條例第 11 條規定。	（以下空白）	
	9. 申請變更位置涉及共用部分者，應經區分所有權人會議決議同意或檢附共用部分之相關使用或當層共用部分之相關使用之所有權人同意書。		
	10. 其他經都發局規定之必要文件。		
F1	免圖審程序。	1. 申請書。	詳本辦法第 7 條。
		2. 申請範圍權利證明文件，申請人非建築物所有權人者，應檢附所有權人同意書。	
		3. 受任建築師之委託書。	
		4. 建築物登記謄本（建號全部）及建物測量成果圖。	
		5. 變更前申請樓層使用執照核准平面圖及各項立面圖。	
		6. 變更後建築平面圖及必要之立面圖各 3 份。	
		7. 建築師簽證表。	
		8. 建築師或結構、土木專業工業技師簽證設計圖說。	

<table>
<tr><th rowspan="2">代號</th><th colspan="2">應備書圖文件</th><th rowspan="2">備註</th></tr>
<tr><th>圖審</th><th>竣工</th></tr>
<tr><td rowspan="7">F1</td><td rowspan="7"></td><td>9.結構或土木專業工業技師及各類設備專業技師簽證報告。但未涉及結構及設備變更者，無須檢附。</td><td rowspan="7"></td></tr>
<tr><td>10.公寓大廈規約或區分所有權人會議決議或所有權人具結未違反公寓大廈管理條例第 8 條規定。</td></tr>
<tr><td>11.申請變更位置涉及公寓大廈規約或區分所有權人會議認定屬共用部分之重大修繕或改良者，應檢附公寓大廈規約或區分所有權人會議決議或所有權人具結未違反公寓大廈管理條例第 11 條規定。</td></tr>
<tr><td>12.竣工照片及索引圖。</td></tr>
<tr><td>13.搭設鷹架申報開工核准文件及自拆鷹架過程照片，但未涉及搭設鷹架者無需檢附。</td></tr>
<tr><td>14.經臺北市都市設計及土地使用開發許可審議委員會審議之建築物，需檢附都發局同意免經該委員會審議函文或審議通過函文。</td></tr>
<tr><td>15.其他經都發局規定之必要文件。</td></tr>
<tr><td rowspan="6">F2</td><td>1.申請書。</td><td>1.申請書。</td><td rowspan="6">詳本辦法第 7 條。</td></tr>
<tr><td>2.申請範圍權利證明文件，申請人非建築物所有權人者，應檢附所有權人同意書。</td><td>2.建築師簽證表。</td></tr>
<tr><td>3.受任建築師之委託書。</td><td>3.建築師或結構、土木專業工業技師簽證竣工圖說。但未涉及結構及設備變更者，無須檢附。</td></tr>
<tr><td>4.建築物登記謄本（建號全部）及建物測量成果圖。</td><td>4.結構或土木專業工業技師及各類設備專業技師簽證報告。但未涉及結構及設備變更者，無須檢附。</td></tr>
<tr><td>5.變更前申請樓層使用執照核准平面圖及各向立面圖。</td><td>5.第一階段核准圖、申請書及簽證表。</td></tr>
<tr><td>6.建築師或結構、土木專業工業技師簽證設計圖說。但未涉及結構變更者，免附結構技師簽證圖說。</td><td>6.竣工照片及索引圖。</td></tr>
</table>

代號	應備書圖文件		備註
	圖審	竣工	
F2	7. 建築師簽證表。	7. 經臺北市都市設計及土地使用開發許可審議委員會審議之建築物，需檢附都發局同意免經該委員會審議函文或審議通過函文。	
	8. 申請變更位置涉及公寓大廈規約或區分所有權人會議認定屬共用部分之重大修繕或改良者，應檢附公寓大廈規約或區分所有權人會議決議或所有權人具結未違反公寓大廈管理條例第 11 條規定。	8. 結構或土木專業工業技師及各類設備專業技師簽證報告。但未涉及結構及設備變更者，無須檢附。	
	9. 公寓大廈規約或區分所有權人會議決議或所有權人具結未違反公寓大廈管理條例第 8 條規定。	9. 搭設鷹架申報開工核准文件及自拆鷹架過程照片，但未涉及搭設鷹架者無需檢附。	
	10. 其他經都發局規定之必要文件。	10. 其他經都發局規定之必要文件。	
G	1. 申請書。	1. 申請書。	
	2. 申請範圍權利證明文件，申請人非建築物所有權人者，應檢附所有權人同意書。	2. 建築師簽證竣工圖說。	
	3. 受任建築師之委託書。	3. 都市計畫地籍套繪及臺北市土地使用分區證明。	
	4. 變更前申請樓層使用執照核准平面圖。	4. 竣工照片及索引圖。	
	5. 建築物登記謄本（建號全部）及建物測量成果圖。	5. 竣工查驗建築師簽證表。	
	6. 建築師簽證設計圖說。	6. 其他經都發局規定之必要文件。	
	7. 圖說審查建築師簽證表。	（以下空白）	
	8. 公寓大廈規約或區分所有權人會議決議或所有權人具結未違反公寓大廈管理條例第 8 條規定。		
	9. 如無產權登記者，應檢附該變更位置分管協議同意書或經該幢建築物區分所有權人會議決議同意。		
	10. 其他經都發局規定之必要文件。		

本市（台北市）集合住宅公寓大廈建築物室內裝修涉及增加兩間以上浴室、廁所加強管理措施說明

一、適用對象說明：（99.10.5 北市都建字第 09964394300 號函）

本市集合住宅之公寓大廈室內裝修涉及增設 2 間（含）以上廁所、浴室，造成分間牆變更者。但申請裝修範圍，倘直下各層屬同直通樓梯連通區域，其原核准用途均非供作住宅使用，該室內裝修申請案件免依本局 99 年 10 月 5 日北市都建字第 09964394300 號函檢討。另爲配合實務及執行需要，循前揭函釋意旨補充廁所、浴室之間數認定基準如下：

（一）裝修前浴室、廁所之數量，按下列各款方式擇一檢討：

1. 按使用執照或變更使用執照核准圖說。
2. 按 99 年 10 月 5 日前核發之室內裝修合格證明圖說檢討。
3. 裝修前現況係於 99 年 10 月 5 日前即已變更者，經建築物所有權人切結並檢附具體事證，由本局或審查機構個案核備。

（二）凡有下列情形之一者，逕予認定爲廁所、浴室使用：

1. 衛生設備、器具或預埋污水管線。
2. 預埋給、排水管線。但作廚房使用，且設置廚具設施者，不在此限。
3. 涉有下列二款以上情形者：
   (1) 壁面、地面採防水材料施作者（如磁磚、石材……等）。
   (2) 樓地板墊高。
   (3) 熱水器設備。
   (4) 廁所、浴室及圖說空間名稱標註爲衣帽間、儲藏室、更衣室等類似空間，其面積之合計超過申請範圍樓地板面積八分之一者。

（三）廁所、浴室間數經現場認定均符合下列情形者，按每滿三點五平方公尺爲一間計之，未滿三點五平方公尺者，以一間計。

1. 與二間以上居室連通。
2. 單間廁所面積超過三點五平方公尺者。
3. 預埋二套以上給、排水或污水管線者。

（四）如有爭議，則提報都發局室內裝修抽查委員會依審認決議辦理。

二、申請施工許可

（一）檢附直下層所有權人同意書；若屬同一所有權者，應出具建築物權利證明文件。

（二）檢附結構檢核計算書，結構安全應由開業建築師或結構、土木技師簽證。

（三）應依建築技術規則分別檢討日照、採光、通風及防音，後續於竣工查驗簽證表簽證負責。

（四）無論是否有既存違建，其原核准陽台範圍內不得設置廁所、浴室使用。

（五）倘公寓大廈規約另有規定或區分所有權人會議已有決議，禁止住戶增設廁所、浴室等套房隔間者，即應受該規約或區分所有權人會議決議之限制。是類裝修行爲應由建物所有權人檢具無違反公寓大廈規約規定或區分所有權人會議決議之切結書附卷申請。

三、申請竣工查驗

（一）基於用電安全考量，應向台灣電力公司申請用電設備變更手續，申請室內裝修竣工查驗審查時，應檢附「台灣電力公司屋內線檢驗符合規定」相關證明文件（詳如附件二），申請屋內線檢驗事宜請洽台灣電力公司台北市區營業處（聯絡電話：02-23788111分機7502）。

（二）應依建築技術規則分別檢討日照、採光、通風及防音，並於竣工查驗簽證表簽證負責。

（三）無論是否有既存違建，其原核准陽台範圍內不得設置廁所、浴室使用。

（四）倘經市民檢舉涉有賦稅或用電安全事項，本市主管建築機關得通知稅捐稽徵處、台灣電力公司，按其主管業務查核稅務及用電事宜。

四、相關函釋

修訂適用室裝辦法第 33 條規定之室內裝修案件相關簽證表格 1 份，自 100 年 9 月 1 日實施

臺北市政府都市發展局 100 年 8 月 16 日北市都建字第 10064214100 號函

主旨：檢送本局修訂本市適用建築物室內裝修管理辦法第 33 條規定之室內裝修案件相關簽證表格 1 份（如附件 1），自 100 年 9 月 1 日實施，請查照並轉知貴會所屬會員知照。

說明：

一、依本局建築管理處 100 年 7 月 26 日北市都建使字第 10064186900 號函「研商臺北市一定規模以上建築物室內裝修案件結構簽證事宜會議」會議結論續辦

（如附件 2）。

二、本次修正內容說明如下：

（一）爲加強室內裝修之建築物結構安全管理，集合住宅之公寓大廈室內裝修案件涉及增設 2 間（含）以上廁所、浴室者，其結構安全應由開業建築師或結構、土木技師簽證並檢附結構載重檢討報告，如檢討結果認有增加載重者，則應再進行結構分析並檢附結構計算書，以確保結構安全，爰修訂臺北市建築物室內裝修施工許可證申請書（1A）、臺北市建築物室內裝修設計圖說簽章合格申報表（1B）及臺北市建築物室內裝修施工許可行政項目審核表（1D）。

（二）屬逕自委託審查人員辦理室內裝修合格證明者，竣工後應檢附「本市室內裝修審查機構核發之審查人員派任證書影本」併同相關申請文件送交審查機構轉送本局建築管理處申請室內裝修合格證明，爰修訂臺北市建築物室內裝修合格證明申請書（2A）。

（三）案件如涉違章建築部分，已於申請戶數變更、立案許可或變更使用執照時檢附核備有案者，免再重複檢附違建照片送本局建築管理處違建查報隊辦理，以達簡政便民，爰修正臺北市建築物室內裝修竣工案件行政項目審核表（2D）。

（四）案件如涉及公寓大廈共用部分，除許可階段由設計技術人員簽證負責外，竣工申請時由施工技術人員及審查人員審核是否已檢附相關文件，爰修正臺北市建築物室內裝修竣工查驗簽章合格檢查表（2B）、臺北市建築物室內裝修竣工案件行政項目審核表（2D）。

三、本案納入本局 100 年臺北市建築法令函釋彙編第 045 號，目錄第三組編號第 17 號。

四、網路網址：http://www.dba.tcg.gov.tw。

爲積極管理本市小套房室內裝修案件，應依說明事項辦理

臺北市政府都市發展局 99 年 10 月 5 日北市都建字第 09964394300 號

主旨：爲健全本市集合住宅建築物室內裝修管理，遏止公寓大廈不當裝修成多間套房行爲，以維區分所有權人共同利益，自即日起向本市審查機構申辦掛號案件（含施工許可證登錄），應依說明事項辦理，請貴公會轉知所屬會員查照。

說明：

一、本市乃人口集居之大型都會區，鑑於近年房價居高不下，屢有公寓大廈裝修成

多間套房招租案件，肇生用電過載、破壞構造、滲漏損鄰、陽台違建等違規或侵權情事，不僅增添建築物公共安全隱憂，且有侵害公寓大廈區分所有權人共同利益之虞，耗費社會成本徒增訟源，實有加強管理之必要。

二、茲爲合理規範旨揭案件裝修行爲，凡本市集合住宅之公寓大廈室內裝修涉及增設 2 間（含）以上廁所、浴室，造成分間牆變更者，除應依「建築物室內裝修管理辦法」之規定申請審查許可外，並應按下列規定辦理，不符規定者，不予核准：

（一）類此案件，均應檢附直下層所有權人同意書（同意書格式，如附件一）；若屬同一所有權者，應出具建築物權利證明文件。但裝修案址位於一樓，且其直下層非供住宅使用者，得不受此限。

（二）基於用電安全考量，應向台灣電力公司申請用電設備變更手續，申請室內裝修竣工查驗審查時，應檢附「台灣電力公司屋內線檢驗符合規定」相關證明文件（詳如附件二），申請屋內線檢驗事宜請洽台灣電力公司台北市區營業處（聯絡電話：02-23788111 分機 7502）。

（三）應依建築技術規則分別檢討日照、採光、通風及防音，並於竣工查驗簽證表簽證負責（審查人員自我檢視表及竣工查驗簽證檢查表，詳如附件三）。

（四）無論是否有既存違建，其原核准陽台範圍內不得設置廁所、浴室使用。

（五）倘公寓大廈規約另有規定或區分所有權人會議已有決議，禁止住戶增設廁所、浴室等套房隔間者，即應受該規約或區分所有權人會議決議之限制。是類裝修行爲應由建物所有權人檢具無違反公寓大廈規約規定或區分所有權人會議決議之切結書附卷申請。

三、此外，類此案件倘經市民檢舉涉有賦稅或用電安全事項，本市主管建築機關得通知稅捐稽徵處、台灣電力公司，按其主管業務查核稅務及用電事宜。另類此案件室內裝修審查人員簽署內容如有引發爭議，本局得將相關圖說文件送請本市室內裝修審查機構（台北市建築師公會）複查後，提送本市室內裝修專案小組審查。

四、本案納入本局 99 年度臺北市建管法令函釋彙編第 076 號，目錄第三組編號第 20 號。

五、網址：www.dba.tcg.gov.tw。

本市公寓大廈室內裝修涉及不當裝修成多間套房管理措施，針對「增設兩間（含）以上浴室、廁所」之認定及相關執行補充事項

臺北市政府都市發展局 100 年 7 月 26 日北市都建字第 10064186700 號函

主旨：有關本市集合住宅之公寓大廈室內裝修涉及不當裝修成多間套房管理措施，針對「增設兩間（含）以上浴室、廁所」之認定及相關執行補充事項如說明，請查照。

說明：

一、依據本局 99 年 10 月 5 日北市都建字第 09964394300 號函辦理。

二、本市集合住宅之公寓大廈室內裝修涉及增設 2 間（含）以上廁所、浴室，造成分間牆變更者，本市審查機構及其審查人員除依「建築物室內裝修管理辦法」之規定審查外，並應依本局前開函釋辦理，未符規定者，不予核准許可。其「增設兩間（含）以上浴室、廁所」認定基準，得按下列各款方式擇一檢討裝修前浴室、廁所之數量：

（一）按使用執照或變更使用執照核准圖說。

（二）按 99 年 10 月 5 日前核發之室內裝修合格證明圖說檢討。

（三）裝修前現況係於 99 年 10 月 5 日前即已變更者，經建築物所有權人切結並檢附具體事證，由本局或審查機構個案核備。

三、有關裝修完成後之「浴室、廁所」間數，並非以是否裝設衛浴設備爲要件，凡集合住宅室內裝修平面圖說或竣工照片呈現可能增設兩間以上浴室、廁所者（如居室內附設「儲藏室」、「更衣室」、「衣帽間」等類似情形），其竣工現場涉有墊高樓地板、預埋給排水管線等行爲者，仍應依本局前函所示辦理。

四、另補充前函說明二、（一）但書「但裝修案址位於一樓，且其直下層非供住宅使用者，得不受此限。」之意旨，係針對位於地面層各層之申請裝修範圍，倘直下各層屬同直通樓梯連通區域，其原核准用途均非供作住宅使用者，得不受此限。

五、納入本局 100 年臺北市建管法令函釋彙編第 039 號，目錄第三組編號第 15 號。

六、網路網址：www.dba.taipei.gov.tw。

戶數變更涉增設 2 間以上浴廁造成分間牆變更者，仍應依 99.10.5 北市都建字第 09964394300 號函規定辦理

臺北市政府都市發展局 100 年 3 月 2 日北市都建字第 10063959000 號

主旨：檢送本局所屬臺北市建築管理處 100 年 1 月 25 日研商「建築物一定規模以下免辦變更及室內裝修、戶數變更等相關執行疑義」會議紀錄乙份，請查照並轉貴會會員知照。

◇附件：「建築物一定規模以下免辦變更、室內裝修、戶數變更等相關執行疑義」紀錄

提案二：依「臺北市一定規模以下建築物免辦理變更使用執照管理辦法」之規定申請戶數變更案件，涉及增設 2 間以上廁所、浴室，造成分間牆變更者，得否免依本府都市發展局 99 年 10 月 5 日北市都建字第 09964394300 號函檢附「臺灣電力公司屋內線檢驗符合規定」相關證明文件？

決議：為遏止集合住宅公寓大廈建築物不當裝修成多間套房情事，以維護全體區分所有權人之生活品質與共同利益，本市集合住宅申請戶數變更案件，仍應依本局上開函示規定辦理，室內裝修竣工後，申請「室內裝修合格證明」時即須檢附臺灣電力股份有限公司出具之屋內線檢驗符合規定之相關證明文件憑核。

100.7.26 北市都建字第 10064186700 號函說明四室內裝修申請案件免依本局 99.10.5 日北市都建字第 09964394300 號函檢討

臺北市政府都市發展局 101 年 2 月 4 日北市都建字第 10163920500 號

主旨：檢送本局所屬臺北市建築管理處 101 年 1 月 6 日研商「建築物一定規模以下免辦變更及室內裝修、戶數變更等相關執行疑義」會議紀錄乙份，請查照並轉貴會會員知照。

◇附件：「建築物一定規模以下免辦變更、室內裝修、戶數變更等相關執行疑義」紀錄

提案一：本市建築物已領得室內裝修合格證明（非屬 99 年 10 月 5 日北市都建字第 09964394300 號函規定範疇）者，得否續以室內裝修局部更動公文核備方式，將衣帽間、儲藏室等類似空間變更為廁所、浴室使用？類此情形有無該函之適用？

決議：類此情形業屬增加 2 間以上廁所、浴室者，應另案辦理室內裝修審查許可

並依該函相關規定檢討，不得循局部更動公文核備方式辦理。

提案二：本市申請室內裝修許可案件，以多間廁所、浴室整併為 1 間方式設置，如何認定類此案件之廁所、浴室是否增加 2 間以上？

決議：

一、本局 100 年 7 月 26 日北市都建字第 10064186700 號函說明三：「有關裝修完成後之『浴室、廁所』間數，並非以是否裝設衛浴設備為要件，凡集合住宅室內裝修平面圖說或竣工照片呈現可能增設兩間以上浴室、廁所者（如居室內附設『儲藏室』、『更衣室』、『衣帽間』等類似情形），其竣工現場涉有墊高樓地板、預埋給排水管線等行為者，仍應依本局前函所示辦理。」，訂有明文。

二、因實務及執行需要，本局擬循前揭函釋意旨補充廁所、浴室之間數認定基準如下：

（一）凡有下列情形之一者，逕予認定為廁所、浴室使用：

1. 衛生設備、器具或預埋污水管線。
2. 預埋給、排水管線。但作廚房使用，且設置廚具設施者，不在此限。
3. 涉有下列二款以上情形者：
   (1) 壁面、地面採防水材料施作者（如磁磚、石材……等）。
   (2) 樓地板墊高。
   (3) 熱水器設備。
   (4) 廁所、浴室及圖說空間名稱標註為衣帽間、儲藏室、更衣室等類似空間，其面積之合計超過申請範圍樓地板面積八分之一者。

（二）廁所、浴室間數經現場認定均符合下列情形者，按每滿三點五平方公尺為一間計之，未滿三點五平方公尺者，以一間計。

1. 與二間以上居室連通。
2. 單間廁所面積超過三點五平方公尺者。
3. 預埋二套以上給、排水或污水管線者。

（三）如有爭議，但經都發局抽查作業專案小組審認者不在此限。

三、後續俟行政程序發布並交由審查機構據以審查。

臨時提案二：本市集合住宅公寓大廈室內裝修案件涉及增加 2 間浴室、廁所者，該裝修範圍符合 100 年 7 月 26 日北市都建字第 10064186700 號函說明四者，除免檢附直下層所有權人同意書外，是否應檢附結構檢核計算書、「台灣電力公司屋內線符合規定」相關證明文件、無違反公寓大廈規約規定或區分所有權人切結書，委託開業建築師檢討符合通風、日照、採光相關規定，且不得於原核准陽台範圍設廁所、浴室使用？

決議：

一、本局 100 年 7 月 26 日北市都建字第 10064186700 號函說明四室內裝修申請案件免依本局 99 年 10 月 5 日北市都建字第 09964394300 號函檢討。

二、爲免管理機制重複，原本局 98 年 1 月 20 日北市都建字第 09863909900 號函有關集合住宅之公寓大廈增設廁所、浴室或 2 間（含）以上居室，造成分間牆變更者之相關規定，應予停止適用。

三、上開案由補充修正及停止事項，依行政程序簽報辦理。另請業務科室檢討本市集合住宅公寓大廈室內裝修案件涉及增加 2 間浴室、廁所之歷次函釋，綜整後簽報公告上網，俾供民衆參考。

建物涉及施工中消防防護計畫檢核表公告

13F., No.51, Sec. 2, Keelung Rd.,
Taipei City 110, Taiwan (R.O.C.)
TEL: 886-2-2377-3011
FAX: 886-2-2732-6906

臺北市建築師公會
Taipei Architects Association

地址：110台北市基隆路二段51號13樓
電話：（○二）二三七七三○一一
傳真：（○二）二七三二六九○六

【公　告】

壹、自109年5月4日起至本會掛號之室內裝修圖說審查（含兩階及簡裝）或至臺北市政府地下2樓建造執照協審室辦理變更使用執照，均需檢附『建築物涉及施工中消防防護計畫檢核表』（如附件）。

（一）若無涉及上述規模之用途者，依程序檢附該表，室內裝修圖審核可後即核發施工許可證。

（二）倘送審案件規模涉及該檢核表『檢核綜合意見』中第二項所列之用途者，圖審核可後，需取得臺北市政府消防局核備之「施工中消防防護計畫」證明文件併卷後，始得核發施工許可證。

（三）申請人檢附消防局核備的「證明文件」即可，不需要檢附整本計畫內容於卷內。.

貳、施工中消防防護計畫檢核表簽署之專業人員資格：

（一）開業建築師

（二）消防設備師（含暫行執業人員）

（三）室內裝修專業設計技術人員

※另依室內裝修管理辦法規定：室內裝修專業技術人員必須受聘於室內裝修業。

13F., No.51, Sec. 2, Keelung Rd., Taipei City 110, Taiwan (R.O.C.)
TEL: 886-2-2377-3011
FAX: 886-2-2732-6906

臺北市建築師公會
Taipei Architects Association

地址：110台北市基隆路二段51號13樓
電話：（〇二）二三七七三〇一一
傳真：（〇二）二七三二六九〇六

【重要訊息通知】

有關本市建築物室內裝修申請案件，涉及應辦理「施工中消防防護計畫」者，其作業方式說明下：

一、依臺北市政府都市發展局 109.05.14 公告周知

二、室內裝修圖審有關消防相關作業方式如下：

（一）、凡至本會辦理建築物室內裝修審查，於掛號時檢附「建築物涉及施工中消防防護計畫檢核表(AF-1)」，經檢核屬「消防法第 13 條第 1 項及消防法施行細則第 15 條第 2 項所規範之用途應向消防局核備消防防護計畫」者：

1、簡裝案件得先向本會掛號，影印蓋有公會掛號章之 1D、1A 及 AF-1 表。

2、兩階室裝案件於掛號後，影印蓋有公會掛號章之 E1-2 申請書及 AF-1 表。

併同「施工中消防防護計畫」送請建築物所在消防局外勤中隊核備，取得證明文件後始得核發施工許可證。

（二）、除上述應向臺北市政府消防局辦理消防設備審查者，亦應先取得消防圖說核准函後，方得轉請都發局核發施工許可證。

三、為維護建築師權益及堅持建築師專業立場，敬請會員賡續惠賜卓見。

順頌　闔家平安

臺北市建築師公會 

敬啟

臺北市建築物微型室內裝修執行計畫

壹、緣起

為全面推動本市建築物室內裝修管理，簡化申辦室內裝修審查程序，提升從業人員專業能力，針對小規模較無涉建築物公共安全之室內裝修案件（如天花板及既有內部牆表面材裝修），及領得室內裝修合格證明後局部更動案件，由於工項簡單且施作時間快速，倘依現行室內裝修審查機制辦理，其相關簽證費用及申辦時間往往與實際工程費用不符比例，易造成民眾申辦意願低落，導致未申請擅自施作之情事，故為加強納管此類案件，爰制定本執行計畫。

貳、主管機關

本計畫之主管機關為臺北市政府都市發展局，執行機關為臺北市建築管理工程處。

參、適用對象及條件

微型室內裝修（以下簡稱微裝）分為下列（一）（二）款類型，惟皆需符合第（三）款之限制事項：

（一）申請範圍原核准用途為住宅或申請樓層之樓地板面積符合10層以下樓層及地下室各層在300平方公尺以下者；11層以上樓層在100平方公尺以下者，案址無涉及分間（戶）牆之增減、無妨礙或破壞消防安全設備且無變更原核准用途，僅施作天花板或既有內部牆表面材裝修。

（二）案址已領有室內裝修合格證明，符合下列1～5目規定者：（本款僅具有開業建築師資格之微型室內裝修簽署人員得以簽署）

1. 未變更建築物防火避難設施、消防安全設備、防火區劃、主要構造。
2. 裝修後用途與原核准裝修用途相符。
3. 申請人須為原申領室內裝修合格證明之建築物所有權人或使用人。
4. 申請範圍不得涉及既存違建之修繕。
5. 位於 10 層以下及地下室各層者，更動範圍須未達 150m^2；位於 11 層以上者，更動範圍須未達 50m^2。〔更動範圍之認定，得以①牆體或防火捲門圍塑之範圍、②實作天花板水平投影面積、③防煙垂壁區劃之範圍、④牆體（面）增加或減少之實作面積擇一計算。〕

（三）其他限制事項

1. 不得妨礙或破壞建築物防火避難設施、消防安全設備、防火區劃及主要構造。
2. 案址倘屬高層建築物，不得涉及原核准使用燃氣設備空間（廚房）防火區劃變更。
3. 不得涉及變更浴室或廁所數量，亦未涉及原有浴室或廁所之分間牆位置變更。

肆、申請流程

（一）施工許可

符合申請微型室內裝修之建築物，得檢附開業建築師或室內裝修專業設計技術人員等微裝簽署人員簽章負責之室內裝修圖說及申請文件，向審查機構申報施工，經審核合格，領得施工許可證後，將許可文件張貼於施工地點明顯處，並於規定期限 3 個月內施工完竣。

（二）竣工查驗

工程完竣後，檢附營造業專任工程人員或室內裝修專業施工技術人員等微裝簽署人員簽章負責之竣工查驗合格檢查表及其他應備文件，向審查機構申請審查許可，經審核其申請文件齊全後，轉請主管機關發給室內裝修合格證明。

伍、申辦微型室內裝修應檢附文件

（一）施工許可

1.（S-1A）臺北市建築物微型室內裝修許可申請書。
2.（S-1B）臺北市建築物微型室內裝修許可簽章檢查表。
3. 臺北市建築物微型室內裝修設計平面圖或微型室內裝修範圍示意圖併附材料產品型錄或制式詳細圖說。
4. 施工前現況照片。
5. 室內裝修從業者及微裝簽署人員證明文件。
6. 建築物權利證明文件。（申請人非建築物所有權人需另檢附建築物使用權同意書）
7. 原使用執照核准圖說或前次室內裝修核准圖說。
8. 其他經指定之必要文件。

（二）竣工查驗

1.（S-2A）臺北市建築物微型室內裝修竣工證明申請書。
2.（S-2B）臺北市建築物微型室內裝修竣工查驗簽章檢查表。

3. 臺北市建築物微型室內裝修竣工平面圖。
4. 竣工照片。
5.（S-2C）切結書。（由室內裝修申請人、室內裝修從業者共同具結本次室內裝修未涉及新作違建、無違反公寓大廈規約及區分所有權人會議決議事項，如有不實，當負法律責任。）
6. 其他經指定之必要文件。

陸、微裝簽署人員

指具有下列各款資格之一，並經參加培訓講習合格，領有「臺北市建築物微型室內裝修簽署人員證書」者。

（一）領有本市室內裝修審查機構派任證書之審查人員。（A組）

（二）開業建築師。（B組）

（三）受聘於室內裝修業之室內裝修專業設計或施工技術人員。（C組）

（四）受聘於營造業之專任工程人員。（C組）

柒、培訓講習規範

（一）培訓講習

1. 報名方式：參訓學員逕向執行機關指定辦理之培訓機構報名。詳細之培訓方式與內容等，另於培訓機構及執行機關網站公告。
2. 培訓機構：凡有意願之本市室內裝修相關專業機構、團體，符合具有室內裝修專業技術人員達 35 名以上會員，且每人近 3 年內有簽章本市室內裝修案件達 10 件以上，得提具計畫書向執行機關申請為培訓機構，執行機關得就申請資格、計畫書進行審查，經同意後允其辦理微型室內裝修之課程講習訓練事宜。
3. 講師資格：培訓課程之講師應檢附授課同意書，並應符合下列資格條件之一：
   (1) 現任或曾任大學院校講師以上職務，並就講授課程具相關科系教學經驗者。
   (2) 從事室內設計裝修等相關專題研究，並有專案報告書／著作，或大學院校與課程相關之課題研究並取得碩士以上學位且具 3 年以上工作年資者。
   (3) 大專以上相關科系畢業，現任或曾任主管建築機關之相關業務人員或審查機構主管職位達 3 年以上者。
   (4) 其他具有專業實務背景送交主管機關認可者。
4. 課程規劃：培訓機構應辦理時數 2 小時（A 組）、7 小時（B 組）及 14 小時（C 組）培訓課程，參訓學員於修滿培訓課程後（C 組須經測驗合格，70 分及格），由培訓機構代為製作「臺北市建築物微型室內裝修簽署人員證書」，送交主管機關用印，有效期限為 2 年。課程內容含：

A 組：

(1) 臺北市都市計畫及土地使用分區管制法令（1 小時）

(2) 微型室內裝修申辦流程（1 小時）

B 組：

(1) 室內裝修及相關法規（1 小時）

(2) 臺北市都市計畫及土地使用分區管制法令（1 小時）

(3) 微型室內裝修申辦流程（1 小時）

(4) 臺北市建築物室內裝修相關法令疑義解說（2 小時）

(5) 微型室內裝修操作實務（2 小時）

C 組：

(1) 臺北市建築物室內裝修管理制度（1 小時）

(2) 室內裝修及相關法規（1 小時）

(3) 臺北市都市計畫及土地使用分區管制法令（1 小時）

(4) 微型室內裝修申辦流程（2 小時）

(5) 臺北市建築物室內裝修相關法令疑義解說（2 小時）

(6) 微型室內裝修操作實務及審查機制（4 小時）

(7) 二階段室內修裝及簡易室內裝修申辦實務（3 小時）

（二）管理制度

1. 培訓機構應依本計畫揭示之課程內容詳予規劃、編寫教材內容，並送執行機關備查後，責由培訓機構自行印製。
2. 培訓機構應將講習訓練之課程內容、上課時數、報名及收費方式等相關事宜，於講習前 20 日刊登於機構網站公告周知，並與執行機關網站建立資訊連結。每梯次參訓人員上限不得超過 100 名。
3. 培訓機構應就教材編撰、結業培訓證明書、學員手冊之印製、教學場地租用、代辦午餐、行政事務、交通、宣導、講師鐘點費、講習資訊公告、相關行政事務等費用，覈實編製經費預算表，向報名參訓之學員收費，但每梯次 2 小時以新臺幣 600 元為限；7 小時以新臺幣 2,000 元為限；14 小時以新臺幣 3,500 元為限。
4. 結訓合格學員清冊，應註明學員之姓名、國民身分證統一編號、出生年月日、學經歷、通訊處、聯絡電話、相關專業證照號碼、證書編號等基本資料、上課簽到（退）紀錄等資料彙整建立電子檔，於授課結束 30 日內函送主管機關備查。紙本資料責由培訓機構自行保管至少 3 年。

5. 培訓機構應協助主管機關製作「臺北市建築物微型室內裝修簽署人員證書」（附相片），並至少派駐 1 名行政人員至主管機關，協助辦理微裝相關行政作業事宜，後續視案件量多寡再行檢討增加派駐人力需求。
6. 微型室內裝修簽署人員證書之換發：微裝簽署人員得於證書有效期限屆滿前 2 個月，提具近 2 年內自行經辦 10 件以上「建築物室內裝修竣工證明」之證明文件，向原培訓機構申請換發，否則應重新參訓。
7. 微裝簽署人員資格經主管機關室內裝修專案小組審查認有下列各款情形之一者，廢止其簽署人員證書並自處分日期次日起 5 年內不得參訓：
   (1) 申請圖說文件虛偽造假、內容不實者。
   (2) 妨害、破壞或變更防火避難設施、防火區劃、主要構造或消防設備者。
   (3) 不符「微型室內裝修」申請資格條件者。
   (4) 其他經專案小組審認涉及重大違失情事者。

捌、實施時程

本計畫自 109 年 9 月 1 日開始施行，培訓講習自發布日施行。

S-1A(109.06 版)

臺北市建築物微型室內裝修許可申請書

本市＿＿＿區＿＿＿＿＿＿＿＿＿＿＿＿建築物室內裝修工程，裝修面積＿＿＿＿平方公尺，用途同原核准為＿＿＿＿＿＿，現場因實際使用需求更動，檢附經微型裝修簽署人員＿＿＿＿＿簽章負責之室內裝修設計平面圖說及其他相關文件申請室內裝修許可。

此致

臺北市政府都市發展局

審查機構

申請人：＿＿＿＿＿＿＿＿＿＿

日　期：＿＿＿年＿＿＿月＿＿日

【壹、檢附文件及裝修場所基本資料】

檢附文件 (✓選)	1.(S-1A)臺北市建築物微型室內裝修許可申請書。	□有 □無
	2.(S-1B)臺北市建築物微型室內裝修許可簽章檢查表。	□有 □無
	3.下列二擇一： □臺北市建築物微型室內裝修設計平面圖 □微型室內裝修範圍示意圖及材料產品型錄或制式詳細圖說。	□有 □無
	4.施工前現況照片。	□有 □無
	5.室內裝修從業者及微裝簽署人員證明文件。	□有 □無
	6.建築物權利證明文件。(申請人非建築物所有權人需另檢附建築物使用權同意書)	□有 □無
	7.原使用執照核准圖說或前次室內裝修核准圖說。	□有 □無
	8.其他經指定之必要文件。	□有 □無

【貳、申請人基本資料】

姓　名 (公司名稱)		裝修住戶身分 (✓選)	□建築物所有權人 □建築物使用人	(簽名或蓋章)
身分證字號 (統一編號)		聯絡電話		
聯絡地址				

【參、室內裝修從業者基本資料】

公司/事務所 名稱		開業證書或 登記證字號		(簽名或蓋章)
負責人姓名		聯絡電話		
聯絡地址				

S-1B(109.06 版)

臺北市建築物微型室內裝修許可簽章檢查表

本人受託辦理本市______區____________________________建築物室內裝修工程，案經檢討符合相關規定，預訂於____年____月____日前施工完竣。本案當俟工程完竣後隨即檢送相關圖說文件報請竣工。若有不實願依建築物室內裝修管理辦法及臺北市建築物微型室內裝修執行計畫等規定接受處分，特此說明。

此　致

臺北市政府都市發展局

審查機構

簽署人員：　　　　　　　　（簽章）

中華民國　　　年　　　月　　　日

※ 檢討事項

	微型室內裝修資格條件及限制項目(✓選)
申請資格 (擇一)	□申請範圍原核准用途為住宅或申請樓層之樓地板面積符合 10 層以下樓層及地下室各層在 300 平方公尺以下者；11 層以上樓層在 100 平方公尺以下者，案址無涉及分間（戶）牆之增減，無妨礙或破壞消防安全設備且無變更原核准用途，**僅施作天花板或既有內部牆表面材裝修**。 □**案址已領有室內裝修合格證明**，符合下列1~5 目規定者：(本款僅具有開業建築師資格之微型裝修簽署人員得以簽署) 1.未變更建築物防火避難設施、消防安全設備、防火區劃、主要構造。 2.裝修後用途與原核准裝修用途相符。 3.申請人須為原申領室內裝修合格證明之建築物所有權人或使用人。 4.申請範圍不得涉及既存違建之修繕。 5.位於 10 層以下及地下室各層者，更動範圍須<150 ㎡；位於 11 層以上者，更動範圍須<50 ㎡。[更動範圍之認定，得以①牆體或防火捲門圍塑之範圍、②實作天花板水平投影面積、③防煙垂壁區劃之範圍、④牆體（面）增加或減少之實作面積擇一計算。]
限制項目	□無妨礙或破壞建築物防火避難設施、消防安全設備、防火區劃及主要構造。 □案址倘屬高層建築物，無涉及原核准使用燃氣設備空間（廚房）防火區劃變更。 □無涉及變更浴室或廁所數量，亦未涉及原有浴室或廁所之分間牆位置變更。 □非屬經主管機關查獲未經許可擅自進行室內裝修施工者。

建築物微型室內裝修概要			
空間名稱	裝修位置	施作面積(㎡)	裝修材料(材料名稱及耐燃等級)

【微型室內裝修設計平面圖】

微型室內裝修設計平面圖	註：本圖比例不拘，但圖面應標示室內空間名稱、照片拍攝位置。	簽署人員簽章	

※申請位置非位於避難層，且出入口門扇若非防火門者，圖面應載明直通樓梯位置或檢附原核准圖說澄清。

※本圖得視個案需要自行增加頁面或改以 A3 規格繪製。

※為統一違建部分標繪方式，請能照都市發展局 107 年7 月 23 北市都授建字第 1076095217 號「違建部分標繪圖例」。

109.06 版

【微裝室內裝修範圍示意圖】

微裝室內裝修範圍示意圖	註：本圖比例不拘，但圖面應標示室內空間名稱、照片拍攝位置。	簽署人員簽章	

※本圖說得由任一微裝簽署人員簽章，但須檢附裝修材料之產品型錄或制式詳細圖說。

109.06 版

【施工前現況照片】

<table>
<tr><td>編號</td><td>材質說明：</td><td>編號</td><td>材質說明：</td></tr>
<tr><td colspan="2">※每一室內空間至少應檢附彩色照片 2 張。
※室內設有各類消防安全設備者，竣工照片場景並應呈現其空間關係。
※照片拍攝內容應清楚呈現空間場景；採用數位相片者，應具長時保存功能。
※請標示照片拍攝日期。

（張貼照片）</td><td colspan="2">（張貼照片）</td></tr>
<tr><td>編號</td><td>材質說明：</td><td>編號</td><td>材質說明：</td></tr>
<tr><td colspan="2">（張貼照片）</td><td colspan="2">（張貼照片）</td></tr>
</table>

109.06 版

S-2A(109.06 版)

臺北市建築物微型室內裝修竣工申請書

本市______區________________________建築物室內裝修工程，裝修面積______平方公尺，用途同原核准為________，檢附經微型裝修簽署人員________簽章負責之室內裝修相關圖說及其他相關文件，報請准予發給室內裝修合格證明。

此致

臺北市政府都市發展局

審查機構

申請人：______________簽名或蓋章)

日　期：_____年_____月____日

【壹、檢附文件及裝修場所基本資料】

檢附文件（✓選）	1.(S-2A)臺北市建築物微型室內裝修竣工證明申請書。	□有 □無
	2.(S-2B)臺北市建築物微型室內裝修竣工查驗簽章檢查表。	□有 □無
	3.臺北市建築物微型室內裝修竣工平面圖。	□有 □無
	4.竣工照片。	□有 □無
	5.切結書。	□有 □無
	6.其他經指定之必要文件。	□有 □無

【貳、申請人基本資料】

姓　名 (公司名稱)		裝修住戶身分 (✓選)	□建築物所有權人 □建築物使用人	（簽名或蓋章）
身分證字號 (統一編號)		聯絡電話		
聯絡地址				

【參、室內裝修從業者基本資料】

公司名稱		開業證書或 登記證字號		（簽名或蓋章）
負責人姓名		聯絡電話		
聯絡地址				

S-2B(109.06版)

臺北市建築物微型室內裝修竣工查驗簽章檢查表

本人受託辦理本市______區____建築物室內裝修工程，案經檢討符合相關規定，檢送相關圖說文件報請竣工。若有不實，願依建築物室內裝修管理辦法及臺北市建築物微型室內裝修執行計畫規定接受處分，特此說明。

此　致

臺北市政府都市發展局

審查機構

簽署人員：　　　　　　　　　　（簽章）

中華民國　　　　年　　　　月　　　　日

項次	檢討項目	檢討結果（✓選）
1	竣工圖與原申請圖說相符。	□符合 □不符合
2	無妨礙或破壞建築物防火避難設施、消防安全設備、防火區劃及主要構造。	□符合 □不符合
3	案址屬高層建築物，無涉及原核准使用燃氣設備空間（廚房）防火區劃變更。	□符合 □不符合 □免檢討
4	無變更浴室或廁所數量，亦未涉及原有浴室或廁所之分間牆位置變更。	□符合 □不符合
5	裝修材料符合建築技術規則規定。	□符合 □不符合

建築物微型室內裝修概要			
空間名稱	裝修位置	施作面積（㎡）	裝修材料（材料名稱及耐燃等級）

S-2C(109.06)

建築物微型室內裝修切結書

本市＿＿＿區＿＿＿＿＿＿＿＿＿＿建築物，領有＿＿使字第＿＿＿號使用執照。本次室內裝修無涉及新作違建、無違反公寓大廈規約及區分所有權人會議決議事項，如有不實，願負法律責任。

此致

臺北市政府都市發展局
審查機構

立切結書人：　　　　　　　　　　（簽名或蓋章）
身分證字號：
連絡地址：
電　　話：

簽署人員：　　　　　　　　　　（簽名或蓋章）
參訓證明字號：
連絡地址：
電　　話：

中華民國　○○　年　○○　月　○○　日

【微型室內裝修竣工平面圖】

微型室內裝修竣工 平面圖	註：本圖比例不拘，但圖面應標示室內空間名稱、照片拍攝位置。	簽署人員簽章	

※申請位置非位於避難層，且出入口門扇若非防火門者，圖面應載明直通樓梯位置或檢附原核准圖說澄清。

※本圖得視個案需要自行增加頁面或改以 A3 規格繪製。

※為統一違建部分標繪方式，請參照都市發展局 107 年7 月 23 北市都授建字第 1076095217 號「違建部分標繪圖例」。

109.06

【竣工照片】

編號	材質說明：	編號	材質說明：
※每一室內空間至少應檢附彩色照片 2 張。 ※室內設有各類消防安全設備者，竣工照片場景並應呈現其空間關係。 ※照片拍攝內容應清楚呈現空間場景；採用數位相片者，應具長時保存功能。 ※請標示照片拍攝日期。 （張貼照片）		（張貼照片）	
編號	材質說明：	編號	材質說明：
（張貼照片）		（張貼照片）	

109.06

臺北市建築物微型室內裝修
簽署人員證書

編號：109 ○○○字第 A00001 號

○○○ 君(身分證統一編號：A000000000)

參加○○○舉辦之「臺北市建築物微型室內裝修簽署人員培訓課程」，課程時數共 00 小時期滿，依「臺北市建築物微型室內裝修執行計畫」規定，授予此證。

請黏貼 2 吋彩色相片 (1)不戴墨鏡 (2)脫帽大頭照 (3)一年內近照 （照片或掃描檔）

有效期限：

自民國 109 年 00 月 00 日起至 111 年 00 月 00 日止

臺北市政府都市發展局

局長 ○○○

中 華 民 國 1 0 9 年 0 0 月 0 0 日

臺北市建築物微型室內裝修
簽署人員證書

編號：109 ○○○字第 A00001 號

○○○ 君（身分證統一編號：A000000000）

依「臺北市建築物微型室內裝修執行計畫」第柒點規定，符合2年內自行經辦10件以上「建築物室內裝修竣工證明」之換證資格，爰授予此證。

請黏貼
2吋彩色相片
(1)不戴墨鏡
(2)脫帽大頭照
(3)一年內近照
（照片或掃描檔）

有效期限：
自民國 111 年 00 月 00 日起至 113 年 00 月 00 日止

臺北市政府都市發展局
局長　○○○

中　華　民　國　1 1 1　年　0 0　月　0 0　日

建築物公共安全檢查簽證及申報辦法

■修正日期：民國 107 年 02 月 21 日

第 1 條

本辦法依建築法（以下簡稱本法）第七十七條第五項規定訂定之。

第 2 條

本辦法用詞，定義如下：

一、專業機構：指依本法第七十七條第三項規定由中央主管建築機關認可，得受託辦理建築物公共安全檢查業務之技術團體。

二、專業人員：指依本法第七十七條第三項規定由中央主管建築機關認可，得受託辦理建築物公共安全檢查業務，並依法登記開業之建築師或執業技師。

三、檢查員：指由專業機構指派其所屬辦理建築物公共安全檢查業務之人員。

四、標準檢查：指就建築物之現況檢查是否符合其建造、變更使用、室內裝修時之建築相關法令規定。

五、評估檢查：指就建築物之現況是否損壞予以檢查，並就損壞現象予以調查、記錄，並評估其損壞程度及判定其改善方式。

第 3 條

建築物公共安全檢查申報範圍如下：

一、防火避難設施及設備安全標準檢查。

二、耐震能力評估檢查。

第 4 條

建築物公共安全檢查申報人（以下簡稱申報人）規定如下：

一、防火避難設施及設備安全標準檢查，爲建築物所有權人或使用人。

二、耐震能力評估，爲建築物所有權人。

前項建築物爲公寓大廈者，得由其管理委員會主任委員或管理負責人代爲申報。建築物同屬一使用人使用者，該使用人得代爲申報耐震能力評估檢查。

第 5 條

防火避難設施及設備安全標準檢查申報期間及施行日期，如附表一。

第 6 條

標準檢查專業機構或專業人員應依防火避難設施及設備安全標準檢查簽證項目表（如附表二）辦理檢查，並將標準檢查簽證結果製成標準檢查報告書。

前項標準檢查簽證結果爲提具改善計畫書者，應檢附改善計畫書。

第 7 條

下列建築物應辦理耐震能力評估檢查：

一、中華民國八十八年十二月三十一日以前領得建造執照，供建築物使用類組 A-1、A-2、B-2、B-4、D-1、D-3、D-4、F-1、F-2、F-3、F-4、H-1組使用之樓地板面積累計達一千平方公尺以上之建築物，且該建築物同屬一所有權人或使用人。

二、經當地主管建築機關依法認定耐震能力具潛在危險疑慮之建築物。

前項第二款應辦理耐震能力評估檢查之建築物，得由當地主管建築機關依轄區實際需求訂定分類、分期、分區執行計畫及期限，並公告之。

第 8 條

依前條規定應辦理耐震能力評估檢查之建築物，申報人應依建築物耐震能力評估檢查申報期間及施行日期（如附表三），每二年辦理一次耐震能力評估檢查申報。

前項申報期間，申報人得檢具下列文件之一，向當地主管建築機關申請展期二年，以一次爲限。但經當地主管建築機關認定有實際需要者，不在此限：

一、委託依法登記開業建築師、執業土木工程技師、結構工程技師辦理補強設計之證明文件，及其簽證之補強設計圖（含補強設計之耐震能力詳細評估報告）。

二、依耐震能力評估檢查結果擬訂或變更都市更新事業計畫報核之證明文件。

第 9 條

依第七條規定應辦理耐震能力評估檢查之建築物，申報人檢具下列文件之一，送當地主管建築機關備查者，得免辦理耐震能力評估檢查申報：

一、本辦法中華民國一百零七年二月二十一日修正施行前，已依建築物實施耐震能力評估及補強方案完成耐震能力評估及補強程序之相關證明文件。

二、依法登記開業建築師、執業土木工程技師、結構工程技師出具之補強成果報告書。

三、已拆除建築物之證明文件。

第 10 條

辦理耐震能力評估檢查之專業機構應指派其所屬檢查員辦理評估檢查。

前項評估檢查應依下列各款之一辦理，並將評估檢查簽證結果製成評估檢查報告書：
一、經初步評估判定結果為尚無疑慮者，得免進行詳細評估。
二、經初步評估判定結果為有疑慮者，應辦理詳細評估。
三、經初步評估判定結果為確有疑慮，且未逕行辦理補強或拆除者，應辦理詳細評估。

第 11 條

申報人應備具申報書及標準檢查報告書或評估檢查報告書，以二維條碼或網路傳輸方式向當地主管建築機關申報。

第 12 條

當地主管建築機關查核建築物公共安全檢查申報文件，應就下列規定項目為之：
一、申報書。
二、標準檢查報告書或評估檢查報告書。
三、標準檢查改善計畫書。
四、專業機構或專業人員認可證影本。
五、其他經中央主管建築機關指定文件。
前項標準檢查報告書或評估檢查報告書，由下列專業機構或專業人員依本法第七十七條第三項規定簽證負責：
一、標準檢查：標準檢查專業機構或專業人員。
二、評估檢查：評估檢查專業機構。

第 13 條

當地主管建築機關收到申報人依第十一條規定檢附申報書件之日起，應於十五日內查核完竣，並依下列查核結果通知申報人：
一、經查核合格者，予以備查。
二、標準檢查項目之檢查結果為提具改善計畫書者，應限期改正完竣並再行申報。
三、經查核不合格者，應詳列改正事項，通知申報人，令其於送達之日起三十日內改正完竣，並送請復核。但經當地主管建築機關認有需要者，得予以延長，最長以九十日為限。
未依前項第二款規定改善申報，或第三款規定送請復核或復核仍不合規定者，當地主管建築機關應依本法第九十一條規定處理。

第 14 條

當地主管建築機關對於本法第七十七條規定之查核及複查事項，得委託相關機關、專業機構或團體辦理。

第 15 條

建築物公共安全檢查申報相關書表格式，由中央主管機關定之。

第 16 條

本辦法自發布日施行。

附表一　建築物防火避難設施及設備安全標準檢查申報期間及施行日期類別組

類別		組別	規模		檢查及申報期間		施行日期
			樓層、建築物高度	樓地板面積	頻率	期間	
A 類	公共集會類	A-1			每一年一次	一月一日至三月三十一日止（第一季）	八十六年十一月一日起
		A-2		一千平方公尺以上	每一年一次	一月一日至三月三十一日止（第一季）	八十六年十一月一日起
				未達一千平方公尺	每二年一次	一月一日至三月三十一日止（第一季）	八十六年十一月一日起
B 類	商業類	B-1			每一年一次	四月一日至六月三十日止（第二季）	八十六年一月一日起
		B-2		五百平方公尺以上	每一年一次	四月一日至六月三十日止（第二季）	八十六年一月一日起
		B-3		三百平方公尺以上	每一年一次	四月一日至六月三十日止（第二季）	八十六年一月一日起
		B-4			每一年一次	四月一日至六月三十日止（第二季）	八十六年一月一日起
C 類	工業、倉儲類	C-1		一千平方公尺以上	每一年一次	七月一日至九月三十日止（第三季）	八十八年七月一日起
				未達一千平方公尺	每二年一次	七月一日至九月三十日止（第三季）	八十八年七月一日起
		C-2		一千平方公尺以上	每二年一次	七月一日至九月三十日止（第三季）	八十八年七月一日起
				二百平方公尺以上未達一千平方公尺	每四年一次	七月一日至九月三十日止（第三季）	八十八年七月一日起

類別		組別	規模		檢查及申報期間		施行日期
			樓層、建築物高度	樓地板面積	頻率	期間	
D 類	休閒、文教類	D-1		三百平方公尺以上	每一年一次	七月一日至九月三十日止（第三季）	八十六年七月一日起
				未達三百平方公尺	每二年一次	七月一日至九月三十日止（第三季）	八十八年七月一日起
		D-2		五百平方公尺以上	每二年一次	七月一日至十二月三十一日止（第三季、第四季）	八十八年七月一日起
				未達五百平方公尺	每四年一次	七月一日至十二月三十一日止（第三季、第四季）	八十八年七月一日起
		D-3	三層以上		每二年一次	七月一日至十二月三十一日止（第三季、第四季）	八十八年七月一日起
			未達三層		每四年一次	七月一日至十二月三十一日止（第三季、第四季）	八十八年七月一日起
		D-4	五層以上		每二年一次	七月一日至十二月三十一日止（第三季、第四季）	八十八年七月一日起
			未達五層		每四年一次	七月一日至十二月三十一日止（第三季、第四季）	八十八年七月一日起
		D-5			每一年一次	七月一日至十二月三十一日止（第三季、第四季）	八十八年七月一日起
E 類	宗教、殯葬類	E			每二年一次	七月一日至九月三十日止（第三季）	八十六年七月一日起
F 類	衛生、福利、更生類	F-1		一千五百平方公尺以上	每一年一次	十月一日至十二月三十一日止（第四季）	八十八年十一月一日起
				未達一千五百平方公尺	每二年一次	十月一日至十二月三十一日止（第四季）	八十八年十一月一日起
		F-2		五百平方公尺以上	每一年一次	十月一日至十二月三十一日止（第四季）	八十六年七月一日起
				未達五百平方公尺	每二年一次	十月一日至十二月三十一日止（第四季）	八十六年十一月一日起

類別		組別	規模		檢查及申報期間		施行日期
			樓層、建築物高度	樓地板面積	頻率	期間	
		F-3		五百平方公尺以上	每一年一次	十月一日至十二月三十一日止（第四季）	八十六年七月一日起
				未達五百平方公尺	每二年一次	十月一日至十二月三十一日止（第四季）	八十六年七月一日起
		F-4		五百平方公尺以上	每二年一次	十月一日至十二月三十一日止（第四季）	八十八年十一月一日起
				未達五百平方公尺	每四年一次	十月一日至十二月三十一日止（第四季）	八十八年十一月一日起
G 類	辦公、服務類	G-1		五百平方公尺以上	每二年一次	十月一日至十二月三十一日止（第四季）	八十八年七月一日起
				未達五百平方公尺	每四年一次	十月一日至十二月三十一日止（第四季）	八十八年七月一日起
		G-2		二千平方公尺以上	每二年一次	十月一日至十二月三十一日止（第四季）	八十八年七月一日起
				五百平方公尺以上未達二千平方公尺	每四年一次	十月一日至十二月三十一日止（第四季）	八十八年七月一日起
		G-3		二千平方公尺以上	每二年一次	十月一日至十二月三十一日止（第四季）	八十八年七月一日起
				五百平方公尺以上未達二千平方公尺	每四年一次	十月一日至十二月三十一日止（第四季）	八十八年七月一日起
H 類	住宿類	H-1		三百平方公尺以上	每二年一次	一月一日至三月三十一日止（第一季）	八十八年七月一日起
				未達三百平方公尺	每四年一次	一月一日至三月三十一日止（第一季）	八十八年七月一日起
		H-2	十六層以上或建築物高度在五十公尺以上		每二年一次	一月一日至三月三十一日止（第一季）	八十八年七月一日起

類別		組別	規模		檢查及申報期間		施行日期
			樓層、建築物高度	樓地板面積	頻率	期間	
			八層以上未達十六層且建築物高度未達五十公尺		每三年一次	一月一日至三月三十一日止（第一季）	依本附表備註三規定辦理
			六層以上未達八層		每四年一次	一月一日至三月三十一日止（第一季）	依本附表備註三規定辦理

備註：

一、本表所列應辦理檢查申報之建築物類組及規模，含括供公眾使用及內政部認有必要之非供公眾使用建築物。

二、本表各類組之檢查申報期間，係依據其使用強度、危險指標及規模大小，分別規定每一年、二年、三年或四年申報一次。

三、六層以上未達八層，及八層以上未達十六層且建築物高度未達五十公尺之 H-2 組別建築物，其施行日期由當地主管建築機關依實際需求公告之。

四、本表所列 E 類別應辦理檢查申報之建築物，以供公眾使用建築物為限。

五、本表所列應辦理檢查申報之建築物，其防火避難設施類及設備安全類之檢查項目領有依據內政部建築研究所授權核發之防火標章證明文件，並併同申報書及標準檢查報告書向當地主管建築機關完成申報手續者，下次檢查申報之頻率得折減一半辦理。

六、本表各類組之施行日期，係依據行政院八十二年五月三十一日行政院臺八十二內字第一七二二九號函訂定「維護公共安全方案－營建管理部分」之省市執行公共安全檢查優先順序並依實際需求，分別規定於八十六年、八十八年起施行。

七、建築物防火避難設施及設備安全標準檢查申報客體、申報主體及申報規模依下列規定為之：

（一）整幢建築物同屬一所有權人，供二種類組以上使用者，其申報客體以整幢為之；申報規模應以該幢各類組樓地板面積分別合計之，其中有二種類組以上達應申報規模時，應以達申報規模之類組中之最高申報頻率為之。至於申報主體，該幢建築物應由建築物所有權人申報，或由使用人共同或個別就其應申報範圍完成檢查後合併申報。

（二）整幢建築物為同一使用類組，有分屬不同所有權人者，其申報客體以整幢為之；申報規模以整幢建築物之總樓地板面積計之，若達申報規模，應依其申報頻率辦理申報。至於申報主體，該幢建築物各所有權人或使用人得就其應申報範囝採共同或個別方式完成檢查後合併申報。

（三）整幢建築物有供二種類組以上之用途使用且各類組分屬不同所有權者，以各類且且為申報客體；其申報規模應以該憧各類是且樓地板面積分別合計之，若有類組達應申報規模者，同類組之所有權人或使用人應依該類組之申報頻率辦理申報，同年度應申報之類且且，其所有權人或使用人得就申報範園，共同以最高申報規模類組之申報期間完成檢查後申報。

八、整幢建築物申報者，以其主用途之檢查申報期間及施行日期為之；建築物主用途由當地主管建築機關認定之。

附表二　建築物防火避難設施及設備安全標準檢查簽證項目表

<table>
<tr><th>項次</th><th>檢查項目</th><th>備註</th></tr>
<tr><td rowspan="10">（一）防火避難設施類</td><td>1. 防火區劃</td><td rowspan="16">一、辦理建築物防火避難設施及設備安全標準檢查之各檢查項目，應按實際現況用途檢查簽證及申報。
二、供 H-2 組別集合住宅使用之建築物，依本表規定之檢查項目為直通樓梯、安全梯、避難層出入口、昇降設備、避雷設備及緊急供電系統。</td></tr>
<tr><td>2. 非防火區劃分間牆</td></tr>
<tr><td>3. 內部裝修材料</td></tr>
<tr><td>4. 避難層出入口</td></tr>
<tr><td>5. 避難層以外樓層出入口</td></tr>
<tr><td>6. 走廊（室內通路）</td></tr>
<tr><td>7. 直通樓梯</td></tr>
<tr><td>8. 安全梯</td></tr>
<tr><td>9. 屋頂避難平臺</td></tr>
<tr><td>10. 緊急進口</td></tr>
<tr><td rowspan="6">（二）設備安全類</td><td>1. 昇降設備</td></tr>
<tr><td>2. 避雷設備</td></tr>
<tr><td>3. 緊急供電系統</td></tr>
<tr><td>4. 特殊供電</td></tr>
<tr><td>5. 空調風管</td></tr>
<tr><td>6. 燃氣設備</td></tr>
</table>

附表三　建築物耐震能力評估檢查申報期間及施行日期

<table>
<tr><th colspan="2">類別</th><th>組別</th><th>樓地板面積</th><th>檢查及申報期間</th><th>施行日期</th></tr>
<tr><td rowspan="4">A 類</td><td rowspan="4">公共集會類</td><td rowspan="2">A-1</td><td>三千平方公尺以上</td><td>一月一日至三月三十一日止（第一季）</td><td>一百零八年七月一日起</td></tr>
<tr><td>一千平方公尺以上未達三千平方公尺</td><td>一月一日至三月三十一日止（第一季）</td><td>一百零八年七月一日起</td></tr>
<tr><td rowspan="2">A-2</td><td>三千平方公尺以上</td><td>一月一日至三月三十一日止（第一季）</td><td>一百零八年七月一日起</td></tr>
<tr><td>一千平方公尺以上未達三千平方公尺</td><td>一月一日至三月三十一日止（第一季）</td><td>一百零八年七月一日起</td></tr>
<tr><td rowspan="4">B 類</td><td rowspan="4">商業類</td><td rowspan="2">B-2</td><td>三千平方公尺以上</td><td>四月一日至六月三十日止（第二季）</td><td>一百零八年七月一日起</td></tr>
<tr><td>一千平方公尺以上未達三千平方公尺</td><td>四月一日至六月三十日止（第二季）</td><td>一百零八年七月一日起</td></tr>
<tr><td rowspan="2">B-4</td><td>三千平方公尺以上</td><td>四月一日至六月三十日止（第二季）</td><td>一百零八年七月一日起</td></tr>
<tr><td>一千平方公尺以上未達三千平方公尺</td><td>四月一日至六月三十日止（第二季）</td><td>一百零八年七月一日起</td></tr>
</table>

類別		組別	樓地板面積	檢查及申報期間	施行日期
D 類	休閒文教類	D-1	三千平方公尺以上	七月一日至九月三十日止（第三季）	一百零八年七月一日起
			一千平方公尺以上未達三千平方公尺	七月一日至九月三十日止（第三季）	一百零八年七月一日起
		D-3	三千平方公尺以上	七月一日至十二月三十一日止（第三季、第四季）	一百零八年七月一日起
			一千平方公尺以上未達三千平方公尺	七月一日至十二月三十一日止（第三季、第四季）	一百零八年七月一日起
		D-4	三千平方公尺以上	七月一日至十二月三十一日止（第三季、第四季）	一百零八年七月一日起
			一千平方公尺以上未達三千平方公尺	七月一日至十二月三十一日止（第三季、第四季）	一百零八年七月一日起
F 類	衛生、福利、更生類	F-1	三千平方公尺以上	十月一日至十二月三十一日止（第四季）	一百零八年七月一日起
			一千平方公尺以上未達三千平方公尺	十月一日至十二月三十一日止（第四季）	一百零八年七月一日起
		F-2	三千平方公尺以上	十月一日至十二月三十一日止（第四季）	一百零八年七月一日起
			一千平方公尺以上未達三千平方公尺	十月一日至十二月三十一日止（第四季）	一百零八年七月一日起
		F-3	三千平方公尺以上	十月一日至十二月三十一日止（第四季）	一百零八年七月一日起
			一千平方公尺以上未達三千平方公尺	十月一日至十二月三十一日止（第四季）	一百零八年七月一日起
		F-4	三千平方公尺以上	十月一日至十二月三十一日止（第四季）	一百零八年七月一日起
			一千平方公尺以上未達三千平方公尺	十月一日至十二月三十一日止（第四季）	一百零八年七月一日起
H 類	住宿類	H-1	三千平方公尺以上	一月一日至三月三十一日止（第一季）	一百零八年七月一日起
			一千平方公尺以上未達三千平方公尺	一月一日至三月三十一日止（第一季）	一百零八年七月一日起
經當地主管建築機關依法認定耐震能力具潛在危險疑慮之建築物				依本附表備註規定辦理	依本附表備註規定辦理
備註：申報期間及施行日期，由當地主管建築機關依實際需求公告之。					

加強建築物公共安全檢查及取締執行要點

■內政部 87.11.9 台內營字第八七七三二二七號函修正發布

■內政部 88.6.29 台內營字第八八七三七五五號函修正第十點條文

■內政部 91.6.14 台內營字第○九一○○八三九二六一一號令修正第四點及第六點條文

■內政部 100.10.7 台內營字第 1000808293 號令修正，自中華民國一百年十月一日生效

一、爲加強建築物公共安全檢查、通報及取締，特訂定本要點。

二、直轄市、縣（市）主管建築機關應集中人力，優先執行建築物公共安全檢查簽證及申報業務，各目的事業主管機關應配合提供應檢查申報營業場所資料，全面清查未申報營業場所並依建築法（以下簡稱本法）第七十七條第二項規定實施檢查。

應檢查、申報營業場所有下列情形之一者，應於入口明顯處張貼不合格告示供民眾識別，並將該營業場所名稱及地點刊登於新聞媒體、直轄市及縣（市）政府網站、內政部營建署網站或公告周知：

（一）依本法第七十七條第二項規定檢查不合格。

（二）未依本法第七十七條第三項規定辦理建築物公共安全檢查簽證及申報。

（三）檢查簽證合格項目，依本法第七十七條第四項規定複查不合格。

（四）提具改善計畫之檢查簽證項目，未依規定期限改善並完成申報手續。

（五）檢查簽證結果爲不合格，未依規定期限完成申報手續。

前項營業場所不合格告示之格式及內容如附圖，如違反消防安全規定者，其格式及內容亦同。

三、直轄市、縣（市）主管建築機關應將執行成果按時提報直轄市、縣（市）公共安全會報或治安會報，對違法（規）使用場所造冊追蹤列管，定期複查，其提案及決議執行情形，由上級機關據以督考。

四、直轄市、縣（市）主管建築機關接獲違法（規）營業場所通報後，應立即通知該建築物所有權人、使用人限期辦理建築物公共安全檢查簽證及申報，逾期未申報或檢查申報不合格者，依本法第九十一條規定處理。各級目的事業主管機關並應就負責稽查取締項目，依照各該主管法規處理，其權責分工、處理流程及處罰依據如附表一。

（一）未經登記即行開業者，依公司法、商業登記法及各目的事業主管機關法規處理。

（二）違反土地使用分區管制者，依區域計畫法、都市計畫法及其施行細則等有關規定辦理。

（三）未經許可擅自修建、改建或裝修者，依建築法有關規定處理。

中央各目的事業主管機關如尚未訂定違法（規）行為認定及配合措施者，先依建築物使用類組及變更使用辦法規定之建築物使用強度及危險指標分類（如附表二），由各級地方主管建築機關據以執行檢查，如有新增業別依該原則會同各目的事業主管機關認定之。

五、建築物有下列情形之一者，應依相關規定從嚴處理：

（一）建築物構造與設備安全檢查合格，而有擅自變更使用類組及用途者，應依下列規定辦理：

1. 擅自變更使用用途符合土地使用管制之容許使用項目，依本法第九十一條第一項第一款規定，處建築物所有權人或使用人新臺幣六萬元以上三十萬元以下罰鍰，並限期補辦手續，屆期未補辦手續而繼續使用，得連續處罰。必要時，停止其供水供電。

2. 擅自變更使用用途不符土地使用管制之容許使用項目，依區域計畫法第二十一條、都市計畫法第七十九條規定，處建築物所有權人、使用人或管理人新臺幣六萬元以上三十萬元以下罰鍰，並勒令拆除、改建、停止使用或恢復原狀。不拆除、改建、停止使用或恢復原狀，得按次處罰，並停止其供水、供電、封閉、強制拆除或採取其他恢復原狀之措施。

（二）違反本法第七十七條第一項規定，建築物構造與設備安全不合規定者，依同法第九十一條規定，處建築物所有權人、使用人新臺幣六萬元以上三十萬元以下罰鍰，並限期改善或補辦手續，逾期仍未改善或補辦手續者得連續處罰，並停止其使用。不停止使用，有下列情形之一者，必要時並強制拆除或停止供水、供電：

1. 緊急進口封閉或阻塞。

2. 避難層出入口及避難層以外樓層出入口封閉或阻塞。

3. 直通樓梯、安全梯（門）或特別安全梯（門）、室內走廊封閉或擅自改造。

4. 屋頂避難平臺封閉或阻塞。

5. 隔間牆面及天花板裝修材料不符規定。

（三）經停止供水、供電建築物，未經許可擅自接水接電或使用者，依本法第九十四條之一規定辦理。

（四）經停止供電而以自備發電機或私接他戶電源繼續營業者，除移送法辦外，應將轉供電源者一併停止供電，自備之發電機於移送書中應請檢察官依刑事訴訟法第一百三十三條規定一併扣押。

（五）依建築物公共安全檢查簽證及申報辦法，自行申報並提改善計畫經核准者，其自行改善期間得免連續處罰。

（六）依第二點張貼之不合格告示，有擅自毀損或遮蔽者，依刑法第一百三十八條規定辦理。

六、消防單位執行消防檢查時，發現建築物防火避難設施等有不符規定之公共安全事項，應即時通報各目的事業主管機關及建築主管機關處理，通報內容包括逃生通道、安全梯、防火門是否堵塞及防火區劃是否破壞。

七、營業稅主管稽徵機關查獲營業人之營業場所有擴大使用不同樓層及門號，且與營業稅籍登記不符者，應配合協助通報工商登記、建管、消防單位，各依其權責辦理。

八、營業場所應於明顯處張掛（貼）營業範圍標識圖與緊急逃生路線圖，除長度及寬度規格應各在六十公分以上外，其內容應包括下列事項：

（一）合法申請營業範圍。

（二）營業場所名稱。

（三）營業場所建築物所有權人、使用人（負責人）姓名。

（四）供A-1、B、D-1、D-5、F-1、F-2、F-3、H-1等類組別使用之營業場所應同時於營業場所明顯處張掛（貼）建築物防火避難設施及設備安全檢查申報結果通知書，並備妥檢查報告書供主管建築機關檢查時核對。

九、爲供民衆共同加入維護公共安全工作，直轄市、縣（市）主管機關應設置檢舉專線及信箱，確實配合受理，並應設專卷列案管制。

十、直轄市、縣（市）主管建築機關應於每年度三月、六月、九月、十二月底前，將前一季執行成果透過網路傳輸方式，傳送至內政部營建署全國建築管理資訊系統彙整，作爲內政部辦理年度督導計畫之評核依據。

十一、依建築物公共安全檢查簽證及申報辦法規定定期申報之營業場所，直轄市、縣（市）主管建築機關應將其申報結果按合格、不合格、提具改善計畫等情形製作統計分析表，併入前點執行成果彙報。至未按時申報者，應予重點按月列管清查及檢查並依本法第九十一條規定處罰。

附圖　建築物公共安全檢查及消防安全檢查不合格張貼告示

附表一　加強執行檢查建築物之取締項目及權責分工表

主管機關	取締事項	處罰程序	法令依據
區域計畫主管機關	不符非都市土地使用管制之容許使用項目規定者。	（一）處新臺幣六萬元以上三十萬元以下罰鍰，並得限期令其變更使用、停止使用或拆除其地上物恢復原狀。經限期變更使用、停止使用或拆除地上物恢復原狀而不遵從者，得按次處罰，並停止供水、供電、封閉、強制拆除或採取其他恢復原狀之措施。 （二）不依限變更土地使用或拆除建築物恢復土地原狀者，除依行政執行法辦理外，並得處六個月以下有期徒刑或拘役。	區域計畫法第二十一條、第二十二條。

主管機關	取締事項	處罰程序	法令依據
都市計畫主管機關	不符都市計畫土地使用分區管制之容許使用項目規定者。	（一）處其土地或建築物所有權人、使用人或管理人新臺幣六萬元以上三十萬元以下罰鍰，並勒令拆除、改建、停止使用或恢復原狀。不拆除、改建、停止使用或恢復原狀者，得按次處罰，並停止供水、供電、封閉、強制拆除或採取其他恢復原狀之措施。 （二）不依規定拆除、改建、停止使用或恢復原狀者，除應依法予以行政強制執行外，並得處六個月以下有期徒刑或拘役。	都市計畫法第七十九條、第八十條。
建築主管機關	一、建築物構造與設備安全不合規定者。	處建築物所有權人、使用人新臺幣六萬元以上三十萬元以下罰鍰，並限期改善或補辦手續，逾期仍未改善或補辦手續者得連續處罰，並停止其使用。必要時並停止供水、供電或強制拆除。	建築法第七十七條、第九十一條
	二、建築物擅自變更使用者。	建築物構造與設備安全檢查合格，而有擅自變更使用類組者，依建築法第九十一條第一項第一款規定，處建築物所有權人或使用人新臺幣六萬元以上三十萬元以下罰鍰，並限期補辦手續，屆期未補辦手續而繼續使用者，得連續處罰。必要時，停止其供水供電。	建築法第七十三條、第九十一條
	三、室內裝修材料不合規定或妨害、破壞防火避難設施、防火區劃及主要構造者。	處建築物所有權人、使用人或室內裝修從業者新臺幣六萬元以上三十萬元以下罰鍰，並限期改善或補辦，逾期仍未改善或補辦者得連續處罰，必要時強制拆除其室內裝修違規部分。	建築法第七十七條之二、第九十五條之一
	四、建築物勒令停止使用，未經許可擅自使用或停止供水、供電後，未經許可擅自接水、接電或使用者。	處建築物所有權人、使用人一年以下有期徒刑、拘役或併科新臺幣三十萬元以下罰金。	建築法第九十四條、第九十四條之一
消防主管機關	應設置消防安全設備而未設置或失效。	經通知限期改善，逾期不改善或複查不合格者，處其管理權人新臺幣六千元以上三萬元以下罰鍰，經處罰緩後仍不改善者，得連續處罰，並得予三十日以下之停業或停止使用之處分。	消防法第三十七條

主管機關	取締事項	處罰程序	法令依據
工商登記主管機關	未經登記即行營業（無照營業）	（一）公司經營型態：行為人處一年以下有期徒刑、拘役或科或併科新臺幣十五萬元以下罰金，並自負民事責任；行為人有二人以上者，連帶負民事責任，並由主管機關禁止其使用公司名稱。	公司法第十九條第二項
		（二）獨資合夥經營型態：命行為人限期辦妥登記；屆期未辦妥者，處新臺幣一萬元以上五萬元以下罰鍰，並得按次連續處罰。	商業登記法第三十一條

附表二　加強執行檢查建築物使用類組使用項目表

加強檢查組別	組別定義	使用項目
A-1	供集會、表演、社交，且具觀眾席之場所。	電影院（戲）院、歌廳。
B-1	供娛樂消費，且處封閉或半封閉之場所。	1. 視聽歌唱場所（提供伴唱視聽設備，供人唱歌場所）、理髮（理容）場所（將場所加以區隔或包廂式為人理髮理容之場所）、按摩場所（將場所加以區隔或包廂式為人按摩之場所）、三溫暖場所（提供冷、熱水池、蒸烤設備，供人沐浴之場所）、舞廳（備有舞伴，供不特定人跳舞之場所）、舞場（不備舞伴，供不特定人跳舞之場所）、酒家（備有陪侍，供應酒、菜或其他飲食物之場所）、酒吧（備有陪侍，供應酒類或其他飲料之場所）、特種咖啡茶室（備有陪侍，供應飲料之場所）、夜總會、電子遊戲場、俱樂部。 2. 本表 B-3 使用組別所列場所，有提供表演節目等娛樂服務者。
B-2	供商品批發、展售或商業交易，且使用人替換頻率高之場所。	百貨公司。
B-3	供不特定人餐飲，且直接使用燃具之場所。	1. 飲酒店（無陪侍，供應酒精飲料之餐飲服務場所，包括啤酒屋）。 2. 樓地板面積在三百平方公尺以上之餐廳。
B-4	供不特定人士休息住宿之場所。	1. 觀光旅館（飯店）、國際觀光旅館（飯店）等之客房部。 2. 旅社、旅館、賓館。

加強檢查組別	組別定義	使用項目
D-1	供低密度使用人口運動休閒之場所。	保齡球館、資訊休閒服務場所（提供場所及電腦設備，供人透過電腦連線擷取網路上資源或利用電腦功能以磁碟、光碟供人使用之場所）。
D-5	供短期職業訓練、各類補習教育及課後輔導之場所。	補習班。
F-1	供醫療照護之場所。	1. 設有十床病床以上之醫院。 2. 樓地板面積在五百平方公尺以上之老人福利機構長期照顧機構（長期照護型）、長期照顧機構（失智照顧型）。
F-2	供身心障礙者教養、醫療、復健、重健、訓練、輔導、服務之場所。	身心障礙福利機構（全日型住宿機構、日間服務機構、樓地板面積在五百平方公尺以上之福利中心）。
F-3	供兒童及少年照護之場所。	幼稚園、托兒所。
H-1	供特定人短期住宿之場所。	1. 樓地板面積未達五百平方公尺之老人福利機構長期照顧機構（長期照護型）、長期照顧機構（失智照顧型）、身心障礙福利服務中心等類似場所。 2. 老人福利機構長期照顧機構（養護型）、安養機構、其他老人福利機構。

建築物公共安全檢查專業機構及人員認可要點

■內政部 85.11.21 台內營字第 8582098 號函訂頒

■內政部 86.12.15 台內營字第 8689256 號函修正發布第 2 點第一款第五、六目及第 3、4 點條文

■內政部 91.7.26 台內營字第 0910084678 號令修正發布第 2 點條文

■內政部 99.8.18 台內營字第 0990806502 號令修正第 1 點、第 3 點、第 10 點規定及第 6 點附表

■內政部 102.1.22 台內營字第 1020800035 號令修正「建築物公共安全檢查專業機構與人員認可基準」為「建築物公共安全檢查專業機構及專業檢查人認可要點」，並修正全文

■內政部 104.3.5 台內營字第 1040801450 號修正

■內政部 108.3.28 台內營字第 1080805110 號令修正「建築物公共安全檢查專業機構及專業檢查人認可要點」名稱為「建築物公共安全檢查專業機構及人員認可要點」，並修正全文，自即日生效

一、內政部（以下簡稱本部）為執行建築法（以下簡稱本法）第七十七條第三項及第九十一條之二第一項有關建築物公共安全檢查專業機構、專業人員及檢查員（以下簡稱專業機構、專業人員及檢查員）認可及廢止相關事項，特訂定本要點。

二、專業機構分類如下：

（一）標準檢查專業機構：指防火避難設施類及設備安全類等二類專業機構。

（二）評估檢查專業機構：指耐震能力評估檢查專業機構。

檢查員分類如下：

（一）標準檢查員：指防火避難設施類及設備安全類等二類檢查員。

（二）評估檢查員：指耐震能力評估檢查員。

專業人員：指防火避難設施類及設備安全類等二類專業人員。

三、防火避難設施及設備安全標準檢查申報人應委託領有本部核發認可證之標準檢查專業機構或依法登記開業建築師、執業技師之專業人員，依建築物公共安全檢查簽證及申報辦法（以下簡稱本辦法）規定辦理防火避難設施及設備安全標準檢查及簽證工作。

耐震能力評估檢查申報人應委託領有本部核發認可證之評估檢查專業機構，依本辦法規定辦理耐震能力評估檢查及簽證工作，不得自行委託評估檢查員辦理。

四、專業人員應具有下列資格之一：

（一）防火避難設施類：

1. 依法登記開業之建築師。

2. 依法登記執業之土木工程技師、結構工程技師、電機工程技師、機械工程技師、冷凍空調工程技師及消防設備師，並參加本部主辦或委託相關機關、團體辦理培訓講習訓練達七小時以上，經測驗合格取得結業證明文件者。

（二）設備安全類：

1. 依法登記開業之建築師。

2. 依法登記執業之土木工程技師、結構工程技師、電機工程技師、機械工程技師、冷凍空調工程技師及消防設備師，並參加本部主辦或委託相關機關、團體辦理培訓講習訓練達七小時以上，經測驗合格取得結業證明文件者。

前項結業證明文件有效期限爲四年，於有效期限內未依第七點申請核發標準檢查專業人員認可證者，應重新參加培訓講習訓練。

五、標準檢查員應具有下列資格之一：

（一）防火避難設施類：

1. 領有建築師證書。

2. 土木工程技師、結構工程技師、電機工程技師、機械工程技師、冷凍空調工程技師及消防設備師，並參加本部主辦或委託相關機關、團體辦理培訓講習訓練達七小時以上，經測驗合格取得結業證明文件者。

3. 領有建築工程管理、營造工程管理、建築物室內設計、建築物室內裝修工程管理等相關甲級或乙級技術士證，或領有建築物室內裝修專業設計技術人員登記證、工地主任結業證書，並參加本部主辦或委託相關機關、團體辦理培訓講習訓練達二十一小時以上，經測驗合格取得結業證明文件者。

（二）設備安全類：

1. 領有建築師證書。

2. 土木工程技師、結構工程技師、電機工程技師、機械工程技師、冷凍空調工程技師及消防設備師，並參加本部主辦或委託相關機關、團體辦理培訓講習訓練達七小時以上，經測驗合格取得結業證明文件者。

3. 領有昇降機裝修、機械停車設備裝修、室內配線（屋內線路裝修）、冷凍空調裝修等相關甲級或乙級技術士證，並參加本部主辦或委託相關機關、團體辦理培訓講習訓練達二十一小時以上，經測驗合格取得結業證明文件者。

前項結業證明文件有效期限為四年，於有效期限內未依第七點申請核發標準檢查員認可證者，應重新參加培訓講習訓練。

六、評估檢查員應具有下列資格之一：

（一）依法登記開業建築師或依法登記執業土木工程技師、結構工程技師，開（執）業五年以上者。

（二）未登記開業之建築師或未登記執業之土木工程技師、結構工程技師，具有五年以上建築結構工程經驗者。

前項評估檢查員應取得本部營建署同意相關機關、團體辦理建築物耐震能力評估及補強相關教育訓練之證明文件。

七、具第四點第一項或第五點第一項資格者向本部申請核發認可證，應檢附下列文件；未領得認可證，不得執行防火避難設施及設備安全標準檢查及簽證業務：

（一）申請書（附表一）。

（二）建築師證書或開業證書影本，或技師證明文件及培訓講習結業證明文件正本。

八、專業人員及標準檢查員認可證有效期限為五年，逾期未換發認可證者，不得執行防火避難設施及設備安全標準檢查及簽證業務。

九、專業人員及標準檢查員向本部申請換發認可證，應檢附下列文件；認可證逾期申請認可者，亦同：

（一）申請書（附表一）。

（二）申請日前五年內參加本部主辦或委託之相關機構、團體或由建築師公會舉辦之回訓講習課程達七小時以上之證明文件。

十、標準檢查員，於離職經註銷認可證後五年內，由其他標準檢查專業機構重新申請核發認可證者，不受第五點第一項資格之限制；其屬本部停止受理申請換發認可證並註銷，於停止受理期限屆滿後一年內，由其他標準檢查專業機構重新申請核發認可證者，亦同。

前項申請人向本部申請核發標準檢查員認可證，應檢附下列文件；該認可證有效期限始點自註銷日起算：

（一）申請書（附表一）。

（二）於認可證註銷後至申請日前參加本部主辦或委託之相關機構、團體或由建築師公會舉辦之回訓講習課程達七小時以上之證明文件。

十一、標準檢查專業機構應具有下列條件：

（一）法人組織。

（二）置有防火避難設施類標準檢查員七人以上。

（三）置有設備安全類標準檢查員三人以上。

前項標準檢查員，不得同時任職於二家以上標準檢查專業機構執行防火避難設施及設備安全標準檢查業務。

標準檢查專業機構申請公司登記時，其名稱應標示「建築物公共安全檢查」字樣。

十二、評估檢查專業機構應具有下列條件：

（一）具建築、土木、結構等相關專業，非以營利爲目的之社團或財團法人。

（二）置有評估檢查員二十人以上。

（三）邀集專家學者十人以上組成耐震能力評估審查小組。

前項評估檢查員，不得同時任職於二家以上評估檢查專業機構執行耐震能力評估檢查業務。

第一項第三款耐震能力評估審查小組辦理審查評估檢查報告書、補強計畫書、爭議事件處理等相關事務，其成員具有下列資格者，合計不得少於小組總人數三分之一：

（一）曾任大學以上學校教授、副教授、助理教授，經教育部審查合格，講授建築結構或耐震工程等相關學科五年以上。

（二）任職於相關研究機關（構）之研究員或副研究員，對建築結構或耐震工程等相關領域五年以上有研究成果。

十三、具有第十一點第一項資格者向本部申請標準檢查專業機構認可證，應檢附下列文件；未領得認可證者，不得執行防火避難設施及設備安全標準檢查及簽證業務：

（一）申請書（附表二）。

（二）法人登記證明文件。

（三）標準檢查員名冊、意願書正本及取得培訓講習結業或回訓講習時數證明文件影本。

（四）業務執行規範：包括機構組織、內部人員管理、檢查客體管理及其他檢查相關業務執行規範。

（五）檢查作業手冊：包括檢查作業流程、檢查法令依據、標準檢查報告書製作、改善計畫書製作及檢查案例分析。

十四、具有第十二點第一項資格者向本部申請評估檢查專業機構認可證，應檢附下列文件；未領得認可證者，不得執行耐震能力評估檢查及簽證業務：

（一）申請書（附表二）。

（二）法人登記證明文件。

（三）評估檢查員名冊、意願書正本及相關資格證明文件。

（四）耐震能力評估審查小組名冊、意願書正本及相關資格證明文件。

（五）業務執行規範：包括專業機構組織、評估檢查員之訓練計畫、內部人員管理、檢查客體管理及其他檢查相關業務執行規範。

（六）檢查作業手冊：包括檢查作業流程、檢查法令依據、評估檢查報告書製作、改善計畫書或補強計畫書製作及檢查案例分析。

曾為本部營建署代辦建築物耐震能力詳細評估工作共同供應契約之廠商，依前項規定第一次申請時，經檢附建築物耐震能力詳細評估工作共同供應契約影本，免附前項第五款及第六款規定之文件。

十五、專業機構認可證有效期限為五年，逾期未換發認可證者，不得執行建築物公共安全檢查業務。

專業機構向本部申請換發認可證，應檢附下列文件；認可證逾期申請認可者，亦同：

（一）申請書（附表二）。

（二）法人登記證明文件影本。

（三）標準檢查員名冊及認可證影本，或評估檢查員名冊及耐震能力評估審查小組名冊。

專業機構有變更名稱或法定代表人等情事時，應依前項規定申請換發認可證；變更標準檢查員、評估檢查員、耐震能力評估審查小組成員時，應檢附相關文件報請本部備查。

十六、標準檢查員離職或死亡時，標準檢查專業機構應於事實發生日起一個月內通報本部註銷其認可證。

專業機構之標準檢查員、評估檢查員及耐震能力評估審查小組成員因離職、死亡或經廢止認可致不足規定人數時，應於事實發生日起二個月內依規定補足數額，並報請本部備查。

十七、專業機構辦理停業時，應將原領認可證送繳本部註銷。於申請復業核准後，應依第十五點第二項向本部申請換發認可證。

專業機構辦理歇業及專業人員註銷開（執）業登記時，應將原領認可證送繳本部註銷。未送繳者，本部得逕行註銷其認可證。

十八、本部停止受理標準檢查專業機構、專業人員及檢查員申請換發認可證之原因及期限，如附表三；停止受理評估檢查專業機構申請換發認可證之原因及期限，如附表四。

十九、標準檢查專業機構、專業人員及檢查員有附表五或附表六所列重大違法情節者，本部依本法第九十一條之二第一項規定廢止其認可。

二十、專業機構、專業人員及標準檢查員經本部依本法第九十一條之二第一項規定廢止認可者，自該處分送達之日起三年內，不得重新申請認可。專業機構、專業人員及標準檢查員於前項期限屆滿後，專業人員及標準檢查員應依第七點規定重新申請認可；專業機構應依第十三點或第十四點重新申請認可。

附表一　建築物公共安全檢查標準檢查專業人員或檢查員認可證申請書

<table>
<tr><td colspan="7">建築物公共安全檢查□標準檢查專業人員□標準檢查員認可證申請書</td></tr>
<tr><td colspan="7">□　茲依建築物公共安全檢查專業機構及人員認可要點第七點至第十點規定，檢同有關書件，申請核（換）發認可證。
□　茲檢同有關書件，申請註銷認可證。
此致　　內政部
申請人　　　（簽名及蓋章）
年　　月　　日</td></tr>
<tr><td colspan="2">申請或登記事由</td><td colspan="4">□新申請認可
□認可有效期限屆滿申請換發
□變更登記（說明：＿＿＿＿＿＿＿＿）
□註銷認可證
□其他（說明：＿＿＿＿＿＿＿＿）</td><td rowspan="2">二吋彩色照片
黏貼處
（照片需近三個月內拍攝，且與國民身分證照片格式相符，註銷認可證者免附）</td></tr>
<tr><td colspan="2">有無停止核（換）發認可證之規定情事</td><td colspan="4">□原領認可證有效期限內未有本要點附表三或附表五所示情節之一。
□原領認可證有效期限內涉有本要點附表三或附表五所示情節之一，但經提起訴願作成處分撤銷之決定。</td></tr>
<tr><td rowspan="2">檢附文件</td><td>1.培訓講習結業或回訓講習時數證明文件</td><td>2.建築師開業或技師證明文件</td><td>3.原領認可證</td><td colspan="2">4.註銷開（執）業登記證明文件</td><td>5.其他文件
（說明：
）</td></tr>
<tr><td>□正本　　件
□影本　　件</td><td>□影本　　件</td><td>□正本　　件</td><td colspan="2">□正本　　件
□影本　　件</td><td>□正本　　件
□影本　　件</td></tr>
<tr><td rowspan="5">專業人員或檢查員基本資料</td><td>姓名</td><td colspan="2"></td><td>出生日期</td><td colspan="2">民國　　年　　月　　日</td></tr>
<tr><td>國民身分證統一編號</td><td colspan="2"></td><td>連絡電話</td><td colspan="2">（　　）</td></tr>
<tr><td>服務機構或事務所名稱</td><td colspan="2"></td><td>電子信箱</td><td colspan="2"></td></tr>
<tr><td>通訊地址</td><td colspan="5">□□-□□</td></tr>
<tr><td>認可類別</td><td colspan="2">□建築物防火避難設施類
□建築物設備安全類</td><td>原領認可證字號</td><td colspan="2"></td></tr>
<tr><td>國民身分證影本黏貼處</td><td colspan="3">正　面</td><td colspan="3">背　面</td></tr>
</table>

附表二　建築物公共安全檢查專業機構認可證申請書

建築物公共安全檢查專業機構認可證申請書	第一頁 共四頁

□　茲依建築物公共安全檢查專業機構及人員認可要點第十三點至第十五點規定，檢同有關書件，申請核（換）發專業機構認可證。

□　茲檢同有關書件，申請註銷所屬人員認可證。

此致　　內政部

申請單位

負責人　　　　　　　　（簽名蓋章）

年　　月　　日

一、申請或登記事由	□新設申請認可 □認可有效期限屆滿申請換發 □停業報備（原領認可證正本送繳註銷） □歇業註銷登記（原領認可證正本送繳註銷） □變更登記（說明：＿＿＿＿＿＿＿＿＿＿） □其他（請說明：＿＿＿＿＿＿＿＿＿＿）
二、認可類別	□防火避難設施及設備安全標準檢查專業機構 □耐震能力評估檢查專業機構
三、有無停止核（換）發認可證之規定情事	□原領認可證有效期限內未有本要點附表三至附表六所示情節之一。 □原領認可證有效期限內涉有本要點附表三至附表六所示情節之一，但經提起訴願作成處分撤銷之決定。

四、檢附文件	1.法人登記證明文件	2.所屬標準檢查員認可證（參訓證明文件）	3.所屬評估檢查員資格文件（證明文件）	4.所屬耐震能力評估審查小組成員資格文件（證明文件）	5.業務執行規範	6.檢查作業手冊	7.停業或歇業證明文件	8.其他文件說明：
	□正本　件 □影本　件	□正本 件 □影本 件	□正本 件 □影本 件	□正本 件 □影本 件	□正本件	□正本件	□正本 件 □影本 件	□正本 件 □影本 件

五、專業機構基本資料					
	機構名稱				
	法定代理人			法定代理人國民身分證統一編號	
	法人登記字號			專業機構認可證字號	
	法人登記地址		□□□－□□		
	連絡地址		□□□－□□		
	連絡電話		（　　）	傳真	（　　）
	電子信箱				

（接下頁）

【附表】　標準檢查專業機構所屬標準檢查員名冊　　第二頁　共四頁

認可類別	編號	姓名	國民身分證統一編號	培訓講習結業或回訓講習證明文件字號	培訓講習結業或回訓講習證明取得日期	備註
及設備安全類建築物防火避難設施						
建築物防火避難設施類						
建築物設備安全類						

（接下頁）

【附表】	評估檢查專業機構所屬評估檢查員名冊					第三頁 共四頁
類別	編號	姓名	國民身分證統一編號	評估檢查員資格文件字號	評估檢查員資格文件取得日期	備註
耐震能力評估檢查類						

說明：本表所稱評估檢查員資格文件字號，指依法登記開業建築師及依法登記執業土木工程技　師、結構工程技師之開業證書號碼，未登記開業建築師及未登記執業土木工程技師、結構工程技師之證書號碼。

（接下頁）

【附表】　評估檢查專業機構所屬評估審查小組名冊　第四頁　共四頁

類別	編號	姓名	國民身分證統一編號	曾任大學以上學校教授、副教授、助理教授，經教育部審查合格，講授建築結構或耐震工程等相關學科五年以上者之證明文件	任職於相關研究機關（構）之研究員或副研究員，對建築結構或耐震工程等相 關領域五年以上有研究成果者之證明文件	備註
耐震能力評估檢查類						

說明：本表所稱耐震能力評估檢查專業機構所屬評估審查小組，應具有專家學者十人以上及其成員具有本要點第十二點第三項之資格者，合計不得少於小組總人數三分之一。

附表三　標準檢查專業機構與人員停止換發認可證認定表

<table>
<tr><th></th><th>停止換發原因</th><th>停止換發期限</th></tr>
<tr><td rowspan="5">一、標準檢查專業機構</td><td>1.申請換發認可證所附文件不實。</td><td rowspan="2">停止換發期限三年</td></tr>
<tr><td>2.由非所屬或未符合規定之標準檢查員辦理防火避難設施及設備安全標準檢查及簽證工作，經查屬實。</td></tr>
<tr><td>3.所屬標準檢查員變更或數額不足，未依第十六點第二項規定辦理，經本部通知限期改善，屆期未改善者。</td><td>停止換發期限二年</td></tr>
<tr><td>4.標準檢查專業機構未依第十七點規定繳回原領認可證，或於停業、歇業、註銷或廢止許可後，繼續執行本辦法相關檢查及簽證工作。</td><td rowspan="2">停止換發期限一年</td></tr>
<tr><td>5.辦理本法第七十七條第三項之檢查簽證內容不實，經當地主管建築機關依本法第九十一條之一規定處分標準檢查專業機構或人員並彙報本部有案。其簽證不實情事於原領認可證之有效期限內，處分標準檢查專業機構累計次數達三次以上，或處分標準檢查員累計次數達六次以上。（以處分書發文日為累計依據）</td></tr>
<tr><td rowspan="4">二、標準檢查員或標準檢查專業人員</td><td>1.申請換發認可證所附文件不實。</td><td rowspan="2">停止換發期限三年</td></tr>
<tr><td>2.辦理本法第七十七條第三項之檢查簽證內容不實，經當地主管建築機關依本法第九十一條之一規定處分標準檢查專業機構或人員並彙報本部有案。其簽證不實情事於原領認可證之有效期限內累計次數超過六次者（以處分書發文日為累計依據）。</td></tr>
<tr><td>3.辦理本法第七十七條第三項之檢查簽證內容不實，經當地主管建築機關依本法第九十一條之一規定處分標準檢查專業機構或人員並彙報本部有案。其簽證不實情事於原領認可證之有效期限內累計次數達四次以上、六次以下。</td><td>停止換發期限二年</td></tr>
<tr><td>4.辦理本法第七十七條第三項之檢查簽證內容不實，經當地主管建築機關依本法第九十一條之一規定處分標準檢查專業機構或人員並彙報本部有案。其簽證不實情事於原領認可證之有效期限內累計次數達三次以下。</td><td>停止換發期限一年</td></tr>
<tr><td colspan="3">說明：本表所稱標準檢查專業機構或人員辦理本法第七十七條第三項之檢查簽證內容不實，其簽證不實情事於原領認可證之有效期限內累計次數之計算方式，以標準檢查專業機構或人員認可證登載認可日期、有效日期，及各直轄市、縣（市）、特設主管建築機關處分書發文日期為認定依據。</td></tr>
</table>

附表四　評估檢查專業機構停止換發認可證認定表

	停止換發原因	停止換發期限
評估檢查專業機構	1.申請換發認可證所附文件不實。	停止換發期限三年
	2.由非所屬或未符合規定之評估檢查員辦理耐震能力評估檢查及簽證工作，經查屬實。	
	3.所屬評估檢查員變更或數額不足，未依第十六點第二項規定辦理，經本部通知限期改善，屆期未改善者。	停止換發期限二年
	4.評估檢查專業機構未依第十七點規定繳回原領認可證，或於停業、歇業、註銷或廢止許可後，繼續執行本辦法相關檢查及簽證工作。	停止換發期限一年
	5.辦理本法第七十七條第三項之檢查簽證內容不實，經當地主管建築機關依本法第九十一條之一規定處分評估檢查專業機構並彙報本部有案。其簽證不實情事於原領認可證之有效期限內累計次數達三次以上。（以處分書發文日為累計依據）	

說明：本表所稱評估檢查專業機構辦理本法第七十七條第三項之檢查簽證內容不實，其不實情事於原領認可證之有效期限內累計次數之計算方式，以評估檢查專業機構認可證登載認可日期、有效日期，及各直轄市、縣（市）、特設主管建築機關處分書發文日期為認定依據。

附表五　標準檢查專業機構與人員廢止認可證認定表

	重大違法情節
一、標準檢查專業機構	1.所屬標準檢查員檢查簽證之建築物，有發生火災事故致人員死亡或重傷，且經當地主管建築機關查有辦理本法第七十七條第三項之檢查簽證內容不實情事，依本法第九十一條之一規定處分標準檢查專業機構或人員並彙報本部有案。
	2.由非所屬之標準檢查員辦理本法第七十七條第三項之檢查簽證內容不實，經當地主管建築機關依本法第九十一條之一規定處分標準檢查專業機構或人員並彙報本部者。
二、標準檢查員標準檢查專業人員	1.檢查簽證之建築物發生火災事故致人員死亡或重傷，且經當地主管建築機關查有辦理本法第七十七條第三項之檢查簽證內容不實情事，依本法第九十一條之一規定處分標準檢查專業機構或人員並彙報本部有案。
	2.辦理本法第七十七條第三項之檢查簽證內容不實，經當地主管建築機關依本法第九十一條之一規定處分標準檢查專業機構或人員並彙報本部有案。其簽證不實情事於一年內累計次數達三次以上且累計課處罰鍰之金額達新臺幣三十萬元以上。
	3.出借認可證供他人使用，經查屬實。

說明：本表所稱標準檢查專業機構、標準檢查員或標準檢查專業人員辦理本法第七十七條第三項之檢查簽證內容不實，其簽證不實情事於一年內累計次數之計算方式，不限於原領認可證之有效期限（即換發認可證後仍累計之）。

附表六　評估檢查專業機構廢止認可證認定表

	重大違法情節
評估檢查專業機構	1. 所屬評估檢查員檢查簽證之建築物，有發生災害事故致人員死亡或重傷，且經當地主管建築機關查有辦理本法第七十七條第三項之檢查簽證內容不實情事，依本法第九十一條之一規定處分評估檢查專業機構並彙報本部有案。
	2. 由非所屬之評估檢查員辦理本法第七十七條第三項之檢查簽證內容不實，經當地主管建築機關依本法第九十一條之一規定處分評估檢查專業機構並彙報本部者。

第36章 建築物公共安全檢查以二維條碼或網路傳輸方式連線申報作業原則

一、爲推動電子化單一窗口受理建築物公共安全檢查申報人（以下簡稱申報人）辦理申報案件，及規劃專業機構與人員（以下簡稱檢查人）製作電子化檢查報告書，簡化申辦作業流程，特訂定本作業原則。

二、用語定義：

（一）專業機構與人員（以下簡稱檢查人）：指依建築物公共安全檢查專業機構與人員認可基準第三點、第四點規定申請並領得認可證之檢查人。

（二）登錄約定作業協定：檢查人上網以個人資料登錄，經審核符合資格者，給予登錄取號密碼。

（三）檢查登記碼：網站主機依檢查人預約檢查日期所給予之編號。

（四）報備序號：檢查人於取得檢查登記碼後之七日內開始實施檢查，並至網站依檢查登記碼登錄檢查時間，所取得之確認號碼。

（五）申報期間截止日後一個月內補件完畢：依檢查申報期限爲六月三十日者，應於七月三十一日（包含七月三十一日）補件完畢；檢查申報期限爲八月三十一日者，應於九月三十日（包含九月三十日）補件完畢；檢查申報期限爲十二月三十一日者，應於次年一月三十一日（包含一月三十一日）補件完畢。

三、內政部營建署（以下簡稱營建署）提供建築物公共安全檢查申辦案件電子化單一窗口網站（網址：http://www.cpami.gov.tw）受理各項申辦案件，其作業流程、表單格式，得以書面、網路或電子方式公告之。

四、建築物公共安全檢查二維條碼及網路傳輸方式連線申報表單作業軟體，由檢查人上網下載或向營建署或直轄市、縣（市）主管建築機關索取光碟。

五、建築物公共安全檢查網路傳輸方式連線申報作業，檢查人得接受申報人之委託代爲辦理，檢查人第一次辦理網路申報作業前，應向營建署網站申請登錄約定作業協定。

六、二維條碼或網路傳輸方式連線申報建築物公共安全檢查作業前，檢查人應上網預約檢查登記碼，該檢查登記碼之有效時限爲十五天，檢查人應於有效時限內開始實施現場檢查，並上網報備檢查時間取得報備序號，逾時該檢查登記碼即失效，開放上網預約新檢查登記碼。

七、檢查人實施現場檢查時，應依照檢查項目就必要地點與位置，標示檢查登記碼並拍攝現況照片。

八、建築物公共安全檢查申報期間，申報人擬以二維條碼辦理申報者，應委託檢查人於申報期間截止日前，列印申報書及檢查報告書連同現況照片及其他應檢附文件，向當地主管建築機關辦理送件，即完成申報作業。如應檢附文件未檢齊或檢查報告書變更者，應於申報期間截止日後一個月內補件完畢。

九、建築物公共安全檢查申報期間，申報人擬以網路傳輸方式連線辦理申報者，應委託檢查人依下列程序辦理：

（一）檢查人應依第六點規定預約檢查登記碼及上網報備檢查時間，並上網路登載檢查報告書。

（二）檢查人在申報期間截止日前，應列印申報書首頁連同現況照片及其他應檢附文件，向當地主管建築機關辦理送件，即完成申報作業。

（三）應檢附文件未檢齊或檢查報告書變更者，應於申報期限截止日後一個月內補件完畢。

第2篇

消防法規

消防法

■修正日期：民國 108 年 11 月 13 日

第一章｜總則

第 1 條

為預防火災、搶救災害及緊急救護，以維護公共安全，確保人民生命財產，特制定本法。

本法未規定者，適用其他法律規定。

第 2 條

本法所稱管理權人係指依法令或契約對各該場所有實際支配管理權者；其屬法人者，為其負責人。

第 3 條

消防主管機關：在中央為內政部；在直轄市為直轄市政府；在縣（市）為縣（市）政府。

第 4 條

直轄市、縣（市）消防車輛、裝備及其人力配置標準，由中央主管機關定之。

第二章｜火災預防

第 5 條

直轄市、縣（市）政府，應每年定期舉辦防火教育及宣導，並由機關、學校、團體及大眾傳播機構協助推行。

第 6 條

本法所定各類場所之管理權人對其實際支配管理之場所，應設置並維護其消防安全設備；場所之分類及消防安全設備設置之標準，由中央主管機關定之。

消防機關得依前項所定各類場所之危險程度，分類列管檢查及複查。

第一項所定各類場所因用途、構造特殊，或引用與依第一項所定標準同等以上效能之技術、工法或設備者，得檢附具體證明，經中央主管機關核准，不適用依第一項所定標準之全部或一部。

不屬於第一項所定標準應設置火警自動警報設備之旅館、老人福利機構場所及中央主管機關公告場所之管理權人，應設置住宅用火災警報器並維護之；其安裝位置、方式、改善期限及其他應遵行事項之辦法，由中央主管機關定之。

不屬於第一項所定標準應設置火警自動警報設備住宅場所之管理權人，應設置住宅用火災警報器並維護之；其安裝位置、方式、改善期限及其他應遵行事項之辦法，由中央主管機關定之。

第 7 條

依各類場所消防安全設備設置標準設置之消防安全設備，其設計、監造應由消防設備師為之；其裝置、檢修應由消防設備師或消防設備士為之。

前項消防安全設備之設計、監造、裝置及檢修，於消防設備師或消防設備士未達定量人數前，得由現有相關專門職業及技術人員或技術士暫行為之；其期限由中央主管機關定之。

消防設備師之資格及管理，另以法律定之。

在前項法律未制定前，中央主管機關得訂定消防設備師及消防設備士管理辦法。

第 8 條

中華民國國民經消防設備師考試及格並依本法領有消防設備師證書者，得充消防設備師。

中華民國國民經消防設備士考試及格並依本法領有消防設備士證書者，得充消防設備士。

請領消防設備師或消防設備士證書，應具申請書及資格證明文件，送請中央主管機關核發之。

第 9 條

依第六條第一項應設置消防安全設備場所，其管理權人應委託第八條所規定之消防設備師或消防設備士，定期檢修消防安全設備，其檢修結果應依限報請當地消防機關備查；消防機關得視需要派員複查。但高層建築物或地下建築物消防安全設備之定期檢修，其管理權人應委託中央主管機關許可之消防安全設備檢修專業機構辦理。

前項定期檢修消防安全設備之項目、方式、基準、期限、檢修結果報請備查期限及其他應遵行事項之辦法，由中央主管機關定之。

第一項所定消防安全設備檢修專業機構，其申請許可之資格、程序、應備文件、證書核（換）發、有效期間、撤銷、廢止、執行業務之規範、消防設備師（士）之僱用、異動、訓練、業務相關文件之備置與保存年限、各類書表之陳報及其他應遵行事項之辦法，由中央主管機關定之。

第 10 條

供公眾使用建築物之消防安全設備圖說，應由直轄市、縣（市）消防機關於主管建築機關許可開工前，審查完成。

依建築法第三十四條之一申請預審事項，涉及建築物消防安全設備者，主管建築機關應會同消防機關預為審查。

非供公眾使用建築物變更為供公眾使用或原供公眾使用建築物變更為他種公眾使用時，主管建築機關應會同消防機關審查其消防安全設備圖說。

第 11 條

地面樓層達十一層以上建築物、地下建築物及中央主管機關指定之場所，其管理權人應使用附有防焰標示之地毯、窗簾、布幕、展示用廣告板及其他指定之防焰物品。

前項防焰物品或其材料非附有防焰標示，不得銷售及陳列。

前二項防焰物品或其材料之防焰標示，應經中央主管機關認證具有防焰性能。

第 12 條

經中央主管機關公告應實施認可之消防機具、器材及設備，非經中央主管機關所登錄機構之認可，並附加認可標示者，不得銷售、陳列或設置使用。

前項所定認可，應依序實施型式認可及個別認可。但因性質特殊，經中央主管機關認定者，得不依序實施。

第一項所定經中央主管機關公告應實施認可之消防機具、器材及設備，其申請認可之資格、程序、應備文件、審核方式、認可有效期間、撤銷、廢止、標示之規格樣式、附加方式、註銷、除去及其他應遵行事項之辦法，由中央主管機關定之。

第一項所定登錄機構辦理認可所需費用，由申請人負擔，其收費項目及費額，由該登錄機構報請中央主管機關核定。

第一項所定消防機具、器材及設備之構造、材質、性能、認可試驗內容、批次之認定、試驗結果之判定、主要試驗設備及其他相關事項之標準，分別由中央主管機關定之。

第一項所定登錄機構，其申請登錄之資格、程序、應備文件、審核方式、登錄證書之有效期間、核（換）發、撤銷、廢止、管理及其他應遵行事項之辦法，由中央主管機關定之。

第 13 條

一定規模以上供公眾使用建築物，應由管理權人，遴用防火管理人，責其製定消防防護計畫，報請消防機關核備，並依該計畫執行有關防火管理上必要之業務。
地面樓層達十一層以上建築物、地下建築物或中央主管機關指定之建築物，其管理權有分屬時，各管理權人應協議製定共同消防防護計畫，並報請消防機關核備。
防火管理人遴用後應報請直轄市、縣（市）消防機關備查；異動時，亦同。

第 14 條

田野引火燃燒、施放天燈及其他經主管機關公告易致火災之行為，非經該管主管機關許可，不得為之。
主管機關基於公共安全之必要，得就轄區內申請前項許可之資格、程序、應備文件、安全防護措施、審核方式、撤銷、廢止、禁止從事之區域、時間、方式及其他應遵行之事項，訂定法規管理之。

第 14-1 條

供公眾使用建築物及中央主管機關公告之場所，除其他法令另有規定外，非經場所之管理權人申請主管機關許可，不得使用以產生火焰、火花或火星等方式，進行表演性質之活動。
前項申請許可之資格、程序、應備文件、安全防護措施、審核方式、撤銷、廢止、禁止從事之區域、時間、方式及其他應遵行事項之辦法，由中央主管機關定之。
主管機關派員檢查第一項經許可之場所時，應出示有關執行職務之證明文件或顯示足資辨別之標誌；管理權人或現場有關人員不得規避、妨礙或拒絕，並應依檢查人員之請求，提供相關資料。

第 15 條

公共危險物品及可燃性高壓氣體應依其容器、裝載及搬運方法進行安全搬運；達管制量時，應在製造、儲存或處理場所以安全方法進行儲存或處理。
前項公共危險物品及可燃性高壓氣體之範圍及分類，製造、儲存或處理場所之位置、構造及設備之設置標準、儲存、處理及搬運之安全管理辦法，由中央主管機關會同中央目的事業主管機關定之。但公共危險物品及可燃性高壓氣體之製造、儲存、處理或搬運，中央目的事業主管機關另訂有安全管理規定者，依其規定辦理。
職務涉及第一項所定場所之行為人，或經營家用液化石油氣零售事業者（以下簡稱零售業者）、用戶及其員工得向直轄市、縣（市）主管機關敘明事實或檢具證據資料，舉發違反前二項之行為。

直轄市、縣（市）主管機關對前項舉發人之身分應予保密。

第三項舉發人之單位主管、雇主不得因其舉發行為，而予以解僱、調職或其他不利之處分。

第三項舉發內容經查證屬實並處以罰鍰者，得以實收罰鍰總金額收入之一定比例，提充獎金獎勵舉發人。

前項舉發人獎勵資格、獎金提充比例、分配方式及其他相關事項之辦法，由直轄市、縣（市）主管機關定之。

第 15-1 條

使用燃氣之熱水器及配管之承裝業，應向直轄市、縣（市）政府申請營業登記後，始得營業。並自中華民國九十五年二月一日起使用燃氣熱水器之安裝，非經僱用領有合格證照者，不得為之。

前項承裝業營業登記之申請、變更、撤銷與廢止、業務範圍、技術士之僱用及其他管理事項之辦法，由中央目的事業主管機關會同中央主管機關定之。

第一項熱水器及其配管之安裝標準，由中央主管機關定之。

第一項熱水器應裝設於建築物外牆，或裝設於有開口且與戶外空氣流通之位置；其無法符合者，應裝設熱水器排氣管將廢氣排至戶外。

第 15-2 條

液化石油氣零售業者應備置下列資料，並定期向轄區消防機關申報：

一、容器儲存場所管理資料。

二、容器管理資料。

三、用戶資料。

四、液化石油氣分裝場業者灌裝證明資料。

五、安全技術人員管理資料。

六、用戶安全檢查資料。

七、投保公共意外責任險之證明文件。

八、其他經中央主管機關公告之資料。

前項資料，零售業者應至少保存二年，以備查核。

第 15-3 條

液化石油氣容器（以下簡稱容器）製造或輸入業者，應向中央主管機關申請型式認可，發給型式認可證書，始得申請個別認可。

容器應依前項個別認可合格並附加合格標示後，始得銷售。

第一項所定容器，其製造或輸入業者申請認可之資格、程序、應備文件、認可證書核（換）發、有效期間、變更、撤銷、廢止、延展、合格標示停止核發、銷售對象資料之建置、保存與申報及其他應遵行事項之辦法，由中央主管機關定之。

第一項所定容器之規格、構造、材質、熔接規定、標誌、塗裝、使用年限、認可試驗項目、批次認定、抽樣數量、試驗結果之判定、合格標示之規格與附加方式、不合格之處理及其他相關事項之標準，由中央主管機關公告之。

第一項所定型式認可、個別認可、型式認可證書、第二項所定合格標示之核發、第三項所定型式認可證書核（換）發、變更、合格標示停止核發、撤銷、廢止、延展，得委託中央主管機關登錄之專業機構辦理之。

前項所定專業機構辦理型式認可、個別認可、合格標示之核發、型式認可證書核（換）發、變更、延展所需費用，由申請人負擔，其收費項目及費額，由該機構報請中央主管機關核定。

第五項所定專業機構，其申請登錄之資格、儀器設備與人員、程序、應備文件、登錄證書之有效期間、核（換）發、撤銷、廢止、變更、延展、資料之建置、保存與申報、停止執行業務及其他應遵行事項之辦法，由中央主管機關定之。

第 15-4 條

容器應定期檢驗，零售業者應於檢驗期限屆滿前，將容器送經中央主管機關登錄之容器檢驗機構實施檢驗，經檢驗合格並附加合格標示後，始得繼續使用，使用年限屆滿應汰換之；其容器定期檢驗期限、項目、方式、結果判定、合格標示應載事項與附加方式、不合格容器之銷毀、容器閥之銷毀及其他相關事項之標準，由中央主管機關公告之。

前項所定容器檢驗機構辦理容器檢驗所需費用，由零售業者負擔，其收費項目及費額，由該機構報請中央主管機關核定。

第一項所定容器檢驗機構，其申請登錄之資格、儀器設備與人員、程序、應備文件、登錄證書之有效期間、核（換）發、撤銷、廢止、變更、延展、資料之建置、保存與申報、合格標示之停止核發、停止執行業務及其他應遵行事項之辦法，由中央主管機關定之。

第三章｜災害搶救

第 16 條

各級消防機關應設救災救護指揮中心，以統籌指揮、調度、管制及聯繫救災、救護相關事宜。

第 17 條

直轄市、縣（市）政府，爲消防需要，應會同自來水事業機構選定適當地點，設置消防栓，所需費用由直轄市、縣（市）政府、鄉（鎭、市）公所酌予補助；其保養、維護由自來水事業機構負責。

第 18 條

電信機構，應視消防需要，設置報警專用電話設施。

第 19 條

消防人員因緊急救護、搶救火災，對人民之土地、建築物、車輛及其他物品，非進入、使用、損壞或限制其使用，不能達緊急救護及搶救之目的時，得進入、使用、損壞或限制其使用。

人民因前項土地、建築物、車輛或其他物品之使用、損壞或限制使用，致其財產遭受特別犧牲之損失時，得請求補償。但因可歸責於該人民之事由者，不予補償。

第 20 條

消防指揮人員，對火災處所周邊，得劃定警戒區，限制人車進入，並得疏散或強制疏散區內人車。

第 20-1 條

現場各級搶救人員應於救災安全之前提下，衡酌搶救目的與救災風險後，採取適當之搶救作爲；如現場無人命危害之虞，得不執行危險性救災行動。

前項所稱危險性救災行動認定標準，由中央主管機關另定之。

第 21 條

消防指揮人員，爲搶救火災，得使用附近各種水源，並通知自來水事業機構，集中供水。

第 21-1 條

消防指揮人員搶救工廠火災時，工廠之管理權人應依下列規定辦理：

一、提供廠區化學品種類、數量、位置平面配置圖及搶救必要資訊。

二、指派專人至現場協助救災。

第 22 條

消防指揮人員，爲防止火災蔓延、擴大，認有截斷電源、瓦斯必要時，得通知各該管事業機構執行之。

第 23 條

直轄市、縣（市）消防機關，發現或獲知公共危險物品、高壓氣體等顯有發生火災、爆炸之虞時，得劃定警戒區，限制人車進入，強制疏散，並得限制或禁止該區使用火源。

第 24 條

直轄市、縣（市）消防機關應依實際需要普遍設置救護隊；救護隊應配置救護車輛及救護人員，負責緊急救護業務。

前項救護車輛、裝備、人力配置標準及緊急救護辦法，由中央主管機關會同中央目的事業主管機關定之。

第 25 條

直轄市、縣（市）消防機關，遇有天然災害、空難、礦災、森林火災、車禍及其他重大災害發生時，應即配合搶救與緊急救護。

第四章｜災害調查與鑑定

第 26 條

直轄市、縣（市）消防機關，為調查、鑑定火災原因，得派員進入有關場所勘查及採取、保存相關證物並向有關人員查詢。

火災現場在未調查鑑定前，應保持完整，必要時得予封鎖。

第 27 條

直轄市、縣（市）政府，得聘請有關單位代表及學者專家，設火災鑑定會，調查、鑑定火災原因；其組織由直轄市、縣（市）政府定之。

第 27-1 條

中央主管機關為調查消防及義勇消防人員因災害搶救致發生死亡或重傷事故之原因，應聘請相關機關（構）、團體代表、學者專家及基層消防團體代表，組成災害事故調查會（以下簡稱調查會）。

調查會應製作事故原因調查報告，提出災害搶救改善建議事項及追蹤改善建議事項之執行。

調查會為執行業務所需，得向有關機關（構）調閱或要求法人、團體、個人提供資料或文件。調閱之資料或文件業經司法機關或監察院先為調取時，應由其敘明理由，並提供複本。如有正當理由無法提出複本者，應提出已被他機關調取之證明。

第一項調查會，其組成、委員之資格條件、聘請方式、處理程序及其他應遵行事項之辦法，由中央主管機關定之。

第五章｜民力運用

第 28 條

直轄市、縣（市）政府，得編組義勇消防組織，協助消防、緊急救護工作；其編組、訓練、演習、服勤辦法，由中央主管機關定之。

前項義勇消防組織所需裝備器材之經費，由中央主管機關補助之。

第 29 條

依本法參加義勇消防編組之人員接受訓練、演習、服勤時，直轄市、縣（市）政府得依實際需要供給膳宿、交通工具或改發代金。參加服勤期間，得比照國民兵應召集服勤另發給津貼。

前項人員接受訓練、演習、服勤期間，其所屬機關（構）、學校、團體、公司、廠場應給予公假。

第 30 條

依本法參加編組人員，因接受訓練、演習、服勤致患病、受傷、身心障礙或死亡者，依下列規定辦理：

一、傷病者：得憑消防機關出具證明，至指定之公立醫院或特約醫院治療。但情況危急者，得先送其他醫療機構急救。

二、因傷致身心障礙者，依下列規定給與一次身心障礙給付：

（一）極重度與重度身心障礙者：三十六個基數。

（二）中度身心障礙者：十八個基數。

（三）輕度身心障礙者：八個基數。

三、死亡者：給與一次撫卹金九十個基數。

四、因傷病或身心障礙死亡者，依前款規定補足一次撫卹金基數。

前項基數之計算，以公務人員委任第五職等年功俸最高級月支俸額爲準。

第一項身心障礙鑑定作業，依身心障礙者權益保障法辦理。

第一項所需費用，由消防機關報請直轄市、縣（市）政府核發。

第 31 條

各級消防主管機關，基於救災及緊急救護需要，得調度、運用政府機關、公、民營事業機構消防、救災、救護人員、車輛、船舶、航空器及裝備。

第 32 條

受前條調度、運用之事業機構，得向該轄消防主管機關請求下列補償：

一、車輛、船舶、航空器均以政府核定之交通運輸費率標準給付；無交通運輸費率標準者，由各該消防主管機關參照當地時價標準給付。

二、調度運用之車輛、船舶、航空器、裝備於調度、運用期間遭受毀損，該轄消防主管機關應予修復；其無法修復時，應按時價並參酌已使用時間折舊後，給付毀損補償金；致裝備耗損者，應按時價給付。

三、被調度、運用之消防、救災、救護人員於接受調度、運用期間，應按調度、運用時，其服務機構或僱用人所給付之報酬標準給付之；其因調度、運用致患病、受傷、身心障礙或死亡時，準用第三十條規定辦理。

人民應消防機關要求從事救災救護，致裝備耗損、患病、受傷、身心障礙或死亡者，準用前項規定。

第六章｜罰則

第 33 條

毀損消防瞭望臺、警鐘臺、無線電塔臺、閉路電視塔臺或其相關設備者，處五年以下有期徒刑或拘役，得併科新臺幣一萬元以上五萬元以下罰金。

前項未遂犯罰之。

第 34 條

毀損供消防使用之蓄、供水設備或消防、救護設備者，處三年以下有期徒刑或拘役，得併科新臺幣六千元以上三萬元以下罰金。

前項未遂犯罰之。

第 35 條

依第六條第一項所定標準應設置消防安全設備之供營業使用場所，或依同條第四項所定應設置住宅用火災警報器之場所，其管理權人未依規定設置或維護，於發生火災時致人於死者，處一年以上七年以下有期徒刑，得併科新臺幣一百萬元以上五百萬元以下罰金；致重傷者，處六月以上五年以下有期徒刑，得併科新臺幣五十萬元以上二百五十萬元以下罰金。

第 36 條

有下列情形之一者，處新臺幣三千元以上一萬五千元以下罰鍰：

一、謊報火警、災害、人命救助、緊急救護或無故撥打消防機關報警電話。

二、不聽從消防機關依第十九條第一項、第二十條或第二十三條規定所爲之處置。
三、拒絕消防機關依第三十一條規定所爲調度、運用。
四、妨礙第三十四條第一項設備之使用。

第 37 條

違反第六條第一項消防安全設備、第四項住宅用火災警報器設置、維護之規定或第十一條第一項防焰物品使用之規定，經通知限期改善，逾期不改善或複查不合規定者，處其管理權人新臺幣六千元以上三萬元以下罰鍰；經處罰鍰後仍不改善者，得連續處罰，並得予以三十日以下之停業或停止其使用之處分。

規避、妨礙或拒絕第六條第二項之檢查、複查者，處新臺幣三千元以上一萬五千元以下罰鍰，並按次處罰及強制執行檢查、複查。

第 38 條

違反第七條第一項規定從事消防安全設備之設計、監造、裝置或檢修者，處新臺幣三萬元以上十五萬元以下罰鍰，並得按次處罰。

違反第九條第一項規定者，處其管理權人新臺幣一萬元以上五萬元以下罰鍰，並通知限期改善；屆期未改善者，得按次處罰。

中央主管機關許可之消防安全設備檢修專業機構、消防設備師或消防設備士，未依第九條第二項所定辦法中有關定期檢修項目、方式、基準、期限之規定檢修消防安全設備或爲消防安全設備不實檢修報告者，處新臺幣二萬元以上十萬元以下罰鍰，並得按次處罰；必要時，並得予以一個月以上一年以下停止執行業務或停業之處分。

中央主管機關許可之消防安全設備檢修專業機構違反第九條第三項所定辦法中有關執行業務之規範、消防設備師（士）之僱用、異動、訓練、業務相關文件之備置、保存年限、各類書表陳報之規定者，處新臺幣三萬元以上十五萬元以下罰鍰，並通知限期改善；屆期未改善者，得按次處罰，並得予以三十日以下之停業處分或廢止其許可。

第 39 條

違反第十一條第二項或第十二條第一項銷售或設置之規定者，處其銷售或設置人員新臺幣二萬元以上十萬元以下罰鍰；其陳列經勸導改善仍不改善者，處其陳列人員新臺幣一萬元以上五萬元以下罰鍰。

第 40 條

違反第十三條規定，經通知限期改善逾期不改善者，處其管理權人新臺幣一萬元以上五萬元以下罰鍰；經處罰鍰後仍不改善者，得連續處罰，並得予以三十日以下之停業或停止其使用之處分。

第 41 條

違反第十四條第一項或第二項所定法規有關安全防護措施、禁止從事之區域、時間、方式或應遵行事項之規定者，處新臺幣三千元以下罰鍰。

第 41-1 條

違反第十四條之一第一項或第二項所定辦法，有關安全防護措施、審核方式、撤銷、廢止、禁止從事之區域、時間、方式或應遵行事項之規定者，處新臺幣三萬元以上十五萬元以下罰鍰，並得按次處罰。

規避、妨礙或拒絕依第十四條之一第三項之檢查者，處管理權人或行爲人新臺幣一萬元以上五萬元以下罰鍰，並得強制檢查或令其提供相關資料。

第 42 條

第十五條所定公共危險物品及可燃性高壓氣體之製造、儲存或處理場所，其位置、構造及設備未符合設置標準，或儲存、處理及搬運未符合安全管理規定者，處其管理權人或行爲人新臺幣二萬元以上十萬元以下罰鍰；經處罰鍰後仍不改善者，得連續處罰，並得予以三十日以下停業或停止其使用之處分。

第 42-1 條

違反第十五條之一，有下列情形之一者，處負責人及行爲人新臺幣一萬元以上五萬元以下罰鍰，並得命其限期改善，屆期未改善者，得連續處罰或逕予停業處分：

一、未僱用領有合格證照者從事熱水器及配管之安裝。

二、違反第十五條之一第三項熱水器及配管安裝標準從事安裝工作者。

三、違反或逾越營業登記事項而營業者。

第 42-2 條

零售業者、專業機構、容器製造、輸入業者或容器檢驗機構有下列情形之一者，處新臺幣二萬元以上十萬元以下罰鍰，並通知限期改善，屆期未改善者，得按次處罰：

一、容器製造或輸入業者違反第十五條之三第二項規定，容器未經個別認可合格或未附加合格標示即銷售。

二、容器製造或輸入業者違反第十五條之三第三項規定所定辦法中有關銷售對象資料之建置、保存與申報等事項。

三、專業機構違反第十五條之三第七項規定所定辦法中有關儀器設備與人員、資料之建置、保存與申報等事項。
四、零售業者違反第十五條之四第一項規定，未於容器之檢驗期限屆滿前送至檢驗機構進行定期檢驗仍繼續使用，或容器逾使用年限仍未汰換。
五、容器檢驗機構違反第十五條之四第三項規定所定辦法中有關儀器設備與人員、資料之建置、保存與申報等事項。
有前項第一款違規情形者，其容器並得沒入銷毀。

第 43 條

拒絕依第二十六條所爲之勘查、查詢、採取、保存或破壞火災現場者，處新臺幣三千元以上一萬五千元以下罰鍰。

第 43-1 條

違反第二十一條之一第一款規定，工廠之管理權人未提供廠區化學品種類、數量、位置平面配置圖及搶救必要資訊，或提供資訊內容虛僞不實者，處管理權人新臺幣三萬元以上六十萬元以下罰鍰。
違反第二十一條之一第二款規定，工廠之管理權人未指派專人至現場協助救災，處管理權人新臺幣五十萬元以上一百五十萬元以下罰鍰。

第 44 條

依本法應受處罰者，除依本法處罰外，其有犯罪嫌疑者，應移送司法機關處理。

第 45 條

依本法所處之罰鍰，經限期繳納逾期未繳納者，由主管機關移送法院強制執行。

第七章｜附則

第 46 條

本法施行細則，由中央主管機關擬訂，報請行政院核定後發布之。

第 47 條

本法自公布日施行。

消防法施行細則

■修正日期：民國 108 年 09 月 30 日

第 1 條

本細則依消防法（以下簡稱本法）第四十六條規定訂定之。

第 2 條

本法第三條所定消防主管機關，其業務在內政部，由消防署承辦；在直轄市、縣（市）政府，由消防局承辦。

在縣（市）消防局成立前，前項業務暫由縣（市）警察局承辦。

第 3 條

直轄市、縣（市）政府每年應訂定年度計畫經常舉辦防火教育及防火宣導。

第 4 條～第 5 條

（刪除）

第 5-1 條

本法第七條第一項所定消防安全設備之設計、監造、裝置及檢修，其工作項目如下：

一、設計：指消防安全設備種類及數量之規劃，並製作消防安全設備圖說。

二、監造：指消防安全設備施工中須經試驗或勘驗事項之查核，並製作紀錄。

三、裝置：指消防安全設備施工完成後之功能測試，並製作消防安全設備測試報告書。

四、檢修：指依本法第九條第一項規定，受託檢查各類場所之消防安全設備，並製作消防安全設備檢修報告書。

第 6 條

（刪除）

第 7 條

依本法第十一條第三項規定申請防焰性能認證者，應檢具下列文件及繳納審查費，向中央主管機關提出，經審查合格後，始得使用防焰標示：

一、申請書。

二、營業概要說明書。

三、公司登記或商業登記證明文件影本。

四、防焰物品或材料進、出貨管理說明書。

五、經中央主管機關評鑑合格之試驗機構出具之防焰性能試驗合格報告書。但防焰物品及其材料之裁剪、縫製、安裝業者，免予檢具。

六、其他經中央主管機關指定之文件。

前項認證作業程序、防焰標示核發、防焰性能試驗基準及指定文件，由中央主管機關定之。

第 8 條～第 12 條

（刪除）

第 13 條

本法第十三條第一項所定一定規模以上供公衆使用建築物，其範圍如下：

一、電影片映演場所（戲院、電影院）、演藝場、歌廳、舞廳、夜總會、俱樂部、保齡球館、三溫暖。

二、理容院（觀光理髮、視聽理容等）、指壓按摩場所、錄影節目帶播映場所（MTV等）、視聽歌唱場所（KTV等）、酒家、酒吧、PUB、酒店（廊）。

三、觀光旅館、旅館。

四、總樓地板面積在五百平方公尺以上之百貨商場、超級市場及遊藝場等場所。

五、總樓地板面積在三百平方公尺以上之餐廳。

六、醫院、療養院、養老院。

七、學校、總樓地板面積在二百平方公尺以上之補習班或訓練班。

八、總樓地板面積在五百平方公尺以上，其員工在三十人以上之工廠或機關（構）。

九、其他經中央主管機關指定之供公衆使用之場所。

第 14 條

本法第十三條所定防火管理人，應爲管理或監督層次人員，並經中央消防機關認可之訓練機構或直轄市、縣（市）消防機關講習訓練合格領有證書始得充任。

前項講習訓練分爲初訓及複訓。初訓合格後，每三年至少應接受複訓一次。

第一項講習訓練時數，初訓不得少於十二小時；複訓不得少於六小時。

第 15 條

本法第十三條所稱消防防護計畫應包括下列事項：

一、自衛消防編組：員工在十人以上者，至少編組滅火班、通報班及避難引導班；員工在五十人以上者，應增編安全防護班及救護班。

二、防火避難設施之自行檢查：每月至少檢查一次，檢查結果遇有缺失，應報告管理權人立即改善。

三、消防安全設備之維護管理。

四、火災及其他災害發生時之滅火行動、通報聯絡及避難引導等。

五、滅火、通報及避難訓練之實施；每半年至少應舉辦一次，每次不得少於四小時，並應事先通報當地消防機關。

六、防災應變之教育訓練。

七、用火、用電之監督管理。

八、防止縱火措施。

九、場所之位置圖、逃生避難圖及平面圖。

十、其他防災應變上之必要事項。

遇有增建、改建、修建、室內裝修施工時，應另定消防防護計畫，以監督施工單位用火、用電情形。

第 16 條

依本法第十三條第二項規定應協議製定共同消防防護計畫者，由各管理權人互推一人為召集人協議製定，並將協議內容記載於共同消防防護計畫；其共同消防防護計畫應包括事項，由中央主管機關另定之。

無法依前項規定互推召集人時，管理權人得申請直轄市、縣（市）消防機關指定之。

第 17 條

山林、田野引火燃燒，以開墾、整地、驅除病蟲害等事由為限。

前項引火燃燒有延燒之虞或於森林區域、森林保護區內引火者，引火人應於五日前向當地消防機關申請許可後，於引火前在引火地點四週設置三公尺寬之防火間隔，及配置適當之滅火設備，並將引火日期、時間、地點通知鄰接地之所有人或管理人。其於森林區域或森林保護區引火者，並應通知森林主管機關。

前項引火應在上午六時後下午六時前為之，引火時並應派人警戒監視，俟火滅後始得離開。

第18條～第19條

（刪除）

第19-1條

本法第十五條之二第一項所稱定期向轄區消防機關申報，指於每年四月及十月向轄區消防機關各申報一次。

第19-2條

本法第十五條之二第一項第五款所定安全技術人員，應經直轄市、縣（市）消防機關，或由中央消防機關認可之專業機構，講習訓練合格並領有證書，始得充任。
前項講習訓練時間不得少於十六小時。
安全技術人員每二年應接受複訓一次，每次複訓時數不得少於八小時。

第19-3條

本法第十五條之二第一項第六款所定用戶安全檢查資料，包括用戶地址、檢測項目及檢測結果。

第20條

依本法第十七條設置之消防栓，以採用地上雙口式爲原則，消防栓規格由中央主管機關定之。
當地自來水事業應依本法第十七條規定，負責保養、維護消防栓，並應配合直轄市、縣（市）消防機關實施測試，以保持堪用狀態。

第21條

直轄市、縣（市）政府對轄內無自來水供應或消防栓設置不足地區，應籌建或整修蓄水池及其他消防水源，並由當地消防機關列管檢查。

第22條

直轄市、縣（市）轄內之電力、公用氣體燃料事業機構及自來水事業應指定專責單位，於接獲消防指揮人員依本法第二十一條、第二十二條所爲之通知時，立即派員迅速集中供水或截斷電源、瓦斯。

第23條

消防指揮人員、直轄市、縣（市）消防機關依本法第二十條、第二十三條劃定警戒區後，得通知當地警察分局或分駐（派出）所協同警戒之。

第 24 條

依本法第三十二條請求補償時，應以書面向該轄消防主管機關請求之。

消防主管機關對於前項請求，應即與請求人進行協議，協議成立時，應作成協議書。

第 25 條

直轄市、縣（市）消防機關依本法第二十六條第一項規定調查、鑑定火災原因後，應即製作火災原因調查鑑定書，移送當地警察機關依法處理。

直轄市、縣（市）消防機關調查、鑑定火災原因，必要時，得會同當地警察機關辦理。

第一項火災原因調查鑑定書應於火災發生後十五日內完成，必要時，得延長至三十日。

第 26 條

檢察、警察機關或消防機關得封鎖火災現場，於調查、鑑定完畢後撤除之。

火災現場尚未完成調查、鑑定者，應保持現場狀態，非經調查、鑑定人員之許可，任何人不得進入或變動。但遇有緊急情形或有進入必要時，得由調查、鑑定人員陪同進入，並於火災原因調查鑑定書中記明其事由。

第 27 條

火災受害人或利害關係人得向直轄市、縣（市）消防機關申請火災證明。

前項證明內容以火災發生時間及地點爲限。

第 28 條

各級消防機關爲配合救災及緊急救護需要，對於政府機關、公民營事業機構之消防、救災、救護人員、車輛、船舶、航空器及裝備，得舉辦訓練及演習。

第 29 條

本法及本細則所規定之各種書表格式，由中央消防機關定之。

第 30 條

本細則自發布日施行。

消防設備師及消防設備士管理辦法

■修正日期：民國 104 年 10 月 06 日

第一章｜總則

第 1 條

本辦法依消防法（以下簡稱本法）第七條第四項規定訂定之。

第 2 條

消防設備師或消防設備士應經考試及格持有考試及格證明文件，領有消防設備師或消防設備士證書者，始得執行業務。

消防設備師及消防設備士於執行業務前，應填具執業通訊資料表（格式如附件一），並檢附國民身分證及消防設備師或消防設備士證書影本，送請中央主管機關備查及公告；執業通訊資料異動者，亦同。

前項公告內容，包括消防設備師或消防設備士姓名、證書字號、執業通訊電話及所在行政區域。

第 3 條

依專門職業及技術人員考試法規定，經撤銷考試及格資格者，不得請領消防設備師或消防設備士證書，其已領取者撤銷之。

第 4 條

請領消防設備師及消防設備士證書，應檢附下列文件，向中央主管機關申請核發之。

一、申請書。

二、消防設備師或消防設備士考試及格證明文件。

三、國民身分證影本。

四、本人最近三個月內正面脫帽二吋半身照片三張。

第二章 | 業務及責任

第 5 條

消防設備師及消防設備士執行業務，應備業務登記簿，以書面簿冊形式或電子檔案方式，記載委託人姓名或名稱、住所、委託事項及辦理情形之詳細紀錄，並應妥善保存，以備各級消防機關之查核。

前項業務登記簿至少應保存五年。

第 6 條

消防設備師及消防設備士受委託辦理各項業務，應遵守誠實信用之原則，不得有不正當行為及違反或廢弛其業務上應盡之義務。

第 7 條

消防設備師及消防設備士，不得有下列之行為：

一、違反法令執行業務。

二、允諾他人假藉其名義執行業務。

三、以不正當方法招攬業務。

四、無正當理由洩漏因業務知悉之秘密。

第 8 條

各級消防機關得檢查消防設備師及消防設備士之業務或令其報告、提出證明文件、表冊及有關資料，消防設備師及消防設備士不得規避、妨礙或拒絕。

消防設備師或消防設備士違反前項規定，主管機關應命其限期改善；屆期未改善者，依行政執行法間接強制方法執行之。

第 9 條

消防設備師及消防設備士，應受各級消防機關之監督。

第 10 條

消防設備師及消防設備士執行業務時，應攜帶資格證件。

第三章 | 講習

第 11 條

消防設備師及消防設備士，自取得證書日起每三年應接受講習一次或取得累計積分達一百六十分以上之訓練證明文件。

消防設備師及消防設備士因重病或重大事故無法接受前項講習或取得累計積分達一百六十分以上訓練證明文件時，得檢具證明文件向中央主管機關申請核准延期。

第 11-1 條

前條所稱訓練證明文件，指消防設備師及消防設備士參加下列與消防安全設備設計、監造、裝置及檢修相關之技術研討活動或訓練取得之積分證明：

一、中央主管機關舉辦或認可之講習會、研討會或專題演講，每小時積分十分，每項課程或講題總分以四十分爲限。

二、消防專技人員公會或全國聯合會之年會及當次達一小時以上之技術研討會，每次積分二十分。

三、中央主管機關舉辦或認可之專業訓練課程，每小時積分十分。

四、於國外參加專業機構或團體舉辦國際性之講習會、研討會或專題演講領有證明文件者，每小時積分十分，每項課程或講題總分以四十分爲限。

五、於國內外專業期刊或學報發表論文或翻譯專業文獻經登載者，論文每篇六十分，翻譯每篇二十分，作者或譯者有二人以上者，平均分配積分。

六、研究所以上之在職進修或推廣教育，取得學分或結業證明者，每一學分積分十分，單一課程以三十分爲限。

擔任前項第一款至第四款講習會、研討會、專題演講或專業訓練課程講座者，每小時積分十分，每項課程或講題總分以四十分爲限。

第一項第一款至第四款講習會、研討會、專題演講或專業訓練之時數計算以小時爲單位，滿五十分鐘以一小時計算，連續九十分鐘以二小時計算。

第一項第五款所稱國內外專業期刊或學報之種類，由中央主管機關公告之。

第 11-2 條

第十一條第一項之講習、前條第一項第一款及第三款所定中央主管機關舉辦之講習會、研討會、專題演講及專業訓練，中央主管機關得委託專業機構辦理。

前項受委託辦理第十一條第一項講習之專業機構應擬訂講習計畫，報請中央主管機關核定實施。

第 11-3 條

第十一條之一第一項第一款至第三款技術研討活動或訓練，其辦理機關（構）、團體應於舉辦二個月前，檢附下列文件向中央主管機關申請認可，中央主管機關並於舉辦一個月前准駁之：

一、申請函（格式如附件二）。

二、研討活動或訓練資料，其內容包括：
（一）名稱。
（二）時間、地點及預定參加人數。
（三）課程或講題之名稱、內容大綱、時數及申請積分。
（四）講座簡歷。

前項辦理機關（構）、團體於技術研討活動或訓練結束後一個月內應檢附參加之消防設備師及消防設備士簽到表（格式如附件三）及參加時數清冊（格式如附件四），向中央主管機關申請訓練積分審查及登記，經審查合格並登記完竣後，由辦理機關（構）、團體發給受訓人員訓練證明文件（格式如附件五）。

消防設備師及消防設備士於參加第十一條之一第一項第四款至第六款之技術研討活動或訓練後，應檢附訓練證明文件向中央主管機關申請訓練積分審查及登記。

前二項之積分審查及登記，中央主管機關得委託專業機構辦理。

第 12 條

講習實施之科目、日期、場所、報名方法及其他相關之必要事項，由中央主管機關事先公告周知。

第 13 條

（刪除）

第 14 條

講習所需經費由受訓人員自行負擔，其金額由講習單位報請中央主管機關核定後實施。

第 14-1 條

直轄市、縣（市）之消防設備師或消防設備士達三十人以上者，得組織直轄市、縣（市）消防設備師公會或消防設備士公會。

第 14-2 條

消防設備師或消防設備士公會全國聯合會應由過半數之直轄市、縣（市）消防設備師公會或消防設備士公會完成組織後，始得發起組織。但經中央主管機關核准者，不在此限。

第 14-3 條

各級消防設備師公會及消防設備士公會之組織及活動，依人民團體法及前二條之規定辦理。

第四章｜獎懲

第 15 條

消防設備師及消防設備士有下列情事之一者，直轄市、縣（市）主管機關得予以獎勵；特別優異者，並得層報中央主管機關獎勵：

一、對消防法規襄助研究及建議，有重大貢獻。

二、對公共安全或預防災害等有關消防事項襄助辦理，成績卓著。

三、對消防安全設計或學術研究，有卓越表現。

四、對協助推行消防實務，著有成績。

前項獎勵方式如下：

一、公開表揚。

二、頒發獎狀或獎牌。

第 16 條～第 17 條

（刪除）

第五章｜附則

第 18 條

消防設備師及消防設備士證書之格式及證書費金額，由中央主管機關定之。

第 19 條

依本法第七條第二項規定，暫行從事消防安全設備設計、監造、裝置及檢修者，除第十四條之一至第十四條之三規定外，準用本辦法之規定。

第 20 條

本辦法自發布日施行。

附件一　執業通訊資料表

<table>
<tr><th colspan="4">執業通訊資料表</th></tr>
<tr><th colspan="4">資料項目（原備查）</th><th colspan="3">資料異動項目（無則免填）</th></tr>
<tr><td>姓　名</td><td></td><td>性別</td><td></td><td></td><td>性別</td><td></td></tr>
<tr><td>國民身分證統一編號(或居留證統一證號)</td><td></td><td>出生年月日</td><td>年　月　日</td><td></td><td>出生年月日</td><td>年　月　日</td></tr>
<tr><td>證書字號</td><td colspan="3">消師證字第　號
消士證字第　號
消暫證字第　號（暫行設計、監造）
消暫證字第　號（暫行裝置、檢修）</td><td colspan="3">消師證字第　號
消士證字第　號
消暫證字第　號（暫行設計、監造）
消暫證字第　號（暫行裝置、檢修）</td></tr>
<tr><td>通訊地址</td><td colspan="3"></td><td colspan="3"></td></tr>
<tr><td>執業機構</td><td colspan="3"></td><td colspan="3"></td></tr>
<tr><td>執業機構地址</td><td colspan="3"></td><td colspan="3"></td></tr>
<tr><td>所屬公會</td><td colspan="3"></td><td colspan="3"></td></tr>
<tr><td>電　話</td><td colspan="3">公：＿＿＿＿＿＿（必填）
宅：＿＿＿＿＿＿（必填）
行動電話：
e-mail：</td><td colspan="3">公：＿＿＿＿＿＿（必填）
宅：＿＿＿＿＿＿（必填）
行動電話：
e-mail：</td></tr>
<tr><td colspan="7">聲明事項
一、本人非現職公務員，並遵守消防法相關規定。
二、本表填寫及所附文件（包含傳真補件）均為屬實，所附文件影本均與正本相符。
三、本聲明事項如有不實，本人願負法律責任。</td></tr>
<tr><td colspan="7">簽章：</td></tr>
</table>

註：1. 第一次報請備查者，僅需填具本表之資料項目（原備查）各項欄位，資料異動者，則需填具原備查之各項資料及有資料異動之項目。

2. 執業機構指消防專技人員或暫行從事消防安全設備設計、監造、裝置及檢修者設立或受聘任職之事務所、公司、商業或消防安全設備檢修專業機構；以個人身分執行業務者，得免填執業機構及執業機構地址欄。

3. 本表填畢後，請郵寄內政部消防署。

附件二　申請函

○○○機關、機構、團體　函

地址：
聯絡人：
電話：
傳真：
電子信箱：

受文者：內政部

發文日期：
發文字號
速別：
密等及解密條件或保密期限：
附件：

主旨：本（機關、機構、團體）將於　年　月　日至　年　月　日舉辦「○○○○○○」（技術研討活動或訓練名稱），擬請納為「消防設備師及消防設備士管理辦法」規定認可之技術研討活動（或訓練），請　查照惠復。

說明：

一、依「消防設備師及消防設備士管理辦法」辦理。

二、檢送研討活動（或訓練）資料（應包含名稱、時間、地點、預定人數、課程或講題之名稱、內容大綱、時數、講座簡歷等資料）如附件，擬申請認可積分__分。

正本：內政部
副本：

附件三　簽到表

（研討活動或訓練全銜）簽到表

辦理機關（構）、團體：

地點：

活動日期：○年○月○日○時○分至○年○月○日○時○分

編號	姓名	簽到（含時間）		簽退（含時間）	
		簽名	時間	簽名	時間

附件四　參加時數清冊

（研討活動或訓練全銜）參　加　時　數　清　冊							
編號	姓名	國民身分證 統一編號	領得證書日期	證書字號	活動或訓練類別	活動日期	積分

附件五　訓練證明

○○○○○○（機關、機構、團體全銜）訓練證明

茲證明　　　　（國民身分證統一編號　　　　　），於民國○年○月○日至○年○月○日參加由○○○○○及本（機關、機構、團體）共同舉辦之「○○○○○」（內政部認可文號：　年　月　日內授消字第○○○○○號）研討活動（或訓練）如下：

月　　日「○○○講習會」　　　　　　○小時，積分○分

月　　日「○○○研討會」　　　　　　○小時，積分○分

月　　日「○○○專題演講」　　　　　○小時，積分○分

月　　日「○○○專業訓練課程」　　　○小時，積分○分

（依實際出席情形全程參與者，方核實認列）

此證

（機關首長、理事長、會長）

中華民國　　　年　　　月　　　日

臺灣省火災防範辦法

第一章｜總則

第 1 條

臺灣省政府（以下簡稱本府）爲提高人民防火警覺，加強消防設施，以維護公共安全起見，特訂定本辦法。

第 2 條

火災防範事宜，除法令另有規定外，依本辦法辦理。

第二章｜防火宣傳

第 3 條

各縣市局防火宣導由各縣市（局）警察局（所）主辦，並由其他有關機關協助之。

第 4 條

防火宣導應辦理左列事項：

一、邀請各界舉行防火座談會。

二、挨戶訪問分發「防火須知」，並在街衢要道張貼防火漫畫及標語。

三、派員參加村里民大會，講解防火常識。

四、組織防火宣導組，沿街廣播防火常識。

五、分區舉行消防演習，實施滅火器（彈）使用示範表演，並加詳細講解，以增進人民滅火常識。

六、於露天或商請電影院放映防火電影及幻燈片。

七、商請廣播電臺、電視臺、報社，增列防火宣導節目及專刊。

八、其他防火宣導事項。

第 5 條

各縣市政府（局）每年應舉辦防火宣導二次至四次，每次不得少於七天。防火宣導內容規定如左：

一、防火注意事項。
二、火災發生初期自行撲滅方法。
三、民間應有防火設備。
四、火災時逃生要領。

第 6 條

各縣市局人口密集，房屋毗連地區，其防火宣導應特別加強辦理。

第 7 條

各縣市局舉辦防火宣導後，應實施消防安全檢查，其應注意事項規定如左：
一、機關、團體、醫院、學校、劇場、電影院、舞廳、會堂、旅館、食堂、倉庫、工廠、公私車站、車輛修護場、製售易燃品廠商、百貨大樓之消防設備，是否依照本辦法第三章規定辦理。
二、爐灶、煙囪是否經常整理掃除，有無淤塞破裂，位置是否適當。
三、液化瓦斯、煤油爐或酒精爐是否檢驗合格，其放置地點是否安全。
四、電器設備，有無損壞或危險，普通燃料及易燃物品之放置是否妥適。
五、其他火災預防應行注意事項。

第 8 條

各縣市局防火宣導實施計劃，應由縣市政府（局）訂定施行，並將辦理情形列表呈報本府備查。

第三章｜消防設備

第 9 條

銷售危險物品商店，至少應置滅火器二具，面積超過五十平方公尺者，每增五十平方公尺應增置滅火器一具。

第 10 條

劇場、電影院、舞廳、百貨大樓，每一百平方公尺面積，應設置滅火器一具及自動火災報警器一個，放映機房自動發電室梯機器房，應各另設避電滅火器二具，多種效能乾粉滅火器一具。

第 11 條

旅館食堂每層每三百平方公尺面積應置滅火器一具，旅館並另置滅火彈五枚，其構造為易燃性者應裝設自動火災報警器。

第 12 條

本辦法第十條、第十一條之公共場所內部構造，如為易燃性者應加不燃性防火處理。

第 13 條

機關、醫院、學校及其他公共集會場所，每層面積每三百平方公尺，設置滅火器一具。

第 14 條

工廠、倉庫之消防設備規定如左：

一、倉庫、工廠廠房每六百平方公尺面積應置滅火器一具及自動火災報警器一個，但面積超過六百平方公尺，應照各工廠作業性質，分別依有關規定設置其相當消防設備。

二、工廠應配置火警警鐘一個。

第 15 條

交通場所及交通工具消防設備規定如左：

一、鐵路、公路、公共汽車、民營客運等車站及各車庫、航空站、輪船公司碼頭，其建築物面積，每一百平方公尺應置滅火器一具。

二、火車、汽車每車箱至少應配置泡沫滅火器或多種效能乾粉滅火器一具。

三、輪船、機動漁船至少應配置泡沫滅火器及多種效能乾粉滅火器各一具。

四、收藏交通器材燃料之倉庫及修護場，其消防設備依照第十四條之規定辦理。

第 16 條

屋外消防水栓之設置，應視實際需要，由各縣市（局）警察局（所）會同民防指揮部暨自來水廠決定，並由自來水廠分期設置完成，並隨時檢查。

第 17 條

滅火器（彈）均應掛於明顯及易於提取之處，並標註有效期限，其內裝藥劑已失效者，應即換裝。

第 18 條

蓄水池之興建，各縣市（局）警察局（所）應會同民防指揮部周密勘查規劃，完成鄉鎮市蓄水網。

第 19 條

消防設備之檢查指導糾正及取締，由各該管警察機關負責執行之，交通、工廠及公營事業消防設備，由本府警務處分別會同建設廳、交通處、警備總部、民防處等有關機關定期實施檢查。

第 20 條

違反本辦法第二章、第三章各條有關消防設備之規定者，視情節輕重分別依左列各款規定辦理：

一、限令改善。

二、機關、醫院等函請該管上級機關處理。

三、依有關法令處罰。

第四章｜附則

第 21 條

本辦法自公布日施行。

臺灣省火災防救辦法

■中華民國五十五年七月十六日府警消字第四〇五三〇號令公布
■中華民國七十五年一月二十九日府法四字第一〇一一九號令修正

第 1 條

臺灣省政府（以下簡稱本府）爲防範、搶救火災，以維護公共安全，特訂定本辦法。

第 2 條

本辦法之主辦機關，在省爲本府警務處，在縣市爲縣市警察局。
國際商港港區由港務警察所辦理。

第 3 條

各縣市政府應經常辦理防火宣導，每年並擴大舉辦二次至四次，每次不得少於七日。
前項防火宣導，應依季節、地區特性及人口分佈，分別訂定計畫實施。

第 4 條

防火宣導事項如左：
一、舉行防火安全座談會。
二、函請學校、機關、團體舉辦防火宣導。
三、張貼防火漫畫及標語。
四、利用村里民大會或其他集會，講解消防常識。
五、分區舉行消防救災演習。
六、商請電影院放映防火電影及幻燈片。
七、商請廣播電台、電視台、報社增列防火宣導節目或專刊。
八、其他有開防火宣導事項。

第 5 條

供公衆使用建築物及交通工具應設置消防設備，其基準如附表（一）。

第 6 條

供公眾使用建築物應定期實施消防安全檢查。

前項建築物檢查對象分類及次數如附表（二）。

第 7 條

消防安全檢查項目如左：

一、建築物防火之安全設施。

二、燃燒設備。

三、廚房排除油煙設備。

四、電氣安全設備。

五、各種消防設備。

六、防火避難設備管理。

七、消防水源。

八、公共危險物品及高壓氣體製造儲存、販賣、管理。

九、消防防護計畫。

十、訪問消防安全管理員。

十一、其他火災預防有關事宜。

第 8 條

檢查人員應注意事項如左：

一、消防安全檢查實施時間以在日出後日沒前爲原則。必要時得在營業或工作時間內爲之。

二、執行職務時，應攜帶服務證，服務整齊。

三、實施檢查時，儘量避免妨礙受檢者工作，如需拆開檢查或移動，必須有受檢者在場。

四、對於特殊設施之場所，必須由受檢者派技術人員引導。

五、檢查情形應詳載於「消防安全檢查紀錄簿」格式如附表（三）。

前項檢查項目，不合規定者，應令其限期改善。

第 9 條

供公衆使用建築物，其員工在二十人以上者，應以班爲單位成立消防編組，並造冊送請轄區警察局（分局）備查。

第 10 條

前條消防單位任務規定如左：

一、消防班　負責消防設施、器材之檢點使用及災害搶救。
二、通訊班　負責內外通報連絡。
三、警戒指導班　負責避難指導及災區四週警戒。
四、救護班　負責傷患之搶救及緊急醫護。
五、拆卸班　負責電源之截斷、水源之疏導及障礙物之拆除。

第 11 條

消防編組應每半年至少舉行消防講習及火災搶救演練一次，其講習、演練內容如左：
一、消防常識。
二、各種消防設備器材之使用。
三、綜合演練及檢討。
前項消防編組演練時間每次不得少於四小時，必要時得請當地消防隊派員指導，演練紀錄應保留備查。

第 12 條

火警發生時當地警察局（分局）應負責指揮搶救。
前項火場搶救及指揮事宜，由本府警務處另定之。

第 13 條

左列機關（團體）接獲火警通知時，應即派員赴火場與火場總指揮官取得連繫，並辦理有關事項：
一、電力或瓦斯公司當地營業處（服務所）處理危險電（瓦斯）路或關閉該區之電源（瓦斯）。
二、自來水公司當地管理處（營運所）實施加強災區水壓，必要時斷絕其他不必要之用水。
三、衛生局（所）及公立醫院派救護車輛及實施救護傷亡。

第 14 條

火災撲滅後主辦機關應依左列規定召開檢討會：
一、普通災害者，縣由當地警察分局長，市由消防警察隊長於三日內召集救火之全體幹部隊員檢討，並邀請支援消防單位及有關人員參加。
二、重大災害者，由警察局長於五日內召集火場警戒指揮及其他必要人員檢討，並邀請有關機關派員參加。
前項重大災害標準由主辦機關認定之。

第一項檢討會之議決事項，警察局或消防警察隊（分局）應妥速辦理，並填具報告表送請上級機關核辦。

第 15 條

搶救火災而傷亡者，從優撫卹，防救人員視實際情形獎懲之。

第 16 條

火災受害人或利害關係人得申請火災證明。

前項證明事項以火災發生時間及地點爲限。其格式由本府警務處另定之。

第 17 條

本辦法自發布日施行。

附表一　供公眾使用建築物及交通工具設置消防設備基準表

項目／分類	手提滅火器	自動滅火器	特殊警報設備
甲類	每層樓地板面積在一〇〇平方公尺以下者，配置二具，超過一〇〇平方公尺者，每增加一〇〇平方公尺增設一具。	上述各類場所之配電室、電氣（機）房、電影院之放映室、鍋爐房等，應另設有效之自動滅火器，其設置數量以能涵蓋各該場所範圍為準。	上述各類場所，如儲存危險性氣體或蒸氣者，應按各該場所及設施狀況，另設有效之火災報警設備或瓦斯警報器。
乙類	每層樓地板面積在一五〇平方公尺以下者，配置二具，超過一五〇平方公尺者，每增加一五〇平方公尺增設一具。		
丙類	每層樓地板面積在二〇〇平方公尺以下者，配置二具，超過二〇〇平方公尺者，每增加二〇〇平方公尺增設一具。		
丁類	每層樓地板面積在三〇〇平方公尺以下者，配置二具，超過三〇〇平方公尺者，每三〇〇平方公尺增設一具。		

項目 分類	手提滅火器	自動滅火器	特殊警報設備
交通工具	火車每節車廂暨公共汽車、民營客運、遊覽車、交通車等，每輛應配置一具。		
備註	一、甲類對象為經營危險物品及高壓氣體之行業，適用有關規定。 二、工廠、倉庫、依勞工安全衛生設施規則有關規定配置。 三、前述各類之滅火器，應視該場所潛在火災之性質，參照中國國家標準第三六五八號之火災分類規定配置之。（其型式不得小於十磅型）。 四、六層以上甲、丙類建築物，視需要酌設左列器材：（一）救生繩索（二）救生袋（三）避難梯（四）緩降機（五）其他避難器具。		

附表二　供公眾使用建築物消防安全檢查對象分類及檢查次數規定表

<table>
<tr><th rowspan="2">分類</th><th rowspan="2">檢查對象名稱</th><th colspan="3">檢查勤務規定</th></tr>
<tr><th>平時檢查</th><th>定期抽查</th><th>重點查核</th></tr>
<tr><td>甲類</td><td>戲院、電影院、歌廳、演藝場、集會堂、夜總會、舞廳、酒家、遊藝場、酒吧、茶室、旅館、餐廳、飲食店、百貨商店、超級市場、零售市場、設有房間之執行所、寄宿舍、體育館、危險物品及高壓氣體之製造、儲存、販賣場所（工廠）。</td><td>消防責任區隊員每月至少檢查一次。</td><td rowspan="4">一、消防警察分（小）隊主管每月至少應抽查各類對象物各五家。
二、消防隊業務主辦人員每月至少應抽查各類對象物各三家。
三、消防隊長、副隊長每月至少應抽查各類對象物各二家。</td><td rowspan="4">省主管機關得視需要隨時派員或會同有關機關抽查高層建築物之消防設施，並考核其績效。</td></tr>
<tr><td>乙類</td><td>辦公室信集合住宅（十一層以上）、工廠、倉庫室內停車空間、電影攝影場、電視播送室、電信機器室、車站、飛機場大廈、飛機庫、汽車庫。</td><td>消防責任區隊員每二個月檢查一次。</td></tr>
<tr><td>丙類</td><td>醫院、診所、學校、補習班、訓練班、圖書館、美術館、博物館、史蹟資料館、紀念館、療養院、養老院、兒童福利設施，幼稚園、公共浴室、證券交易所、辦公室（十層以下）、集合住宅（六層至十層）。</td><td>消防責任區隊員每三個月檢查一次。</td></tr>
<tr><td>丁類</td><td>不屬於前列各款之供公衆使用建築物場所。</td><td>消防責任區隊員每四個月檢查一次。</td></tr>
</table>

附表三　警察局消防警察隊　分小隊消防安全檢查紀錄簿

檢查		檢查結果	應改善事項	處理情形	檢查人員 簽　　章	業主簽章	備考
年月日	時間						

建築物防火避難設備辦法

■中華民國五十六年八月十八日內政部公布

第一章｜總則

第1條

本辦法依建築法第四十七條之規定訂定之。

第2條

本辦法適用于實施建築法區域內五層或簷高十五公尺以上之房屋，其總樓地板面積在一千平方公尺以上者，或集會堂、戲院、電影院及專爲娛樂用樓地板面積超過二百平方公尺之娛樂場所等建築物。

第3條

本辦法所稱娛樂場所係指酒家、夜總會、歌廳、舞場、茶室、酒吧等建築物。

第二章｜高層建築物

第4條

高層建築物之外牆，主要分間牆、樑柱、樓地板、屋頂及樓梯間等主要構造，應爲防火構造。

前項所稱主要分間牆，係指分隔兩種供不同使用性質，或分隔兩側面積均達二百平方公尺以上直達樓地板或屋頂之牆壁。

第5條

高層建築物之主要樓梯，應依左列之規定：

一、避難層上一層樓地板面積在四百平方公尺以上或其他各層在二百平方公尺以上者，應設置主要樓梯二座以上，其中至少一座應爲防火構造之太平梯，其樓梯口與樓梯口間距離不得少於該樓層周長六分之一，並以位於相反方位爲原則。

二、前款所稱之避難層，應爲具有出入口直通地面之樓層。

三、樓面任一點至主要樓梯口之步行距離，不得超過五十公尺。

四、避難層以外各樓層之主要樓梯，應直通避難層或地面層，由避難層或地面層樓梯口至各該層出入口間步行距離，不得大於前款之規定。

第 6 條

室內太平梯間之構造如左：

四週應爲防火構造之牆壁，牆上門窗或開口，除面向室外者外，應依左列規定設置並應依第十二條第三款規定設置緊急電源之照明設備。

一、各樓層通至樓梯出口入口處，應設有自動關閉而能隨時向避難方向開啓之防火門，或鋼鐵製鑲崁鐵絲網玻璃門。

三、如因採光需要，須向室內開窗時，窗之面積不得大於一平方公尺，並應爲鑲崁鐵絲網玻璃之固定鋼鐵窗。

第 7 條

室外太平梯之構造如左：

一、應爲防火構造。

二、樓梯本身與建築物任一開口間距離，不得少於二公尺，但樓梯出入口及其他開口之面積在一平方公尺以內，並裝置鑲崁鐵絲網玻璃之綱鐵窗者不在此限。

三、各樓層通至樓梯出入口處，應設有自動關閉而能隨時向避難方向開啓之防火門，或鋼鐵製鑲崁鐵絲網玻璃之防火玻璃門，但通向屋頂之門不在此限。

第 8 條

高層建築物各樓層應設置符合左列規定之太平門：

一、容納人數在五百人以下者，太平門不得少於二處，每超過五百人者，應增設太平門一處。

二、太平門爲二處時，其距離不得少於該樓層周長五分之一，超過二處時，應均匀分佈於該樓層兩側。

三、太平門總寬度不得少於該樓層容納人數五分之三之數值，其單位以公分計算。

四、每一太平門之寬度不得小於一．二公尺或大於二．五公尺，高度不得低於二公尺，并應直通室外空地或太平梯。

五、室內另設有符合本標準規定之室內太平梯時，該太平梯視作太平門。

六、地下層樓地板面積每二平方公尺，作第一款規定人數一人計算，地上層每三平方公尺作一人計算。

七、太平門應裝設由室內略加壓力推動，即能自動向外開啓之自動安全門鎖，不得裝有門栓或普通鎖。

第 9 條

太平梯之數量及寬度依左列之規定：

一、各樓層內容納人數在三百人以下者，除第五條規定之主要樓梯外，另應設置直通避難層之太平梯一座以上，超過三百人者設置二座以上。

二、太平梯之寬度至少應爲九十公分以上，各樓層太平梯總寬度，以其直上層以上各層樓地板面積之和爲準，每一百平方公尺爲一單位，每單位應有穴公分之寬度，不足一百平方公尺者以一單位計算之，並不得小於其直上層樓地板面積每一百平方公尺或其零數寬三十公分之數値。

三、五層以上之樓層，供作市場、百貨商場或餐廳之用者，其各該層樓地板面積之和，每二千五百平方公尺，應設有一座不供四層樓以下各樓層使用之室外太平梯。

四、第一款規定之太平梯，如爲室內太平梯時，自地層梯口至通達道路之空地間步行距離，不得大於十公尺。

第 10 條

避難層之太平門，太平梯，應面臨道路，或防火巷，或有通路之空地。

前項之空地或防火巷，其寬度不得小於太平梯寬度，與道路連接處如設有門時，該門應能隨時向道路方向開啓。

第 11 條

自太平門梯通向室外之走廊或通道，應符合左列規定：

一、每一樓層容納人數超過五百人者，其走廊或通道之寬度不得小於二．五公尺；不足五百人者，不得小於太平門寬度加十公分之和。

二、走廊或通道內裝修，應全部採用不燃材料或經耐火處理之材料。

第 12 條

太平門口，太平梯口，太平門梯通道，觀衆座位通路，均應設置標示燈，其構造規定如左：

一、標示燈箱應採用不燃材料。

二、標示燈箱內之燈泡採用白色普通燈泡時，應裝五瓦特以上者或採用電磁發光之光源。

三、電源應採用交流一百十伏特壁內配線，或電池電源，如採用交流電源時，應自成一電路系統，同時須有補助電路，并應另裝自動轉換電路開關。

第 13 條

高層建築物，應設有符合左列規定之消防設備：

一、室內消火栓。

二、建築物最高層至底層，應裝設直徑六三・五公釐（二・五吋）以上之水管，並在地面層屋外設六三・五公釐（二・五吋）口徑之送水口二個，以便消防車送水。

三、應設有自備電源之火警自動報警器系統。

四、本辦法所規定應設置之消防設備，訂有國家標準者依其標準，未訂國家標準者，由警察主管機關定之。

第 14 條

室內消火栓之規定如左：

一、每一樓層均應設置消火栓，其位置與設樓層任何一點之水平距離，不得大於二十五公尺。

二、每一消火栓，每分鐘應能供給二百升之水量，其水壓每平方公分不得低於二公斤（二十公尺高水位）。

三、消火栓之水源，應有自備水箱供給，其容量不得小於五個消火栓同時放水十分鐘所需之水量（十噸水量），自備水箱應設置於不易受災害之處所。

四、消火栓開關距離樓地板面，不得超過一・五公尺，并應有明顯記號表示。

五、消火栓內應配有長二十公尺，口徑三十八公釐（一・五吋）或五十一公釐（二吋）之水管及直線水霧兩用瞄子。

第 15 條

高層建築物二層以上之窗戶，如裝欄柵時，該欄柵高度，不得高於該窗高度之半數。

第 16 條

高層建築物，其建築面積與基地面積之比，除依都市計劃土地使用分區之規定外，如超過五層或高度超過十五公尺以上，每增加一層或四公尺其空地應增加百分之二。

第 17 條

本辦法公佈後，縣市政府（局）對於建築物之施工，應分期切實檢查，如發現新建之高層建築物有違反本辦法或與核定圖樣不符者，應即通知改正，倘不遵從者，應勒令停工，并依有關法令處理。

第 18 條

原有建築物增建爲高層建築仍應依照本辦法辦理。

第 19 條
本辦法第八條至第十四條之規定不適用于住宅。

第三章｜供公眾集會及娛樂用建築物

第 20 條
供公眾集會及娛樂用建築物，在直轄市、省轄市者，其主要出入口不得面向寬廈十二公尺以下之道路開設，在其他地區者，不得面向寬度九公尺以下之道路開設。設置主要出入口一側之基地臨接道路長度，不得小於基地境界線周長之六分之一。

第 21 條
專爲集會或娛樂用樓地板面積總和，超過七百平方公尺者，建築物兩側應設有寬度三公尺以上之露天通道，七百平方公尺以下二百平方公尺以上者，露天通道之寬度，不得小於二公尺。

前項露天通道內，不得有任何阻礙物或踏板，并應與道路連接。建築物側面臨接道路者，得免設第一項規定之露天通道。

第 22 條
專爲集會或娛樂用樓地板面積總和，超過二百平方公尺者，其外牆、主要分間牆、樑柱樓地板、屋頂及樓梯等主要構造，應爲防火構造，面積在二百平方公尺以下者，其外牆樓梯及走廊，應爲防火構造，其通至避難層之走廊或通道之牆壁及裝飾及天花板應使用不燃材料或經耐火處理之材料。

第 23 條
建築物內主要樓梯，依左列之規定：

一、樓梯數不得少於二座，自樓面任一點至樓梯口之步行距離，不得超過三十公尺。

二、每一樓層之樓梯總寬度，不得小於該樓層及直上層，依第二十五條第二款計算所得出入口總寬度之和數。

三、爲防火構造並應符合本辦法第六條室內太平梯間構造之規定。

第 24 條
各樓層專爲集會或娛樂用部份與前條規定樓梯相接之走廊，應符合左列之規定：

一、兩側及後面均應設置走廊並應互相連通。

二、寬度不得小於一．二公尺，如集會或娛樂用樓地板面積超過二百五十平方公尺時，每層超過五十平方公尺或其零數，應加寬十五公分。

三、地面坡度不得大於十二分之一。

四、不得設置三級以上之踏步，未滿三級之踏步，每一走廊不得多於二處。

五、走廊與集會或娛樂用部份之間，應用防火構造之分間牆間隔，該項分間牆應直通樓板或屋頂，但該部份之樓地板面積在二百平方公尺以下者，不在此限。

第 25 條

前條第五款規定之分間牆，應設置符合左列規定之出入門：

一、寬度不得少於一．二公尺，并不得大於二公尺，其高度不得小於二公尺。

二、各出入口總寬度，以該部份之樓地板面積爲準，樓地板面積每十平方公尺爲一單位，每一單位應有寬十七公分之出入口，不足十平方公尺者以一單位計算之。

三、兩側走廊分間牆所設之出入口數，不得少於兩個，後面走廊分間牆所設之出入口數，不得少於該部份所設置之縱通道數。

四、出入口應裝置內外開啓自動關閉之防火門。

第 26 條

各樓層內容納人數在三百人以下者，除第二十三條規定之主要樓梯外，另應設置直通地面之太平梯一座，超過三百人者二座以上。太平梯之構造，應符合本辦法第五條至第七條之規定，樓層內設有固定席位者，其人數計算依其席位數，未設固定席伙者，以樓地板面積〇．七平方公尺作一人計算。

太平梯寬度，至少應爲九十公分以上，並不得小於其所連接走廊之寬度，太平梯總寬度不得小於該樓層內太平門之總寬度。

第 27 條

太平門之設置，依左列之規定：

一、準用本辦法第八條第一款至第五款之規定。

二、人數之計算依前條第一項之規定。

三、戲院、電影院設有舞臺時，應單獨設置太平門，舞臺面積不計入前條第一項人數計算之規定樓地板面積內。

四、太平門應製設由屋內略加壓力即能自動向外開啓之自動安全門鎖，不得裝有門栓或普通鎖。

五、應依本辦法第十二條之規定，設置標示燈。

第 28 條

自太平門通向露天通道或空地或太平梯之走廊，其寬度及建築材料依本辦法第十一條之規定。

第 29 條

建築物內應設置門廳，其面積不得少於供集會或娛樂用席位面積總和之五分之一。

第 30 條

設有售票窗口者，該窗口應設在門廳內之牆上。

第 31 條

建築物內或在建築物外同一基地上，應設置乙種車輛停車場，其面積不得少於供集會或娛樂用席位總面積十分之一，並應設置汽車停車場其面積不得少於一百五十平方公尺，其供集會或娛樂用席位總面積超過七百平方公尺者，每超過七十平方公尺或其零數，應增加汽車停車場二十平方公尺。

第 32 條

固定席位椅背與椅背間距離，不得小於八十五公分，左右靠手間不得小於四十八公分，每排相連之席位不得多於八席，緊靠牆壁者不得多於四席。

第 33 條

固定席位間通道，依左列之規定：

一、縱通道寬度不得小於九十公分，其席位超過一千者，寬度不得小於一公尺。

二、緊靠牆壁之縱通道寬度不得小於七十公分，其席位超過一千者，寬度不得小於八十公分。

三、橫排席位每十排及觀覽席前後面，均應設置橫通道一條，寬度不得小於一公尺。

四、通道內不得設置踏步，但踏級式樓地板之縱向通道內，如級高一致且不超過二十一公分者不在此限。

五、通道坡度不得大於十二分之一。

六、除舞臺一面外，縱橫通道均應直通第二十五條規定之出入口。

七、通道內應有適當之地燈，其構造應符合本辦法第十二條之規定。

第 34 條

舞臺之構造，依左列之規定：

一、舞臺開口之四週，應設置防火構造牆壁，伸出觀覽席屋面至少一・二公尺，牆上之舞臺開口，應設有自動關閉之防火幕。

二、舞臺屋頂最高處，設有不少於舞臺樓地板面積百分之五通風孔。

三、舞臺上，除與臺口同寬部扮之底層地板，得為厚度五公分以上之木構造地板外，前臺及兩側之底層地板應爲防火構造之樓地板，其面層地板得爲木構造并得舖過臺口至前臺邊。

四、舞臺各側及舞臺下供化裝、工作或儲藏用房間之相互間，或與舞臺間之分間牆，均應爲防火構造。

五、舞臺應有出口直通室外空窗。

第 35 條

電影放映室之構造，依左列之規定：

一、面積不得少於七平方公尺，僅增加一放映機，應增加面積三平方公尺。

二、天花板高度，不得小於二·五公尺。

三、全部爲防火構造，通向室外之門應爲防火門，且不得向內開。

四、放映孔及瞭望孔應裝設自動開閉之防火小門。

五、應有適當機械通風，或以不燃材料製造之放映機排氣筒及室內換氣筒，通達建築物之外面。

六、主要電氣設備，應裝設於放映室外之防火構造專用房間內。

第 36 條

第一樓層應設有吸煙室，其面積不得小於該樓層供集會，或娛樂用樓地板面積總和二十分之一。

第 37 條

建築物之通風設備，依左列之規定：

一、應能供給集會或娛樂用樓地板面積每平方公尺每分鐘七十五立方公尺之清潔空氣。

二、兼有溫度及濕度之空氣調節裝置者，前款規定得減爲二十五立方公尺。

三、專供集會或娛樂用部份之通風設備，不得與放映室，廁所或其他房間合用。

四、應同時設有給氣及排氣裝置，該項裝置之位置，應使室內空氣分佈均勻，並不致引起局部通風之感覺。

五、通風管及其包覆材料，均應爲不燃材料，並應有適當之防火節氣閥。

第 38 條

建築物有左列情形之一者，其主要出入口，太平門及太平梯應分別設置，不得合併使用：

一、供集會或娛樂兩種使用者。

二、供集會或娛樂任何一種使用而在兩家以上者。

第 39 條

建築物面前道路之寬度，在四十公尺以下，其兩側及後面復無通路，或其通路之寬度在十二公尺以下者，不得設置供兩種或一種而有兩家以止總和超過兩千人之集會或娛樂場所。

第 40 條

供公眾集會及娛樂用之高層建築物，應分別視其各部份之用途，適用本辦法各有關之規定。

第 41 條

建築物應設置符合本辦法第十三條規定之消防設備，其在五層以上之各層並應設置自動撒水設備。

第 42 條

建築物之建築面積與基地面積之比，除依都市計劃土地使用分區之規定外，如超過三層或高度超過十一公尺以上，每增加一層或四公尺其空地應增加百分之二。

第 43 條

凡供集會或娛樂等場所，均應設置消防安全管理員負責消防安全設施之檢查，維護及管理工作，其詳細辦法由警察主管機關訂定之。

第 44 條

本辦法公佈後，地方政府應檢查二次，如發現新建之供公眾集會或娛樂用建築物與規定不符時，應飭其修改，在未修改前停止其使用。

第 45 條

本辦法公佈前，原有供公眾集會或娛樂用建築物不合本辦法規定者，地方政府應限期六個月內就左列有關公共安全予以改善，逾期不改善者，停止其使用。

一、應依規定設置室內太平梯及室內通道，並用防火構造。

二、標示燈。

三、消防設備。

四、室外太平梯如限於環境確屬不能設置者，應另設適當之緊急救生設備。

第 46 條

本辦法自公布之日施行。

各類場所消防安全設備設置標準

■修正日期：民國 110 年 06 月 25 日
■生效狀態：※ 本法規部分或全部條文尚未生效
本辦法 110.06.25 修正之第 113 條條文自中華民國一百十一年七月一日施行。

第一編　總則

第 1 條

本標準依消防法（以下簡稱本法）第六條第一項規定訂定之。

第 2 條

（刪除）

第 3 條

未定國家標準或國內無法檢驗之消防安全設備，應檢附國外標準、國外（內）檢驗報告及試驗合格證明或規格證明，經中央主管機關認可後，始准使用。

前項應經認可之消防安全設備項目及應檢附之文件，由中央消防機關另定之。

第二編　消防設計

第 4 條

本標準用語定義如下：

一、複合用途建築物：一棟建築物中有供第十二條第一款至第四款各目所列用途二種以上，且該不同用途，在管理及使用形態上，未構成從屬於其中一主用途者；其判斷基準，由中央消防機關另定之。

二、無開口樓層：建築物之各樓層供避難及消防搶救用之有效開口面積未達下列規定者：

（一）十一層以上之樓層，具可內切直徑五十公分以上圓孔之開口，合計面積爲該樓地板面積三十分之一以上者。

（二）十層以下之樓層，具可內切直徑五十公分以上圓孔之開口，合計面積爲該樓地板面積三十分之一以上者。但其中至少應具有二個內切直徑一公尺以上圓孔或寬七十五公分以上、高一百二十公分以上之開口。

三、高度危險工作場所：儲存一般可燃性固體物質倉庫之高度超過五點五公尺者，或易燃性液體物質之閃火點未超過攝氏六十度與攝氏溫度為三十七點八度時，其蒸氣壓未超過每平方公分二點八公斤或0.28百萬帕斯卡（以下簡稱MPa）者，或可燃性高壓氣體製造、儲存、處理場所或石化作業場所，木材加工業作業場所及油漆作業場所等。

四、中度危險工作場所：儲存一般可燃性固體物質倉庫之高度未超過五點五公尺者，或易燃性液體物質之閃火點超過攝氏六十度之作業場所或輕工業場所。

五、低度危險工作場所：有可燃性物質存在。但其存量少，延燒範圍小，延燒速度慢，僅形成小型火災者。

六、避難指標：標示避難出口或方向之指標。

前項第二款所稱有效開口，指符合下列規定者：

一、開口下端距樓地板面一百二十公分以內。

二、開口面臨道路或寬度一公尺以上之通路。

三、開口無柵欄且內部未設妨礙避難之構造或阻礙物。

四、開口為可自外面開啓或輕易破壞得以進入室內之構造。採一般玻璃門窗時，厚度應在六毫米以下。

本標準所列有關建築技術、公共危險物品及可燃性高壓氣體用語，適用建築技術規則、公共危險物品及可燃性高壓氣體製造儲存處理場所設置標準暨安全管理辦法用語定義之規定。

第5條

各類場所符合建築技術規則以無開口且具一小時以上防火時效之牆壁、樓地板區劃分隔者，適用本標準各編規定，視為另一場所。

建築物間設有過廊，並符合下列規定者，視為另一場所：

一、過廊僅供通行或搬運用途使用，且無通行之障礙。

二、過廊有效寬度在六公尺以下。

三、連接建築物之間距，一樓超過六公尺，二樓以上超過十公尺。

建築物符合下列規定者，不受前項第三款之限制：

一、連接建築物之外牆及屋頂，與過廊連接相距三公尺以內者，為防火構造或不燃材料。

二、前款之外牆及屋頂未設有開口。但開口面積在四平方公尺以下，且設具半小時以上防火時效之防火門窗者，不在此限。

三、過廊為開放式或符合下列規定者：

（一）爲防火構造或以不燃材料建造。
（二）過廊與二側建築物相連接處之開口面積在四平方公尺以下，且設具半小時以上防火時效之防火門。
（三）設置直接開向室外之開口或機械排煙設備。但設有自動撒水設備者，得免設。

前項第三款第三目之直接開向室外之開口或機械排煙設備，應符合下列規定：
一、直接開向室外之開口面積合計在一平方公尺以上，且符合下列規定：
（一）開口設在屋頂或天花板時，設有寬度在過廊寬度三分之一以上，長度在一公尺以上之開口。
（二）開口設在外牆時，在過廊二側設有寬度在過廊長度三分之一以上，高度一公尺以上之開口。
二、機械排煙設備能將過廊內部煙量安全有效地排至室外，排煙機連接緊急電源。

第 6 條

供第十二條第五款使用之複合用途建築物，有分屬同條其他各款目用途時，適用本標準各編規定（第十七條第一項第四款、第五款、第十九條第一項第四款、第五款、第二十一條第二款及第一百五十七條除外），以各目爲單元，按各目所列不同用途，合計其樓地板面積，視爲單一場所。

第 7 條

各類場所消防安全設備如下：
一、滅火設備：指以水或其他滅火藥劑滅火之器具或設備。
二、警報設備：指報知火災發生之器具或設備。
三、避難逃生設備：指火災發生時爲避難而使用之器具或設備。
四、消防搶救上之必要設備：指火警發生時，消防人員從事搶救活動上必需之器具或設備。
五、其他經中央主管機關認定之消防安全設備。

第 8 條

滅火設備種類如下：
一、滅火器、消防砂。
二、室內消防栓設備。
三、室外消防栓設備。
四、自動撒水設備。
五、水霧滅火設備。

六、泡沫滅火設備。

七、二氧化碳滅火設備。

八、乾粉滅火設備。

九、簡易自動滅火設備。

第 9 條

警報設備種類如下：

一、火警自動警報設備。

二、手動報警設備。

三、緊急廣播設備。

四、瓦斯漏氣火警自動警報設備。

五、一一九火災通報裝置。

第 10 條

避難逃生設備種類如下：

一、標示設備：出口標示燈、避難方向指示燈、觀眾席引導燈、避難指標。

二、避難器具：指滑臺、避難梯、避難橋、救助袋、緩降機、避難繩索、滑杆及其他避難器具。

三、緊急照明設備。

第 11 條

消防搶救上之必要設備種類如下：

一、連結送水管。

二、消防專用蓄水池。

三、排煙設備（緊急昇降機間、特別安全梯間排煙設備、室內排煙設備）。

四、緊急電源插座。

五、無線電通信輔助設備。

六、防災監控系統綜合操作裝置。

第 12 條

各類場所按用途分類如下：

一、甲類場所：

（一）電影片映演場所（戲院、電影院）、歌廳、舞廳、夜總會、俱樂部、理容院（觀光理髮、視聽理容等）、指壓按摩場所、錄影節目帶播映場所（MTV等）、視聽歌唱場所（KTV等）、酒家、酒吧、酒店（廊）。

（二）保齡球館、撞球場、集會堂、健身休閒中心（含提供指壓、三溫暖等設施之美容瘦身場所）、室內螢幕式高爾夫練習場、遊藝場所、電子遊戲場、資訊休閒場所。

（三）觀光旅館、飯店、旅館、招待所（限有寢室客房者）。

（四）商場、市場、百貨商場、超級市場、零售市場、展覽場。

（五）餐廳、飲食店、咖啡廳、茶藝館。

（六）醫院、療養院、榮譽國民之家、長期照顧服務機構（限機構住宿式、社區式之建築物使用類組非屬H-2之日間照顧、團體家屋及小規模多機能）、老人福利機構（限長期照護型、養護型、失智照顧型之長期照顧機構、安養機構）、兒童及少年福利機構（限托嬰中心、早期療育機構、有收容未滿二歲兒童之安置及教養機構）、護理機構（限一般護理之家、精神護理之家、產後護理機構）、身心障礙福利機構（限供住宿養護、日間服務、臨時及短期照顧者）、身心障礙者職業訓練機構（限提供住宿或使用特殊機具者）、啓明、啓智、啓聰等特殊學校。

（七）三溫暖、公共浴室。

二、乙類場所：

（一）車站、飛機場大廈、候船室。

（二）期貨經紀業、證券交易所、金融機構。

（三）學校教室、兒童課後照顧服務中心、補習班、訓練班、K書中心、前款第六目以外之兒童及少年福利機構（限安置及教養機構）及身心障礙者職業訓練機構。

（四）圖書館、博物館、美術館、陳列館、史蹟資料館、紀念館及其他類似場所。

（五）寺廟、宗祠、教堂、供存放骨灰（骸）之納骨堂（塔）及其他類似場所。

（六）辦公室、靶場、診所、長期照顧服務機構（限社區式之建築物使用類組屬H-2之日間照顧、團體家屋及小規模多機能）、日間型精神復健機構、兒童及少年心理輔導或家庭諮詢機構、身心障礙者就業服務機構、老人文康機構、前款第六目以外之老人福利機構及身心障礙福利機構。

（七）集合住宅、寄宿舍、住宿型精神復健機構。

（八）體育館、活動中心。

（九）室內溜冰場、室內游泳池。

（十）電影攝影場、電視播送場。

（十一）倉庫、傢俱展示販售場。

（十二）幼兒園。

三、丙類場所：

（一）電信機器室。

（二）汽車修護廠、飛機修理廠、飛機庫。

（三）室內停車場、建築物依法附設之室內停車空間。

四、丁類場所：

（一）高度危險工作場所。

（二）中度危險工作場所。

（三）低度危險工作場所。

五、戊類場所：

（一）複合用途建築物中，有供第一款用途者。

（二）前目以外供第二款至前款用途之複合用途建築物。

（三）地下建築物。

六、其他經中央主管機關公告之場所。

第 13 條

各類場所於增建、改建或變更用途時，其消防安全設備之設置，適用增建、改建或用途變更前之標準。

但有下列情形之一者，適用增建、改建或變更用途後之標準：

一、其消防安全設備爲滅火器、火警自動警報設備、手動報警設備、緊急廣播設備、標示設備、避難器具及緊急照明設備者。

二、增建或改建部分，以本標準中華民國八十五年七月一日修正條文施行日起，樓地板面積合計逾一千平方公尺或占原建築物總樓地板面積二分之一以上時，該建築物之消防安全設備。

三、用途變更爲甲類場所使用時，該變更後用途之消防安全設備。四、用途變更前，未符合變更前規定之消防安全設備。

第 14 條

下列場所應設置滅火器：

一、甲類場所、地下建築物、幼兒園。

二、總樓地板面積在一百五十平方公尺以上之乙、丙、丁類場所。

三、設於地下層或無開口樓層，且樓地板面積在五十平方公尺以上之各類場所。

四、設有放映室或變壓器、配電盤及其他類似電氣設備之各類場所。

五、設有鍋爐房、廚房等大量使用火源之各類場所。

第 15 條

下列場所應設置室內消防栓設備：

一、五層以下建築物，供第十二條第一款第一目所列場所使用，任何一層樓地板面積在三百平方公尺以上者；供第一款其他各目及第二款至第四款所列場所使用，任何一層樓地板面積在五百平方公尺以上者；或爲學校教室任何一層樓地板面積在一千四百平方公尺以上者。

二、六層以上建築物，供第十二條第一款至第四款所列場所使用，任何一層之樓地板面積在一百五十平方公尺以上者。

三、總樓地板面積在一百五十平方公尺以上之地下建築物。四、地下層或無開口之樓層，供第十二條第一款第一目所列場所使用，樓地板面積在一百平方公尺以上者；供第一款其他各目及第二款至第四款所列場所使用，樓地板面積在一百五十平方公尺以上者。

前項應設室內消防栓設備之場所，依本標準設有自動撒水（含補助撒水栓）、水霧、泡沫、二氧化碳、乾粉或室外消防栓等滅火設備者，在該有效範圍內，得免設室內消防栓設備。但設有室外消防栓設備時，在第一層水平距離四十公尺以下、第二層步行距離四十公尺以下有效滅火範圍內，室內消防栓設備限於第一層、第二層免設。

第 16 條

下列場所應設置室外消防栓設備：

一、高度危險工作場所，其建築物及儲存場所之第一層及第二層樓地板面積合計在三千平方公尺以上者。

二、中度危險工作場所，其建築物及儲存場所之第一層及第二層樓地板面積合計在五千平方公尺以上者。

三、低度危險工作場所，其建築物及儲存場所之第一層及第二層樓地板面積合計在一萬平方公尺以上者。

四、如有不同危險程度工作場所未達前三款規定標準，而以各款場所之實際面積爲分子，各款規定之面積爲分母，分別計算，其比例之總合大於一者。

五、同一建築基地內有二棟以上木造或其他易燃構造建築物時，建築物間外牆與中心線水平距離第一層在三公尺以下，第二層在五公尺以下，且合計各棟第一層及第二層樓地板面積在三千平方公尺以上者。

前項應設室外消防栓設備之工作場所，依本標準設有自動撒水、水霧、泡沫、二氧化碳、乾粉等滅火設備者，在該有效範圍內，得免設室外消防栓設備。

第 17 條

下列場所或樓層應設置自動撒水設備：

一、十層以下建築物之樓層，供第十二條第一款第一目所列場所使用，樓地板面積合計在三百平方公尺以上者；供同款其他各目及第二款第一目所列場所使用，樓地板面積在一千五百平方公尺以上者。

二、建築物在十一層以上之樓層，樓地板面積在一百平方公尺以上者。

三、地下層或無開口樓層，供第十二條第一款所列場所使用，樓地板面積在一千平方公尺以上者。

四、十一層以上建築物供第十二條第一款所列場所或第五款第一目使用者。

五、供第十二條第五款第一目使用之建築物中，甲類場所樓地板面積合計達三千平方公尺以上時，供甲類場所使用之樓層。

六、供第十二條第二款第十一目使用之場所，樓層高度超過十公尺且樓地板面積在七百平方公尺以上之高架儲存倉庫。

七、總樓地板面積在一千平方公尺以上之地下建築物。

八、高層建築物。

九、供第十二條第一款第六目所定榮譽國民之家、長期照顧服務機構（限機構住宿式、社區式之建築物使用類組非屬H-2之日間照顧、團體家屋及小規模多機能）、老人福利機構（限長期照護型、養護型、失智照顧型之長期照顧機構、安養機構）、護理機構（限一般護理之家、精神護理之家）、身心障礙福利機構（限照顧植物人、失智症、重癱、長期臥床或身心功能退化者）使用之場所。

前項應設自動撒水設備之場所，依本標準設有水霧、泡沫、二氧化碳、乾粉等滅火設備者，在該有效範圍內，得免設自動撒水設備。第一項第九款所定場所，其樓地板面積合計未達一千平方公尺者，得設置水道連結型自動撒水設備或與現行法令同等以上效能之滅火設備或採用中央主管機關公告之措施；水道連結型自動撒水設備設置基準，由中央消防機關定之。

第 18 條

下表所列之場所，應就水霧、泡沫、乾粉、二氧化碳滅火設備等選擇設置之。但外牆開口面積（常時開放部分）達該層樓地板面積百分之十五以上者，上列滅火設備得採移動式設置。

項目	應設場所	水霧	泡沫	二氧化碳	乾粉
一	屋頂直昇機停機場（坪）。		○		○
二	飛機修理廠、飛機庫樓地板面積在二百平方公尺以上者。		○		○
三	汽車修理廠、室內停車空間在第一層樓地板面積五百平方公尺以上者；在地下層或第二層以上樓地板面積在二百平方公尺以上者；在屋頂設有停車場樓地板面積在三百平方公尺以上者。	○	○	○	○

項目	應設場所	水霧	泡沫	二氧化碳	乾粉
四	昇降機械式停車場可容納十輛以上者。	○	○	○	○
五	發電機室、變壓器室及其他類似之電器設備場所，樓地板面積在二百平方公尺以上者。	○		○	○
六	鍋爐房、廚房等大量使用火源之場所，樓地板面積在二百平方公尺以上者。			○	○
七	電信機械室、電腦室或總機室及其他類似場所，樓地板面積在二百平方公尺以上者。			○	○
八	引擎試驗室、石油試驗室、印刷機房及其他類似危險工作場所，樓地板面積在二百平方公尺以上者。	○	○	○	○

註：

一、大量使用火源場所，指最大消費熱量合計在每小時三十萬千卡以上者。

二、廚房如設有自動撒水設備，且排油煙管及煙罩設簡易自動滅火設備時，得不受本表限制。

三、停車空間內車輛採一列停放，並能同時通往室外者，得不受本表限制。

四、本表第七項所列應設場所得使用預動式自動撒水設備。

五、平時有特定或不特定人員使用之中央管理室、防災中心等類似處所，不得設置二氧化碳滅火設備。

樓地板面積在三百平方公尺以上之餐廳或供第十二條第一款第六目所定榮譽國民之家、長期照顧服務機構（限機構住宿式、社區式之建築物使用類組非屬H-2之日間照顧、團體家屋及小規模多機能）、老人福利機構（限長期照護型、養護型、失智照顧型之長期照顧機構、安養機構）、護理機構（限一般護理之家、精神護理之家）、身心障礙福利機構（限照顧植物人、失智症、重癱、長期臥床或身心功能退化者）使用之場所且樓地板面積合計在五百平方公尺以上者，其廚房排油煙管及煙罩應設簡易自動滅火設備。但已依前項規定設有滅火設備者，得免設簡易自動滅火設備。

第 19 條

下列場所應設置火警自動警報設備：

一、五層以下之建築物，供第十二條第一款及第二款第十二目所列場所使用，任何一層之樓地板面積在三百平方公尺以上者；或供同條第二款（第十二目除外）至第四款所列場所使用，任何一層樓地板面積在五百平方公尺以上者。

二、六層以上十層以下之建築物任何一層樓地板面積在三百平方公尺以上者。

三、十一層以上建築物。

四、地下層或無開口樓層，供第十二條第一款第一目、第五目及第五款（限其中供第一款第一目或第五目使用者）使用之場所，樓地板面積在一百平方公尺以上者；供同條第一款其他各目及其他各款所列場所使用，樓地板面積在三百平方公尺以上者。

五、供第十二條第五款第一目使用之建築物，總樓地板面積在五百平方公尺以上，且其中甲類場所樓地板面積合計在三百平方公尺以上者。

六、供第十二條第一款及第五款第三目所列場所使用，總樓地板面積在三百平方公尺以上者。

七、供第十二條第一款第六目所定榮譽國民之家、長期照顧服務機構（限機構住宿式、社區式之建築物使用類組非屬H-2之日間照顧、團體家屋及小規模多機能）、老人福利機構（限長期照護型、養護型、失智照顧型之長期照顧機構、安養機構）、護理機構（限一般護理之家、精神護理之家）、身心障礙福利機構（限照顧植物人、失智症、重癱、長期臥床或身心功能退化者）使用之場所。

前項應設火警自動警報設備之場所，除供甲類場所、地下建築物、高層建築物或應設置偵煙式探測器之場所外，如已依本標準設置自動撒水、水霧或泡沫滅火設備（限使用標示攝氏溫度七十五度以下，動作時間六十秒以內之密閉型撒水頭）者，在該有效範圍內，得免設火警自動警報設備。

第 20 條

下列場所應設置手動報警設備：

一、三層以上建築物，任何一層樓地板面積在二百平方公尺以上者。

二、第十二條第一款第三目之場所。

第 21 條

下列使用瓦斯之場所應設置瓦斯漏氣火警自動警報設備：

一、地下層供第十二條第一款所列場所使用，樓地板面積合計一千平方公尺以上者。

二、供第十二條第五款第一目使用之地下層，樓地板面積合計一千平方公尺以上，且其中甲類場所樓地板面積合計五百平方公尺以上者。

三、總樓地板面積在一千平方公尺以上之地下建築物。

第 22 條

依第十九條或前條規定設有火警自動警報或瓦斯漏氣火警自動警報設備之建築物，應設置緊急廣播設備。

第 22-1 條

下列場所應設置一一九火災通報裝置：

一、供第十二條第一款第六目所定醫院、療養院、榮譽國民之家、長期照顧服務機構（限機構住宿式、社區式之建築物使用類組非屬H-2之日間照顧、團體家屋及小規模多機能）、老人福利機構（限長期照護型、養護型、失智照顧型之長期照顧機構、安養機構）、護理機構（限一般護理之家、精神護理之家）、身心障礙福利機構（限照顧植物人、失智症、重癱、長期臥床或身心功能退化者）使用之場所。

二、其他經中央主管機關公告之供公衆使用之場所。

第 23 條

下列場所應設置標示設備：

一、供第十二條第一款、第二款第十二目、第五款第一目、第三目使用之場所，或地下層、無開口樓層、十一層以上之樓層供同條其他各款目所列場所使用，應設置出口標示燈。

二、供第十二條第一款、第二款第十二目、第五款第一目、第三目使用之場所，或地下層、無開口樓層、十一層以上之樓層供同條其他各款目所列場所使用，應設置避難方向指示燈。

三、戲院、電影院、歌廳、集會堂及類似場所，應設置觀衆席引導燈。

四、各類場所均應設置避難指標。但設有避難方向指示燈或出口標示燈時，在其有效範圍內，得免設置避難指標。

第 24 條

下列場所應設置緊急照明設備：

一、供第十二條第一款、第三款及第五款所列場所使用之居室。

二、供第十二條第二款第一目、第二目、第三目（學校教室除外）、第四目至第六目、第七目所定住宿型精神復健機構、第八目、第九目及第十二目所列場所使用之居室。

三、總樓地板面積在一千平方公尺以上建築物之居室（學校教室除外）。

四、有效採光面積未達該居室樓地板面積百分之五者。

五、供前四款使用之場所，自居室通達避難層所須經過之走廊、樓梯間、通道及其他平時依賴人工照明部分。經中央主管機關認可爲容易避難逃生或具有效採光之場所，得免設緊急照明設備。

第 25 條

建築物除十一層以上樓層及避難層外，各樓層應選設滑臺、避難梯、避難橋、救助袋、緩降機、避難繩索、滑杆或經中央主管機關認可具同等性能之避難器具。但建築物在構造及設施上，並無避難逃生障礙，經中央主管機關認可者，不在此限。

第 26 條

下列場所應設置連結送水管：

一、五層或六層建築物總樓地板面積在六千平方公尺以上者及七層以上建築物。

二、總樓地板面積在一千平方公尺以上之地下建築物。

第 27 條

下列場所應設置消防專用蓄水池：

一、各類場所其建築基地面積在二萬平方公尺以上，且任何一層樓地板面積在一千五百平方公尺以上者。

二、各類場所其高度超過三十一公尺，且總樓地板面積在二萬五千平方公尺以上者。

三、同一建築基地內有二棟以上建築物時，建築物間外牆與中心線水平距離第一層在三公尺以下，第二層在五公尺以下，且合計各棟該第一層及第二層樓地板面積在一萬平方公尺以上者。

第 28 條

下列場所應設置排煙設備：

一、供第十二條第一款及第五款第三目所列場所使用，樓地板面積合計在五百平方公尺以上。

二、樓地板面積在一百平方公尺以上之居室，其天花板下方八十公分範圍內之有效通風面積未達該居室樓地板面積百分之二者。

三、樓地板面積在一千平方公尺以上之無開口樓層。

四、供第十二條第一款第一目所列場所及第二目之集會堂使用，舞臺部分之樓地板面積在五百平方公尺以上者。

五、依建築技術規則應設置之特別安全梯或緊急昇降機間。前項場所之樓地板面積，在建築物以具有一小時以上防火時效之牆壁、平時保持關閉之防火門窗等防火設備及各該樓層防火構造之樓地板區劃，且防火設備具一小時以上之阻熱性者，增建、改建或變更用途部分得分別計算。

第 29 條

下列場所應設置緊急電源插座：

一、十一層以上建築物之各樓層。

二、總樓地板面積在一千平方公尺以上之地下建築物。

三、依建築技術規則應設置之緊急昇降機間。

第 30 條

下列場所應設置無線電通信輔助設備：

一、樓高在一百公尺以上建築物之地下層。

二、總樓地板面積在一千平方公尺以上之地下建築物。

三、地下層在四層以上，且地下層樓地板面積合計在三千平方公尺以上建築物之地下層。

第 30-1 條

下列場所應設置防災監控系統綜合操作裝置：

一、高層建築物。

二、總樓地板面積在五萬平方公尺以上之建築物。

三、總樓地板面積在一千平方公尺以上之地下建築物。

四、其他經中央主管機關公告之供公眾使用之場所。

第三編　消防安全設計

第一章｜滅火設備

第一節　滅火器及室內消防栓設備

第 31 條

滅火器應依下列規定設置：

一、視各類場所潛在火災性質設置，並依下列規定核算其最低滅火效能值：

（一）供第十二條第一款及第五款使用之場所，各層樓地板面積每一百平方公尺（含未滿）有一滅火效能值。

（二）供第十二條第二款至第四款使用之場所，各層樓地板面積每二百平方公尺（含未滿）有一滅火效能值。

（三）鍋爐房、廚房等大量使用火源之處所，以樓地板面積每二十五平方公尺（含未滿）有一滅火效能值。

二、電影片映演場所放映室及電氣設備使用之處所，每一百平方公尺（含未滿）另設一滅火器。

三、設有滅火器之樓層，自樓面居室任一點至滅火器之步行距離在二十公尺以下。

四、固定放置於取用方便之明顯處所，並設有以紅底白字標明滅火器字樣之標識，其每字應在二十平方公分以上。但與室內消防栓箱等設備併設於箱體內並於箱面標明滅火器字樣者，其標識顏色不在此限。

五、懸掛於牆上或放置滅火器箱中之滅火器，其上端與樓地板面之距離，十八公斤以上者在一公尺以下，未滿十八公斤者在一點五公尺以下。

第 32 條

室內消防栓設備之配管、配件及屋頂水箱，依下列規定設置：

一、配管部分：

（一）應為專用。但與室外消防栓、自動撒水設備及連結送水管等滅火系統共用，無礙其功能者，不在此限。

（二）符合下列規定之一：

1. 國家標準（以下簡稱 CNS）六四四五配管用碳鋼鋼管、四六二六壓力配管用碳鋼鋼管、六三三一配管用不銹鋼鋼管或具同等以上強度、耐腐蝕性及耐熱性者。
2. 經中央主管機關認可具氣密性、強度、耐腐蝕性、耐候性及耐熱性等性能之合成樹脂管。

（三）管徑，依水力計算配置。但立管與連結送水管共用時，其管徑在一百毫米以上。

（四）立管管徑，第一種消防栓在六十三毫米以上；第二種消防栓在五十毫米以上。

（五）立管裝置於不受外來損傷及火災不易殃及之位置。

（六）立管連接屋頂水箱、重力水箱或壓力水箱，使配管平時充滿水。

（七）採取有效之防震措施。

二、止水閥以明顯之方式標示開關之狀態，逆止閥標示水流之方向，並符合CNS規定。

三、屋頂水箱部分：

（一）水箱之水量，第一種消防栓有零點五立方公尺以上；第二種消防栓有零點三立方公尺以上。但與其他滅火設備並用時，水量應取其最大值。

（二）採取有效之防震措施。

（三）斜屋頂建築物得免設。

第 33 條

室內消防栓設備之消防立管管系竣工時，應做加壓試驗，試驗壓力不得小於加壓送水裝置全閉揚程一點五倍以上之水壓。試驗壓力以繼續維持二小時無漏水現象爲合格。

第 34 條

除第十二條第二款第十一目或第四款之場所，應設置第一種消防栓外，其他場所應就下列二種消防栓選擇設置之：

一、第一種消防栓，依下列規定設置：

（一）各層任一點至消防栓接頭之水平距離在二十五公尺以下。

（二）任一樓層內，全部消防栓同時使用時，各消防栓瞄子放水壓力在每平方公分一點七公斤以上或0.17MPa以上，放水量在每分鐘一百三十公升以上。但全部消防栓數量超過二支時，以同時使用二支計算之。

（三）消防栓箱內，配置口徑三十八毫米或五十毫米之消防栓一個，口徑三十八毫米或五十毫米、長十五公尺並附快式接頭之水帶二條，水帶架一組及口徑十三毫米以上之直線水霧兩用瞄子一具。但消防栓接頭至建築物任一點之水平距離在十五公尺以下時，水帶部分得設十公尺水帶二條。

二、第二種消防栓，依下列規定設置：

（一）各層任一點至消防栓接頭之水平距離在二十五公尺以下。

（二）任一樓層內，全部消防栓同時使用時，各消防栓瞄子放水壓力在每平方公分一點七公斤以上或0.17MPa以上，放水量在每分鐘八十公升以上。但全部消防栓數量超過二支時，以同時使用二支計算之。

（三）消防栓箱內，配置口徑二十五毫米消防栓連同管盤長三十公尺之皮管或消防用保形水帶及直線水霧兩用瞄子一具，且瞄子設有容易開關之裝置。

前項消防栓，應符合下列規定：

一、消防栓開關距離樓地板之高度，在零點三公尺以上一點五公尺以下。

二、設在走廊或防火構造樓梯間附近便於取用處。

三、供集會或娛樂處所，設於舞臺二側、觀眾席後二側、包廂後側之位置。

四、在屋頂上適當位置至少設置一個測試用出水口，並標明測試出水口字樣。但斜屋頂設置測試用出水口有困難時，得免設。

第 35 條

室內消防栓箱，應符合下列規定：

一、箱身爲厚度在一點六毫米以上之鋼板或具同等性能以上之不燃材料者。

二、具有足夠裝設消防栓、水帶及瞄子等裝備之深度，其箱面表面積在零點七平方公尺以上。

三、箱面有明顯而不易脫落之消防栓字樣，每字在二十平方公分以上。

第 36 條

室內消防栓設備之水源容量，應在裝置室內消防栓最多樓層之全部消防栓繼續放水二十分鐘之水量以上。但該樓層內，全部消防栓數量超過二支時，以二支計算之。

消防用水與普通用水合併使用者，應採取必要措施，確保前項水源容量在有效水量範圍內。

第一項水源得與本章所列其他滅火設備水源併設。但其總容量應在各滅火設備應設水量之合計以上。

第 37 條

依前條設置之水源，應連結加壓送水裝置，並依下列各款擇一設置：

一、重力水箱，應符合下列規定：

（一）有水位計、排水管、溢水用排水管、補給水管及人孔之裝置。

（二）消防栓水箱必要落差在下列計算值以上：

必要落差 ＝ 消防水帶摩擦損失水頭 ＋ 配管摩擦損失水頭 ＋ 17（計算單位：公尺）

$H = h1 + h2 + 17m$

二、壓力水箱，應符合下列規定：

（一）有壓力表、水位計、排水管、補給水管、給氣管、空氣壓縮機及人孔之裝置。

（二）水箱內空氣占水箱容積之三分之一以上，壓力在使用建築物最遠處之消防栓維持規定放水水壓所需壓力以上。當水箱內壓力及液面減低時，能自動補充加壓。空氣壓縮機及加壓幫浦與緊急電源相連接。

（三）消防栓水箱必要壓力在下列計算值以上：

必要壓力 ＝ 消防水帶摩擦損失水頭 ＋ 配管摩擦損失水頭 ＋ 落差 ＋ 1.7（計算單位：公斤／平方公分）

$P = P1 + P2 + P3 + 1.7kgf/cm^2$

三、消防幫浦，應符合下列規定：

（一）幫浦出水量，第一種消防栓每支每分鐘之水量在一百五十公升以上；第二種消防栓每支每分鐘之水量在九十公升以上。但全部消防栓數量超過二支時，以二支計算之。

（二）消防栓幫浦全揚程在下列計算值以上：

幫浦全揚程 ＝ 消防水帶摩擦損失水頭 ＋ 配管摩擦損失水頭 ＋ 落差 ＋ 17

（計算單位：公尺）

H = h1 + h2 + h3 + 17m

（三）應爲專用。但與其他滅火設備並用，無妨礙各設備之性能時，不在此限。

（四）連接緊急電源。

前項加壓送水裝置除重力水箱外，依下列規定設置：

一、設在便於檢修，且無受火災等災害損害之處所。

二、使用消防幫浦之加壓送水裝置，以具一小時以上防火時效之牆壁、樓地板及防火門窗等防火設備區劃分隔。但設於屋頂或屋外時，設有不受積水及雨水侵襲之防水措施者，不在此限。

三、設自動或手動啓動裝置，其停止僅限於手動操作。手動啓動裝置應設於每一室內消防栓箱內，室內消防栓箱上方有紅色啓動表示燈。

四、室內消防栓瞄子放水壓力超過每平方公分七公斤時，應採取有效之減壓措施。

五、採取有效之防震措施。

第 38 條

室內消防栓設備之緊急電源，應使用發電機設備或蓄電池設備，其供電容量應供其有效動作三十分鐘以上。前項緊急電源在供第十二條第四款使用之場所，得使用具有相同效果之引擎動力系統。

第二節　室外消防栓設備

第 39 條

室外消防栓設備之配管、試壓及緊急電源，準用第三十二條第一款第一目至第五目、第七目、第二款、第三十三條及第三十八條規定設置。配管除符合前項規定外，水平主幹管外露部分，應於每二十公尺內，以明顯方式標示水流方向及配管名稱。

第 40 條

室外消防栓，依下列規定設置：

一、口徑在六十三毫米以上，與建築物一樓外牆各部分之水平距離在四十公尺以下。

二、瞄子出水壓力在每平方公分二點五公斤以上或0.25MPa以上，出水量在每分鐘三百五十公升以上。

三、室外消防栓開關位置，不得高於地面一點五公尺，並不得低於地面零點六公尺。設於地面下者，其水帶接頭位置不得低於地面零點三公尺。

四、於其五公尺範圍內附設水帶箱，並符合下列規定：

（一）水帶箱具有足夠裝置水帶及瞄子之深度，箱底二側設排水孔，其箱面表面積在零點八平方公尺以上。

（二）箱面有明顯而不易脫落之水帶箱字樣，每字在二十平方公分以上。

（三）箱內配置口徑六十三毫米及長二十公尺水帶二條、口徑十九毫米以上直線噴霧兩用型瞄子一具及消防栓閥型開關一把。

五、室外消防栓三公尺以內，保持空曠，不得堆放物品或種植花木，並在其附近明顯易見處，標明消防栓字樣。

第 41 條

室外消防栓設備之水源容量，應在二具室外消防栓同時放水三十分鐘之水量以上。

消防用水與普通用水合併使用者，應採取必要措施，確保前項水源容量，在有效水量範圍內。

第一項水源得與其他滅火設備併設。但其總容量應在各滅火設備應設水量之合計以上。

第 42 條

依前條設置之水源，應連結加壓送水裝置，並依下列各款擇一設置：

一、重力水箱，應符合下列規定：

（一）有水位計、排水管、溢水用排水管、補給水管及人孔之裝置。

（二）水箱必要落差在下列計算值以上：

必要落差 ＝ 消防水帶摩擦損失水頭 ＋ 配管摩擦損失水頭 ＋ 25（計算單位：公尺）

$H = h1 + h2 + 25m$

二、壓力水箱，應符合下列規定：

（一）有壓力表、水位計、排水管、補給水管、給氣管、空氣壓縮機及人孔之裝置。

（二）水箱內空氣占水箱容積之三分之一以上，壓力在使用建築物最高處之消防栓維持規定放水水壓所需壓力以上。當水箱內壓力及液面減低時，能自動補充加壓。空氣壓縮機及加壓幫浦與緊急電源相連接。

（三）水箱必要壓力在下列計算值以上：

必要壓力 ＝ 消防水帶摩擦損失水頭 ＋ 配管摩擦損失水頭 ＋ 落差 ＋ 2.5（計算單位：公斤／平方公分）

$P = P1 + P2 + P3 + 2.5kgf/cm^2$

三、消防幫浦，應符合下列規定：

（一）幫浦出水量，一支消防栓在每分鐘四百公升以上。但全部消防栓數量超過二支時，以二支計算之。

（二）幫浦全揚程在下列計算值以上：

幫浦全揚程 ＝ 消防水帶摩擦損失水頭 ＋ 配管摩擦損失水頭 ＋ 落差 ＋ 25（計算單位：公尺）

$H = h1 + h2 + h3 + 25m$

（三）應爲專用。但與其他滅火設備並用，無妨礙各設備之性能時，不在此限。

（四）連接緊急電源。前項加壓送水裝置除採重力水箱外，準用第三十七條第二項第一款至第三款、第五款規定，室外消防栓瞄子放水壓力超過每平方公分六公斤或0.6Mpa時，應採取有效之減壓措施。

第三節　自動撒水設備

第 43 條

自動撒水設備，得依實際情況需要就下列各款擇一設置。但供第十二條第一款第一目所列場所及第二目之集會堂使用之舞臺，應設開放式：

一、密閉濕式：平時管內貯滿高壓水，撒水頭動作時即撒水。

二、密閉乾式：平時管內貯滿高壓空氣，撒水頭動作時先排空氣，繼而撒水。

三、開放式：平時管內無水，啓動一齊開放閥，使水流入管系撒水。

四、預動式：平時管內貯滿低壓空氣，以感知裝置啓動流水檢知裝置，且撒水頭動作時即撒水。

五、其他經中央主管機關認可者。

第 44 條

自動撒水設備之配管、配件及屋頂水箱，除準用第三十二條第一款、第二款規定外，依下列規定設置：

一、密閉乾式或預動式之流水檢知裝置二次側配管，施予鍍鋅等防腐蝕處理。一齊開放閥二次側配管，亦同。

二、密閉乾式或預動式之流水檢知裝置二次側配管，爲有效排水，依下列規定裝置：

（一）支管每十公尺傾斜四公分，主管每十公尺傾斜二公分。

（二）於明顯易見處設排水閥，並標明排水閥字樣。

三、立管連接屋頂水箱時，屋頂水箱之容量在一立方公尺以上。

第 45 條

自動撒水設備竣工時，應做加壓試驗，其測試方法準用第三十三條規定。但密閉乾式管系應併行空氣壓試驗，試驗時，應使空氣壓力達到每平方公分二點八公斤或0.28MPa之標準，其壓力持續二十四小時，漏氣減壓量應在每平方公分零點一公斤以下或0.01MPa以下爲合格。

第 46 條

撒水頭，依下列規定配置：

一、戲院、舞廳、夜總會、歌廳、集會堂等表演場所之舞臺及道具室、電影院之放映室或儲存易燃物品之倉庫，任一點至撒水頭之水平距離，在一點七公尺以下。

二、前款以外之建築物依下列規定配置：

（一）一般反應型撒水頭（第二種感度），各層任一點至撒水頭之水平距離在二點一公尺以下。但防火構造建築物，其水平距離，得增加爲二點三公尺以下。

（二）快速反應型撒水頭（第一種感度），各層任一點至撒水頭之水平距離在二點三公尺以下。但設於防火構造建築物，其水平距離，得增加爲二點六公尺以下；撒水頭有效撒水半徑經中央主管機關認可者，其水平距離，得超過二點六公尺。

三、第十二條第一款第三目、第六目、第二款第七目、第五款第一目等場所之住宿居室、病房及其他類似處所，得採用小區劃型撒水頭（以第一種感度爲限），任一點至撒水頭之水平距離在二點六公尺以下，撒水頭間距在三公尺以上，且任一撒水頭之防護面積在十三平方公尺以下。

四、前款所列場所之住宿居室等及其走廊、通道與其類似場所，得採用側壁型撒水頭（以第一種感度爲限），牆面二側至撒水頭之水平距離在一點八公尺以下，牆壁前方至撒水頭之水平距離在三點六公尺以下。

五、中央主管機關認定儲存大量可燃物之場所天花板高度超過六公尺，或其他場所天花板高度超過十公尺者，應採用放水型撒水頭。

六、地下建築物天花板與樓板間之高度，在五十公分以上時，天花板與樓板均應配置撒水頭，且任一點至撒水頭之水平距離在二點一公尺以下。但天花板以不燃性材料裝修者，其樓板得免設撒水頭。

第十七條第一項第六款之高架儲存倉庫，其撒水頭依下列規定配置：

一、設在貨架之撒水頭，應符合下列規定：

（一）任一點至撒水頭之水平距離，在二點五公尺以下，並以交錯方式設置。

（二）儲存棉花類、塑膠類、木製品、紙製品或紡織製品等易燃物品時，每四公尺高度至少設置一個；儲存其他物品時，每六公尺高度至少設置一個。

（三）儲存之物品會產生撒水障礙時，該物品下方亦應設置。

（四）設置符合第四十七條第二項規定之防護板。但使用經中央主管機關認可之貨架撒水頭者，不在此限。

二、前款以外，設在天花板或樓板之撒水頭，任一點至撒水頭之水平距離在二點一公尺以下。

第 47 條

撒水頭之位置，依下列規定裝置：

一、撒水頭軸心與裝置面成垂直裝置。

二、撒水頭迴水板下方四十五公分內及水平方向三十公分內，應保持淨空間，不得有障礙物。

三、密閉式撒水頭之迴水板裝設於裝置面（指樓板或天花板）下方，其間距在三十公分以下。

四、密閉式撒水頭裝置於樑下時，迴水板與樑底之間距在十公分以下，且與樓板或天花板之間距在五十公分以下。

五、密閉式撒水頭裝置面，四周以淨高四十公分以上之樑或類似構造體區劃包圍時，按各區劃裝置。但該樑或類似構造體之間距在一百八十公分以下者，不在此限。

六、使用密閉式撒水頭，且風管等障礙物之寬度超過一百二十公分時，該風管等障礙物下方，亦應設置。

七、側壁型撒水頭應符合下列規定：

（一）撒水頭與裝置面（牆壁）之間距，在十五公分以下。

（二）撒水頭迴水板與天花板或樓板之間距，在十五公分以下。

（三）撒水頭迴水板下方及水平方向四十五公分內，保持淨空間，不得有障礙物。

八、密閉式撒水頭側面有樑時，依下表裝置。

撒水頭與樑側面淨距離（公分）	74 以下	75 以上 99 公下	100 以上 149 以下	150 以上
迴水板高出樑底面尺寸（公分）	0	9 以下	14 以下	29 以下

前項第八款之撒水頭，其迴水板與天花板或樓板之距離超過三十公分時，依下列規定設置防護板：

一、防護板應使用金屬材料，且直徑在三十公分以上。

二、防護板與迴水板之距離，在三十公分以下。

第 48 條

密閉式撒水頭，應就裝置場所平時最高周圍溫度，依下表選擇一定標示溫度之撒水頭。

最高周圍溫度	標示溫度
三十九度未滿	七十五度未滿
三十九度以上六十四度未滿	七十五度以上一百二十一度未滿
六十四度以上一百零六度未滿	一百二十一度以上一百六十二度未滿
一百零六度以上	一百六十二度以上

第 49 條

下列處所得免裝撒水頭：

一、洗手間、浴室或廁所。

二、室內安全梯間、特別安全梯間或緊急昇降機間之排煙室。

三、防火構造之昇降機昇降路或管道間。

四、昇降機機械室或通風換氣設備機械室。

五、電信機械室或電腦室。

六、、發電機、變壓器等電氣設備室。

七、外氣流通無法有效探測火災之走廊。

八、手術室、產房、X光（放射線）室、加護病房或麻醉室等其他類似處所。

九、第十二條第一款第一目所列場所及第二目之集會堂使用之觀衆席，設有固定座椅部分，且撒水頭裝置面高度在八公尺以上者。

十、室內游泳池之水面或溜冰場之冰面上方。

十一、主要構造爲防火構造，且開口設有具一小時以上防火時效之防火門之金庫。

十二、儲存鋁粉、碳化鈣、磷化鈣、鈉、生石灰、鎂粉、鉀、過氧化鈉等禁水性物質或其他遇水時將發生危險之化學品倉庫或房間。

十三、第十七條第一項第五款之建築物（地下層、無開口樓層及第十一層以上之樓層除外）中，供第十二條第二款至第四款所列場所使用，與其他部分間以具一小時以上防火時效之牆壁、樓地板區劃分隔，並符合下列規定者：

（一）區劃分隔之牆壁及樓地板開口面積合計在八平方公尺以下，且任一開口面積在四平方公尺以下。

（二）前目開口部設具一小時以上防火時效之防火門窗等防火設備，且開口部與走廊、樓梯間不得使用防火鐵捲門。但開口面積在四平方公尺以下，且該區劃分隔部分能二方向避難者，得使用具半小時以上防火時效之防火門窗等防火設備。

十四、第十七條第一項第四款之建築物（地下層、無開口樓層及第十一層以上之樓層除外）中，供第十二條第二款至第四款所列場所使用，與其他部分間以具一小時以上防火時效之牆壁、樓地板區劃分隔，並符合下列規定者：

（一）區劃分隔部分，樓地板面積在二百平方公尺以下。

（二）內部裝修符合建築技術規則建築設計施工編第八十八條規定。

（三）開口部設具一小時以上防火時效之防火門窗等防火設備，且開口部與走廊、樓梯間不得使用防火鐵捲門。但開口面積在四平方公尺以下，且該區劃分隔部分能二方向避難者，得使用具半小時以上防火時效之防火門窗等防火設備。

十五、其他經中央主管機關指定之場所。

第 50 條

撒水頭之放水量，每分鐘應在八十公升（設於高架倉庫者，應爲一百十四公升）以上，且放水壓力應在每平方公分一公斤以上或0.1Mpa以上。但小區劃型撒水頭之放水量，每分鐘應在五十公升以上。放水型撒水頭之放水量，應達防護區域每平方公尺每分鐘五公升以上。但儲存可燃物場所，應達每平方公尺每分鐘十公升以上。

第 51 條

自動撒水設備應裝置適當之流水檢知裝置，並符合下列規定：

一、各樓層之樓地板面積在三千平方公尺以下者，裝設一套，超過三千平方公尺者，裝設二套。但上下二層，各層撒水頭數量在十個以下，且設有火警自動警報設備者，得二層共用。

二、無隔間之樓層內，前款三千平方公尺得增爲一萬平方公尺。

三、撒水頭或一齊開放閥開啓放水時，即發出警報。

四、附設制水閥，其高度距離樓地板面在一點五公尺以下零點八公尺以上，並於制水閥附近明顯易見處，設置標明制水閥字樣之標識。

第 52 條

開放式自動撒水設備之自動及手動啓動裝置，依下列規定設置。但受信總機設在平時有人處，且火災時，能立即操作啓動裝置者，得免設自動啓動裝置：

一、自動啓動裝置，應符合下列規定：

（一）感知撒水頭或探測器動作後，能啓動一齊開放閥及加壓送水裝置。

（二）感知撒水頭使用標示溫度在七十九度以下者，且每二十平方公尺設置一個；探測器使用定溫式一種或二種，並依第一百二十條規定設置，每一放水區域至少一個。

（三）感知撒水頭設在裝置面距樓地板面高度五公尺以下，且能有效探測火災處。
二、手動啓動裝置，應符合下列規定：
（一）每一放水區域設置一個手動啓動開關，其高度距樓地板面在零點八公尺以上一點五公尺以下，並標明手動啓動開關字樣。
（二）手動啓動開關動作後，能啓動一齊開放閥及加壓送水裝置。

第 53 條

開放式自動撒水設備之一齊開放閥應依下列規定設置：
一、每一放水區域設置一個。
二、一齊開放閥二次側配管裝設試驗用裝置，在該放水區域不放水情形下，能測試一齊開放閥之動作。
三、一齊開放閥所承受之壓力，在其最高使用壓力以下。

第 54 條

開放式自動撒水設備之放水區域，依下列規定：
一、每一舞臺之放水區域在四個以下。
二、放水區域在二個以上時，每一放水區域樓地板面積在一百平方公尺以上，且鄰接之放水區域相互重疊，使有效滅火。

第 55 條

密閉乾式或預動式自動撒水設備，依下列規定設置：
一、密閉乾式或預動式流水檢知裝置二次側之加壓空氣，其空氣壓縮機爲專用，並能在三十分鐘內，加壓達流水檢知裝置二次側配管之設定壓力值。
二、流水檢知裝置二次側之減壓警報設於平時有人處。
三、撒水頭動作後，流水檢知裝置應在一分鐘內，使撒水頭放水。
四、撒水頭使用向上型。但配管能採取有效措施者，不在此限。

第 56 條

使用密閉式撒水頭之自動撒水設備末端之查驗閥，依下列規定配置：
一、管徑在二十五毫米以上。
二、查驗閥依各流水檢知裝置配管系統配置，並接裝在建築物各層放水壓力最低之最遠支管末端。
三、查驗閥之一次側設壓力表，二次側設有與撒水頭同等放水性能之限流孔。
四、距離地板面之高度在二點一公尺以下，並附有排水管裝置，並標明末端查驗閥字樣。

第 57 條

自動撒水設備之水源容量，依下列規定設置：

一、使用密閉式一般反應型、快速反應型撒水頭時，應符合下表規定個數繼續放水二十分鐘之水量。但各類場所實設撒水頭數，較應設水源容量之撒水頭數少時，其水源容量得依實際撒水頭數計算之。

各類場所		撒水頭個數	
		快速反應型	一般反應型
十一樓以上建築物、地下建築物		十二	十五
十樓以下建築物	供第十二條第一款第四目使用及複合用途建築物中供第十二條第一款第四目使用者	十二	十五
	地下層	十二	十五
	其他	八	十
高架儲存倉庫	儲存棉花、塑膠、木製品、紡織品等易燃物品	二十四	三十
	儲存其他物品	十六	二十

二、使用開放式撒水頭時，應符合下列規定：

（一）供第十二條第一款第一目使用場所及第二目集會堂之舞臺，在十層以下建築物之樓層時，應在最大放水區域全部撒水頭，繼續放水二十分鐘之水量以上。

（二）供第十二條第一款第一目使用場所及第二目集會堂之舞臺，在十一層以上建築物之樓層，應在最大樓層全部撒水頭，繼續放水二十分鐘之水量以上。

三、使用側壁型或小區劃型撒水頭時，十層以下樓層在八個撒水頭、十一層以上樓層在十二個撒水頭繼續放水二十分鐘之水量以上。

四、使用放水型撒水頭時，採固定式者應在最大放水區域全部撒水頭、採可動式者應在最大放水量撒水頭，繼續放射二十分鐘之水量以上。

前項撒水頭數量之規定，在使用乾式或預動式流水檢知裝置時，應追加百分之五十。

免設撒水頭處所，除第四十九條第七款及第十二款外，得設置補助撒水栓，並應符合下列規定：

一、各層任一點至水帶接頭之水平距離在十五公尺以下。但設有自動撒水設備撒水頭之部分，不在此限。

二、設有補助撒水栓之任一層，以同時使用該層所有補助撒水栓時，各瞄子放水壓力在每平方公分二點五公斤以上或0.25MPa以上，放水量在每分鐘六十公升以上。但全部補助撒水栓數量超過二支時（鄰接補助撒水栓水帶接頭之水平距離超過三十公尺時，爲一個），以同時使用二支計算之。

三、補助撒水栓箱表面標示補助撒水栓字樣，箱體上方設置紅色啓動表示燈。

四、瞄子具有容易開關之裝置。

五、開關閥設在距地板面一點五公尺以下。

六、水帶能便於操作延伸。

七、配管從各層流水檢知裝置二次側配置。

第 58 條

依前條設置之水源應連結加壓送水裝置，並依下列各款擇一設置：

一、重力水箱，應符合下列規定：

（一）有水位計、排水管、溢水用排水管、補給水管及人孔之裝置。

（二）水箱必要落差在下列計算值以上：

必要落差 = 配管摩擦損失水頭 + 10（計算單位：公尺）

$H = h1 + 10m$

二、壓力水箱，應符合下列規定：

（一）有壓力表、水位計、排水管、補給水管、給氣管、空氣壓縮機及人孔之裝置。

（二）水箱內空氣占水箱容積之三分之一以上，壓力在使用建築物最高處之撒水頭維持規定放水水壓所需壓力以上。當水箱內壓力及液面減低時，能自動補充加壓。空氣壓縮機及加壓幫浦與緊急電源相連接。

（三）水箱必要壓力在下列計算值以上：

必要壓力 = 配管摩擦損失水頭 + 落差 + 1（計算單位：公斤 / 平方公分）

$P = P1 + P2 + 1kgf/cm^2$

三、消防幫浦，應符合下列規定：

（一）幫浦出水量，依前條規定核算之撒水頭數量，乘以每分鐘九十公升（設於高架儲存倉庫者，爲一百三十公升）。但使用小區劃型撒水頭者，應乘以每分鐘六十公升。另放水型撒水頭依中央消防機關認可者計算之。

（二）幫浦全揚程在下列計算值以上：

幫浦全揚程 = 配管摩擦損失水頭 + 落差 + 10（計算單位：公尺）

$H = h1 + h2 + 10m$

（三）應爲專用。但與其他滅火設備並用，無妨礙各設備之性能時，不在此限。

（四）連接緊急電源。前項加壓送水裝置除應準用第三十七條第二項第一款、第二款及第五款規定外，撒水頭放水壓力應在每平方公分十公斤以下或1MPa以下。

第 59 條

裝置自動撒水之建築物，應於地面層室外臨建築線，消防車容易接近處，設置口徑六十三毫米之送水口，並符合下列規定：

一、應為專用。

二、裝置自動撒水設備之樓層，樓地板面積在三千平方公尺以下，至少設置雙口形送水口一個，並裝接陰式快速接頭，每超過三千平方公尺，增設一個。但應設數量超過三個時，以三個計。

三、設在無送水障礙處，且其高度距基地地面在一公尺以下零點五公尺以上。

四、與立管管系連通，其管徑在立管管徑以上，並在其附近便於檢修確認處，裝置逆止閥及止水閥。

五、送水口附近明顯易見處，標明自動撒水送水口字樣及送水壓力範圍。

第 60 條

自動撒水設備之緊急電源，依第三十八條規定設置。

第四節　水霧滅火設備

第 61 條

水霧噴頭，依下列規定配置：

一、防護對象之總面積在各水霧噴頭放水之有效防護範圍內。

二、每一水霧噴頭之有效半徑在二點一公尺以下。

三、水霧噴頭之配置數量，依其裝設之放水角度、放水量及防護區域面積核算，其每平方公尺放水量，供第十八條附表第三項、第四項所列場所使用，在每分鐘二十公升以上；供同條附表其他場所使用，在每分鐘十公升以上。

第 62 條

水霧滅火設備之緊急電源、配管、配件、屋頂水箱、竣工時之加壓送水試驗、流水檢知裝置、啓動裝置及一齊開放閥準用第三十八條、第四十四條、第四十五條、第五十一條至第五十三條規定設置。

第 63 條

放射區域，指一只一齊開放閥啓動放射之區域，每一區域以五十平方公尺為原則。

前項放射區域有二區域以上者，其主管管徑應在一百毫米以上。

第 64 條

水霧滅火設備之水源容量，應保持二十立方公尺以上。但放射區域在二區域以上者，應保持四十立方公尺以上。

第 65 條

依前條設置之水源，應連結加壓送水裝置。加壓送水裝置使用消防幫浦時，其出水量及出水壓力，依下列規定，並連接緊急電源：

一、出水量：每分鐘一千二百公升以上，其放射區域二個以上時為每分鐘二千公升以上。

二、出水壓力：核算管系最末端一個放射區域全部水霧噴頭放水壓力均能達每平方公分二點七公斤以上或0.27MPa以上。但用於防護電氣設備者，應達每平方公分三點五公斤以上或0.35MPa以上。

第 66 條

水霧噴頭及配管與高壓電器設備應保持之距離，依下表規定：

離開距離（mm）		電壓（KV）
最低	標準	
150	250	7 以下
200	300	10 以下
300	400	20 以下
400	500	30 以下
700	1000	60 以下
800	1100	70 以下
1100	1500	100 以下
1500	1900	140 以下
2100	2600	200 以下
2600	3300	345 以下

第 67 條

水霧送水口，依第五十九條第一款至第四款規定設置，並標明水霧送水口字樣及送水壓力範圍。

第 68 條

裝置水霧滅火設備之室內停車空間，其排水設備應符合下列規定：

一、車輛停駐場所地面作百分之二以上之坡度。

二、車輛停駐場所，除面臨車道部分外，應設高十公分以上之地區境界堤，或深十公分寬十公分以上之地區境界溝，並與排水溝連通。
三、滅火坑具備油水分離裝置，並設於火災不易殃及之處所。
四、車道之中央或二側設置排水溝，排水溝設置集水管，並與滅火坑相連接。
五、排水溝及集水管之大小及坡度，應具備能將加壓送水裝置之最大能力水量有效排出。

第五節　泡沫滅火設備

第 69 條

泡沫滅火設備之放射方式，依實際狀況需要，就下列各款擇一設置：
一、固定式：視防護對象之形狀、構造、數量及性質配置泡沫放出口，其設置數量、位置及放射量，應能有效滅火。
二、移動式：水帶接頭至防護對象任一點之水平距離在十五公尺以下。

第 70 條

固定式泡沫滅火設備之泡沫放出口，依泡沫膨脹比，就下表選擇設置之：

膨脹比種類	泡沫放出口種類
膨脹比二十以下（低發泡）	泡沫噴頭或泡水噴頭
膨脹比八十以上一千以下（高發泡）	高發泡放出口

前項膨脹比，指泡沫發泡體積與發泡所需泡沫水溶液體積之比值。

第 71 條

泡沫頭，依下列規定配置：
一、飛機庫等場所，使用泡水噴頭，並樓地板面積每八平方公尺設置一個，使防護對象在其有效防護範圍內。
二、室內停車空間或汽車修理廠等場所，使用泡沫噴頭，並樓地板面積每九平方公尺設置一個，使防護對象在其有效防護範圍內。
三、放射區域內任一點至泡沫噴頭之水平距離在二點一公尺以下。
四、泡沫噴頭側面有樑時，其裝置依第四十七條第一項第八款規定。
五、室內停車空間有複層式停車設施者，其最上層上方之裝置面設泡沫噴頭，並延伸配管至車輛間，使能對下層停車平臺放射泡沫。但感知撒水頭之設置，得免延伸配管。
六、前款複層式停車設施之泡沫噴頭，礙於構造，無法在最上層以外之停車平臺配置時，其配管之延伸應就停車構造成一單元部分，在其四周設置泡沫噴頭，使能對四周全體放射泡沫。

第 72 條

泡沫頭之放射量，依下列規定：

一、泡水噴頭放射量在每分鐘七十五公升以上。

二、泡沫噴頭放射量，依下表規定：

泡沫原液種類	樓地板面積每平方公尺之放射量（公升／分鐘）
蛋白質泡沫液	六點五以上
合成界面活性泡沫液	八以上
水成膜泡沫液	三點七以上

第 73 條

高發泡放出口，依下列規定配置：

一、全區放射時，應符合下列規定，且其防護區域開口部能在泡沫水溶液放射前自動關閉。但能有效補充開口部洩漏者，得免設自動關閉裝置。

（一）高發泡放出口之泡沫水溶液放射量依下表核算：

防護對象	膨脹比種類	每分鐘每立方公尺冠泡體積之泡沫水溶液放射量（公升）
飛機庫	八十以上二百五十未滿（以下簡稱第一種）	二
	二百五十以上五百未滿（以下簡稱第二種）	零點五
	五百以上一千未滿（以下簡稱第三種）	零點二九
室內停車空間或汽車修護廠	第一種	一點一一
	第二種	零點二八
	第三種	零點一六
第十八條表第八項之場所	第一種	一點二五
	第二種	零點三一
	第三種	零點一八

（二）前目之冠泡體積，指防護區域自樓地板面至高出防護對象最高點零點五公尺

所圍體積。

（三）高發泡放出口在防護區域內，樓地板面積每五百平方公尺至少設置一個，且能有效放射至該區域，並附設泡沫放出停止裝置。

（四）高發泡放出口位置高於防護對象物最高點。

（五）防護對象位置距離樓地板面高度，超過五公尺，且使用高發泡放出口時，應爲全區放射方式。

二、局部放射時，應符合下列規定：

（一）防護對象物相互鄰接，且鄰接處有延燒之虞時，防護對象與該有延燒之虞範圍內之對象，視爲單一防護對象，設置高發泡放出口。但該鄰接處以具有一小時以上防火時效之牆壁區劃或相距三公尺以上者，得免視爲單一防護對象。

（二）高發泡放出口之泡沫水溶液放射量，防護面積每一平方公尺在每分鐘二公升以上。

（三）前目之防護面積，指防護對象外周線以高出防護對象物高度三倍數值所包圍之面積。但高出防護對象物高度三倍數值，小於一公尺時，以一公尺計。

第 74 條

泡沫滅火設備之緊急電源、配管、配件、屋頂水箱、竣工時之加壓試驗、流水檢知裝置、啓動裝置及一齊開放閥準用第三十八條、第四十四條、第四十五條、第五十一條至第五十三條規定設置。

第 75 條

泡沫滅火設備之放射區域，依下列規定：

一、使用泡沫噴頭時，每一放射區域在樓地板面積五十平方公尺以上一百平方公尺以下。

二、使用泡水噴頭時，放射區域占其樓地板面積三分之一以上，且至少二百平方公尺。但樓地板面積未達二百平方公尺者，放射區域依其實際樓地板面積計。

第 76 條

泡沫滅火設備之水源，依下列規定：

一、使用泡沫頭時，依第七十二條核算之最低放射量在最大一個泡沫放射區域，能繼續放射二十分鐘以上。

二、使用高發泡放出口時，應符合下列規定：

（一）全區放射時，以最大樓地板面積之防護區域，除依下表核算外，防護區域開口部未設閉鎖裝置者，加算開口洩漏泡沫水溶液量。

膨脹比種類	冠泡體積每一立方公尺之泡沫水溶液量（立方公尺）
第一種	零點零四
第二種	零點零一三
第三種	零點零零八

（二）局部放射時，依第七十三條核算之泡沫水溶液放射量，在樓地板面積最大區域，能繼續放射二十分鐘以上。

三、移動式泡沫滅火設備之水源容量，在二具泡沫瞄子同時放水十五分鐘之水量以上。前項各款計算之水溶液量，應加算充滿配管所需之泡沫水溶液量，且應加算總泡沫水溶液量之百分之二十。

第 77 條

依前條設置之水源，應連結加壓送水裝置。前條第一項第一款及第二款之加壓送水裝置使用消防幫浦時，其出水量及出水壓力，依下列規定：

一、出水量：泡沫放射區域有二區域以上時，以最大一個泡沫放射區域之最低出水量加倍計算。

二、出水壓力：核算最末端一個泡沫放射區域全部泡沫噴頭放射壓力均能達每平方公分一公斤以上或0.1MPa以上。

三、連接緊急電源。

前條第一項第三款之加壓送水裝置使用消防幫浦時，其出水量及出水壓力，依下列規定：

一、出水量：同一樓層設一個泡沫消防栓箱時，應在每分鐘一百三十公升以上；同一樓層設二個以上泡沫消防栓箱時，應在每分鐘二百六十公升以上。

二、出水壓力：核算最末端一個泡沫消防栓放射壓力能達每平方公分三點五公斤以上或035MPa以上。

三、連接緊急電源。同一棟建築物內，採用低發泡原液，分層配置固定式及移動式放射方式泡沫滅火設備時，得共用配管及消防幫浦，而幫浦之出水量、揚程與泡沫原液儲存量應採其放射方式中較大者。

第 78 條

泡沫原液儲存量，依第七十六條規定核算之水量與使用之泡沫原液濃度比核算之。

第 79 條

泡沫原液與水混合使用之濃度，依下列規定：

一、蛋白質泡沫液百分之三或百分之六。

二、合成界面活性泡沫液百分之一或百分之三。

三、水成膜泡沫液百分之三或百分之六。

第 80 條

移動式泡沫滅火設備，依下列規定設置：

一、同一樓層各泡沫瞄子放射量，應在每分鐘一百公升以上。但全部泡沫消防栓箱數量超過二個時，以同時使用二支泡沫瞄子計算之。

二、泡沫瞄子放射壓力應在每平方公分三點五公斤以上或0.35MPa、以上。

三、移動式泡沫滅火設備之泡沫原液，應使用低發泡。

四、在水帶接頭三公尺範圍內，設置泡沫消防栓箱，箱內配置長二十公尺以上水帶及泡沫瞄子乙具，其箱面表面積應在零點八平方公尺以上，且標明移動式泡沫滅火設備字樣，並在泡沫消防栓箱上方設置紅色幫浦啓動表示燈。

第 81 條

泡沫原液儲槽，依下列規定設置：

一、設有便於確認藥劑量之液面計或計量棒。

二、平時在加壓狀態者，應附設壓力表。

三、設置於溫度攝氏四十度以下，且無日光曝曬之處。

四、採取有效防震措施。

第六節　二氧化碳滅火設備

第 82 條

二氧化碳滅火設備之放射方式依實際狀況需要就下列各款擇一裝置：

一、全區放射方式：用不燃材料建造之牆、柱、樓地板或天花板等區劃間隔，且開口部設有自動關閉裝置之區域，其噴頭設置數量、位置及放射量應視該部分容積及防護對象之性質作有效之滅火。但能有效補充開口部洩漏量者，得免設自動關閉裝置。

二、局部放射方式：視防護對象之形狀、構造、數量及性質，配置噴頭，其設置數量、位置及放射量，應能有效滅火。

三、移動放射方式：皮管接頭至防護對象任一部分之水平距離在十五公尺以下。

第 83 條

二氧化碳滅火藥劑量，依下列規定設置：

一、全區放射方式所需滅火藥劑量依下表計算：

設置場所	電信機械室、總機室	其他			
		五十立方公尺未滿	五十立方公尺以上一百五十立方公尺未滿	一百五十立方公尺以上一千五百立方公尺未滿	一千五百立方公尺以上
每立方公尺防護區域所需滅火藥劑量（kg/m^3）	1.2	1.0	0.9	0.8	0.75
每平方公尺開口部所需追加滅火藥劑量（kg/m^2）	10	5	5	5	5
滅火藥劑之基本需要量（kg）			50	135	1200

二、局部放射方式所需滅火藥劑量應符合下列規定：

（一）可燃性固體或易燃性液體存放於上方開放式容器，火災發生時，燃燒限於一面且可燃物無向外飛散之虞者，所需之滅火藥劑量，依該防護對象表面積每一平方公尺以十三公斤比例核算，其表面積之核算，在防護對象邊長小於零點六公尺時，以零點六公尺計。但追加倍數，高壓式為一點四，低壓式為一點一。

（二）前目以外防護對象依下列公式計算假想防護空間（指距防護對象任一點零點六公尺範圍空間）單位體積滅火藥劑量，再乘以假想防護空間體積來計算所需滅火藥劑量：

$Q = 8 - 6 \times a/A$

Q：假想防護空間單位體積滅火藥劑量（公斤／立方公尺），所需追加倍數比照前目規定。

a：防護對象周圍實存牆壁面積之合計（平方公尺）。

A：假想防護空間牆壁面積之合計（平方公尺）。

三、移動放射方式每一具噴射瞄子所需滅火藥劑量在九十公斤以上。

四、全區及局部放射方式在同一建築物內有二個以上防護區域或防護對象時，所需滅火藥劑量應取其最大量者。

第 84 條

全區及局部放射方式之噴頭，依下列規定設置：

一、全區放射方式所設之噴頭能使放射藥劑迅速均勻地擴散至整個防護區域。

二、二氧化碳噴頭之放射壓力，其滅火藥劑以常溫儲存者之高壓式為每平方公分十四公斤以上或1.4MPa以上；其滅火藥劑儲存於溫度攝氏零下十八度以下者之低壓式為每平方公分九公斤以上或0.9MPa以上。

三、全區放射方式依前條第一款所核算之滅火藥劑量，依下表所列場所，於規定時間內全部放射完畢。

設置場所	電信機械室、總機室	其他
時間（分）	3.5	1

四、局部放射方式所設噴頭之有效射程內，應涵蓋防護對象所有表面，且所設位置不得因藥劑之放射使可燃物有飛散之虞。

五、局部放射方式依前條第二款所核算之滅火藥劑量應於三十秒內全部放射完畢。

第 85 條

全區或局部放射方式防護區域內之通風換氣裝置，應在滅火藥劑放射前停止運轉。

第 86 條

全區放射方式防護區域之開口部，依下列規定設置：

一、不得設於面對安全梯間、特別安全梯間、緊急昇降機間或其他類似場所。

二、開口部位於距樓地板面高度三分之二以下部分，應在滅火藥劑放射前自動關閉。

三、不設自動關閉裝置之開口部總面積，供電信機械室使用時，應在圍壁面積百分之一以下，其他處所則應在防護區域體積值或圍壁面積值二者中之較小數值百分之十以下。

前項第三款圍壁面積，指防護區域內牆壁、樓地板及天花板等面積之合計。

第 87 條

滅火藥劑儲存容器，依下列規定設置：

一、充塡比在高壓式爲一點五以上一點九以下；低壓式爲一點一以上一點四以下。

二、儲存場所應符合下列規定：

（一）置於防護區域外。

（二）置於溫度攝氏四十度以下，溫度變化較少處。

（三）不得置於有日光曝曬或雨水淋濕之處。

三、儲存容器之安全裝置符合CNS、一一一七六之規定。

四、高壓式儲存容器之容器閥符合CNS、一〇八四八及一〇八四九之規定。

五、低壓式儲存容器，應設有液面計、壓力表及壓力警報裝置，壓力在每平方公分二十三公斤以上或2.3MPa以上或每平方公分十九公斤以下或1.9MPa以下時發出警報。

六、低壓式儲存容器應設置使容器內部溫度維持於攝氏零下二十度以上，攝氏零下十八度以下之自動冷凍機。

七、儲存容器之容器閥開放裝置，依下列規定：

（一）容器閥之開放裝置，具有以手動方式可開啓之構造。

（二）容器閥使用電磁閥直接開啓時，同時開啓之儲存容器數在七支以上者，該儲存容器應設二個以上之電磁閥。

八、採取有效防震措施。

前項第一款充塡比，指容器內容積（公升）與液化氣體重量（公斤）之比值。

第 88 條

二氧化碳滅火設備使用氣體啓動者，依下列規定設置：

一、啓動用氣體容器能耐每平方公分二百五十公斤或25MPa、之壓力。

二、啓動用氣體容器之內容積應有一公升以上，其所儲存之二氧化碳重量在零點六公斤以上，且其充塡比在一點五以上。

三、啓動用氣體容器之安全裝置及容器閥符合CNS、一一一七六規定。

四、啓動用氣體容器不得兼供防護區域之自動關閉裝置使用。

第 89 條

二氧化碳滅火設備配管，依下列規定設置：

一、應爲專用，其管徑依噴頭流量計算配置。

二、使用符合CNS、四六二六規定之無縫鋼管，其中高壓式爲管號Sch80以上，低壓式爲管號Sch40以上厚度或具有同等以上強度，且施予鍍鋅等防蝕處理。

三、採用銅管配管時，應使用符合CNS、五一二七規定之銅及銅合金無縫管或具有同等以上強度者，其中高壓式能耐壓每平方公分一百六十五公斤以上或16.5MPa以上，低壓式能耐壓每平方公分三十七點五公斤以上或3.75MPa以上。

四、配管接頭及閥類之耐壓，高壓式爲每平方公分一百六十五公斤以上或16.5MPa以上，低壓式爲每平方公分三十七點五公斤以上或3.75MPa以上，並予適當之防蝕處理。

五、最低配管與最高配管間，落差在五十公尺以下。

第 90 條

選擇閥，依下列規定設置：

一、同一建築物內有二個以上防護區域或防護對象，共用儲存容器時，每一防護區域或防護對象均應設置。

二、設於防護區域外。

三、標明選擇閥字樣及所屬防護區域或防護對象。

四、儲存容器與噴頭設有選擇閥時，儲存容器與選擇閥間之配管依CNS一一一七六之規定設置安全裝置或破壞板。

第 91 條

啓動裝置，依下列規定，設置手動及自動啓動裝置：

一、手動啓動裝置應符合下列規定：

（一）設於能看清區域內部且操作後能容易退避之防護區域外。

（二）每一防護區域或防護對象裝設一套。

（三）其操作部設在距樓地板面高度零點八公尺以上一點五公尺以下。

（四）其外殼漆紅色。

（五）以電力啓動者，裝置電源表示燈。

（六）操作開關或拉桿，操作時同時發出警報音響，且設有透明塑膠製之有效保護裝置。

（七）在其近旁標示所防護區域名稱、操作方法及安全上應注意事項。

二、自動啓動裝置與火警探測器感應連動啓動。

前項啓動裝置，依下列規定設置自動及手動切換裝置：

一、設於易於操作之處所。

二、設自動及手動之表示燈。

三、自動、手動切換必須以鑰匙或拉桿操作，始能切換。

四、切換裝置近旁標明操作方法。

第 92 條

音響警報裝置，依下列規定設置：

一、手動或自動裝置動作後，應自動發出警報，且藥劑未全部放射前不得中斷。

二、音響警報應有效報知防護區域或防護對象內所有人員。

三、設於全區放射方式之音響警報裝置採用人語發音。但平時無人駐守者，不在此限。

第 93 條

全區放射方式之安全裝置，依下列規定設置：

一、啓動裝置開關或拉桿開始動作至儲存容器之容器閥開啓，設有二十秒以上之遲延裝置。

二、於防護區域出入口等易於辨認處所設置放射表示燈。

第 94 條

全區放射或局部放射方式防護區域，對放射之滅火藥劑，依下列規定將其排放至安全地方：

一、排放方式應就下列方式擇一設置，並於一小時內將藥劑排出：

（一）採機械排放時，排風機爲專用，且具有每小時五次之換氣量。但與其他設備之排氣裝置共用，無排放障礙者，得共用之。

（二）採自然排放時，設有能開啓之開口部，其面向外氣部分（限防護區域自樓地板面起高度三分之二以下部分）之大小，占防護區域樓地板面積百分之十以上，且容易擴散滅火藥劑。

二、排放裝置之操作開關須設於防護區域外便於操作處，且在其附近設有標示。

三、排放至室外之滅火藥劑不得有局部滯留之現象。

第 95 條

全區及局部放射方式之緊急電源，應採用自用發電設備或蓄電池設備，其容量應能使該設備有效動作一小時以上。

第 96 條

移動式放射方式，除依第八十七條第一項第一款、第二款第二目、第三目、第三款及第四款規定辦理外，並依下列規定設置：

一、儲存容器之容器閥能在皮管出口處以手動開關者。

二、儲存容器分設於各皮管設置處。

三、儲存容器近旁設紅色標示燈及標明移動式二氧化碳滅火設備字樣。

四、設於火災時濃煙不易籠罩之處所。

五、每一具瞄子之藥劑放射量在溫度攝氏二十度時，應在每分鐘六十公斤以上。

六、移動式二氧化碳滅火設備之皮管、噴嘴及管盤符合CNS、一一一七七之規定。

第 97 條

二氧化碳滅火設備使用之各種標示規格，由中央消防機關另定之。

第七節　乾粉滅火設備及簡易自動滅火設備

第 98 條

乾粉滅火設備之放射方式、通風換氣裝置、防護區域之開口部、選擇閥、啓動裝置、音響警報裝置、安全裝置、緊急電源及各種標示規格，準用第八十二條、第八十五條、第八十六條、第九十條至第九十三條、第九十五條及第九十七條規定設置。

第 99 條

乾粉滅火藥劑量，依下列規定設置：

一、全區放射方式所需滅火藥劑量，依下表計算：

乾粉藥劑種類	第一種乾粉（主成份碳酸氫鈉）	第二種乾粉（主成份碳酸氫鉀）	第三種乾粉（主成份磷酸二氫銨）	第四種乾粉（主成份碳酸氫鉀及尿素化合物）
每立方公尺防護區域所需滅火藥劑量（kg/m^3）	0.6	0.36	0.36	0.24
每平方公尺開口部所需追加滅火藥劑量（kg/m^2）	4.5	2.7	2.7	1.8

二、局部放射方式所需滅火藥劑量應符合下列規定：

（一）可燃性固體或易燃性液體存放於上方開放式容器，火災發生時，燃燒限於一面且可燃物無向外飛散之虞者，所需之滅火藥劑量，依下表計算：

滅火藥劑種類	第一種乾粉	第二種乾粉或第三種乾粉	第四種乾粉
防護對象每平方公尺表面積所需滅火藥劑量（kg/m^2）	8.8	5.2	3.6
追加倍數	1.1	1.1	1.1
備考	防護對象物之邊長在零點六公尺以下時，以零點六公尺計。		

（二）前目以外設置場所，依下列公式計算假想防護空間單位體積滅火藥劑量，再乘假想防護空間體積來計算所需滅火藥劑量。但供電信機器室使用者，所核算出之滅火藥劑量，須乘以零點七。

$Q = X - Y \times a/A$

Q：假想防護空間單位體積滅火藥劑量（公斤／立方公尺）所需追加倍數比照前目規定。

a：防護對象周圍實存牆壁面積之合計（平方公尺）。

A：假想防護空間牆壁面積之合計（平方公尺）。

X及Y值，依下表規定為準：

滅火藥劑種類	第一種乾粉	第二種乾粉或第三種乾粉	第四種乾粉
X 值	5.2	3.2	2.0
Y 值	3.9	2.4	1.5

三、移動放射方式每一具噴射瞄子所需滅火藥劑量在下表之規定以上：

滅火藥劑種類	第一種乾粉	第二種乾粉或第三種乾粉	第四種乾粉
滅火藥劑量（kg）	50	30	20

四、全區及局部放射方式在同一建築物內有二個以上防護區域或防護對象時，所需滅火藥劑量取其最大量者。

第 100 條

全區及局部放射方式之噴頭，依下列規定設置：

一、全區放射方式所設之噴頭能使放射藥劑迅速均勻地擴散至整個防護區域。

二、乾粉噴頭之放射壓力在每平方公分一公斤以上或0.1MPa以上。

三、依前條第一款或第二款所核算之滅火藥劑量須於三十秒內全部放射完畢。

四、局部放射方式所設噴頭之有效射程內，應涵蓋防護對象所有表面，且所設位置不得因藥劑之放射使可燃物有飛散之虞。

第 101 條

供室內停車空間使用之滅火藥劑，以第三種乾粉為限。

第 102 條

滅火藥劑儲存容器，依下列規定設置：

一、充填比應符合下列規定：

滅火藥劑種類	第一種乾粉	第二種乾粉或第三種乾粉	第四種乾粉
充填比	零點八五以上、一點四五以下	一點零五以上、一點七五以下	一點五以上、二點五以下

二、儲存場所應符合下列規定：

（一）置於防護區域外。

（二）置於溫度攝氏四十度以下，溫度變化較少處。

（三）不得置於有日光曝曬或雨水淋濕之處。

三、儲存容器於明顯處所標示：充填藥劑量、滅火藥劑種類、最高使用壓力（限於加壓式）、製造年限及製造廠商等。

四、儲存容器設置符合CNS、一一一七六規定之安全裝置。

五、蓄壓式儲存容器，內壓在每平方公分十公斤以上或1MPa以上者，設符合CNS一〇八四八及一〇八四九規定之容器閥。
六、為排除儲存容器之殘留氣體應設置排出裝置，為處理配管之殘留藥劑則應設置清洗裝置。
七、採取有效之防震措施。

第103條

加壓用氣體容器應設於儲存容器近旁，且須確實接連，並應設置符合CNS一一一七六規定之容器閥及安全裝置。

第104條

加壓或蓄壓用氣體容器，依下列規定設置：
一、加壓或蓄壓用氣體應使用氮氣或二氧化碳。
二、加壓用氣體使用氮氣時，在溫度攝氏三十五度，大氣壓力（表壓力）每平方公分零公斤或0MPa狀態下，每一公斤乾粉藥劑需氮氣四十公升以上；使用二氧化碳時，每一公斤乾粉藥劑需二氧化碳二十公克並加算清洗配管所需要量以上。
三、蓄壓用氣體使用氮氣時，在溫度攝氏三十五度，大氣壓力（表壓力）每平方公分零公斤或0MPa狀態下，每一公斤乾粉藥劑需氮氣十公升並加算清洗配管所需要量以上；使用二氧化碳時，每一公斤乾粉藥劑需二氧化碳二十公克並加算清洗配管所需要量以上。
四、清洗配管用氣體，另以容器儲存。
五、採取有效之防震措施。

第105條

乾粉滅火設備配管及閥類，依下列規定設置：
一、配管部分：
（一）應為專用，其管徑依噴頭流量計算配置。
（二）使用符合CNS六四四五規定，並施予鍍鋅等防蝕處理或具同等以上強度及耐蝕性之鋼管。但蓄壓式中，壓力在每平方公分二十五公斤以上或2.5MPa以上，每平方公分四十二公斤以下或4.2MPa以下時，應使用符合CNS四六二六之無縫鋼管管號Sch40以上厚度並施予防蝕處理，或具有同等以上強度及耐蝕性之鋼管。
（三）採用銅管配管時，應使用符合CNS五一二七規定或具有同等以上強度及耐蝕性者，並能承受調整壓力或最高使用壓力的一點五倍以上之壓力。
（四）最低配管與最高配管間，落差在五十公尺以下。

（五）配管採均分爲原則，使噴頭同時放射時，放射壓力爲均等。（六）採取有效之防震措施。

二、閥類部分：

（一）使用符合CNS之規定且施予防蝕處理或具有同等以上強度、耐蝕性及耐熱性者。

（二）標示開閉位置及方向。

（三）放出閥及加壓用氣體容器閥之手動操作部分設於火災時易於接近且安全之處。

第 106 條

乾粉滅火設備自儲存容器起，其配管任一部分與彎曲部分之距離應爲管徑二十倍以上。但能採取乾粉藥劑與加壓或蓄壓用氣體不會分離措施者，不在此限。

第 107 條

加壓式乾粉滅火設備應設壓力調整裝置，可調整壓力至每平方公分二十五公斤以下或2.5Mpa以下。

第 108 條

加壓式乾粉滅火設備，依下列規定設置定壓動作裝置：

一、啓動裝置動作後，儲存容器壓力達設定壓力時，應使放出閥開啓。

二、定壓動作裝置設於各儲存容器。

第 109 條

蓄壓式乾粉滅火設備應設置以綠色表示使用壓力範圍之指示壓力表。

第 110 條

若使用氣體啓動者，依下列規定設置：

一、啓動用氣體容器能耐每平方公分二百五十公斤或25MPa、之壓力。

二、啓動用氣體容器之內容積有零點二七公升以上，其所儲存之氣體量在一百四十五公克以上，且其充塡比在一點五以上。

三、啓動用氣體容器之安全裝置及容器閥符合CNS、一一一七六之規定。

四、啓動用氣體容器不得兼供防護區域之自動關閉裝置使用。

第 111 條

移動式放射方式，除依第一百零二條第一款、第二款第二目、第三目、第三款、第四款規定辦理外，並依下列規定設置：

一、儲存容器之容器閥能在皮管出口處以手動開關者。

二、儲存容器分設於各皮管設置處。

三、儲存容器近旁設紅色標示燈及標明移動式乾粉滅火設備字樣。

四、設於火災時濃煙不易籠罩之場所。

五、每一具噴射瞄子之每分鐘藥劑放射量符合下表規定。

滅火藥劑種類	第一種乾粉	第二種乾粉或第三種乾粉	第四種乾粉
每分鐘放射量（kg/min）	45	27	18

六、移動式乾粉滅火設備之皮管、噴嘴及管盤符合CNS、一一一七七之規定。

第 111-1 條

簡易自動滅火設備，應依下列規定設置：

一、視排油煙管之斷面積、警戒長度及風速，配置感知元件及噴頭，其設置數量、位置及放射量，應能有效滅火。

二、排油煙管內風速超過每秒五公尺，應在警戒長度外側設置放出藥劑之啓動裝置及連動閉鎖閘門。但不設置閘門能有效滅火時，不在此限。

三、噴頭之有效射程內，應涵蓋煙罩及排油煙管，且所設位置不得因藥劑之放射使可燃物有飛散之虞。

四、防護範圍內之噴頭，應一齊放射。

五、儲存鋼瓶及加壓氣體鋼瓶設置於攝氏四十度以下之位置。前項第二款之警戒長度，指煙罩與排油煙管接合處往內五公尺。

第二章｜警報設備

第一節　火警自動警報設備

第 112 條

裝設火警自動警報設備之建築物，依下列規定劃定火警分區：

一、每一火警分區不得超過一樓層，並在樓地板面積六百平方公尺以下。但上下二層樓地板面積之和在五百平方公尺以下者，得二層共用一分區。

二、每一分區之任一邊長在五十公尺以下。但裝設光電式分離型探測器時，其邊長得在一百公尺以下。

三、如由主要出入口或直通樓梯出入口能直接觀察該樓層任一角落時，第一款規定之六百平方公尺得增為一千平方公尺。

四、樓梯、斜坡通道、昇降機之昇降路及管道間等場所，在水平距離五十公尺範圍內，且其頂層相差在二層以下時，得為一火警分區。但應與建築物各層之走廊、通道及居室等場所分別設置火警分區。

五、樓梯或斜坡通道，垂直距離每四十五公尺以下為一火警分區。但其地下層部分應為另一火警分區。

第 113 條

火警自動警報設備之鳴動方式，建築物在五樓以上，且總樓地板面積在三千平方公尺以上者，依下列規定：

一、起火層為地上二層以上時，限該樓層與其直上二層及其直下層鳴動。

二、起火層為地面層時，限該樓層與其直上層及地下層各層鳴動。

三、起火層為地下層時，限地面層及地下層各層鳴動。

四、前三款之鳴動於十分鐘內或受信總機再接受火災信號時，應立即全區鳴動。

第 114 條

探測器應依裝置場所高度，就下表選擇探測器種類裝設。但同一室內之天花板或屋頂板高度不同時，以平均高度計。

裝置場所高度	未滿四公尺	四公尺以上 未滿八公尺	八公尺以上 未滿十五公尺	十五公尺以上 未滿二十公尺
探測器種類	差動式局限型、差動式分布型、補償式局限型、定溫式、離子式局限型、光電式局限型、光電式分離型、火焰式。	差動式局限型、差動式分布型、補償式局限型、定溫式特種或一種、離子式局限型一種或二種、光電式局限型一種或二種、光電式分離型、火焰式。	差動式分佈型、離子式局限型一種或二種、光電式局限型一種或二種、光電式分離型、火焰式。	離子式局限型一種、光電式局限型一種、光電式分離型一種、火焰式。

第 115 條

探測器之裝置位置，依下列規定：

一、天花板上設有出風口時，除火焰式、差動式分布型及光電式分離型探測器外，應距離該出風口一點五公尺以上。

二、牆上設有出風口時，應距離該出風口一點五公尺以上。但該出風口距天花板在一公尺以上時，不在此限。

三、天花板設排氣口或回風口時，偵煙式探測器應裝置於排氣口或回風口周圍一公尺範圍內。

四、局限型探測器以裝置在探測區域中心附近為原則。

五、局限型探測器之裝置，不得傾斜四十五度以上。但火焰式探測器，不在此限。

第 116 條

下列處所得免設探測器：

一、探測器除火焰式外，裝置面高度超過二十公尺者。

二、外氣流通無法有效探測火災之場所。

三、洗手間、廁所或浴室。

四、冷藏庫等設有能早期發現火災之溫度自動調整裝置者。

五、主要構造為防火構造，且開口設有具一小時以上防火時效防火門之金庫。

六、室內游泳池之水面或溜冰場之冰面上方。

七、不燃性石材或金屬等加工場，未儲存或未處理可燃性物品處。

八、其他經中央主管機關指定之場所。

第 117 條

偵煙式或熱煙複合式局限型探測器不得設於下列處所：

一、塵埃、粉末或水蒸氣會大量滯留之場所。

二、會散發腐蝕性氣體之場所。

三、廚房及其他平時煙會滯留之場所。

四、顯著高溫之場所。

五、排放廢氣會大量滯留之場所。

六、煙會大量流入之場所。

七、會結露之場所。

八、設有用火設備其火焰外露之場所。

九、其他對探測器機能會造成障礙之場所。

火焰式探測器不得設於下列處所：

一、前項第二款至第四款或第六款至第八款所列之處所。

二、水蒸氣會大量滯留之處所。

三、其他對探測器機能會造成障礙之處所。

前二項所列場所，依下表狀況，選擇適當探測器設置：

場所			1	2	3	4	5	6	7	8
			灰塵、粉末會大量滯留場所	水蒸氣會大量滯留之場所	會散發腐蝕性氣體之場所	平時煙會滯留之場所	顯著高溫之場所	排放廢氣會大量滯留之場所	煙會大量流入之場所	會結露之場所
適用探測器	差動式局限型	一種						○	○	
		二種						○	○	
	差動式分布型	一種	○		○			○	○	○
		二種	○	○	○			○	○	○
	補償式局限型	一種	○		○			○	○	○
		二種	○	○	○			○	○	○
	定溫式	特種	○	○	○	○	○		○	○
		一種		○	○	○	○		○	○
	火焰式	○					○			

註：

一、○表可選擇設置。

二、場所1、2、4、8所使用之定溫式或補償式探測器，應具有防水性能。

三、場所3所使用之定溫式或補償式探測器，應依腐蝕性氣體別，使用具耐酸或耐鹼性能者；使用差動式分布型時，其空氣管及檢出器應採有效措施，防範腐蝕性氣體侵蝕。

第118條

下表所列場所應就偵煙式、熱煙複合式或火焰式探測器選擇設置：

設置場所	樓梯或斜坡通道	走廊或通道（限供第十二條第一款、第二款第二目、第六目至第十目、第四款及第五款使用者）	昇降機之昇降坑道或配管配線管道間	天花板等高度在十五公尺以上，未滿二十公尺之場所	天花板等高度超過二十公尺之場所	地下層、無開口樓層及十一層以上之各樓層（前揭所列樓層限供第十二條第一款、第二款第二目、第六目、第八目至第十目及第五款使用者）
偵煙式	○	○	○	○		○
熱煙複合式		○				○
火焰式				○	○	○

註：○表可選擇設置。

第 119 條

探測器之探測區域，指探測器裝置面之四周以淨高四十公分以上之樑或類似構造體區劃包圍者。但差動式分布型及偵煙式探測器，其裝置面之四周淨高應爲六十公分以上。

第 120 條

差動式局限型、補償式局限型及定溫式局限型探測器，依下列規定設置：

一、探測器下端，裝設在裝置面下方三十公分範圍內。

二、各探測區域應設探測器數，依下表之探測器種類及裝置面高度，在每一有效探測範圍，至少設置一個。

裝置面高度			未滿四公尺		四公尺以上未滿八公尺	
建築物構造			防火構造建築物	其他建築物	防火構造建築物	其他建築物
探測器種類及有效探測範圍（平方公尺）	差動式局限型	一種	90	50	45	30
		二種	70	40	35	25
	補償式局限型	一種	90	50	45	30
		二種	70	40	35	25
	定溫式局限型	特種	70	40	35	25
		一種	60	30	30	15
		二種	20	15	–	–

三、具有定溫式性能之探測器，應裝設在平時之最高周圍溫度，比補償式局限型探測器之標稱定溫點或其他具有定溫式性能探測器之標稱動作溫度低攝氏二十度以上處。但具二種以上標稱動作溫度者，應設在平時之最高周圍溫度比最低標稱動作溫度低攝氏二十度以上處。

第 121 條

差動式分布型探測器，依下列規定設置：

一、差動式分布型探測器爲空氣管式時，應符合下列規定：

（一）每一探測區域內之空氣管長度，露出部分在二十公尺以上。

（二）裝接於一個檢出器之空氣管長度，在一百公尺以下。

（三）空氣管裝置在裝置面下方三十公分範圍內。

（四）空氣管裝置在自裝置面任一邊起一點五公尺以內之位置，其間距，在防火構造建築物，在九公尺以下，其他建築物在六公尺以下。但依探測區域規模及形狀能有效探測火災發生者，不在此限。

二、差動式分布型探測器爲熱電偶式時，應符合下列規定：
（一）熱電偶應裝置在裝置面下方三十公分範圍內。
（二）各探測區域應設探測器數，依下表之規定：

建築物構造	探測區域樓地板面積	應設探測器數
防火構造建築物	八十八平方公尺以下	至少四個
	超過八十八平方公尺	應設四個，每增加二十二平方公尺（包括未滿），增設一個。
其他建築物	七十二平方公尺以下	至少四個
	超過七十二平方公尺	應設四個，每增加十八平方公尺（包括未滿），增設一個。

（三）裝接於一個檢出器之熱電偶數，在二十個以下。
三、差動式分布型探測器爲熱半導體式時，應符合下列規定：
（一）探測器下端，裝設在裝置面下方三十公分範圍內。
（二）各探測區域應設探測器數，依下表之探測器種類及裝置面高度，在每一有效探測範圍，至少設置二個。但裝置面高度未滿八公尺時，在每一有效探測範圍，至少設置一個。

裝置面高度	建築物之構造	探測器種類及有效探測範圍（平方公尺）	
		一種	二種
未滿八公尺	防火構造建築物	65	36
	他建築物	40	23
八公尺以上未滿十五公尺	防火構造建築物	50	–
	其他建築物	30	–

（三）裝接於一個檢出器之感熱器數量，在二個以上十五個以下。前項之檢出器應設於便於檢修處，且與裝置面不得傾斜五度以上。

定溫式線型探測器，依下列規定設置：
一、探測器設在裝置面下方三十公分範圍內。
二、探測器在各探測區域，使用第一種探測器時，裝置在自裝置面任一點起水平距離三公尺（防火構造建築物爲四點五公尺）以內；使用第二種探測器時，裝在自裝置面任一點起水平距離一公尺（防火構造建築物爲三公尺）以內。

第 122 條

偵煙式探測器除光電式分離型外，依下列規定裝置：

一、居室天花板距樓地板面高度在二點三公尺以下或樓地板面積在四十平方公尺以下時，應設在其出入口附近。

二、探測器下端，裝設在裝置面下方六十公分範圍內。

三、探測器裝設於距離牆壁或樑六十公分以上之位置。

四、探測器除走廊、通道、樓梯及傾斜路面外，各探測區域應設探測器數，依下表之探測器種類及裝置面高度，在每一有效探測範圍，至少設置一個。

裝置面高度	探測器種類及有效探測範圍（平方公尺）	
	一種或二種	三種
未滿四公尺	150	50
四公尺以上未滿二十公尺	75	–

五、探測器在走廊及通道，步行距離每三十公尺至少設置一個；使用第三種探測器時，每二十公尺至少設置一個；且距盡頭之牆壁在十五公尺以下，使用第三種探測器應在十公尺以下。但走廊或通道至樓梯之步行距離在十公尺以下，且樓梯設有平時開放式防火門或居室有面向該處之出入口時，得免設。

六、在樓梯、斜坡通道及電扶梯，垂直距離每十五公尺至少設置一個；使用第三種探測器時，其垂直距離每十公尺至少設置一個。

七、在昇降機坑道及管道間（管道截面積在一平方公尺以上者），應設在最頂部。但昇降路頂部有昇降機機械室，且昇降路與機械室間有開口時，應設於機械室，昇降路頂部得免設。

第 123 條

光電式分離型探測器，依下列規定設置：

一、探測器之受光面設在無日光照射之處。

二、設在與探測器光軸平行牆壁距離六十公分以上之位置。

三、探測器之受光器及送光器，設在距其背部牆壁一公尺範圍內。

四、設在天花板等高度二十公尺以下之場所。

五、探測器之光軸高度，在天花板等高度百分之八十以上之位置。

六、探測器之光軸長度，在該探測器之標稱監視距離以下。

七、探測器之光軸與警戒區任一點之水平距離，在七公尺以下。

前項探測器之光軸，指探測器受光面中心點與送光面中心點之連結線。

第 124 條

火焰式探測器，依下列規定設置：

一、裝設於天花板、樓板或牆壁。

二、距樓地板面一點二公尺範圍內之空間，應在探測器標稱監視距離範圍內。

三、探測器不得設在有障礙物妨礙探測火災發生處。

四、探測器設在無日光照射之處。但設有遮光功能可避免探測障礙者，不在此限。

第 125 條

火警受信總機應依下列規定裝置：

一、具有火警區域表示裝置，指示火警發生之分區。

二、火警發生時，能發出促使警戒人員注意之音響。

三、附設與火警發信機通話之裝置。

四、一棟建築物內設有二臺以上火警受信總機時，設受信總機處，設有能相互同時通話連絡之設備。

五、受信總機附近備有識別火警分區之圖面資料。

六、裝置蓄積式探測器或中繼器之火警分區，該分區在受信總機，不得有雙信號功能。

七、受信總機、中繼器及偵煙式探測器，有設定蓄積時間時，其蓄積時間之合計，每一火警分區在六十秒以下，使用其他探測器時，在二十秒以下。

八、歌廳、舞廳、夜總會、俱樂部、錄影節目帶播映場所（MTV等）、視聽歌唱場所（KTV等）、酒家、酒吧、酒店（廊）或其他類似場所，因營業時音量或封閉式隔間等特性，致難以聽到火警警鈴聲響或辨識緊急廣播語音，於火災發生時，應連動停止相關娛樂用影音設備。

九、受信總機應具有於接受火災信號後一定時間內或再接受火災信號時，強制地區警報音響裝置鳴動之功能。

總樓地板面積未達三百五十平方公尺之建築物，得設置單回路火警受信總機，其裝置不受前項第一款及第三款至第五款之限制；符合第十九條第一項第四款所定之樓層及場所用途分類，且該層樓地板面積未達三百五十平方公尺者，亦同。

第 126 條

火警受信總機之位置，依下列規定裝置：

一、裝置於值日室等經常有人之處所。但設有防災中心時，設於該中心。

二、裝置於日光不直接照射之位置。

三、避免傾斜裝置，其外殼應接地。

四、壁掛型總機操作開關距離樓地板面之高度，在零點八公尺（座式操作者，為零點六公尺）以上一點五公尺以下。

第 127 條

火警自動警報設備之配線，除依用戶用電設備裝置規則外，依下列規定設置：

一、常開式之探測器信號回路，其配線採用串接式，並加設終端電阻，以便藉由火警受信總機作回路斷線自動檢出用。

二、P型受信總機採用數個分區共用一公用線方式配線時，該公用線供應之分區數，不得超過七個。

三、P型受信總機之探測器回路電阻，在五十Ω以下。

四、電源回路導線間及導線與大地間之絕緣電阻值，以直流二百五十伏特額定之絕緣電阻計測定，對地電壓在一百五十伏特以下者，在零點一MΩ以上，對地電壓超過一百五十伏特者，在零點二MΩ以上。探測器回路導線間及導線與大地間之絕緣電阻值，以直流二百五十伏特額定之絕緣電阻計測定，每一火警分區在零點一MΩ以上。

五、埋設於屋外或有浸水之虞之配線，採用電纜並穿於金屬管或塑膠導線管，與電力線保持三十公分以上之間距。

第 128 條

火警自動警報設備之緊急電源，應使用蓄電池設備，其容量能使其有效動作十分鐘以上。

第二節　手動報警設備

第 129 條

每一火警分區，依下列規定設置火警發信機：

一、按鈕按下時，能即刻發出火警音響。

二、按鈕前有防止隨意撥弄之保護板。

三、附設緊急電話插座。

四、裝置於屋外之火警發信機，具防水之性能。

二樓層共用一火警分區者，火警發信機應分別設置。但樓梯或管道間之火警分區，得免設。

第 130 條

設有火警發信機之處所，其標示燈應平時保持明亮，標示燈與裝置面成十五度角，在十公尺距離內須無遮視物且明顯易見。

第 131 條

設有火警發信機之處所，其火警警鈴，依下列規定設置：

一、電壓到達規定電壓之百分之八十時，能即刻發出音響。

二、在規定電壓下，離開火警警鈴一百公分處，所測得之音壓，在九十分貝以上。

三、電鈴絕緣電阻以直流二百五十伏特額定之絕緣電阻計測定，在二十MΩ以上。

四、警鈴音響應有別於建築物其他音響，並除報警外不得兼作他用。

依本章第三節設有緊急廣播設備時，得免設前項火警警鈴。

第 132 條

火警發信機、標示燈及火警警鈴，依下列規定裝置：

一、裝設於火警時人員避難通道內適當而明顯之位置。

二、火警發信機離地板面之高度在一點二公尺以上一點五公尺以下。

三、標示燈及火警警鈴距離地板面之高度，在二公尺以上二點五公尺以下。但與火警發信機合併裝設者，不在此限。

四、建築物內裝有消防立管之消防栓箱時，火警發信機、標示燈及火警警鈴裝設在消防栓箱上方牆上。

第三節　緊急廣播設備

第 133 條

緊急廣播設備，依下列規定裝置：

一、距揚聲器一公尺處所測得之音壓應符合下表規定：

揚聲器種類	音壓
L 級	92 分貝以上
M 級	87 分貝以上 92 分貝未滿
S 級	84 分貝以上 87 分貝未滿

二、揚聲器，依下列規定裝設：

（一）廣播區域超過一百平方公尺時，設L級揚聲器。

（二）廣播區域超過五十平方公尺一百平方公尺以下時，設L級或M級揚聲器。

（三）廣播區域在五十平方公尺以下時，設L級、M級或S級揚聲器。

（四）從各廣播區域內任一點至揚聲器之水平距離在十公尺以下。但居室樓地板面積在六平方公尺或由居室通往地面之主要走廊及通道樓地板面積在六平方公尺以下，其他非居室部分樓地板面積在三十平方公尺以下，且該區域與相鄰接區域揚聲器之水平距離相距八公尺以下時，得免設。

（五）設於樓梯或斜坡通道時，至少垂直距離每十五公尺設一個L級揚聲器。

三、樓梯或斜坡通道以外之場所，揚聲器之音壓及裝設符合下列規定者，不受前款第四目之限制：

（一）廣播區域內距樓地板面一公尺處，依下列公式求得之音壓在七十五分貝以上者。

P = p + 10log10（Q/4πr2 + 4(1 – a)/Sα）

p值：揚聲器音響功率（單位：dB）

Q值：揚聲器指向係數

r值：受音點至揚聲器之距離（單位：公尺）

α值：廣播區域之平均吸音率

S值：廣播區域內牆壁、樓地板及天花板面積之合計（單位：平方公尺）

（二）廣播區域之殘響時間在三秒以上時，距樓地板面一公尺處至揚聲器之距離，在下列公式求得值以下者。

r = 3/4QSα/π(1 – α)

r值：受音點至揚聲器之距離（單位：公尺）

Q值：揚聲器指向係數

S值：廣播區域內牆壁、樓地板及天花板面積之合計（單位：平方公尺）

α值：廣播區域之平均吸音率

第134條

裝設緊急廣播設備之建築物，依下列規定劃定廣播分區：

一、每一廣播分區不得超過一樓層。

二、室內安全梯或特別安全梯應垂直距離每四十五公尺單獨設定一廣播分區。安全梯或特別安全梯之地下層部分，另設定一廣播分區。

三、建築物挑空構造部分，所設揚聲器音壓符合規定時，該部分得爲一廣播分區。

第135條

緊急廣播設備與火警自動警報設備連動時，其火警音響之鳴動準用第一百十三條之規定。

緊急廣播設備之音響警報應以語音方式播放。緊急廣播設備之緊急電源，準用第一百二十八條之規定。

第136條

緊急廣播設備之啓動裝置應符合CNS　一〇五二二之規定，並依下列規定設置：

一、各樓層任一點至啓動裝置之步行距離在五十公尺以下。
二、設在距樓地板高度零點八公尺以上一點五公尺以下範圍內。
三、各類場所第十一層以上之各樓層、地下第三層以下之各樓層或地下建築物，應使用緊急電話方式啓動。

第 137 條

緊急廣播設備與其他設備共用者，在火災時應能遮斷緊急廣播設備以外之廣播。

第 138 條

擴音機及操作裝置，應符合CNS一〇五二二之規定，並依下列規定設置：
一、操作裝置與啓動裝置或火警自動警報設備動作連動，並標示該啓動裝置或火警自動警報設備所動作之樓層或區域。
二、具有選擇必要樓層或區域廣播之性能。
三、各廣播分區配線有短路時，應有短路信號之標示。
四、操作裝置之操作開關距樓地板面之高度，在零點八公尺以上（座式操作者，爲零點六公尺）一點五公尺以下。
五、操作裝置設於值日室等經常有人之處所。但設有防災中心時，設於該中心。

第 139 條

緊急廣播設備之配線，除依用戶用電設備裝置規則外，依下列規定設置：
一、導線間及導線對大地間之絕緣電阻值，以直流二百五十伏特額定之絕緣電阻計測定，對地電壓在一百五十伏特以下者，在零點一MΩ以上，對地電壓超過一百五十伏特者，在零點二MΩ以上。
二、不得與其他電線共用管槽。但電線管槽內之電線用於六十伏特以下之弱電回路者，不在此限。
三、任一層之揚聲器或配線有短路或斷線時，不得影響其他樓層之廣播。
四、設有音量調整器時，應爲三線式配線。

第四節　瓦斯漏氣火警自動警報設備

第 140 條

瓦斯漏氣火警自動警報設備依第一百十二條之規定劃定警報分區。前項瓦斯，指下列氣體燃料：
一、天然氣。
二、液化石油氣。
三、其他經中央主管機關指定者。

第 141 條

瓦斯漏氣檢知器，依瓦斯特性裝設於天花板或牆面等便於檢修處，並符合下列規定：

一、瓦斯對空氣之比重未滿一時，依下列規定：

（一）設於距瓦斯燃燒器具或瓦斯導管貫穿牆壁處水平距離八公尺以內。但樓板有淨高六十公分以上之樑或類似構造體時，設於近瓦斯燃燒器具或瓦斯導管貫穿牆壁處。

（二）瓦斯燃燒器具室內之天花板附近設有吸氣口時，設在距瓦斯燃燒器具或瓦斯導管貫穿牆壁處與天花板間，無淨高六十公分以上之樑或類似構造體區隔之吸氣口一點五公尺範圍內。

（三）檢知器下端，裝設在天花板下方三十公分範圍內。

二、瓦斯對空氣之比重大於一時，依下列規定：

（一）設於距瓦斯燃燒器具或瓦斯導管貫穿牆壁處水平距離四公尺以內。

（二）檢知器上端，裝設在距樓地板面三十公分範圍內。

三、水平距離之起算，依下列規定：

（一）瓦斯燃燒器具爲燃燒器中心點。

（二）瓦斯導管貫穿牆壁處爲面向室內牆壁處之瓦斯配管中心處。

第 142 條

瓦斯漏氣受信總機，依下列規定：

一、裝置於值日室等平時有人之處所。但設有防災中心時，設於該中心。

二、具有標示瓦斯漏氣發生之警報分區。

三、設於瓦斯導管貫穿牆壁處之檢知器，其警報分區應個別標示。

四、操作開關距樓地板面之高度，須在零點八公尺以上（座式操作者爲零點六公尺）一點五公尺以下。

五、主音響裝置之音色及音壓應有別於其他警報音響。

六、一棟建築物內有二臺以上瓦斯漏氣受信總機時，該受信總機處，設有能相互同時通話連絡之設備。

第 143 條

瓦斯漏氣之警報裝置，依下列規定：

一、瓦斯漏氣表示燈，依下列規定。但在一警報分區僅一室時，得免設之。

（一）設有檢知器之居室面向通路時，設於該面向通路部分之出入口附近。

（二）距樓地板面之高度，在四點五公尺以下。

（三）其亮度在表示燈前方三公尺處能明確識別，並於附近標明瓦斯漏氣表示燈字樣。

二、檢知器所能檢知瓦斯漏氣之區域內，該檢知器動作時，該區域內之檢知區域警報裝置能發出警報音響，其音壓在距一公尺處應有七十分貝以上。但檢知器具有發出警報功能者，或設於機械室等常時無人場所及瓦斯導管貫穿牆壁處者，不在此限。

第 144 條

瓦斯漏氣火警自動警報設備之配線，除依用戶用電設備裝置規則外，依下列規定：

一、電源回路導線間及導線對大地間之絕緣電阻值，以直流五百伏特額定之絕緣電阻計測定，對地電壓在一百五十伏特以下者，應在零點一MΩ以上，對地電壓超過一百五十伏特者，在零點二MΩ以上。檢知器回路導線間及導線與大地間之絕緣電阻值，以直流五百伏特額定之絕緣電阻計測定，每一警報分區在零點一MΩ以上。

二、常開式檢知器信號回路之配線採用串接式，並加設終端電阻，以便藉由瓦斯漏氣受信總機作斷線自動檢出用。

三、檢知器回路不得與瓦斯漏氣火警自動警報設備以外之設備回路共用。

第 145 條

瓦斯漏氣火警自動警報設備之緊急電源應使用蓄電池設備，其容量應能使二回路有效動作十分鐘以上，其他回路能監視十分鐘以上。

第 145-1 條

一一九火災通報裝置，依下列規定設置：

一、應具手動及自動啟動功能。

二、應設於值日室等經常有人之處所。但設有防災中心時，應設於該中心。

三、設置遠端啟動裝置時，應設有可與設置一一九火災通報裝置場所通話之設備。

四、手動啟動裝置之操作開關距離樓地板面之高度，在零點八公尺以上一點五公尺以下。

五、裝置附近，應設置送、收話器，並與其他內線電話明確區分。

六、應避免斜裝置，並採取有效防震措施。

第三章｜避難逃生設備

第一節　標示設備

第 146 條

下列處所得免設出口標示燈、避難方向指示燈或避難指標：

一、自居室任一點易於觀察識別其主要出入口，且與主要出入口之步行距離符合下列規定者。但位於地下建築物、地下層或無開口樓層者不適用之：

（一）該步行距離在避難層爲二十公尺以下，在避難層以外之樓層爲十公尺以下者，得免設出口標示燈。

（二）該步行距離在避難層爲四十公尺以下，在避難層以外之樓層爲三十公尺以下者，得免設避難方向指示燈。

（三）該步行距離在三十公尺以下者，得免設避難指標。

二、居室符合下列規定者：

（一）自居室任一點易於觀察識別該居室出入口，且依用途別，其樓地板面積符合下表規定。

途別	第十二條第一款第一目至第三目	第十二條第一款第四目、第五目、第七目、第二款第十目	第十二條第一款第六目、第二款第一目至第九目、第十一目、第十二目、第三款、第四款
居室樓地板面積	一百平方公尺以下	二百平方公尺以下	四百平方公尺以下

（二）供集合住宅使用之居室。

三、通往主要出入口之走廊或通道之出入口，設有探測器連動自動關閉裝置之防火門，並設有避難指標及緊急照明設備確保該指標明顯易見者，得免設出口標示燈。

四、樓梯或坡道，設有緊急照明設備及供確認避難方向之樓層標示者，得免設避難方向指示燈。

前項第一款及第三款所定主要出入口，在避難層，指通往戶外之出入口，設有排煙室者，爲該室之出入口；在避難層以外之樓層，指通往直通樓梯之出入口，設有排煙室者，爲該室之出入口。

第146-1條

出口標示燈及非設於樓梯或坡道之避難方向指示燈，其標示面縱向尺度及光度依等級區分如下：

區分		標示面縱向尺度（m）	標示面光度（cd）
出口標示燈	A級	零點四以上	五十以上
	B級	零點二以上，未滿零點四	十以上
	C級	零點一以上，未滿零點二	一點五以上
避難方向指示燈	A級	零點四以上	六十以上
	B級	零點二以上，未滿零點四	十三以上
	C級	零點一以上，未滿零點二	五以上

第146-2條

出口標示燈及避難方向指示燈之有效範圍，指至該燈之步行距離，在下列二款之一規定步行距離以下之範圍。但有不易看清或識別該燈情形者，該有效範圍爲十公尺：

一、依下表之規定：

區分			步行距離（公尺）
出口標示燈	A級	未顯示避難方向符號者	六十
		顯示避難方向符號者	四十
	B級	未顯示避難方向符號者	三十
		顯示避難方向符號者	二十
	C級		十五
避難方向指示燈	A級		二十
	B級		十五
	C級		十

二、依下列計算值：

$D = kh$

式中，D：步行距離（公尺）

h：出口標示燈或避難方向指示燈標示面之縱向尺度（公尺）

k：依下表左欄所列區分，採右欄對應之k值

區分		k值
出口標示燈	未顯示避難方向符號者	一百五十
	顯示避難方向符號者	一百
避難方向指示燈		五十

第 146-3 條

出口標示燈應設於下列出入口上方或其緊鄰之有效引導避難處：

一、通往戶外之出入口；設有排煙室者，爲該室之出入口。

二、通往直通樓梯之出入口；設有排煙室者，爲該室之出入口。

三、通往前二款出入口，由室內往走廊或通道之出入口。

四、通往第一款及第二款出入口，走廊或通道上所設跨防火區劃之防火門。

避難方向指示燈，應裝設於設置場所之走廊、樓梯及通道，並符合下列規定：

一、優先設於轉彎處。

二、設於依前項第一款及第二款所設出口標示燈之有效範圍內。

三、設於前二款規定者外，把走廊或通道各部分包含在避難方向指示燈有效範圍內，必要之地點。

第 146-4 條

出口標示燈及避難方向指示燈之裝設，應符合下列規定：

一、設置位置應不妨礙通行。

二、周圍不得設有影響視線之裝潢及廣告招牌。

三、設於地板面之指示燈，應具不因荷重而破壞之強度。

四、設於可能遭受雨淋或溼氣滯留之處所者，應具防水構造。

第 146-5 條

出口標示燈及非設於樓梯或坡道之避難方向指示燈，設於下列場所時，應使用A級或B級；出口標示燈標示面光度應在二十燭光（cd）以上，或具閃滅功能；避難方向指示燈標示面光度應在二十五燭光（cd）以上。但設於走廊，其有效範圍內各部分容易識別該燈者，不在此限：

一、供第十二條第二款第一目、第三款第三目或第五款第三目使用者。

二、供第十二條第一款第一目至第五目、第七目或第五款第一目使用，該層樓地板面積在一千平方公尺以上者。

三、供第十二條第一款第六目使用者。其出口標示燈並應採具閃滅功能，或兼具音聲引導功能者。

前項出口標示燈具閃滅或音聲引導功能者，應符合下列規定：

一、設於主要出入口。
二、與火警自動警報設備連動。
三、由主要出入口往避難方向所設探測器動作時，該出入口之出口標示燈應停止閃滅及音聲引導。

避難方向指示燈設於樓梯或坡道者，在樓梯級面或坡道表面之照度，應在一勒克司（lx）以上。

第 146-6 條

觀眾席引導燈之照度，在觀眾席通道地面之水平面上測得之值，在零點二勒克司（lx）以上。

第 146-7 條

出口標示燈及避難方向指示燈，應保持不熄滅。

出口標示燈及非設於樓梯或坡道之避難方向指示燈，與火警自動警報設備之探測器連動亮燈，且配合其設置場所使用型態採取適當亮燈方式，並符合下列規定之一者，得予減光或消燈。

一、設置場所無人期間。
二、設置位置可利用自然採光辨識出入口或避難方向期間。
三、設置在因其使用型態而特別需要較暗處所，於使用上較暗期間。
四、設置在主要供設置場所管理權人、其雇用之人或其他固定使用之人使用之處所。

設於樓梯或坡道之避難方向指示燈，與火警自動警報設備之探測器連動亮燈，且配合其設置場所使用型態採取適當亮燈方式，並符合前項第一款或第二款規定者，得予減光或消燈。

第 147 條～第 152 條

（刪除）

第 153 條

避難指標，依下列規定設置：

一、設於出入口時，裝設高度距樓地板面一點五公尺以下。
二、設於走廊或通道時，自走廊或通道任一點至指標之步行距離在七點五公尺以下。且優先設於走廊或通道之轉彎處。
三、周圍不得設有影響視線之裝潢及廣告招牌。
四、設於易見且採光良好處。

第154條

出口標示燈及避難方向指示燈，應符合出口標示燈及避難方向指示燈認可基準規定。

避難指標之構造，應符合CNS一〇二〇八之規定。

第155條

出口標示燈及避難方向指示燈之緊急電源應使用蓄電池設備，其容量應能使其有效動作二十分鐘以上。但設於下列場所之主要避難路徑者，該容量應在六十分鐘以上，並得採蓄電池設備及緊急發電機併設方式：

一、總樓地板面積在五萬平方公尺以上。

二、高層建築物，其總樓地板面積在三萬平方公尺以上。

三、地下建築物，其總樓地板面積在一千平方公尺以上。

前項之主要避難路徑，指符合下列規定者：

一、通往戶外之出入口；設有排煙室者，爲該室之出入口。

二、通往直通樓梯之出入口；設有排煙室者，爲該室之出入口。

三、通往第一款出入口之走廊或通道。

四、直通樓梯。

第156條

出口標示燈及避難方向指示燈之配線，依用戶用電設備裝置規則外，並應符合下列規定：

一、蓄電池設備集中設置時，直接連接於分路配線，不得裝置插座或開關等。

二、電源回路不得設開關。但以三線式配線使經常充電或燈具內置蓄電池設備者，不在此限。

第二節　避難器具

第157條

避難器具，依下表選擇設置之：

設置場所應設數量		地下層	第二層	第三層、第四層或第五層	第六層以上之樓層
1	第二層以上之樓層或地下層供第十二條第一款第六目、第二款第十二目使用，其收容人員在二十人（其下面樓層供第十二條第一款第一目至第五目、第七目、第二款第二目、第六	避難梯	避難梯、避難橋、緩降機、救助袋、滑臺	避難橋、救助袋、滑臺	避難橋、救助袋、滑臺

	設置場所應設數量	地下層	第二層	第三層、第四層或第五層	第六層以上之樓層
	目、第七目、第三款第三目或第四款所列場所使用時，應為十人）以上一百人以下時，設一具；超過一百人時，每增加（包含未滿）一百人增設一具。				
2	第二層以上之樓層或地下層供第十二條第一款第三目、第二款第七目使用，其收容人員在三十人（其下面樓層供第十二條第一款第一目、第二目、第四目、第五目、第七目、第二款第二目、第六目、第七目之住宿型精神復建機構或第四款所列場所使用時，應為十人）以上一百人以下時，設一具；超過一百人時，每增加（包括未滿）一百人增設一具。	避難梯	避難梯、避難橋、避難繩索、緩降機、救助袋、滑臺、滑杆	避難梯、避難橋、緩降機、救助袋、滑臺	避難梯、避難橋、緩降機、救助袋、滑臺
3	第二層以上之樓層或地下層供第十二條第一款第一目、第二目、第四目、第五目、第七目或第二款第一目至第五目、第八目、第九目所列場所使用，其收容人員在五十人以上二百人以下時，設一具；超過二百人時，每增加二百人（包括未滿）增設一具。	避難梯	同上	同上	同上
4	第三層以上之樓層或地下層供第十二條第二款第六目、第十目或第四款所列場所使用，其收容人員在一百人以上三百人以下時，設一具；超過三百人，每增加三百人（包括未滿）增設一具。	避難梯		同上	同上
5	第十二條所列各類場所第三層（供第十二條第一款第一目至第三目所列場所使用，或供同條第五款第一目使用之二樓有第一款第一目至第三目所列場所使用時，應為二樓）以上之樓層，其直通避難層或地面之樓梯僅一座，且收容人員在十人以上一百人以下時，應設一具，超過一百人時，每增加（包括未滿）一百人增設一具。		同上	同上	同上

註：設置場所各樓層得選設之器具，除依本表規定外，亦得選設經中央消防主管機關認可之避難器具。

第158條

各類場所之各樓層，其應設避難器具得分別依下列規定減設之：

一、前條附表1、至5所列場所，符合下列規定者，其設置場所應設數量欄所列收容人員一百人、二百人及三百人，得分別以其加倍數值，重新核算其應設避難器具數：

（一）建築物主要構造爲防火構造者。

（二）設有二座以上不同避難方向之安全梯者。但剪刀式樓梯視爲一座。

二、設有避難橋之屋頂平臺，其直下層設有二座以上安全梯可通達，且屋頂平臺合於下列規定時，其直下層每一座避難橋可減設二具：

（一）屋頂平臺淨空間面積在一百平方公尺以上。

（二）臨屋頂平臺出入口設具半小時以上防火時效之防火門窗，且無避難逃生障礙。

（三）通往避難橋必須經過之出入口，具容易開關之構造。

三、設有架空走廊之樓層，其架空走廊合於下列規定者，該樓層每一座架空走廊可減設二具：

（一）爲防火構造。

（二）架空走廊二側出入口設有能自動關閉之具一小時以上防火時效之防火門（不含防火鐵捲門）。

（三）不得供避難、通行及搬運以外之用途使用。

第159條

各類場所之各樓層符合下列規定之一者，其應設之避難器具得免設：

一、主要構造爲防火構造，居室面向戶外部分，設有陽臺等有效避難設施，且該陽臺等設施設有可通往地面之樓梯或通往他棟建築物之設施。

二、主要構造爲防火構造，由居室或住戶可直接通往直通樓梯，且該居室或住戶所面向之直通樓梯，設有隨時可自動關閉之具一小時以上防火時效之防火門（不含防火鐵捲門），且收容人員未滿三十人。

三、供第十二條第二款第六目、第十目或第四款所列場所使用之樓層，符合下列規定者：

（一）主要構造爲防火構造。

（二）設有二座以上安全梯，且該樓層各部分均有二個以上不同避難逃生路徑能通達安全梯。

四、供第十二條第二款第一目、第二目、第五目、第八目或第九目所列場所使用之樓層，除符合前款規定外，且設有自動撒水設備或內部裝修符合建築技術規則建築設計施工篇第八十八條規定者。

五、供第十二條第一款第六目之榮譽國民之家、長期照顧服務機構（

式、社區式之建築物使用類組非屬H條之二之日間照顧、團體家屋及小規模多機能）、老人福利機構（限長期照護型、養護型、失智照顧型之長期照顧機構、安養機構）、兒童及少年福利機構（限托嬰中心、早期療育機構、有收容未滿二歲兒童之安置及教養機構）、護理機構（限一般護理之家、精神護理之家、產後護理機構）、身心障礙福利機構（限供住宿養護、日間服務、臨時及短期照顧者）場所使用之樓層，符合下列規定者：

（一）各樓層以具一小時以上防火時效之牆壁及防火設備分隔為二個以上之區劃，各區劃均以走廊連接安全梯，或分別連接不同安全梯。

（二）裝修材料以耐燃一級材料裝修。

（三）設有火警自動警報設備及自動撒水設備（含同等以上效能之滅火設備）。

第 160 條

第一百五十七條表列收容人員之計算，依下表規定：

	各類場所	收容人員計算方式
1	電影片映演場所（戲院、電影院）、歌廳、集會堂、體育館、活動中心	其收容人員人數，為下列各款合計之數額： 一、從業員工數。 二、各觀衆席部分以下列數額合計之。 （一）設固定席位部分以該部分座椅數計之。如為連續式席位，為該座椅正面寬度除零點四公尺所得之數（未滿一之零數不計）。 （二）設立位部分以該部分樓地板面積除零點二平方公尺所得之數。 （三）其他部分以該部分樓地板面積除零點五平方公尺所得之數。
[illegible]	[illegible]、資訊休閒場	其收容人員人數，為下列各款合計之數額： 一、從業員工數。 二、遊樂用機械器具能供進行遊樂之人數。

	各類場所	收容人員計算方式
		三、供觀覽、飲食或休息使用設固定席位者，以該座椅數計之。如爲連續式席位，爲該座椅正面寬度除零點五公尺所得之數（未滿一之零數不計）。
3	舞廳、舞場、夜總會、俱樂部、酒家、酒吧、酒店（廊）、理容院、指壓按摩場所、節目錄影帶播映場所、視聽歌唱場所、保齡球館、室內溜冰場、撞球場、健身休閒中心（含提供指壓、三溫暖等設施之美容瘦身場所）、室內螢幕式高爾夫練習場、餐廳、飲食店、咖啡廳、茶藝館及其他類似場所	其收容人員人數，爲下列各款合計之數額： 一、從業員工數。 二、各客人座席部分以下列數額合計之： （一）設固定席位部分，以該部分座椅數計之。如爲連續式席位，爲該座椅正面寬度除零點五公尺所得之數（未滿一之零數不計）。 （二）其他部分以該部分樓地板面積除三平方公尺所得之數。 三、保齡球館之球場以附屬於球道之座椅數爲準。 四、視聽歌唱場所之包廂，以其固定座椅數及麥克風數之合計爲準。
4	商場、市場、百貨商場、超級市場、零售市場、展覽場	其收容人員人數，爲下列各款合計之數額： 一、從業員工數。 二、供從業人員以外者使用部分，以下列數額合計： （一）供飲食或休息用部分，以該部分樓地板面積除三平方公尺所得之數。 （二）其他部分以該部分樓地板面積除四平方公尺所得之數。 三、百貨商場之櫥窗部分，應列爲其他部分核算。

	各類場所	收容人員計算方式
5	觀光飯店、飯店、旅館、招待所（限有寢室客房者）	其收容人員人數，為下列各款合計之數額： 一、從業員工數。 二、各客房部分，以下列數額合計： （一）西式客房之床位數。 （二）日式客房以該房間之樓地板面積除六平方公尺（以團體為主之宿所，應為三平方公尺）所得之數。 三、供集會、飲食或休息用部分，以下列數額合計： （一）設固定席位部分，以該座椅數計之。如為連續式席位，為該座椅正面寬度除零點五公尺所得之數（未滿一之零數不計）。 （二）其他部分以該部分樓地板面積除三平方公尺所得之數。
6	集合住宅、寄宿舍	合計其居住人數，每戶以三人計算。
7	醫療機構（醫院、診所）、療養院	其收容人員人數，為下列各款合計之數額： 一、從業員工數。 二、病房內病床數。 三、各候診室之樓地板面積和除三平方公尺所得之數。 四、醫院等場所育嬰室之嬰兒，應列為收容人員計算。
8	長期照護機構（長期照護型、養護型、失智照顧型）、安養機構、老人服務機構（限供日間照顧、臨時照顧、短期保護及安置使用者）、兒童福利設施、幼兒園、托嬰中心、護理之家機構、產後護理機構	從業員工數與老人、幼兒、身體障礙者、精神耗弱者及其他需保護者之人數合計之。

	各類場所	收容人員計算方式
9	學校、啓明、啓聰、啓智等特殊學校、補習班、訓練班、兒童與少年福利機構、K書中心、安親（才藝）班	教職員工數與學生數合計之。
10	圖書館、博物館、美術館、紀念館、史蹟資料館及其他類似場所	從業員工數與閱覽室、展示室、展覽室、會議室及休息室之樓地板面積和除三平方公尺所得之數，合計之。
11	三溫暖、公共浴室	從業員工數與供浴室、更衣室、按摩室及休息室之樓地板面積和除三平方公尺所得之數，合計之。
12	寺廟、宗祠、教堂、供存放骨灰（骸）之納骨堂（塔）及其他類似場所	神職人員及其他從業員工數與供禮拜、集會或休息用部分之樓地板面積和除三平方公尺所得之數，合計之。
13	車站、候機室、室內停車場、室內停車空間、電影攝影場、電視播送場、倉庫、傢俱展示販售場等工作場所	從業員工數之合計。
14	其他場所	從業員工數與供從業員以外者所使用部分之樓地板面積和除三平方公尺所得之數，合計之。

註：一、收容人數之計算應以樓層爲單位。

二、依「複合用途建築物判斷基準」判定該場所不同用途，在管理及使用型態上，構成從屬於主用途時，以主用途來核算其收容人數。

三、從業員工數之計算，依下列規定：

（一）從業員工，不分正式或臨時，以平時最多服勤人數計算。但雇用人員屬短期、臨時性質者，得免計入。

（二）勤務制度採輪班制時，以服勤人員最多時段之從業員工數計算。但交班時，不同時段從業員工重複在勤時，該重複時段之從業員工數不列入計算。

（三）外勤員工有固定桌椅者，應計入從業員工數。

四、計算收容人員之樓地板面積，依下列規定：

（一）樓地板面積除單位面積所得之數，未滿一之零數不計。

（二）走廊、樓梯及廁所，原則上不列入計算收容人員之樓地板面積。

五、固定席位，指構造上固定，或設在一定場所固定使用且不易移動者。下列情形均應視爲固定席位：

（一）沙發等座椅。

（二）座椅相互連接者。

（三）平時在同一場所，固定使用，且不易移動之座椅。

第 161 條

避難器具，依下列規定裝設：

一、設在避難時易於接近處。

二、與安全梯等避難逃生設施保持適當距離。

三、供避難器具使用之開口部，具有安全之構造。

四、避難器具平時裝設於開口部或必要時能迅即裝設於該開口部。

五、設置避難器具（滑杆、避難繩索及避難橋除外）之開口部，上下層應交錯配置，不得在同一垂直線上。但在避難上無障礙者不在此限。

第 162 條

避難器具，依下表規定，於開口部保有必要開口面積：

種類	開口面積
緩降機、避難梯、避難繩索及滑杆	高八十公分以上，寬五十公分以上或高一百公分以上，寬四十五公分以上。
救助袋	高六十公分以上，寬六十公分以上。
滑臺	高八十公分以上，寬為滑臺最大寬度以上。
避難橋	高一百八十公分以上，寬為避難橋最大寬度以上。

第 163 條

避難器具，依下表規定，於設置周圍無操作障礙，並保有必要操作面積：

種類	操作面積
緩降機、避難梯、避難繩索及滑杆	零點五平方公尺以上（不含避難器具所佔面積），但邊長應為六十公分以上。
救助袋	寬一百五十公分以上，長一百五十公分以上（含器具所佔面積）。但無操作障礙，且操作面積在二點二五平方公尺以上時，不在此限。
滑臺、避難橋	依避難器具大小及形狀留置之。

第 164 條

避難器具，依下表規定，於開口部與地面之間保有必要下降空間：

種類	下降空間
緩降機	以器具中心半徑零點五公尺圓柱形範圍內。但突出物在十公分以內，且無避難障礙者，或超過十公分時，能採取不損繩索措施者，該突出物得在下降空間範圍內。

避難梯	自避難梯二側豎桿中心線向外二十公分以上及其前方六十五公分以上之範圍內。
避難繩索及滑杆	無避難障礙之空間。
救助袋（斜降式）	救助袋下方及側面，在上端二十五度，下端三十五度方向依下圖所圍範圍內。但沿牆面使用時，牆面側不在此限。
救助袋（直降式）	一、救助袋與牆壁之間隔為三十公分以上。但外牆有突出物，且突出物距救助袋支固器具裝設處在三公尺以上時，應距突出物前端五十公分以上。 二、以救助袋中心，半徑一公尺圓柱形範圍內。
滑臺	滑面上方一公尺以上及滑臺兩端向外二十公分以上所圍範圍內。
避難橋	避難橋之寬度以上及橋面上方二公尺以上所圍範圍內。

第 165 條

避難器具依下表規定，於下降空間下方保有必要下降空地：

種類	下降空間
緩降機	下降空間之投影面積。
避難梯	下降空間之投影面積。
避難繩索及滑杆	無避難障礙之空地。
救助袋（斜降式）	救助袋最下端起二點五公尺及其中心線左右一公尺以上所圍範圍。
救助袋（直降式）	下降空間之投影面積。
滑臺	滑臺前端起一點五公尺及其中心線左右零點五公尺所圍範圍。
避難橋	無避難障礙之空地。

第 166 條

設置避難器具時，依下表標示其設置位置、使用方法並設置指標：

<table>
<tr><th>避難器具
標示種類</th><th>設置處所</th><th>尺寸</th><th>顏色</th><th>標示方法</th></tr>
<tr><td>設置位置</td><td rowspan="2">避難器具或其附近明顯易見處。</td><td>長三十六公分以上、寬十二公分以上。</td><td rowspan="2">白底黑字</td><td>字樣為「避難器具」，每字五平方公分以上。但避難梯等較普及之用語，得直接使用其名稱為字樣。</td></tr>
<tr><td>使用方法</td><td>長六十公分以上、寬三十公分以上。</td><td>標示易懂之使用方法，每字一平方公分以上。</td></tr>
<tr><td>避難器具指標</td><td>通往設置位置之走廊、通道及居室之入口。</td><td>長三十六公分以上、寬十二公分以上。</td><td></td><td>字樣為「避難器具」，每字五平方公分以上。</td></tr>
</table>

第 167 條

緩降機應依下列規定設置：

一、緩降機之設置，在下降時，所使用繩子應避免與使用場所牆面或突出物接觸。

二、緩降機所使用繩子之長度，以其裝置位置至地面或其他下降地點之等距離長度為準。

三、緩降機支固器具之裝置，依下列規定：

（一）設在使用場所之柱、地板、樑或其他構造上較堅固及容易裝設場所。

（二）以螺栓、熔接或其他堅固方法裝置。

第 168 條

滑臺，依下列規定設置：

一、安裝在使用場所之柱、地板、樑或其他構造上較堅固或加強部分。

二、以螺栓、埋入、熔接或其他堅固方法裝置。

三、設計上無使用障礙，且下降時保持一定之安全速度。

四、有防止掉落之適當措施。

五、滑台之構造、材質、強度及標示符合CNS、一三二三一之規定。

第 169 條

避難橋，依下列規定設置：

一、裝置在使用場所之柱、地板或其他構造上較堅固或加強部分。

二、一邊以螺栓、熔接或其他堅固方法裝置。

三、避難橋之構造、材質、強度及標示符合CNS、一三二三一之規定。

第 170 條

救助袋依下列規定設置：

一、救助袋之長度應無避難上之障礙，且保持一定之安全下滑速度。

二、裝置在使用場所之柱、地板、樑或其他構造上堅固或加強部分。

三、救助袋支固器具以螺栓、熔接或其他堅固方法裝置。

第 171 條

避難梯依下列規定設置：

一、固定梯及固定式不銹鋼爬梯（直接嵌於建築物牆、柱等構造，不可移動或收納者）應符合下列規定：

（一）裝置在使用場所之柱、地板、樑或其他構造上較堅固或加強部分。

（二）以螺栓、埋入、熔接或其他堅固方法裝置。

（三）橫桿與使用場所牆面保持十公分以上之距離。

二、第四層以上之樓層設避難梯時，應設固定梯，並合於下列規定：

（一）設於陽臺等具安全且容易避難逃生構造處，其樓地板面積至少二平方公尺，並附設能內接直徑六十公分以上之逃生孔。

（二）固定梯之逃生孔應上下層交錯配置，不得在同一直線上。

三、懸吊型梯應符合下列規定：

（一）懸吊型梯固定架設在使用場所之柱、地板、樑或其他構造上較堅固及容易裝設處所。但懸吊型固定梯能直接懸掛於堅固之窗臺等處所時，得免設固定架。

（二）懸吊型梯橫桿在使用時，與使用場所牆面保持十公分以上之距離。

第 172 條

滑杆及避難繩索，依下列規定設置：

一、長度以其裝置位置至地面或其他下降地點之等距離長度爲準。

二、滑杆上端與下端應能固定。

三、固定架，依前條第三款第一目之規定設置。

第 173 條

供緩降機或救助袋使用之支固器具及供懸吊型梯、滑杆或避難繩索使用之固定架，應使用符合CNS二四七三、四四三五規定或具有同等以上強度及耐久性之材料，並應施予耐腐蝕加工處理。

第 174 條

固定架或支固器具使用螺栓固定時，依下列規定：

一、使用錨定螺栓。

二、螺栓埋入混凝土內不含灰漿部分之深度及轉矩值，依下表規定。

螺紋標稱	埋入深度（mm）	轉矩值（kgf-cm）
M10×1.5	四十五以上	一百五十至二百五十
M12×1.75	六十以上	三百至四百五十
M16×2	七十以上	六百至八百五十

第三節　緊急照明設備

第 175 條

緊急照明燈之構造，依下列規定設置：

一、白熾燈爲雙重繞燈絲燈泡，其燈座爲瓷製或與瓷質同等以上之耐熱絕緣材料製成者。

二、日光燈爲瞬時起動型，其燈座爲耐熱絕緣樹脂製成者。

三、水銀燈爲高壓瞬時點燈型，其燈座爲瓷製或與瓷質同等以上之耐熱絕緣材料製成者。

四、其他光源具有與前三款同等耐熱絕緣性及瞬時點燈之特性，經中央主管機關核准者。

五、放電燈之安定器，裝設於耐熱性外箱。

第 176 條

緊急照明設備除內置蓄電池式外，其配線依下列規定：

一、照明器具直接連接於分路配線，不得裝置插座或開關等。

二、緊急照明燈之電源回路，其配線依第二百三十五條規定施予耐燃保護。但天花板及其底材使用不燃材料時，得施予耐熱保護。

第 177 條

緊急照明設備應連接緊急電源。

前項緊急電源應使用蓄電池設備，其容量應能使其持續動作三十分鐘以上。但採蓄電池設備與緊急發電機併設方式時，其容量應能使其持續動作分別爲十分鐘及三十分鐘以上。

第 178 條

緊急照明燈在地面之水平面照度，使用低照度測定用光電管照度計測得之值，在地下建築物之地下通道，其地板面應在十勒克司（Lux）以上，其他場所應在二勒克司（Lux）以上。但在走廊曲折點處，應增設緊急照明燈。

第 179 條

下列處所得免設緊急照明設備：

一、在避難層，由居室任一點至通往屋外出口之步行距離在三十公尺以下之居室。

二、具有效採光，且直接面向室外之通道或走廊。

三、集合住宅之居室。

四、保齡球館球道以防煙區劃之部分。

五、工作場所中，設有固定機械或裝置之部分。

六、洗手間、浴室、盥洗室、儲藏室或機械室。

第四章｜消防搶救上之必要設備

第一節　連結送水管

第180條

出水口及送水口，依下列規定設置：

一、出水口設於地下建築物各層或建築物第三層以上各層樓梯間或緊急升降機間等（含該處五公尺以內之處所）消防人員易於施行救火之位置，且各層任一點至出水口之水平距離在五十公尺以下。

二、出水口爲雙口形，接裝口徑六十三毫米快速接頭，距樓地板面之高度在零點五公尺以上一點五公尺以下，並設於厚度在一點六毫米以上之鋼板或同等性能以上之不燃材料製箱內，其箱面短邊在四十公分以上，長邊在五十公分以上，並標明出水口字樣，每字在二十平方公分以上。但設於第十層以下之樓層，得用單口形。

三、在屋頂上適當位置至少設置一個測試用出水口。

四、送水口設於消防車易於接近，且無送水障礙處，其數量在立管數以上。

五、送水口爲雙口形，接裝口徑六十三毫米陰式快速接頭，距基地地面之高度在一公尺以下零點五公尺以上，且標明連結送水管送水口字樣。

六、送水口在其附近便於檢查確認處，裝設逆止閥及止水閥。

第181條

配管，依下列規定設置：

一、應爲專用，其立管管徑在一百毫米以上。但建築物高度在五十公尺以下時，得與室內消防栓共用立管，其管徑在一百毫米以上，支管管徑在六十五毫米以上。

二、符合CNS六四四五、四六二六規定或具有同等以上強度、耐腐蝕性及耐熱性者。但其送水設計壓力逾每平方公分十公斤時，應使用符合CNS四六二六管號Sch40以上或具有同等以上強度、耐腐蝕性及耐熱性之配管。

三、同一建築物內裝置二支以上立管時，立管間以橫管連通。

四、管徑依水力計算配置之。

五、能承受送水設計壓力一點五倍以上之水壓，且持續三十分鐘。但設有中繼幫浦時，幫浦二次側配管，應能承受幫浦全閉揚程一點五倍以上之水壓。

第 182 條

十一層以上之樓層，各層應於距出水口五公尺範圍內設置水帶箱，箱內備有直線水霧兩用瞄子一具，長二十公尺水帶二條以上，且具有足夠裝置水帶及瞄子之深度，其箱面表面積應在零點八平方公尺以上，並標明水帶箱字樣，每字應在二十平方公分以上。

前項水帶箱之材質應爲厚度在一點六毫米以上之鋼板或同等性能以上之不燃材料。

第 183 條

建築物高度超過六十公尺者，連結送水管應採用濕式，其中繼幫浦，依下列規定設置：

一、中繼幫浦全揚程在下列計算值以上：

全揚程 = 消防水帶摩擦損失水頭 + 配管摩擦損失水頭 + 落差 + 放水壓力

$H = h1 + h2 + h3 + 60m$

二、中繼幫浦出水量在每分鐘二千四百公升以上。

三、於送水口附近設手動啓動裝置及紅色啓動表示燈。但設有能由防災中心遙控啓動，且送水口與防災中心間設有通話裝置者，得免設。

四、中繼幫浦一次側設出水口、止水閥及壓力調整閥，並附設旁通管，二次側設逆止閥、止水閥及送水口。

五、屋頂水箱有零點五立方公尺以上容量，中繼水箱有二點五立方公尺以上。

六、進水側配管及出水側配管間設旁通管，並於旁通管設逆止閥。

七、全閉揚程與押入揚程合計在一百七十公尺以上時，增設幫浦使串聯運轉。

八、設置中繼幫浦之機械室及連結送水管送水口處，設有能與防災中心通話之裝置。

九、中繼幫浦放水測試時，應從送水口以送水設計壓力送水，並以口徑二十一毫米瞄子在最頂層測試，其放水壓力在每平方公分六公斤以上或0.6MPa以上，且放水量在每分鐘六百公升以上，送水設計壓力，依下圖標明於送水口附近明顯易見處。

第 184 條

送水設計壓力，依下列規定計算：

一、送水設計壓力在下列計算值以上：

送水設計壓力 = 配管摩擦損失水頭 + 消防水帶摩擦損失水頭 + 落差 + 放水

壓力

H = h1 + h2 + h3 + 60m

二、消防水帶摩擦損失水頭爲四公尺。

三、立管水量，最上層與其直下層間爲每分鐘一千二百公升，其他樓層爲每分鐘二千四百公升。

四、每一線瞄子支管之水量爲每分鐘六百公升。

第二節　消防專用蓄水池

第 185 條

消防專用蓄水池，依下列規定設置：

一、蓄水池有效水量應符合下列規定設置：

（一）依第二十七條第一款及第三款設置者，其第一層及第二層樓地板面積合計後，每七千五百平方公尺（包括未滿）設置二十立方公尺以上。

（二）依第二十七條第二款設置者，其總樓地板面積每一萬二千五百平方公尺（包括未滿）設置二十立方公尺以上。

二、任一消防專用蓄水池至建築物各部分之水平距離在一百公尺以下，且其有效水量在二十立方公尺以上。

三、設於消防車能接近至其二公尺範圍內，易於抽取處。

四、有進水管投入後，能有效抽取所需水量之構造。

五、依下列規定設置投入孔或採水口。

（一）投入孔爲邊長六十公分以上之正方形或直徑六十公分以上之圓孔，並設鐵蓋保護之。水量未滿八十立方公尺者，設一個以上；八十立方公尺以上者，設二個以上。

（二）採水口爲口徑一百毫米，並接裝陽式螺牙。水量二十立方公尺以上，設一個以上；四十立方公尺以上至一百二十立方公尺未滿，設二個以上；一百二十立方公尺以上，設三個以上。採水口配管口徑至少一百毫米以上，距離基地地面之高度在一公尺以下零點五公尺以上。

前項有效水量，指蓄水池深度在基地地面下四點五公尺範圍內之水量。但採機械方式引水時，不在此限。

第 186 條

消防專用蓄水池採機械方式引水時，除依前條第一項第一款及第二款後段規定外，任一採水口至建築物各部分之水平距離在一百公尺以下，並依下列規定設置加壓送水裝置及採水口：

一、加壓送水裝置出水量及採水口數，符合下表之規定。

水量（m^3）	出水量 （1/min）	採水口數（個）
四十未滿	一千一百	一
四十以上一百二十未滿	二千二百	二
一百二十以上	三千三百	三

二、加壓送水裝置幫浦全揚程在下列計算方式之計算值以上：

全揚程 = 落差 + 配管摩擦損失水頭 + 15m

H = h1 + h2 + 15m

三、加壓送水裝置應於採水口附近設啓動裝置及紅色啓動表示燈。但設有能由防災中心遙控啓動，且採水口與防災中心間設有通話連絡裝置者，不在此限。

四、採水口接裝六十三毫米陽式快接頭，距離基地地面之高度在一公尺以下零點五公尺以上。

第 187 條

消防專用蓄水池之標示，依下列規定設置：

一、進水管投入孔標明消防專用蓄水池字樣。

二、採水口標明採水口或消防專用蓄水池採水口字樣。

第三節　排煙設備

第 188 條

第二十八條第一項第一款至第四款排煙設備，依下列規定設置：

一、每層樓地板面積每五百平方公尺內，以防煙壁區劃。但戲院、電影院、歌廳、集會堂等場所觀衆席，及工廠等類似建築物，其天花板高度在五公尺以上，且天花板及室內牆面以耐燃一級材料裝修者，不在此限。

二、地下建築物之地下通道每三百平方公尺應以防煙壁區劃。

三、依第一款、第二款區劃（以下稱爲防煙區劃）之範圍內，任一位置至排煙口之水平距離在三十公尺以下，排煙口設於天花板或其下方八十公分範圍內，除直接面向戶外，應與排煙風管連接。但排煙口設在天花板下方，防煙壁下垂高度未達八十公分時，排煙口應設在該防煙壁之下垂高度內。

四、排煙設備之排煙口、風管及其他與煙接觸部分應使用不燃材料。

五、排煙風管貫穿防火區劃時，應在貫穿處設防火閘門；該風管與貫穿部位合成之構造應具所貫穿構造之防火時效；其跨樓層設置時，立管應置於防火區劃之管道間。但設置之風管具防火性能並經中央主管機關審核認可，該風管與貫穿部位合成之構造具所貫穿構造之防火時效者，不在此限。

六、排煙口設手動開關裝置及探測器連動自動開關裝置；以該等裝置或遠隔操作開關裝置開啓，平時保持關閉狀態，開口葉片之構造應不受開啓時所生氣流之影響而關閉。手動開關裝置用手操作部分應設於距離樓地板面八十公分以上一百五十公分以下之牆面，裝置於天花板時，應設操作垂鍊或垂桿在距離樓地板一百八十公分之位置，並標示簡易之操作方式。

七、排煙口之開口面積在防煙區劃面積之百分之二以上，且以自然方式直接排至戶外。排煙口無法以自然方式直接排至戶外時，應設排煙機。

八、排煙機應隨任一排煙口之開啓而動作。排煙機之排煙量在每分鐘一百二十立方公尺以上；且在一防煙區劃時，在該防煙區劃面積每平方公尺每分鐘一立方公尺以上；在二區以上之防煙區劃時，在最大防煙區劃面積每平方公尺每分鐘二立方公尺以上。但地下建築物之地下通道，其總排煙量應在每分鐘六百立方公尺以上。

九、連接緊急電源，其供電容量應供其有效動作三十分鐘以上。

十、排煙口直接面向戶外且常時開啓者，得不受第六款及前款之限制。

十一、排煙口開啓時應連動停止空氣調節及通風設備運轉。

前項之防煙壁，指以不燃材料建造，自天花板下垂五十公分以上之垂壁或具有同等以上阻止煙流動構造者。但地下建築物之地下通道，防煙壁應自天花板下垂八十公分以上。

第 189 條

特別安全梯或緊急昇降機間排煙室之排煙設備，依下列規定選擇設置：

一、設置直接面向戶外之窗戶時，應符合下列規定：

（一）在排煙時窗戶與煙接觸部分使用不燃材料。

（二）窗戶有效開口面積位於天花板高度二分之一以上之範圍內。

（三）窗戶之有效開口面積在二平方公尺以上。但特別安全梯排煙室與緊急昇降機間兼用時（以下簡稱兼用），應在三平方公尺以上。

（四）前目平時關閉之窗戶設手動開關裝置，其操作部分設於距離樓地板面八十公分以上一百五十公分以下之牆面，並標示簡易之操作方式。

二、設置排煙、進風風管時，應符合下列規定：

（一）排煙設備之排煙口、排煙風管、進風口、進風風管及其他與煙接觸部分應使用不燃材料。

（二）排煙、進風風管貫穿防火區劃時，應在貫穿處設防火閘門；該風管與貫穿部位合成之構造應具所貫穿構造之防火時效；其跨樓層設置時，立管應置於防火區劃之管道間。但設置之風管具防火性能並經中央主管機關認可，該風管與貫穿部位合成之構造具所貫穿構造之防火時效者，不在此限。

（三）排煙口位於天花板高度二分之一以上之範圍內，與直接連通戶外之排煙風管連接，該風管並連接排煙機。進風口位於天花板高度二分之一以下之範圍內；其直接面向戶外，開口面積在一平方公尺（兼用時，為一點五平方公尺）以上；或與直接連通戶外之進風風管連接，該風管並連接進風機。

（四）排煙機、進風機之排煙量、進風量在每秒四立方公尺（兼用時，每秒六立方公尺）以上，且可隨排煙口、進風口開啓而自動啓動。

（五）進風口、排煙口依前款第四目設手動開關裝置及探測器連動自動開關裝置；除以該等裝置或遠隔操作開關裝置開啓外，平時保持關閉狀態，開口葉片之構造應不受開啓時所生氣流之影響而關閉。

（六）排煙口、進風口、排煙機及進風機連接緊急電源，其供電容量應供其有效動作三十分鐘以上。

第 190 條

下列處所得免設排煙設備：

一、建築物在第十層以下之各樓層（地下層除外），其非居室部分，符合下列規定之一者：

（一）天花板及室內牆面，以耐燃一級材料裝修，且除面向室外之開口外，以半小時以上防火時效之防火門窗等防火設備區劃者。

（二）樓地板面積每一百平方公尺以下，以防煙壁區劃者。

二、建築物在第十層以下之各樓層（地下層除外），其居室部分，符合下列規定之一者：

（一）樓地板面積每一百平方公尺以下，以具一小時以上防火時效之牆壁、防火門窗等防火設備及各該樓層防火構造之樓地板形成區劃，且天花板及室內牆面，以耐燃一級材料裝修者。

（二）樓地板面積在一百平方公尺以下，天花板及室內牆面，且包括其底材，均以耐燃一級材料裝修者。

三、建築物在第十一層以上之各樓層、地下層或地下建築物（地下層或地下建築物之甲類場所除外），樓地板面積每一百平方公尺以下，以具一小時以上防火時效之牆壁、防火門窗等防火設備及各該樓層防火構造之樓地板形成區劃間隔，且天花板及室內牆面，以耐燃一級材料裝修者。

四、樓梯間、昇降機昇降路、管道間、儲藏室、洗手間、廁所及其他類似部分。

五、設有二氧化碳或乾粉等自動滅火設備之場所。

六、機器製造工廠、儲放不燃性物品倉庫及其他類似用途建築物，且主要構造爲不燃材料建造者。

七、集合住宅、學校教室、學校活動中心、體育館、室內溜冰場、室內游泳池。

八、其他經中央主管機關核定之場所。前項第一款第一目之防火門窗等防火設備應具半小時以上之阻熱性，第二款第一目及第三款之防火門窗等防火設備應具一小時以上之阻熱性。

第四節　緊急電源插座

第 191 條

緊急電源插座，依下列規定設置：

一、緊急電源插座裝設於樓梯間或緊急昇降機間等（含各該處五公尺以內之場所）消防人員易於施行救火處，且每一層任何一處至插座之水平距離在五十公尺以下。

二、緊急電源插座之電流供應容量爲交流單相一百一十伏特（或一百二十伏特）十五安培，其容量約爲一點五瓩以上。

三、緊急電源插座之規範，依下圖規定。

四、緊急電源插座爲接地型，裝設高度距離樓地板一公尺以上一點五公尺以下，且裝設二個於符合下列規定之崁裝式保護箱：

（一）保護箱長邊及短邊分別爲二十五公分及二十公分以上。

（二）保護箱爲厚度在一點六毫米以上之鋼板或具同等性能以上之不燃材料製。

（三）保護箱內有防止插頭脫落之適當裝置（L型或C型護鉤）。

（四）保護箱蓋爲易於開閉之構造。

（五）保護箱須接地。

（六）保護箱蓋標示緊急電源插座字樣，每字在二平方公分以上。

（七）保護箱與室內消防栓箱等併設時，須設於上方且保護箱蓋須能另外開啓。

五、緊急電源插座在保護箱上方設紅色表示燈。

六、應從主配電盤設專用回路，各層至少設二回路以上之供電線路，且每一回路之連接插座數在十個以下。（每回路電線容量在二個插座同時使用之容量以上）。

七、前款之專用回路不得設漏電斷路器。

八、各插座設容量一百一十伏特、十五安培以上之無熔絲斷路器。

九、緊急用電源插座連接至緊急供電系統。

第五節　無線電通信輔助設備及防災監控系統綜合操作裝置

第 192 條

無線電通信輔助設備，依下列規定設置：

一、無線電通信輔助設備使用洩波同軸電纜，該電纜適合傳送或輻射一百五十百萬赫（MHz）或中央主管機關指定之周波數。

二、洩波同軸電纜之標稱阻抗爲五十歐姆。

三、洩波同軸電纜經耐燃處理。

四、分配器、混合器、分波器及其他類似器具，應使用介入衰耗少，且接頭部分有適當防水措施者。

五、設增幅器時，該增幅器之緊急電源，應使用蓄電池設備，其能量能使其有效動作三十分鐘以上。

六、無線電之接頭應符合下列規定：

（一）設於地面消防人員便於取用處及值日室等平時有人之處所。

（二）前目設於地面之接頭數量，在任一出入口與其他出入口之步行距離大於三百公尺時，設置二個以上。

（三）設於距樓地板面或基地地面高度零點八公尺至一點五公尺間。

（四）裝設於保護箱內，箱內設長度二公尺以上之射頻電纜，保護箱應構造堅固，有防水及防塵措施，其箱面應漆紅色，並標明消防隊專用無線電接頭字樣。

共構之建築物內有二處以上場所設置無線電通信輔助設備時，應有能使該設備訊號連通之措施。

第 192-1 條

防災監控系統綜合操作裝置應設置於防災中心、中央管理室或值日室等經常有人之處所，並監控或操作下列消防安全設備：

一、火警自動警報設備之受信總機。

二、瓦斯漏氣火警自動警報設備之受信總機。

三、緊急廣播設備之擴大機及操作裝置。

四、連結送水管之加壓送水裝置及與其送水口處之通話連絡。

五、緊急發電機。

六、常開式防火門之偵煙型探測器。

七、室內消防栓、自動撒水、泡沫及水霧等滅火設備加壓送水裝置。

八、乾粉、惰性氣體及鹵化烴等滅火設備。

九、排煙設備。防災監控系統綜合操作裝置之緊急電源準用第三十八條規定，且其供電容量應供其有效動作二小時以上。

第四編　公共危險物品等場所消防設計及消防安全設備

第一章｜消防設計

第 193 條

適用本編規定之場所（以下簡稱公共危險物品等場所）如下：

一、公共危險物品及可燃性高壓氣體製造儲存處理場所設置標準暨安全管理辦法規定之場所。

二、加油站。

三、加氣站。

四、天然氣儲槽及可燃性高壓氣體儲槽。

五、爆竹煙火製造、儲存及販賣場所。

第 194 條

顯著滅火困難場所，指公共危險物品等場所符合下列規定之一者：

一、公共危險物品製造場所或一般處理場所符合下列規定之一：

（一）總樓地板面積在一千平方公尺以上。

（二）公共危險物品數量達管制量一百倍以上。但第一類公共危險物品之氯酸鹽類、過氯酸鹽類、硝酸鹽類、第二類公共危險物品之硫磺、鐵粉、金屬粉、鎂、第五類公共危險物品之硝酸酯類、硝基化合物、金屬疊氮化合物，或含有以上任一種成分之物品且供作爆炸物原料使用，或高閃火點物品其操作溫度未滿攝氏一百度者，不列入管制量計算。

（三）製造或處理設備高於地面六公尺以上。但高閃火點物品其操作溫度未滿攝氏一百度者，不在此限。

（四）建築物除供一般處理場所使用以外，尚有其他用途。但以無開口且具一小時以上防火時效之牆壁、樓地板區劃分隔者，或處理高閃火點物品其操作溫度未滿攝氏一百度者，不在此限。

二、室內儲存場所符合下列規定之一：

（一）儲存公共危險物品達管制量一百五十倍以上。但第一類公共危險物品之氯酸鹽類、過氯酸鹽類、硝酸鹽類、第二類公共危險物品之硫磺、鐵粉、金屬粉、鎂、第五類公共危險物品之硝酸酯類、硝基化合物、金屬疊氮化合物，或含有以上任一種成分之物品且供作爆炸物原料使用，或高閃火點物品者，不列入管制量計算。

（二）儲存第一類、第三類、第五類或第六類公共危險物品，其總樓地板面積在一百五十平方公尺以上。但每一百五十平方公尺內，以無開口且具半小時以上防火時效之牆壁、樓地板區劃分隔者，不在此限。
（三）儲存第二類公共危險物品之易燃性固體或第四類公共危險物品閃火點未滿攝氏七十度，其總樓地板面積在一百五十平方公尺以上。但每一百五十平方公尺內，以無開口且具一小時以上防火時效之牆壁、樓地板區劃分隔者，不在此限。
（四）儲存第一類、第三類、第五類或第六類公共危險物品，其建築物除供室內儲存場所使用以外，尚有其他用途。但以無開口且具一小時以上防火時效之牆壁、樓地板區劃分隔者，不在此限。
（五）儲存第二類公共危險物品之易燃性固體或第四類公共危險物品閃火點未滿攝氏七十度，其建築物除供室內儲存場所使用以外，尚有其他用途。但以無開口且具一小時以上防火時效之牆壁、樓地板區劃分隔者，不在此限。
（六）高度在六公尺以上之一層建築物。
三、室外儲存場所儲存塊狀硫磺，其面積在一百平方公尺以上。
四、室內儲槽場所符合下列規定之一。但儲存高閃火點物品或第六類公共危險物品，其操作溫度未滿攝氏一百度者，不在此限：
（一）儲槽儲存液體表面積在四十平方公尺以上。
（二）儲槽高度在六公尺以上。
（三）儲存閃火點在攝氏四十度以上未滿攝氏七十度之公共危險物品，其儲槽專用室設於一層以外之建築物。但以無開口且具一小時以上防火時效之牆壁、樓地板區劃分隔者，不在此限。
五、室外儲槽場所符合下列規定之一。但儲存高閃火點物品或第六類公共危險物品，其操作溫度未滿攝氏一百度者，不在此限：
（一）儲槽儲存液體表面積在四十平方公尺以上。
（二）儲槽高度在六公尺以上。
（三）儲存固體公共危險物品，其儲存數量達管制量一百倍以上。
六、室內加油站一面開放且其上方樓層供其他用途使用。

第 195 條

一般滅火困難場所，指公共危險物品等場所符合下列規定之一者：
一、公共危險物品製造場所或一般處理場所符合下列規定之一：
（一）總樓地板面積在六百平方公尺以上未滿一千平方公尺。
（二）公共危險物品數量達管制量十倍以上未滿一百倍。但處理第一類公共危險物品之氯酸鹽類、過氯酸鹽類、硝酸鹽類、第二類公共危險物品之硫磺、鐵粉、金屬粉、鎂、第五類公共危險物品之硝酸酯類、硝基化合物、金屬疊氮化合物，或含有以上任一種成分之物品且供作爆炸物原料使用，或高閃火點物品其操作溫度未滿攝氏一百度者，不列入管制量計算。

（三）未達前條第一款規定，而供作噴漆塗裝、淬火、鍋爐或油壓裝置作業場所。但儲存高閃火點物品或第六類公共危險物品，其操作溫度未滿攝氏一百度者，不在此限。

二、室內儲存場所符合下列規定之一：

（一）一層建築物以外。

（二）儲存公共危險物品數量達管制量十倍以上未滿一百五十倍。但儲存第一類公共危險物品之氯酸鹽類、過氯酸鹽類、硝酸鹽類、第二類公共危險物品之硫磺、鐵粉、金屬粉、鎂、第五類公共危險物品之硝酸酯類、硝基化合物、金屬疊氮化合物，或含有以上任一種成分之物品且供作爆炸物原料使用，或高閃火點物品者，不列入管制量計算。

（三）總樓地板面積在一百五十平方公尺以上。

三、室外儲存場所符合下列規定之一：

（一）儲存塊狀硫磺，其面積在五平方公尺以上，未滿一百平方公尺。

（二）儲存公共危險物品管制量在一百倍以上。但其為塊狀硫磺或高閃火點物品者，不在此限。

四、室內儲槽場所或室外儲槽場所未達顯著滅火困難場所規定。但儲存第六類公共危險物品或高閃火點物品者，不在此限。

五、第二種販賣場所。

六、室內加油站未達顯著滅火困難場所。

第 196 條

其他滅火困難場所，指室外加油站、未達顯著滅火困難場所或一般滅火困難場所者。

第 197 條

公共危險物品等場所之滅火設備分類如下：

一、第一種滅火設備：指室內或室外消防栓設備。

二、第二種滅火設備：指自動撒水設備。

三、第三種滅火設備：指水霧、泡沫、二氧化碳或乾粉滅火設備。

四、第四種滅火設備：指大型滅火器。

五、第五種滅火設備：指滅火器、水桶、水槽、乾燥砂、膨脹蛭石或膨脹珍珠岩。

可燃性高壓氣體製造場所、加氣站、天然氣儲槽及可燃性高壓氣體儲槽之防護設備分類如下：

一、冷卻撒水設備。

二、射水設備：指固定式射水槍、移動式射水槍或室外消防栓。

第 198 條

公共危險物品製造、儲存或處理場所，應依下表選擇適當之滅火設備。

第 199 條

設置第五種滅火設備者，應依下列規定核算其最低滅火效能值：

一、公共危險物品製造或處理場所之建築物，外牆爲防火構造者，總樓地板面積每一百平方公尺（含未滿）有一滅火效能值；外牆爲非防火構造者，總樓地板面積每五十平方公尺（含未滿）有一滅火效能值。

二、公共危險物品儲存場所之建築物，外牆爲防火構造者，總樓地板面積每一百五十平方公尺（含未滿）有一滅火效能值；外牆爲非防火構造者，總樓地板面積每七十五平方公尺（含未滿）有一滅火效能值。

三、位於公共危險物品製造、儲存或處理場所之室外具有連帶使用關係之附屬設施，以該設施水平最大面積爲其樓地板面積，準用前二款外牆爲防火構造者，核算其滅火效能值。

四、公共危險物品每達管制量之十倍（含未滿）應有一滅火效能值。

第 200 條

第五種滅火設備除滅火器外之其他設備，依下列規定核算滅火效能值：

一、八公升之消防專用水桶，每三個爲一滅火效能值。

二、水槽每八十公升爲一點五滅火效能值。

三、乾燥砂每五十公升爲零點五滅火效能值。

四、膨脹蛭石或膨脹珍珠岩每一百六十公升爲一滅火效能值。

第 201 條

顯著滅火困難場所應依下表設置第一種、第二種或第三種滅火設備：

場所類別		滅火設備
公共危險物品製造場所及一般處理場所		設置第一種、第二種或第三種滅火設備。但火災時有充滿濃煙之虞者，不得使用第一種或第三種之移動式滅火設備。
室內儲存場所	高度六公尺以上之一層建築物	第二種或移動式以外之第三種滅火設備
	其他	第一種滅火設備之室外消防栓設備、第二種滅火設備、第三種移動式泡沫設備（限設置室外泡沫消防栓者）或移動式以外之第三種滅火設備

場所類別		滅火設備
室外儲存場所		設置第一種、第二種或第三種滅火設備。但火災時有充滿濃煙之虞者，不得使用第一種或第三種之移動式滅火設備
室內儲槽場所	儲存硫磺	第三種滅火設備之水霧滅火設備
	儲存閃火點攝氏七十度以上之第四類公共危險物品	第三種滅火設備之水霧滅火設備、固定式泡沫滅火設備或移動式以外二氧化碳（或乾粉）滅火設備
	其他	第三種滅火設備之固定式泡沫滅火設備、移動式以外二氧化碳（或乾粉）滅火設備
室外儲槽場所	儲存硫磺	第三種滅火設備之水霧滅火設備
	儲存閃火點攝氏七十度以上之第四類公共危險物品	第三種滅火設備之水霧滅火設備或固定泡沫滅火設備
	其他	第三種滅火設備之固定式泡沫滅火設備
室內加油站		第三種滅火設備之固定式泡沫滅火設備

前項場所除下列情形外，並應設置第四種及第五種滅火設備：

一、製造及一般處理場所儲存或處理高閃火點物品之操作溫度未滿攝氏一百度者，其設置之第一種、第二種或第三種滅火設備之有效範圍內，得免設第四種滅火設備。

二、儲存第四類公共危險物品之室外儲槽場所或室內儲槽場所，設置第五種滅火設備二具以上。

三、室內加油站應設置第五種滅火設備。

第 202 條

一般滅火困難場所，依下列設置滅火設備：

一、公共危險物品製造場所及一般處理場所、室內儲存場所、室外儲存場所、第二種販賣場所及室內加油站設置第四種及第五種滅火設備，其第五種滅火設備之滅火效能值，在該場所儲存或處理公共危險物品數量所核算之最低滅火效能值五分之一以上。

二、室內及室外儲槽場所，設置第四種及第五種滅火設備各一具以上。前項設第四種滅火設備之場所，設有第一種、第二種或第三種滅火設備時，在該設備有效防護範圍內，得免設。

第 203 條

其他滅火困難場所，應設置第五種滅火設備，其滅火效能值應在該場所建築物與其附屬設施及其所儲存或處理公共危險物品數量所核算之最低滅火效能值以上。但該場所已設置第一種至第四種滅火設備之一時，在該設備有效防護範圍內，其滅火效能值得減至五分之一以上。地下儲槽場所，應設置第五種滅火設備二具以上。

第 204 條

電氣設備使用之處所，每一百平方公尺（含未滿）應設置第五種滅火設備一具以上。

第 205 條

下列場所應設置火警自動警報設備：

一、公共危險物品製造場所及一般處理場所符合下列規定之一者：

（一）總樓地板面積在五百平方公尺以上者。

（二）室內儲存或處理公共危險物品數量達管制量一百倍以上者。但處理操作溫度未滿攝氏一百度之高閃火點物品者，不在此限。

（三）建築物除供一般處理場所使用外，尚供其他用途者。但以無開口且具一小時以上防火時效之牆壁、樓地板區劃分隔者，不在此限。

二、室內儲存場所符合下列規定之一者：

（一）儲存或處理公共危險物品數量達管制量一百倍以上者。但儲存或處理高閃火點物品，不在此限。

（二）總樓地板面積在一百五十平方公尺以上者。但每一百五十平方公尺內以無開口且具一小時以上防火時效之牆壁、樓地板區劃分隔，或儲存、處理易燃性固體以外之第二類公共危險物品或閃火點在攝氏七十度以上之第四類公共危險物品之場所，其總樓地板面積在五百平方公尺以下者，不在此限。

（三）建築物之一部分供作室內儲存場所使用者。但以無開口且具一小時以上防火時效之牆壁、樓地板區劃分隔者，或儲存、處理易燃性固體以外之第二類公共危險物品或閃火點在攝氏七十度以上之第四類公共危險物品，不在此限。

（四）高度在六公尺以上之一層建築物。

三、室內儲槽場所達顯著滅火困難者。

四、一面開放或上方有其他用途樓層之室內加油站。

前項以外之公共危險物品製造、儲存或處理場所儲存、處理公共危險物品數量達管制量十倍以上者，應設置手動報警設備或具同等功能之緊急通報裝置。但平日無作業人員者，不在此限。

第 206 條

加油站所在建築物，其二樓以上供其他用途使用者，應設置標示設備。

第 206-1 條

下列爆竹煙火場所應設置第五種滅火設備：

一、爆竹煙火製造場所有火藥區之作業區或庫儲區。

二、達中央主管機關所定管制量以上之爆竹煙火儲存、販賣場所。

建築物供前項場所使用之樓地板面積合計在一百五十平方公尺以上者，應設置第一種滅火設備之室外消防栓。但前項第二款規定之販賣場所，不在此限。

第 207 條

可燃性高壓氣體製造、儲存或處理場所及加氣站、天然氣儲槽、可燃性高壓氣體儲槽，應設置滅火器。

第 208 條

下列場所應設置防護設備。但已設置水噴霧裝置者，得免設：

一、可燃性高壓氣體製造場所。

二、儲存可燃性高壓氣體或天然氣儲槽在三千公斤以上者。

三、氣槽車之卸收區。

四、加氣站之加氣車位、儲氣槽人孔、壓縮機、幫浦。

第二章｜消防安全設備

第 209 條

室內消防栓設備，應符合下列規定：

一、設置第一種消防栓。

二、配管、試壓、室內消防栓箱、有效水量及加壓送水裝置之設置，準用第三十二條、第三十三條、第三十四條第一項第一款第三目、第二項、第三十五條、第三十六條第二項、第三項及第三十七條之規定。

三、所在建築物其各層任一點至消防栓接頭之水平距離在二十五公尺以下，且各層之出入口附近設置一支以上之室內消防栓。

四、任一樓層內，全部室內消防栓同時使用時，各消防栓瞄子放水壓力在每平方公分三點五公斤以上或0.35MPa以上；放水量在每分鐘二百六十公升以上。但全部消防栓數量超過五支時，以同時使用五支計算之。

五、水源容量在裝置室內消防栓最多樓層之全部消防栓繼續放水三十分鐘之水量以上。但該樓層內，全部消防栓數量超過五支時，以五支計算之。

室內消防栓設備之緊急電源除準用第三十八條規定外，其供電容量應供其有效動作四十五分鐘以上。

第 210 條

室外消防栓設備應符合下列規定：

一、配管、試壓、室外消防栓箱及有效水量之設置，準用第三十九條、第四十條第三款至第五款、第四十一條第二項、第三項之規定。

二、加壓送水裝置，除室外消防栓瞄子放水壓力超過每平方公分七公斤或0.7MPa時，應採取有效之減壓措施外，其設置準用第四十二條之規定。

三、口徑在六十三毫米以上，與防護對象外圍或外牆各部分之水平距離在四十公尺以下，且設置二支以上。

四、採用鑄鐵管配管時，使用符合CNS八三二規定之壓力管路鑄鐵管或具同等以上強度者，其標稱壓力在每平方公分十六公斤以上或1.6MPa以上。

五、配管埋設於地下時，應採取有效防腐蝕措施。但使用鑄鐵管，不在此限。

六、全部室外消防栓同時使用時，各瞄子出水壓力在每平方公分三點五公斤以上或0.35MPa以上；放水量在每分鐘四百五十公升以上。但全部室外消防栓數量超過四支時，以四支計算之。

七、水源容量在全部室外消防栓繼續放水三十分鐘之水量以上。但設置個數超過四支時，以四支計算之。

室外消防栓設備之緊急電源除準用第三十八條規定外，其供電容量應供其有效動作四十五分鐘以上。

第 211 條

自動撒水設備，應符合下列規定：

一、配管、配件、屋頂水箱、試壓、撒水頭、放水量、流水檢知裝置、啓動裝置、一齊開放閥、末端查驗閥、加壓送水裝置及送水口之設置，準用第四十三條至第四十五條、第四十八條至第五十三條、第五十五條、第五十六條、第五十八條及第五十九條規定。

二、防護對象任一點至撒水頭之水平距離在一點七公尺以下。

三、開放式撒水設備，每一放水區域樓地板面積在一百五十平方公尺以上。但防護對象樓地板面積未滿一百五十平方公尺時，以實際樓地板面積計算。

四、水源容量，依下列規定設置：

（一）使用密閉式撒水頭時，應在設置三十個撒水頭繼續放水三十分鐘之水量以上。但設置撒水頭數在三十個以下者，以實際撒水頭數計算。

（二）使用開放式撒水頭時，應在最大放水區域全部撒水頭，繼續放水三十分鐘之水量以上。

（三）前二目撒水頭數量，在使用密閉乾式或預動式流水檢知裝置時，應追加十個。

五、撒水頭位置之裝置，準用第四十七條規定。但存放易燃性物質處所，撒水頭迴水板下方九十公分及水平方向三十公分以內，應保持淨空間，不得有障礙物。

自動撒水設備之緊急電源除準用第三十八條規定外，其供電容量應供其有效動作四十五分鐘以上。

第 212 條

水霧滅火設備，應符合下列規定：

一、水霧噴頭、配管、試壓、流水檢知裝置、啓動裝置、一齊開放閥及送水口設置規定，準用第六十一條、第六十二條、第六十六條及第六十七條規定。

二、放射區域，每一區域在一百五十平方公尺以上，其防護對象之面積未滿一百五十平方公尺者，以其實際面積計算之。

三、水源容量在最大放射區域，全部水霧噴頭繼續放水三十分鐘之水量以上。其放射區域每平方公尺每分鐘放水量在二十公升以上。

四、最大放射區域水霧噴頭同時放水時，各水霧噴頭之放射壓力在每平方公分三點五公斤以上或0.35MPa以上。

水霧滅火設備之緊急電源除準用第三十八條規定外，其供電容量應供其有效動作四十五分鐘以上。

第 213 條

設於儲槽之固定式泡沫滅火設備，依下列規定設置：

一、泡沫放出口，依下表之規定設置，且以等間隔裝設在不因火災或地震可能造成損害之儲槽側板外圍上。

<table>
<tr><th rowspan="3">建築構造及泡沫放出口種類
儲槽直徑</th><th colspan="4">泡沫放出口應設數量</th></tr>
<tr><th colspan="2">固定頂儲槽</th><th>內浮頂儲槽</th><th>外浮頂儲槽</th></tr>
<tr><th>I 或 II 型</th><th>III 或 IV 型</th><th>II 型</th><th>特殊型</th></tr>
<tr><td>未達十三公尺</td><td rowspan="3">一</td><td rowspan="3">一</td><td>二</td><td>二</td></tr>
<tr><td>十三公尺以上未達十九公尺</td><td>三</td><td>三</td></tr>
<tr><td>十九公尺以上未達二十四公尺</td><td>四</td><td>四</td></tr>
<tr><td>二十四公尺以上未達三十五公尺</td><td>二</td><td>二</td><td>五</td><td>五</td></tr>
<tr><td>三十五公尺以上未達四十二公尺</td><td>三</td><td>三</td><td>六</td><td>六</td></tr>
<tr><td>四十二公尺以上未達四十六公尺</td><td>四</td><td>四</td><td>七</td><td>七</td></tr>
<tr><td>四十六公尺以上未達五十三公尺</td><td>五</td><td>六</td><td>七</td><td>七</td></tr>
</table>

建築構造及泡沫放出口種類／儲槽直徑	泡沫放出口應設數量			
	固定頂儲槽		內浮頂儲槽	外浮頂儲槽
	I或II型	III或IV型	II型	特殊型
五十三公尺以上未達六十公尺	六	八	八	八
六十公尺以上未達六十七公尺	八	十		九
六十七公尺以上未達七十三公尺	九	十二		十
七十三公尺以上未達七十九公尺	十一	十四		十一
七十九公尺以上未達八十五公尺	十三	十六		十二
八十五公尺以上未達九十公尺	十四	十八		十二
九十公尺以上未達九十五公尺	十六	二十		十三
九十五公尺以上未達九十九公尺	十七	二十二		十三
九十九公尺以上	十九	二十四		十四

註：

一、各型泡沫放出口定義如左：

（一）I型泡沫放出口：指由固定頂儲槽上部注入泡沫之放出口。該泡沫放出口設於儲槽側板上方，具有泡沫導管或滑道等附屬裝置，不使泡沫沉入液面下或攪動液面，而使泡沫在液面展開有效滅火，並且具有可以阻止儲槽內公共危險物品逆流之構造。

（二）II型泡沫放出口：指由固定頂或儲槽之上部注入泡沫之放出口。在泡沫放出口上附設泡沫反射板可以使放出之泡沫能沿著儲槽之側板內面流下，又不使泡沫沉入液面下或攪動液面，可在液面展開有效滅火，並且具有可以阻止槽內公共危險物品逆流之構造。

（三）特殊型泡沫放出口：指供外浮頂儲槽上部注入泡沫之放出口，於該泡沫放出口附設有泡沫反射板，可以將泡沫注入於儲槽側板與泡沫隔板所形成之環狀部分。該泡沫隔板係指在浮頂之上方設有高度在零點三公尺以上，且距離儲槽內側在零點三公尺以上鋼製隔板，具可以阻止放出之泡沫外流，且視該儲槽設置地區預期之最大降雨量，設有可充分排水之排水口之構造者爲限。

（四）III型泡沫放出口：指供固定頂儲槽槽底注入泡沫法之放出口，該泡沫放出口由泡沫輸送管（具有可以阻止儲槽內之公共危險物品由該配管逆流之構造或機械），將發泡器或泡沫發生機所發生之泡沫予以輸送注入儲槽內，並由泡沫放出口放出泡沫。

（五）IV型泡沫放出口：指供固定頂儲槽槽底注入泡沫法之放出口，將泡沫輸送管末端與平時設在儲槽液面下底部之存放筒（包括具有在送入泡沫時可以很容易脫開之蓋者。）所存放之特殊軟管等相連接，於送入泡沫時可使特殊軟管等伸直，使特殊軟管等之前端到達液面而放出泡沫。

二、特殊型泡沫放出口使用安裝在浮頂上方者，得免附設泡沫反射板。

三、本表之III型泡沫放出口，限於處理或儲存在攝氏二十度時一百公克中水中溶解量未達一公克之公共危險物品，（以下稱「不溶性物質」）及儲存溫度在攝氏五十度以下或動粘度在100cst以下之公共危險物品儲槽使用。

四、內浮頂儲槽浮頂採用鋼製雙層甲板（Double deck）或鋼製浮筒式（Pantoon）甲板，其泡沫系統之泡沫放出口種類及數量，得比照外浮頂儲槽設置。

二、儲槽儲存不溶性之第四類公共危險物品時，依前款所設之泡沫放出口，並就下表所列公共危險物品及泡沫放出口種類，以泡沫水溶液量乘以該儲槽液面積所得之量，能有效放射，且在同表所規定之放出率以上。

泡沫放出口種類儲存公共危險物品種類	I 型		II 型		特殊型		III 型		IV 型	
	泡沫水溶液量	放出率	泡沫水溶液量	放出率	泡沫水溶液量	放出率	泡沫水溶液量	放出率	泡沫水溶液量	放出率
閃火點未達 21℃之第四類公共危險物品	120	4	220	4	240	8	220	4	220	4
閃火點在 21℃以上未達 70℃之第四類公共危險物品	80	4	120	4	160	8	120	4	120	4
閃火點在 70℃以上之第四類公共危險物品	60	4	100	4	120	8	100	4	100	4

註：泡沫水溶液量單位 ι/m²，放出率單位 ι/minm²。

三、儲槽儲存非不溶性之第四類公共危險物品時，應使用耐酒精型泡沫，其泡沫放出口之泡沫水溶液量及放出率，依下表規定：

I 型		II 型		特殊型		III 型		IV 型	
泡沫水溶液量	放出率	泡沫水溶液量	放出率	泡沫水溶液量	放出率	泡沫水溶液量	放出率	泡沫水溶液量	放出率
一六〇	八	二四〇	八	—	—	—	—	二四〇	八

註：一、使用耐酒精型泡沫能有效滅火時，其泡沫放出口之泡沫水溶液量及放出率，得依廠商提示值核計。

二、泡沫水溶液量單位 ι/m²，放出率單位 ι/minm²。

四、前款並依下表公共危險物品種類乘以所規定的係數值。但未表列之物質，依中央主管機關認可之試驗方法求其係數。

第四類公共危險物品種類		係數
類別	詳細分類	
醇類	甲醇、3- 甲基 -2- 丁醇、乙醇、烯丙醇、1- 戊醇、2- 戊醇、第三戊醇（2- 甲基 -2- 丁醇）、異戊醇、1- 己醇、環己醇、糠醇、苯甲醇、丙二醇、乙二醇（甘醇）、二甘醇、二丙二醇、甘油	1.0
	2- 丙醇、1- 丙醇、異丁醇、1- 丁醇、2- 丁醇	1.25
	第三丁醇	2.0

第四類公共危險物品種類		係數
類別	詳細分類	
醚類	異丙醚、乙二醇乙醚（2- 羥基乙醚）、乙二醇甲醚、二甘醇乙醚、二甲醇甲醚	1.25
	1,4 二氧雜環己烷	1.5
	乙醚、乙縮醛（1,1- 雙乙氧基乙烷）、乙基丙基醚、四氫喃、異丁基乙烯醚、乙基丁基醚	2.0
酯類	乙酸乙脂、甲酸乙酯、甲酸甲酯、乙酸甲酯、乙酸乙烯酯、甲酸丙酯、丙烯酸甲酯、丙烯酸乙酯、異丁烯酸甲酯、異丁烯酸乙酯、乙酸丙酯、甲酸丁酯、乙酸 -2- 乙氧基乙酯、乙酸 -2- 甲氧基乙酯	1.0
酮類	丙酮、丁酮、甲基異丁基酮、2,4- 戊雙酮、環己酮	1.0
醛類	丙烯醛、丁烯醛（巴豆醛）、三聚乙醛	1.25
	乙醛	2.0
胺類	乙二胺、環己胺、苯胺、乙醇胺、二乙醇胺、三乙醇胺	1.0
	乙胺、丙胺、烯丙胺、二乙胺、丁胺、異丁胺、三乙胺、戊胺、第三丁胺	1.25
	異丙胺	2.0
類丙烯、乙、丁		1.25
有機酸	醋酸、醋酸酐、丙烯酸、丙酸、甲酸	1.25
其他非不溶性者	氧化丙烯	2.0

前項第二款之儲槽如設置特殊型泡沫放出口，其儲槽液面積爲浮頂式儲槽環狀部分之表面積。

第 214 條

儲槽除依前條設置固定式泡沫放出口外，並依下列規定設置補助泡沫消防栓及連結送液口：

一、補助泡沫消防栓，應符合下列規定：

（一）設在儲槽防液堤外圍，距離槽壁十五公尺以上，便於消防救災處，且至任一泡沫消防栓之步行距離在七十五公尺以下，泡沫瞄子放射量在每分鐘四百公升以上，放射壓力在每平方公分三點五公斤以上或0.35Mpa以上。但全部泡沫消防栓數量超過三支時，以同時使用三支計算之。

（二）補助泡沫消防栓之附設水帶箱之設置，準用第四十條第四款之規定。

二、連結送液口所需數量，依下列公式計算：

N = Aq/C

N：連結送液口應設數量

A：儲槽最大水平斷面積。但浮頂儲槽得以環狀面積核算（m^2）。

q：固定式泡沫放出口每平方公尺放射量（ι/minm^2）

C：每一個連結送液口之標準送液量（800ι/min）

第 215 條

以室外儲槽儲存閃火點在攝氏四十度以下之第四類公共危險物品之顯著滅火困難場所者，且設於岸壁、碼頭或其他類似之地區，並連接輸送設備者，除設置固定式泡沫滅火設備外，並依下列規定設置泡沫射水槍滅火設備：

一、室外儲槽之幫浦設備等設於岸壁、碼頭或其他類似之地區時，泡沫射水槍應能防護該場所位於海面上前端之水平距離十五公尺以內之海面，而距離注入口及其附屬之公共危險物品處理設備各部分之水平距離在三十公尺以內，其設置個數在二具以上。

二、泡沫射水槍爲固定式，並設於無礙滅火活動及可啓動、操作之位置。

三、泡沫射水槍同時放射時，射水槍泡沫放射量爲每分鐘一千九百公升以上，且其有效水平放射距離在三十公尺以上。

第 216 條

以室內、室外儲槽儲存閃火點在攝氏七十度以下之第四類公共危險物品之顯著滅火困難場所，除設置固定式泡沫滅火設備外，並依下列規定設置冷卻撒水設備：

一、撒水噴孔符合CNS、一二八五四之規定，孔徑在四毫米以上。

二、撒水管設於槽壁頂部，撒水噴頭之配置數量，依其裝設之放水角度及撒水量核算；儲槽設有風樑或補強環等阻礙水路徑者，於風樑或補強環等下方增設撒水管及撒水噴孔。

三、撒水量按槽壁總防護面積每平方公尺每分鐘二公升以上計算之，其管徑依水力計算配置。

四、加壓送水裝置爲專用，其幫浦出水量在前款撒水量乘以所防護之面積以上。

五、水源容量在最大一座儲槽連續放水四小時之水量以上。

六、選擇閥（未設選擇閥者爲開關閥）設於防液堤外，火災不易殃及且容易接近之處所，其操作位置距離地面之高度在零點八公尺以上一點五公尺以下。

七、加壓送水裝置設置符合下列規定之手動啓動裝置及遠隔啓動裝置。但送水區域距加壓送水裝置在三百公尺以內者，得免設遠隔啓動裝置：

（一）手動啓動裝置之操作部設於加壓送水裝置設置之場所。

（二）遠隔啓動裝置由下列方式之一啓動加壓送水裝置：

1. 開啓選擇閥，使啓動用水壓開關裝置或流水檢知裝置連動啓動。

2. 設於監控室等平常有人駐守處所，直接啓動。

八、加壓送水裝置啓動後五分鐘以內，能有效撒水，且加壓送水裝置距撒水區域在五百公尺以下。但設有保壓措施者，不在此限。

九、加壓送水裝置連接緊急電源。前項緊急電源除準用第三十八條規定外，其供電容量應在其連續放水時間以上。

第 217 條

採泡沫噴頭方式者，應符合下列規定：

一、防護對象在其有效防護範圍內。

二、防護對象之表面積（為建築物時，為樓地板面積），每九平方公尺設置一個泡沫噴頭。

三、每一放射區域在一百平方公尺以上。其防護對象之表面積未滿一百平方公尺時，依其實際表面積計算。

第 218 條

泡沫滅火設備之泡沫放出口、放射量、配管、試壓、流水檢知裝置、啓動裝置、一齊開放閥、泡沫原液儲存量、濃度及泡沫原液槽設置規定，準用第六十九條、第七十條、第七十二條至第七十四條、第七十八條、第七十九條及第八十一條之規定。

儲槽用之泡沫放出口，依第二百十三條之規定設置。

第 219 條

移動式泡沫滅火設備，依下列規定設置：

一、泡沫瞄子放射壓力在每平方公分三點五公斤以上或0.35MPa以上。

二、泡沫消防栓設於室內者，準用第三十四條第一項第一款第一目及第三十五條規定；設於室外者，準用第四十條第一款及第四款規定。

第 220 條

泡沫滅火設備之水源容量需達下列規定水溶液所需之水量以上，並加計配管內所需之水溶液量：

一、使用泡沫頭放射時，以最大泡沫放射區域，繼續射水十分鐘以上之水量。

二、使用移動式泡沫滅火設備時，應在四具瞄子同時放水三十分鐘之水量以上。但瞄子個數未滿四個時，以實際設置個數計算。設於室內者，放水量在每分鐘二百公升以上；設於室外者，在每分鐘四百公升以上。

三、使用泡沫射水槍時，在二具射水槍連續放射三十分鐘之水量以上。

四、設置於儲槽之固定式泡沫滅火設備之水量，爲下列之合計：

（一）固定式泡沫放出口依第二百十三條第二款、第三款表列之泡沫水溶液量，乘以其液體表面積所能放射之量。

（二）補助泡沫消防栓依第二百十四條規定之放射量，放射二十分鐘之水量。

第 221 條

依前條設置之水源，應連結加壓送水裝置，並依下列各款擇一設置：

一、重力水箱，應符合下列規定：

（一）有水位計、排水管、溢水用排水管、補給水管及人孔之裝置。

（二）水箱必要落差在下列計算值以上：

必要落差 ＝ 移動式泡沫滅火設備消防水帶摩擦損失水頭 ＋ 配管摩擦損失水頭 ＋ 泡沫放出口、泡沫瞄子或泡沫射水槍之放射壓力，並換算成水頭（計算單位：公尺）

$H = h1 + h2 + h3m$

二、壓力水箱，應符合下列規定：

（一）有壓力表、水位計、排水管、補給水管、給氣管、空氣壓縮機及人孔之裝置。

（二）水箱內空氣占水箱容積三分之一以上，壓力在使用建築物最高處之消防栓維持規定放水水壓所需壓力以上。當水箱內壓力及液面減低時，能自動補充加壓。空氣壓縮機及加壓幫浦，與緊急電源相連接。

（三）必要壓力在下列計算值以上：

必要壓力 ＝ 消防水帶摩擦損失壓力 ＋ 配管摩擦損失壓力 ＋ 落差 ＋ 泡沫放出口、泡沫瞄子或泡沫射水槍之放射壓力（計算單位：公斤／平方公分，MPa）

$P = P1 + P2 + P3 + P4$

三、消防幫浦，應符合下列規定：

（一）幫浦全揚程在下列計算值以上：

幫浦全揚程 ＝ 消防水帶摩擦損失水頭 ＋ 配管摩擦損失水頭 ＋ 落差 ＋ 泡沫放出口、泡沫瞄子或射水槍之放射壓力，並換算成水頭（計算單位：公尺）

$H = h1 + h2 + h3 + h4$

（二）連結之泡沫滅火設備採泡沫噴頭方式者，其出水量及出水壓力，準用第七十七條之規定。

（三）應爲專用。但與其他滅火設備並用，無妨礙各設備之性能時，不在此限。

（四）連接緊急電源。

前項緊急電源除準用第三十八條規定外，其供電容量應在所需放射時間之一點五倍以上。

第 222 條

二氧化碳滅火設備準用第八十二條至九十七條規定。但全區放射方式之二氧化碳滅火設備，依下列規定計算其所需滅火藥劑量：

一、以下表所列防護區域體積及其所列每立方公尺防護區域體積所需之滅火藥劑量，核算其所需之量。但實際量未達所列之量時，以該滅火藥劑之總量所列最低限度之基本量計算。

防護區域體積（立方公尺）	每立方公尺防護區域體積所需之滅火藥劑量（kg/m^3）	滅火藥劑之基本需要量（公斤）
未達五	一點二	一
五以上未達十五	一點一	六
十五以上未達五十	一	十七
五十以上未達一百五十	零點九	五〇
一百五十以上未達一千五百	零點八	一三五
一千五百以上	零點七五	一二〇〇

二、防護區域之開口部未設置自動開閉裝置時，除依前款計算劑量外，另加算該開口部面積每平方公尺五公斤之量。於防護區域內或防護對象係為儲存、處理之公共危險物品，依下表之係數，乘以前項第一款或第二款所算出之量。未表列之公共危險物品，依中央主管機關認可之試驗方式求其係數。

滅火劑種類／公共危險物品	二氧化碳	乾粉			
		第一種	第二種	第三種	第四種
丙烯	1.2	1.2	1.2	1.2	1.2
乙醛		－	－	－	－
氰甲烷	1.0	1.0	1.0	1.0	1.0
丙酮	1.0	1.0	1.0	1.0	1.0
苯氨		1.0	1.0	1.0	1.0
異辛烷	1.0	－	－	－	－
異戊二烯	1.0				
異丙胺	1.0				
異丙醚	1.0				

滅火劑種類 / 公共危險物品	二氧化碳	乾粉			
		第一種	第二種	第三種	第四種
異己烷	1.0				
異庚烷	1.0				
異戊烷	1.0				
乙醇	1.2	1.2	1.2	1.2	1.2
乙胺	1.0				
氯乙烯		–	–	1.0	–
辛烷	1.2				
汽油	1.0	1.0	1.0	1.0	1.0
甲酸乙酯	1.0				
甲酸丙酯	1.0				
甲酸甲酯	1.0				
輕油	1.0	1.0	1.0	1.0	1.0
原油	1.0	1.0	1.0	1.0	1.0
醋酸		1.0	1.0	1.0	1.0
醋酸乙酯	1.0	1.0	1.0	1.0	1.0
醋酸甲酯	1.0				
氧化丙烯	1.8	–	–	–	–
環己烷	1.0				
二乙胺	1.0				
乙醚	1.2	–	–	–	–
二噁烷	1.6	1.2	1.2	1.2	1.2
重油	1.0	1.0	1.0	1.0	1.0
潤滑油	1.0	1.0	1.0	1.0	1.0
四氫喃	1.0	1.2	1.2	1.2	1.2
煤油	1.0	1.0	1.0	1.0	1.0
三乙胺	1.0				
甲苯	1.0	1.0	1.0	1.0	1.0
石腦油	1.0	1.0	1.0	1.0	1.0
菜仔油		1.0	1.0	1.0	1.0
二硫化碳	3.0	–	–	–	–
乙烯基乙烯醚	1.2				

滅火劑種類 / 公共危險物品	二氧化碳	乾粉			
		第一種	第二種	第三種	第四種
砒碇		1.0	1.0	1.0	1.0
丁醇		1.0	1.0	1.0	1.0
丙醇	1.0	1.0	1.0	1.0	1.0
2- 丙醇（異丙醇）	1.0				
丙胺	1.0				
己烷	1.0	1.2	1.2	1.2	1.2
庚烷	1.0	1.0	1.0	1.0	1.0
苯	1.0	1.2	1.2	1.2	1.2
戊烷	1.0	1.4	1.4	1.4	1.4
清油		1.0	1.0	1.0	1.0
甲醛	1.6	1.2	1.2	1.2	1.2
丁酮（甲基乙基酮）	1.0	1.0	1.0	1.2	1.0
氯苯		–	–	1.0	–

註：標有一者不可用為該公共危險物品之滅火劑。

第 223 條

乾粉滅火設備，準用第九十八條至第一百十一條之規定。但全區放射方式之乾粉滅火設備，於防護區域內儲存、處理之公共危險物品，依前條第二項表列滅火劑之係數乘以第九十九條所算出之量。前條第二項未表列出之公共危險物品，依中央主管機關認可之試驗求其係數。

第 224 條

第四種滅火設備距防護對象任一點之步行距離，應在三十公尺以下。但與第一種、第二種或第三種滅火設備併設者，不在此限。

第 225 條

第五種滅火設備應設於能有效滅火之處所，且至防護對象任一點之步行距離應在二十公尺以下。但與第一種、第二種、第三種或第四種滅火設備併設者，不在此限。前項選設水槽應備有三個一公升之消防專用水桶，乾燥砂、膨脹蛭石及膨脹珍珠岩應備有鏟子。

第 226 條

警報設備之設置，依第一百十二條至第一百三十二條之規定。

第 227 條

標示設備之設置，依第一百四十六條至第一百五十六條之規定。

第 228 條

可燃性高壓氣體場所、加氣站、天然氣儲槽及可燃性高壓氣體儲槽之滅火器，依下列規定設置：

一、製造、儲存或處理場所設置二具。但樓地板面積二百平方公尺以上者，每五十平方公尺（含未滿）應增設一具。

二、儲槽設置三具以上。

三、加氣站，依下列規定設置：

（一）儲氣槽區四具以上。

（二）加氣機每臺一具以上。

（三）用火設備處所一具以上。

（四）建築物每層樓地板面積在一百平方公尺以下設置二具，超過一百平方公尺時，每增加（含未滿）一百平方公尺增設一具。

四、儲存場所任一點至滅火器之步行距離在十五公尺以下，並不得妨礙出入作業。

五、設於屋外者，滅火器置於箱內或有不受雨水侵襲之措施。

六、每具滅火器對普通火災具有四個以上之滅火效能值，對油類火災具有十個以上之滅火效能值。

七、滅火器之放置及標示依第三十一條第四款之規定。

第 229 條

可燃性高壓氣體場所、加氣站、天然氣儲槽及可燃性高壓氣體儲槽之冷卻撒水設備，依下列規定設置：

一、撒水管使用撒水噴頭或配管穿孔方式，對防護對象均勻撒水。

二、使用配管穿孔方式者，符合CNS　一二八五四之規定，孔徑在四毫米以上。

三、撒水量為防護面積每平方公尺每分鐘五公升以上。但以厚度二十五毫米以上之岩棉或同等以上防火性能之隔熱材被覆，外側以厚度零點三五毫米以上符合CNS一二四四規定之鋅鐵板或具有同等以上強度及防火性能之材料被覆者，得將其撒水量減半。

四、水源容量在加壓送水裝置連續撒水三十分鐘之水量以上。

五、構造及手動啓動裝置準用第二百十六條之規定。

第 230 條

前條防護面積計算方式，依下列規定：

一、儲槽為儲槽本體之外表面積（圓筒形者含端板部分）及附屬於儲槽之液面計及閥類之露出表面積。

二、前款以外設備為露出之表面積。但製造設備離地面高度超過五公尺者，以五公尺之間隔作水平面切割所得之露出表面積作為應予防護之範圍。

三、加氣站防護面積，依下列規定：

（一）加氣機每臺三點五平方公尺。

（二）加氣車位每處二平方公尺。

（三）儲氣槽人孔每座三處共三平方公尺。

（四）壓縮機每臺三平方公尺。

（五）幫浦每臺二平方公尺。

（六）氣槽車卸收區每處三十平方公尺。

第 231 條

可燃性高壓氣體場所、加氣站、天然氣儲槽及可燃性高壓氣體儲槽之射水設備，依下列規定：

一、室外消防栓應設置於屋外，且具備消防水帶箱。

二、室外消防栓箱內配置瞄子、開關把手及口徑六十三毫米、長度二十公尺消防水帶二條。

三、全部射水設備同時使用時，各射水設備放水壓力在每平方公分三點五公斤以上或0.35MPa以上，放水量在每分鐘四百五十公升以上。但全部射水設備數量超過二支時，以同時使用二支計算之。

四、射水設備之水源容量，在二具射水設備同時放水三十分鐘之水量以上。

第 232 條

射水設備設置之位置及數量應依下列規定：

一、設置個數在二支以上，且設於距防護對象外圍四十公尺以內，能自任何方向對儲槽放射之位置。

二、依儲槽之表面積，每五十平方公尺（含未滿）設置一具射水設備。但依第二百二十九條第三款但書規定設置隔熱措施者，每一百平方公尺（含未滿）設置一具。

第 233 條

射水設備之配管、試壓、加壓送水裝置及緊急電源準用第三十九條及第四十二條之規定。

第五編　附則

第 234 條

依本標準設置之室內消防栓、室外消防栓、自動撒水、水霧滅火、泡沫滅火、冷卻撒水、射水設備及連結送水管等設備，其消防幫浦、電動機、附屬裝置及配管摩擦損失計算，由中央消防機關另定之。

第 235 條

緊急供電系統之配線除依用戶用電設備裝置規則外，並依下列規定：

一、電氣配線應設專用回路，不得與一般電路相接，且開關有消防安全設備別之明顯標示。

二、緊急用電源回路及操作回路，使用六百伏特耐熱絕緣電線，或同等耐熱效果以上之電線。

三、電源回路之配線，依下列規定，施予耐燃保護：

（一）電線裝於金屬導線管槽內，並埋設於防火構造物之混凝土內，混凝土保護厚度爲二十毫米以上。但在使用不燃材料建造，且符合建築技術規則防火區劃規定之管道間，得免埋設。

（二）使用MI電纜或耐燃電纜時，得按電纜裝設法，直接敷設。

（三）其他經中央主管機關指定之耐燃保護裝置。

四、標示燈回路及控制回路之配線，依下列規定，施予耐熱保護：

（一）電線於金屬導線管槽內裝置。

（二）使用MI電纜、耐燃電纜或耐熱電線電纜時，得按電纜裝設法，直接敷設。

（三）其他經中央主管機關指定之耐熱保護裝置。

第 236 條

消防安全設備緊急供電系統之配線，依下表之區分，施予耐燃保護或耐熱保護。

第 237 條

緊急供電系統之電源，依下列規定：

一、緊急電源使用符合CNS、一〇二〇四規定之發電機設備、一〇二〇五規定之蓄電池設備或具有相同效果之設備，其容量之計算，由中央消防機關另定之。

二、緊急電源裝置切換開關，於常用電源切斷時自動切換供應電源至緊急用電器具，並於常用電源恢復時，自動恢復由常用電源供應。

三、發電機裝設適當開關或連鎖機件，以防止向正常供電線路逆向電力。

四、裝設發電機及蓄電池之處所爲防火構造。但設於屋外時，設有不受積水及雨水侵襲之防水措施者，不在此限。

五、蓄電池設備充電電源之配線設專用回路，其開關上應有明顯之標示。

第 238 條

防災中心樓地板面積應在四十平方公尺以上，並依下列規定設置：

一、防災中心之位置，依下列規定：

（一）設於消防人員自外面容易進出之位置。

（二）設於便於通達緊急昇降機間及特別安全梯處。

（三）出入口至屋外任一出入口之步行距離在三十公尺以下。

二、防災中心之構造，依下列規定：

（一）冷暖、換氣等空調系統爲專用。

（二）防災監控系統相關設備以地腳螺栓或其他堅固方法予以固定。

（三）防災中心內設有供操作人員睡眠、休息區域時，該部分以防火區劃間隔。

第 239 條

本標準施行日期，由內政部以命令定之。

消防機關辦理建築物消防安全設備審查及查驗作業基準

■修正日期：109/04/17 檢視歷史法規

■發布文號：內授消字第 1090821936 號

一、為利消防機關執行消防法第十條所定建築物消防安全設備圖說（以下簡稱消防圖說）之審查及建築法第七十二條、第七十六條所定建築物之竣工查驗工作，特訂定本作業基準。

二、建築物消防安全設備圖說審查作業程序如下：

（一）起造人填具申請書，檢附建築、消防圖說、建造執照申請書、消防安全設備概要表、相關證明文件資料等，向當地消防機關提出。其中消防圖說由消防安全設備設計人依滅火設備、警報設備、避難逃生設備、消防搶救上之必要設備等之順序依序繪製並簽章，圖說內所用標示記號，依消防圖說圖示範例註記。

（二）消防機關受理申請案於掛號分案後，即排定審查日期，通知該件建築物起造人及消防安全設備設計人，並由消防安全設備設計人攜帶其資格證件及當地建築主管機關審訖建築圖說，配合審查（申請案如係分別向建築及消防機關申請者，其送消防機關部分，得免檢附審訖建築圖說），消防安全設備設計人無正當理由未會同審查者，得予退件。但新建、增建、改建、修建、變更用途、室內裝修或變更設計等，申請全案僅涉滅火器、標示設備及緊急照明設備等非系統式消防安全設備時，設計人得免會同審查。

（三）消防圖說審查不合規定者，消防機關應製作審查紀錄表，依第十二點規定之期限，將不合規定項目詳為列舉一次告知起造人，起造人於修正後應將消防圖說送回消防機關複審，複審程序準用前款之規定，其經複審仍不符合規定者，消防機關得將該申請案函退。

（四）消防機關審訖消防圖說後，其有修正者，交消防安全設備設計人攜回清圖修正。消防圖說經審訖修改完成，送消防機關加蓋驗訖章後，消防機關留存一份，餘交起造人（即申請人）留存。並將消防圖說電子檔以PDF或縮影檔案格式製作一併送消防機關備查。

（五）建築物消防安全設備圖說審查申請書格式、各種消防安全設備概要表、消防圖說圖示範例、審查紀錄表格式、消防圖說審查作業流程如附件一、二、三、四、五。

■下載附件圖表

三、消防設備師核算避難器具支固器具及固定部之結構強度等之結果資料，應以書面知會負責結構之專門職業及技術人員供納入建築結構整合設計考量。

四、消防設備師依「緊急電源容量計算基準」核算供消防安全設備所須之緊急電源容量後，應以書面知會電機技師供納入整合緊急發電系統設計容量考量，電機技師於接獲前揭消防用緊急電源容量計算結果資料，應於七日內確認有無影響建築整體緊急發電設備設計之虞，並以書面通知知會之消防設備師，逾七日未通知時視爲無意見。

五、有關依各類場所消防安全設備設置標準規定設置之耐燃保護、耐熱保護措施，室內消防栓、室外消防栓、自動撒水、水霧、泡沫、乾粉、二氧化碳滅火設備、連結送水管設備等之配管，於實施施工、加壓試驗及配合建築物樓地板、樑、柱、牆施工須預埋消防管線時，消防安全設備監造人應一併拍照建檔存證以供消防機關查核，消防機關並得視需要隨時派員前往查驗。

六、建築物消防安全設備竣工查驗程序如下：

（一）起造人填具申請書，檢附消防安全設備測試報告書（應由消防安全設備裝置人於各項設備施工完成後依報告書內項目實際測試其性能，並填寫其測試結果。）、安裝施工測試佐證資料及電子檔光碟、證明文件（含審核認可書等）、使用執照申請書、原審訖之消防圖說等，向當地消防機關提出，資料不齊全者，消防機關通知限期補正。

（二）消防機關受理申請案於掛號分案後，即排定查驗日期，通知該件建築物之起造人及消防安全設備裝置人，並由消防安全設備裝置人攜帶其資格證件至竣工現場配合查驗，消防安全設備裝置人無正當理由未會同查驗者，得予退件。

（三）竣工現場消防安全設備查驗不合規定者，消防機關應製作查驗紀錄表，依第十二點規定之期限，將不合規定項目詳爲列舉一次告知起造人，起造人於完成改善後應通知消防機關複查，複查程序準用前款之規定，其經複查仍不符合規定者，消防機關得將該申請案函退。

（四）竣工現場設置之消防安全設備與原審訖消防圖說之設備數量或位置有異動時，於不影響設備功能及性能之情形下，得直接修改竣工圖（另有關建築部分之立面、門窗、開口等位置之變更如不涉面積增減時，經建築師簽證後，亦得一併直接修改竣工圖），並於申請查驗時，備具完整竣工消防圖說，一次報驗。

（五）消防機關完成建築物消防安全設備竣工查驗後，其須修正消防圖說者，消防安全設備設計人、監造人應將原審訖之消防圖說清圖修正製作竣工圖。完成竣工查驗者，其消防圖說應標明「竣工圖」字樣，送消防機關加蓋驗訖章後，消防機關留存二份列管檢查，餘交起造人（即申請人）留存。並將消防圖說電子檔以PDF或縮影檔案格式製作一併送消防機關備查。

（六）建築物消防安全設備竣工查驗申請書格式、各種消防安全設備測試報告書、安裝施工測試佐證資料項目表、查驗紀錄表格式、竣工查驗作業流程如附件六、七、八、九、十。

■下載附件圖表

七、申請建築物修建、室內裝修等涉及消防安全設備變更之審查及查驗案件，其消防安全設備有關變更部分，僅為探測器、撒水頭、蜂鳴器、水帶等系統部分配件之增減及位置之變動者，申請審查時，應檢附變更部分之設備概要表及平面圖等相關必要文件；申請查驗時，應檢附變更部分之設備測試報告書、設備器材等相關必要證明文件；其涉及緊急電源、加壓送水裝置、受信總機、廣播主機等系統主要構件變動或計算時，變動部分依本基準辦理。

八、原有合法建築物辦理變更使用，仍應依本基準規定，就變更使用部分檢附圖說、文件等資料。無法檢附原核准消防安全設備圖說時，得由消防設備師依使用執照核准圖面之面積或現場實際勘查認定繪製之。

九、依「消防法」第六條第三項規定，取得內政部核發之審核認可書，經認可其具同等以上效能之消防安全設備，其查驗比照本基準規定辦理，至測試報告書得就所替代設備之測試報告書項目內容，由消防安全設備裝置人直接增刪修改使用。

十、經本部公告應實施認可之消防機具器材及設備，消防機關於竣工查驗時，應查核其認可標示；其為依各類場所消防安全設備設置標準第三條規定，經內政部審議領有審核認可書者，除應查核該審核認可書影本及安裝完成證明文件（工地進出貨文件等）外，並注意應於審核認可書記載有效期限屆滿前安裝完成，至於在審核認可書有效期限內已製造出廠或進口尚未安裝完成者，應查核其審核認可書影本、出廠或進口證明與出貨、交易或完稅證明文件，從嚴從實查證，以防造假蒙混之情事。

十一、申請消防圖說審查及竣工查驗，各項圖紙均須摺疊成A4尺寸規格，並裝訂成冊俾利審查及查驗。圖紙摺疊時，圖說之標題欄須摺疊於封面，圖紙摺疊方式請參考附件十一圖示範例。

■下載附件圖表

十二、消防安全設備圖說審查及竣工查驗之期限，以受理案件後七至十日內結案為原則。但供公眾使用建築物或構造複雜者，得視需要延長，並通知申請人，最長不得超過二十日。

附件一　圖紙摺疊範例

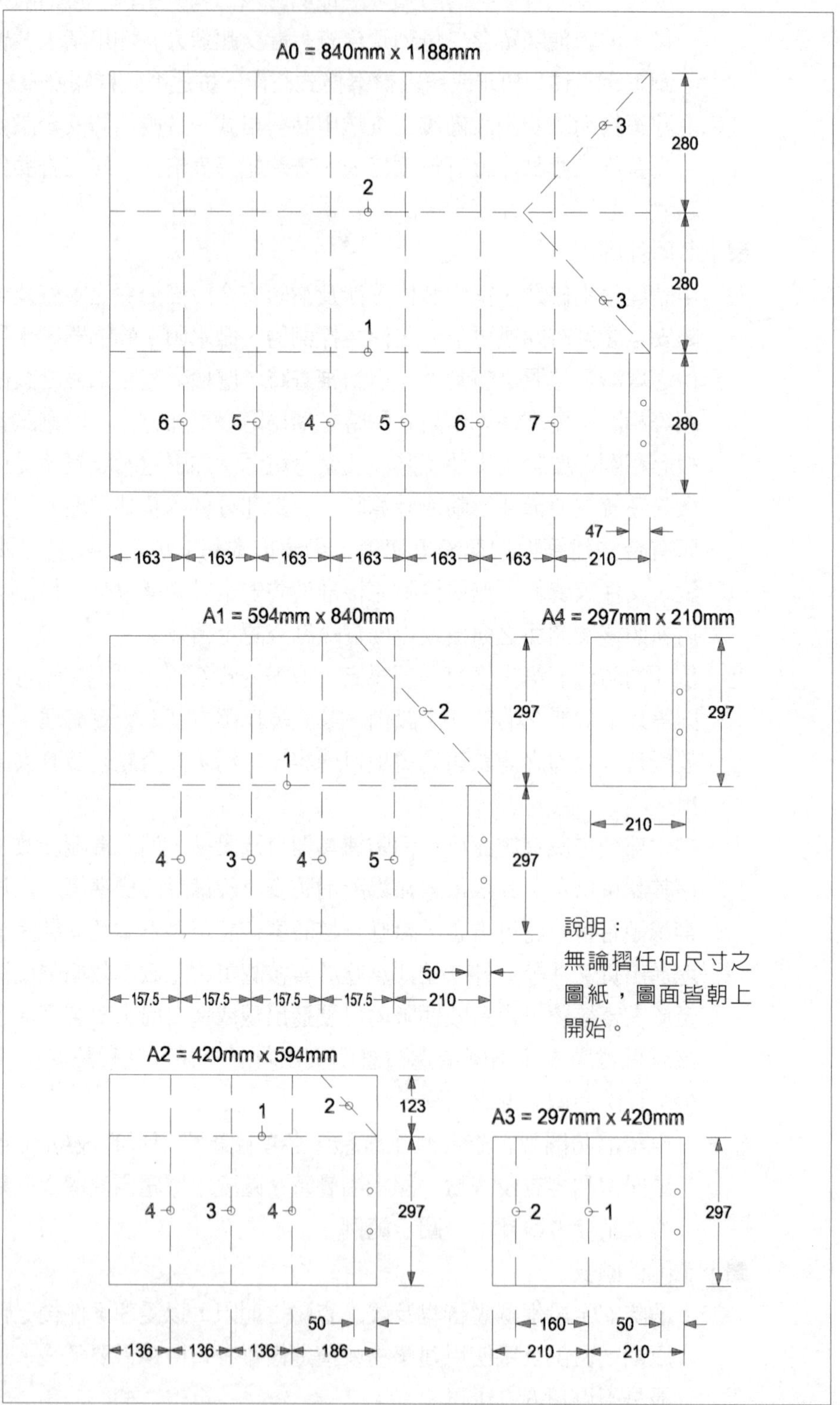
A0 = 840mm x 1188mm
280
280
280
47
163
163
163
163
163
163
210
A1 = 594mm x 840mm
297
297
50
157.5
157.5
157.5
157.5
210
A4 = 297mm x 210mm
297
210
說明：
無論摺任何尺寸之
圖紙，圖面皆朝上
開始。
A2 = 420mm x 594mm
123
297
50
136
136
136
186
A3 = 297mm x 420mm
297
160
50
210
210

複合用途建築物判斷基準

■修正日期：93/05/17

■發布文號：內授消字第 0930091001 號

一、本基準依各類場所消防安全設備設置標準（以下簡稱設置標準）第四條第一項第一款規定訂定之。

二、一棟建築物中，有供各類場所第十二條第一款至第四款所列用途二種以上，符合下列規定之一者，得判定爲在管理及使用形態上構成從屬關係。

（一）附表「建築物主用途及從屬用途關係對照表」所列用途，符合下列規定時構成從屬關係。

1.從屬用途部分之管理權與主用途部分之管理權相同。

2.從屬用途部分利用者與主用途部分利用者應一致或具有密切之關係。

3.從屬用途部分工作者或使用者之使用時間與主用途部分工作者或使用者之使用時間應大致相同（包含爲完成剩餘工作之延長時間）。

（二）附表「建築物主用途及從屬用途關係對照表」所列主用途部分樓地板面積合計應超過該建築物總樓地板面積百分之九十以上，且從屬用途部分之樓地板面積合計未超過三百平方公尺。

■下載附件圖表

三、一棟建築物中之不同用途有供住宅使用時，除依前條規定外，應依下列原則判斷之：

（一）供設置標準第十二條第一款至第四款各自用途使用之樓地板面積合計小於五十平方公尺，且較供住宅使用之樓地板合計面積小時，該建築物視爲住宅。

（二）供設置標準第十二條第一款至第四款各目用途使用之樓地板合計面積大於供住宅使用之樓地板合計面積時，視爲設置標準第十二條第一款至第四款各目用途之建築物。

（三）供設置標準第十二條第一款至第四款各目用途使用之樓地板面積合計小於供住宅使用之樓地板面積合計，且前者樓地板面積合計在五十平方公尺以上時，該建築物視爲複合用途建築物。

（四）供設置標準第十二條第一款至第四款各目用途使用之樓地板面積合計，與供住宅使用之樓地板合計面積大致相等時，應視為複合用途建築物。

四、依本基準之規定視為複合用途建築物，符合下列規定時，視為設置標準第十二條第五款第二目之複合用途建築物。

（一）複合用途建築物中，甲類場所樓地板面積合計小於該建築物總樓地板面積百分之十。

（二）複合用途建築物中，甲類場所樓地板面積合計未滿三百平方公尺。

建築物主用途及從屬用途關係對照表

（A）設置標準各類場所	（B）主要用途部分	功能上構成從屬用途部分		備　考
		（C）供工作者、使用者便於使用者	（D）具有密切之關係	
(1) 甲類（一）之電影片映演場所（戲院、電影院）	舞台、座席、放映室、大廳、售票室、電氣室、道具室、衣物室、練習室、儲藏室。	販賣部、專用停車場、休息室、辦公室、展示室及其他相關場所。	製片廠（室）。	電氣室係指有關播帶、監控等處所。
(2) 甲類（一）之歌廳、舞廳、夜總會、俱樂部	座席區、吧台、舞池、舞台、烹調室、更衣室、儲藏室、更氣室。	休息室、專用停車場、辦公室及其他相關場所。		
(3) 甲類（一）之理容院（觀光理髮、視聽理容等）指壓按摩場所	包廂、理容椅、按摩座、蒸氣室、烹調室。	大廳、辦公室、休息室、專用停車場及其他相關場所。		
(4) 甲類（一）之錄影節目帶播映場所（MTV等）、視聽歌唱場所（KTV等）	座席區、包廂、電氣室、吧台、櫃台、烹調室	大廳、休息室、辦公室、專用停車場及其他相關場所。		
(5) 甲類（一）之酒家、酒吧、酒店（廊）	座席區、包廂、舞台、櫃台、吧台、廚房、電氣室、更衣室、儲藏室。	專用停車場、大廳、休息室、辦公室及其他相關場所。		
(6) 甲類（二）之保齡球館、撞球場、室內螢幕式高爾夫練習場	球道區、休息區、機械室、球台區、作業區、更衣室、等待區、遊藝室、儲藏室、包廂、櫃台、電氣室。	飯廳、咖啡廳、販賣部、專用停車場、辦公室及其他相關場所。	三溫暖、體育館	

（A）設置標準各類場所	（B）主要用途部分	功能上構成從屬用途部分		備　考
		（C）供工作者、使用者便於使用者	（D）具有密切之關係	
(7) 甲類（二）之集會堂	集合室、會議室、大廳、宴會場、廚房、兼具本表第一欄用途者並適用其主從關係。	飯廳、販賣部、專用停車場及其他相關場所。	展示室、圖書室、遊戲室、體育室、遊藝室、托兒室、醫護室、招待室。	
(8) 甲類（二）之健身休閒中心（含提供指壓、三溫暖等設施之美容瘦身場所）	健身室、韻律室、游泳區、三溫暖、浴室、更衣室。	大廳、咖啡廳、販賣部、專用停車場、辦公室及其他相關場所。		
(9) 甲類（二）之遊藝場所、電子遊戲場、資訊休閒場所	遊藝室（區）、遊戲室（區）、休閒室（區）、櫃台。	販賣部、辦公室、專用停車場及其他相關場所。		
(10) 甲類（三）觀光旅館、飯店、旅館、招待所（限有寢室客房者）	寢室、櫃台、大廳、廚房、餐廳、浴室、接待室（區）、洗衣室、配餐室、蒸氣室。	娛樂室、吧台、飲食區、兌幣處、專用停車場、美（理）容室、醫務室、咖啡廳、電信室、電氣室及其他相關場所。	展示室（區）（含連續式形態）、會議室、展望設施、游泳池、遊藝室	
(11) 甲類（四）商場、市場、百貨商場、超集市場、零售市場、展覽場	販賣部、貨物處理室、商品倉庫、美食街、辦公室、展示室（區）、衣服專賣店。	專用停車場、攝影室、遊藝室、美（理）容室、醫務室、集會室、電氣室及其他相關場所。	飲食美容等教室，自動提款機室。	拍賣場原則上視為本類。
(12) 甲類（五）餐廳、飲食店、咖啡廳、茶藝館	座席區、包廂、廚房、接待室、吧台。	專用停車場、結婚廣場、大廳、辦公室及其他相關場所。	娛樂室、會議室。	
(13) 甲類（六）之醫療機構（醫院診所）、療養院	診療室、急診室、病房、產房、手術室、檢驗室、藥局、辦公室、機能訓練室、會客室、談話室、研究室、	飯廳、販賣部、專用停車場、娛樂室、托兒室、理容室、浴室、茶室、美食街及其他相關場所。	臨床研究室	醫院附設之護士宿舍及護士學校一部份視為寄宿舍及學校。

(A) 設置標準各類場所	(B) 主要用途部分	功能上構成從屬用途部分		備　考
		(C) 供工作者、使用者便於使用者	(D) 具有密切之關係	
	廚房、洗衣（滌）室、醫師值日室、候診室（區）、技工室、圖書館。			
(14) 甲類（六）之長期照護機構、養護機構、安養機構、老人服務機構（限供日間照顧及安置使用者）、兒童福利設施、育嬰中心、護理之家機構、產後護理機構	起居室、集會室、機械訓練室、會客室、飯廳、廚房、診療室、作業室、洗衣部、浴室。	飯廳、販賣部、專用停車場及其他相關場所。		
(15) 甲類（六）之啓明、啓智、啓聰等特殊學校乙類（十二）之幼稚園、托兒所	教室、遊藝室、休息室、講堂、廚房、體育室、診療室、圖書室。	飯廳、販賣部、辦公室及其他相關場所。	才藝教室。	
(16) 甲類（七）三溫暖、公共浴室	更衣室、浴室、蒸氣室、休息室、體育室、等候室、按摩室、衣櫃室、洗衣室、閱覽室、美（理）容室、視聽賞區、櫃台、烹調室。	飯廳、販賣部、專用停車場、茶室、娛樂室、托兒室、小型三溫暖及其他相關場所。	自費洗衣部。	
(17) 乙類（一）車站、飛機場大廈、候船室	起降區、等待室、操控室、電力控制室、行李領取區、暫時寄物處、衣帽間、小睡室、救護室。	飯廳、販賣部、咖啡廳、旅行社接待室及其他相關場所。	理容室、兌幣處。	
(18) 乙類（二）期貨經紀業、證券交易所、金融機構	座席、大廳、看板區、櫃台、銀行辦事處、辦公室、保管箱室、金庫。	談話室、專用停車場、咖啡室及其他相關場所。		

(A) 設置標準各類場所	(B) 主要用途部分	功能上構成從屬用途部分		備　考
		(C) 供工作者、使用者便於使用者	(D) 具有密切之關係	
(19) 乙類 (三) 兒童及少年福利機構、學校教室、補習班、訓練班、K書中心、安親(才藝)班	教室、職員室、講堂、會議室、圖書室、研究室、用功室、保健室。	飯廳、談話室及其他相關場所。	學生會館之集會室、宿舍、學童保育室。	
(20) 乙類 (四) 圖書室、博物館、美術館、陳列館、史蹟資料館、紀念館及其他類似場所	閱覽室、展示室、陳列區、書庫、衣帽間、大廳、工作室、物品保管室、資料室、研究室、會議室、休息室、放映室、觀賞室、辦公室。	飯廳、販賣部、咖啡廳、專用停車場及其他相關場所。		
(21) 乙類 (五) 寺廟、宗祠、教堂、靈骨塔及其他類似場所。	本殿、旁殿、禮拜堂、納骨塔(室)、辦公室、集會室、休息室、陳列室。	飯廳、販賣部、咖啡廳、專用停車場、圖書室及其他相關場所。	宴會場、廚房、寢室、客房、娛樂室。	
(22) 乙類 (六) 辦公室、前款第六目以外之老人服務機構、老人文康機構	辦公室、休息室、會議室、大廳、檔案室、儲物室、談話室、作業室、資料室。	飯廳、販賣部、咖啡廳、娛樂室、體育室、理容室、專用停車場、診療至及其他相關場所。	展示室。	
(23) 乙類 (七) 集合住宅、寄宿舍	起居室、寢室、廚房、飯廳、教養室、休息室、浴室、共同烹調室、洗衣室、置物室、管理人員室。	販賣部、專用停車場、大廳、會面室及其他相關場所。		
(24) 乙類 (八) 體育館、活動中心	座席、運動區、健身室、各項運動器具室、辦公室、置物室、更衣室、浴室、圖書室、展示室、活動室、閱覽室、大廳。	飯廳、販賣部、遊藝室、視聽覺教室、專用停車場、訓練室、表演台、診療室及其他相關場所。	宴會場、結婚廣場。	

(A) 設置標準各類場所	(B) 主要用途部分	功能上構成從屬用途部分		備考
		(C) 供工作者、使用者便於使用者	(D) 具有密切之關係	
(25) 乙類 （九）室內溜冰場、室內游泳池	大廳、櫃台、寄（置）物室、溜冰場、游泳池、休息區、浴室、換衣室、設備區。	販賣部、遊藝室、專用停車場、咖啡廳及其他相關場所。		
(26) 乙類 （十）電影攝影場、電視播送場	攝影室、舞台、錄音室、道具室、衣物室、休息室、觀眾席、大廳、排練室。	飯廳、販賣部、咖啡廳、專用停車場、休息室及其他相關場所。		
(27) 乙類 （十一）倉庫、傢俱展示販售場	物品食庫、貨物處理室、辦公室、休息室、作業室（與商品保管相關之作業）。	飯廳、販賣部、專用停車場、展示室及其他相關場所。		
(28) 丙類 （一）電信機器室	電信機房、電器室、電腦室、作業室、辦公室、休息室、器材室。	專用停車場及其他相關場所。		
(29) 丙類 （二）汽車修護場、飛機修理廠、飛機庫	車庫、車道、修理場、器具室、飛機修理場、飛機庫、休息室、更衣室。	飯廳、販賣部、專用停車場及其他相關場所。		
(30) 丙類 （三）室內停車場、建築物依法附設之室內停車空間。	車庫、車道。			
(31) 丁類 （一）高度危險工作場所 （二）中度危險工作場所 （三）低度危險工作場所	作業區、設計室、研究室、辦公室、更衣室、物品室、展示室、會議室、圖書室。	飯廳、販賣部、專用停車場、托兒室、診療室及其他相關場所。		

住宅用火災警報器設置辦法

■發布日期：民國 99 年 12 月 30 日

第 1 條

本辦法依消防法（以下簡稱本法）第六條第四項及第五項規定訂定之。

第 2 條

本法第六條第四項及第五項所定場所之管理權人，依本辦法規定設置住宅用火災警報器並維護之。

消防機關得依本法第六條第四項所定場所之危險程度，分類列管檢查及複查。

依本法第十條規定審查本法第六條第四項場所之消防安全設備圖說時，將住宅用火災警報器納入審查項目。

第 3 條

住宅用火災警報器安裝於下列位置：

一、寢室、旅館客房或其他供就寢用之居室（以下簡稱寢室）。

二、廚房。

三、樓梯：

（一）有寢室之樓層。但該樓層爲避難層者，不在此限。

（二）僅避難層有寢室者，通往上層樓梯之最頂層。

四、非屬前三款規定且任一樓層有超過七平方公尺之居室達五間以上者，設於走廊；無走廊者，設於樓梯。

設有符合各類場所消防安全設備設置標準之自動撒水設備或同等性能以上之滅火設備（限使用標示溫度在七十五度以下，動作時間在六十秒以內之密閉型撒水頭）者，在該有效範圍內，得免設置住宅用火災警報器。

第 4 條

住宅用火災警報器依下列方式安裝：

一、裝置於天花板或樓板者：

（一）警報器下端距離天花板或樓板六十公分以內。

（二）裝設於距離牆面或樑六十公分以上之位置。

二、裝置於牆面者，距天花板或樓板下方十五公分以上五十公分以下。

三、距離出風口一點五公尺以上。
四、以裝置於居室中心為原則。

第 5 條

住宅用火災警報器依下表所列種類設置之：

位置	種類
寢室、樓梯及走廊	離子式、光電式
廚房	定溫式

第 6 條

住宅用火災警報器以電池為電源者，於達電壓下限發出提示或聲響時，管理權人即更換電池。

第 7 條

住宅用火災警報器使用電池以外之外部電源者，有確保電源正常供給之措施。

前項電源和分電盤間之配線，不得設置插座或開關，並符合屋內配線裝置規則規定。

第 8 條

住宅用火災警報器具備自動試驗功能者，於出現功能異常訊息時更換之；不具備自動試驗功能者，於使用期限屆滿前更換之。

除前項情形外，管理權人依警報器使用說明書檢查住宅用火災警報器，並維持功能正常。

第 9 條

本法第六條第四項規定之場所，於本法中華民國九十九年五月二十一日修正生效前既設者，應於一百年十二月三十一日以前設置住宅用火災警報器。

前項場所於本法中華民國九十九年五月二十一日至本辦法發布生效前有新建、增建、改建、用途變更者，應於一百年三月三十一日以前設置住宅用火災警報器。

第 10 條

本法第六條第五項規定之場所，於本辦法發布生效前既設者，於中華民國一百零六年十二月三十一日以前設置住宅用火災警報器。

第 11 條

本辦法自發布日施行。

第11章 承辦竣工查驗作業流程

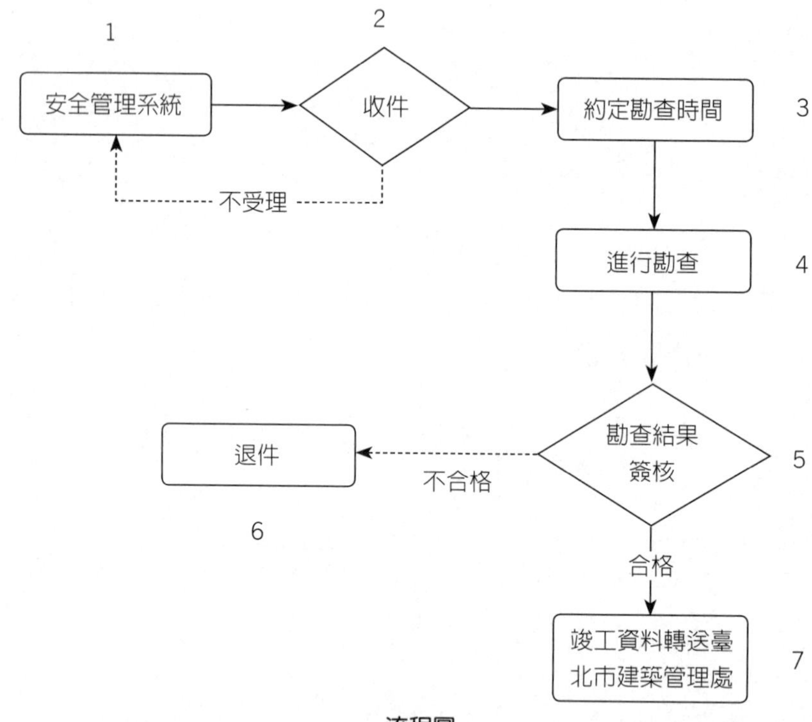

流程圖

工作項目	作業程序說明及控制重點	法令依據與參考資料	使用表單
消防安全設備竣工查驗	1.安全管理系統 1.1 以自然人憑證登錄安全管理系統 1.2 開啓子系統－會勘管理系統，若無法使用子系統，請洽系統管理承辦人員開啓權限。 2.收件 2.1 負責收件承辦人必須檢視案件應上傳文件是否備齊再予以收件，收件同時應列印 1 份申請書，於申請書上以鉛筆登載系統指定之審查承辦人員及案件編號，以利收文人員分案。 2.2 若案件不受理，負責收件承辦人應於系統鍵入並敘明理由	1.臺北市政府文書處理實施要點 2.消防機關辦理建築物消防安全設備審查及查驗作業基準 3.消防機關辦理建築物消防安全設備審查及查驗作業基準補充規定 4.臺北市政府消防局監造及裝置執業管理計畫 5.消防法 6.臺北市火災預防自治條例	1.消防安全設備勘查紀錄表 2.臺北市政府消防局消防安全設備勘查核定表

工作項目	作業程序說明及控制重點	法令依據與參考資料	使用表單
	（例如申請書未用印、使用執照未檢附等），必要時應電話向專技人員說明，再予以不受理。不受理案件無須列印申請書。 2.3 負責收件承辦人於列印申請書後，應於 4 小時內送請排案承辦人約定勘查時間，排案承辦人於排定勘查時間後，應於 1 日內送請局總收文人員掛局號完成。 2.4 負責收件承辦人於收到掛局號之申請書，應將局號鍵入系統，再將申請書交予勘查承辦人。 3. 約定勘查時間 3.1 排案承辦人收到申請書，應於 1 日內與監造人或裝置人約定勘查時間，並於系統鍵入排訂時間，有更改時亦同。 3.2 編排勘查時間應注意公文期限（不合格 8 日、合格 11 日），預留公文簽核時間。 3.3 水系統涉及消防車送水測試，及消防車輛救災活動空間測試時，應於勘查 2 日前通報轄區大隊派人車前往。 4. 進行勘查 4.1 前往勘查時應遵守排定時間，注意交通安全及駕駛規則，途中如遇突發事件或意外事故，應即時反應並回報單位主管人員。 4.2 確認監造人、裝置人是否變更。 4.3 進行勘查時應先確認監造人、裝置人身分，核對執照及身分證明文件，監造人、裝置人應填寫到場查核表，若監造人、裝置人未到場則逕予退件。 4.4 進行勘查前應核對竣工圖（草圖）與審查核准之消防圖，如涉及系統變更或其他重大變更	7. 各類場所消防安全設備設置標準 8. 複合用途建築物判斷基準 9. 建築技術規則 10. 台灣省火災防範辦法 11. 台灣省火災防救辦法 12. 建築物防火避難設備辦法 13. 消防幫浦加壓送水裝置等及配管摩擦損失計算基準 14. 緊急電源容量計算基準 15. 避難器具支固器具及固定部之結構、強度計算及施工方法 16. 消防設備師及消防設備士管理辦法 17. 建築物室內裝修管理辦法 18. 原有合法建築物防火避難設施及消防設備改善辦法 19. 建築物使用類組及變更使用辦法 20. 臺北市展演用臨時性建築物管理辦法 21. 建築法 22. 訴願法 23. 臺北市政府消防局分層負責明細表乙表	

工作項目	作業程序說明及控制重點	法令依據與參考資料	使用表單
	應要求辦理圖說變更設計，始得續辦理竣工查驗。 4.5 進行勘查前應確認申請案件已完成各消防安全設備測試，並填妥測試報告書及拍攝裝置照片完成、備妥消防安全設備審核認可、器材認可等資料，始得執行勘查。 4.6 勘查時應有消防專技人員或業主方人員陪同。 4.7 勘查過程應注意自身安全及言行態度。 4.8 勘查缺失應一次告知（如分次勘查應註明勘查範圍），除應於竣工圖繪記外，並應於勘查紀錄表敘明勘查意見，如有必要應向業主代表口頭說明。 4.9 勘查紀錄表填畢後應由業主代表或消防專技人員簽名，並請簽名代表留下聯絡電話。 4.10 執法疑義應即時處理，透過勘查承辦人聚集討論、每週審勘查小組會議、電話或行文洽詢消防署、詢問相關專業人員或針對個案開會討論，原則上應於 2 日內回覆監造人。 5. 勘查結果簽核 5.1 公文裝訂順序由上而下為：函稿、消防安全設備勘查核定表、勘查申請書、勘查紀錄表、消防專技人員配合到場查核表、測試報告書、裝置照片、竣工圖（草圖）。 5.2 申請人（或代表）、消防專技人員領取公文時應於簽收簿加蓋大小章、簽名並留下聯絡電話。 5.3 勘查合格案件應於發文後 1 日內於系統鍵入發文日期、發文字號及執行結案。		

工作項目	作業程序說明及控制重點	法令依據與參考資料	使用表單
	6. 退件 6.1 勘查結果不合格者，於系統敘明理由並執行退件。 6.2 不合格案件公文由申請人（或代表）、消防專技人員領取後，應於 1 日內於系統執行領件，以利消防專技人員掛件複查。 7. 竣工資料轉送臺北市建築管理處 7.1 新建案及變更使用案件於（勘查合格）發文後，核對竣工圖承辦人員應於 3 日內將裝置照片及竣工圖（草圖）卷宗送交臺北市建築管理處（新建案交予施工科，變更使用案交予使用科）。		

承辦審查標準作業流程

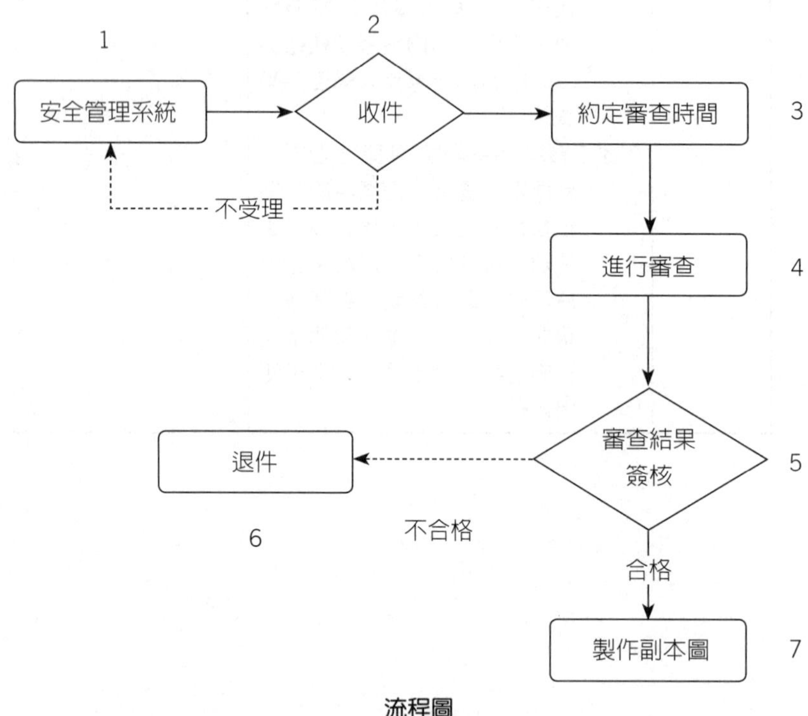

流程圖

工作項目	作業程序說明及控制重點	法令依據與參考資料	使用表單
消防安全設備圖說審查	1. 安全管理系統 1.1 以自然人憑證登錄安全管理系統 1.2 開啓子系統 - 會審管理系統，若無法使用子系統，請洽系統管理承辦人員開啓權限。 2. 收件 2.1 負責收件承辦人必須檢視案件應上傳文件是否備齊（填寫自主檢查表）再予以收件，收件同時應列印 1 份申請書，於申請書上以鉛筆登載系統指定之審查承辦人員及案件編號，以利收文人員分案。	1. 臺北市消防安全設備公（協）會聯合諮詢服務中心執行計畫 2. 臺北市政府消防局消防審查優質化計畫 3. 臺北市政府文書處理實施要點 4. 消防機關辦理建築物消防安全設備審查及查驗作業基準 5. 消防機關辦理建築物消防安全設備審查及查驗作業基準補充規定	1. 102.7.1 起實施「消防審查優質化」及 103.1.1 起實施「監造及裝置執業管理計畫」承辦人業務自主檢查表 2. 消防安全設備圖說審查紀錄表 3. 臺北市政府消防局消防安全設備審查核定表

工作項目	作業程序說明及控制重點	法令依據與參考資料	使用表單
	2.2 負責收件承辦人應判斷案件是否為 1000 平方公尺以下室內裝修（用途未變動）案件，若是，收件後主動約件，編排審查時間以次（上班）日上午 9～12 時為原則，排定時間應負責登載於系統及申請書上。 2.3 若案件不受理，負責收件承辦人應於系統鍵入並敘明理由（例如申請書未用印、使用執照未檢附等），必要時應電話向專技人員說明，再予以不受理。不受理案件無須列印申請書。 2.4 負責收件承辦人於列印申請書後，應於 1 日內送請局總收文人員掛局號完成，並將局號鍵入系統，再將申請書交由審查承辦人。 3. 約定審查時間 3.1 審查承辦人收到申請書，應於 2 日內與設計人約定審查時間，並於系統鍵入排訂時間，有更改時亦同。 3.2 編排審查時間應注意公文期限（不合格 7 日、合格 9 日），預留公文簽核時間。 4. 進行審查 4.1 確認設計人、監造人是否變更。 4.2 監造人是否登錄監造管理系統（最晚審查核定前應登錄）。 4.3「變更設計案件」是否於系統填妥「評估消防安全設備變更設計自我檢視報告表」，該表並有設計人及監造人共同電子簽章。 4.4 進行審查時應先確認設計人身分，核對執照及身分證明文件，設計人應填寫到場查核表，若設計人未到場則逕予退件。	6. 臺北市政府消防局監造及裝置執業管理計畫 7. 消防法 8. 臺北市火災預防自治條例 9. 各類場所消防安全設備設置標準 10. 複合用途建築物判斷基準 11. 建築技術規則 12. 台灣省火災防範辦法 13. 台灣省火災防救辦法 14. 建築物防火避難設備辦法 15. 消防幫浦加壓送水裝置等及配管摩擦損失計算基準 16. 緊急電源容量計算基準 17. 避難器具支固器具及固定部之結構、強度計算及施工方法 18. 消防設備師及消防設備士管理辦法 19. 消防安全設備審查時建築副本應載明及注意事項 20. 建築物室內裝修管理辦法 21. 原有合法建築物防火避難設施及消防設備改善辦法 22. 建築物使用類組及變更使用辦法 23. 臺北市展演用臨時性建築物管理辦法 24. 建築法	

工作項目	作業程序說明及控制重點	法令依據與參考資料	使用表單
	4.5 重點核對消防圖與建築圖。 4.6 確認行政審查項目。 4.7 審查缺失應一次告知，並鍵入系統審查紀錄表敘明審查意見。 4.8 審查紀錄表中須由設計人回覆事項，應要求限期回覆。 4.9 設計人對於已上傳之資料可提出變更申請（修正或補上傳），請查閱後點選同意或不同意。 4.10 執法疑義應即時處理，透過審查承辦人聚集討論、每週審勘查小組會議、電話或行文洽詢消防署、詢問相關專業人員或針對個案開會討論，原則上應於 2 日內回覆設計人。 5. 審查結果簽核 5.1 公文裝訂順序由上而下為：函稿、消防安全設備審查核定表、審查申請書、審查紀錄表、消防專技人員配合到場查核表、自主檢查表、其他資料。 5.2 申請人（或代表）、設計人領取公文時應於簽收簿加蓋大小章、簽名並留下聯絡電話。 5.3 審查合格案件應於發文後 1 日內於系統鍵入發文日期、發文字號及執行結案。 6. 退件 6.1 審查結果不合格者，於系統敘明理由並執行退件。 7. 製作副本圖 7.1 設計人須由審查系統直接輸出附有電子核准章之消防圖 3 份，送請審查承辦人核章。 7.2 新建案可於竣工查驗前審查階段再製作副本圖。	25. 訴願法 26. 臺北市政府消防局分層負責明細表乙表	

119 火災通報裝置設置及維護注意事項

■中華民國 102 年 9 月 3 日消署預字第日消署預字第 10205003722 號函

一、爲辦理119火災通報裝置設置及維護事宜，特訂定本注意事項。

二、設置原則：

（一）119火災通報裝置（下稱本裝置）設置場所，應以場所火警自動警報設備可連接自動報警功能者優先設置，以發揮裝置之自動報警功能。

（二）若場所無法連接自動報警功能，考量本裝置具有手動報警之功能，亦可設置，俾利聘用語言不通之外籍看護或人力不足之場所，能透過本裝置手動報警功能通報消防機關，惟仍以可連接自動報警功能場所優先設置。

三、維護原則：

（一）設置場所之管理權人應定期檢測及維護本裝置，以確保其功能正常，如有故障，應即通知廠商修繕。

（二）爲避免誤報，設置場所於進行消防安全設備測試前，應先將本裝置關閉，測試完畢後再復歸。

（三）本裝置之維護比照自行設置之消防安全設備，由管理權人負裝置檢修及維護保養之責。

四、本裝置將火警訊號通報消防機關後，消防機關應主動聯繫設置場所相關人員確認火災狀況，如經聯繫未回應者，視爲授權消防機關現場指揮官進行救助相關處置。

水道連結型自動撒水設備設置基準

一、本基準依各類場所消防安全設備設置標準（以下簡稱設置標準）第十七條第三項規定訂定之。

二、本基準所稱水道連結型自動撒水設備，指爲控制火災、降低火場溫度及阻隔濃煙，而利用場所內自來水系統連結水箱、增壓給水裝置、撒水配管、水道連結型撒水頭之簡易自動撒水滅火設備。

三、本基準適用範圍如下：

（一）供設置標準第十二條第一款第六目所定榮譽國民之家、長期照顧服務機構（限機構住宿式、社區式之建築物使用類組非屬H-2之日間照顧、團體家屋、小規模多機能）、老人福利機構（限長期照護型、養護型、失智照顧型之長期照顧機構、安養機構）、護理機構（限一般護理之家、精神護理之家）、身心障礙福利機構（限照顧植物人、失智症、重癱、長期臥床或身心功能退化者）使用之場所，其樓地板面積合計未達一千平方公尺者。

（二）各直轄市、縣（市）政府依原有合法建築物防火避難設施及消防設備改善辦法第二條及第二十五條規定，檢討前款所列場所設置自動撒水設備時，採用水道連結型自動撒水設備得視爲同等滅火效能之滅火設備；另住宅場所亦得自主設置水道連結型自動撒水設備，以提升其主動滅火能力。

四、本基準所定水道連結型自動撒水設備設置類型如下（示意圖如表一）：

（一）民生水箱共用式：由自來水管線供水至民生水箱，連接撒水配管及撒水頭，藉由重力或增壓供水裝置提供水道連結型自動撒水設備撒水頭放射所需之水量及放射壓力。

（二）獨立水箱式：由自來水管線供水至消防水箱，連接撒水配管及撒水頭，藉由重力或增壓供水裝置提供水道連結型自動撒水設備撒水頭放射所需之水量及放射壓力。

表一　水道連結型自動撒水設備設置類型示意圖方式圖例（示意圖示意圖）

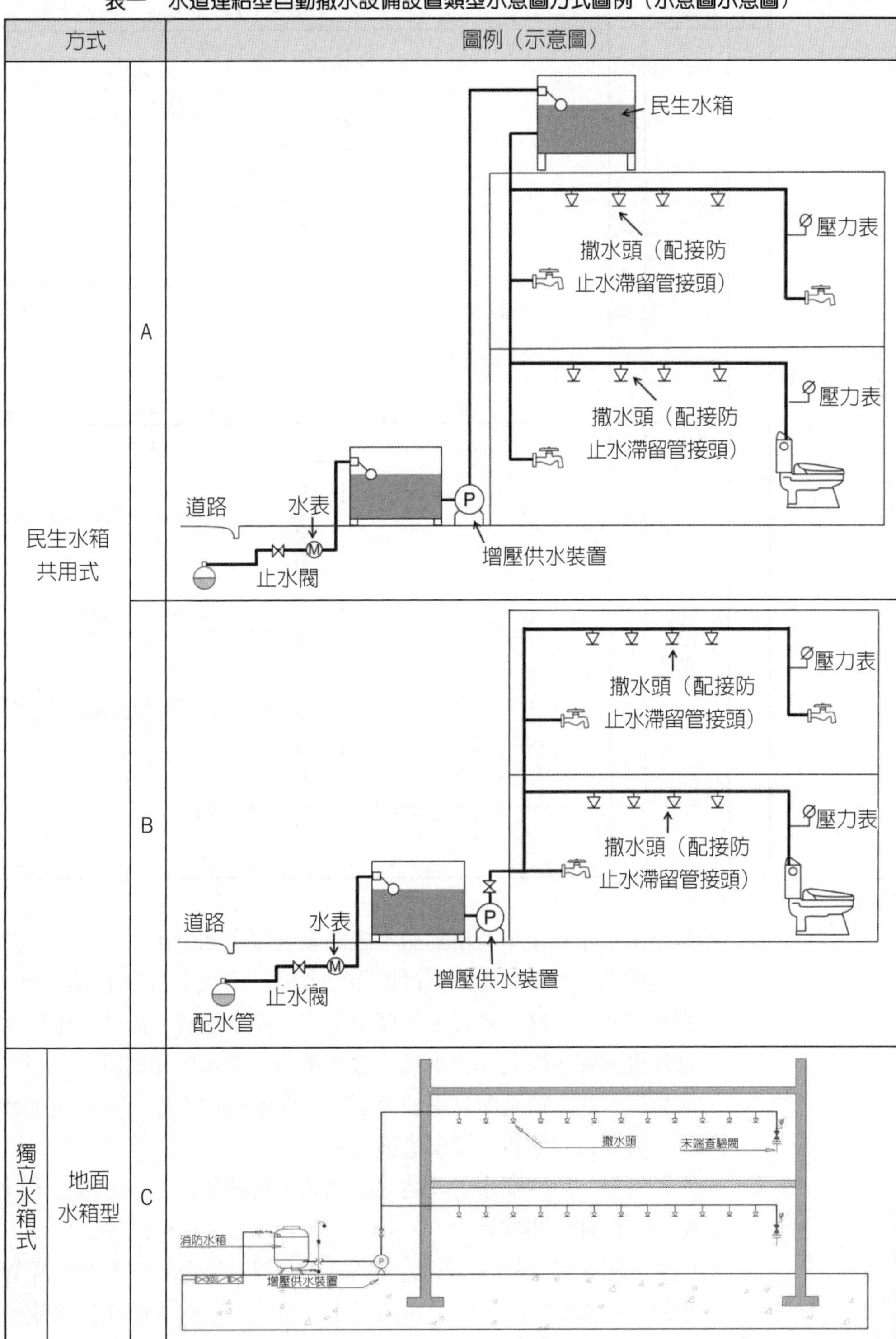

方式			圖例（示意圖）
民生水箱共用式		A	（示意圖）
		B	（示意圖）
獨立水箱式	地面水箱型	C	（示意圖）

方式			圖例（示意圖）
	屋頂水箱型	D	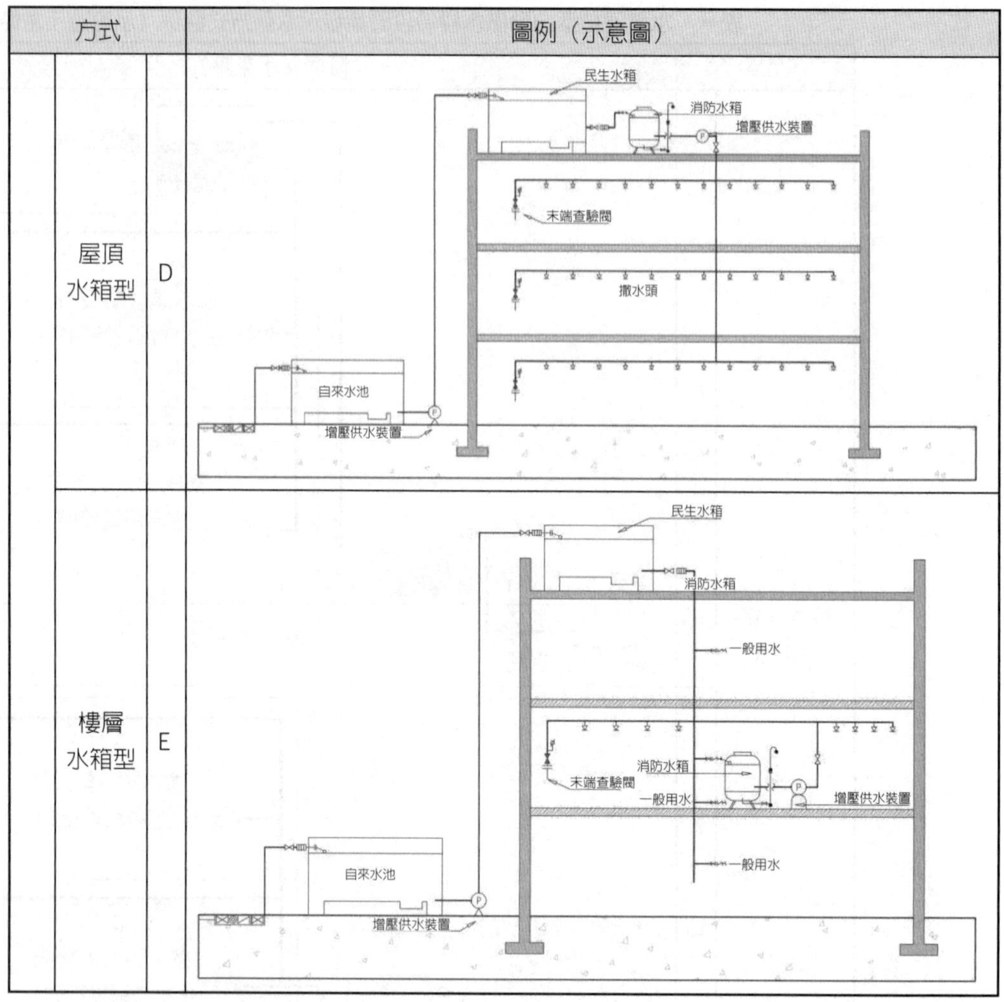
	樓層水箱型	E	

五、本基準所定水道連結型自動撒水設備設置規定如下：

（一）水道連結型自動撒水設備得排除設置標準第四十四條至第四十六條、第五十條至第五十五條、第五十七條至第六十條之配管、配件、屋頂水箱、竣工時之加壓試驗、配置、放水量、放水壓力、流水檢知裝置、水源容量、加壓送水裝置、送水口及緊急電源等規定；撒水頭放水壓力未符規定者，應設增壓供水裝置或其他有效增壓措施。

（二）水源容量：以四顆水道連結型撒水頭，持續放水二十分鐘以上計算之。

（三）配管、配件及閥類：

1.民生水箱共用式室內水平配管應避免傾斜且裝置時儘量縮短配管與撒水頭間管距，撒水頭應配接防止水滯留之管接頭，配管末端連結水龍頭或馬桶水箱等日常生活用水設施，俾使配管內水源流動不滯留。

2.民生水箱共用式連結撒水頭之配管材質應符合自來水配管之相關規定，獨立水箱式配管材質應符合下列規定之一：

(1) 設置標準規定之符合國家標準六四四五配管用碳鋼鋼管、四六二六壓力配管用碳鋼鋼管、六三三一配管用不銹鋼鋼管或具同等以上強度、耐腐蝕性及耐熱性者，或採用經中央主管機關認可具氣密性、強度、耐腐蝕性、耐候性及耐熱性等性能之合成樹脂管。

(2) 自來水用戶用水設備標準規定之聚乙烯塑膠管、聚氯乙烯塑膠管、聚乙烯夾鋁塑膠管、內襯聚乙烯之聚氯乙烯塑膠管、丙烯腈 - 丁二烯 - 苯乙烯（ABS）塑膠管、聚丁烯塑膠管、玻璃纖維強化塑膠管、碳鋼鋼管、鎳鉻鐵合金管、不銹鋼管或銅管。

3. 設置標準規範之合成樹脂管或自來水用戶用水設備標準規範之聚乙烯塑膠管、聚氯乙烯塑膠管、聚乙烯夾鋁塑膠管、內襯聚乙烯之聚氯乙烯塑膠管、丙烯腈 - 丁二烯 - 苯乙烯（ABS）塑膠管、聚丁烯塑膠管、玻璃纖維強化塑膠管，其立管應設於防火構造之管道間，垂直及水平配管應敷設於耐燃材料內保護。

4. 屋外或潮濕場所露出之金屬配管須施以防銹塗裝等防蝕措施，配管材質採不銹鋼鋼管不在此限。

5. 管接頭及閥類應符合場所使用壓力值以上。

6. 設置於高層建築物之配管管材應符合建築技術規則規定。

（四）撒水頭：

1. 設置符合密閉式撒水頭認可基準規範之水道連結型撒水頭，設置數量依各廠牌水道連結型撒水頭之原廠技術手冊所訂防護半徑、防護範圍檢討。

2. 除住宅場所外，設置水道連結型自動撒水設備之長期照顧服務機構等場所，其洗手間、浴室或廁所亦應設置水道連結型撒水頭。

3. 水道連結型撒水頭放水量應在每分鐘三十公升以上，最末端放水壓力應在每平方公分零點五公斤以上或零點零五百萬帕斯卡（MPa）以上。

（五）建築物各層放水壓力最低之最遠支管末端，依設置類型應符合下列規定之一：

1. 採獨立水箱式設有末端查驗閥，其配置應符設置標準第五十六條規定。

2. 採民生水箱共用式連結水龍頭或馬桶水箱等日常生活用水設施，並配置壓力表。

（六）每層自來水供水之水龍頭至少一處張貼標示（範例如表二），標示內容應明確記載停水時應強化防火管理對策。

表二　水道連結型自動撒水設備標示範例

水道連結型自動撒水設備標示

一、本場所設水道連結型自動撒水設備係利用自來水系統供水。

二、因停水或低水壓時，恐無法發揮撒水控制火勢效果，應強化防火管理對策。

三、請注意水龍頭及蓄水槽供水狀態，如有異常情形應聯絡工程施作業者、維護保養業者，或洽詢當地自來水事業確認供水狀態。

四、聯絡方式：

工程施作業者	地址：	電話：
維護保養業者	地址：	電話：
當地自來水事業	地址：	電話：

六、依本基準採民生水箱共用式設計如涉自來水法相關規定，應經自來水事業審核確認始得設置使用。

臺北市火災預防自治條例

■中華民國 100 年 12 月 20 日臺北市政府（100）府法三字第 10034438800 號令制定公布全文十五條

■中華民國 108 年 12 月 23 日臺北市政府（108）府法綜字第 1086047575 號令修正公布第十條之一及第十二條之一

第一章｜總則

第 1 條

臺北市（以下簡稱本市）爲預防火災、有效管理建築物之用電安全、避難安全及消防安全管理等事項，特制定本自治條例。中央法令另有規定者，適用中央法令之規定。

第 2 條

本自治條例之主管機關爲臺北市政府消防局（以下簡稱消防局）。

第 3 條

本自治條例用詞，定義如下：

一、管理權人：指依法令或契約對各該場所有實際支配管理權者；其屬法人者，爲其負責人。

二、公共安全防護動態演練：指依本自治條例規定辦理防火避難設施及消防安全設備動作性能試驗，以及實施自衛消防編組等演練。

本自治條例所稱有關建築技術、消防安全設備用詞，適用建築法、建築技術規則、各類場所消防安全設備設置標準用詞定義之規定。

第二章｜用電及消防安全管理

第 4 條

本市建築物於辦理變更使用或室內裝修時，有關用電所裝置之線路、變壓器及開關等用戶用電設備如有變更或增設，其申請人應向當地電業提出變更或增設用電申請，並委託合格之電器承裝業承裝、施作及裝修。

第 5 條

本市下列場所營業前，應辦理公共安全防護動態演練：

一、場所樓地板面積達三千平方公尺以上，且從業人員三十人以上之商場、百貨商場及超級市場。

二、醫院、療養院、長期照護機構、安養機構、其他老人福利機構、護理之家機構及產後護理機構。

三、其他經消防局公告指定之場所。

前項場所營業後，每年至少應辦理一次以上公共安全防護動態演練。

第 6 條

本市之歌廳、舞廳或夜總會場所之照明及音響設備，應具備於緊急狀況時恢復原有照明及緊急廣播之功能。

前項場所樓地板面積達三百平方公尺以上者，應以連動方式設置火警自動警報及緊急廣播設備。

第 7 條

本市設有防災中心之高層建築物，及地下建築物之中央管理室，其管理權人應聘用專門人員全日於防災中心或中央管理室執勤。

前項專門人員應領有公寓大廈技術服務人員認可證或防災中心執勤人員訓練合格證明書。

第 8 條

本市建築物於辦理消防安全設備改善時，有下列情形之一者，得檢具消防安全設備改善方案，經消防局審查及竣工查驗通過後，管理權人應依其改善方案維護之：

一、依原有合法建築物防火避難設施及消防設備改善辦法第二十五條規定改善。

二、原依法敷設於建築物之消防安全設備於辦理檢修申報改善時確有困難。

前項審查與竣工查驗之作業方式及其他應遵行事項之規定，由消防局另定之。

第 9 條

本市之醫院、療養院、長期照護機構、安養機構、其他老人福利機構、護理之家機構、產後護理機構、幼稚園及托兒所等場所，應設置附加燈光閃滅及引導音響裝置之避難逃生標示設備。

第 10 條

經消防局公告指定之場所，其管理權人應委託領有消防設備師或消防設備士證書人員，定期維護保養消防安全設備，其維護保養結果應依消防局公告期限報請備查。

第 10-1 條

本市下列場所，依法無需設置火警自動警報設備且非屬消防法第六條第四項規定應設置住宅用火災警報器者，其管理權人應依住宅用火災警報器設置辦法之規定，設置住宅用火災警報器並維護之：

一、供居住使用之建築物。

二、各類場所消防安全設備設置標準第十二條第一款規定之甲類場所。

三、其他經消防局公告指定之場所。

第三章｜罰則

第 11 條

有下列情形之一者，處管理權人新臺幣一萬元以上五萬元以下罰鍰，並得命其限期改善，屆期不改善者，得按次處罰，至改善為止：

一、違反第五條規定。

二、違反第七條規定。

三、違反第十條規定。

第 12 條

有下列情形之一者，處管理權人新臺幣六千元以上三萬元以下罰鍰，並得命其限期改善，屆期不改善者，得按次處罰，至改善為止：

一、違反第六條規定。

二、違反第九條規定。

第 12-1 條

違反第十條之一規定，經消防局通知管理權人限期改善，屆期不改善者，處管理權人新臺幣六千元以上三萬元以下罰鍰；經處罰鍰後仍不改善者，得按次處罰。但中華民國一百零八年十月十六日修正之第十條之一第一款之建築物非供出租者，其處罰自修正公布後三年施行。

第四章｜附則

第 13 條

各類場所之用電及消防安全管理皆符合規定者，消防局得予以獎勵。
前項獎勵規定，由消防局定之。

第 14 條

本自治條例所定書表、格式及圖樣，由消防局定之。

第 15 條

本自治條例自公布日施行。

消防安全設備檢修及申報辦法

■發布日期：民國 108 年 03 月 27 日

第 1 條

本辦法依消防法（以下簡稱本法）第九條第二項規定訂定之。

第 2 條

消防安全設備之檢修項目如下：

一、滅火設備。

二、警報設備。

三、避難逃生設備。

四、消防搶救上必要之設備。

五、其他經中央主管機關認定之消防安全設備或必要檢修項目。

第 3 條

消防安全設備之檢修方式如下：

一、外觀檢查：經由外觀判別消防安全設備有無毀損，及其配置是否適當。

二、性能檢查：經由操作判別消防安全設備之性能是否正常。

三、綜合檢查：經由消防安全設備整體性之運作或使用，判別其機能。

消防設備師、消防設備士（以下簡稱檢修人員）或消防安全設備檢修專業機構（以下簡稱檢修機構）辦理前項檢查之必要設備及器具如附表一。檢修人員及檢修機構於辦理前項檢查前，應確認必要設備及器具已依中央主管機關公告之項目、週期及國內外第三公證機構辦理校正。

第 4 條

消防安全設備之檢修基準，由中央主管機關公告之。

前項檢修基準公告前，依本法第六條第三項或各類場所消防安全設備設置標準第三條核准或認可之消防安全設備，應依申請核准或認可時提具之檢修方法及表格進行檢修及申報。

第 5 條

各類場所消防安全設備之檢修期限及申報備查期限如附表二。但應於中華民國一百零八年三月底或五月底申報備查者，得延至同年六月底前或八月底前。

第 6 條

受託辦理檢修之檢修人員或檢修機構應依第二條至第四條規定檢修消防安全設備，並將檢修報告書（如附表三）及下列文件交付管理權人：

一、各該消防安全設備之種類及數量表。

二、配置平面圖（圖面標註尺寸及面積）。

三、檢修人員或檢修機構證明文件影本。

四、檢修人員講習訓練積分證明文件影本。

前項所定應檢修之消防安全設備，於當地消防機關會勘通過之合法場所，為消防安全設備竣工圖說所載項目；於違規使用場所，為該場所現有之消防安全設備。

第一項檢修報告書所附各種設備檢查表應註明檢修項目之種別、容量及檢修使用設備器具之名稱、型式、校正日期。有消防安全設備不符規定者，應清楚載明其不良狀況情形、位置及處置措施。

第 7 條

管理權人應填具消防安全設備檢修申報表（如附表四），並檢附下列資料向當地消防機關申報備查：

一、前條第一項所定之檢修報告書及文件。

二、依前條檢修結果有消防安全設備不符規定，立即改善有困難者，應加填消防安全設備改善計畫書（如附表五）。

三、管理權人身分證明文件影本。

四、管理權人委任代理人申報者，其委任書。

五、使用執照影本。

六、公司或商業登記證明文件，非營利事業場所者，免附。

第 8 條

依第六條第一項檢修完成之消防安全設備，檢修人員或檢修機構應依下列規定附加檢修完成標示：

一、標示之規格樣式應符合附表六規定。

二、以不易脫落之方式，於附表七規定位置附加標示。

三、附加標示時，不得覆蓋、換貼或變更原新品出廠時之資訊；已附加檢修完成標示者，應先清除後，再予附加，且不得有混淆或不易辨識情形。

檢修人員或檢修機構未附加檢修完成標示、附加之檢修完成標示違反前項規定或經查有不實檢修者，消防機關應命其附加或除去之。

第 9 條

經當地消防機關會勘通過依法取得使用執照、變更使用執照或室內裝修許可等證明文件之合法場所，於該證明文件申請範圍內之消防安全設備，符合下列規定之一者，免辦理當次檢修及申報備查：

一、甲類場所：自該證明文件核發之日期起算，距申報期限在六個月以內。

二、甲類以外場所：自該證明文件核發之日期起算，距申報期限在一年以內。

第 10 條

本辦法自發布日施行。

附表一　執行檢修業務必要設備及器具表

加熱試驗器	加煙試驗器	煙感度試驗器	加瓦斯試驗器	流體壓力計
水壓表（比托計）	泡沫試料採集器	比重計	噪音計	空氣注入試驗器
減光罩	三用電表	電壓計	光電管照度計	相序計
轉速計	糖度計	電流計	交直流一千伏特絕緣電阻計（得測二百五十伏特及五百伏特）	扭力扳手
風速計	儀表繼電器試驗器	接地電阻計	火焰式探測器試驗器	消防水帶耐水壓試驗機

附表二　各類場所消防安全設備檢修期限及申報備查期限表

用途分類	檢修期限（頻率）	申報備查期限
甲類場所一～三目	每半年一次	每年三月底及九月底前
甲類場所四～七目	每半年一次	每年五月底及十一月底前
乙類場所一～三目	每年一次	每年三月底前
乙類場所四～六目	每年一次	每年五月底前
乙類場所七～九目	每年一次	每年九月底前
乙類場所十～十二目	每年一次	每年十一月底前
丙類場所	每年一次	每年五月底前
丁類場所	每年一次	每年十一月底前
戊類場所有供甲類用途者（採整棟申報）	每半年一次	每年五月底及十一月底前
戊類場所未供甲類用途者（採整棟申報）	每年一次	每年十一月底前
其他場所或經中央主管機關公告之場所	每年一次	每年五月底前

備註：一、消防主管機關因天災等不可抗力、消防設備師或消防設備士數量等因素，得另定檢修期限（頻率）或申報備查期限並報中央主管機關核定後，不受本表之限制。

二、本表所列甲類、乙類、丙類、丁類、戊類等場所用途分類，係指各類場所消防安全設備設置標準第十二條所定之各類場所用途分類。

三、未申領使用執照或未依使用執照用途之違規使用場所，管理權人應以其實際用途，辦理檢修申報。

四、每次檢修時間及其申報日期應於同年度辦理，除依本辦法規定首次辦理檢修申報者外，甲類場所檢修時間距本表前次申報期限不得少於三個月，甲類以外之場所檢修 時間距本表前次申報期限不得少於六個月。如係管理權人未依限辦理檢修申報，經主管機關限期改善後辦理完畢者，仍應依本表規定之期限辦理檢修申報，不受檢修 時間及其申報日期應於同年度辦理與檢修時間間隔之限制。

五、申報方式得依下列方式擇一：

（一）個別申報：建築物內單一場所或二個以上場所聯合辦理申報，其申報書除該場所內之消防安全設備檢查表外，並應檢附防護該場所範圍內之共用消防安全設備檢查表。

（二）建築物整棟申報。

六、檢修頻率：申報範圍內有供甲類用途使用者，全部以甲類場所檢修頻率辦理；未供甲類用途使用者，則以乙類、丙類、丁類等場所辦理。

七、申報期限：以申報範圍內之甲類、乙類、丙類、丁類用途前後順序且目次最小者作 爲判斷基準。

附表三　消防安全設備檢修報告書

<table>
<tr><td colspan="2" rowspan="5">場所概要</td><td>樓層別</td><td></td><td>樓地板面積</td><td></td></tr>
<tr><td>使用執照用途</td><td></td><td>實際用途</td><td></td></tr>
<tr><td>場所名稱</td><td></td><td>構造</td><td></td></tr>
<tr><td>地址</td><td colspan="3"></td></tr>
<tr><td>使用執照字號</td><td></td><td>統一編號</td><td></td></tr>
<tr><td colspan="2" rowspan="6">管理權人</td><td rowspan="2">姓名</td><td rowspan="2"></td><td>身分證明文件字號</td><td></td></tr>
<tr><td>出生日期</td><td></td></tr>
<tr><td>通訊處</td><td colspan="3"></td></tr>
<tr><td>戶籍地</td><td colspan="3"></td></tr>
<tr><td>電話</td><td colspan="3">(O)：(H)：</td></tr>
<tr></tr>
<tr><td rowspan="17">檢修機構或人員</td><td rowspan="5">檢修機構</td><td>名稱</td><td></td><td>合格證書字號</td><td></td></tr>
<tr><td>通訊處</td><td colspan="3"></td></tr>
<tr><td>負責人</td><td></td><td>身分證明文件字號</td><td></td></tr>
<tr><td>戶籍地</td><td colspan="3"></td></tr>
<tr><td>出生日期</td><td></td><td>電話</td><td></td></tr>
<tr><td rowspan="6">檢修人員</td><td rowspan="2">姓名</td><td rowspan="2"></td><td>證書字號</td><td></td></tr>
<tr><td>身分證明文件字號</td><td></td></tr>
<tr><td>出生日期</td><td></td><td>電話</td><td></td></tr>
<tr><td>戶籍地</td><td colspan="3"></td></tr>
<tr><td>通訊處</td><td colspan="3"></td></tr>
<tr></tr>
<tr><td rowspan="6">檢修人員</td><td rowspan="2">姓名</td><td rowspan="2"></td><td>證書字號</td><td></td></tr>
<tr><td>身分證明文件字號</td><td></td></tr>
<tr><td>出生日期</td><td></td><td>電話</td><td></td></tr>
<tr><td>戶籍地</td><td colspan="3"></td></tr>
<tr><td>通訊處</td><td colspan="3"></td></tr>
<tr></tr>
<tr><td rowspan="6">檢修項目</td><td colspan="2">滅火設備</td><td colspan="3">□滅火器　□室內消防栓設備　□室外消防栓設備
□自動撒水設備　□水霧滅火設備　□泡沫滅火設備
□惰性氣體滅火設備　□乾粉滅火設備　□海龍滅火設備
□簡易自動滅火設備　□鹵化烴滅火設備</td></tr>
<tr><td colspan="2">警報設備</td><td colspan="3">□火警自動警報設備　□瓦斯漏氣火警自動警報設備
□緊急廣播設備　□一一九火災通報裝置</td></tr>
<tr><td colspan="2">避難逃生設備</td><td colspan="3">□標示設備　□避難器具　□緊急照明設備</td></tr>
<tr><td colspan="2">消防搶救上之必要設備</td><td colspan="3">□連結送水管　□消防專用蓄水池　□排煙設備
□無線電通信輔助設備　□緊急電源插座</td></tr>
<tr><td colspan="2">其他經中央主管機關認定之消防安全設備或必要檢修項目</td><td colspan="3">□冷卻撒水設備　□射水設備　□配線
□防災監控系統綜合操作裝置</td></tr>
<tr><td colspan="5">前項設備檢查表共　　　頁。（如附件，不含本頁）</td></tr>
<tr><td colspan="3">檢查日期</td><td colspan="3">自　　年　　月　　日至　　年　　月　　日</td></tr>
<tr><td colspan="3">檢修機構或檢修人員簽章</td><td colspan="3">（簽章）</td></tr>
</table>

附表四　消防安全設備檢修申報表

<table>
<tr><td rowspan="5">管理權人</td><td rowspan="2">姓　　名</td><td rowspan="2"></td><td>身分證明
文件字號</td><td></td></tr>
<tr><td>出生日期</td><td>年　月　日</td></tr>
<tr><td>通　訊　處</td><td colspan="3"></td></tr>
<tr><td>戶　籍　地</td><td colspan="3"></td></tr>
<tr><td>電　　話</td><td colspan="3">(O)：(H)：</td></tr>
<tr><td rowspan="5">申　報
場所概要</td><td>樓　層　別</td><td></td><td>樓地板面積</td><td></td></tr>
<tr><td>使用執照用途</td><td></td><td>實 際 用 途</td><td></td></tr>
<tr><td>使用執照字號</td><td></td><td>統一編號</td><td></td></tr>
<tr><td>場 所 名 稱</td><td></td><td>構　　造</td><td></td></tr>
<tr><td>地　　址</td><td colspan="3"></td></tr>
<tr><td rowspan="17">檢修機構或人員</td><td rowspan="5">檢修機構</td><td>名　　稱</td><td></td><td>合格證書字號</td><td></td></tr>
<tr><td>通　訊　處</td><td colspan="3"></td></tr>
<tr><td>負　責　人</td><td></td><td>身分證明
文件字號</td><td></td></tr>
<tr><td>戶　籍　地</td><td colspan="3"></td></tr>
<tr><td>出生日期</td><td></td><td>電　　話</td><td></td></tr>
<tr><td rowspan="6">檢修人員</td><td rowspan="2">姓　　名</td><td rowspan="2"></td><td>證 書 字 號</td><td></td></tr>
<tr><td>身分證明
文件字號</td><td></td></tr>
<tr><td>出生日期</td><td></td><td>電　　話</td><td></td></tr>
<tr><td>戶　籍　地</td><td colspan="3"></td></tr>
<tr><td>通　訊　處</td><td colspan="3"></td></tr>
<tr style="display:none"><td></td></tr>
<tr><td rowspan="6">檢修人員</td><td rowspan="2">姓　　名</td><td rowspan="2"></td><td>證 書 字 號</td><td></td></tr>
<tr><td>身分證明
文件字號</td><td></td></tr>
<tr><td>出生日期</td><td></td><td>電　　話</td><td></td></tr>
<tr><td>戶　籍　地</td><td colspan="3"></td></tr>
<tr><td>通　訊　處</td><td colspan="3"></td></tr>
<tr style="display:none"><td></td></tr>
<tr><td colspan="3">本 次 檢 查 日 期</td><td colspan="3">自　年　月　日至　年　月　日</td></tr>
<tr><td colspan="3">前 次 檢 查 日 期</td><td colspan="3">自　年　月　日至　年　月　日</td></tr>
<tr><td colspan="3">申　報　日　期</td><td colspan="3">民國　年　月　日</td></tr>
<tr><td colspan="3">管 理 權 人
（簽章）</td><td colspan="3"></td></tr>
</table>

附表五　消防安全設備改善計畫書

<table>
<tr><td rowspan="5">場所概要</td><td>樓 層 別</td><td></td><td>樓地板面積</td><td></td></tr>
<tr><td>使用執照用途</td><td></td><td>實際用途</td><td></td></tr>
<tr><td>場所名稱</td><td></td><td>構　　造</td><td></td></tr>
<tr><td>地　　址</td><td colspan="3"></td></tr>
<tr><td>使用執照字號</td><td></td><td>統一編號</td><td></td></tr>
<tr><td rowspan="5">管理權人</td><td rowspan="2">姓　　名</td><td rowspan="2"></td><td>身分證明文件字號</td><td></td></tr>
<tr><td>出生日期</td><td></td></tr>
<tr><td>通 訊 處</td><td colspan="3"></td></tr>
<tr><td>戶 籍 地</td><td colspan="3"></td></tr>
<tr><td>電　　話</td><td colspan="3">(O)：(H)：</td></tr>
<tr><td colspan="5">一、消防安全設備不符規定之項目及內容：

二、採行改善措施：

三、預定完成期限：</td></tr>
<tr><td colspan="2">管理權人簽章</td><td colspan="3">（簽章）</td></tr>
</table>

附表六　檢修完成標示樣式

一、檢修機構專用樣式（本樣式以紅色為底）：

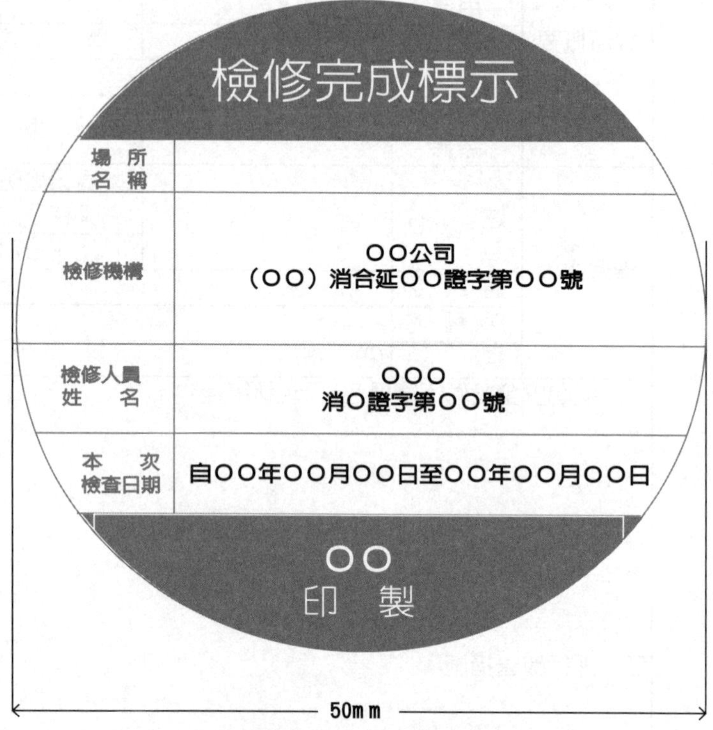

二、檢修人員專用樣式（本樣式以綠色為底）：

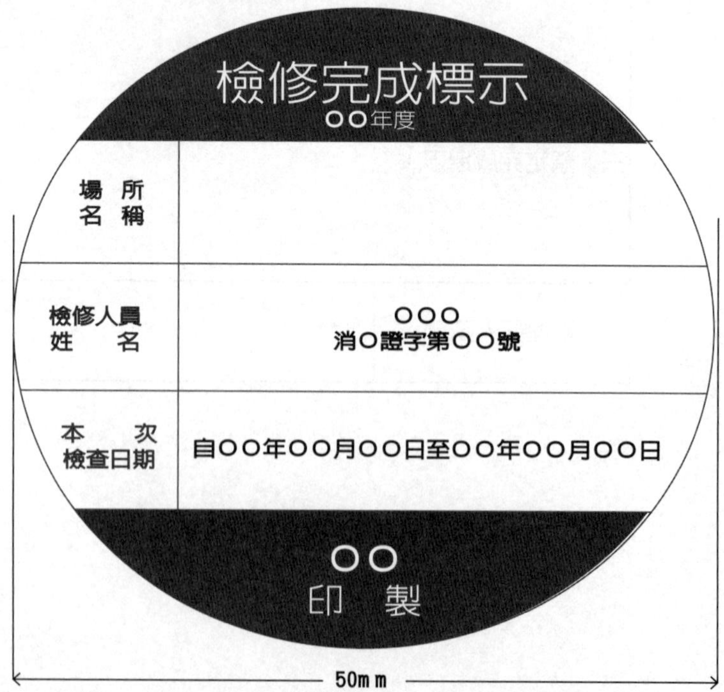

附表七　消防安全設備檢修完成標示附加位置表

消防安全設備種類	標示附加位置	消防安全設備種類	標示附加位置
滅火器	本體容器	瓦斯漏氣火警自動警報設備	瓦斯漏氣受信總機
室內消防栓設備	加壓送水裝置控制盤盤面及消防栓箱箱面	緊急廣播設備	操作裝置附近或擴音機本體
室外消防栓設備		一一九火災通報裝置	通報裝置本體
		標示設備	開關器附近(註一)
自動撒水設備	加壓送水裝置控制盤盤面及制水閥本體	避難器具	支固器具或收納箱(註二)
水霧滅火設備		緊急照明設備	開關器附近(註一)
泡沫滅火設備	加壓送水裝置控制盤盤面、手動啓動裝置操作部及泡沫消防栓箱箱面	連結送水管	送水口本體及加壓送水裝置控制盤盤面
惰性氣體滅火設備	控制盤盤面、手動啓動裝置操作部及放射表示燈附近	消防專用蓄水池	採水口附近
乾粉滅火設備		排煙設備	控制盤盤面(註三)
海龍滅火設備		無線電通信輔助設備	保護箱箱面
鹵化烴滅火設備		緊急電源插座	專用回路開關附近
簡易自動滅火設備	控制盤盤面	冷卻撒水設備	加壓送水裝置控制盤盤面及制水閥本體
火警自動警報設備	火警受信總機	射水設備	加壓送水裝置控制盤盤面及消防栓箱箱面
防災監控系統綜合操作裝置	設備本體明顯易見處	其他經中央主管機關認定之消防安全設備	設備本體明顯易見處

註一：緊急電源採蓄電池設備及緊急發電機併設方式者，於分電盤回路開關附近標示。

註二：緩降機應標示於支固器具，其他避難器具得標示於支固器具或收納箱。

註三：排煙設備控制盤與火警受信總機共用時，得免再次附加標示。

消防安全設備檢修專業機構管理辦法（108.11.18 訂定）

■發布日期：民國 108 年 11 月 18 日

第 1 條

本辦法依消防法（以下簡稱本法）第九條第三項規定訂定之。

第 2 條

本辦法所稱消防安全設備檢修專業機構（以下簡稱檢修機構），指依本辦法規定，經中央主管機關許可辦理高層建築物或地下建築物消防安全設備定期檢修業務之專業機構。

第 3 條

申請檢修機構許可者（以下稱申請人），應符合下列資格：

一、法人組織。

二、實收資本額、資本總額或登記財產總額在新臺幣五百萬元以上。

三、營業項目或章程載有消防安全設備檢修項目。

四、置有消防設備師及消防設備士合計十人以上，均爲專任，其中消防設備師至少二人。

五、具有執行檢修業務之必要設備及器具，其種類及數量如附表一。

第 4 條

申請人應檢具下列文件，向中央主管機關申請許可：

一、申請書（如附表二）。

二、法人登記證明文件、章程及實收資本額、資本總額或登記財產總額證明文件。

三、代表人身分證明文件。

四、消防設備師、消防設備士證書（以下簡稱資格證書）、名冊及講習或訓練證明文件。

五、檢修設備及器具清冊。

六、業務執行規範：包括檢修機構組織架構、內部人員管理、檢修客體管理、防止不實檢修及其他檢修相關業務執行規範。

七、檢修作業手冊：包括檢修作業流程、製作檢修報告書及改善計畫書等事項。

八、依消防安全設備檢修專業機構審查費及證書費收費標準（以下簡稱收費標準）繳納審查費及證書費證明文件。

第 5 條

中央主管機關受理前條之申請，經書面審查合格者，應實地審查；經實地審查合格者，應以書面通知申請人於一定期限內，檢具已投保專業責任保險證明文件後，予以許可並發給消防安全設備檢修專業機構證書（以下簡稱證書）。

前項所定專業責任保險之最低保險金額如下：

一、每一次事故：新臺幣一千二百萬元。

二、保險期間內累計金額：新臺幣二千四百萬元。

第一項所定專業責任保險應於證書有效期限內持續有效，不得任意終止；專業責任保險期間屆滿時，檢修機構應予續保。

經書面審查、實地審查不合格或未檢具已投保專業責任保險證明文件者，中央主管機關應以書面通知申請人限期補正；屆期未補正或補正未完全者，駁回其申請並退回證書費。

第 6 條

證書有效期限爲三年，其應記載之事項如下：

一、檢修機構名稱。

二、法人組織登記字號或統一編號。

三、地址。

四、代表人。

五、有效期限。

六、其他經中央主管機關規定之事項。

前項證書記載事項變更時，檢修機構應自事實發生之日起三十日內，依收費標準繳納證書費，並檢具申請書（如附表二）及變更事項證明文件，向中央主管機關申請換發證書。

第一項證書遺失或毀損者，得向中央主管機關申請補發或換發；其有效期限至原證書有效期限屆滿之日止。

第 7 條

檢修機構有下列情形之一者，中央主管機關應撤銷或廢止許可並註銷證書：

一、申請許可所附資料有重大不實。

二、違反第三條第一款規定。

三、違反第三條第二款至第五款規定，經通知限期改善，屆期不改善。

四、違反第八條規定情節重大。

五、檢修場所發生火災事故致人員死亡或重傷，且經當地消防主管機關查有重大檢修不實情事。

六、執行業務造成重大傷害或危害公共安全。

第 8 條

檢修機構應依下列規定執行業務：

一、不得有違反法令之行爲。

二、不得以詐欺、脅迫或其他不正當方法招攬業務。

三、不得無故洩漏因業務而知悉之秘密。

四、由消防設備師或消防設備士親自執行職務，並據實填寫檢修報告書。

五、依審查通過之業務執行規範及檢修作業手冊，確實執行檢修業務。

六、由二名以上之消防設備師或消防設備士共同執行高層建築物或地下建築物檢修業務。

第 9 條

檢修機構出具之檢修報告書應由執行檢修業務之消防設備師或消防設備士簽章，並經代表人簽署。

第 10 條

檢修機構之消防設備師或消防設備士執行業務時，應佩帶識別證件，其格式如附表三。

第 11 條

檢修機構於證書有效期限內，其消防設備師或消防設備士有僱用、解聘、資遣、離職、退休、死亡或其他異動情事者，應於事實發生之日起十五日內，檢具下列文件，報請中央主管機關備查：

一、僱用：資格證書、講習或訓練證明及加退勞工保險證明文件。

二、解聘、資遣、離職或退休：加退勞工保險證明文件。

三、其他異動情事：相關證明文件。

第 12 條

檢修機構應備置檢修場所清冊及相關檢修報告書書面文件或電子檔，並至少保存五年。

前項電子檔應以PDF或縮影檔案格式製作，且不得以任何方式修改。

第 13 條

檢修機構應於年度開始前二個月至一個月內，檢具下列書表，報請中央主管機關備查：

一、次年度檢修業務計畫書：包括計畫目標、實施內容及方法、標準作業程序及資源需求。

二、次年度人員訓練計畫書：包括每半年至少舉辦一次訓練、訓練地點、師資及課程。

三、次年度消防設備師及消防設備士名冊：包括姓名、資格證書、講習或訓練證明文件、勞工保險被保險人資料明細及全民健康保險證明影本。

第 14 條

檢修機構應於年度終結後五個月內，檢具下列書表，報請中央主管機關備查：

一、上年度檢修業務執行報告書：包括執行狀況、檢修申報清冊、檢討及改善對策。

二、上年度消防設備師與消防設備士薪資明細及薪資扣繳憑證。

三、上年度人員訓練成果：包括訓練地點、師資、課程、簽到表及訓練實況照片。

四、符合第五條第三項規定之證明文件。

前項第一款所定檢修申報清冊，包括檢修場所名稱、地址、檢修日期、樓層別、檢修之消防設備師或消防設備士及結果。

第 15 條

中央主管機關得檢查檢修機構之業務、勘查其檢修場所或令其報告、提出證明文件、表冊及有關資料，檢修機構不得規避、妨礙或拒絕。

第 16 條

檢修機構於證書有效期限屆滿前二個月至一個月內，得檢具下列文件，向中央主管機關申請延展許可，每次延展期限爲三年：

一、申請書（如附表二）。

二、證書正本。

三、第四條第四款及第五款所定文件。

四、符合第五條第三項規定之證明文件。

五、消防設備師及消防設備士薪資扣繳憑證、薪資資料、勞工保險及全民健康保險資料。

六、離職人員清冊。

七、依收費標準繳納審查費及證書費證明文件。

第 17 條

前條申請之審查程序，準用第五條規定。

經審查合格者，由中央主管機關予以許可並發給證書。

第 18 條

檢修機構自行停業、受停業處分或逾三個月不辦理檢修業務時，應報中央主管機關備查，並將原領證書送中央主管機關註記後發還之；復業時，亦同。

檢修機構歇業或解散時，應將原領證書送繳中央主管機關註銷；未送繳者，中央主管機關得逕行廢止許可並註銷其證書。

第 19 條

檢修機構於證書有效期間內有下列情形之一者，不予許可其延展；且於各款所定期間內不得重新申請許可：

一、有第七條第四款至第六款情形之一，三年內不得重新申請。

二、所屬消防設備師或消防設備士檢修不實經裁罰達五件以上，一年內不得重新申請。

三、違反第八條規定情節輕微或違反前條規定，六個月內不得重新申請。

經中央主管機關依第七條第一款規定撤銷許可或依本法第三十八條第四項規定廢止許可者，自撤銷或廢止許可次日起，三年內不得重新申請。

第 20 條

中央主管機關得建置檢修機構資料庫，登錄下列事項：

一、檢修機構名稱、地址、電話、實收資本額、資本總額或登記財產總額。

二、代表人姓名、性別、身分證明文件字號、出生年月日、住所。

三、證書字號與其核發、延展之年月日及效期。

四、所屬專任消防設備師及消防設備士姓名、性別、身分證明文件字號、出生年月日、住所、專技種類、證書字號、勞工保險投保日期。

五、執行檢修業務有違規或不實檢修，經主管機關裁罰之相關資料。

前項事項，除第二款與第四款之身分證明文件字號、出生年月日及住所外，中央主管機關得基於增進公共利益之目的公開之。

第 21 條

本辦法施行前，經中央主管機關許可並領有消防安全設備檢修專業機構合格證書者，於本辦法施行後，其許可於該合格證書有效期間內繼續有效；其許可之撤銷、廢止、延展與檢修業務之執行、管理、應報備查及書表等事項，適用本辦法之規定。

第 22 條

本辦法自發布日施行。

附表一　執行檢修業務必要設備及器具數量表

名稱	數量	名稱	數量	名稱	數量
加熱試驗器	三組	噪音計	三個	糖度計	二個
加煙試驗器	三組	空氣注入試驗器	二組	電流計	三個
煙感度試驗器	二組	減光罩	一組	交直流一千伏特絕緣電阻計（得測二百五十伏特及五百伏特）	二個
加瓦斯試驗器	二組	三用電表	三個	扭力扳手	三個
流體壓力計	二組	電壓計	三個	風速計	三組
水壓表（比托計）	四組	光電管照度計	二組	儀表繼電器試驗器	二組
泡沫試料採集器	二組	相序計	二組	接地電阻計	二組
比重計	三個	轉速計	二組	火焰式探測器試驗器（紅外線式及紫外線式各一組）	二組
消防水帶耐水壓試驗機	一組				

附表二　消防安全設備檢修專業機構證書核發（延展、換發、補發）申請書

<table>
<tr><td colspan="6">茲依消防安全設備檢修專業機構管理辦法第四條、第六條及第十七條規定，檢同有關書件，申請：
□核發消防安全設備檢修專業機構證書。
□變更消防安全設備檢修專業機構證書記載事項。
□延展消防安全設備檢修專業機構證書有效期限。
□遺失或毀損換(補)發消防安全設備檢修專業機構證書。
此致　　內政部
申請人　　　　　　　　（簽章）　　年　　月　　日</td></tr>
<tr><td colspan="2">一、申請事由</td><td colspan="4">□新設申請審查
□有效期限屆滿申請延展
□變更記載事項（說明：　　　　）
□其他（說明：　　　　）</td></tr>
<tr><td colspan="2">二、檢具書件</td><td colspan="4">□法人登記證明文件　正（影）本　件
□組織章程　正（影）本　件
□實收資本額、資本總額或登記財產總額證明文件　正（影）本　件
□代表人身分證明文件　正（影）本　件
□消防設備師、消防設備士證書、名冊及接受講習或訓練證明文件　正（影）本　件
□檢修設備及器具清冊　冊
□業務執行規範　份
□檢修作業手冊　份
□變更事項證明文件　份
□原領證書　式
□薪資扣繳憑證及薪資資料　份
□勞工保險及全民健康保險資料　份
□規費繳納證明（□審查費　□證書費）　份</td></tr>
<tr><td rowspan="6">三、消防安全設備檢修專業機構</td><td>機構名稱</td><td colspan="4"></td></tr>
<tr><td>代表人</td><td></td><td>身分證明文件字號</td><td colspan="2"></td></tr>
<tr><td>登記字號</td><td></td><td>統一編號（無則免填）</td><td colspan="2"></td></tr>
<tr><td>機構地址</td><td colspan="4"></td></tr>
<tr><td>聯絡電話</td><td>（　）</td><td>傳真</td><td colspan="2">（　）</td></tr>
<tr><td>電子信箱</td><td colspan="4"></td></tr>
<tr><td colspan="2">備註</td><td colspan="4"></td></tr>
</table>

注意事項：一、資料異動登記應在備註欄載明前後情形。

二、本表各欄除簽章欄外，應以打字詳細填載。

附表三

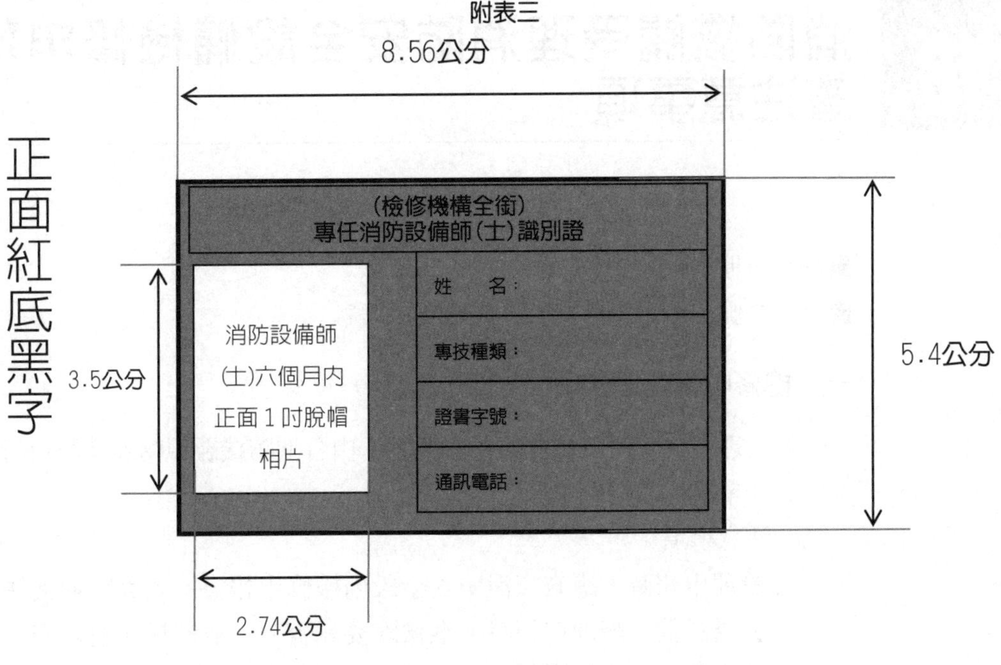

反面白底黑字

檢修機構名稱	
證書字號	
有效期限	
代表人	
地址	
通訊電話	

消防機關受理消防安全設備檢修申報及複查注意事項

■修正日期：92/09/24

■發布文號：消署預字第 0920502166 號

一、檢修申報受理作業

（一）受理方式受理申報之方式及地點，由各消防機關視轄區狀況自行規劃。

（二）作業流程如附件一流程圖。

（三）注意事項

1. 受理申報時，應查核消防安全設備檢修申報書、表等相關文件（管理權人如委託他人辦理申報時，應檢附委託書），並填具「消防安全設備檢修申報受理單」（如附件二）一式二份，蓋章受理後，一份自存，一份交付管理權人或受委託人。經查核申報資料不合規定者，應將不合規定項目詳為列舉，一次告知補正或改善。
2. 未申領使用執照或未依使用執照用途之違規使用（營業）場所，應依實際用途辦理申報。
3. 受理申報時，應一併查核前次檢修申報之日期，確認是否每半年辦理一次外觀檢查及性能檢查，每年辦理一次綜合檢查。
4. 經消防機關會勘通過且依建築法規定取得使用執照或其他相關法規取得目的事業主管機關證明文件，並經消防安全檢查符合規定之合法場所，自取得使用執照或合法證明文件日期起計算，免辦理當次每半年應檢查項目。
5. 受理申報情形應填具「消防安全設備檢修申報公務統計報表」（如附件三），於每年一月及七月底前函報內政部消防署（以下簡稱本署）彙整統計。

■下載附件圖表

二、複查作業

（一）對象

1. 各消防機關對應辦理檢修申報場所，應建立列管清冊，並依轄區特性及列管場所危險程度訂定年度複查計畫，每月依預定時程表複查，對於未依規定檢修、申報及申報消防安全設備不符合規定之場所應優先排定複查。

2. 對於每年六月前僅辦理檢修，無須辦理申報之甲類以外場所，亦應列入複查對象。

（二）次數

1. 確認性複查：對轄內消防安全設備應檢修申報之場所，於每年七月至八月及一月至二月各複查乙次，查核是否依法檢修或申報。
2. 專業性複查：對轄內消防安全設備應檢修申報之甲類場所每年至少複查一次以上，甲類以外場所每二年至少複查一次以上，查核消防專技人員是否落實檢修，及消防安全設備是否維持正常功能使用狀態。

（三）人力：由各消防機關依轄區特性及列管場所派員複查。

（四）複查方式及項目

進行複查作業應依「消防機關辦理消防安全檢查注意事項」辦理。

專業性複查時，應以查閱檢修報告書、詢問及實地測試等方式，執行下列事項，以瞭解消防設備師（士）有無不實檢修情事，並製作消防安全設備檢修申報複查紀錄表，複查結果列入管制。

1. 依「檢修申報複查查詢事項」（如附件四），詢問管理權人或防火管理人辦理檢修申報之過程，及其所委託消防設備師（士）辦理該場所消防安全設備檢修之執行情形。
2. 依「各類場所消防安全設備檢修及申報作業基準」視轄區狀況，進行重點抽測，其必要抽測項目如下：
   (1) 滅火器：蓄壓式滅火器之壓力表（每層至少抽查二支以上）。
   (2) 室內消防栓設備：於一處室內消防栓箱進行放水試驗。
   (3) 室外消防栓設備：於一處室外消防栓進行放水試驗。
   (4) 自動撒水設備：屬密閉式撒水設備者，於一處末端查驗閥進行測試；屬開放式撒水設備者，於一區進行放水試驗。
   (5) 水霧滅火設備：於一區進行放水試驗。
   (6) 泡沫滅火設備：選擇一區進行放水試驗，必要時得測試檢修時泡沫原液之發泡倍率及還原時間。
   (7) 火警自動警報設備：對火警受信總機進行測試，於一處測試警鈴音響音壓及用加煙（或加熱）試驗器對探測器進行動作試驗（每層至少測試一個）。
   (8) 瓦斯漏氣火警自動警報設備：對瓦斯漏氣火警自動警報設備之受信總機進行測試，並用加瓦斯試驗器測試檢知器三個以上。
   (9) 緊急廣播設備：使用噪音計對每一層樓之一處揚聲器進行音壓測試。
   (10) 排煙設備：使用風速計於最高樓層及最低樓層之機械排煙進行測試。
3. 複查後應將所進行測試之項目、地點等詳載於消防安全設備檢修申報複查紀錄表，如無法依前項項目進行測試時，應於備註欄載明原因。

（五）結果處置

1. 發現管理權人未依規定辦理檢修或申報者，應依消防法第三十八條第二項規定開具限期改善通知單，並予追蹤管制。
2. 消防安全設備有不符合規定之情事者，應依消防法第三十七條第一項規定開具限期改善通知單，並予追蹤管制。
3. 消防設備師（士）有不實檢修之情事者，應依消防法第三十八條第三項規定逕行舉發；另發現未由具消防設備師（士）資格人員執行消防安全設備檢修者，應依消防法第三十八條第一項規定逕行舉發。
4. 複查後應將消防安全設備檢修申報複查紀錄表併同檢修申報相關書、表妥為保存歸檔。

（六）注意事項

1. 執行專業性複查，應排定複查時間，並事先通知管理權人（得同時通知負責檢修之消防設備師（士）或檢修專業機構到場並攜帶檢修器材會同測試）派員配合複查。
2. 執行複查以在日出後，日沒前為原則。但受檢對象於夜間營業或經其同意者，不在此限。
3. 服裝整齊，並佩戴證件。
4. 注意服勤態度，不得涉入相關法律糾紛。
5. 儘量避免影響該場所之工作或營業，如需拆開或移動設備時，應請管理權人派員配合。
6. 特殊設施場所，應請管理權人派相關技術人員配合。
7. 複查結果應記載於複查紀錄表，其不符合規定者，開具限期改善通知單，並依規定程序處理。
8. 消防機關應隨時督導複查工作。

■下載附件圖表

三、宣導工作

（一）檢修申報制度宣導資料，應送至各應辦理檢修申報場所。

（二）說明檢修申報之程序、期限，其採郵寄申報者，應以雙掛號寄至當地消防機關。

（三）建請管理權人，委託消防設備師（士）檢修消防安全設備時，應派員會同檢查。

（四）利用當地有線廣播電視系統等大眾傳播媒體，播放宣導短片及刊登宣導資料。

四、督導考核

（一）消防機關應訂定檢修申報督導計畫並加強實施督導。

（二）本署對消防機關執行檢修申報之情形進行定期、不定期評比考核，成績卓著者從優獎勵，執行不力者依規定懲處。

附件一　受理消防安全設備檢修申報及複（檢）查流程圖

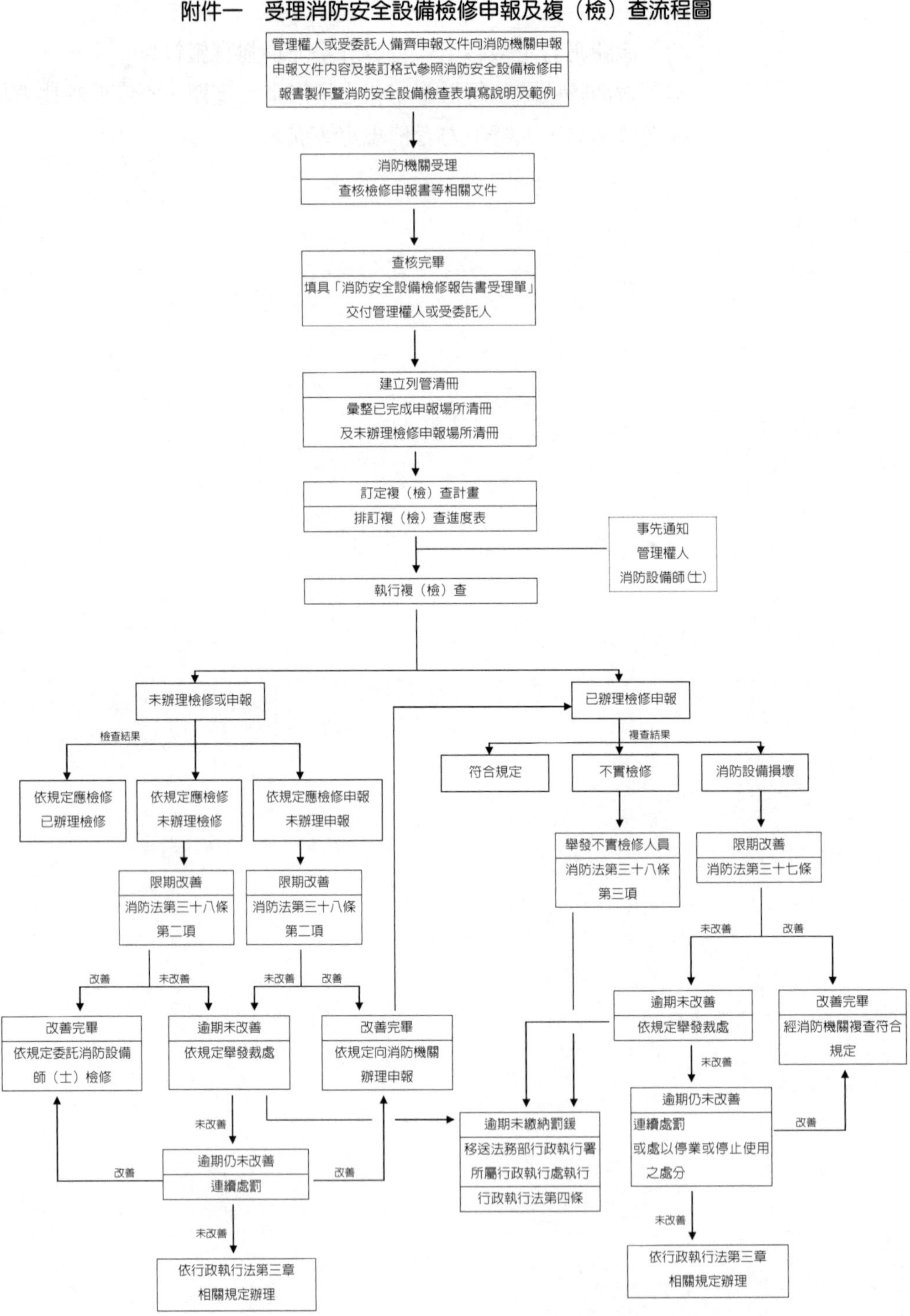

附計二　消防安全設備檢修申報受理單

場所名稱		地　址	
管理權人		管理權人（或受託人）簽章	

項次	查核項目	查核結果是否合格	查核內容
一	消防安全設備檢修申報表	□是□否 □是□否 □是□否 □是□否 □是□否 □是□否	1.申報表之基本資料是否填寫完備。 2.管理權人是否簽章。 3.使用執照與營利事業登記證之基本資料與影本是否相符。 4.檢查人員或檢修專業機構之基本資料與證書影本是否相符。 5.高層建築物或地下建築物是否由檢修專業機構辦理檢修。 6.檢修日期內容是否符合應檢修之次數及當期應檢修之日期（並指導其下次應檢修及申報之日期）。
二	消防安全設備檢修報告書	□是□否 □是□否 □是□否 □是□否	1.管理權人是否簽章。 2.檢修人員之檢查日程是否合理。 3.檢修人員是否簽章。 4.是否勾選應檢修之消防安全設備，並核對是否檢附各項設備之檢查表。
三	消防安全設備檢查表	□是□否 □是□否 □是□否	1.是否具有每半年一份外觀、性能檢查之檢修報告書及檢查結果表，每年一份綜合檢查之檢修報告書及檢查結果表。 2.是否填寫使用之檢修器材。 3.檢查表是否填寫詳實。
四	消防安全設備改善計畫書（檢修結果符合規定者免附）	□是□否 □是□否 □是□否	1.管理權人是否簽章。 2.確認改善計畫書與消防安全設備檢查表內容是否一致。 3.改善日期是否合理。
五	消防安全設備檢修專業機構合格證書影本（高層建築物或地下建築物應檢附）	□是□否 □是□否 □是□否	1.合格證書影本是否加蓋檢修機構印鑑章、代表人簽章及「與正本相符」之印記。 2.確認合格證書之有效期限。 3.上網確認檢修人員是否為該檢修專業機構所屬之專責人員。
六	檢修人員執照影本（檢修人員如達每三年應接受講習期限者須附講習證明文件影本）	□是□否 □是□否	1.檢修人員執照影本是否有專技人員核章，並蓋有「與正本相符」之印記。 2.上網查詢該檢修人員是否為經核准登記之檢修人員。
七	使用執照影本	□是□否 □是□否 □是□否	1.是否檢附使用執照影本。 2.使用執照之地址與現場是否相符。 3.依據使用執照登載之建照日期、用途、面積、樓層數，評估其申報之應檢修消防安全設備項目是否有誤。
八	營利事業登記證影本（非營業場所者免附）	□是□否 □是□否 □是□否	1.審查是否檢附營利事業登記證影本。 2.營利事業登記證之場所名稱、地址是否與實際狀況資料相符。 3.非營業場所或違規營業無營利事業登記證者免附。
九	封面、目錄及裝訂格式	□是□否	封面、目錄是否符合消防安全設備檢修申報書製作暨消防安全設備檢查表填寫說明及範例之規定，是否以 A4 格式，並裝訂於左側（固定方式不限）。
十	其他		（查核時發現有其他缺失請填寫於此欄）

受理日期	年　月　日	受理單位		受理人員簽章	

※本表由受理人員查核消防安全設備檢修申報書、表等相關文件後填寫。

附件三　消防安全設備檢修申報公務統計報表編製說明

一、統計範圍及對象：凡依據消防法第九條規定應定期辦理消防安全設備檢修申報之場所均為統計對象及範圍。

二、統計標準時間：以每年一月一日至六月三十日及七月一日至十二月三十一日分二期統計。

三、分類標準：按各類場所消防安全設備設置標準之場所分類、應辦理消防安全設備檢修申報場所之列管家數、消防安全設備檢修申報案件違規處理情形、罰鍰收繳情形等分類。

四、統計科目定義（或說明）：

（一）甲類場所：有供各類場所消防安全設備設置標準第十二條第一款用途使用者，視為甲類場所。

（二）甲類以外場所：未供各類場所消防安全設備設置標準第十二條第一款用途使用者，視為甲類以外場所。

（三）應申報家數：指應辦理檢修申報之列管家數。

（四）上期：甲類場所二月份報表之上期係指上年度 1~6 月，甲類場所八月份報表之上期係指上年度 7~12 月；甲類以外場所二月份報表之上期係指上年度 1~12 月，甲類以外場所八月份報表之上期係指上年度 1~6 月。

（五）上期申報率：係指上一期之申報率。

（六）本期：甲類場所二月份報表之本期係指上年度 7~12 月，甲類場所八月份報表之本期係指本年度 1~6 月；甲類以外場所二月份報表之本期係指上年度 1~12 月，甲類以外場所八月份報表之本期係指本年度 1~6 月。

（七）本期申報率＝（本期申報家數 ÷ 應申報家數）×100。

（八）甲類場所複查家數：甲類場所本期複查總家數

（九）甲類場所複查率＝（甲類場所複查家數 ÷ 甲類場所本期申報家數）×100。

（十）甲類以外場所複查家數：甲類以外場所本期複查總家數

（十一）甲類以外場所複查率＝（甲類以外場所複查家數 ÷ 甲類以外場所本期申報家數）×100。

（十二）本期複查率＝（本期複查總家數 ÷ 本期申報總家數）×100。

（十三）未檢修申報限改件次：當期列管場所經消防機關檢查開具限改單之次數。

（十四）未檢修申報罰鍰件次：當期列管場所經消防機關檢查開具處分書處罰之次數。

（十五）消防專技人員不實檢修罰鍰件次：當期經消防機關開具不實檢修處分書處罰之次數。

（十六）罰鍰收繳件次：指當期收繳罰鍰之件次。

（十七）處罰鍰總金額：指當期處罰鍰之總金額。

（十八）已收繳金額：指當期所收繳之金額。

（十九）罰鍰金額收繳率：（已收繳金額 ÷ 處罰鍰總金額）×100。

（二十）強制執行件次：指當期逾期未繳移送法院強制執行之件次。

五、資料蒐集方法及編製程序：依據各直轄市、縣（市）政府所報「消防安全設備檢修申報」表彙編。

六、編送對象：本表由本署火災預防組編製一式四份，經陳核後，一份自存，三份送本署會計室，其中二份分別轉報內政部統計處及行政院主計處。

附件四　檢修申報複查查詢事項

查詢事項	查詢內容
共通事項	1. 檢修契約起訖時間？ 2. 檢修時檢修者與管理權人等相關人員商討情況如何？ 3. 會同檢修人為何人？會同程度為何？ 4. 對於該場所設置消防安全設備狀況之瞭解程度為何？ 5. 過去檢修結果、維修保養手冊之保管狀況情形？ 6. 使用檢修器材檢修情形？ 7. 實施檢修天數、時間及陪同檢修人數情形？ 8. 執行檢修時，其消防安全設備之替代措施如何執行？ 9. 查證以前不符合規定事項改善情形？
滅火器	1. 設置於腐蝕、容易生鏽場所之滅火器狀況？ 2. 放射試驗實施場所和藥劑處理方法為何？
屋內（外）消防栓設備	1. 在何處實施放水試驗？ 2. 放水試驗所使用之水帶如何處置？
自動撒水設備、水霧滅火設備	1. 幫浦啓動方式及末端試驗查驗管設置位置如何？ 2. 送水口設置位置？
泡沫滅火設備	1. 放射試驗實施場所和放射試驗後如何處置？ 2. 藥劑如何補充？
二氧化碳、海龍、乾粉滅火設備	1. 放射試驗實施場所和放射試驗後如何處置？ 2. 放射試驗所使用氣體種類為何？
火警自動警報設備、緊急廣播設備、瓦斯漏氣火警自動警報設備	1. 受信總機連動設備為何？ 2. 無法檢修處所事後如何處置？
避難器具	1. 救助袋下降方式如何？ 2. 地上支固器具、開口生鏽情形如何？
緊急照明設備、 標示設備	1. 緊急電源採用方式？ 2. 照度測試位置為何？
連結送水管	1. 送水系統為何種系統？ 2. 送水口設置位置如何？
排煙設備	1. 受信總機回路數為何？ 2. 機械排煙進行測試位置如何？
緊急電源插座	1. 是否設有「緊急電源插座」標示？ 2. 設有幾個專用回路？

消防機關辦理消防安全檢查注意事項

■修正日期：109/07/06 檢視歷史法規

■發布文號：內授消字第 1090822852 號

■下載附件圖表

一、內政部消防署（以下簡稱本署）爲落實消防機關執行消防法第六條第二項消防安全設備之列管檢查、第九條檢修申報複查、第十一條第一項防焰物品之使用、第十三條防火管理、第十五條公共危險物品及可燃性高壓氣體製造、儲存、處理場所之安全管理、第十五條之一燃氣熱水器及其配管承裝業之管理及爆竹煙火管理條例之管理，並明確行政程序及強化勤務執行功能，特訂定本注意事項。

二、消防安全檢查之種類及實施方式如下：

（一）第一種檢查：成立專責檢查小組執行下列項目：

1. 檢查人員應以編組方式對於檢查場所之消防安全設備、防焰物品、防火管理等項目實施檢查，並將檢查結果塡載檢查紀錄表（如附表一）。實施消防安全設備檢查時，應就現場依法設置之消防安全設備逐項進行檢查。

2. 各消防機關依消防法第六條第二項規定之場所危險程度及轄區特性、人力等因素分類列管，訂定各類場所消防安全檢查強度，據以執行。但各類場所消防安全設備設置標準第十二條所定之下列場所及建築技術規則所定之高層建築物，應優先檢查：

(1) 甲類場所。

(2) 乙類場所：第一目、第三目之兒童課後照顧服務中心、補習班、K 書中心、第六目之長期照顧服務機構（限社區式之建築物使用類組屬 H-2 之日間照顧、團體家屋及小規模多機能）、日間型精神復健機構及第十二目。

(3) 戊類場所：第三目。

3. 消防安全設備之檢修申報抽複查，應依消防機關受理消防安全設備檢修申報及複查注意事項執行檢查工作。

4. 製造、儲存或處理公共危險物品達管制量三十倍以上之場所，每半年至少檢查一次，並得視需要邀請勞工、環保、工業、工務、建設等相關機關實施聯合檢查。每次檢查時，至少抽查該場所一處製造、儲存或處理場所之位置、構造、設備及消防安全設備，並將檢查結果填載檢查紀錄表（如附表六）；下次檢查時，則應抽查不同場所。本項檢查得由消防機關視轄區狀況及特性，由轄區分隊執行檢查或共同執行檢查。

5. 針對應列管場所建立消防安全檢查列管對象基本資料（如附表二）及各類場所消防安全檢查紀錄清冊（如附表三），且應以本署或地方消防機關之消防安全檢查列管電子化系統（以下簡稱安管系統）使用資料庫方式管理。
6. 相關檢查資料及違規處理情形由專責檢查小組彙整，並於檢查完畢四十八小時內輸入安管系統管制。
7. 檢查營業場所，發現有各營業場所消防安全檢查不合格應張貼標示及公告周知判斷要件（如附表三之一）之違規事項時，消防機關應於入口明顯處張貼不合格標誌供民眾識別，並將其名稱、地點及不合格項目刊登於大眾傳播媒體、內政部消防署網站等方式公告周知。各消防機關應於每月十日前，更新登載於內政部消防署網站之資料。
8. 發現有逃生通道堵塞，防火門、安全梯堵塞及防火區劃破壞或拆除等違規情事，應協助通報（如附表四）目的事業主管機關處理，並彙整查報清冊提報地方政府首長主持之公共安全會報或治安會報處置。
9. 消防機關必要時得指派專責檢查小組協助進行第二種檢查。

（二）第二種檢查：由轄區分隊執行下列項目：

1. 消防分隊應對於轄內具消防搶救上必要設備之場所，排定消防檢查勤務，駕駛幫浦車及攜帶必要裝備至現場測試相關設備（包括：連結送水管、消防專用蓄水池、緊急電源插座、無線電通信輔助設備、緊急昇降機等），並將測試結果填寫第二種消防安全檢查紀錄表（如附表五），一份分隊留存，一份送交專責檢查小組彙整。
2. 消防分隊應對於轄內危險物品場所或人員依下列期程實施檢查或訪視，並將檢查結果填載檢查紀錄表（如附表六至附表十一），一份分隊留存，一份送交專責檢查小組彙整。檢查不合格之場所，其已發生重大損害或有發生重大損害之虞而情況危急時，消防機關應於入口明顯處張貼不合格標誌供民眾識別，並將其名稱、地點及不合格項目刊登於大眾傳播媒體、內政部消防署網站等方式公告周知：
   (1) 製造、儲存或處理公共危險物品達管制量以上未滿三十倍之場所，每年至少檢查一次。每次檢查時，至少抽查該場所一處製造、儲存或處理場所之位置、構造、設備及消防安全設備，並記錄檢查結果；下次檢查時，則應抽查不同場所。
   (2) 液化石油氣製造、儲存及處理場所，每月至少檢查一次。但液化石油氣容器串接使用場所，不在此限。

(3)液化石油氣容器串接使用場所，其使用量在八十公斤以上，未滿三百公斤者，實施不定期檢查；使用量在三百公斤以上，未滿六百公斤者，每年至少檢查一次；使用量在六百公斤以上者，每半年至少檢查一次。

(4)燃氣熱水器承裝業取得證書起，每半年至少檢查一次。

(5)爆竹煙火製造場所、達管制量以上之儲存及販賣場所、輸入爆竹煙火貿易商營業處所，每月至少檢查一次。

(6)未達管制量之爆竹煙火販賣場所，每年至少檢查一次，並應視轄區違法爆竹煙火業特性增加檢查頻率。

(7)宗教廟會活動地點，於宗教廟會活動期間有施放爆竹煙火者，至少訪視一次，並應視轄區違法爆竹煙火業特性增加檢查頻率。

(8)選舉候選人辦事處，於選舉活動期間，至少訪視一次。

(9)位處山區、海邊或其他隱僻地點，有從事非法爆竹煙火情事之虞之可疑處所，每半年至少檢查一次，並應視轄區違法爆竹煙火業特性增加檢查頻率。

(10)曾取締之違規爆竹煙火場所，每半年至少檢查一次，並應視轄區違法爆竹煙火業特性增加檢查頻率。但現場經實地勘查已不復存在者，得免列管之。

(11)曾查獲非法製造爆竹煙火人員（包括有前科紀錄地下爆竹工廠負責人員），經有罪判決確定，於執行完畢後五年內，每月至少前往訪視一次。

(12)曾查獲非法儲存爆竹煙火人員或施放專業爆竹煙火人員，於處分確定後三年內，每半年至少前往訪視一次。

(13)合格之爆竹煙火監督人且曾施放專業爆竹煙火者，每半年至少前往訪視一次。

3. 執行各項防火宣導工作。

4. 協助業者實施自衛消防編組演練。

5. 發現轄區有新增場所及場所有消防安全設備、檢修申報、防火管理、防焰物品使用及危險物品管理等缺失，得依權責逕行查處，並通報專責檢查小組前往複查。

6. 針對下列場所或人員造冊列管：

(1)公共危險物品製造、儲存、處理場所（如附表十二）。

(2)液化石油氣容器串接使用場所（如附表十三）。

(3)燃氣熱水器承裝業及其技術士（如附表十四）。

(4)爆竹煙火相關場所如下：（如附表十五）

甲、爆竹煙火製造場所（並填寫成品倉庫清冊）。

乙、爆竹煙火輸入貿易商營業處所。

丙、達管制量以上之爆竹煙火儲存場所（並填寫成品倉庫清冊）。

丁、達管制量以上之爆竹煙火販賣場所。

戊、未達管制量之爆竹煙火販賣場所。

己、宗教廟會活動地點。

庚、選舉候選人辦事處。

辛、位處山區、海邊或其他隱僻地點，有從事非法爆竹煙火情事之虞之可疑處所。

壬、曾取締之違規爆竹煙火場所。

(5) 爆竹煙火相關人員如下：（如附表十五）

甲、曾查獲非法製造爆竹煙火人員（包括有前科紀錄地下爆竹工廠負責人員）。

乙、曾查獲非法儲存爆竹煙火人員。

丙、曾查獲非法施放專業爆竹煙火人員。

丁、合格之爆竹煙火監督人且曾施放專業爆竹煙火者。

(6) 每月清查液化石油氣製造場所新容器銷售流向（如附表十六）

（三）第三種檢查：配合上級機關之規劃及轄內重大災害事故發生排定之檢查勤務，其方式如下：

1. 消防機關應擬訂本種檢查之實施計畫，於開始檢查前函報本署備查，並將檢查結果填載於檢查紀錄表（如附表一、附表六至附表十一），並於檢查完畢四十八小時內輸入安管系統及陳報上級機關。

2. 消防機關必要時得指派分隊協助專責檢查小組實施重點檢查。

三、專責檢查小組之組成：

（一）人員配置：由消防機關視轄區狀況及特性，配置檢查所需之必要人力。

（二）成員不得有因品操、風紀問題遭申誡以上處分，且符合下列規定：

1. 帶班人員：曾接受相關業務講習四週以上，或執行消防安全檢查或會審（勘）勤（業）務二年以上。

2. 小組成員：曾接受相關業務講習二週以上，或執行消防安全檢查或會審（勘）勤（業）務一年以上。

3. 領有消防設備師（士）證書者優先。

（三）檢查勤務及服勤方式：

1. 白天：執行第一種檢查勤務，備勤時應彙整檢查資料，得免除救護及值班等勤務。

2. 夜間：執行夜間營業場所之第一種檢查勤務，備勤時應彙整檢查資料，得免除救護及值班等勤務。

四、消防安全檢查計畫

（一）年度檢查計畫：消防機關應針對轄區特性於每年十月二十日前，擬定次年度消防安全檢查計畫（如附表十七），函報本署備查，其內容如下：

1. 各種消防安全檢查對象數。
2. 檢查分工及專責檢查小組之編組。
3. 依轄區特性及列管場所危險程度訂定檢查期限，並排定檢查順序。
4. 消防安全檢查督導及抽查。

（二）月檢查計畫：消防機關應於每月二十日前依下列事項，排定次月檢查對象及日程（如附表十八）：

1. 年度檢查計畫之檢查進度。
2. 前次檢查不合格場所之複查日程。
3. 配合其他目的事業主管機關聯合稽查日程。

五、執行消防安全檢查注意事項：

（一）檢查前：

1. 依排定檢查日程實施消防安全檢查，並準備下列事項：
   (1)依檢查日程表確認檢查分工。
   (2)準備受檢場所基本資料、歷次檢查紀錄及檢修申報書等資料。
   (3)實施消防安全檢查應備之器材及裝備。
2. 依排定檢查日程事前通知受檢場所備齊下列文件：
   (1)原核准消防安全設備圖說。
   (2)最近一次消防安全設備檢修報告書。
   (3)應實施防火管理業務之場所應備齊消防防護計畫、自衛消防編組訓練紀錄等資料。
   (4)製造、儲存或處理公共危險物品達管制量三十倍以上之場所應備齊保安監督人業務執行資料、消防防災計畫及廠區平面配置圖等資料。
   (5)爆竹煙火製造場所、達管制量三十倍以上之儲存及販賣場所應備齊爆竹煙火監督人業務執行資料、安全防護計畫及廠區平面配置圖等資料。

（二）檢查時：

1. 檢查人員應著規定制服、佩戴工作證明並表明檢查目的。
2. 注意服勤態度，不得涉入相關民事糾紛。
3. 請相關人員（檢修人員、防火管理人、保安監督人、爆竹煙火監督人）在場配合，如不在場者，應記載其理由。
4. 先確認前次違規改善情形。
5. 依消防安全設備檢修申報書及防火管理自行檢查紀錄，針對必要項目、樓層及設備檢查。

6. 檢查消防安全設備及防火管理情形時，得模擬發生火災，請相關人員操作設備，確認設備功能，並測試其對相關設備瞭解程度，發現有缺失部分，應對相關人員進行指導。

7. 發現存放大量可燃物、用火用電有違安全等情形時，予以行政指導，並以書面（格式如附表四之一）交付業者。

（三）檢查完成時：

1. 檢查人員應將檢查結果填載檢查紀錄，並於檢查完畢四十八小時內輸入安管系統更新管制，依限陳報。

2. 相關危險物品檢查結果，應依下列期限陳報：

(1) 公共危險物品製造、儲存、處理場所檢查結果統計表（如附表十九）：每月終了後之翌月十日前上傳安管系統。

(2) 液化石油氣消防安全檢查月報表（如附表二十）：每月終了後之翌月十日前上傳公務統計系統。

(3) 爆竹煙火製造及儲存場所檢查結果統計表及一覽表（如附表二十一）：每月終了後之翌月十日前函報本署備查。

(4) 爆竹煙火場所檢查結果及違法取締績效：每月終了後之翌月十日前上傳公務統計系統。

3. 檢查不合規定案件應持續追蹤管制，並排定複查日程。

4. 相關檢查紀錄應列冊保管或輸入安管系統。檢查人員異動應辦理移交，各級督導人員應隨時抽查管制。

（四）發生災害事故時：

1. 轄內公共危險物品或爆竹煙火場所發生火災或爆炸等意外事故，應填報事故案例表式（如附表二十二及附表二十三），並檢附案例現場平面圖與相片等相關資料，函報本署，並輸入本署消防安全管理資訊系統。

2. 轄內發生一氧化碳中毒災情時，應即製作一氧化碳中毒案例報告單及繪製災害現場平面圖等資料（如附表二十四），傳送本署；並於當事人送醫就診後，派員至醫院關懷訪談，並填寫「一氧化碳中毒事故災後關懷訪談表」（如附表二十五）。

（五）公共危險物品製造、儲存、處理場所消防安全檢查流程如附表二十六。

（六）查獲僞（變）造液化石油氣合格標示及改裝液化石油氣容器處理流程如附表二十七。

（七）爆竹煙火場所消防安全檢查注意事項如附表二十八。

六、消防機關應對檢查人員依下列規定辦理講習訓練：

（一）每半年至少召開二次法令研討及座談。

（二）對於重大案例應召開專案會議檢討策進作爲。

（三）每半年定期辦理專責檢查人員講習訓練。

（四）爲加強轄區相關權責單位之橫向連繫工作，舉辦講習訓練時，得視需要邀請勞工、環保、工業、工務、建設等相關機關進行講座或研討，或視需要邀請相關事業單位參與。

前項講習訓練成果應陳報本署備查，其陳報時間如下：

（一）上半年辦理者：當年六月二十日至六月三十日。

（二）下半年辦理者：當年十二月二十日至十二月三十一日。

七、督考及管理

（一）消防機關應加強督考，檢討得失及實施績效考核，評定轄內單位及個人辦理績優者，定期從優獎勵，對於執行不力者，則依規定懲處。

（二）消防機關對於專責檢查小組人員在資積計分上，得視表現優異情形予以加分。

（三）本署得針對各消防機關執行情形，每年定期或不定期辦理督導評核或實地抽查。

第20章 消防機關辦理消防安全檢查與消防安全設備審查及查驗人員資格考核作業規定

■修正日期：100/10/07
■發布文號：內授消字第 1000825546 號

一、為確保消防機關人員執行消防法第六條第二項消防安全設備之列管檢查、第九條檢修申報複查、第十條消防安全設備圖說審查、第十一條第一項防焰物品之使用、第十三條防火管理、第十五條公共危險物品及可燃性高壓氣體製造、儲存、處理場所之安全管理、第十五條之一燃氣熱水器及其配管承裝業之管理及建築法第七十二條、第七十六條所定之建築物竣工查驗等工作之專業能力，特訂定本規定。

二、本規定名詞定義如下：

（一）專責檢查小組人員：消防機關依消防機關辦理消防安全檢查注意事項（以下簡稱注意事項）成立專責檢查小組執行第一種檢查之人員。

（二）消防安全設備審查及查驗人員（以下簡稱審查查驗人員）：消防機關依消防法第十條執行建築物消防安全設備圖說審查之人員與依建築法第七十二條、第七十六條執行建築物消防安全設備竣工查驗之人員。

三、專責檢查小組人員之資格：不得有因品操、風紀問題遭申誡以上處分，且符合下列規定：

（一）帶班人員：曾接受相關業務講習四週以上，或執行消防安全檢查或會審（勘）勤（業）務二年以上。

（二）小組成員：曾接受相關業務講習二週以上，或執行消防安全檢查或會審（勘）勤（業）務一年以上。

（三）領有消防設備師（士）證書者優先。

四、審查查驗人員之資格：不得有因品操、風紀問題遭申誡以上處分，且符合下列規定：

（一）審查人員：曾接受相關業務講習四週以上，或執行消防安全檢查或會審（勘）勤（業）務二年以上。

（二）查驗人員：

1.帶班人員：曾接受相關業務講習四週以上，或執行消防安全檢查或會審

（勘）勤（業）務二年以上。

2.小組成員：曾接受相關業務講習二週以上，或執行消防安全檢查或會審（勘）勤（業）務六個月以上。

（三）領有消防設備師證書者優先。

五、專責檢查小組人員及審查查驗人員應參加下列消防機關舉辦之講習訓練：

（一）定期召開之法令研討及座談。

（二）針對重大案例召開之專案會議檢討策進作為。

（三）應參加定期辦理之專責檢查人員講習訓練。

前項講習訓練成果應依注意事項規定之期限，將課程、授課講義、簽到表、照片、測驗卷等相關資料陳報內政部消防署（以下簡稱本署）

備查。

六、督考及管理

（一）消防機關應辦理下列事項：

1.人員列冊管理。（項目包括訓練證明、證照、經歷等資格）

2.人員能力評核紀錄。（項目包括學、術科測驗【試卷】、主官定期評核紀錄等）

3.每三個月定期工作檢討及獎勵。（主官管應會同政風單位進行個案抽查，並有獎懲資料可稽）

4.儲備人員名冊。（每年培訓儲備人員，並每年檢討列冊及更新）

（二）消防機關應依消防機關所屬人員考核實施要點加強督考專責檢查小組人員及審查查驗人員，隨時記載優劣具體事實，如發現有違紀之虞者，應立即記錄陳報，並予以調整勤（業）務。

（三）考核資料應作為年終考績及遷調、任免、獎懲之重要依據。考核結果優劣之人員，依照消防專業人員獎懲標準表辦理獎懲。

（四）消防機關針對各執行專責檢查小組人員及審查查驗人員，應每三年檢討一次勤（業）務執行情形，依檢討結果得予以分批調整，並應有檢討及調整勤（業）務資料可稽。

（五）本署得針對各消防機關執行專責檢查小組人員及審查查驗人員，每年定期或不定期辦理督導評核或實地抽查。

各類場所消防安全設備檢修期限及申報備查期限表

附表　各類場所消防安全設備檢修期限及申報備查期限表

用途分類	檢修期限（頻率）	申報備查期限
甲類場所一～三目	每半年一次	每年三月底及九月底前
甲類場所四～七目	每半年一次	每年五月底及十一月底前
乙類場所一～三目	每年一次	每年三月底前
乙類場所四～六目	每年一次	每年五月底前
乙類場所七～九目	每年一次	每年九月底前
乙類場所十～十二目	每年一次	每年十一月底前
丙類場所	每年一次	每年五月底前
丁類場所	每年一次	每年十一月底前
戊類場所有供甲類用途者（採整棟申報）	每半年一次	每年五月底及十一月底前
戊類場所未供甲類用途者（採整棟申報）	每年一次	每年十一月底前
其他場所或經中央主管機關公告之場所	每年一次	每年五月底前

備註：

一、消防主管機關因天災等不可抗力、消防設備師或消防設備士數量等因素，得另定檢修期限（頻率）或申報備查期限並報中央主管機關核定後，不受本表之限制。

二、本表所列甲類、乙類、丙類、丁類、戊類等場所用途分類，係指各類場所消防安全設備設置標準第十二條所定之各類場所用途分類。

三、未申領使用執照或未依使用執照用途之違規使用場所，管理權人應以其實際用途，辦理檢修申報。

四、每次檢修時間及其申報日期應於同年度辦理，除依本辦法規定首次辦理檢修申報者外，甲類場所檢修時間距本表前次申報期限不得少於三個月，甲類以外之場所檢修時間距本表前次申報期限不得少於六個月。如係管理權人未依限辦理檢修申報，經主管機關限期改善後辦理完畢者，仍應依本表規定之期限辦理檢修申報，不受檢修時間及其申報日期應於同年度辦理與檢修時間間隔之限制。

五、申報方式得依下列方式擇一：

（一）個別申報：建築物內單一場所或二個以上場所聯合辦理申報，其申報書除該場所內之消防安全設備檢查表外，並應檢附防護該場所範圍內之共用消防安全設備檢查表。

（二）建築物整棟申報。

六、檢修頻率：申報範圍內有供甲類用途使用者，全部以甲類場所檢修頻率辦理；未供甲類用途使用者，則以乙類、丙類、丁類等場所辦理。

七、申報期限：以申報範圍內之甲類、乙類、丙類、丁類用途前後順序且目次最小者作為判斷基準。

國家圖書館出版品預行編目資料

建築與消防實務法規彙編／高士峯，尹道鑫，張庭熙，呂憶婷著．——初版．——臺北市：五南圖書出版股份有限公司，2022.03
面；　公分
ISBN 978-626-317-562-4（平裝）

1.CST：營建法規　2.CST：消防法規

441.51　　　111000423

5T52

建築與消防實務法規彙編

作　者— 高士峯（190.1）、尹道鑫、張庭熙、呂憶婷
發 行 人— 楊榮川
總 經 理— 楊士清
總 編 輯— 楊秀麗
主　編— 高至廷
責任編輯— 張維文
封面設計— 姚孝慈
出 版 者— 五南圖書出版股份有限公司
地　址：106台北市大安區和平東路二段339號4樓
電　話：(02)2705-5066　傳　真：(02)2706-6100
網　址：https://www.wunan.com.tw
電子郵件：wunan@wunan.com.tw
劃撥帳號：01068953
戶　名：五南圖書出版股份有限公司
法律顧問　林勝安律師事務所　林勝安律師
出版日期　2022年3月初版一刷
定　價　新臺幣800元

經典永恆·名著常在

五十週年的獻禮——經典名著文庫

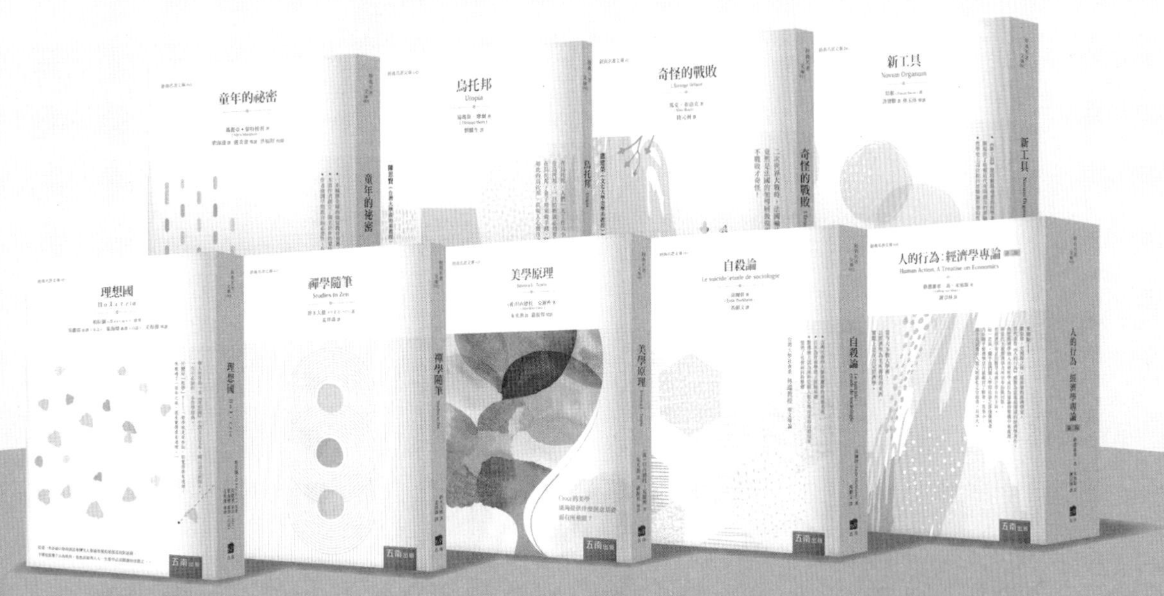

五南，五十年了，半個世紀，人生旅程的一大半，走過來了。
思索著，邁向百年的未來歷程，能為知識界、文化學術界作些什麼？
在速食文化的生態下，有什麼值得讓人雋永品味的？

歷代經典・當今名著，經過時間的洗禮，千錘百鍊，流傳至今，光芒耀人；
不僅使我們能領悟前人的智慧，同時也增深加廣我們思考的深度與視野。
我們決心投入巨資，有計畫的系統梳選，成立「經典名著文庫」，
希望收入古今中外思想性的、充滿睿智與獨見的經典、名著。
這是一項理想性的、永續性的巨大出版工程。
不在意讀者的眾寡，只考慮它的學術價值，力求完整展現先哲思想的軌跡；
為知識界開啟一片智慧之窗，營造一座百花綻放的世界文明公園，
任君遨遊、取菁吸蜜、嘉惠學子！